U0323881

国家重点研发计划课题(2018YFC0807803)资助
淮北矿业科研技术攻关项目(2019－45)资助

中国东部煤田高密度三维地震勘探技术及应用

倪建明　董守华　王　琦　金学良
杨光明　黄亚平　孟凡彬　著

中国矿业大学出版社
·徐州·

内容提要

本书以淮北煤田为工程背景，基于东部煤矿区亟待解决的地质问题，首先分析了中国东部煤矿区复杂地震与地质条件，开展了高密度三维地震勘探方法基础研究，通过煤岩样测试和数值模拟，分析了地震分辨率影响因素，从均匀性角度出发评价了高密度三维地震勘探采集炮检距的均匀性；然后介绍了煤田高密度三维地震勘探数据处理与解释方法，根据"二宽一高"的原则对不同的目标体进行数据处理和资料解释，讨论了连片与大倾角处理方法的注意事项，研究了叠前深度偏移资料的地震解释方法；最后以淮北煤田为例，提出了"一全、二宽、三高、四精"高密度三维地震勘探模式，介绍了高密度资料在解释小断层、陷落柱、煤厚、岩浆岩方面的应用。综合应用表明，高密度三维地震勘探具有较强描述和解释复杂地质构造和其他地质异常体的能力。

本书具有一定的理论性和较强的实用性，对于勘探地球物理专业的师生和从事现场工作的地质、物探及其他工程技术人员具有很好的参考价值。

图书在版编目(CIP)数据

中国东部煤田高密度三维地震勘探技术及应用 / 倪建明等著. --徐州：中国矿业大学出版社，2021.6

ISBN 978-7-5646-4899-2

Ⅰ.①中… Ⅱ.①倪… Ⅲ.①煤田－地震勘探－研究－中国 Ⅳ.①P618.110.8

中国版本图书馆 CIP 数据核字(2020)第 253567 号

书　　名　中国东部煤田高密度三维地震勘探技术及应用

著　　者　倪建明　董守华　王　琦　金学良
杨光明　黄亚平　孟凡彬

责任编辑　潘俊成

出版发行　中国矿业大学出版社有限责任公司
（江苏省徐州市解放南路　邮编 221008）

营销热线　(0516)83884103　83885105

出版服务　(0516)83995789　83884920

网　　址　http://www.cumtp.com　**E-mail**:cumtpvip@cumtp.com

印　　刷　苏州市古得堡数码印刷有限公司

开　　本　787 mm×1092 mm　1/16　**印张** 22.75　**字数** 568 千字

版次印次　2021 年 6 月第 1 版　2021 年 6 月第 1 次印刷

定　　价　198.00 元

前　言

中国东部煤矿区(苏、皖、豫、鲁、冀)是我国重要的煤炭能源基地,该区属华北石炭-二叠系含煤区,煤层厚度稳定,煤种齐全,煤质优良,煤炭储量近千亿吨,现已建成淮南、淮北、大屯、兖州、新汶、开滦、邢台、峰峰、平顶山、永城、焦作等国有大型煤炭企业。东部煤矿区邻近中国长三角、京津冀经济带,东邻沿海,西接欧亚大陆桥,具有战略上的区位意义。国家提出了煤炭开发重心西移的战略,但西部地区生态环境脆弱,存在土地沙化与水土流失问题,同时受交通运输等外部条件制约,因此稳定东部煤矿区的煤炭产能仍是我国近期能源规划的重点。在中国东部煤矿区中,淮北矿区可采煤层多,煤层层间距小,煤种齐全且经济价值高,但新生界盖层厚,煤层埋藏深,地层倾角变化大,地质构造复杂,断层密度大,褶曲发育,岩浆岩侵蚀严重,煤层基底为奥陶系承压含水层,部分矿井导水陷落柱发育,瓦斯大、地压大,因此,淮北矿区已成为中国东部煤矿区复杂地质条件的典型代表。制约淮北矿区机械化安全高效开采的主要地质因素是断层、褶曲和导水陷落柱。淮北矿区断层密度达30条/km^2以上,断层、褶曲影响了采煤工作面的布置和生产能力,矸石混入量大、毛煤灰分高,甚至失去经济开采价值;淮北矿区的任楼、桃园煤矿还因误揭导水陷落柱造成奥灰突水淹井事故。因此,研究淮北矿区地质条件下三维地震勘探方法与技术,提高制约煤矿高效开采的地质构造解释精度,不仅对淮北矿区具有现实意义,对中国东部煤矿区的三维地震勘探也具有引领与示范作用。

当前地震勘探面临诸多挑战,地质成果的不确定性或多解性、短周期与高预期的矛盾、高生产率与低信噪比的矛盾等亟待解决。地震勘探努力方向表明,宽频带可提高垂直分辨力,宽方位可提高照明度,高密度可增加采集样本。通过采集全数字、宽方位、高密度、多偏移距的海量数据,可以认为炮点与检波点采集网格为5 m×5 m更接近理想波场。煤矿常规三维地震勘探技术能够查明落差大于5 m的断层、直径大于25 m的陷落柱及幅度大于10 m的小褶曲,但是,常规三维地震勘探对小构造、小褶曲和小陷落柱探查的精度偏低,很难满足煤矿安全高效开采对地质条件查明程度的要求。近年来,全数字高密度地震勘探技术在石油天然气勘探领域已取得明显效果,也在煤矿开始了试验和示范。全数字接收与高密度地震采集方式的结合,形成了单点全数字高密度地震勘探技术。高密度采集方式是指全(宽)方位角、小面元、高叠加次数,从而得到宽频带的信号,避免了空间采样间隔不足带来的假频等问题。但全数字高密度三维地震实际应用与查明落差在3 m以上的断层和直径大于20 m的陷落柱的地质任务还有较大的差距,因此,全数字高密度地震勘探技术(设计、采集、处理、解释)应用于煤矿采区高精度勘探时,如何扬长避短,是一个值得研究的问题。

本书以淮北煤田为工程背景,基于东部煤矿区亟待解决的地质问题,首先分析了中国东部煤矿区复杂地震与地质条件,开展了高密度三维地震勘探方法基础研究,通过煤岩样测试和数值模拟,分析了地震分辨率影响因素,从均匀性角度出发评价了高密度三维地震勘探采集炮检距的均匀性;然后介绍了煤田高密度三维地震勘探数据处理与解释方法,根据“二宽一高”的原则对不同的目标体进行数据处理和资料解释,讨论了连片与大倾角处理方法的注意事项,研究了叠前深度偏移资料的地震解释方法;最后以淮北煤田为例,提出了“一全、二宽、三高、四精”高密度三维地震勘探模式,介绍了高密度资料在解释小断层、陷落柱、煤厚、岩浆岩方面的应用。综合应用表明,高密度三维地震勘探具有较强描述和解释复杂地质构造和其他地质异常体的能力。

本书前言和第一章由倪建明撰写,第二章第一节和第六章第一节、第二节由王琦撰写,第二章第二节、第三节和第三章由董守华撰写,第四章由杨光明撰写,第五章第一节、第三节由孟凡彬等撰写,第五章第二节由黄亚平撰写,第六章第三节、第四节和第五节由金学良等撰写。全书由董守华、王琦、金学良统稿。

本书的出版,得到国家重点研发计划课题“地质异常体三维地震精细勘探技术与装备(2018YFC0807803)”和淮北矿业科研技术攻关项目“淮北矿区极复杂地质条件下全数字高密度三维地震勘探方法研究与应用(2019－45)”等诸多科研项目的支持,同时得到汪洋教授、叶红星研究员等专家的悉心指导,张建军、张兴平、付金生、王千遥等专家提出了有意义的建议,魏名地、刘松、孔俊禹、孟祥林、王超越、吴斌、张利兵和于杰等在资料提供方面给予了帮助,在此向他们致以衷心的感谢。

著　者

2020年10月

目　录

第一章　淮北煤田地震地质条件

第一节　概　　况

淮北煤田地处华东腹地，划分为闸河、濉萧、宿州、临涣、涡阳五大矿区，现有生产矿井26对，主要分属淮北矿业(集团)有限责任公司、皖北煤电集团有限责任公司管辖。主要煤种有焦煤、1/3焦煤、气煤、肥煤、贫煤、瘦煤、无烟煤和天然焦等，煤质优良，属低硫、低灰、特低磷、高发热量、黏结性强、结焦性好的"绿色环保型"煤炭，是全国十三个大型煤炭基地之一。除煤炭资源外，还有煤系硬质高龄土等丰富的伴生矿产资源。

一、地理位置

淮北煤田位于安徽省北部，地跨淮北、宿州、亳州三市的蒙城、涡阳、濉溪等地。东起京沪铁路和符离集-四铺-任桥一线，西止豫皖省界；南自板桥断层，北至陇海铁路和苏皖省界。东西长40～150 km，南北宽110 km左右，面积约12 350 km^2，实际含煤面积约1 047.1 km^2。

二、交通

淮北矿区交通方便，北靠陇海线，东邻京沪线，西有京九线，国铁青(龙山)阜(阳)线、符(离集)夹(河寨)线及青芦线贯穿矿区。区内公路四通八达，连霍高速、界阜蚌高速、合徐高速贯穿本区；自北向南尚有多条国道、省道经过。新汴河、涡河、浍河、濉河可常年或季节性通航，各水运通道同大运河、淮河、长江相连(图1-1)。

三、地形地貌

淮北煤田位于淮河以北，为广袤的黄淮平原一部分，地势呈西北东南向倾斜，地面标高在+17～+40 m之间，坡降为万分之十一。淮北市境内有相山(海拔342.8 m)、老龙脊(海拔362.9 m)及一些小山丘，其余为冲积平原。

四、气象

淮河流域地处我国南北气候过渡地带，属于暖温带半湿润季风气候区，淮北矿区属暖温带半湿润—湿润气候，季风性明显。年平均温度在15.2 ℃左右，极端最高气温为44.2 ℃(1953年8月31日)，极端最低气温为零下22.8 ℃，一年中夏季高温(8月份)，一般为31～39 ℃，冬季低温(1月份)，一般为3～－8 ℃。一般春夏季多为东南风、东风，冬季多为东北

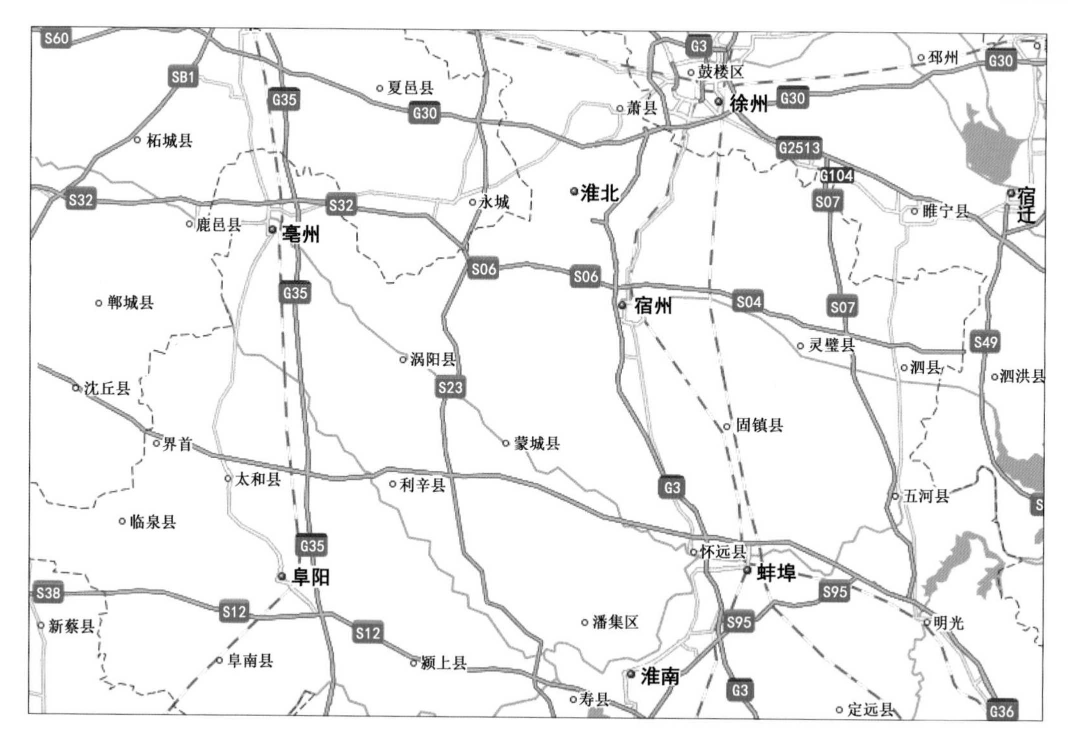

图 1-1　淮北煤田交通位置示意图

风及西北风，风力一般为 2～4 级，最大风力为 8～9 级，月平均风速为 1.3～2.9 m/s，最大风速为 8 m/s。

降水量年际变化较大，季节变化不均匀，冬季干冷，夏季多雨。据 1955～1985 年的气象资料统计，境内年平均降水量多在 800～1 000 mm 之间，其中雨量最多的年份是 1956 年，达 1 429.3 mm；雨量最少的年份是 1966 年，仅为 471.1 mm，为 1956 年的 1/3。正常年累计降雨量为 744.2～1 102.2 mm。从时间分配来看，一般夏季降水量最大，平均占年降水量的 50%；春秋两季次之，分别占年降水量的 22.7%和 19.8%；冬季降水量最小，平均只占年降水量的 7.7%。年平均蒸发量为 1 613.2 mm，最大年份蒸发量为 2 008.1 mm，最小年份蒸发量为 710.7 mm。一年内蒸发量以夏季最大，为 469.0 mm；冬季最小，为 72.9 mm。初雪为 11 月上旬～下旬，终雪为 2～3 月，降雪期为 54～127 d，最长连续降雪 6 d，年最大降雪量为 0.96 m，平均为 0.30 m。

第二节　地层、煤层与构造

一、地层

（一）区域地层

根据《安徽省岩石地层》的地层综合区划方案[1]，同时参考《安徽省煤炭资源潜力评价》(2010)对地层区划的划分结果，安徽省地层区划划分为华北和华南两个Ⅰ级地层大区，两个地层大区大致以金寨-肥西-郯庐断裂带为界。华北地层大区仅有一个黄淮地层区，以省界河南一侧蒋集-省内霍邱龙潭寺一线为界，分徐淮和华北南缘两个地层分区。华南地层大区包括南秦岭-大别山及扬子两个地层区，前者仅有桐柏-大别山地层分区；后者以七都-泾县(江南深断裂)为界，分为下扬子及江南两个地层分区(图 1-2)。

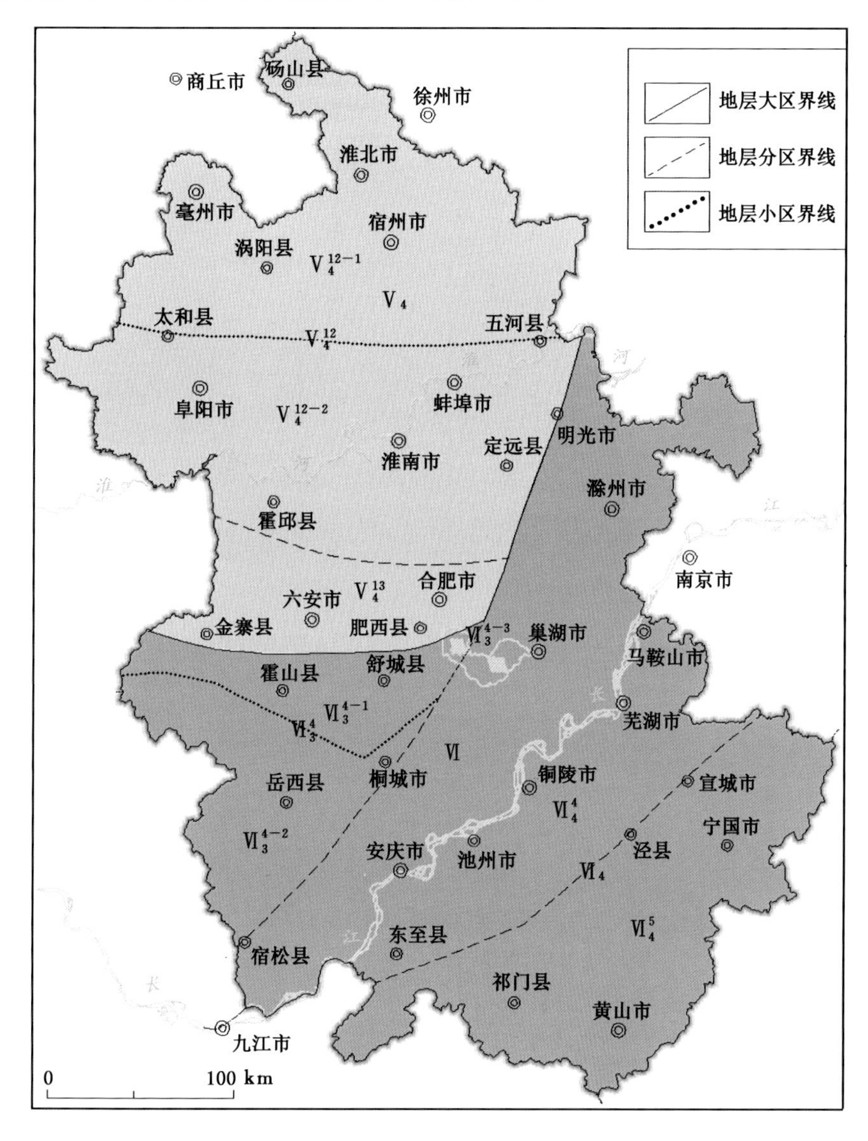

图 1-2　安徽省综合地层区划图(据安徽省煤炭资源潜力评价，2010)

V_4—华北地层大区黄淮地层区；V_4^{12}—徐淮地层分区；V_4^{12-1}—淮北地层小区；V_4^{12-2}—淮南地层小区；V_4^{13}—华北南缘地层分区；Ⅵ—华南地层大区；$Ⅵ_3^4$—南秦岭-大别山地层区桐柏-大别山地层分区；$Ⅵ_3^{4-1}$—北淮阳地层小区；$Ⅵ_3^{4-2}$—岳西地层小区；$Ⅵ_3^{4-3}$—肥东地层小区；$Ⅵ_4$—扬子地层区；$Ⅵ_4^4$—下扬子地层分区；$Ⅵ_4^5$—江南地层分区。

(二) *矿区地层*

淮北煤田位于华北地层大区黄淮地层区的徐淮地层分区，自下而上除缺失新元古界南华系至震旦系、古生界上奥陶统至下石炭统及中生界中、上三叠统外，其他各年代地层发育比较齐全，各地岩性和厚度虽存在一些差异，但均可对比(表 1-1)。矿区钻孔揭露地层有奥陶系(O)、石炭系(C)、二叠系(P)、侏罗系(J)、古近系(E)、新近系(N)、第四系(Q)，现由老至新简述如下。

表 1-1　研究区岩石地层单位序列表

代	纪	世	华北地层大区 晋鲁豫地层区 徐淮地层分区	华北南缘地层分区
新生代	第四纪	全新世	怀远组 Qhh	
		更新世	茆塘组 Qp_3m	
			潘集组 Qp_2p	
			蒙城组 Qp_1mc	
	新近纪	上新世	明化镇组 N_2m	
		中新世	馆陶组 N_1g	石门山组 N_1s
	古近纪	渐新世		明光组 E_3m
		始新世	界首组 E_2j	土金山组 E_2t
		古新世	双浮组 E_1s	定远组 E_1dy
中生代	白垩纪	晚白垩世		张桥组 K_2z
		早白垩世	王氏群 $K_{1-2}w$	邱庄组 $K_{1-2}q$
				新庄组 K_1x
	侏罗纪	晚侏罗世	青山群 J_3q	青山群 J_3q
			莱阳群 J_2z	周公山组 J_3z
		中侏罗世		圆筒山组 J_2y
		早侏罗世		防虎山组 J_3f
	三叠纪	晚三叠世		梅山群 CM
		中三叠世		
		早三叠世	和尚沟组 T_1h	
			刘家沟组 T_1l	
古生代	二叠纪	晚二叠世	石千峰组 P_2sh	
			上石盒子组 P_2s	
		早二叠世	下石盒子组 P_1x	
			山西组 P_1s	
	石炭纪	晚石炭世	太原组 C_2t	
		早石炭世		
	泥盆纪	晚泥盆世		
	志留纪	晚志留世		
		中志留世		
		早志留世		

代	纪	世	华北地层大区 晋鲁豫地层区 徐淮地层分区	华北南缘地层分区
古生代	奥陶纪	晚奥陶世		
		中奥陶世	马家沟组 $Q_{1-2}m$ 老虎山段 O_2m	
		早奥陶世	马家沟组 $Q_{1-2}m$ 青龙山段 O_1m^q	
			马家沟组 $Q_{1-2}m$ 萧县段 O_1m^x	
			贾汪组 O_1j	
	寒武纪	晚寒武世	土坝段 $\in_3-O_1s^t$；韩家段；炒米店组 $\in_3c$	三山子组 $\in_3-O_1s$
			崮山组 $\in_3g$	
		中寒武世	张夏组 $\in_3z$	?
			馒头组 $\in_{1-2}m$ 四段	?
			馒头组 三段	?
			馒头组 二段	
		早寒武世	馒头组 一段	?
			昌平组 $\in_1c$	
			猴家山组 $\in_1hj$；凤台组 $\in_1f$	雨台山组 $\in_3y$
新元古代	震旦纪	晚震旦世	栏杆群 ZL 沟后组 Z_2g	
		早震旦世	栏杆群 ZL 金山寨组 Z_1j	
	南华纪	晚南华世	望山组 Nh_2w	
		早南华世	史家组 Nh_1s	
	青白口纪		魏集组 Qbw	
			张渠组 Qbjq	
			九里桥组 Qbjl	淮南群 Qbh；四顶山组 Qbsd
			倪园组 Qbn	
			赵圩组 Qbzn	
			贾园组 Qbj	
			八公山群 QbB 四十里长山组 Qbs	
			八公山群 QbB 刘老碑组 Qbl	
			八公山群 QbB 伍山组 Qbw	
			八公山群 QbB 曹店组 Qbc	
中元古代	蓟县纪		凤阳群 Pt_2FY 宋集组 Pt_2sj	
			凤阳群 Pt_2FY 青石山组 Pt_2q	
	长城纪		凤阳群 Pt_2FY 白云山组 Pt_2b	
新太古代—古元古代			王河杂岩 Ar_2-Pt_1wh	霍邱杂岩 Ar_3-Pt_1h

1. 奥陶系

奥陶系无钻孔揭露全厚，区域内厚约 500 m，零星揭露为灰色、深灰色由厚层状隐晶质-细晶质石灰岩组成。

2. 石炭系

(1) 上石炭统本溪组

本组仅个别钻孔穿过，厚度为 2～16 m，由灰-青灰色夹紫红色铝土质泥岩、粉砂岩组成。与下伏奥陶系呈假整合接触。

(2) 上石炭统太原组

本组为海陆交替相沉积，厚度为 150～170 m。下部以灰黑色、灰色、灰绿色粉砂岩、砂岩为主，夹薄层石灰岩和煤层，煤层均不可采。中部以灰色、灰黑色、致密、块状富含燧石石灰岩为主，夹灰绿色、灰色泥岩、粉砂岩。上部以灰色、深灰色砂岩、粉砂岩为主，夹乳灰色质不纯的石灰岩和不可采煤层。石灰岩中富含䗴科、海百合茎、珊瑚、腕足类等动物化石。

本组含煤10～12层，薄而不稳定，大部分不可采。需要特别指出的是，本组中的灰岩俗称"太灰"，它是一套成分不纯、裂隙发育的生物碎屑灰岩，在一定环境下岩溶发育构成煤层底板突水水源。

3. 二叠系

（1）下二叠统山西组

本组厚度在110 m左右，由海相、过渡相、沼泽相泥岩、粉砂岩、砂岩和煤组成。下部以深灰色海相泥岩或粉砂岩为主，上部以灰白、灰绿色中细砂岩为主，含10、11两个煤组，平均厚度为1.65～3.60 m，其中10煤层局部可采，不稳定。10煤层上下中细砂岩岩性致密，裂隙不发育，在浅部风化带或构造带附近岩性稍有破碎但含水性差。本组与石炭系呈假整合接触。

（2）下二叠统下石盒子组

本组厚度在250 m左右，以深灰色、灰色、灰白色泥岩、粉砂岩及砂岩组成，上部夹少量灰绿色砂岩，局部为鲕状结构，含菱铁质结核。本组含6个煤组(4～9煤)，共2～20层，其中5、6、7、8和9煤组为可开采煤层或者局部可开采煤层，煤层总厚5.50～15.86 m。底部普遍发育一套鲕状铝质泥岩和花斑状鲕状泥岩，是本区重要标志层之一。

（3）上二叠统上石盒子组

下段：自底部K3砂岩之底至1煤组的顶板砂岩，厚约280 m，以泥岩为主，粉砂岩次之，砂岩较少。颜色以灰绿色、杂色为主，砂岩成分复杂，圆度、分选较差，泥质、硅质胶结。具波状层理、斜层理，局部见清晰河床韵律分选层理。煤层附近常见菱铁结核，含1、2、3三个煤组，其中以3煤层较发育，局部可采，不稳定。

上段：1煤组顶板以上地层厚度大于270 m，以粉砂岩、细砂岩为主，泥质岩含量较少，以灰绿色、紫红色砂岩为主。砂岩成分复杂，泥质、硅质胶结，偶夹煤线，与下伏下石盒子组整合接触。

4. 侏罗系

侏罗系上统泗县组为一套紫红色陆相沉积物，分布于朱仙庄煤矿东北角，面积约为2.8 km^2，揭露最大厚度为240 m。下部为砾岩段，厚度为0～100 m，一般厚度为50～60 m，砾石主要成分为石灰岩及少量的砂岩和变质岩，钙质胶结为主，次为泥质、砂质胶结，岩溶发育。砾岩与下伏煤系地层呈不整合接触，剥蚀倾角为15°～25°。中部为粉砂岩、砂岩，与砾岩互层，具明显的多层次的下粗上细的沉积韵律。上部多粉砂岩，粒度向上变细，层理清晰，含泥质包体，层理面倾向东北，倾角为10°～20°，中上部厚度在106 m左右。

5. 古近系和新近系

总厚度在240 m以上。

（1）古近系始新统-渐新统(E_2-E_3)

下部为紫红色石灰质砾岩，半棱角-次圆状，分选不均，砾径以3～5 cm占多，泥砂、粉砂质胶结，局部喀斯特发育，洞穴多沿砾石溶蚀呈蜂窝状洞，穴壁多见方解石晶体。

上部为灰绿色及灰黄色黏土岩和砂岩互层，层理清晰，含云母碎片，以10°～20°倾向东北，厚度在100 m以上。与基岩呈不整合接触。

该地层主要分布于许疃煤矿33采区和信湖煤矿81、82采区以及邹庄煤矿87采区。

(2) 新近系中新统-上新统(N_1-N_2)

中新统-上新统的底部为黄色含泥砾石或砂砾层,有明显的烘烤变质现象,矿化显著。砾石层上有岩浆岩侵入,其下为安山岩及霏细岩,其上为集块岩,已微微斑脱岩化,厚度为0～30 m;下部为黄色黏土夹砾石,有时可见少量的火山岩块,局部有薄层砾岩,厚度为0～5 m;中部为半胶结中、细砂岩,厚度为0～12 m;上部为棕黄色至棕红色砂质黏土,顶部带有灰绿色斑纹,下部分布有砂岩、灰岩、泥质岩碎屑(直径2～5 mm,厚度为5～7 m,其中见少量的植物化石(如双子叶类等)。本层总厚度为0～37 m。

6. 第四系

第四系与新近系呈不整合接触。

(1) 下更新统(Q_1)

底部由灰绿色、褐黄色黏土、钙质黏土组成,夹数层半胶结中、细砂及砂岩,总厚度为0～10 m,分布不稳定。下部为灰绿色及黄褐色黏土和砂质黏土,黄斑块状,致密,黏性大,具滑感,常见滑面。上部为灰绿色黏土和钙质黏土及砂质黏土,并夹有薄层灰白色泥灰岩。宿州矿区该层泥灰岩变厚,其中喀斯特溶洞极为发育。黏土中夹有少量的棕红色斑块,呈网状及点状分布,其中含有石膏晶体,呈晶块团聚体及单晶状。灰白色泥灰岩中含淡水螺化石,主要有直隶平卷螺、蜗牛等及灰褐色螺类化石碎片和植物化石碎屑,总厚度为55～110 m。

(2) 中更新统(Q_2)

中更新统与下更新统呈假整合接触。底部为灰白色中细砂岩夹石英砾石,有时相变为砂质黏土,层理明显。中部为褐黄色及肉红色砂砾层,与黄褐色及灰绿色砂质黏土、钙质黏土互层,局部砂砾层呈岩状及半岩状,一般厚30～50 m,最薄处为10 m左右。

上部为棕红色及肉红色黏土,夹有薄层细砂。黏土中带有灰绿色网纹状斑纹,顶部砂质黏土中常见薄层理及波状层理,富含钙质,厚度为30～50 m。本层总厚度为21～90 m。

(3) 上更新统(Q_3)

上更新统与中更新统呈假整合接触。下部为黄色中细砂层,部分相变为砂土层,砂粒以石英为主,最底部有石英砾石;上部砂土中具微层理,砂层中夹有黏土球,含有丰富的动物化石,如扭船形蚌、对丽蚌、细纹丽蚌、向河丽蚌、牛科等,厚15～30 m;上部为褐黄色砂质黏土、黏土互层,厚度为20～35 m。本层总厚度为35～65 m。

(4) 全新统(Q_4)

下部为黄灰色细粉砂或砂土,与薄层黏土互层;上部为黄灰色及黄褐色砂质黏土,含钙质结核较多,夹薄层细粉砂及砂土层,近地表为耕植土壤,厚度为3～8 m。本层总厚度为15～38 m。

二、煤层

淮北煤田主要含煤地层为太原组、山西组、上石盒子组,下石盒子组。由于太原组所含煤层大多薄而不稳定,仅在局部达可采厚度,且煤质差,不作为资源勘查对象。

(一) 煤层总数

1. 山西组

山西组含煤1～2层,一般发育11、10煤组。10煤层一般分1～2层,其厚度为0～

6.63 m；11 煤层不稳定，厚度为 0～2.27 m，平均为 0.55～0.72 m，仅在许疃、花沟、关帝庙等地区局部可采。

本组煤层厚度从北向南有逐渐变厚的趋势。淮北煤田北部石台、沈庄、岱河及砀山一带煤层累厚小于 2 m，而其他地区累厚多在 2～4 m 之间，仅许疃、任楼及孙疃井田有一变薄带，其厚度小于 2 m。

2. 下石盒子组

下石盒子组含 6 个煤组(4～9 煤)，共 2～20 层，其中 5、6、7、8、9 煤组为可开采煤层或者局部可开采煤层，煤层总厚 5.50～15.86 m。本组底部普遍发育一套鲕状铝质泥岩和花斑状鲕状泥岩，是本区重要标志层之一。

3. 上石盒子组

含 1、2、3 三个煤组，其中以 3 煤组较发育，宿州矿区桃园、祁南矿及临涣矿区大部分矿井局部可采，可采区内为较稳定的中厚煤层、薄煤层，平均煤厚为 0.96～2.49 m。

(二) 可采煤层

淮北煤田二叠系含煤地层自上而下发育的可采煤层有 3_2、7_2、8_1、8_2、9、10 等煤层。不同矿区、井田含可采煤层数不同，可采煤层厚度变化也不同(图 1-3)，其中 7、8、9、10 煤组(闸河矿区习惯称 3、4、5、6 煤组)发育于全矿区，为矿区较稳定的主要可采中厚煤层，3_2 煤层分布于临涣、涡阳、宿州等矿区，在邹庄、桃园、祁南、许疃等矿为较稳定煤层。8 煤组在芦岭、朱仙庄、青东、涡北等矿赋存较厚，最厚区域位于芦岭、朱仙庄矿，平均厚度为 10 m。

三、构造

(一) 区域构造

淮北煤田处于华北板块东南缘，印支事件以后形成的构造以断裂、隆起或凹陷为主，受多期构造运动影响，形成了由一系列近 EW 向和 NNE 向构造复合的网状格局(图 1-4)。

近 EW 向的隆起主要为蚌埠隆起，为淮北煤田与淮南煤田的分界，丰沛隆起为淮北矿区的北界。近 EW 向大断裂主要有中部的宿北断层、南部的太和-五河断层、板桥断层和北部的丰沛断层；NNE 向断裂自西向东主要有夏邑断层、丰涡断层、固镇-长丰断层、灵璧-武店断层、郯庐断裂。宿北断裂南、北两侧发育有一系列的褶曲构造，石炭、二叠纪煤系大部分保存在向斜或断陷之中。其中，北侧由北往南，为轴向逐渐由 NE 向转为 SN 向的紧密褶皱或逆冲断层；南侧东部的宿东向斜一带构造线走向为 NNW，西寺坡断层以西广大地区构造线主要为 NNE 或近 SN 走向的短轴褶皱；岩浆岩多分布于宿北断裂以北。该煤田内断层展布方向主要为 NNE 向和近 EW 向，近 SN 向和 NW 向次之，总体构造复杂程度介于中等-复杂之间。

淮北地区 EW 向构造发生较早，是控制煤系沉积的原始构造，当时以大面积和缓震荡的沉积环境为主，构造简单。印支-燕山期以来，本区发生了一系列的褶皱和断裂活动，改造了煤系沉积的原始状态，形成现今复杂的构造格局，控制了煤田的分布。

(二) 矿区构造

淮北煤田受 WE 向构造、NW 向构造、徐宿弧形构造所控制，形成了许多近网状的断块构造。区内主要褶皱有宿东向斜、宿南向斜、童亭背斜、五沟向斜、皇藏峪背斜、闸河复向斜、相山-萧县背斜、萧西向斜等。主要断层有宿北断裂、板桥断层、太河-五河断裂、郯庐断裂、固县-长丰断裂、南坪断裂、大刘家断层、丰涡断裂和夏邑断裂等。

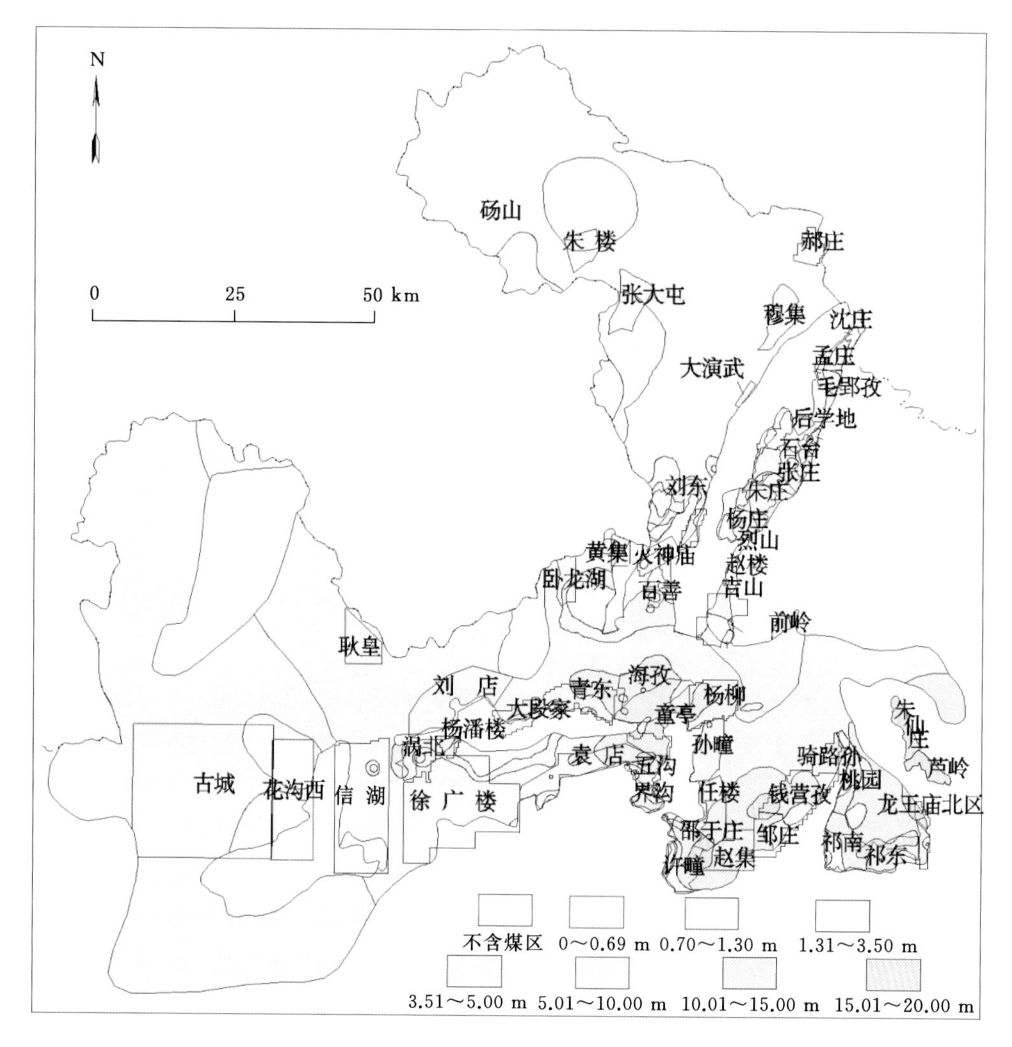

图 1-3　淮北矿区可采煤层累厚等值线图

宿北断裂将淮北煤田切割成南、北两大构造单元，其中北区以相西断裂为界，自东向西划分为闸河、濉萧矿区；南区以南坪断层、丰涡断层为界，自东向西分为宿州矿区、临涣矿区和涡阳矿区，以下分别对这 5 个矿区进行构造叙述（图 1-5）。

1. 闸河矿区

闸河矿区为一复式向斜构造，东为皇藏峪复背斜，西为萧县复式背斜（图 1-6）。该区现有生产矿井包括双龙公司（原张庄煤矿）、朱庄煤矿、朔里煤矿（已停止采煤）、石台煤矿。

闸河向斜为一复式向斜构造，轴向 30°，长约 50 km，中部最宽约 13 km，呈纺锤形，东为皇藏峪背斜，西为萧县背斜。闸河向斜中部地层被 NW 走向断层平移，向斜核部为石炭-二叠纪煤系地层。两翼地层为奥陶-寒武纪地层，两翼倾角东陡西缓，并有平行向斜轴向的逆断层发育。朱庄背斜枢纽与闸河向斜枢纽近于垂直相交，闸河向斜枢纽被再次挤压弯曲，两背斜构成横跨叠加褶皱，是典型的两期构造运动的叠加，表明朱庄向斜形成的时间晚于闸河向斜形成的时间。

该区主要发育 NNE 向逆冲断层和 NWW 方向正断层（兼平移性质）两种。NNE 走向

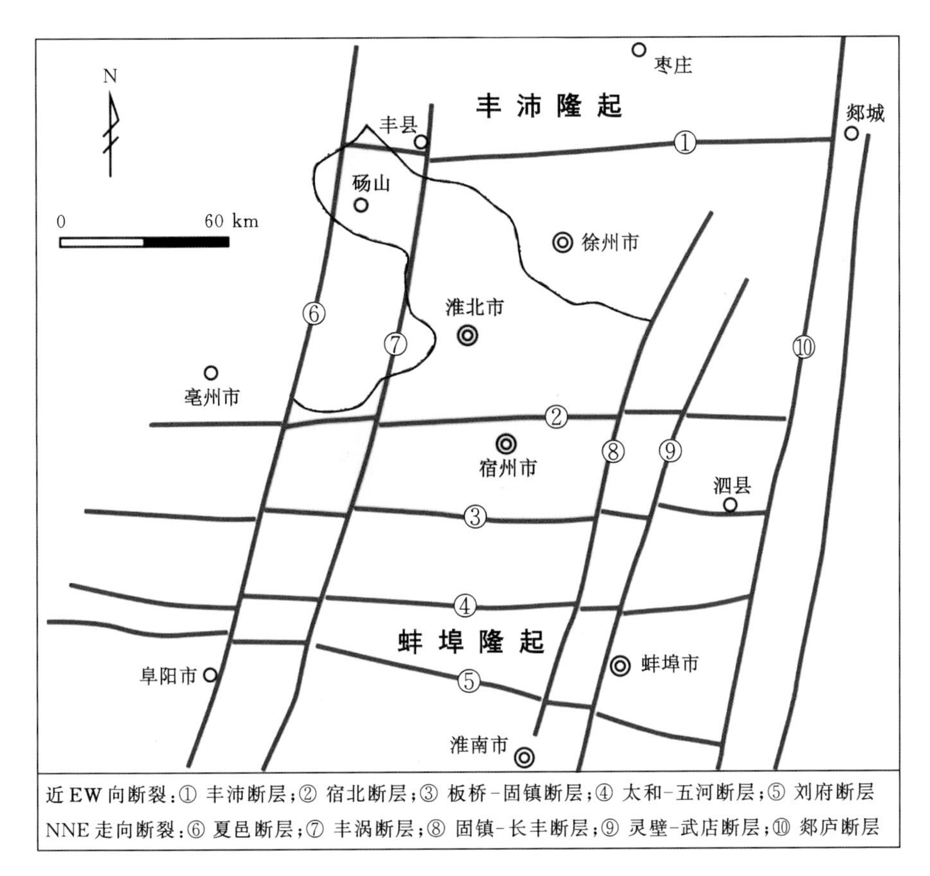

图 1-4　区域构造纲要图

的逆冲断层主要发育在闸河向斜东西两侧的皇藏峪背斜和萧县背斜两翼，与背斜枢纽走向基本一致，倾向 SSE，构成叠瓦状组合形式。NWW 向正断层主要发育在闸河向斜两翼，倾向 NNE 或 NNW，构成地堑或地垒组合形式，并左行或右行平移错开二叠纪煤系地层。

2. 濉萧矿区

濉萧矿区位于逆冲推覆构造的下伏系统，东为萧县背斜西翼，西为丰涡断层，南为宿北断层，北为废黄河断层(图 1-7)。矿区内有刘桥、恒源、百善、卧龙湖等矿。刘桥一矿总体为一向斜构造形态，二水平深部整体构造由陈集向斜、刘桥向斜组成。恒源煤矿(原刘桥二矿)处于大吴集复向斜南部仰起端上的次级褶曲土楼背斜西翼，总体上为一走向 NNE、倾向 NW 的单斜构造，次级褶曲较为发育。百善煤矿位于淮北煤田濉萧矿区西南部的一个孤立小向斜盆地内，主体构造为一轴向 NNE 的向斜，呈北段西凸、南段东凸的“S”形，发育有次级褶曲和断裂构造，两翼地层产状平缓，局部有岩浆岩侵入煤系地层。卧龙湖煤矿位于徐宿弧形构造的西缘、丰县口孜集断裂的东侧、赵庄背斜的北翼，地层倾角较缓，多在 5°～20°之间，个别地段达 40°。矿井内岩浆岩普遍发育，主要以顺层侵入的方式侵入煤层，对煤层的破坏较大。

3. 宿州矿区

宿州矿区主要井田有宿东向斜的芦岭矿、朱仙庄矿，宿南向斜的桃园矿、祁南矿、祁东矿和龙王庙井田，宿南背斜的邹庄矿、钱营孜矿和骑路孙井田(图 1-8)。

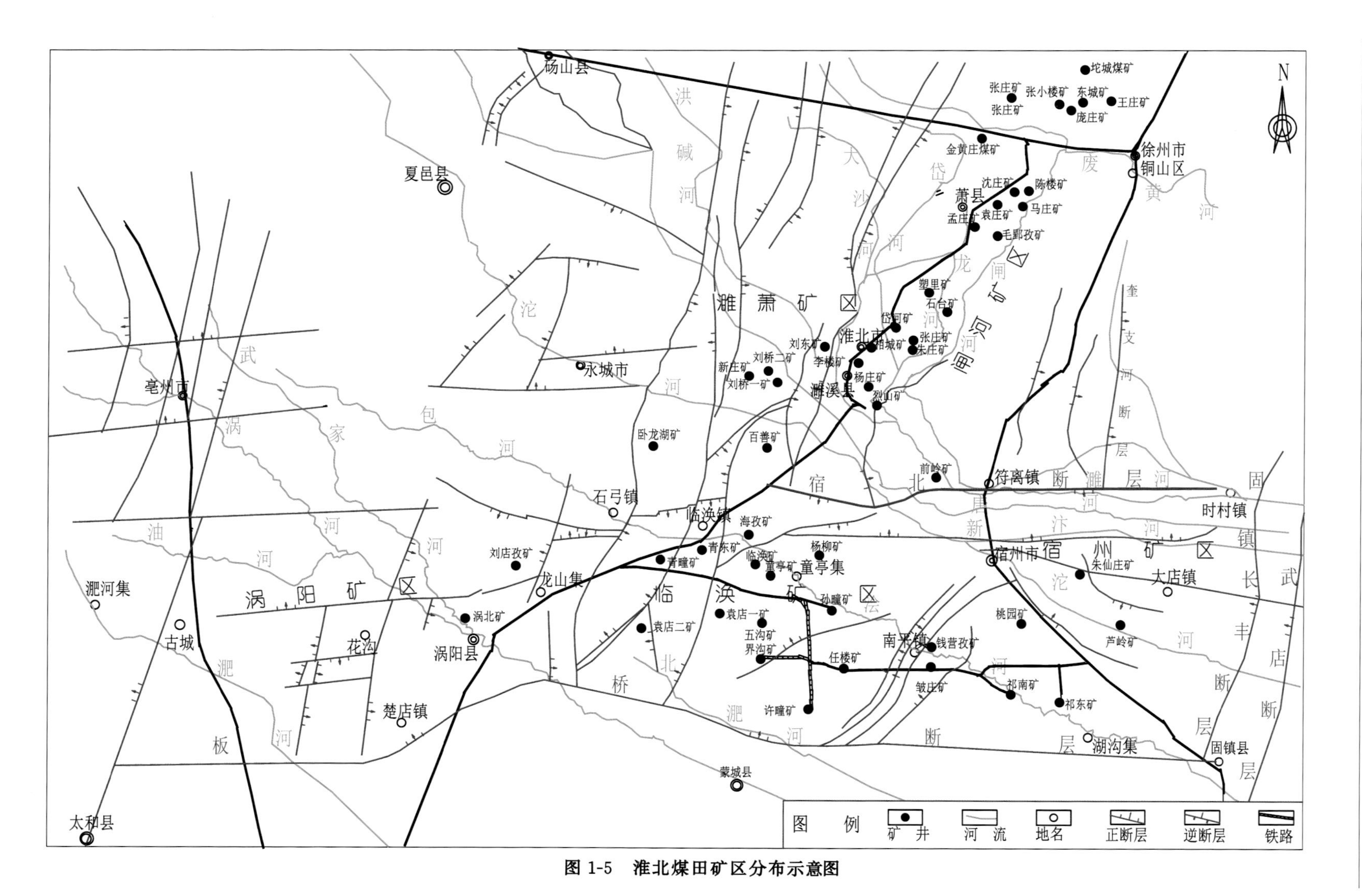

图 1-5 淮北煤田矿区分布示意图

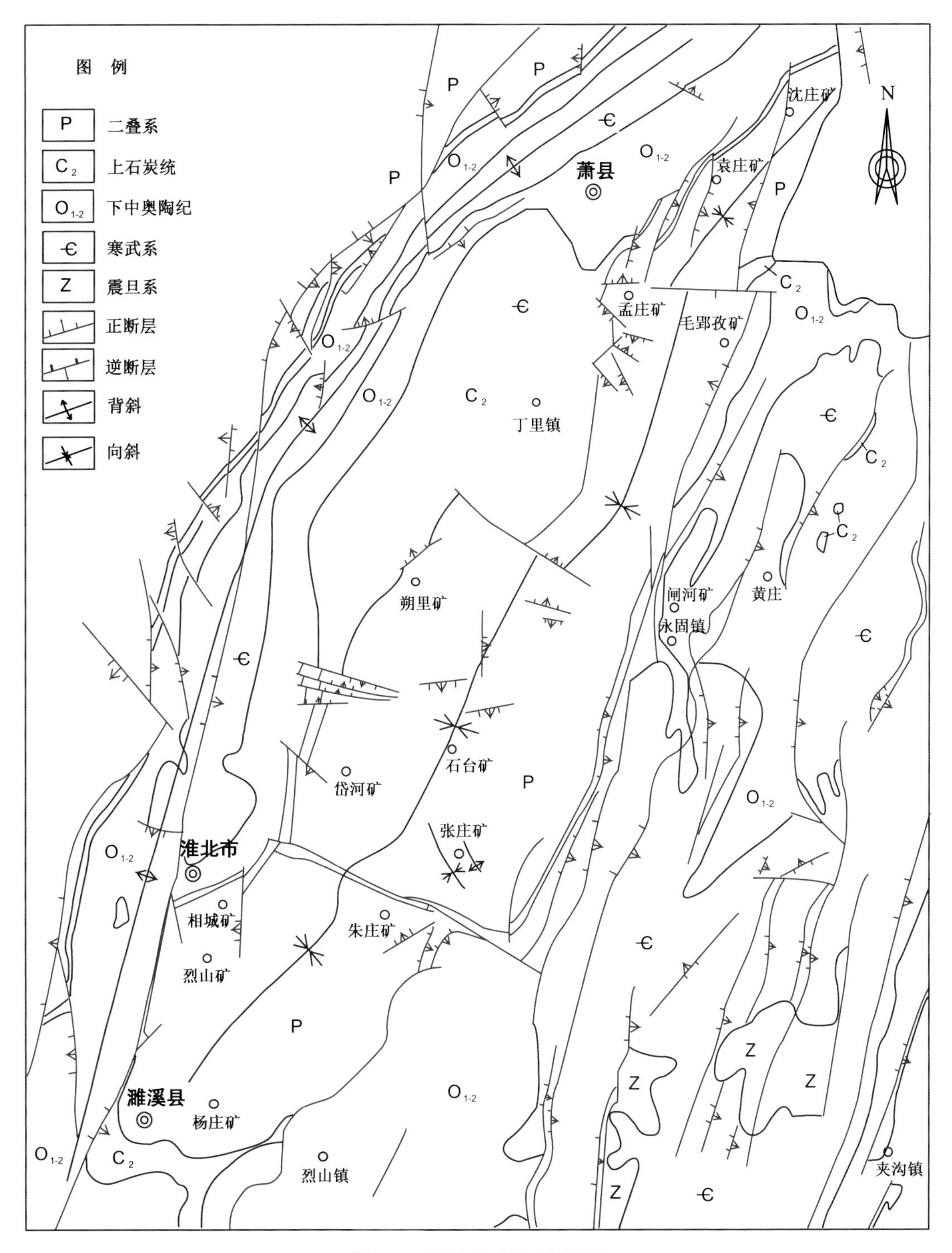

图 1-6 闸河矿区构造纲要图

本区大地构造既受华北板块构造演化的控制，又受大别-郯庐-苏鲁造山带演化的控制。区域构造位于蚌埠隆起的北侧、徐淮前陆褶皱冲断带的南翼，东邻郯庐断裂带。区内主要发育有近 EW 向构造、NNE 向构造和 NW 向构造，由宿东向斜、宿南向斜、宿南背斜、南坪向斜等短轴背、向斜组成，褶皱几乎同时显示出：背斜西翼陡，东翼缓，且西翼常与走向逆断层

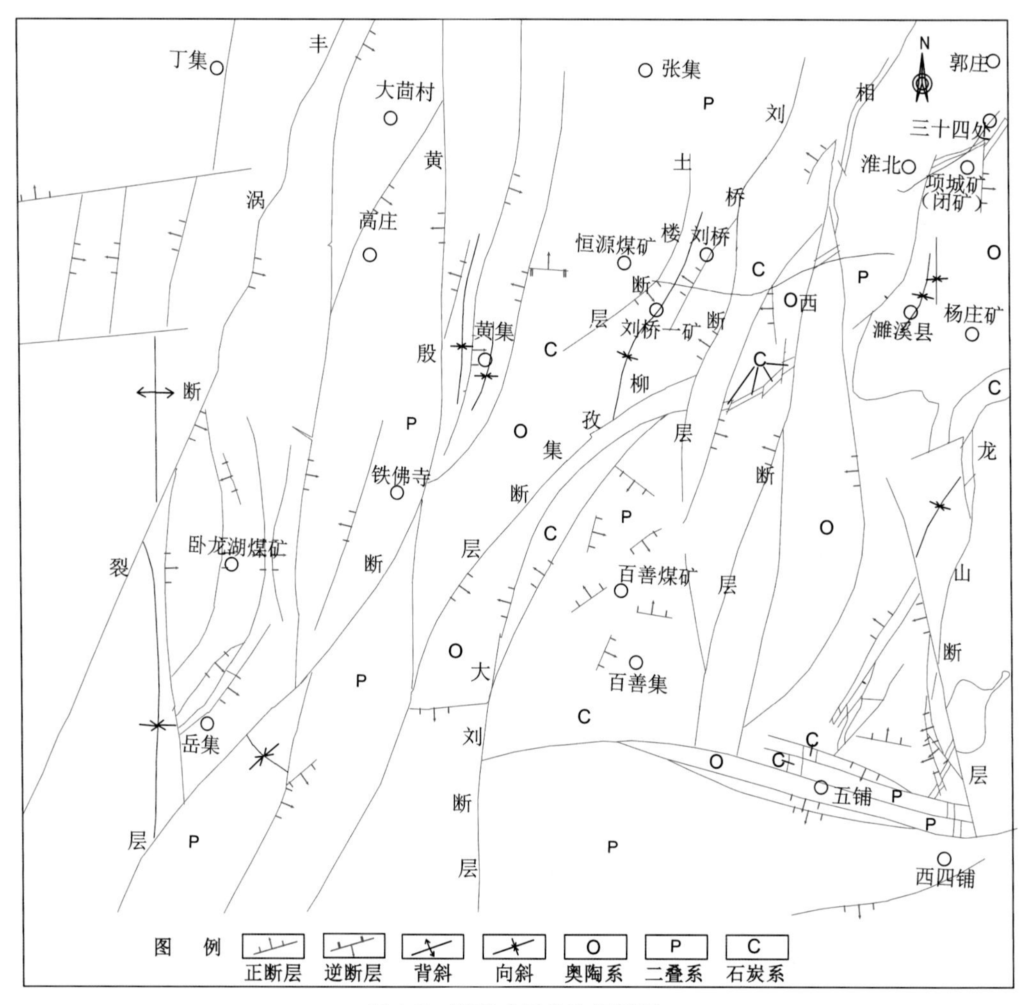

图 1-7 濉萧矿区构造纲要图

共存。反之，向斜东翼常被较多的斜切正断层和少量的斜切逆断层所切割。

4. 临涣矿区

临涣矿区东西夹持于南坪断层和丰涡断层之间，南北夹持于宿北断层与板桥断层之间。区内发育 NNE-近 SN 向的南坪背斜、南坪向斜、童亭背斜、五沟向斜和近 EW 向的临涣向斜等褶皱构造。断裂构造以 NNE 向和近 EW 向正断层为主(图 1-9)。石炭-二叠纪煤系地层分布于童亭背斜四周，童亭背斜北部有临涣、海孜煤矿，南部有许疃煤矿，东翼有孙疃、杨柳、任楼煤矿等，西翼有童亭、青东、袁店、五沟、界沟煤矿等，现为淮北煤田主要产煤区块。

5. 涡阳矿区

涡阳矿区位于淮北煤田西部，矿区西北为省界线，东部以丰涡断层与临涣矿区毗邻，南部以板桥-固镇断层与淮南煤田相望，西界为夏邑断层(图 1-10)。

涡阳矿区构造面貌比较复杂，构造形迹以断裂为主，褶皱不甚发育。已控制的几个规模较大的褶皱多数是一些直立水平褶皱，两翼大体对称，翼间角为 140°～163°，属于平缓褶皱，如花沟背斜、涡阳向斜等，与宿北断裂以北的紧闭状褶皱明显不同(图 1-10)。

矿区大断裂或大断层十分发育，有规律地呈近 EW 向和 NNE 向展布，它们不仅控制着

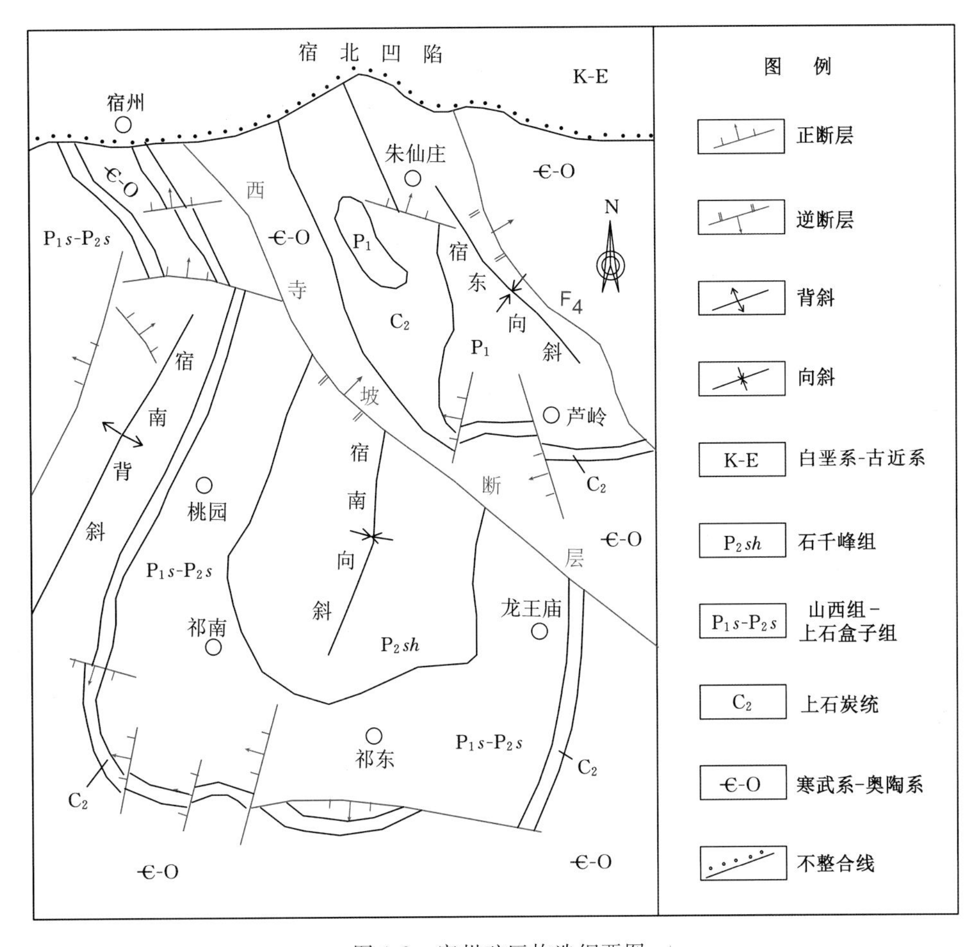

图 1-8　宿州矿区构造纲要图

次级构造的发育以及中、新生代地层的分布，而且近 EW 向断裂形成时间较早，常常被 NNE 向断裂切割改造，平面上具有左行走滑性质。

矿区分布有刘店、涡北及信湖煤矿。刘店煤矿由于构造极其复杂，已闭坑；涡北煤矿为生产矿井，信湖煤矿为在建矿井。

（三）岩浆岩

淮北煤田自晚太古代五台期至新生代喜马拉雅期经历多期的构造运动，并伴随强弱程度不同的岩浆作用，其中以中生代燕山期岩浆活动最为强烈，岩浆岩的侵入时间在距今 101.5～146 Ma 之间（安徽省区调队，1977）。除丁里、烈山、赵集等推覆体前缘带地区有岩体地表露头外，其他均为隐伏岩体。岩石类型以中性和酸性的花岗岩、花岗闪长岩分布最为广泛，主要受 NNE 向断裂控制，少数呈 EW 向和 NW 向分布。

1. 产状

淮北煤田常见岩浆岩岩体分为脉状、似岩盘状和层状三种。

脉状岩浆岩岩体又称岩墙，以较陡的产状穿过含煤岩系，在平面上呈条带状，宽度由数十厘米到 80 余米；长度由数十米到 1 000 m 以上。

似岩盘状岩浆岩岩体顺岩层侵入后使顶部岩层发生隆起，如临涣矿区海孜煤矿（已闭坑）矿井中、西部侵入 5 煤组的赵庙岩体，沿地层走向绵延 6.5 km，钻孔揭露最大厚度为

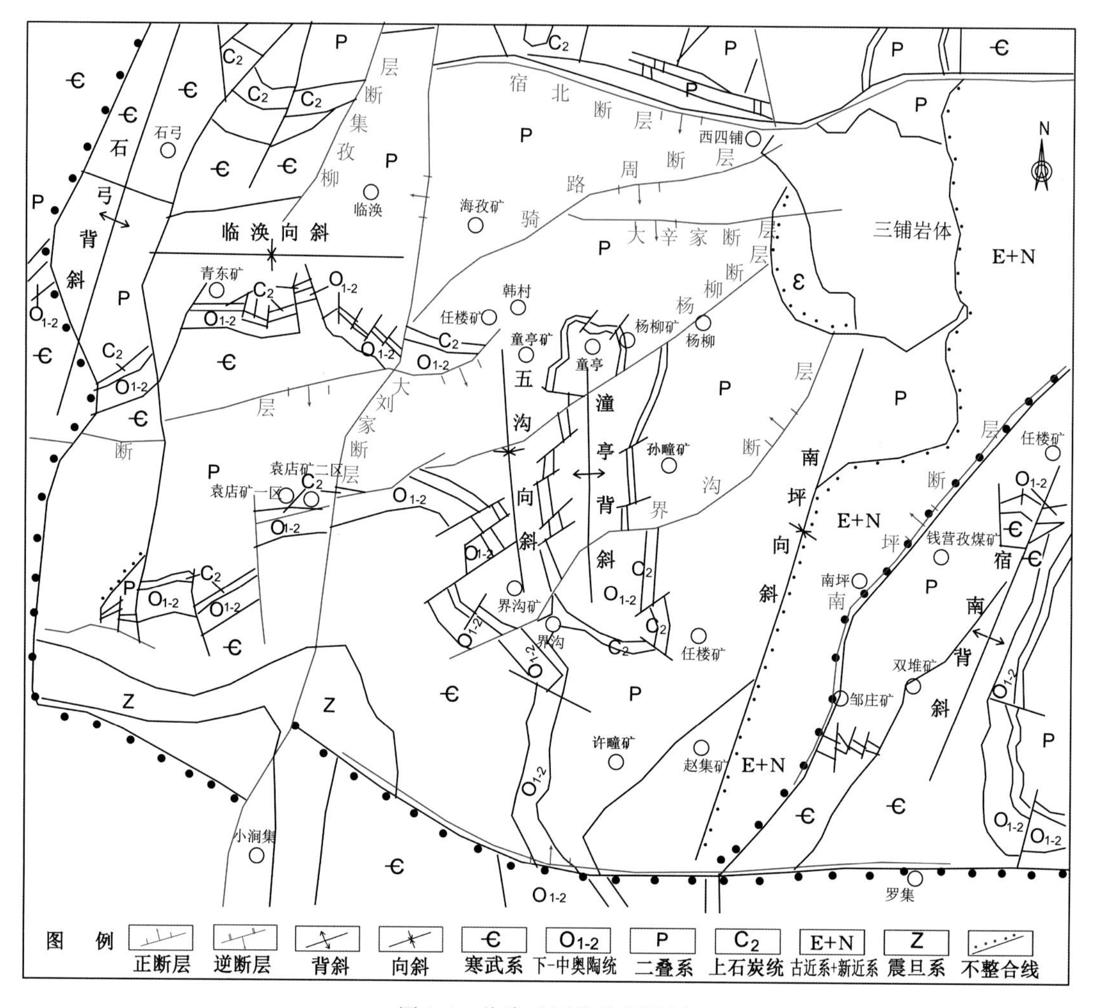

图 1-9　临涣矿区构造纲要图

169.18 m。

层状岩浆岩岩体又称岩床，多数沿煤层分布，岩浆呈单层或多层入侵，但以单层侵入现象较多。岩浆可以沿煤层顶板入侵，也可沿煤层中间或煤层底板入侵，岩体在煤层内显示的形状多种多样。

2. 分布规律

根据勘探和开采揭露的地质资料，含煤岩系中层状岩浆岩岩体的厚度、分布面积，受煤层厚度、岩浆岩种类和岩浆源丰富程度的制约。

萧县向斜中部，辉绿岩、花岗斑岩主要侵入在下石盒子组的主采煤层 3_2 煤层及其顶底板中。该煤层厚达 2.7～4 m，辉绿岩分布面积达 38.2 km^2，岩浆岩最厚达十多米；花岗斑岩入侵面积达 14.83 km^2。辉绿岩的分布面积远大于花岗斑岩的分布面积。

岩浆岩种类不同，其矿物组成和所含的化学成分也不同。据当代熔岩岩温测定，基性玄武岩（SiO_2 的含量约为 48.25%）的熔岩温度在地表稍大于 1 200 ℃，而酸性的流纹岩（SiO_2 的含量约为 70.40%）的熔岩温度为 800 ℃，中性岩的熔岩温度介于两者之间。侵入岩的温度应略高于喷出岩的温度。岩浆黏度变化大，可由 10 Pa·s 变到超过 100 kPa·s。除温度

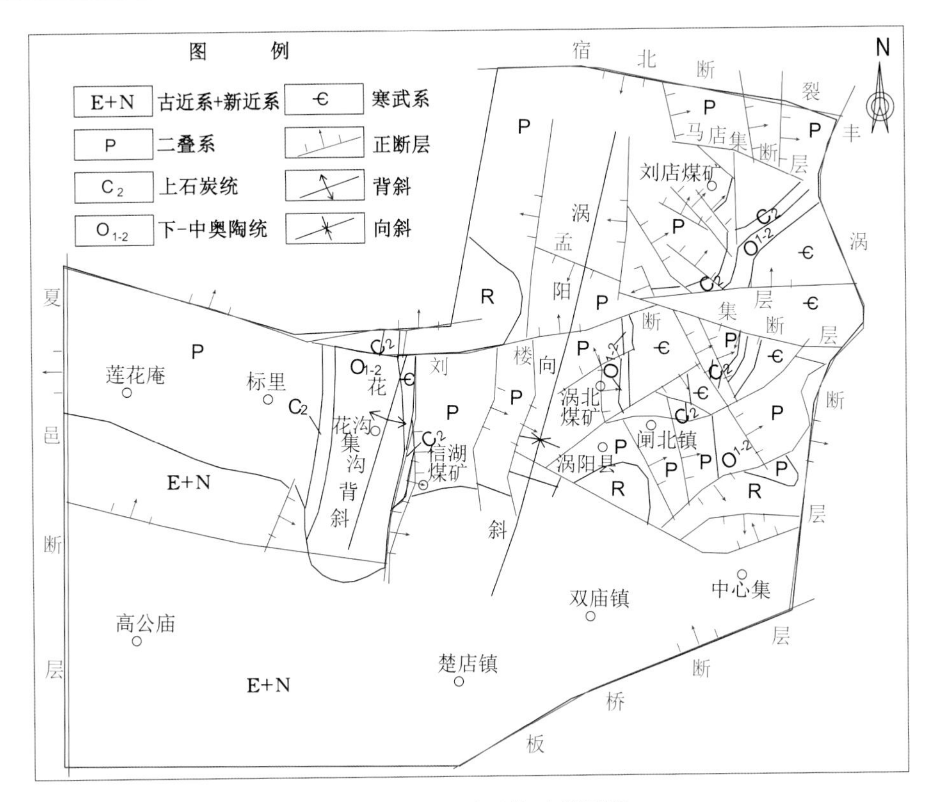

图 1-10　涡阳矿区构造纲要图

因素外，SiO_2 的含量也会影响岩浆的黏度，SiO_2 含量增加，岩浆黏度增大。在自然界可见到分布面积广、平躺的玄武岩岩被；而流纹岩多呈岩钟、岩针等熔岩穹丘。因此，煤层内顺层分布较大的岩床，多数为基性的辉绿岩、煌斑岩、闪长玢岩；而分布范围小、岩体厚度变化大的岩体则多为酸性。

离岩浆通道近的地段，煤层内岩浆岩岩体厚度大；离岩浆通道远的地段，岩浆岩岩体多变薄或尖灭。

3. 对煤层的破坏

岩浆侵入煤层对煤层的破坏，主要表现为岩浆熔蚀并取代煤层，在接触带产生一圈天然焦。厚度同样大的层状岩浆侵入，以顺煤层中间侵入者破坏性最大，在其上、下都形成天然焦，往往导致整个煤层失去开采价值；其次是顺煤层底部侵入，岩浆内的挥发物和高温进入煤层上部，往往形成较厚的天然焦；相比之下，沿煤层顶部侵入时，所形成的天然焦层较薄，往往保留可采的煤层厚度。在岩浆岩岩体边缘部分的舌状岩体之间，煤层往往保留完整，应该进行探寻。此外，岩浆岩的不同岩石类型由于其岩浆温度和成分的差异，也影响天然焦的厚度。

对煤田的破坏和煤的变质作用影响较大的是一些花岗斑岩、闪长玢岩和辉绿岩小岩体，呈岩床、岩株、岩墙、岩脉直接侵入煤系岩层和煤层中。矿区各煤层均不同程度受到岩浆岩侵入影响，一般下石盒子组煤层影响最大。

4. 岩浆侵入机制

岩浆侵入有两种机制：一是熔蚀同化煤层；二是顺层理尖劈贯入。熔蚀同化是高温岩浆在内部压力的驱使下，边侵入边熔化煤层，煤层顶、底板之间的距离并未改变。尖劈贯入是高温岩浆在内部压力驱使下，沿煤层层理面挤入，并把上部地层抬起，煤层原有厚度不变，又增加了贯入岩体的厚度。自然界也存在过渡型，显然这和岩浆温度、煤的熔点（约 450 ℃）、岩浆入侵时的压力、煤层上覆地层的静压力等因素有关。

（四）陷落柱

淮北煤田石炭-二叠纪煤系的基底，存有溶洞非常发育的奥陶纪石灰岩。由于地下水的长期溶蚀，这些溶洞愈来愈大，在地质构造力和上覆岩层重力的长期作用下，有些溶洞发生塌陷，覆盖在上面的煤系地层也随之陷落，由于这种塌陷的剖面形态为柱状，所以叫陷落柱。或者，下伏易溶岩层经地下水强烈溶蚀，形成大量空洞，从而引起上覆岩层失稳，向溶蚀空间冒落，塌陷所形成的筒状柱体简称陷落柱。

淮北煤田石灰岩岩溶较发育，闸河矿区的袁庄、双龙公司（原张庄）、朱庄、朔里煤矿，濉萧矿区的刘一、刘二煤矿，临涣矿区的任楼煤矿，宿县矿区的祁南、许疃、桃园煤矿，均已发现陷落柱的存在。

1996 年 3 月 4 日，投产不久的任楼煤矿 7222 首采工作面，发生由隐伏导水陷落柱引起的特大型奥灰突水事故，最大瞬时突水量达 34 571 m^3/h，不到 10 h 井下巷道全部被淹，造成 3.5 亿元的重大经济损失。

2013 年 2 月 3 日，桃园煤矿南三采区 1035 切眼掘进工作面发生底板奥灰突水事故，突水量为 29 000 m^3/h，突水总量为 320 万 m^3，事故造成全矿井被淹、1 人死亡的重大经济损失。突水原因为 10 煤层底板存在隐伏导水陷落柱，当 1035 切眼掘进工作面接近该陷落柱时，在承压水和掘进扰动的作用下，奥陶系灰岩承压水突破有限隔水层形成集中过水通道，造成煤层底板奥灰突水。

第三节　复杂的地震地质条件

一、复杂的地表条件

淮北煤田位于黄淮平原，地面标高在＋17～＋40 m 之间。地表村庄、工厂、建（构）筑物密集，面积大、居民多，村庄周边分布了大量养殖场等障碍物，大型河流众多，小型沟渠纵横，公路、铁路交错。图 1-11 为一典型的地表条件，在不到 10 km^2 的范围内分布大、中、小村庄近 30 个，特大型障碍物 1 处，河流 3 条，采空塌陷积水区 2 处。这种条件对高密度三维地震测线、炮点的布设带来极大困难，一旦设计不当，会对地震资料的采集带来严重影响。

二、复杂的激发条件

淮北煤田潜水面一般为 3.0～5.0 m，对激发有利。但村庄密集分布，人工开挖的沟渠较多，局部地段对地震波的激发和接收会产生负面影响，单炮面波干扰较重。

测区的低速层速度为 400～800 m/s，高速层速度为 1 500～1 700 m/s。激发层多为松软的黏土层或泥沙层，大部分地区存在流沙层，且流沙层分布范围和深度无规律可循，选择一个稳定的激发层位较困难，同时表层黏土层与流沙层之间大多存在姜石，给钻井、下药造成较大困难，图 1-12 为典型的表层微测井及岩性图。

地层倾角变化较大；测区中目的层较多，且深浅变化大，浅的至煤层隐伏露头，深的可达

图 1-11　典型的地表条件

千米，这给激发药量的选择也带来困难。药量过大，单炮的主频受到影响；药量过小，深层的能量不够。

三、复杂地质构造

淮北煤田开发于 1958 年，煤炭资源的开采现已向深部转移，但深部资源的勘探程度相对较低，除必需的钻探外，地震勘探对深部煤炭资源的构造、煤层形态的高精度控制已成为首选的勘探方法。高分辨地震勘探技术已成功应用于淮北煤田浅、中部煤炭资源的探测(控制落差在 5 m 以上的断层和褶曲，煤层底板深度误差小于 2%，直径在 20 m 以上的陷落柱和其他地质异常体等)，准确率达 70%以上。淮北煤田深部煤炭资源的地震勘探，主要存在以下技术难题：

(1) 深层反射的信噪比低。反射系数低、球面扩散与大地滤波导致高频衰减严重；外界背景干扰对深层地震记录的影响大于对浅层地震记录的影响。

(2) 空间分辨率低。煤层埋藏深度在 1 000～1 500 m、煤层倾角在 25°左右时，地震波在经过较长路径的吸收和衰减后，层间入射子波的吸收衰减严重，造成深层地震反射波频率降低，频带变窄。地震勘探的第一菲涅尔带成比例增大，地面实际记录的是较大范围内惠更斯二次绕射点源绕射的综合效应，波形复杂，成像模糊。

图 1-12 表层微测井及岩性图

(3) 新生界地层厚度较大(200～600 m),对地震波的高频成分吸收衰减严重,地震资料的分辨率偏低,多次波干扰严重。

(4) 深层地震反射波的品质不高。由于地质钻探成本相对较高,缺少深井钻孔资料的约束。

(一) 断块复杂,小断层多

淮北煤田处于华北板块东南缘,印支事件以后形成的构造以断裂、隆起或凹陷为主,受多期构造运动影响,形成了由一系列近 EW 向和 NNE 向构造复合的网状格局,大中型断层密集,还伴生发育众多小型断层(表 1-2)。

表 1-2 淮北矿区三维地震勘探范围内落差大于 5 m 的断层条数统计表

矿名	断层密度/(条/km²)	矿名	断层密度/(条/km²)
朱庄	22	童亭	44
杨庄	21	许疃	30
朔石	15	孙疃	21
芦岭	46	杨柳	60
朱仙庄	26	青东	45
桃园	29	袁一	28
祁南	34	袁二	23
邹庄	26	涡北	25
临涣	40	信湖	26

由于大断层的牵引作用,断层破碎带较宽,煤层及顶底板受到影响,煤层的密度和波速发生了变化,反射波的品质变差,断点不清楚,断层的归位精度受到影响。如图 1-13 所示,

邹庄煤矿的南坪断层为正断层，最大断距大于 1 000 m；BF25 断层为逆掩推覆断层，上下盘层位叠置现象严重，倾角变化范围在 40°～50°。大型断层附近小断层发育密集，影响了断层的分辨能力，如图 1-14 所示。

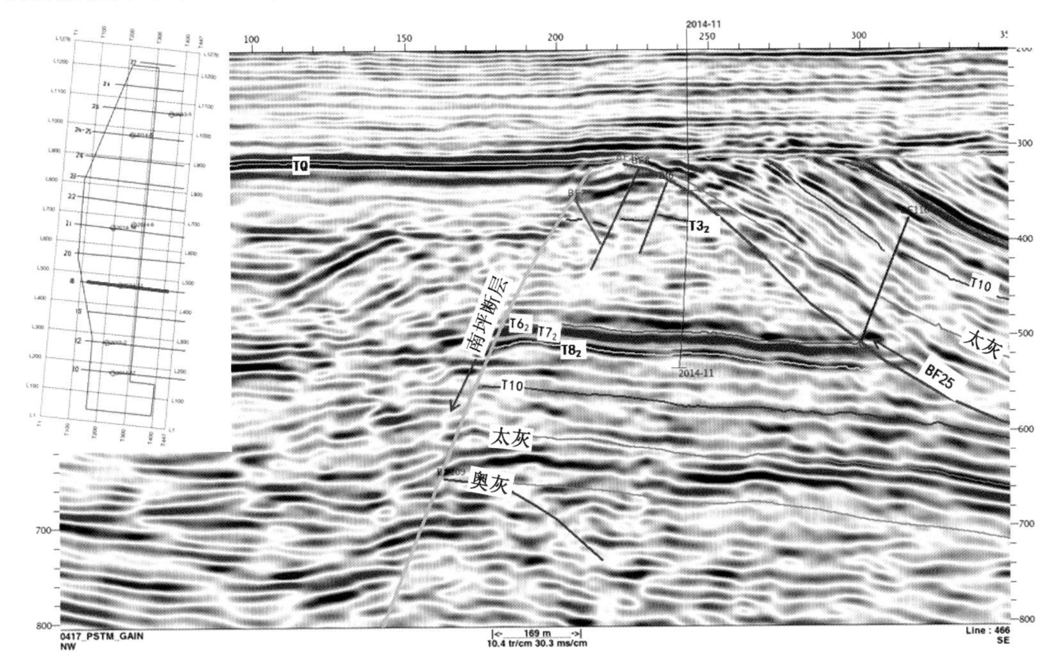

图 1-13　南坪断层、BF25 断层在时间剖面显示图

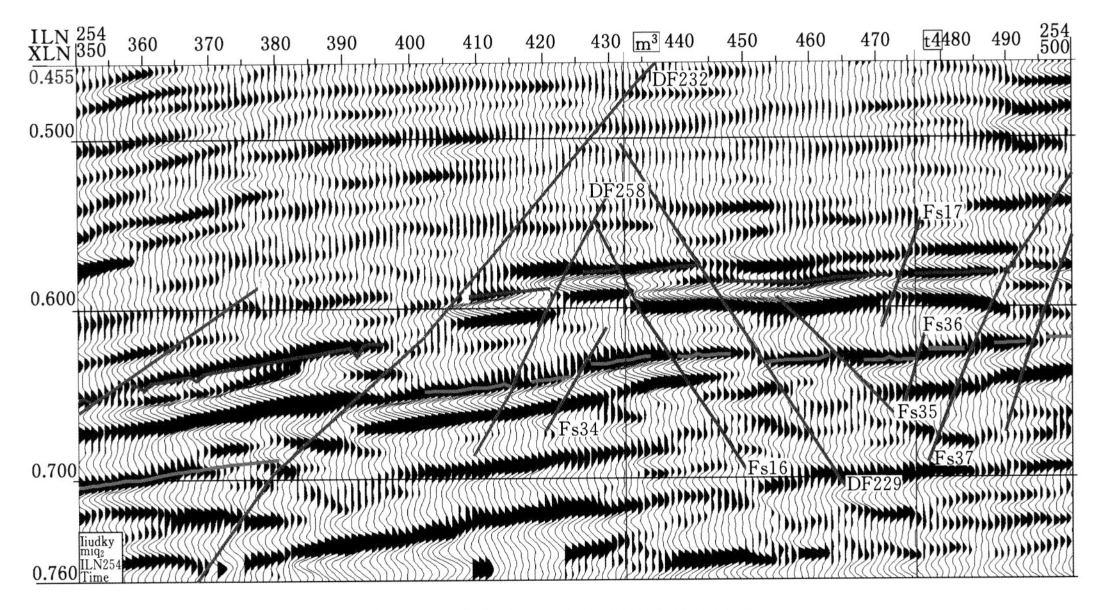

图 1-14　密集小断层在时间剖面显示图

（二）煤层的复杂性

淮北煤田自上而下发育有 3_2、7_2、8_1、8_2、9、10 等主采煤层。不同矿区、井田的主采煤层及煤层数不同，且煤层厚度的变化也不同。各不相同的主采煤层赋存特征，必然会影响三维

地震的勘探效果。

1. 煤层的分叉合并

许疃煤矿在石盒组中下部发育有 7_1、7_2 煤层，煤层平均厚度分别为 1.69 m、2.74 m，层间距平均为 13.00 m。由于 7 煤组存在分叉、合并现象，受地震勘探分辨率的限制，分叉间距小到一定程度，在地震时间剖面上分辨不出两层煤的反射波，它实际上是一个煤层顶底板的复合反射波(图 1-5)。

煤层合并区煤厚增大，其地震特征表现为反射波能量强、视频率低，具有一个正相位和负相位。分叉区煤层变薄，其地震特征表现为反射波能量较合并区弱，视频率偏高，具有两个正相位和负相位，且随 7_1、7_2 煤层的层间距加大，两个波峰明显分开，受地震分辨率的限制，地震时间剖面上显示的煤层反射波的分叉点为视分叉点，如图 1-15 所示。

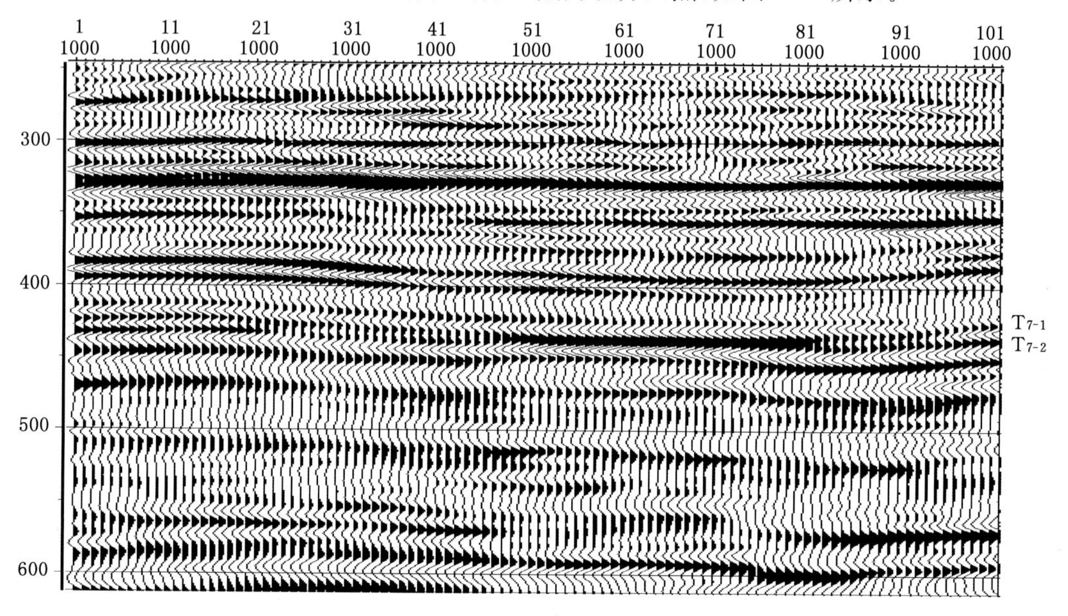

图 1-15　小间距分叉煤层的波形特征

2. 煤层的屏蔽现象

淮北煤田的芦岭、朱仙庄等煤矿巨厚(平均厚度为 10 m)的 8 煤层下 75 m 左右发育 10 煤层(平均厚度在 2 m 左右)，为消除 8 煤层的煤与瓦斯突出威胁，需先期开采 10 煤层作为解放层，因此查明 10 煤层中的构造至关重要。由于 8 煤层为巨厚煤层，对地震波的能量吸收较多，且距 10 煤层的间距较小而对震波产生屏蔽作用，致使 10 煤层反射波连续性较差，构造解释困难，如图 1-16 所示。

3. 煤层中的层滑构造

淮北煤田青东煤矿东部采区 8_2 煤层为主采煤层，但由于存在层滑构造，造成煤层厚度突变，煤层厚度在 0.32～20.28 m。

祁南煤矿 31 采区 3_2 煤层厚度一般为 3.0 m，采煤工作面在回采过程中突然遇到煤厚急剧变薄的情况，煤层厚度从 3.0 m 突变为 0.3 m(图 1-17)，但在三维地震剖面上该煤层变薄带表现的振幅变弱(蓝色)，肉眼识别不明显(图 1-18)。生产实践表明，在实揭资料(钻孔、巷道等)很少的情况下，单纯从三维地震时间剖面很难解释层滑构造及煤厚变化。

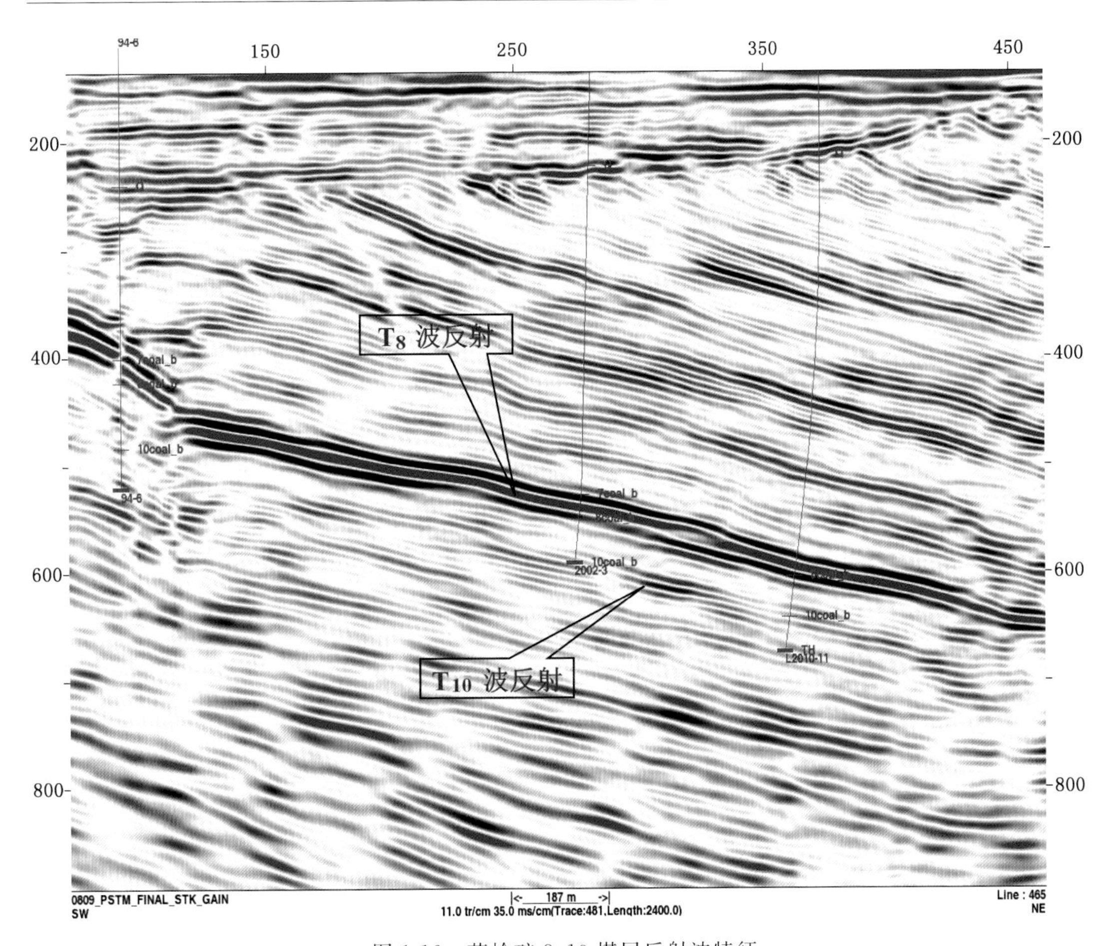

图 1-16　芦岭矿 8、10 煤层反射波特征

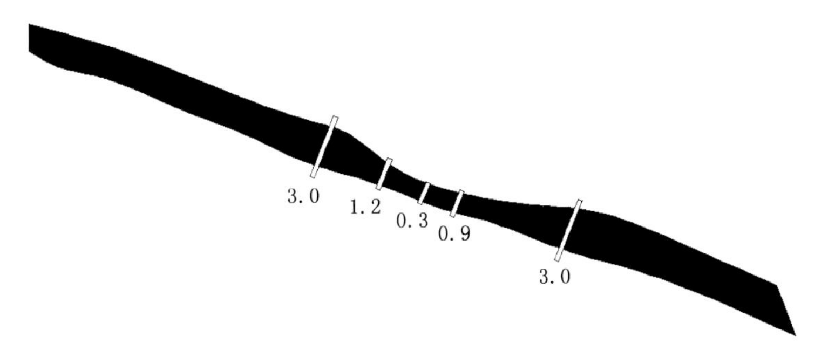

图 1-17　祁南煤矿 31 采区采掘揭露的 3_2 煤层变薄带示意图

4. 大倾角急倾斜煤层

图 1-19 是朱仙庄煤矿Ⅲ103 采区大倾角地层常规与高密度三维地震剖面[图(a)为常规地震剖面,图(b)为高密度剖面]。勘探区内发育多组大的逆冲断裂,地层倾角为 50°～70°,局部地层近直立状。高密度三维地震由于方位角宽,炮检距远、中、近分布均匀,CDP 网格小,纵向分辨率高,叠加次数高等原因,大倾角地层的成像效果虽优于常规地震,但浅部成像仍不理想。

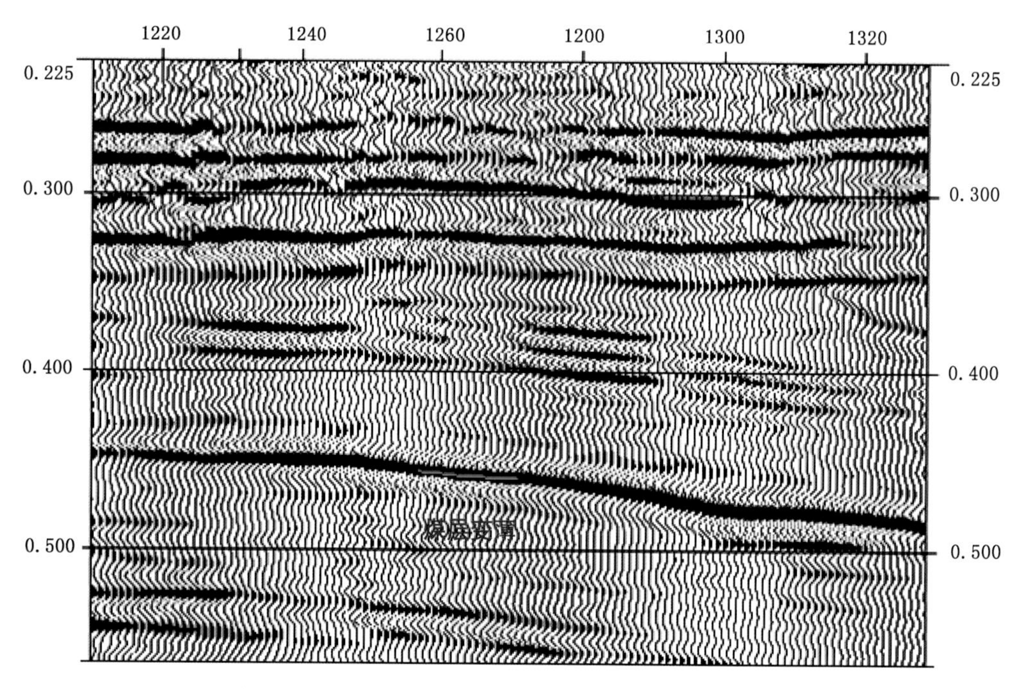

图 1-18　祁南煤矿 31 采区采掘揭露的煤层变薄带示意图

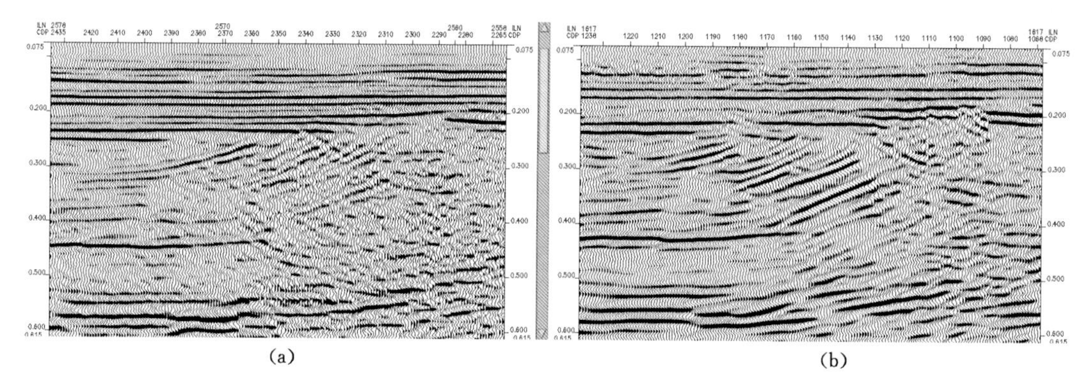

(a)　　　　(b)

图 1-19　朱仙庄矿Ⅲ103 采区大角度三维地震剖面对比图

(a) 常规三维地震剖面；(b) 高密度三维地震剖面

(三) 岩浆岩的影响

淮北煤田所有矿井或多或少都存在岩浆岩侵蚀，侵蚀方式多样，侵蚀后对煤层产生破坏，主要表现为岩浆熔蚀并取代煤层，在接触带产生一圈天然焦。表现在地震剖面上是反射波振幅、频率、相位的变化，有时反射波波组特征发生改变，给地质解释带来困难。

1. 串珠状无规律侵蚀

图 1-20 是杨柳煤矿过 17-18-4、2016-12、18-1、2015-3、2016-16 钻孔的连井变密度地震剖面，钻孔处 10 煤层厚度如表 1-3 所示，2015-3 钻孔处 10 煤层反射的能量明显较强，其他钻孔处 10 煤层反射的能量相当。原始剖面很难准确识别岩浆侵入区，更难以判断岩浆岩的厚薄程度。

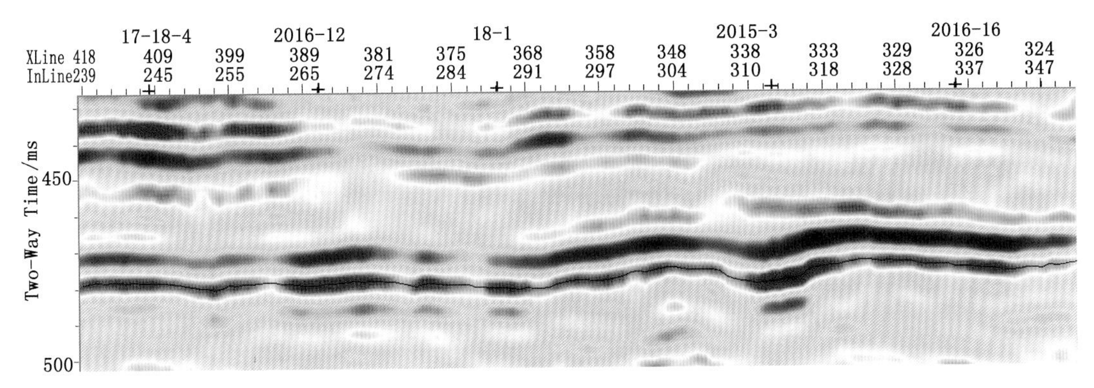

图 1-20　连井变密度剖面图

表 1-3　连井剖面钻孔 10 煤层厚度一览表

钻孔名	煤层厚度/m	天然焦厚度/m	岩浆岩厚度/m
17-18-4	2.52	0	0.41(顶板侵入)
2016-12	1.81	1.29	0.4(顶板侵入)
18-1	3.35	0	0
2015-3	2.74	0	0
2016-16	0.35	0.39	1.7(中间侵入)

2. 纵向穿层侵蚀

图 1-21、图 1-22 分别是某一连井的地质剖面和时间剖面，表示岩浆岩从 8 煤底板向上穿层侵蚀到 7 煤底板。

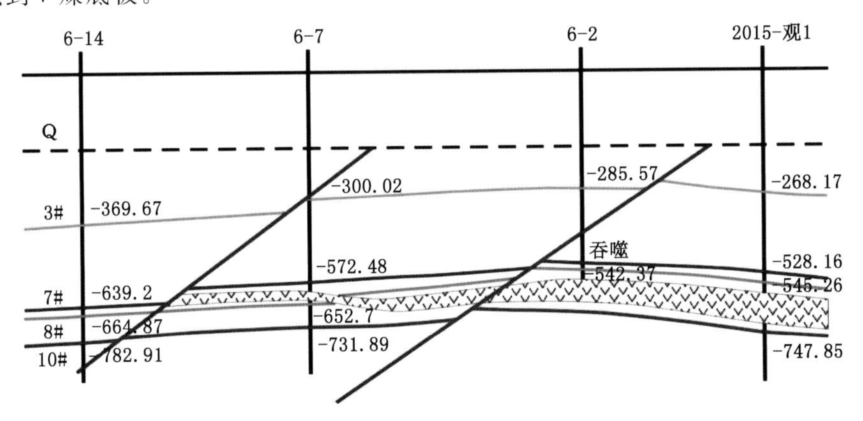

图 1-21　地质剖面中的岩浆岩纵向穿层现象

3. 横向顺层侵蚀

横向顺层侵蚀为岩浆岩的主要侵蚀方式，局部地区出现岩浆岩将煤层分为上下两层的现象。如图 1-23、图 1-24 所示，6-7-7 钻孔处，岩浆岩顺 10 煤中间侵蚀，并把上部地层抬起 59.18 m，把 10 煤层分为上下两层，上层为 0.32 m，下层为 0.75 m，10 煤层原有厚度基本不变。

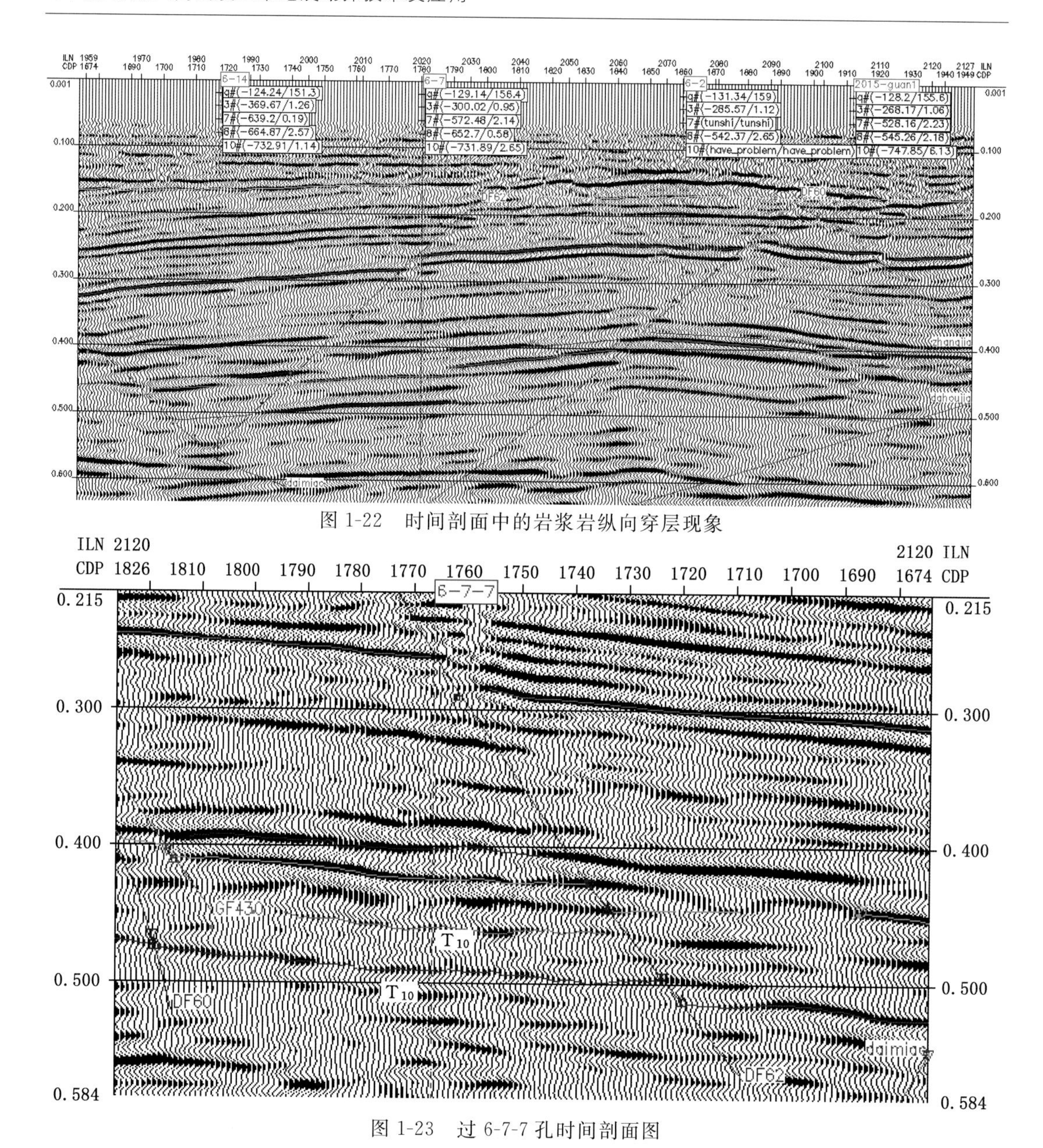

图 1-22　时间剖面中的岩浆岩纵向穿层现象

图 1-23　过 6-7-7 孔时间剖面图

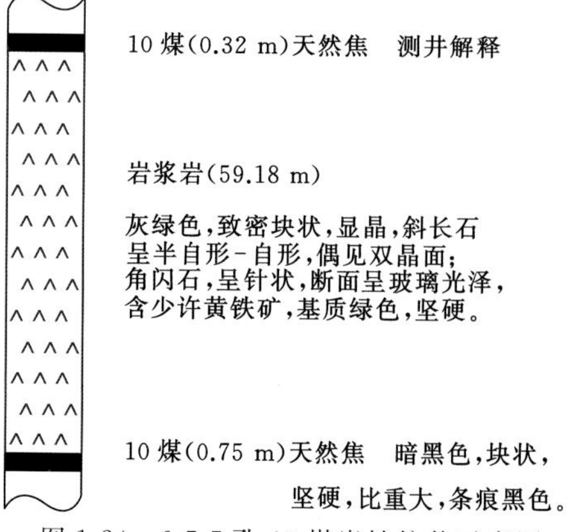

图 1-24　6-7-7 孔 10 煤岩性柱状示意图

（四）灰岩

淮北煤田开采的10煤层(闸河矿区称为6煤层)下距石炭系太原组灰岩含水层50 m左右,受导水陷落柱及其他导水构造影响,奥陶系灰岩含水层是矿井灾害突水水源,因此查明发育至太、奥灰的断层和陷落柱,对实现煤矿的安全生产至关重要。

太原组灰岩有十二层,其一灰至三灰较薄,不易形成反射波。四灰虽然较厚,但由于波阻抗差异较小,也难以形成反射波,即使形成连续性也极差,因此对太灰中构造的解释难度较大。

奥陶系灰岩顶界面在部分矿井可追踪到较为连续的反射波,但由于该地层埋深较大,测区内很少有钻孔穿过,因此对速度标定、时深转换影响较大。

图1-25是桃园矿北翼疑似陷落柱在地震剖面的特征。

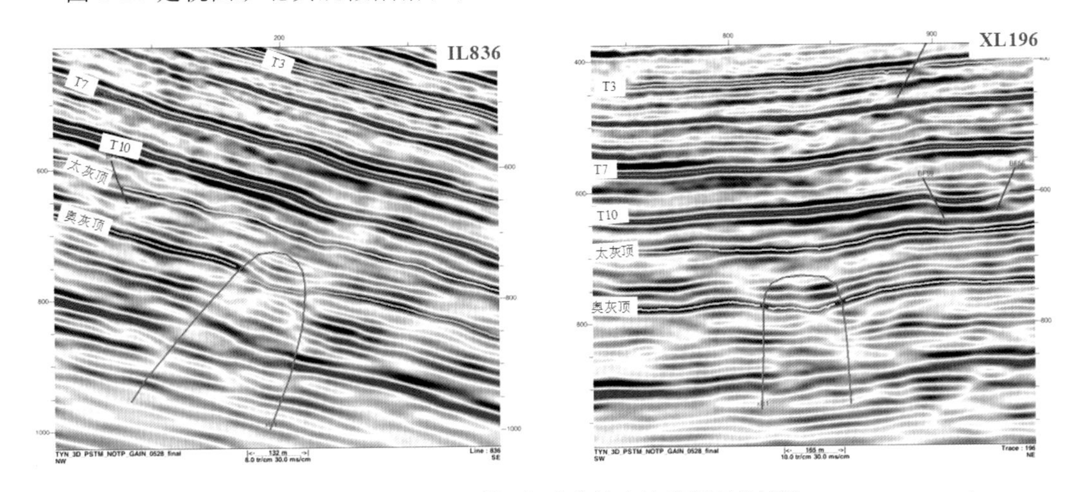

图1-25　桃园矿北翼疑似陷落柱在地震剖面的特征

总之,淮北煤田由于存在着复杂的地表条件和激发条件;覆盖层厚,煤层埋藏深,且可采煤层多,层间距小,煤厚不稳定,地层倾角大;构造复杂、断层密集,且存在岩浆岩侵蚀;太原组、奥陶系灰岩反射波品质差等诸多不利因素,因此地震勘探条件无论浅层还是中深层都是极复杂的。三维地震勘探能否取得良好的效果,满足煤矿实现机械化安全高效开采的构造控制精度,在技术上具有极大的挑战性。

第二章　煤田高密度三维地震基础

煤矿安全高效开采对地质保障工作的要求很高，基础研究工作越来越受到重视。本章开展煤岩样测试，为地震正演与反演提供物性参数，研究基于梯度算子的高精度有限差分数值模拟方法，正演揭示煤层小断层与陷落柱地震响应特征。

第一节　煤岩样速度测试与成分分析

速度是地震勘探的重要参数。

一、煤及其顶底板岩样速度测试

Hudosn 指出，随着岩样尺寸的变化，所得出的岩石特性参数也是不同的，但当岩样达到一定尺度时，则其参数趋于定值，这样的岩样体积称为表征体积。表征体积是岩样的临界尺寸[2]。

煤储层是由气、水、煤基质等组成的地质体，煤基质为芳香碳层和侧链组成的大分子结构，而其中的流体水、甲烷等直径为零点几微米，且流体在煤岩体中的赋存方式也较为复杂，其间的相互作用、流动机制及平衡方式目前还难以通过实验观测，从分子水平研究目前还达不到。在微观水平上，流体通过裂隙、孔隙流动，流体与煤基质之间相互作用必须通过流、固两相界面上的边界效应来反映。而煤储层流、固相耦合是固体区域相互包含，因而将煤储层视为一定大小且包含裂隙、孔隙和基质骨架的质点。现在的任务是确定围绕孔隙、裂隙介质的质点表征体积元大小。体积元应当比整个研究区域尺寸小，否则平均结果就不能代表质点的特性；另外，表征体积元与单个孔隙、裂隙比较又必须足够大，并且包含足够多的孔隙、裂隙，这样才能按各向异性介质分析。

（一）测试方法

1. 速度测试装置

用超声频率对压缩波（P）和剪切波（S）的速度进行测量。测定过程中把接收换能器与发射换能器置于煤岩样品的两侧，如图 2-1 所示。测试装置按一个垂直于煤层面（Z）、两个平行于煤层面（X、Y）放置，在三维方向测量超声波纵波速度 v_P 和横波速度 v_S。使用 SYC－2 型岩石声波仪，换能器频率为 200～750 Hz，记时精度为 0.1 μs，波形初至清晰，横波容易辨认，保证了纵、横波速度的准确性。煤、岩样密度测定

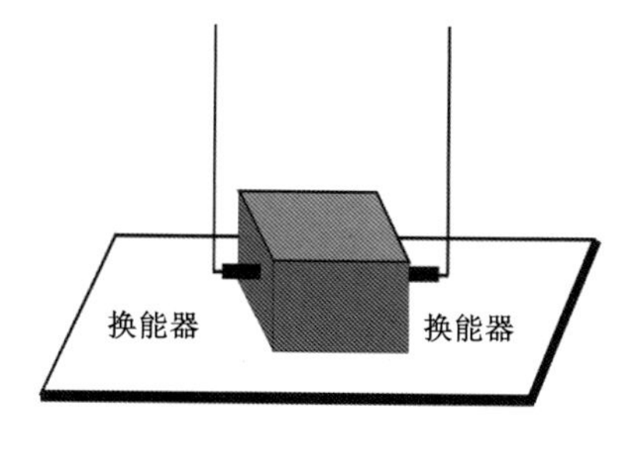

图 2-1　速度测试示意图

按煤质分析相关规范执行。

2. 测试煤、岩样

测试的煤、岩样采自我国东部煤矿区淮北朔里、祁南、孙疃、张庄、朱庄、芦岭等煤矿，煤样及其顶底板岩样共200多块。

3. 样品制备

从矿井新揭露的工作面上采取边长大于30 cm且规则的大煤块、岩块，用黑塑料袋包装，再用宽胶带包扎好，运到地面，其中岩样大部分来自钻机取芯。在室内，根据实验要求，将煤、岩样端面切平整，加工精度按国际岩石力学学会推荐标准执行。

4. 测试内容

速度测试项目是在标准大气压下、自然风干48 h以上，每个煤样要进行3个方向纵波与横波速度测量。

（二）煤、岩样三方向速度特性

煤、岩样三个方向是指垂直煤层层面方向（Z）与顺着煤层面的两个方向（X与Y）。

1. 煤层顶、底板泥岩三方向速度特性

煤层顶底板泥岩样测试结果见表2-1。由表2-1可见，泥岩的密度为2.334～2.823 g/cm^3，其平均值为2.64 g/cm^3。X方向纵波速度v_{XP}为1 456～4 591 m/s，其平均值为3 509 m/s；X方向横波速度v_{XS}为896～2 634 m/s，其平均值为1 896 m/s；Y方向纵波速度v_{YP}为1 594～4 316 m/s，其平均值为3 368 m/s；Y方向横波速度v_{YS}为915～2 500 m/s，其平均值为1 824 m/s；Z方向纵波速度v_{ZP}为1 152～4 374 m/s，其平均值为2 713 m/s；Z方向横波速度v_{ZS}为569～2 146 m/s，其平均值为1 479 m/s。泥岩的纵、横波速度与密度关系表明，在X、Y和Z同方向上纵波与横波超声波速度具有较好的相关性，在不同方向相同类型的超声波速度具有一定的相关性，但是不同方向类型的超声波速度相关性较差，密度ρ与纵横波速度的相关性也较差。同时，同类型波顺层面方向的速度大于垂直于垂直层面的速度，表明泥岩速度各向异性很弱。

表2-1　煤层顶、底板泥岩三方向纵横波速度

岩样编号	岩样名称	采样位置	密度/(g/cm^3)	速度/(m/s)					
				平行于煤层X方向		平行于煤层Y方向		垂直于煤层Z方向	
				v_{XP}	v_{XS}	v_{YP}	v_{YS}	v_{ZP}	v_{ZS}
1	泥岩	朔里矿	2.507	2 756	1 705	2 427	1 695	1 961	1 386
2	泥岩	朔里矿	2.64	1 786	1 120	1 796	995	2 076	1 380
3	泥岩	朔里矿	2.711	3 546	1 707	3 469	1 711	2 970	1 617
4	泥岩	朔里矿	2.721	3 300	1 807	2 917	1 596	2 451	1 412
5	泥岩	朔里矿	2.721	3 006	1 485	2 682	1 455	2 540	1 395
6	泥岩	朔里矿	2.528	3 881	2 039	3 851	2 032	3 250	1 505
7	泥岩	朔里矿	2.334	3 970	2 000	3 769	1 849	3 217	1 537
8	泥岩	朔里矿	2.609	4 591	2 604	4 316	2 265	2 470	1 451
9	泥岩	朔里矿	2.731	4 109	2 121	3 520	1 608	3 818	2 095
10	泥岩	朔里矿	2.589	4 089	2 266	3 936	2 042	3 696	1 954

表 2-1(续)

岩样编号	岩样名称	采样位置	密度/(g/cm³)	速度/(m/s)					
				平行于煤层 X 方向		平行于煤层 Y 方向		垂直于煤层 Z 方向	
				v_{XP}	v_{XS}	v_{YP}	v_{YS}	v_{ZP}	v_{ZS}
11	泥岩	朔里矿	2.415	4 348	2 165	4 185	2 110	4 160	1919
12	泥岩	朔里矿	2.68	4 457	2 350	4 047	2 443	3 893	2 073
13	泥岩	朔里矿	2.823	4 083	2 068	4 024	2 105	3 012	1 396
14	泥岩	朔里矿	2.629	3 619	1 920	4 183	2 202	4 374	2 062
15	泥岩	朔里矿	2.589	4 161	2 232	4 049	2 016	3 741	1 926
16	泥岩	朔里矿	2.742	3 898	1 911	3 338	1 663	3 218	1 684
17	泥岩	朔里矿	2.752	3 858	2 000	3 423	1 624	3 475	1 725
18	泥岩	朔里矿	2.548	4 127	2 158	3 872	2 500	3 200	1 786
19	泥岩	张庄矿	2.65	3 806	2 048	3 294	2 024	2 551	1 358
20	泥岩	张庄矿	2.599	3 788	2 137	3 588	1 888	2 592	1 621
21	泥岩	张庄矿	2.579	3 487	1 948	3 261	1 487	2 659	1 503
22	泥岩	张庄矿	2.568	3 386	1 587	3 344	2 167	2 477	1 544
23	泥岩	张庄矿	2.568	3 260	1 855	3 195	1 839	2 490	1 575
24	泥岩	张庄矿	2.517	3 745	2 291	3 830	2 085	2 567	1 809
25	泥岩	张庄矿	2.64	3 141	1 859	2 771	1 736	2 636	1 639
26	泥岩	张庄矿	2.609	4 120	2 239	4 063	2 396	2 094	1 334
27	泥岩	张庄矿	2.436	1 849	1 107	2 022	1 046	1 188	610
28	泥岩	张庄矿	2.67	2 224	1 388	2 344	1 391	2 226	1 221
29	泥岩	张庄矿	2.67	1 456	896	1 594	915	1 152	691
30	泥岩	张庄矿	2.67	1 960	1 123	2 210	1 203	1 613	950
31	泥岩	张庄矿	2.66	1 661	1 059	1 751	1 078	1 587	1 041
32	泥岩	张庄矿	2.691	2 103	1 019	2 121	1 082	1 867	942
33	泥岩	张庄矿	2.68	2 231	1 220	2 256	1 064	1 885	896
34	泥岩	朱庄矿	2.55	3 783	1 919	4 142	2 307	1 910	1 198
35	泥岩	朱庄矿	2.691	3 614	2 251	3 639	1 958	1 175	596
36	泥岩	朱庄矿	2.73	3 906	2 092	3 817	1 976	2 203	1 139
37	泥岩	朱庄矿	2.68	3 920	2 025	3 769	1 957	3 169	1 509
38	泥岩	朱庄矿	2.67	3 818	1 794	3 756	1 804	1 862	1 059
39	泥岩	朱庄矿	2.7	3 336	1 953	3 481	2 136	1 928	1 000
40	泥岩	朱庄矿	2.72	3 256	1 515	2 890	1 515	2 371	1 211
41	泥岩	朱庄矿	2.73	4 569	2 488	3 794	2 176	2 974	1 499
42	泥岩	朱庄矿	2.599	4 093	2 029	3 769	1 831	3 047	1 667
43	泥岩	朱庄矿	2.68	4 213	2 358	4 200	2 163	3 490	2 146
44	泥岩	朱庄矿	2.64	4 354	2 187	4 125	2 162	3 799	1 968
45	泥岩	朱庄矿	2.772	3 669	2 032	2 553	1 957	2 973	1 554

表 2-1(续)

岩样编号	岩样名称	采样位置	密度/(g/cm³)	速度/(m/s)					
				平行于煤层 X 方向		平行于煤层 Y 方向		垂直于煤层 Z 方向	
				v_{XP}	v_{XS}	v_{YP}	v_{YS}	v_{ZP}	v_{ZS}
46	泥岩	朱庄矿	2.64	4 022	2 061	4 114	2 082	3 615	1 688
47	泥岩	朱庄矿	2.76	4 090	2 654	4 257	2 205	3 383	1 935
48	泥岩	朱庄矿	2.66	3 968	2 232	3 892	2 032	3 205	1 767
平均值			2.64	3 509	1 896	3 368	1 824	2 713	1 479

2. 煤层顶、底板砂质泥岩三方向速度特性

煤层顶、底板除了泥岩外，还常有砂质泥岩，砂质泥岩的超声波速度、密度均比泥岩要大(表 2-2)。砂质泥岩的纵、横波速度与密度关系表明(图 2-3)，在 X、Y 和 Z 同方向上纵波与横波超声波速度具有较好的相关性，在不同方向相同类型的超声波速度具有一定的相关性，但是不同方向不同类型的超声波速度相关性较差，密度 ρ 与纵横波的速度相关性也较差。测试结果表明，砂质泥岩速度各向异性较弱。

表 2-2　煤层顶、底板砂质泥岩三方向纵横波速度

岩样编号	采样位置	密度/(g/cm³)	速度/(m/s)					
			平行于煤层 X 方向		平行于煤层 Y 方向		垂直于煤层 Z 方向	
			v_{XP}	v_{XS}	v_{YP}	v_{YS}	v_{ZP}	v_{ZS}
1	朔里矿	2.599	4 583	2 438	4 582	2 423	3 662	2 162
2	朔里矿	2.721	3 497	1 761	3 356	1 650	2 708	1 525
3	朔里矿	2.691	3 380	1 622	3 106	1 543	2 927	1 401
4	朔里矿	2.64	3 428	1 662	3 351	1 753	2 905	1 488
5	朔里矿	2.579	2 710	1 401	2 128	1 351	2 070	1 223
6	朔里矿	2.619	4 655	2 535	4 386	2 604	4 435	2 048
7	朔里矿	2.579	4 717	2 513	4 753	2 233	4 613	2 457
8	朔里矿	2.579	4 550	2 440	2 623	2 345	4 353	2 485
9	张庄矿	2.691	2 008	1 080	1 980	972	1 571	891
10	张庄矿	2.507	3 764	2 332	3 748	2 273	3 372	2 112
11	张庄矿	2.65	3 790	2 226	3 861	2 181	2 880	1 616
12	张庄矿	2.507	4 626	2 391	4 642	2 310	4 066	2 216
13	张庄矿	2.68	3 828	2 121	3 500	1 785	3 846	1 905
14	张庄矿	2.619	4 181	2 299	4 100	2 365	3 031	1 837
15	张庄矿	2.507	5 260	2 725	5 260	2 725	4 496	2 493
16	张庄矿	2.629	5 527	2 557	4 971	2 474	4 850	2 787
17	张庄矿	2.67	4 483	2 332	4 180	2 287	4 087	2 330
18	张庄矿	2.65	4 065	2 500	3 873	2 702	3 750	2 227
平均值		2.618	4 058	2 163	3 800	2 110	3 535	1 956

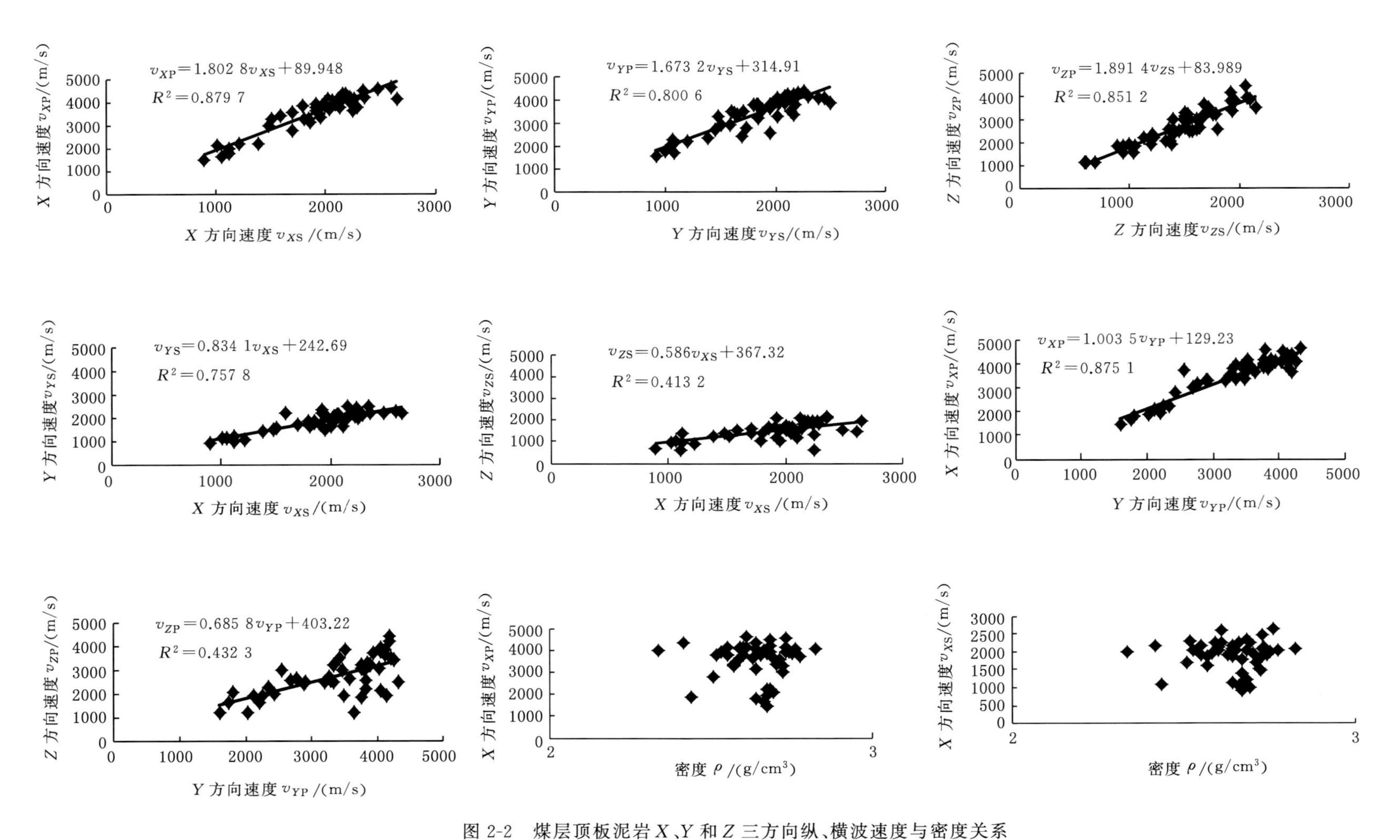

图 2-2　煤层顶板泥岩 X、Y 和 Z 三方向纵、横波速度与密度关系

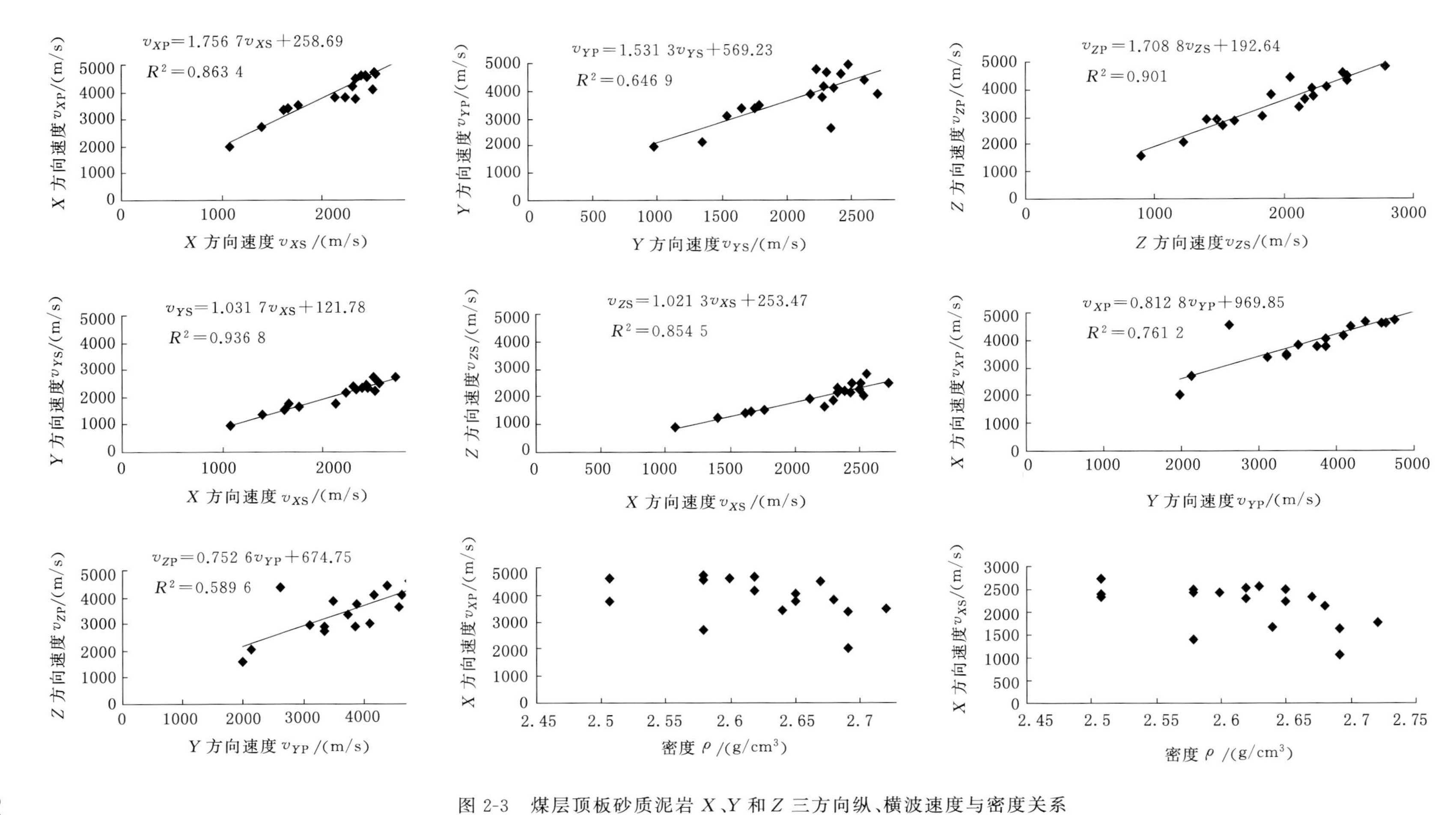

图 2-3　煤层顶板砂质泥岩 X、Y 和 Z 三方向纵、横波速度与密度关系

3. 煤样的三方向速度特性

煤样的煤种为气煤，易碎，三个方向超声波速度测试结果见表 2-3。由表 2-3 可见，煤样密度为 1.304～1.73 g/cm³，其平均值为 1.451 g/cm³。X 方向纵波速度 v_{XP} 为 1 115～2 941 m/s，其平均值为 1 999 m/s；X 方向横波速度 v_{XS} 为 468～1 612 m/s，其平均值为 1 068 m/s；Y 方向纵波速度 v_{YP} 为 1 067～2 791 m/s，其平均值为 1 834 m/s；Y 方向横波速度 v_{YS} 为 460～1 425 m/s，其平均值为 971 m/s；Z 方向纵波速度 v_{ZP} 为 123～2 372 m/s，其平均值为 1 597 m/s；Z 方向横波速度 v_{ZS} 为 228～1 272 m/s，其平均值为 852 m/s。三个方向超声波速度与密度关系见图 2-4，可得出以下结论：

① 煤样在 X、Y 和 Z 同方向纵波与横波超声波速度具有较好的相关性。

② 煤样不同方向、不同波型超声波速度相关性要比煤层顶板泥岩相关性要差，表明煤层各向异性要大。

③ 煤样的密度与速度关系不明显，但总的趋势是随着煤样密度增加，纵、横波速度增大。

表 2-3　煤样三方向纵横波速度

煤样编号	采样位置	密度/(g/cm³)	相对密度	速度/(m/s)					
				平行于煤层面 X 方向		平行于煤层面 Y 方向		垂直于煤层面 Z 方向	
				v_{XP}	v_{XS}	v_{YP}	v_{YS}	v_{ZP}	v_{ZS}
1	朔里矿	1.44	1.41	1 847	1 079	1 778	996	1 542	937
2	朔里矿	1.47	1.44	2 424	1 131	2 357	1 045	2 079	922
3	朔里矿	1.37	1.34	2 014	1 119	2 000	1 139	1 760	1 039
4	朔里矿	1.4	1.37	2 014	1 090	1 528	851	1 355	702
5	朔里矿	1.45	1.42	2 346	1 306	1 946	1 005	1 808	973
6	朔里矿	1.45	1.42	2 496	1 612	2 196	1 146	1 457	948
7	朔里矿	1.44	1.41	2 336	1 260	1 634	985	1 707	980
8	朔里矿	1.4	1.37	1 917	912	1 473	749	1 344	619
9	朔里矿	1.416	1.39	2 092	1 027	1 980	1 028	1 773	926
10	朔里矿	1.73	1.7	1 824	1 016	1 722	866	1 659	868
11	朔里矿	1.539	1.51	1 632	849	1 508	795	1 463	745
12	朔里矿	1.406	1.38	2 240	1 154	2 351	1 168	2 168	1 272
13	朔里矿	1.467	1.44	2 252	1 417	1 984	1 018	1 707	1 056
14	朔里矿	1.58	1.55	2 434	1 164	2 346	1 122	2 092	967
15	朔里矿	1.345	1.32	1 929	1 134	1 799	916	1 535	885
16	朔里矿	1.651	1.62	2 234	1 076	2 024	940	1 908	921
17	朔里矿	1.518	1.9	2 225	1 208	1 900	1 084	1 915	976
18	朔里矿	1.447	1.42	2 402	1 479	2 315	1 266	2 230	1 224
19	朔里矿	1.518	1.49	2 181	1 206	2 184	1 212	2 031	1 052
20	朔里矿	1.641	1.61	2 160	1 186	1 837	1 062	1 631	1 022
21	朔里矿	1.488	1.46	1 857	932	1 403	795	1 185	742

表 2-3(续)

煤样编号	采样位置	密度/(g/cm³)	相对密度	速度/(m/s)					
				平行于煤层面 X 方向		平行于煤层面 Y 方向		垂直于煤层面 Z 方向	
				v_{XP}	v_{XS}	v_{YP}	v_{YS}	v_{ZP}	v_{ZS}
22	朔里矿	1.478	1.45	2 479	1 346	2 035	1 056	1 694	944
23	朔里矿	1.396	1.37	2 181	1 242	1 947	1 009	1 901	1 080
24	朔里矿	1.437	1.41	1 944	950	1 921	956	1 732	960
25	朔里矿	1.518	1.49	1 961	1 209	1 920	1 024	1 487	785
26	朔里矿	1.416	1.39	2 527	1 393	1 971	1 017	1 933	981
27	朔里矿	1.437	1.41	1 954	1 053	1 768	991	1 569	847
28	朔里矿	1.488	1.46	2 388	1 015	2 329	1 342	2 237	1 138
29	朔里矿	1.529	1.5	2 222	1 171	2 222	1 205	2 070	1 075
30	朔里矿	1.416	1.39	1 737	990	1 391	700	1 236	594
31	朔里矿	1.427	1.4	1 936	977	1 469	708	1 255	698
32	朔里矿	1.488	1.46	1 715	834	1 650	671	1 512	676
33	朔里矿	1.355	1.33	2 535	1 467	2 514	1 425	2 372	1 261
34	朔里矿	1.427	1.4	1 654	953	1 608	946	1 429	913
35	朔里矿	1.488	1.46	2 367	1 208	2 094	1 146	1 626	969
36	张庄矿	1.355	1.33	1 633	909	1 593	932	1 860	1 242
37	张庄矿	1.386	1.36	1 864	957	2 447	1 283	1 752	923
38	张庄矿	1.345	1.32	2 135	982	1 816	1 057	1 408	911
39	张庄矿	1.416	1.39	2 284	1 092	2 229	1 043	1 022	578
40	张庄矿	1.416	1.39	2 480	1 003	2 108	1 149	1 635	589
41	张庄矿	1.365	1.34	1 660	897	1 620	854	1 276	730
42	张庄矿	1.447	1.42	1 686	905	1 653	845	1 617	875
43	张庄矿	1.447	1.42	2 083	1 078	1 786	1 005	1 456	755
44	张庄矿	1.396	1.37	1 585	963	2 036	1 186	1 514	777
45	张庄矿	1.406	1.38	2 174	1 250	1 605	902	1 410	766
46	张庄矿	1.427	1.4	2 033	1 208	1 478	800	1 055	517
47	张庄矿	1.447	1.42	2 153	1 157	2 040	1 030	1 929	1 141
48	张庄矿	1.416	1.39	2 106	1 251	1 940	987	1 568	967
49	张庄矿	1.508	1.48	1 681	884	1 396	800	1 091	593
50	张庄矿	1.314	1.29	1 895	953	1 766	888	1 388	842
51	张庄矿	1.61	1.58	2 587	1 146	2 251	1 132	1 899	1 036
52	张庄矿	1.457	1.43	1 964	1 410	2 084	1 176	1 649	857
53	张庄矿	1.386	1.36	1 412	781	1 522	869	1 719	991
54	张庄矿	1.549	1.52	1 941	1 024	1 934	969	1 758	995
55	张庄矿	1.416	1.39	1 869	1 042	1 394	847	1 167	682
56	张庄矿	1.386	1.36	2 253	1 221	1 748	937	1 291	717

表 2-3(续)

煤样编号	采样位置	密度/(g/cm³)	相对密度	速度/(m/s)					
				平行于煤层面 X 方向		平行于煤层面 Y 方向		垂直于煤层面 Z 方向	
				v_{XP}	v_{XS}	v_{YP}	v_{YS}	v_{ZP}	v_{ZS}
57	张庄矿	1.427	1.4	1 708	879	1 356	692	1 243	628
58	张庄矿	1.539	1.51	1 849	961	1 799	1 012	1 856	1 000
59	张庄矿	1.365	1.34	2 006	1 014	2 005	1 071	1 576	872
60	张庄矿	1.508	1.48	2 053	1 044	1 878	1 034	1 806	1 032
61	朱庄矿	1.304	1.28	1 774	1 016	1 596	962	1 486	228
62	朱庄矿	1.447	1.42	2 941	1 458	2 791	1 346	2 058	1 166
63	朱庄矿	1.345	1.32	1 848	994	1 711	906	1 694	986
64	朱庄矿	1.325	1.3	1 753	1 051	1 493	948	1 194	654
65	朱庄矿	1.406	1.38	1 887	1 064	1 897	1 030	1 756	870
66	朱庄矿	1.47	1.44	1 331	784	1 275	630	1 180	597
67	朱庄矿	1.38	1.35	2 626	1 434	2 124	1 069	1 684	934
68	朱庄矿	1.41	1.38	1 878	959	1 802	987	1 576	931
69	朱庄矿	1.42	1.39	1 409	646	1 067	460	905	472
70	朱庄矿	1.457	1.43	1 367	614	1 835	868	745	350
71	朱庄矿	1.61	1.58	1 115	468	1 114	608	123	298
72	朱庄矿	1.55	1.52	1 312	696	1 471	655	890	446
73	朱庄矿	1.61	1.58	1 160	625	1 095	560	1 079	555
平均值		1.451	1.429	1 999	1 068	1 834	971	1 597	852

二、灰岩应力作用下纵横波测试

(一) 测试岩样采集与样品制备

1. 纵、横波速度测试

灰岩样采自淮北煤田钻井岩芯，然后在室内进行加工，加工后岩样呈圆柱形，且两端面平整光滑，其中长为 76 mm，直径为 38 mm。按照《工程岩体试验方法标准》(GB/T 50266—2013)进行测试。

2. 电子显微镜测试

将部分岩样制成粉末样品，在载物盘上粘上双面胶带，然后取少量粉末样品直接撒在试样座的双面碳导电胶上，用表面平整的物体(如玻璃板或导电胶带的蜡纸面)压紧，然后用洗耳球吹去黏结不牢固的颗粒。

3. X 射线衍射仪测试

将部分岩样制成粉末样品，质量不少于 0.5 g，进行 X 射线衍射测试。

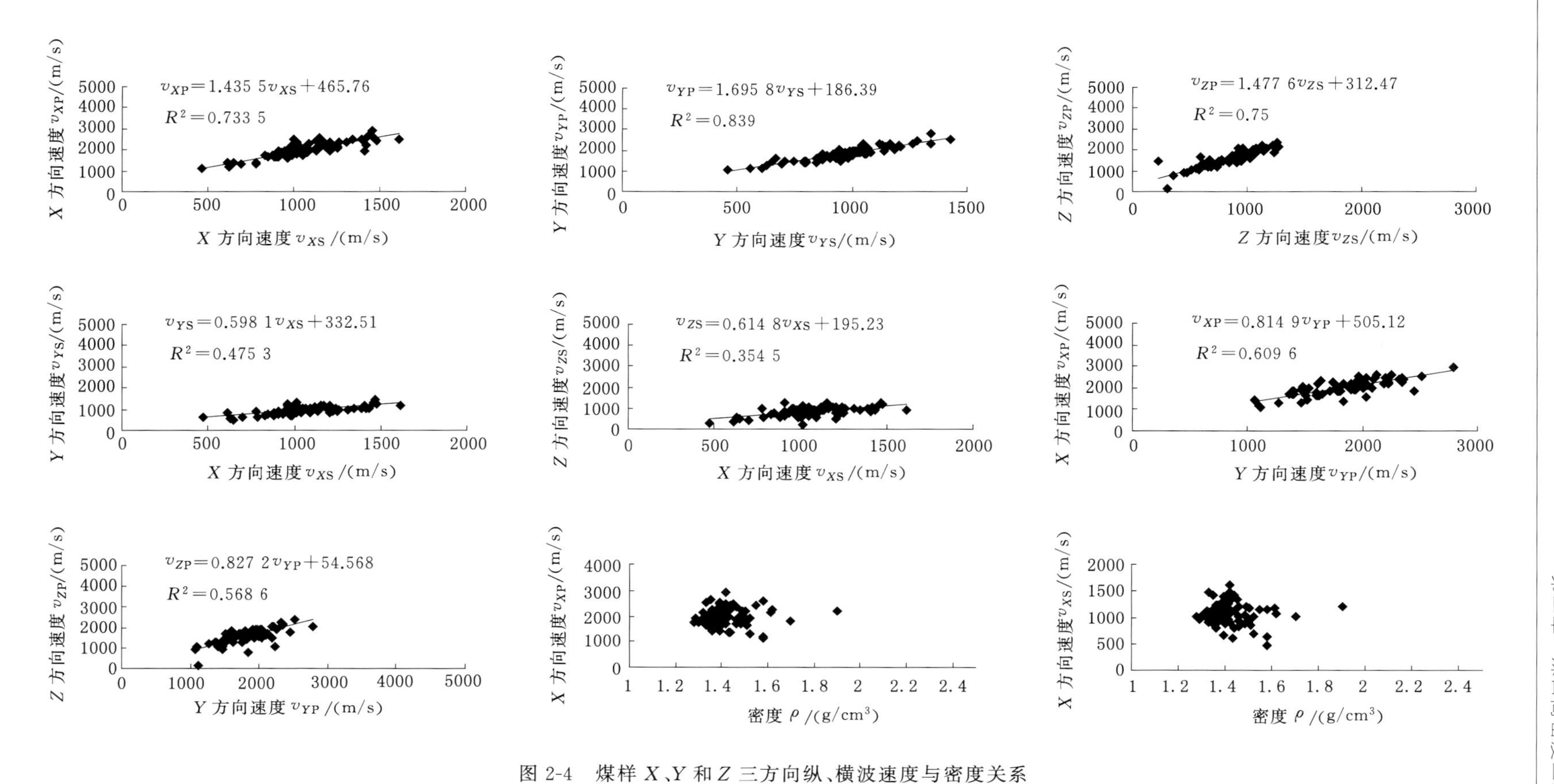

图 2-4　煤样 X、Y 和 Z 三方向纵、横波速度与密度关系

（二）速度测试仪器

本次测试使用智能超声 P·S 波综合测试仪，该仪器能够模拟常温常压、地层温度压力条件下的岩石环境，从而获得岩石的弹性力学参数。该仪器主要由软件控制采集、控制柜、夹持器以及声波控制柜等部分组成，实物图以及简图如图 2-5 和图 2-6 所示。其中，三轴岩芯夹持器能分别施加轴向应力和水平应力，其装置如图 2-7 所示。

图 2-5　仪器装置图

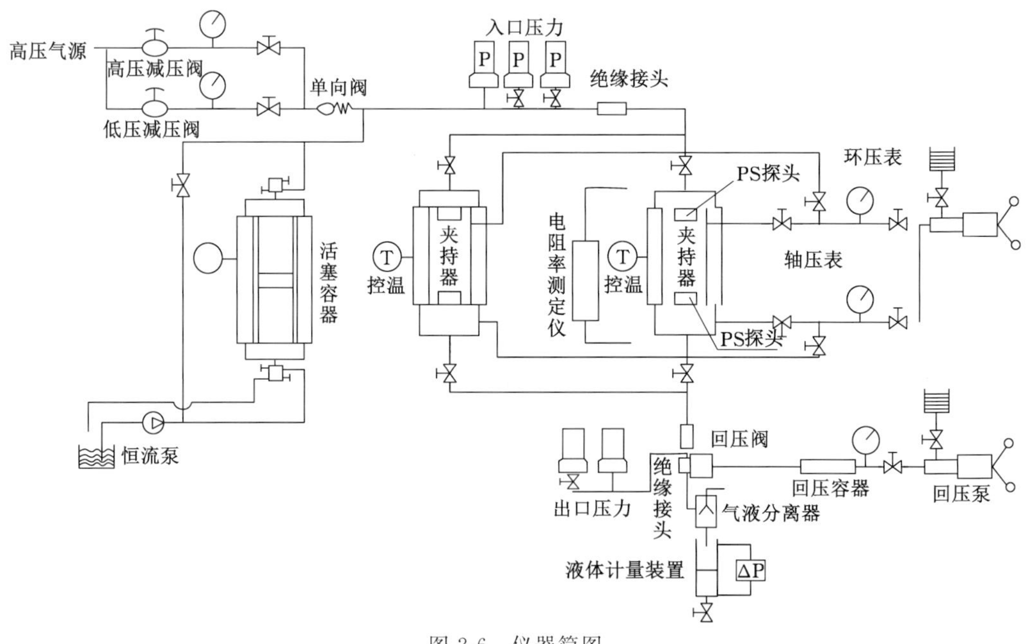

图 2-6　仪器简图

本测试仪超声波射机脉冲电压为 250 V、500 V 和 1 000 V，脉冲宽度有 3 μs、2 μs、1 μs、500 ns 以及 200 ns；宽带高频接收机是精密的电子衰减器，总增益达 80 db，步级为 1

db，带宽达到 20 kHz～2 MHz；纵、横波探头中心频率有 20 kHz、50 kHz、100 kHz 以及 150 kHz，具有纵波采集系统、横波采集系统、多分量交叉采集系统；纵、横波复合换能器耐 150 ℃高温、100 MPa 高压，压力釜最高加热温度大于 150 ℃，压力釜最高轴压/围压大于 50 MPa，岩样测试轴压和围压最大可达到 50 MPa。

本设备完全能够满足从常压条件到井下灰岩压力下的单轴和三轴加载测试实验，可精确自动测量轴向和横向纵横波速度、电阻率和渗透率等参数，符合本次实验需求。

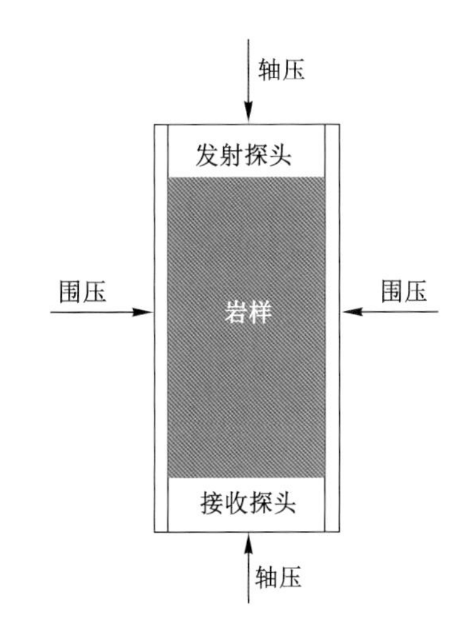

图 2-7　夹持器装置图

（三）灰岩应力作用下纵、横波测试与成果分析

对灰岩岩样进行应力作用下纵、横波测试，首先进行校正 t_0 时间。在发射和接收探头上涂上黄油进行耦合，从而获取 t_0 时间，再利用标准铝块进行测试对比。然后采用游标卡尺测量岩样试件长度。样品预先用蒸馏水冲洗，主要是为了减少岩样杂质对测试的影响。测试纵横波波形图如图 2-8 所示。

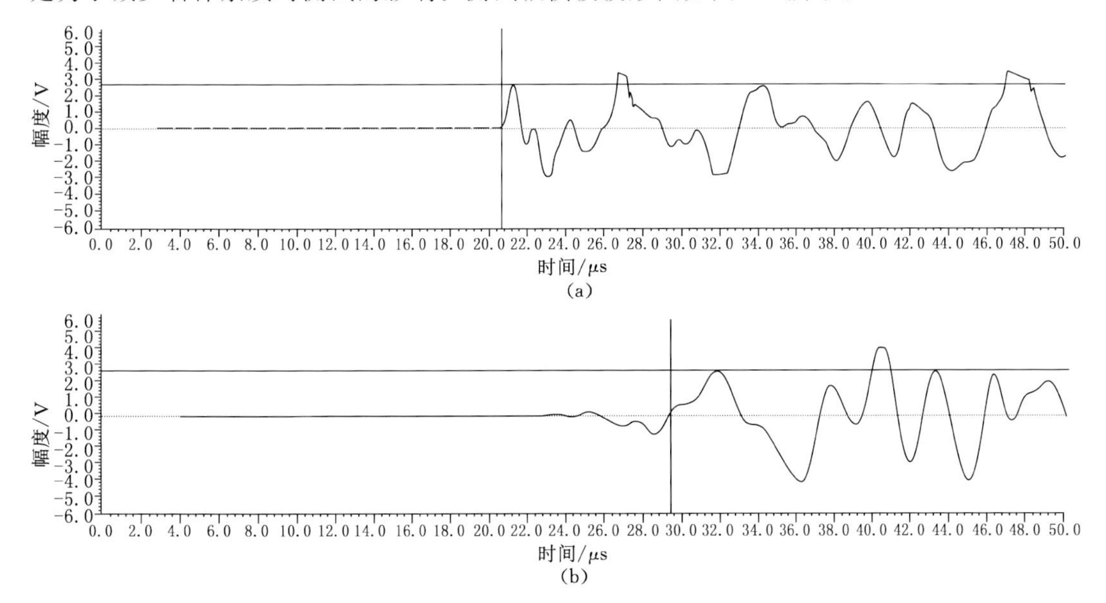

图 2-8　纵、横波测试仪记录图

(a) 纵波波形图；(b) 横波波形图

本次测试模拟地表下深度为 1 000 m 灰岩所受地应力环境，共完成 25 块太灰岩样和 23 块奥灰岩样测试。设置最大轴压和围压均为 20 MPa，当轴压稳定在 20 MPa 时，围压以每 2 MPa为一个测量点，从 2 MPa 到 20 MPa 进行测量。

表 2-4、表 2-5 分别列出太灰岩样在轴压作用下以及轴压稳定在 20 MPa 时不同围压作用下纵、横波速度值；表 2-6、表 2-7 则分别列出奥灰岩样在轴压作用下以及轴压稳定在 20 MPa时不同围压作用下纵、横波速度值。

表 2-4 太灰岩样纵、横波速度随轴压变化

岩样编号	速度/(m/s)	轴压/MPa										
		0	2	4	6	8	10	12	14	16	18	20
1	v_P	6 095	6 119	6 143	6 156	6 164	6 168	6 170	6 170	6 170	6 170	6 170
	v_S	3 494	3 739	3 748	3 757	3 766	3 766	3 769	3 772	3 776	3 776	3 776
2	v_P	6 004	6 076	6 100	6 125	6 141	6 150	6 156	6 162	6 166	6 169	6 174
	v_S	3 675	3 701	3 710	3 720	3 729	3 736	3 738	3 740	3 742	3 746	3 747
3	v_P	6 014	6 038	6 062	6 087	6 087	6 111	6 112	6 112	6 112	6 112	6 112
	v_S	3 637	3 655	3 664	3 672	3 681	3 690	3 696	3 700	3 700	3 700	3 700
4	v_P	6 587	6 616	6 645	6 674	6 686	6 696	6 700	6 700	6 700	6 700	6 700
	v_S	3 788	3 816	3 875	3 875	3 885	3 889	3 895	3 905	3 914	3 920	3 920
5	v_P	5 669	5 712	5 734	5 755	5 777	5 800	5 812	5 822	5 822	5 822	5 822
	v_S	3 570	3 587	3 595	3 604	3 621	3 612	3 616	3 616	3 618	3 618	3 618
6	v_P	5 965	6 012	6 036	6 061	6 085	6 135	6 160	6 186	6 196	6 201	6 201
	v_S	3 528	3 561	3 572	3 593	3 611	3 624	3 639	3 648	3 657	3 657	3 657
8	v_P	5 932	5 955	5 978	6 002	6 017	6 017	6 026	6 032	6 036	6 036	6 036
	v_S	3 668	3 677	3 685	3 694	3 703	3 703	3 712	3 712	3 716	6 716	6 716
9	v_P	6 585	6 632	6 657	6 681	6 693	6 701	6 706	6 710	6 711	6 711	6 711
	v_S	3 708	3 722	3 748	3 765	3 773	3 778	3 781	3 786	3 786	3 786	3 786
13	v_P	6 907	6 937	6 967	6 990	6 997	7 010	7 016	7 020	7 020	7 020	7 020
	v_S	3 865	3 887	3 898	3 907	3 907	3 907	3 907	3 907	3 907	3 907	3 907
15	v_P	6 866	6 886	6 902	6 923	6 943	6 959	6 964	6 964	6 964	6 964	6 964
	v_S	3 900	3 942	3 969	3 986	4 002	4 015	4 024	4 029	4 036	4 036	4 036
16	v_P	5 807	5 830	5 830	5 853	5 876	5 890	5 900	5 900	5 900	5 900	5 900
	v_S	3 798	3 871	3 933	3 964	3 984	4 007	4 015	4 020	4 021	4 021	4 021
17	v_P	6 705	6 736	6 766	6 792	6 807	3 831	6 846	6 850	6 852	6 852	6 852
	v_S	3 840	3 860	3 879	3 892	4 000	4 008	4 008	4 008	4 008	4 008	4 008
26	v_P	5 969	6 014	6 027	6 046	6 055	6 059	6 059	6 059	6 059	6 059	6 059
	v_S	3 634	3 668	3 694	37 096	3 717	3 727	3 742	3 742	3 742	3 742	3 742
27	v_P	6 222	6 270	6 300	6 316	6 340	6 349	6 360	6 365	6 365	6 365	6 365
	v_S	3 736	3 757	3 782	3 797	3 797	3 802	3 802	3 802	3 802	3 802	3 802
29	v_P	6 402	6 436	6 469	6 480	6 496	6 502	6 514	6 520	6 520	6 520	6 520
	v_S	3 510	3 519	3 530	3 541	3 548	3 560	3 569	3 572	3 572	3 572	3 572
31	v_P	5 852	5 992	6 037	6 062	6 096	6 100	6 104	6 104	6 104	6 104	6 104
	v_S	3 621	3 914	3 996	4 009	4 029	4 033	4 036	4 036	4 036	4 036	4 036
32	v_P	6 086	6 110	6 134	6 160	6 174	6 180	6 182	6 182	6 182	6 182	6 182
	v_S	3 794	3 848	3 857	3 865	3 876	3 883	3 883	3 883	3 883	3 883	3 883
36	v_P	5 652	5 683	5 700	5 716	5 730	5 739	5 744	5 746	5 755	5 755	5 755
	v_S	3 547	3 579	3 600	3 620	3 633	3 647	3 647	3 647	3 647	3 647	3 647

表 2-4(续)

岩样编号	速度/(m/s)	轴压/MPa										
		0	2	4	6	8	10	12	14	16	18	20
38	v_P	5 928	5 951	5 974	5 998	6 012	6 030	6 046	6 047	6 054	6 054	6 054
	v_S	3 602	3 663	3 699	3 725	3 747	3 760	3 769	3 769	3 769	3 769	3 769
39	v_P	6 220	6 246	6 271	6 297	6 306	6 310	6 310	6 310	6 310	6 310	6 310
	v_S	3 983	4 046	4 075	4 090	4 106	4 106	4 106	4 106	4 106	4 106	4 106
太灰-12	v_P	4 719	4 829	4 878	4 911	4 911	4 911	4 944	4 944	4 944	4 944	4 961
	v_S	2 681	2 681	3 302	3 289	3 289	3 289	3 289	3 289	3 496	3 544	3 544
太灰-13	v_P	5 027	5 035	5 065	5 065	5 295	5 103	5 111	5 119	5 134	5 134	5 152
	v_S	2 653	2 687	2 687	2 498	2 489	2 633	2 643	2 652	2 652	2 657	2 657
太灰-16	v_P	4 904	5 046	5 080	5 080	5 115	5 115	5 132	5 132	5 150	5 167	5 167
	v_S	2 804	2 833	2 863	2 873	2 890	2 896	2 901	2 907	2 913	2 913	2 913
太灰-17	v_P	5 934	5 988	5 988	6 060	6 011	6 036	6 060	6 060	6 109	6 109	6 109
	v_S	3 654	3 627	3 618	3 627	3 627	3 627	3 627	3 627	3 627	3 627	3 627
太灰-18	v_P	4 717	4 760	4 775	4 790	4 790	4 805	4 821	4 821	4 836	4 836	4 836
	v_S	2 612	2 628	2 647	2 652	2 670	2 680	2 675	2 675	2 670	2 675	2 684

表 2-5　太灰岩样纵、横波速度随围压变化(轴压为 20 MPa)

岩样编号	速度/(m/s)	围压/MPa										
		0	2	4	6	8	10	12	14	16	18	20
1	v_P	6 170	6 179	6 199	6 206	6 212	6 217	6 220	6 224	6 224	6 224	6 224
	v_S	3 776	3 796	3 812	3 822	3 839	3 836	3 840	3 844	3 844	3 844	3 844
2	v_P	6 174	6 186	6 209	6 216	6 226	6 231	6 235	6 238	6 240	6 240	6 240
	v_S	3 747	3 770	3 782	3 796	3 800	3 800	3 800	3 800	3 800	3 800	3 800
3	v_P	6 112	6 129	6 150	6 169	6 080	6 196	6 200	6 200	6 200	6 200	6 200
	v_S	3 700	3 721	3 735	3 744	3 752	3 755	3 755	3 755	3 755	3 755	3 755
4	v_P	6 700	6 706	6 750	6 763	6 770	6 780	6 785	6 785	6 785	6 785	6 785
	v_S	3 920	3 941	3 955	3 967	3 970	3 970	3 970	3 970	3 970	3 970	3 970
5	v_P	5 822	5 862	5 889	5 896	5 902	5 906	5 908	5 910	5 910	5 910	5 910
	v_S	3 618	3 644	3 658	3 664	3 670	3 672	3 672	3 672	3 672	3 672	3 672
6	v_P	6 401	6 427	6 255	6 268	6 277	6 289	6 296	6 298	6 300	6 300	6 300
	v_S	3 857	3 700	3 727	3 740	3 744	3 744	3 744	3 744	3 744	3 744	3 744
8	v_P	6 036	6 044	6 082	6 096	6 104	6 110	6 114	6 115	6 115	6 115	6 115
	v_S	3 716	3 742	3 769	3 785	3 800	3 810	3 819	3 825	3 829	3 832	3 832
9	v_P	6 711	6 715	6 751	6 769	6 780	6 788	6 795	6 800	6 802	6 802	6 802
	v_S	6 712	3 809	3 822	6 834	3 840	3 848	3 857	3 865	3 865	3 865	3 865
13	v_P	7 020	7 044	7 063	7 077	7 086	7 086	7 086	7 086	7 086	7 086	7 086
	v_S	3 907	3 921	3 932	3 939	3 944	3 944	3 944	3 944	3 944	3 944	3 944

表 2-5(续)

岩样编号	速度/(m/s)	围压/MPa										
		0	2	4	6	8	10	12	14	16	18	20
15	v_P	6 964	6 986	7 005	7 019	7 028	7 028	7 028	7 028	7 028	7 028	7 028
	v_S	4 036	4 050	4 061	4 069	4 073	4 075	4 075	4 075	4 075	4 075	4 075
16	v_P	5 900	5 921	5 936	5 947	5 954	5 954	5 954	5 954	5 954	5 954	5 954
	v_S	4 021	4 035	4 047	4 055	4 059	4 059	4 059	4 059	4 059	4 059	4 059
17	v_P	6 852	6 877	6 894	6 908	6 916	6 920	6 920	6 920	6 920	6 920	6 920
	v_S	4 008	4 022	4 033	4 041	4 045	4 048	4 048	4 048	4 048	4 048	4 048
26	v_P	6 059	6 080	6 096	6 108	6 114	6 114	6 114	6 114	6 114	6 114	6 114
	v_S	3 742	3 753	3 763	3 771	3 775	3 775	3 775	3 775	3 775	3 775	3 775
27	v_P	6 365	6 387	6 403	6 415	6 422	6 422	6 422	6 422	6 422	6 422	6 422
	v_S	3 802	3 816	3 825	3 830	3 834	3 834	3 834	3 834	3 834	3 834	3 834
29	v_P	6 520	6 521	6 537	6 547	6 554	6 558	6 558	6 558	6 558	6 558	6 558
	v_S	3 572	3 573	3 582	3 589	3 593	3 593	3 593	3 593	3 593	3 593	3 593
31	v_P	6 104	6 125	6 142	6 155	6 162	6 162	6 162	6 162	6 162	6 162	6 162
	v_S	4 036	4 048	4 059	4 067	4 071	4 071	4 071	4 071	4 071	4 071	4 071
32	v_P	6 182	6 204	6 221	6 232	6 239	6 239	6 239	6 239	6 239	6 239	6 239
	v_S	3 883	3 897	3 908	3 915	3 919	3 921	3 921	3 921	3 921	3 921	3 921
36	v_P	5 755	5 775	5 790	5 801	5 807	5 807	5 807	5 807	5 807	5 807	5 807
	v_S	3 647	3 659	3 668	3 675	3 680	3 680	3 680	3 680	3 680	3 680	3 680
38	v_P	6 054	6 074	6 091	6 103	6 110	6 110	6 110	6 110	6 110	6 110	6 110
	v_S	3 769	3 782	3 792	3 799	3 804	3 804	3 804	3 804	3 804	3 804	3 804
39	v_P	6 310	6 330	6 345	6 357	6 364	6 368	6 368	6 368	6 368	6 368	6 368
	v_S	4 106	4 119	4 131	4 138	4 143	4 143	4 143	4 143	4 143	4 143	4 143
太灰-12	v_P	4 961	4 944	4 911	4 911	4 894	4 894	4 894	4 878	4 862	4 862	4 862
	v_S	3 544	2 707	2 707	2 707	2 707	2 785	2 785	2 795	2 801	2 801	2 801
太灰-13	v_P	5 152	5 152	5 152	5 117	5 117	5 117	5 117	5 099	5 082	5 065	5 065
	v_S	2 657	2 904	2 904	2 904	290	2 760	2 921	2 904	2 760	2 760	2 760
太灰-16	v_P	5 167	5 098	5 098	5 063	5 046	4 911	4 850	4 803	4 803	4 803	4 803
	v_S	2 913	2 763	2 768	2 768	2 793	2 831	2 879	2 879	2 896	2 896	2 896
太灰-17	v_P	6 109	5 428	5 428	5 389	5 389	5 389	5 417	5 417	5 417	5 400	5 364
	v_S	3 627	3 680	3 680	3 670	3 690	3 699	3 702	3 786	3 795	3 800	3 816
太灰-18	v_P	4 836	4 836	4 821	4 790	4 775	4 760	4 745	4 760	4 760	4 745	4 760
	v_S	2 684	2 652	2 666	2 680	2 799	2 810	2 810	2 810	2 810	2 815	2 820

表 2-6　奥灰岩样纵、横波速度随轴压变化

岩样编号	速度/(m/s)	轴压/MPa										
		0	2	4	6	8	10	12	14	16	18	20
7	v_P	4 982	4 998	5 031	5 048	5 065	5 065	5 065	5 065	5 065	5 065	5 065
	v_S	3 230	3 271	3 303	3 323	3 345	3 395	3 403	3 406	3 410	3 410	3 410
10	v_P	6 987	7 020	7 054	7 087	7 096	7 104	7 110	7 114	7 114	7 114	7 114
	v_S	3 928	3 944	3 961	3 977	3 984	3 994	4 000	4 006	4 010	4 010	4 010
11	v_P	6 925	6 958	6 990	7 023	7 056	7 068	7 076	7 080	7 082	7 085	7 085
	v_S	3 887	3 910	3 929	3 947	3 948	3 965	3 972	3 986	3 989	3 989	3 989
12	v_P	6 996	7 025	7 055	7 069	7 090	7 102	7 110	7 116	7 119	7 119	7 119
	v_S	3 909	3 945	3 971	3 980	3 989	3 996	4 000	4 008	4 012	4 015	4 015
14	v_P	6 940	6 979	7 010	7 048	7 060	7 060	7 071	7 074	7 074	7 074	7 074
	v_S	4 114	4 152	4 196	4 212	4 222	4 233	4 240	4 247	4 252	4 254	4 254
17	v_P	7 078	7 102	7 126	7 140	7 144	7 144	7 144	7 144	7 144	7 144	7 144
	v_S	3 926	3 974	3 996	4 012	4 025	4 032	4 032	4 032	4 032	4 032	4 032
18	v_P	6 408	6 476	6 578	6 608	6 632	6 647	6 660	6 660	6 660	6 660	6 660
	v_S	4 034	4 060	4 081	4 096	4 107	4 115	4 116	4 116	4 116	4 116	4 116
19	v_P	7 020	7 052	7 075	7 085	7 090	7 092	7 092	7 092	7 092	7 092	7 092
	v_S	4 507	4 533	4 574	4 588	4 594	4 600	4 600	4 600	4 600	4 600	4 600
20	v_P	6 538	6 567	6 590	6 621	6 627	6 630	6 630	6 630	6 630	6 630	6 630
	v_S	3 640	3 660	3 679	3 694	3 700	3 706	3 706	3 706	3 706	3 706	3 706
21	v_P	6 623	6 672	6 694	6 702	6 710	6 716	6 720	6 722	6 726	6 726	6 726
	v_S	3 655	3 701	3 717	3 727	3 733	3 733	3 733	3 733	3 733	3 733	3 733
23	v_P	6 652	6 700	6 733	6 760	6 781	6 792	6 802	6 802	6 802	6 802	6 802
	v_S	3 997	4 020	4 045	4 070	4 089	4 100	4 108	4 116	4 116	4 116	4 116
24	v_P	6 206	6 267	6 290	6 306	6 316	6 320	6 323	6 323	6 323	6 323	6 323
	v_S	3 902	3 981	4 026	4 040	4 051	4 059	4 060	4 060	4 060	4 060	4 060
25	v_P	6 929	6 997	7 031	7 062	7 080	7 091	7 100	7 103	7 103	7 103	7 103
	v_S	3 770	3 790	3 810	3 810	3 836	3 845	3 849	3 849	3 849	3 849	3 849
28	v_P	6 519	6 544	6 570	6 597	6 610	6 624	6 630	6 635	6 639	6 639	6 639
	v_S	3 826	3 841	3 864	3 874	3 886	3 890	3 890	3 890	3 890	3 890	3 890
30	v_P	6 433	6 487	6 625	6 653	6 682	6 709	6 720	6 724	6 724	6 724	6 724
	v_S	3 992	4 097	4 119	4 185	4 208	4 224	4 232	4 232	4 232	4 232	4 232
33	v_P	6 024	6 049	6 074	6 100	6 129	6 140	6 146	6 150	6 150	6 150	6 150
	v_S	3 678	3 715	3 773	3 793	3 815	3 830	3 838	3 838	3 838	3 838	3 838
34	v_P	6 987	7 030	7 052	7 074	7 086	7 096	7 100	7 102	7 102	7 102	7 102
	v_S	4 022	4 064	4 086	4 100	4 100	4 100	4 100	4 100	4 100	4 100	4 100
35	v_P	6 790	6 833	6 862	6 875	6 890	6 900	6 906	6 908	6 908	6 908	6 908
	v_S	4 007	4 027	4 043	4 065	4 077	4 086	4 089	4 089	4 089	4 089	4 089

表 2-6(续)

岩样编号	速度/(m/s)	轴压/MPa										
		0	2	4	6	8	10	12	14	16	18	20
37	v_P	6 760	6 842	6 900	6 940	6 960	6 975	6 988	6 992	6 992	6 992	6 992
	v_S	3 870	3 932	3 954	3 979	3 992	4 006	4 014	4 020	4 020	4 020	4 020
奥灰-6	v_P	6 104	6 122	6 130	6 143	6 170	6 191	6 191	6 191	6 207	6 232	6 232
	v_S	3 728	3 728.9	3 742	3 742	3 760	3 780	3 780	3 780	3 780	3 796	3 802
奥灰-7	v_P	4 719	4 829	4 878	4 911	4 911	4 911	4 944	4 944	4 944	4 944	4 961
	v_S	2 653	2 687	2 687	2 498	2 489	2 633	2 643	2 652	2 652	2 657	2 657
奥灰-8	v_P	5 030	5 083	5 100	5 118	5 118	5 136	5 136	5 155	5 155	5 155	5 172
	v_S	3 502.6	3 511	3 494.23	3 502	3 502	3 511	3 511	3 511	3 511	3 528	3 528
奥灰-10	v_P	6 085	6 085	6 085	6 085	6 109	6 134	6 134	6 134	6 159	6 159	6 159
	v_S	3 810	3 810	3 792	3 792	3 773	3 773	3 773	3 773	3 773	3 773	3 773

表 2-7　奥灰岩样纵、横波速度随围压变化(轴压为 20 MPa)

岩样编号	速度/(m/s)	围压/MPa										
		0	2	4	6	8	10	12	14	16	18	20
7	v_P	5 065	5 104	5 122	5 134	5 140	5 146	5 150	5 150	5 150	5 150	5 150
	v_S	3 410	3 432	3 449	3 464	3 476	3 486	3 492	3 496	3 496	3 496	3 496
10	v_P	7 114	7 136	7 131	7 134	7 134	7 134	7 134	7 134	7 134	7 134	7 134
	v_S	4 010	4 022	4 029	4 035	4 040	4 042	4 042	4 042	4 042	4 042	4 042
11	v_P	7 085	7 109	7 125	7 138	7 152	7 157	7 157	7 157	7 157	7 157	7 157
	v_S	3 989	4 005	4 016	4 024	4 031	4 034	4 034	4 034	4 034	4 034	4 034
12	v_P	7 119	7 144	7 160	7 172	7 183	7 188	7 188	7 188	7 188	7 188	7 188
	v_S	4 015	4 028	4 037	4 044	4 051	4 055	4 057	4 057	4 057	4 057	4 057
14	v_P	7 074	7 102	7 120	7 131	7 142	7 149	7 149	7 149	7 149	7 149	7 149
	v_S	4 254	4 269	4 278	4 286	4 294	4 297	4 297	4 297	4 297	4 297	4 297
17	v_P	7 144	7 167	7 185	7 197	7 208	7 213	7 213	7 213	7 213	7 213	7 213
	v_S	4 032	4 046	4 055	4 060	4 065	4 068	4 071	4 071	4 071	4 071	4 071
18	v_P	6 660	6 686	6 700	6 712	6 723	6 728	6 728	6 728	6 728	6 728	6 728
	v_S	4 116	4 129	4 141	4 148	4 155	4 159	4 159	4 159	4 159	4 159	4 159
19	v_P	7 092	7 115	7 135	7 146	7 157	7 164	7 172	7 172	7 172	7 172	7 172
	v_S	4 600	4 615	4 625	4 634	4 643	4 646	4 646	4 646	4 646	4 646	4 646
20	v_P	6 630	6 652	6 667	6 680	6 693	6 697	6 697	6 697	6 697	6 697	6 697
	v_S	3 706	3 720	3 728	3 733	3 737	3 741	3 741	3 741	3 741	3 741	3 741
21	v_P	6 726	6 749	6 766	6 775	6 782	6 789	6 794	6 794	6 794	6 794	6 794
	v_S	3 733	3 747	3 755	3 762	3 768	3 771	3 774	3 774	3 774	3 774	3 774
23	v_P	6 802	6 826	6 841	6 852	6 864	6 864	6 864	6 864	6 864	6 864	6 864
	v_S	4 116	4 132	4 143	4 150	4 154	4 158	4 161	4 161	4 161	4 161	4 161

表 2-7(续)

岩样编号	速度/(m/s)	围压/MPa										
		0	2	4	6	8	10	12	14	16	18	20
24	v_P	6 323	6 347	6 365	6 375	6 382	6 388	6 388	6 388	6 388	6 388	6 388
	v_S	4 060	4 074	4 085	4 092	4 099	4 102	4 102	4 102	4 102	4 102	4 102
25	v_P	7 103	7 127	7 137	7 147	7 156	7 161	7 161	7 161	7 161	7 161	7 161
	v_S	3 849	3 864	3 872	3 877	3 881	3 884	3 884	3 884	3 884	3 884	3 884
28	v_P	6 639	6 662	6 677	6 690	6 702	6 710	6 715	6 715	6 715	6 715	6 715
	v_S	3 890	3 904	3 912	3 919	3 926	3 930	3 930	3 930	3 930	3 930	3 930
30	v_P	6 724	6 748	6 765	6 772	6 779	6 784	6 784	6 784	6 784	6 784	6 784
	v_S	4 232	4 245	4 256	4 263	4 270	4 273	4 273	4 273	4 273	4 273	4 273
33	v_P	6 150	6 171	6 186	6 197	6 207	6 212	6 212	6 212	6 212	6 212	6 212
	v_S	3 838	3 851	3 860	3 865	3 870	3 875	3 875	3 875	3 875	3 875	3 875
34	v_P	7 102	7 126	7 142	7 152	7 162	7 170	7 170	7 170	7 170	7 170	7 170
	v_S	4 100	4 116	4 126	4 134	4 142	4 145	4 145	4 145	4 145	4 145	4 145
35	v_P	6 908	6 923	6 932	6 937	6 942	6 944	6 944	6 944	6 944	6 944	6 944
	v_S	4 089	4 105	4 116	4 123	4 130	4 134	4 134	4 134	4 134	4 134	4 134
37	v_P	6 992	7 015	7 035	7 044	7 052	7 059	7 064	7 064	7 064	7 064	7 064
	v_S	4 020	4 033	4 044	4 052	4 060	4 063	4 063	4 063	4 063	4 063	4 063
奥灰-6	v_P	6 232	6 232	6 218	6 096	6 096	6 082	6 082	6 044	6 044	6 002	6 002
	v_S	3 802	3 886	3 886	3 886	3 902	3 917	3 923	3 923	3 961	3 961	3 961
奥灰-7	v_P	4 961	4 944	4 911	4 911	4 894	4 894	4 894	4 878	4 862	4 862	4 862
	v_S	2 657	2 707	2 707	2 707	2 707	2 785	2 785	2 796	2 801	2 801	2 801
奥灰-8	v_P	5 172	5 191	5 173	5 155	5 083	5 082	5 029	4 995	4 995	4 877	4 877
	v_S	3528	3 537	3 537	3 537	3 554	3 580	3 580	3 580	3 598	3 598	3 598
奥灰-10	v_P	6 159	6 134	6 134	6 084	6 084	6 084	6 084	6 060	6 060	6 011	6 000
	v_S	3 773	3 869	3 879	3 889	3 889	3 889	3 924	3 927	3 927	3 927	3 949

（四）太灰岩样纵、横波测试结果分析

图 2-9 为部分太灰岩样纵、横波速度随轴压变化曲线图。从图中可以看到，随着轴压的逐渐加大，太灰岩样纵、横波速度逐渐增大。

31 号太灰岩横波速度在 0～2 MPa 轴压阶段增长最快，增长幅度为 8.09%，在 2～4 MPa 轴压阶段增长幅度为 2.02%，在 4～8 MPa 轴压阶段增长幅度为 0.90%，在 8～12 MPa 轴压阶段增长幅度为 0.17%，在 12～20 MPa 轴压阶段保持不变。其纵波速度在 0～2 MPa 轴压阶段增长幅度为 2.9%，在 2～8 MPa 轴压阶段增长幅度为 1.80%，在 8～12 MPa 阶段增长幅度为 0.07%，在 12～20 MPa 轴压阶段保持不变。原因是刚开始加轴压时，大量孔隙闭合，致使其横波速度急剧增大，之后少量孔隙慢慢闭合，速度慢慢变大。

17 号太灰岩横波速度在 0～6 MPa 轴压阶段增长幅度为 1.35%，在 6～8 MPa 轴压阶段增长幅度为 2.77%，在 8～10 MPa 轴压阶段增长幅度为 0.2%，在 10～20 MPa 轴压阶段

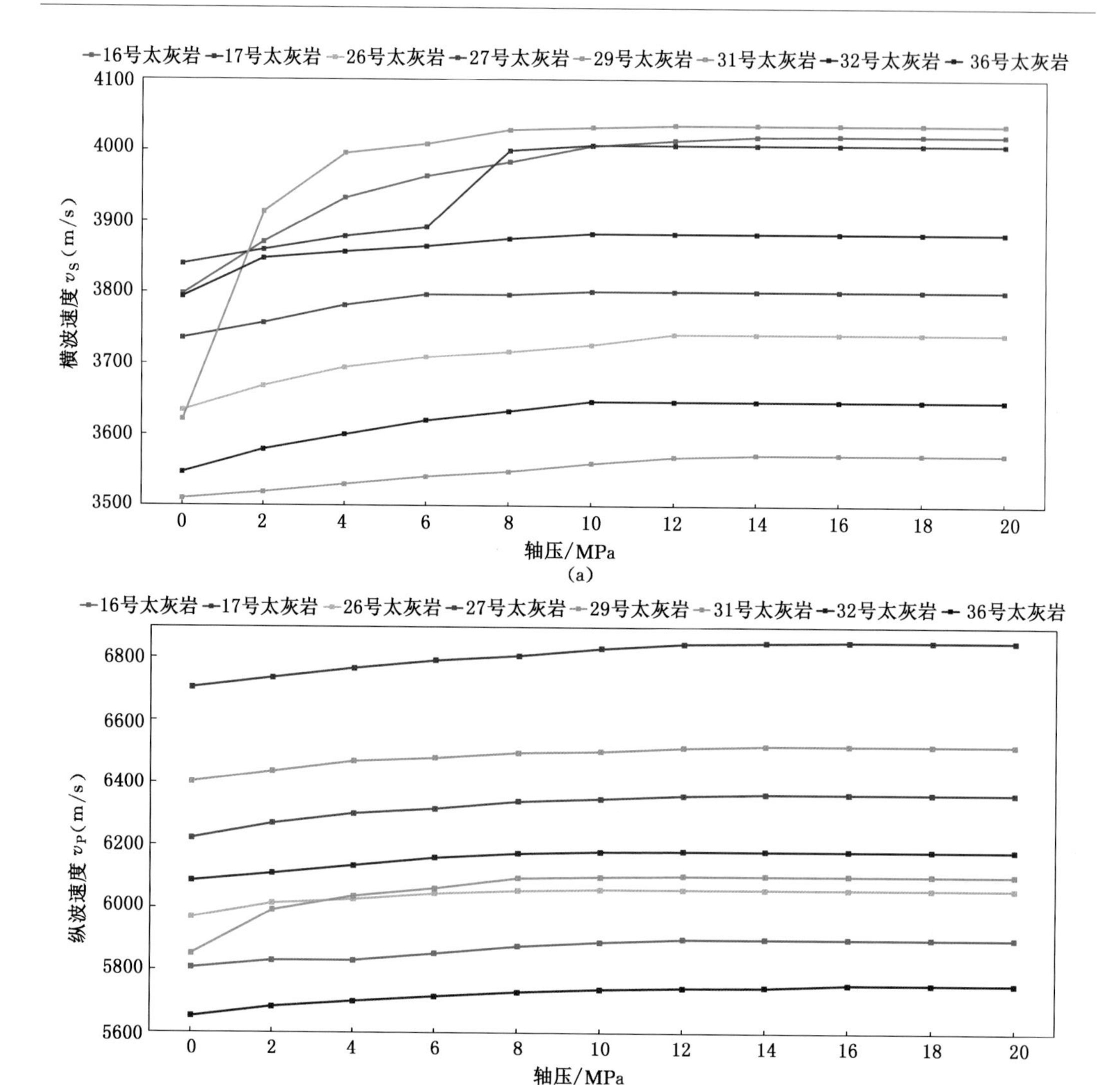

图 2-9　太灰岩样纵、横波速度随轴压变化图

(a) 横波随轴压变化;(b) 纵波随轴压变化

保持不变。其纵波速度在 0～16 MPa 轴压阶段增长幅度为 2.19%,在 16～20 MPa 轴压阶段保持不变。原因是在 0～6 MPa 轴压阶段,部分影响横波速度的孔隙未达到所能承受压力的临界值,故这部分孔隙在轴压超过 6 MPa 时,就开始急剧闭合,致使横波速度突然急剧增大。

32 号太灰岩横波速度在 0～10 MPa 轴压阶段增长幅度为 2.35%,在 10～20 MPa 轴压阶段保持不变。其纵波速度在 0～12 MPa 轴压阶段增长幅度为 1.58%,在 12～20 MPa 轴压阶段保持不变。

27 号太灰岩横波速度在 0～6 MPa 轴压阶段增长幅度为 1.63%,在 6～8 MPa 轴压阶段保持不变,在 8～10 MPa 轴压阶段增长幅度为 0.13%,在 10～20 MPa 轴压阶段保持不变。其纵波速度在 0～14 MPa 轴压阶段增长幅度为 2.30%,在 14～20 MPa 轴压阶段保持不变。原因是在 0～6 MPa 轴压阶段,部分影响横波速度的孔隙未达到所能承受压力的临界值,故这部分孔隙在轴压超过 6 MPa 时,就开始闭合,致使横波速度继续增大。

26 号太灰岩横波速度在 0～12 MPa 轴压阶段增长幅度为 2.97%，在 12～20 MPa 轴压阶段保持不变。其纵波速度在 0～10 MPa 轴压阶段增长幅度为 1.51%，在 10～20 MPa 轴压阶段保持不变。

16 号太灰岩横波速度在 0～16 MPa 轴压阶段增长幅度为 3.87%，在 16～20 MPa 轴压阶段保持不变。其纵波速度在 0～2 MPa 轴压阶段增长幅度为 0.40%，在 2～4 MPa 轴压阶段保持不变，在 4～12 MPa 轴压阶段增长幅度为 1.20%，在 12～20 MPa 轴压阶段保持不变。原因是在 0～4 MPa 轴压阶段，部分影响纵波速度的孔隙未达到所能承受压力的临界值，故这部分孔隙在轴压超过 4 MPa 时就开始闭合，致使纵波速度继续增大。

36 号太灰岩横波速度在 0～10 MPa 轴压阶段增长幅度为 2.82%，在 10～20 MPa 轴压阶段保持不变。其纵波速度在 0～16 MPa 轴压阶段增长幅度为 1.82%，在 16～20 MPa 轴压阶段保持不变。

29 号太灰岩横波速度在 0～14 MPa 轴压阶段增长幅度为 1.77%，在 14～20 MPa 轴压阶段保持不变。其纵波速度在 0～14 MPa 轴压阶段增长幅度为 1.84%，在 14～20 MPa 轴压阶段保持不变。

(2) 图 2-10 为部分太灰岩样纵、横波速度在稳定轴压 20 MPa 时随围压变化曲线图。从图中可以看到，随着围压的逐渐加大，太灰岩样纵、横波速度都在增大，但变化幅度都不大。

31 号太灰岩横波速度在 0～8 MPa 围压阶段增长幅度为 0.87%，在 8～20 MPa 围压阶段保持不变。其纵波速度在 0～8 MPa 围压阶段增长幅度为 0.95%，在 8～20 MPa 围压阶段保持不变。

16 号太灰岩横波速度在 0～8 MPa 围压阶段增长幅度为 0.95%，在 8～20 MPa 围压阶段保持不变。其纵波速度在 0～8 MPa 围压阶段增长幅度为 0.92%，在 8～20 MPa 围压阶段保持不变。

17 号太灰岩横波速度在 0～10 MPa 围压阶段增长幅度为 1.00%，在 10～20 MPa 围压阶段保持不变。其纵波速度在 0～10 MPa 围压阶段增长幅度为 0.99%，在 10～20 MPa 围压阶段保持不变。

32 号太灰岩横波速度在 0～10 MPa 围压阶段增长幅度为 0.98%，在 10～20 MPa 围压阶段保持不变。其纵波速度在 0～8 MPa 围压阶段增长幅度为 0.92%，在 8～20 MPa 围压阶段保持不变。

27 号太灰岩横波速度在 0～8 MPa 围压阶段增长幅度为 0.84%，在 8～20 MPa 围压阶段保持不变。其纵波速度在 0～8 MPa 围压阶段增长幅度为 0.90%，在 8～20 MPa 围压阶段保持不变。

26 号太灰岩横波速度在 0～8 MPa 围压阶段增长幅度为 0.88%，在 8～20 MPa 围压阶段保持不变。其纵波速度在 0～8 MPa 围压阶段增长幅度为 0.91%，在 8～20 MPa 围压阶段保持不变。

36 号太灰岩横波速度在 0～8 MPa 围压阶段增长幅度为 0.90%，在 8～20 MPa 围压阶段保持不变。其纵波速度在 0～8 MPa 围压阶段增长幅度为 0.90%，在 8～20 MPa 围压阶段保持不变。

29 号太灰岩横波速度在 0～8 MPa 围压阶段增长幅度为 0.59%，在 8～20 MPa 围压阶段保持不变。其纵波速度在 0～10 MPa 围压阶段增长幅度为 0.58%，在 10～20 MPa 围压

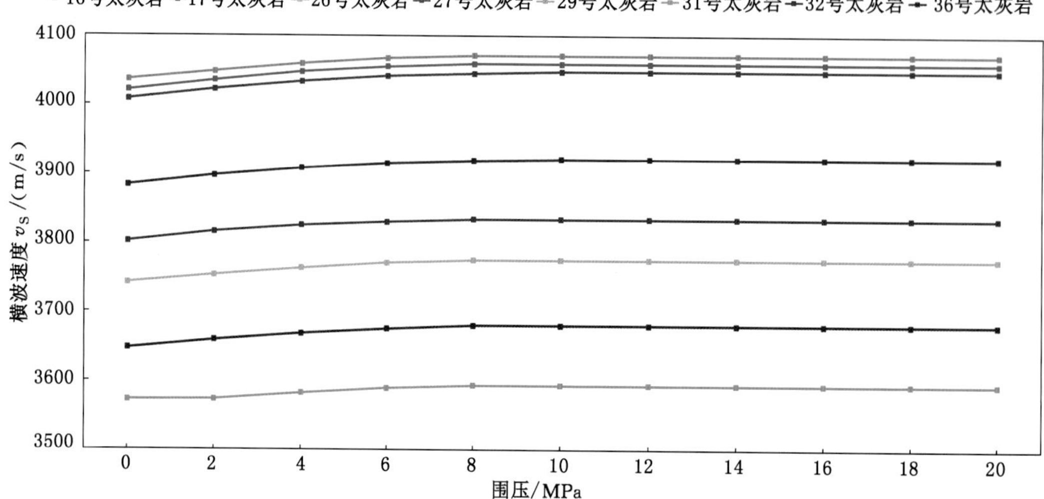

(a)

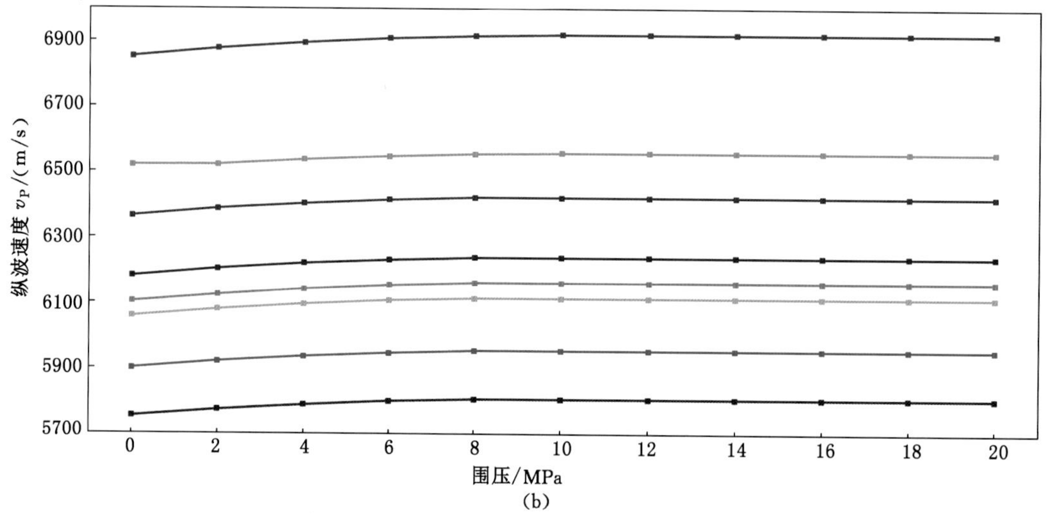

(b)

图 2-10 太灰岩样纵、横波速度随围压变化图

(a) 横波随围压变化；(b) 纵波随围压变化

阶段保持不变。

（五）奥灰岩样测试结果

(1) 图 2-11 为部分奥灰岩样纵、横波速度随轴压变化曲线图。从图中可以看到，随着轴压的逐渐加大，奥灰岩样纵、横波速度逐渐增大。

17 号奥灰岩横波速度在 0～10 MPa 轴压阶段增长幅度为 2.70%，在 10～20 MPa 轴压阶段保持不变。其纵波速度在 0～8 MPa 轴压阶段增长幅度为 0.93%，在 8～20 MPa 轴压阶段保持不变。

19 号奥灰岩横波速度在 0～10 MPa 轴压阶段增长幅度为 2.06%，在 10～20 MPa 轴压阶段保持不变。其纵波速度在 0～10 MPa 轴压阶段增长幅度为 1.03%，在 10～20 MPa 轴压阶段保持不变。

14 号奥灰岩横波速度在 0～18 MPa 轴压阶段增长幅度为 3.40%，在 18～20 MPa 轴压

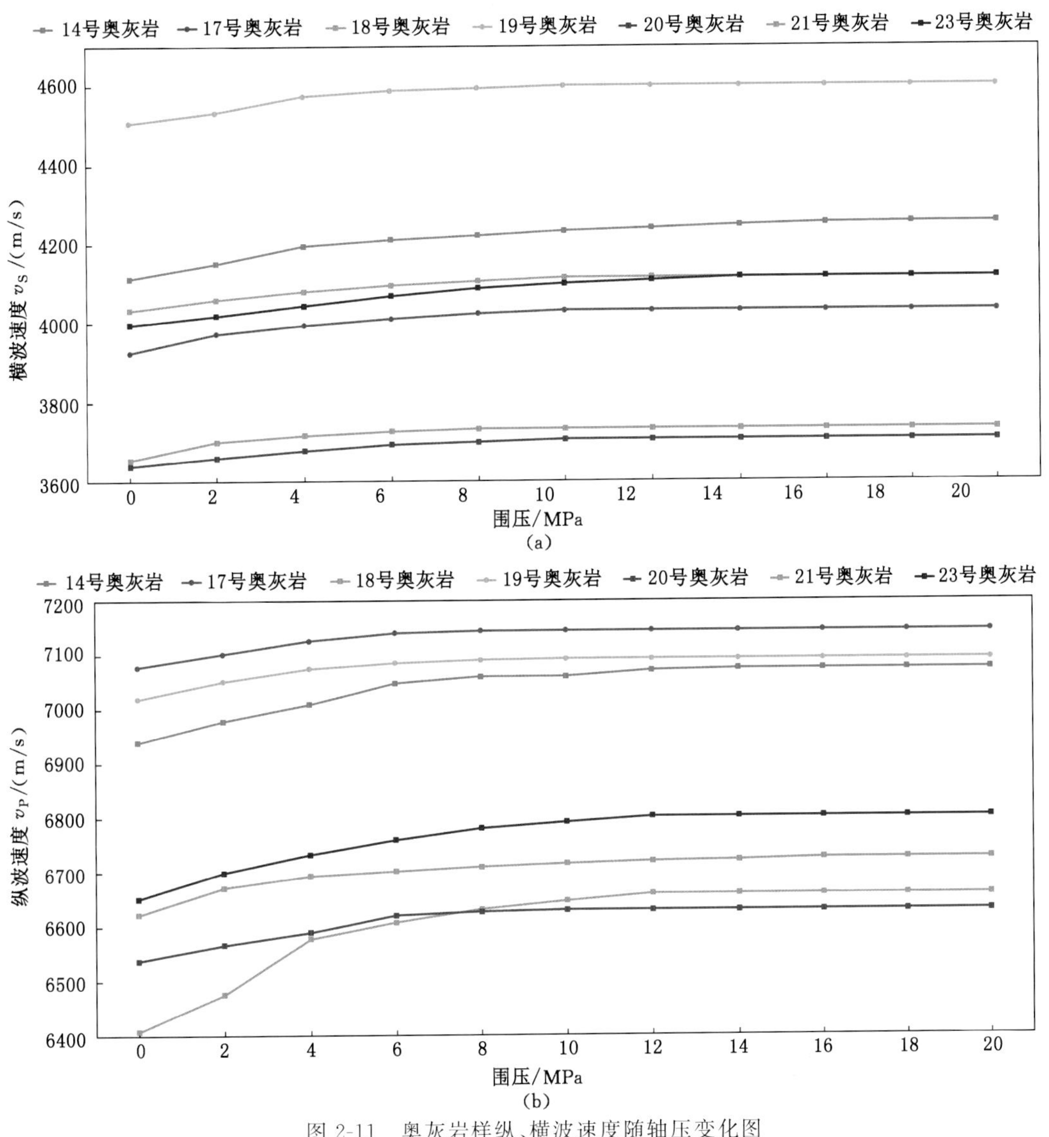

图 2-11 奥灰岩样纵、横波速度随轴压变化图

(a) 横波随轴压变化;(b) 纵波随轴压变化

阶段保持不变。纵波速度在 0～8 MPa 轴压阶段增长幅度为 1.73%,在 8～10 MPa 轴压阶段保持不变,在 10～14 MPa 轴压阶段增长幅度为 0.20%,在 14～20 MPa 轴压阶段保持不变。其原因是在 0～10 MPa 轴压阶段,部分影响纵波速度的孔隙未达到所能承受压力的临界值,故这部分孔隙在轴压超过 10 MPa 时就开始闭合,致使纵波速度继续增大。

23 号奥灰岩横波速度在 0～14 MPa 轴压阶段增长幅度为 2.98%,在 14～20 MPa 轴压阶段保持不变。其纵波速度在 0～12 MPa 轴压阶段增长幅度为 2.25%,在 12～20 MPa 轴压阶段保持不变。

21 号奥灰岩横波速度在 0～8 MPa 轴压阶段增长幅度为 2.13%,在 8～20 MPa 轴压阶段保持不变。其纵波速度在 0～18 MPa 轴压阶段增长幅度为 1.56%,在 18～20 MPa 轴压阶段保持不变。

20 号奥灰岩横波速度在 0～10 MPa 轴压阶段增长幅度为 1.81%,在 10～20 MPa 轴压阶段保持不变。其纵波速度在0～10 MPa轴压阶段增长幅度为1.41%，在10～20 MPa轴压阶段保持不变。

18号奥灰岩横波速度在0～12 MPa轴压阶段增长幅度为2.03%，在12～20 MPa轴压阶段保持不变。其纵波速度在0～4 MPa轴压阶段增长幅度为2.65%，在4～12 MPa轴压阶段增长幅度为1.25%，在12～20 MPa轴压阶段保持不变。

(2) 图2-12为奥灰岩样纵、横波速度在稳定轴压20 MPa时随围压变化曲线图。从图中可以看到，随着围压的逐渐加大，奥灰岩样纵、横波速度都在增大，但变化幅度都不大。

19号奥灰岩横波速度在0～10 MPa围压阶段增长幅度为1.00%，在10～20 MPa围压阶段保持不变。其纵波速度在0～12 MPa围压阶段增长幅度为1.13%，在12～20 MPa围压阶段保持不变。

14号奥灰岩横波速度在0～10 MPa围压阶段增长幅度为1.01%，在10～20 MPa围压

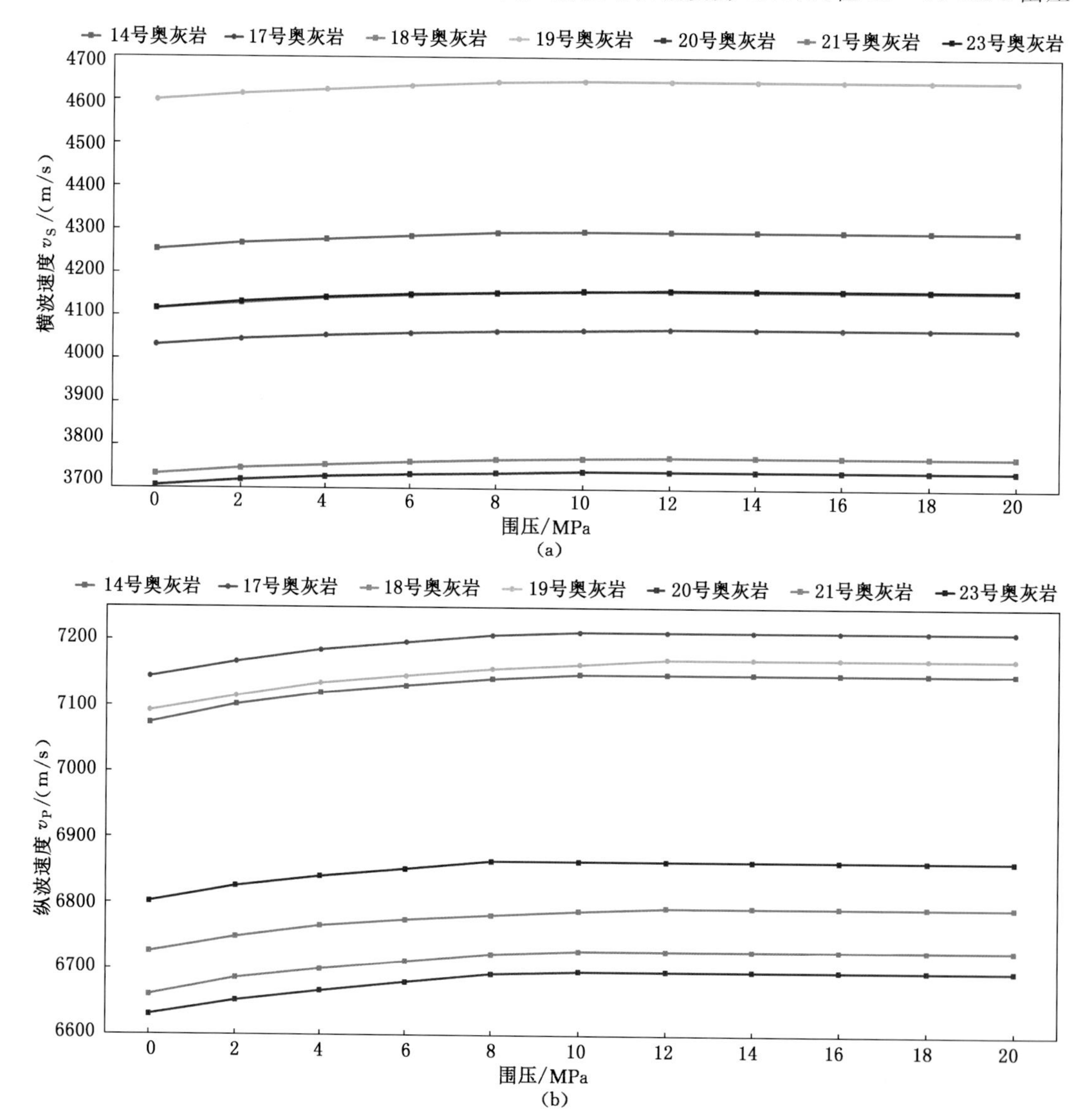

图2-12 奥灰岩样纵、横波速度随围压变化

(a) 横波随围压变化；(b) 纵波随围压变化

阶段保持不变。其纵波速度在 0～10 MPa 围压阶段增长幅度为 1.06％，在 10～20 MPa 围压阶段保持不变。

23 号奥灰岩横波速度在 0～12 MPa 围压阶段增长幅度为 1.09％，在 12～20 MPa 围压阶段保持不变。其纵波速度在 0～8 MPa 围压阶段增长幅度为 0.91％，在 8～20 MPa 围压阶段保持不变。

17 号奥灰岩横波速度在 0～12 MPa 围压阶段增长幅度为 0.97％，在 12～20 MPa 围压阶段保持不变。其纵波速度在 0～10 MPa 围压阶段增长幅度为 0.97％，在 10～20 MPa 围压阶段保持不变。

21 号奥灰岩横波速度在 0～12 MPa 围压阶段增长幅度为 1.10％，在 12～20 MPa 围压阶段保持不变。其纵波速度在 0～14 MPa 围压阶段增长幅度为 1.01％，在 14～20 MPa 围压阶段保持不变。

20 号奥灰岩横波速度在 0～10 MPa 围压阶段增长幅度为 0.94％，在 10～20 MPa 围压阶段保持不变。其纵波速度在 0～10 MPa 围压阶段增长幅度为 1.03％，在 10～20 MPa 围压阶段保持不变。

（六）灰岩岩样纵、横波速度的关系

纵、横波速度是地震正反演过程中重要的参数，但在实际生产过程中横波资料不全，因此很多专家学者都开展了这方面的研究工作。Castagna 通过汇集前人的实验室测试数据，拟合出了饱和灰岩的纵、横波速度关系，李庆忠通过分析前人在这方面的工作，总结出了砂岩纵、横波速度的关系。本书研究煤系灰岩，与砂岩在岩石成分和裂隙发育等方面都存在很大差异，图 2-13 为太灰和奥灰岩样纵波与横波速度关系散点图。

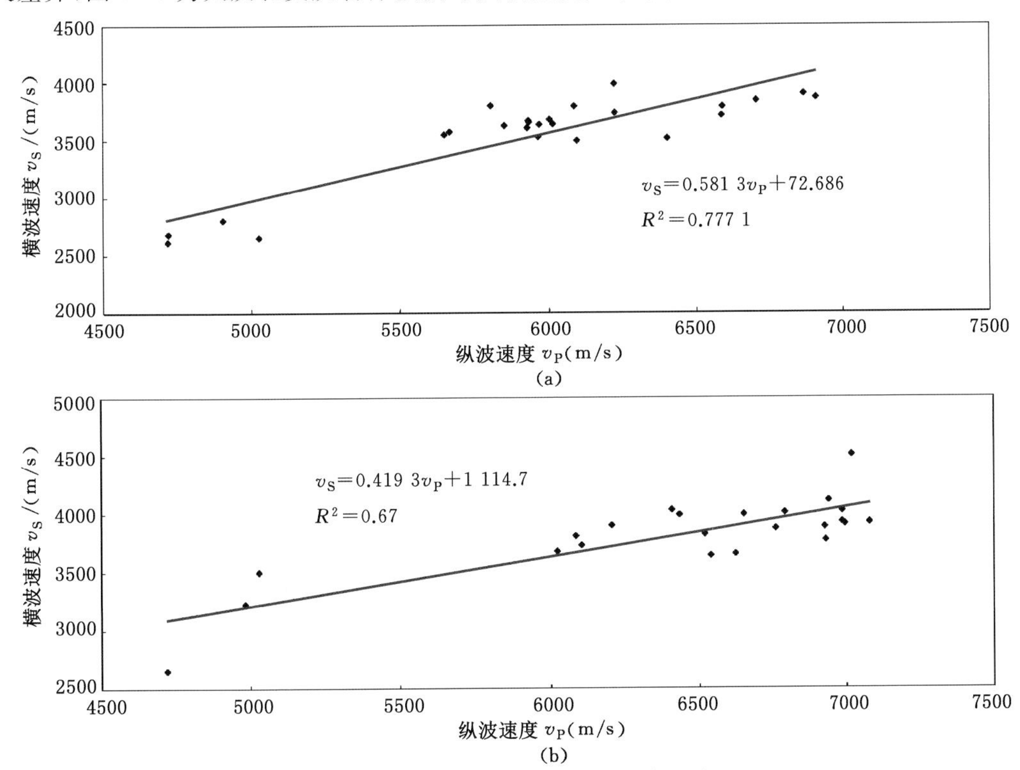

图 2-13　灰岩样纵、横波速度关系图

(a) 太灰岩样纵、横波速度关系；(b) 奥灰岩样纵、横波速度关系由图 2-13 拟合得到灰岩岩样纵、横波速度关系：

$$v_S = 0.5813 v_P + 72.686, R^2 = 0.7771 \tag{2-1}$$

$$v_S = 0.4193 v_P + 1114.7, R^2 = 0.67 \tag{2-2}$$

式(2-1)、式(2-2)分别为太灰岩样和奥灰岩样纵、横波速度关系式，R^2 为确定系数。

（七）部分灰岩扫描电子显微镜测试成果分析

图 2-14 为灰岩扫描电镜测试结果，可以看出，灰岩整体致密，藻屑相互胶结，不发育微孔隙，石英晶面发育椭圆状微空隙，直径在 1～2 μm 之间；方解石晶间发育棱角状孔；部分矿物发育溶蚀后的铸膜孔，多为规则多边形（如方形），直径为 5～10 μm；部分灰岩含黏土矿物，发育黏土矿物片间孔，多为狭长条状；部分灰岩含有机质，发育圆形有机质孔。

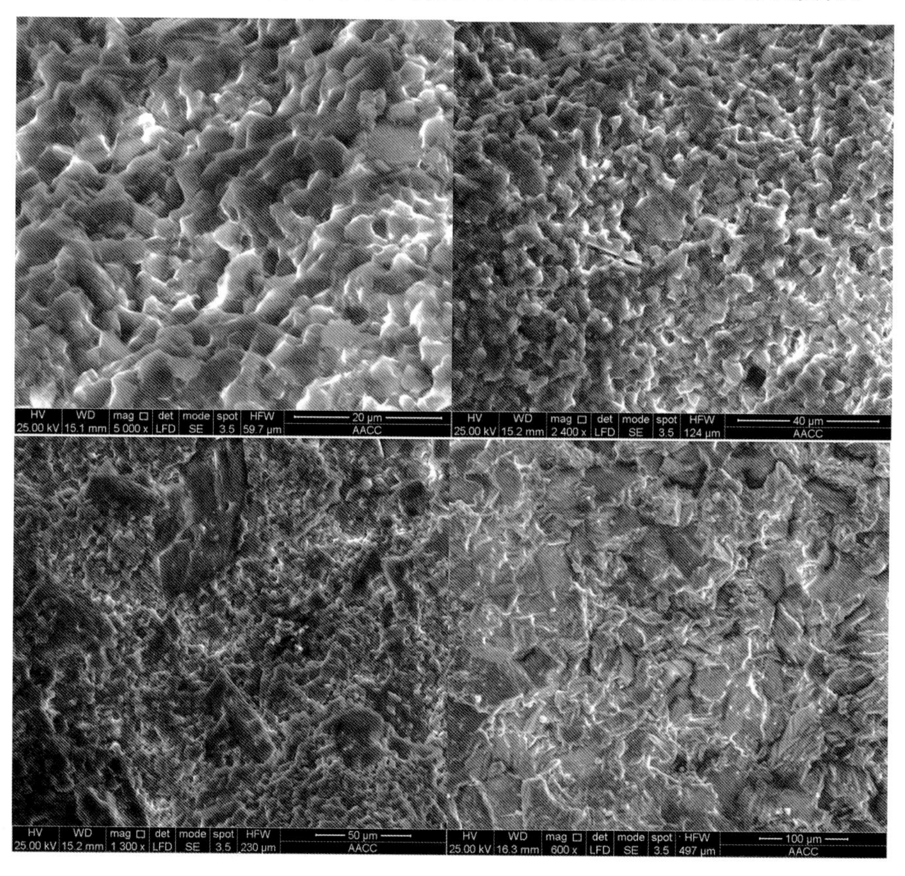

图 2-14　灰岩扫描电子显微镜测试成果

灰岩的成分以白云石、方解石为主，方解石主要成分是碳酸钙（表 2-8），孔隙率、渗透率低；白云石主要成分也是碳酸钙，但其中掺杂了相当数量的碳酸镁，这样会导致岩层裂隙比较发育，渗透率高。因此，奥灰岩样在蒸馏水中浸泡后，加压易断裂。

表 2-8　灰岩岩样 X 射线衍射成分分析结果

序号	岩样编号	岩样类型	矿物含量/%															
			粘土	石英	钾长石	斜长石	方解石	白云石	赤铁矿	菱铁矿	黄铁矿	硬石膏	方沸石	浊沸石	白云石类	辉石	闪石	云母
1	16	太灰	1.5	0.6			0.6	96.9		0.5								
2	19	奥灰	4.2				47.6	48.2										
3	26	太灰	2.5	3.6			92.5			1.5								
4	35	奥灰	13.3	18.7			55.8			9.6					2.6			

三、陷落柱岩样纵、横波速度测试与成果分析

(一) 陷落柱岩样纵、横波速度

陷落柱的岩样采自陷落柱体内,它们由灰岩、砂岩、煤和泥岩组成,纵、横波速度是在无围压与轴压条件下测试的。取样地点为阳泉矿务局的新景煤矿、阳煤五矿和寺家庄煤矿,共 37 块。

表 2-9～表 2-12 分别列出陷落柱中灰岩、砂岩、煤样、泥岩的密度以及在常压下的纵、横波速度值。

表 2-9　陷落柱中灰岩密度及纵、横波速度

编号	密度/(g/cm³)	纵波速度/(m/s)	横波速度/(m/s)	取样地点
1	2.647 710	6 006.31	3 074.60	新景煤矿
2	2.598 308	5 405.41	2 573.53	阳煤五矿
3	2.605 113	6 829.27	2 713.18	
4	2.640 275	6 451.61	3 083.70	
5	2.640 885	6 466.26	3 597.27	
6	2.626 286	6 334.84	3 325.42	
7	2.633 673	6 036.04	2 913.04	
8	2.632 335	5 833.33	3 922.76	
9	2.656 238	6 116.50	4 500.00	
10	2.656 658	6 086.96	2 947.37	
11	2.775 376	6 008.58	3 473.95	
12	2.780 543	5 957.54	3 482.59	

表 2-10　陷落柱中砂岩密度及纵、横波速度

编号	密度/(g/cm³)	纵波速度/(m/s)	横波速度/(m/s)	取样地点
1	2.564 532	3 517.59	1 939.06	寺家庄煤矿
2	2.563 398	3 589.74	2 240.00	
3	2.547 704	3 680.56	1 985.02	
4	2.577 513	3 655.35	2 108.43	
5	2.562 580	4 530.12	2 039.78	
6	2.552 149	4 595.74	2 494.23	

表 2-10(续)

编号	密度/(g/cm³)	纵波速度/(m/s)	横波速度/(m/s)	取样地点
7	2.490 745	4 924.81	3 226.60	新景煤矿
8	2.538 571	4 844.29	2 839.76	
9	2.428 927	4 861.11	2 405.50	
10	2.656 672	4 115.94	2 897.96	阳煤五矿
11	2.586 335	3 814.71	2 043.80	
12	2.583 941	3 621.99	2 218.95	
13	2.557 853	5 379.84	2 832.65	

表 2-11 陷落柱中煤样密度及纵、横波速度

编号	密度/(g/cm³)	纵波速度/(m/s)	横波速度/(m/s)	取样地点
1	1.329 713	2 026	1 804	新景煤矿
2	1.339 042	1 816	939	
3	1.381 154	2 487	1 428	
4	1.381 513	1 884	991	
5	1.328 959	1 807	1 034	

表 2-12 陷落柱中泥岩密度及纵、横波速度

编号	密度/(g/cm³)	纵波速度/(m/s)	横波速度/(m/s)	取样地点
1	2.561 634	4 501.61	2 208.20	寺家庄煤矿
2	2.567 431	4 416.40	1 949.86	
3	2.559 995	4 430.35	2 321.72	
4	2.384 353	4 219.18	2 252.24	新景煤矿
5	2.668 765	4 285.71	2 352.94	阳煤五矿
6	2.633 744	4 368.23	2 192.03	
7	2.668 001	4 166.67	1 837.27	
8	2.621 648	4 843.97	2 367.42	
9	2.683 493	4 264.62	2 253.66	

表 2-13 为陷落柱中灰岩、泥岩、煤样、砂岩的测试孔隙率。

表 2-13 陷落柱中岩样孔隙率

序号	岩样类型	编号	孔隙率/%	采样地点
1	煤	15-1	2.96	新景煤矿
2		XJ3-6	6.58	
3		15-3	3.71	
4	灰岩	15-6	1.24	
5	泥岩	XJ3-2	5.30	
6		XJ3-5	2.92	
7	砂岩	XJ3-3	5.84	

（二）陷落柱岩样纵、横波速度测试结果分析

图 2-15 为陷落柱岩样纵、横波速度与密度的关系图。从图中可以看到，煤样的密度较小，陷落柱中其他岩样的密度在 2.5～2.7 g/cm^3 之间，纵波速度为 4 000～7 000 m/s，横波速度为 2 000～3 500 m/s。因此，在构建陷落柱模型时，可以忽略煤的影响，并以岩石的密度与速度取值范围为参照。

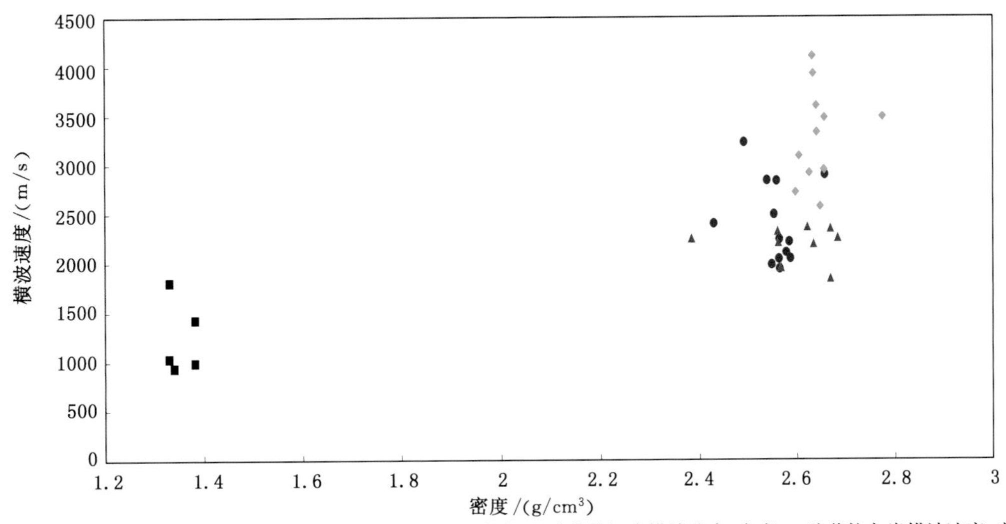

(a)

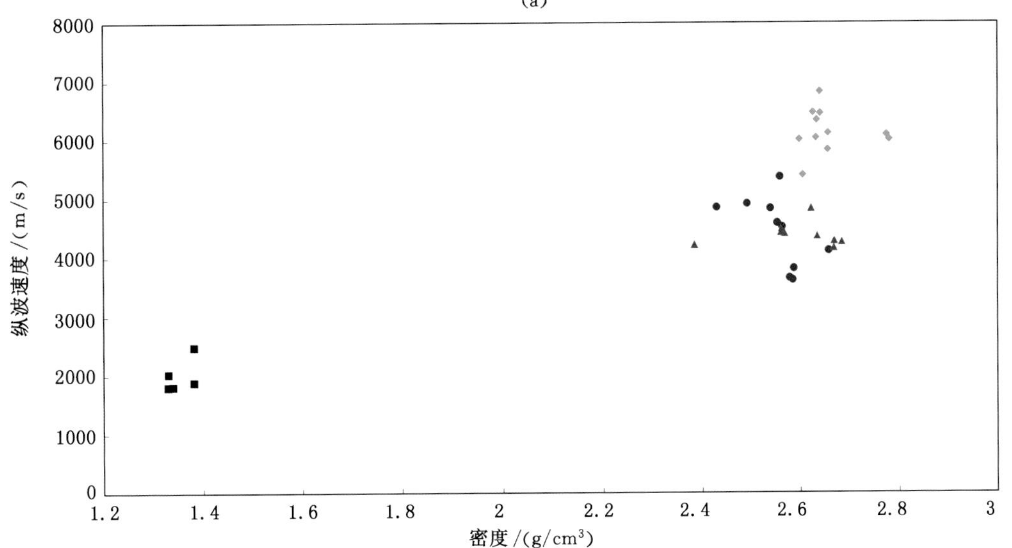

(b)

图 2-15　陷落柱岩样纵、横波速度与密度关系图

(a) 横波速度与密度关系图；(b) 纵波速度与密度关系图

（三）陷落柱岩样 X 射线衍射成果分析

图 2-16～图 2-19 分别为陷落柱煤样、灰岩、泥岩、砂岩的 X 射线衍射图谱。

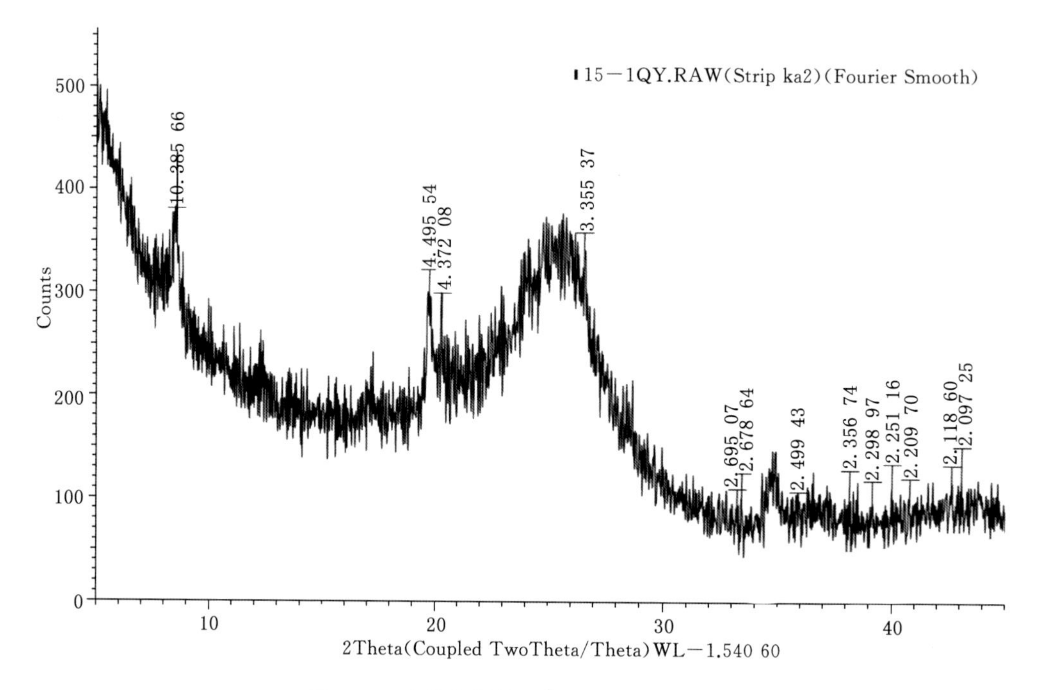

图 2-16　陷落柱煤样(15-1)X 射线衍射结果

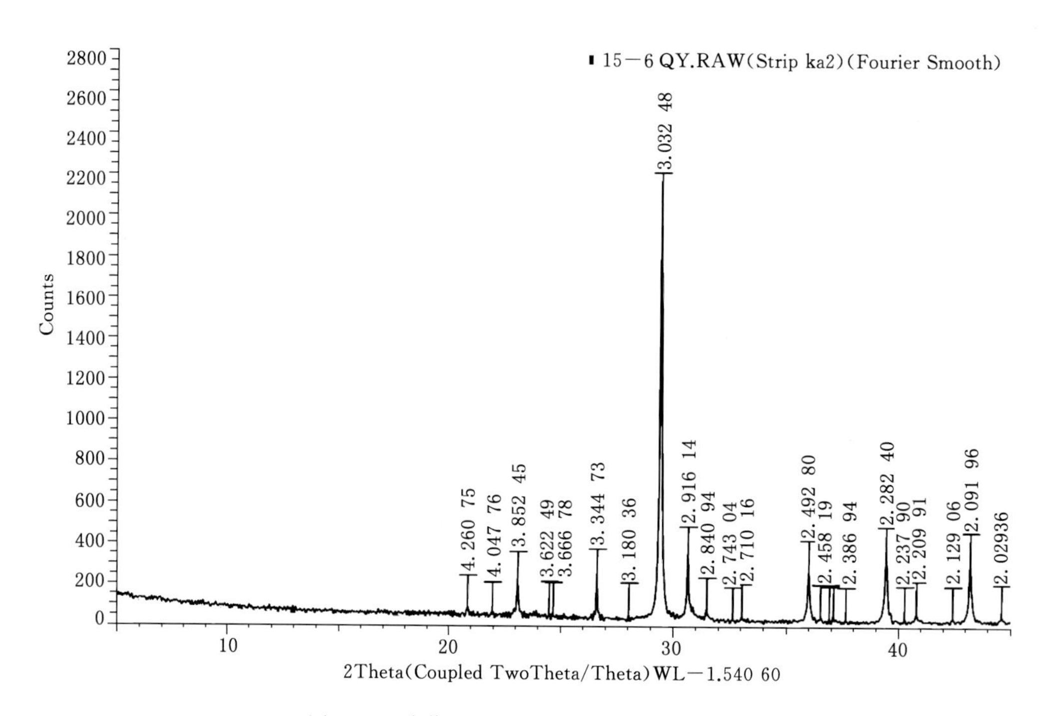

图 2-17　陷落柱灰岩(15-6)X 射线衍射结果

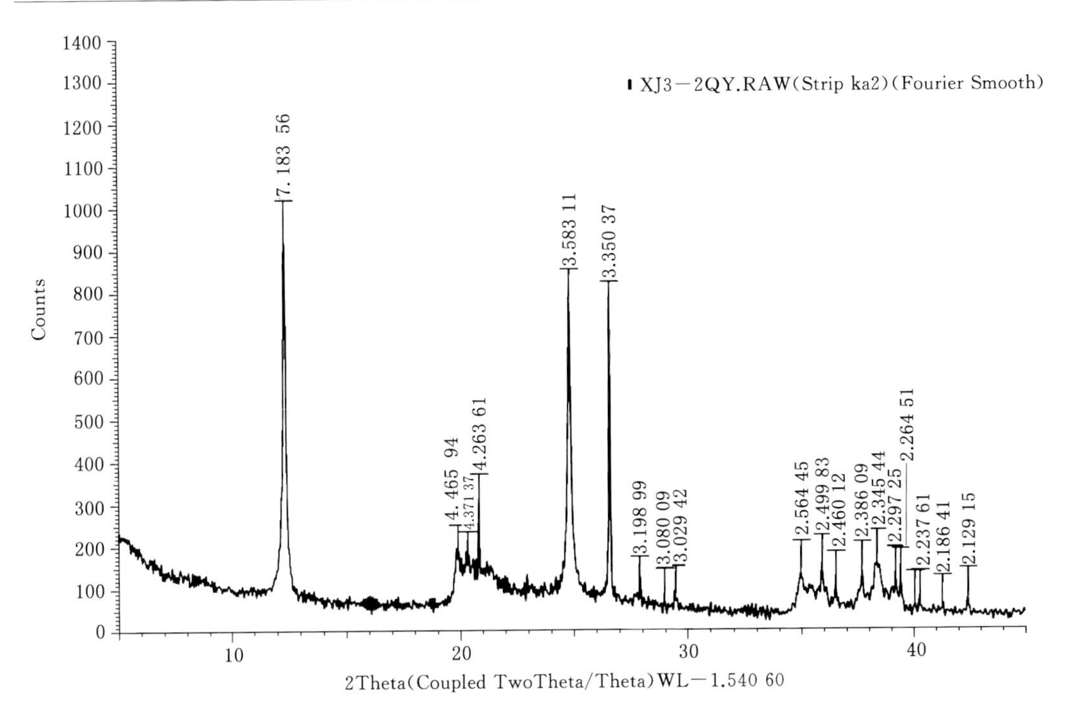

图 2-18　陷落柱泥岩(XJ3-2)X 射线衍射结果

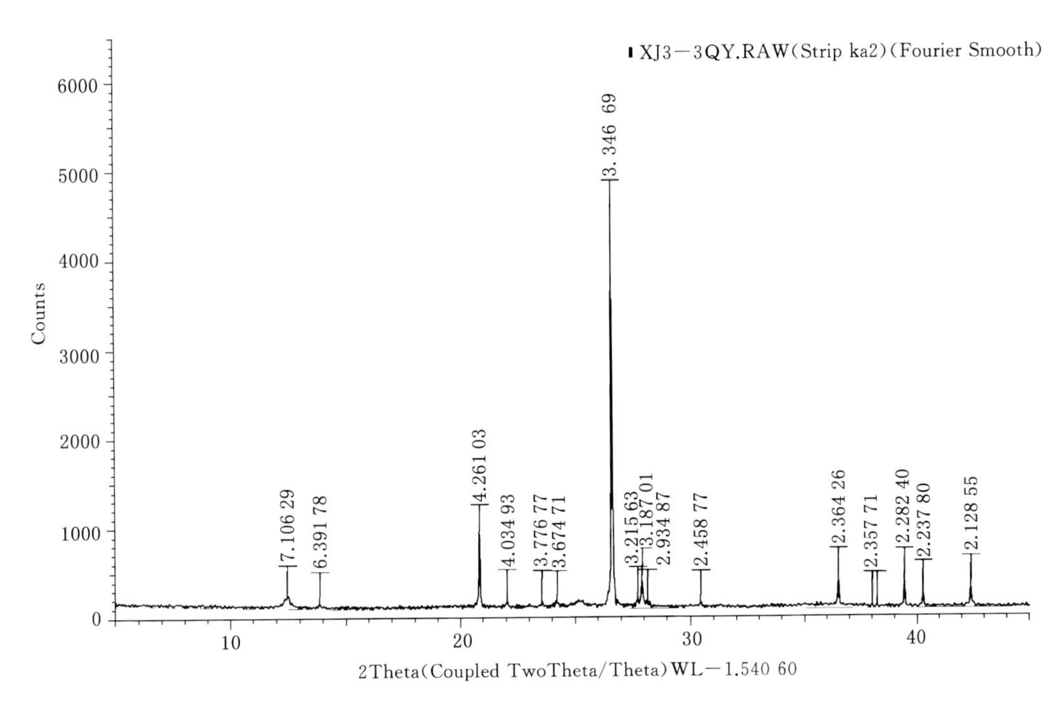

图 2-19　陷落柱砂岩(XJ3-3)X 射线衍射结果

表 2-14 为陷落柱部分岩样的 X 射线衍射成分分析结果。可以看出，煤的黏土含量相较其他岩样占比最大；灰岩中方解石含量最大，明显区别于其他岩样；砂岩中石英含量最大，明显区别于其他岩样；泥岩中黏土和石英为主要成分。

表 2-14　陷落柱部分岩样 X 射线衍射成分分析结果

序号	岩样编号	岩样类型	矿物含量/%															
			黏土	石英	钾长石	斜长石	方解石	白云石	赤铁矿	菱铁矿	黄铁矿	硬石膏	方沸石	浊沸石	白云石类	辉石	闪石	云母
1	15-1	煤	81.7	4.5		6.4	3.3				4.1							
2	XJ3-6		55.7	25.5			14.1								4.7			
3	15-3		73.7	8.4			11.4				6.5							
4	15-6	灰岩	4.3	5.1		1.7	74.6				1.8				12.5			
5	XJ3-5	泥岩	38.7	57.0		2.8	1.4											
6	XJ3-2		67.4	24.2		6.3	2.1											
7	XJ3-3	砂岩	7.0	79.9		13.0												

第二节　基于梯度算子的高精度有限差分数值模拟方法

地震波场数值模拟是一种利用数值计算来研究地震波传播规律的方法，对于地震勘探的反演、处理都有着重要的指导意义，因此，研究稳定、高效的数值模拟方法就显得极为重要[3]。

地震勘探常用的数值模拟方法有射线追踪、积分方程以及微分方程，其中伪谱法、有限元法和有限差分法是用来求解波动方程正演问题的常用方法[4]。伪谱法的核心思想是先把波动方程中所有求导运算问题通过频率域中的乘积运算来表示，再利用傅立叶公式进行变换。该方法具有内存需求小等特点，但该方法计算难度高，这也导致了此方法无法解决在复杂介质模型中波动方程正演建模问题[5-8]。在复杂的地质模型中需要用有限元法来解决该问题，它的优点是适合任意的地质模型。虽然有限元法精度高，但其内存需求高，计算量也比较大[9-12]。相比以上两种方法，有限差分法是一种精度较高、计算量较小的方法，它是将所有连续偏导数用差分算子近似逼近的方法来解决波动方程问题，此方法是目前解波动方程的主要方法[13]。传统有限差分方法具有粗网格条件下数值频散严重的问题，由此导致波场模拟方法存储量大、计算效率低，进而导致逆时偏移计算量大、偏移效果不好以及粗网格下偏移效果产生假频现象等问题，所以，研究一种新的高效率、高精度的数值模拟方法具有非常重大价值。

差分格式的精度从最早的低阶中心差分到高阶有限差分，网格剖分也从规则网格发展到交错网格、可变网格和不规则网格，但总体来说，这些研究工作尚不能满足实际应用的需要，主要表现在这些差分方法仍然需要采用较细的空间网格步长才能有效消除数值频散，比如传统的四阶 LWC 格式，每个最小主波长内至少需要使用 6～8 个网格点才能消除数值频散。所以，寻找一种新的数值方法以压制波场中的数值频散具有非常重大的理论意义和实际应用价值。近似解析离散化类(NAD-type)方法正是为了应对这种客观需求而产生的一种全新的、波动方程扰动差分算法[14-15]。杨顶辉等[16,17]将这种方法引入地球物理学科,并用这种方法模拟了声波和弹性波场,取得了良好的效果。近似解析离散化方法继承了传统差分方法的基本思想,同时也注意到在求解微分方程时低阶偏导数的重要性。用节点附近的一阶位移偏导数和位移值共同逼近粒子的空间高阶偏导数,从而使用较少的网格点,获得了较高的数值精度和较好的稳定性[18-20]。

在分析弹性波动方程到声波方程变换过程的基础上,将梯度算子融入波场方程的求解中,得到声波方程近似解析离散化(NAD)算法。NAD算法是在传统差分方法的基础上,使用节点的位移值来逼近粒子的空间高阶偏导数,同时考虑节点的位移低阶偏导数的作用,充分利用梯度能够反映函数变化趋势这一重要数学性质。在重构波场时充分考虑梯度的作用,在差分格式的构造中利用梯度、位移共同重构下一时间层的波场,而不是像传统差分方法那样对梯度信息弃之不用,这样就可以用节点附近的一阶位移偏导数和位移值共同逼近节点的空间高阶偏导数,从而使用较少的网格点,获得了较高的数值精度和较好的稳定性,以有效压制粗网格条件下的数值频散,增大时间步长,降低存储量,提高计算效率。

一、NAD 有限差分格式推导

从本构方程、几何方程和运动平衡微分方程出发,讨论弹性波动方程到声波方程的推导过程,并将梯度算子融合到波场方程的求解中,得到声波 NAD 算法。

分析传统高阶差分格式,不难发现,传统的一般高阶差分格式[图 2-20(a)]仅仅使用插值节点处的位移来重构插值节点处的高阶空间偏导数,波场信息中只有位移信息在下一步计算中得以保留,要用更多的节点才能准确构造波场,这使得一般高阶差分方法每个最小波长内需要使用较多的网格点以消除数值频散。如图 2-20(b)所示,NAD 算法同时使用节点的位移值和运动趋势,这样使用较少的节点就可以准确地模拟波场。

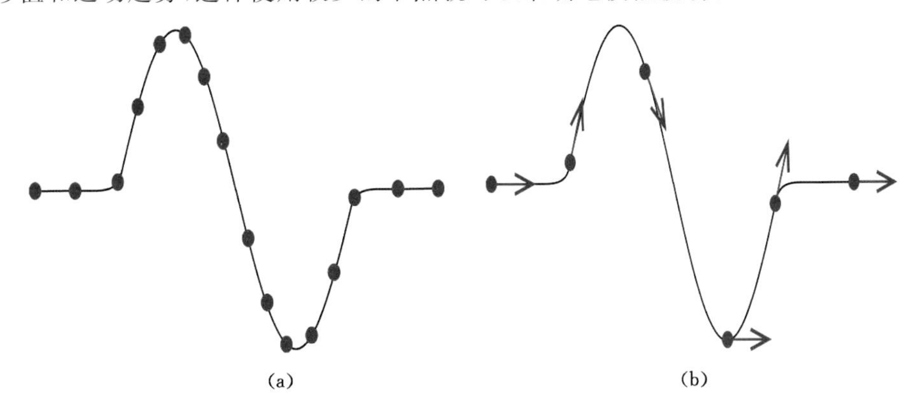

图 2-20　传统差分格式和 NAD 算法节点插值示意图

(a) 传统差分格式;(b) NAD 算法

NAD 差分格式的具体推导如下。

设声波方程为:

$$\frac{\partial^2 u}{\partial t^2}=v^2\left(\frac{\partial^2 u}{\partial x^2}+\frac{\partial^2 u}{\partial z^2}\right) \tag{2-3}$$

设 $u_x=\dfrac{\partial u}{\partial x}$、$u_z=\dfrac{\partial u}{\partial z}$ 分别为位移 u 空间坐标 x、z 方向的梯度，为了描述，我们把第 i 分量的位移和梯度合写为向量 $\boldsymbol{U}_i=\left(u_i,\dfrac{\partial u_i}{\partial x},\dfrac{\partial u_i}{\partial z}\right)$。设位移向量 $\boldsymbol{U}=(\boldsymbol{U}_1,\boldsymbol{U}_2)$，速度向量 $\boldsymbol{W}=\dfrac{\partial \boldsymbol{U}}{\partial t}$，加速度向量 $\boldsymbol{P}=\dfrac{\partial^2 \boldsymbol{U}}{\partial t^2}$，即：

$$\begin{cases}\boldsymbol{U}=(u,u_x,u_z)^{\mathrm{T}}\\ \boldsymbol{W}=\dfrac{\partial \boldsymbol{U}}{\partial t}\left(\dfrac{\partial u}{\partial t},\dfrac{\partial u_x}{\partial t},\dfrac{\partial u_z}{\partial t}\right)^{\mathrm{T}}\\ \boldsymbol{P}=\dfrac{\partial \boldsymbol{W}}{\partial t}\dfrac{\partial \boldsymbol{U}}{\partial t^2}\left(\dfrac{\partial^2 u}{\partial t^2},\dfrac{\partial^2 u_x}{\partial t^2},\dfrac{\partial^2 u_z}{\partial t^2}\right)^{\mathrm{T}}\end{cases} \tag{2-4}$$

利用截断的泰勒展开式，可以得到由第 n 时间层内波场信息所表示的第 $n+1$ 时间层内的波位移和速度表达式：

$$\boldsymbol{U}_{i,j}^{n+1}=\boldsymbol{U}_{i,j}^{n}+\Delta t\cdot\boldsymbol{W}_{i,j}^{n}+\frac{(\Delta t)^2}{2}\boldsymbol{P}_{i,j}^{n}+\frac{(\Delta t)^3}{6}\frac{\partial^2\boldsymbol{P}_{i,j}^{n}}{\partial t^2}+\frac{(\Delta t)^4}{24}\frac{\partial^2\boldsymbol{P}_{i,j}^{n}}{\partial t^2} \tag{2-5}$$

$$\boldsymbol{W}_{i,j}^{n+1}=\boldsymbol{W}_{i,j}^{n}+\Delta t\cdot\boldsymbol{P}_{i,j}^{n}+\frac{(\Delta t)^2}{2}\frac{\partial\boldsymbol{P}_{i,j}^{n}}{\partial t}+\frac{(\Delta t)^3}{6}\frac{\partial^2\boldsymbol{P}_{i,j}^{n}}{\partial t^2} \tag{2-6}$$

其中，$\boldsymbol{U}_{i,j}^{n}=\boldsymbol{U}(i\Delta x,j\Delta z,n\Delta t)$ 表示位于格点 $(i\Delta x,j\Delta z)$ 的粒子的位移；$\boldsymbol{W}_{i,j}^{n}=\boldsymbol{W}(i\Delta x,j\Delta z,n\Delta t)$ 表示位于格点 $(i\Delta x,j\Delta z)$ 的速度；$\boldsymbol{P}_{i,j}^{n}=\boldsymbol{W}(i\Delta x,j\Delta z,n\Delta t)$ 表示位于格点 $(i\Delta x,j\Delta z)$ 的加速度；Δx、Δz、Δt 分别表示 x、z 方向上的空间步长和时间步长。

对式(2-4)中的 $\boldsymbol{U}$ 分别在 $n+1$ 时刻和 $n-1$ 时刻做泰勒展开，得：

$$\begin{cases}\boldsymbol{U}_{i,j}^{n+1}=\boldsymbol{U}_{i,j}^{n}+\Delta t\cdot\boldsymbol{W}_{i,j}^{n}+\dfrac{(\Delta t)^2}{2}\boldsymbol{P}_{i,j}^{n}+\dfrac{(\Delta t)^3}{6}\dfrac{\partial^2\boldsymbol{P}_{i,j}^{n}}{\partial t^2}+\dfrac{(\Delta t)^4}{24}\dfrac{\partial^2\boldsymbol{P}_{i,j}^{n}}{\partial t^2}\\ \boldsymbol{U}_{i,j}^{n-1}=\boldsymbol{U}_{i,j}^{n}-\Delta t\cdot\boldsymbol{W}_{i,j}^{n}+\dfrac{(\Delta t)^2}{2}\boldsymbol{P}_{i,j}^{n}-\dfrac{(\Delta t)^3}{6}\dfrac{\partial^2\boldsymbol{P}_{i,j}^{n}}{\partial t^2}+\dfrac{(\Delta t)^4}{24}\dfrac{\partial^2\boldsymbol{P}_{i,j}^{n}}{\partial t^2}\end{cases} \tag{2-7}$$

将式(2-5)中的两个方程求和并整理可得：

$$\boldsymbol{U}_{i,j}^{n+1}=\boldsymbol{U}_{i,j}^{n}+\Delta t\cdot\boldsymbol{W}_{i,j}^{n}+\frac{(\Delta t)^2}{2}\boldsymbol{P}_{i,j}^{n}+\frac{(\Delta t)^3}{6}\frac{\partial^2\boldsymbol{P}_{i,j}^{n}}{\partial t^2}+\frac{(\Delta t)^4}{24}\frac{\partial^2\boldsymbol{P}_{i,j}^{n}}{\partial t^2} \tag{2-8}$$

利用波动方程式(2-4)将式(2-6)中关于时间的高阶偏导数转化成关于空间的高阶偏导数，即：

$$\boldsymbol{P}_{i,j}^{n}=\left(\frac{\partial^2\boldsymbol{U}}{\partial t^2}\right)_{i,j}^{n}=v^2\left[\left(\frac{\partial^2\boldsymbol{U}}{\partial x^2}\right)_{i,j}^{n}+\left(\frac{\partial^2\boldsymbol{U}}{\partial z^2}\right)_{i,j}^{n}\right] \tag{2-9}$$

$$\left(\frac{\partial\boldsymbol{P}}{\partial t}\right)_{i,j}^{n}=v^2\left[\left(\frac{\partial^2\boldsymbol{W}}{\partial x^2}\right)_{i,j}^{n}+\left(\frac{\partial^2\boldsymbol{W}}{\partial z^2}\right)_{i,j}^{n}\right] \tag{2-10}$$

$$\begin{aligned}\left(\frac{\partial^2\boldsymbol{P}}{\partial t^2}\right)_{i,j}^{n}&=v^2\left[\left(\frac{\partial^2\boldsymbol{P}}{\partial x^2}\right)_{i,j}^{n}+\left(\frac{\partial^2\boldsymbol{P}}{\partial z^2}\right)_{i,j}^{n}\right]\\&=v^4\left[\left(\frac{\partial^4\boldsymbol{U}}{\partial x^4}\right)_{i,j}^{n}+\left(\frac{\partial^4\boldsymbol{U}}{\partial z^4}\right)_{i,j}^{n}+2\left(\frac{\partial^4\boldsymbol{U}}{\partial x^2\partial z^2}\right)_{i,j}^{n}\right]\end{aligned} \tag{2-11}$$

对于式(2-10)中 $\boldsymbol{W}$ 的高阶偏导数，采用一阶向后差分近似：

$$\left(\frac{\partial^{m+n}\boldsymbol{U}}{\partial x^m\partial z^n}\right)_{i,j}^{n}=\left[\left(\frac{\partial^{m+n}\boldsymbol{U}}{\partial x^m\partial z^n}\right)_{i,j}^{n}-\left(\frac{\partial^{m+n}\boldsymbol{U}}{\partial x^m\partial z^n}\right)_{i,j}^{n-1}\right]/\Delta t \tag{2-12}$$

由式(2-9)～式(2-11)表明下一时刻的波场值和其梯度值可通过求解前一时刻波场的空间偏导数得到，因此声波方程的求解问题变成求解分量高阶空间偏导数问题。

将式(2-11)带入式(2-5)中，可得：

$$\begin{bmatrix} u \\ u_x \\ u_z \end{bmatrix}_{i,j}^{n+1} = 2\begin{bmatrix} u \\ u_x \\ u_z \end{bmatrix}_{i,j}^{n} - \begin{bmatrix} u \\ u_x \\ u_z \end{bmatrix}_{i,j}^{n-1} + \Delta t^2 v^2 \begin{bmatrix} \dfrac{\partial^2 u}{\partial x^2} + \dfrac{\partial^2 u}{\partial x^2} \\ \dfrac{\partial^2 u_x}{\partial x^2} + \dfrac{\partial^2 u_x}{\partial x^2} \\ \dfrac{\partial^2 u_z}{\partial x^2} + \dfrac{\partial^2 u_z}{\partial x^2} \end{bmatrix} \tag{2-13}$$

现在只需知道 $\boldsymbol{U}$ 关于空间的各高阶偏导数，就可以通过式(2-5)和式(2-6)计算下一时刻的速度场和位移场，这样偶数阶时间高阶偏导数转化为位移的空间偏导数，奇数阶时间高阶偏导数转化为粒子速度的高阶空间偏导数，数值求解微分方程式(2-13)转化成如何近似 $\boldsymbol{U}$ 关于空间各高阶偏导数的问题。

NAD 类方法与其他差分格式一个显著不同的地方就在于求近似高阶偏导数时，不但采用邻近点的位移，同时考虑邻近点位移的梯度，使用节点 (i,j) 及其周围共 8 个点的位移和梯度共同逼近节点 (i,j) 处的各高阶偏导数，具体过程如下。

如图 2-21 所示，首先对(i,j)周围 8 个格点的位移 u 和梯度分量 u_x、u_z 进行泰勒展开：

$$u_{i+i_0,j+j_0} = \sum_{n=0}^{5} \frac{1}{n!}\left(i_0\Delta x\frac{\partial}{\partial x} + j_0\Delta z\frac{\partial}{\partial z}\right)^n u_{i,j}^n \tag{2-14}$$

$$\left[\frac{\partial u}{\partial x}\right]_{i+i_0,j+j_0} = \sum_{n=0}^{4} \frac{1}{n!}\left(i_0\Delta x\frac{\partial}{\partial x} + j_0\Delta z\frac{\partial}{\partial z}\right)^n \left[\frac{\partial u}{\partial x}\right]_{i,j} \tag{2-15}$$

$$\left[\frac{\partial u}{\partial z}\right]_{i+i_0,j+j_0} = \sum_{n=0}^{4} \frac{1}{n!}\left(i_0\Delta x\frac{\partial}{\partial x} + j_0\Delta z\frac{\partial}{\partial z}\right)^n \left[\frac{\partial u}{\partial z}\right]_{i,j} \tag{2-16}$$

其中，$i_0=-1、0、1$；$j_0=-1、0、1$。

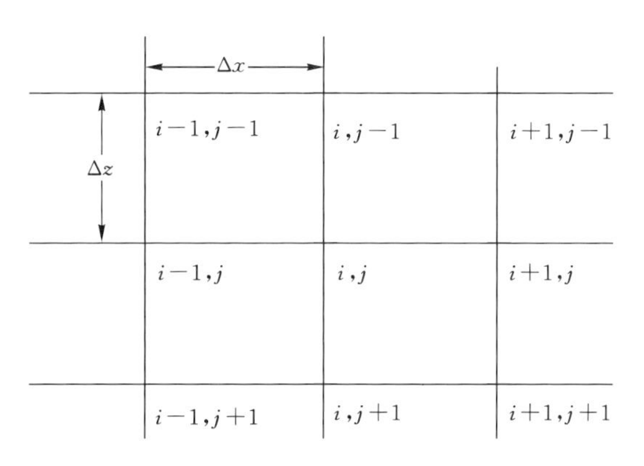

图 2-21　二维 NAD 算法空间导数近似的差值节点关系图

在式(2-14)～式(2-16)中，设 $u_{i+i_0,j+j_0}$、$\left[\dfrac{\partial u}{\partial x}\right]_{i+i_0,j+j_0}$、$\left[\dfrac{\partial u}{\partial z}\right]_{i+i_0,j+j_0}$、$\left\{\dfrac{\partial^2 u}{\partial x^2},\dfrac{\partial^2 u}{\partial x\partial z},\dfrac{\partial^2 u}{\partial z^2},\cdots,\dfrac{\partial^5 u}{\partial x\partial z^4},\dfrac{\partial^5 u}{\partial z^5}\right\}$ 为未知，这样得到一个含有 18 个未知数、由 56 个方程组成的方程组。在

这组解中,每一个分量表达式都是已知的节点位移 $u_{i+i_0,j+j_0}$ 和节点梯度分量 $\left[\frac{\partial u}{\partial x}\right]_{i+i_0,j+j_0}$、$\left[\frac{\partial u}{\partial z}\right]_{i+i_0,j+j_0}$ 的线性组合,这就是需要的高阶偏导数逼近公式。由于计算式(2-5)、式(2-6)只需要 2～5 阶的高阶偏导数,所以只需要给出 2～5 阶高阶偏导数近似公式即可。下面给出部分高阶偏导数近似公式:

$$\left[\frac{\partial^2 u}{\partial x^2}\right]_{i,j}^n=\frac{1}{2\Delta x}\left(\left[\frac{\partial u}{\partial x}\right]_{i+1,j}^n-\left[\frac{\partial u}{\partial x}\right]_{i-1,j}^n\right)-\frac{1}{\Delta x^2}(u_{i+1,j}^n+u_{i-1,j}^n-2u_{i,j}^n) \tag{2-17}$$

$$\left[\frac{\partial^2 u}{\partial x\partial z}\right]_{i+i_0,j+j_0}=\frac{1}{2\Delta x}\left(\left[\frac{\partial u}{\partial z}\right]_{i+1,j}^n-\left[\frac{\partial u}{\partial z}\right]_{i-1,j}^n\right)+\frac{1}{2\Delta z}\left(\left[\frac{\partial u}{\partial x}\right]_{i+1,j}^n-\left[\frac{\partial u}{\partial x}\right]_{i-1,j}^n\right)-\frac{1}{4\Delta x\Delta z}(u_{i+1,j+1}^n+u_{i-1,j-1}^n-u_{i+1,j-1}^n-u_{i-1,j+1}^n) \tag{2-18}$$

$$\left[\frac{\partial^4 u}{\partial x^4}\right]_{i,j}^n=\frac{6}{\Delta x^3}\left(\left[\frac{\partial u}{\partial x}\right]_{i+1,j}^n-\left[\frac{\partial u}{\partial x}\right]_{i-1,j}^n\right)-\frac{12}{\Delta x^4}(u_{i+1,j}^n+u_{i-1,j}^n-2u_{i,j}^n) \tag{2-19}$$

$$\left[\frac{\partial^4 u}{\partial x^2\partial z^2}\right]_{i,j}=\frac{1}{(\Delta x\Delta z)^2}(u_{i+1,j+1}^n+u_{i-1,j-1}^n+u_{i+1,j-1}^n+u_{i-1,j+1}^n+4u_{i,j}^n-2u_{i+1,j}^n-2u_{i-1,j}^n-2u_{i,j-1}^n-2u_{,j+1}^n) \tag{2-20}$$

$$\left[\frac{\partial^5 u}{\partial x^4\partial z}\right]_{i,j}^n=\frac{6}{\Delta x^3\Delta z}\left(\begin{array}{l}\left[\frac{\partial u}{\partial x}\right]_{i+1,j+1}^n+\left[\frac{\partial u}{\partial x}\right]_{i-1,j-1}^n+2\left[\frac{\partial u}{\partial x}\right]_{i,j+1}^n-4\left[\frac{\partial u}{\partial x}\right]_{i,j}^n+\\ 2\left[\frac{\partial u}{\partial z}\right]_{i,j-1}^n-\left[\frac{\partial u}{\partial z}\right]_{i+1,j}^n-\left[\frac{\partial u}{\partial z}\right]_{i-1,j}^n\end{array}\right)-\frac{3}{\Delta x^4\Delta z}(5u_{i+1,j+1}^n-5u_{i-1,j-1}^n+u_{i+1,j-1}^n-u_{i-1,j+1}^n-6u_{i+1,j}^n-6u_{i-1,j}^n-6u_{i,j-1}^n-6u_{,j+1}^n) \tag{2-21}$$

将这些高阶偏导数公式和时空关系转化表达式[式(2-17)～式(2-21)]代入时间推进表达式(2-5)、式(2-6)中,再由式(2-13)得到二维声波的 NAD 差分格式。

二、NAD 算法实现与模型测试

在进行地震波场数值模拟过程中会产生频散,有些频散是无法改变的,叫作物理频散。这是由于不同频率的波的传播速度是不一样的,不同频率的波以各自的速度传播一定时间后就会变形,这是地震波的固有属性。而有些频散是由于用差分方法计算波动方程时的离散网格导致的,离散网格会导致波在传播过程中发生速度变化,引起波的频率的改变,这是由网格离散大小和差分方法决定的。在网格离散相同的情况下,一个好的差分方法能够有效地减少数值频散,提升数值模拟的稳定性。

NAD 类算法就是一种能有效减少数值频散的差分方法。该方法利用梯度信息反映函数的变化趋势,即粒子震动的变化趋势再加上粒子的位移信息构造波场。相比传统只利用位移信息的差分方法,NAD 类算法可以使用更少的网格反映波场信息,这就意味着在相同网格离散下,NAD 算法可以得到稳定性更好、数值频散更低、分辨度更高的地震波场[21]。

通过二维声波方程的 NAD 算法和传统有限差分 LWC 方法进行对比分析,分析各自的稳定性条件、频散特性和计算效率，并对模型进行模拟，以测试该方法的稳定性。

（一）稳定性分析

地震波场数值模拟关键在于确定数值计算的稳定性条件。在进行数值模拟之前，需要设定合适的离散参数，而离散参数的选择要满足该方法的稳定性条件，错误的参数会加剧数值频散，影响模拟效果，所以分析算法的稳定性条件是数值模拟的必要条件。下面对二维声波方程的 NAD 算法和 LWC 算法的稳定性进行简要分析，并给出不同方法、不同差分精度的稳定性条件。

1. NAD 算法

由 NAD 差分公式，采用傅立叶方法对其进行分析，即：

$$\boldsymbol{U}_{i,j}^{n+1}=\boldsymbol{U}_{i,j}^{n}+\Delta t\cdot\boldsymbol{W}_{i,j}^{n}+\frac{(\Delta t)^2}{2}\boldsymbol{P}_{i,j}^{n}+\frac{(\Delta t)^3}{6}\frac{\partial^2\boldsymbol{P}_{i,j}^{n}}{\partial t^2}+\frac{(\Delta t)^4}{24}\frac{\partial^2\boldsymbol{P}_{i,j}^{n}}{\partial t^2} \tag{2-22}$$

记：

$$\boldsymbol{U}_1^n=\begin{bmatrix}u\\u_1\\u_2\end{bmatrix}=\begin{bmatrix}u\\u_x\\u_z\end{bmatrix}_{i,j}^{n},\boldsymbol{W}_1^n=\begin{bmatrix}w\\w_1\\w_2\end{bmatrix}=\begin{bmatrix}w\\w_x\\w_z\end{bmatrix}_{i,j}^{n},\boldsymbol{U}_{i,j}^n=\begin{bmatrix}U_1^n\\W_1^n\end{bmatrix} \tag{2-23}$$

在第 n 个时间层，网格点 (i,j) 处的谐波解表达式为：

$$\boldsymbol{U}^n=\begin{bmatrix}u\\u_x\\u_z\\w_1\\w_x\\w_z\end{bmatrix}\exp[\boldsymbol{I}(-\omega n\Delta t+ihk_x+jhk_z)] \tag{2-24}$$

其中，Δt 表示时间步长；$h=\Delta x=\Delta z$ 表示空间步长；波矢量 $\boldsymbol{K}=(k_x,k_z)$，$k_x=k\cos\varphi$，$k_z=k\sin\varphi$，$\varphi\in[0.2\pi]$，波数 $k=|\boldsymbol{K}|$，$\boldsymbol{K}/k$ 表示波传播方向。

将谐波解的表达式带入式(2-21)中，可得第 $n+1$ 与第 n 个时间层上的数值解的递推关系式，即：

$$\boldsymbol{U}^{n+1}=\boldsymbol{G}\cdot\boldsymbol{U}^n \tag{2-25}$$

其中，$\boldsymbol{G}$ 为 NAD 格式的 6 阶增长矩阵。

为保证算法稳定性，增长矩阵 $\boldsymbol{G}$ 的谱半径 $\rho(\boldsymbol{G})$ 需要满足：

$$\rho(\boldsymbol{G})\leqslant 1 \tag{2-26}$$

对 $\varphi\in[0.2\pi]$ 进行离散化，每一个离散化的 φ 就得到了不同的增长矩阵 $\boldsymbol{G}(\varphi_i)$。利用变量代换和公式推导，就可以得到一个与 kh 和库朗数 $\alpha(\alpha=v\Delta t/h)$ 相关的关于 $\boldsymbol{G}$ 的方程组。解方程组得出每一个 $\boldsymbol{G}(\varphi_i)$ 满足 $\rho[\boldsymbol{G}(\varphi)]\leqslant 1$ 成立的最大 $\alpha_{\max}(\varphi_i)$，就可以得到 $\alpha_{\max}=\min\{\alpha_{\max}(\varphi_i)\}$，则格式的稳定性条件可以近似表示为：

$$\frac{v\Delta t}{h}\leqslant\alpha_{\max} \tag{2-27}$$

经过计算，二维形式 4 阶 NAD 方法的稳定性条件 $\alpha_{\max}=0.742$。

2. LWC 算法

二维声波方程 LWC 差分格式可以简写为：

$$u(t+\Delta t)\approx 2u(t)-u(t-\Delta t)+$$

$$\frac{V^2\Delta t^2}{h^2}\left\{\sum_{n=1}^{N}C_n^{(N)}\left[u(x+nh)-2u(x)+u(x-nh)\right]\right\}+$$
$$\frac{V^2\Delta t^2}{h^2}\left\{\sum_{n=1}^{N}C_n^{(N)}\left[u(x+nh)-2u(z)+u(z-nh)\right]\right\} \tag{2-28}$$

其中，Δt 表示时间步长；$h=\Delta x=\Delta z$ 表示空间步长。

式(2-28)两边对时间和空间进行傅立叶变换，得：

$$\cos(\omega\Delta t)-1\approx V^2\Delta t^2\left\{\frac{1}{\Delta x^2}\sum_{n=1}^{N}C_n^{(N)}\left[\cos(k_x n\Delta x)-1\right]\right\}+$$
$$V^2\Delta t^2\left\{\frac{1}{\Delta z^2}\sum_{n=1}^{N}C_n^{(N)}\left[\cos(k_x n\Delta z)-1\right]\right\} \tag{2-29}$$

要使式(2-29)成立，需要满足：

$$\begin{cases}-2\leqslant V^2\Delta t^2\left\{\dfrac{1}{\Delta x^2}\displaystyle\sum_{n=1}^{N}C_n^{(N)}\left[\cos(k_x n\Delta x)-1\right]+\dfrac{1}{\Delta z^2}\displaystyle\sum_{n=1}^{N}C_n^{(N)}\left[\cos(k_x n\Delta z)-1\right]\right\}\\ 0\geqslant V^2\Delta t^2\left\{\dfrac{1}{\Delta x^2}\displaystyle\sum_{n=1}^{N}C_n^{(N)}\left[\cos(k_x n\Delta x)-1\right]+\dfrac{1}{\Delta z^2}\displaystyle\sum_{n=1}^{N}C_n^{(N)}\left[\cos(k_x n\Delta z)-1\right]\right\}\end{cases} \tag{2-30}$$

因此，二维声波方程 $2N$ 阶空间差分精度的稳定性条件为：

$$0\leqslant V^2\Delta t^2\left(\frac{1}{\Delta x^2}+\frac{1}{\Delta z^2}\right)\sum_{n=1}^{N}C_n^{(N)}\left[1-(-1)^n\right]\leqslant 2 \tag{2-31}$$

即：

$$\alpha=\frac{V\Delta t}{h}\leqslant\sqrt{\frac{2}{\sum_{n=1}^{N}C_n^{(N)}\left[1-(-1)^n\right]}} \tag{2-32}$$

整理之后，就可以得到不同阶空间差分精度时的稳定性条件：

对于 $2N=2$，$\alpha=\dfrac{V\Delta t}{\Delta x}\leqslant 0.707$；

对于 $2N=4$，$\alpha=\dfrac{V\Delta t}{\Delta x}\leqslant 0.612$；

对于 $2N=6$，$\alpha=\dfrac{V\Delta t}{\Delta x}\leqslant 0.575$；

对于 $2N=8$，$\alpha=\dfrac{V\Delta t}{\Delta x}\leqslant 0.555$。

(二) 频散特性分析

1. NAD 方法的频散分析

将谐波解 $u(x,z,t)=u_0\exp[I(\omega n\Delta t-ik_x h-jk_z h)]$ 带入 NAD 格式中，可以得到：

$$e^{-Ikv\Delta t}-1+Ikv\Delta t=\alpha^2\left[2\cos(k_x h)+2\sin(k_z h)-4\right]+$$
$$\frac{1}{2}\left[k_x h\sin(k_x h)\alpha^2+k_z h\sin(k_z h)\right]\alpha^2+O(\alpha^3) \tag{2-33}$$

其中，I 为虚数单位；$k_x=k\cos\theta$；$k_z=k\sin\theta$ 表示相速度，k 表示波数；Δt 表示时间步长；h 表示空间步长；$\alpha=\dfrac{v\Delta t}{h}$ 为 Courant 数。

对式(2-33)两端利用泰勒展开并去掉高阶项，可以得到 4 阶 NAD 算法的频散公式：

$$\frac{v}{v_0}=\frac{i[3\sin(k_xh)-k_xh\sin(k_xh)]+j[3\sin(k_zh)-k_zh\sin(k_zh)]}{2\sqrt{4[2-\cos(k_xh)-\cos(k_zh)]-k_xh\sin(k_xh)-k_zh\sin(k_zh)}} \tag{2-34}$$

2. LWC 方法频散分析

假设平面波传播方向与 x 轴的夹角为 θ，将平面谐波：

$$u(x,z,t)=u_0\exp[I(\omega n\Delta t-ik_xh-jk_zh)] \tag{2-35}$$

代入 $2N$ 阶空间差分公式，得：

$$\frac{1}{v_0^2}\frac{\partial^2 u}{\partial t^2}=\frac{1}{h^2}C_n^{(N)}[u(x+nh,z)+u(x-nh,z)+u(x,z+nh)+u(x,z-nh)-4u(x,z)] \tag{2-36}$$

由此可得：

$$\frac{v}{v_0}=\sqrt{\frac{-2}{\varphi^2}\sum_{n=1}^{N}C_n^{(N)}[\cos(n\varphi\cos\theta)+\cos(n\varphi\sin\theta)-2]} \tag{2-37}$$

就得到了 N 阶 LWC 算法的频散公式，其中 $v=\frac{\omega}{k}$ 是地震波相速度；$\omega=k\Delta x=2\pi\frac{\Delta x}{\lambda}$ 为相位角。

根据对称性，研究网格步长的影响，只需要研究波在第一象限（$\theta\in[0,\frac{\pi}{2}]$）的频散。图 2-22 显示了 $\theta=0$、$\theta=\pi/8$、$\theta=\pi/4$、$\theta=3\pi/8$、$\theta=\pi/2$ 时的 4 阶 LWC、8 阶 LWC 与 4 阶

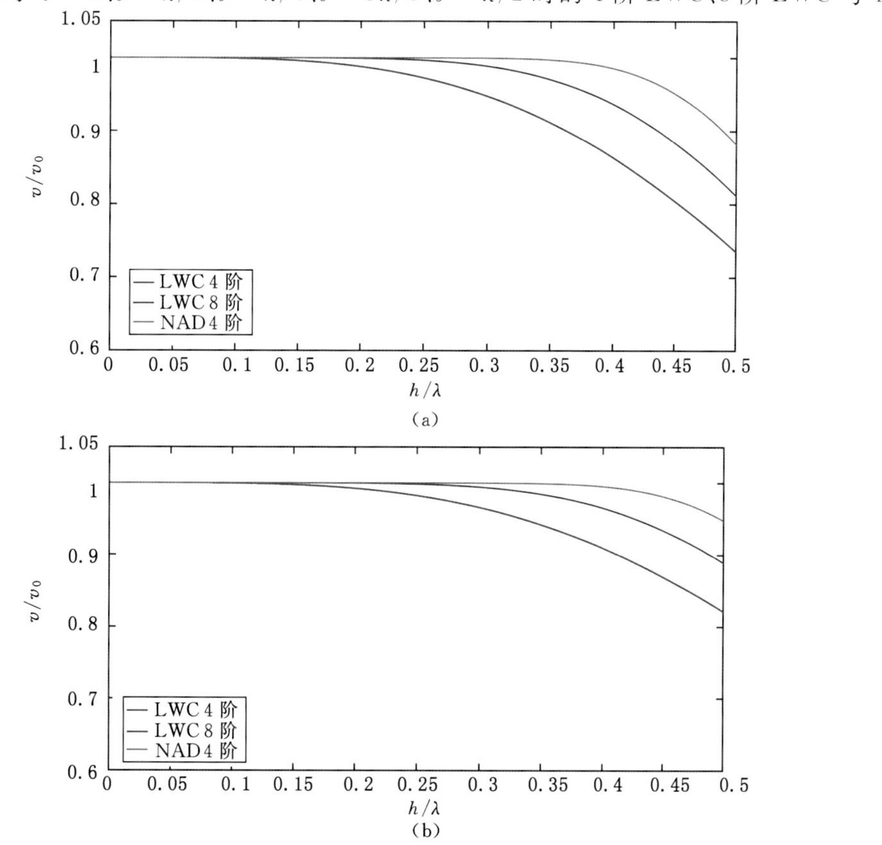

图 2-22 不同地震波传播方向不同差分格式数值频散曲线

(a) $\theta=0$；(b) $\theta=\pi/8$

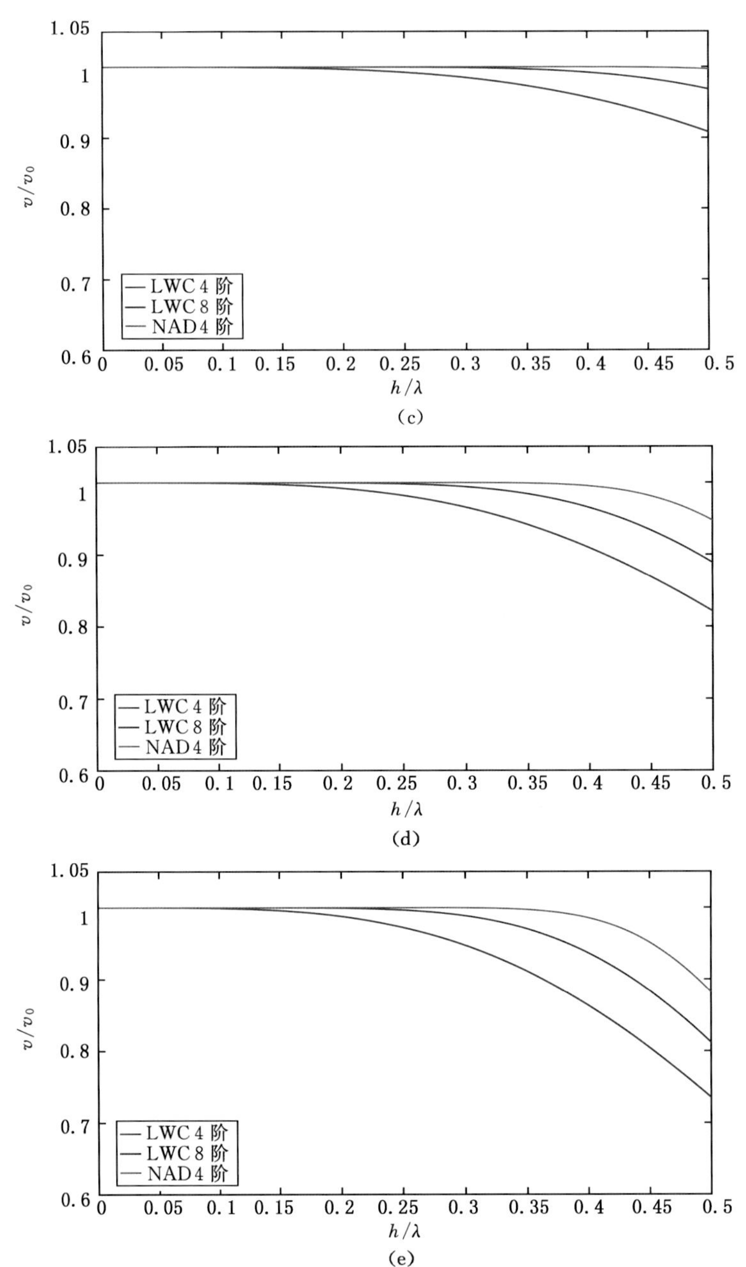

图 2-22(续) 不同地震波传播方向不同差分格式数值频散曲线

(c) $\theta=\pi/4$;(d) $\theta=3\pi/8$;(e) $\theta=\pi/2$

NAD 方法的数值频散。

在图 2-22 中,纵轴 v/v_0 表示数值相速度与真实相速度之比,在理想情况下即不产生数值频散时,$v/v_0=1$;v/v_0 值越偏离 1,说明数值频散越严重。横轴 h/λ 是网格步长与波长的比值,比值越大,一个波长内的采样点越少,一般最大为 0.5,即一个波长内有两个采样点。

理论上来说,在均匀各向同性介质中传播的声波波速与方向无关,但从不同地震波传播方向的频散曲线(图 2-22)可以发现,这三种算法在计算地震波相速度的时候都受到了传播方向的影响。其中,地震波传播方向与 x 轴成 $\theta=\pi/4$ 时[图 2-22(c)],4 阶 LWC、8 阶 LWC

与4阶NAD三种算法压制数值频散的效果最好，此时三种算法的数值相速度分别达到理论相速度的90%、95%和99%；而地震波传播方向与x轴成$\theta=0$和$\theta=\pi/2$时[图2-22(a)与图2-22(e)]，4阶LWC、8阶LWC的数值相速度只达到理论相速度的73%、81%，而4阶NAD算法仍然达到了理论相速度的88%。具体数据见表2-25所示。

表2-15　相同网格步长下，不同地震波传播方向不同差分格式下最大数值频散误差

方　法	最大频散数值误差		
	$\theta=0(\theta=\pi/2)$	$\theta=\pi/8(\theta=3\pi/8)$	$\theta=\pi/4$
4阶LWC	27%	18%	8%
8阶LWC	19%	12%	5%
4阶NAD	12%	5%	1%

尽管不同算法都存在频散各向异性，相比4阶LWC、8阶LWC方法，NAD算法压制数值频散上效果明显。

（三）频率的影响

图2-23是不同地震波传播方向不同差分格式下受地震波频率影响的数值频散曲线，图

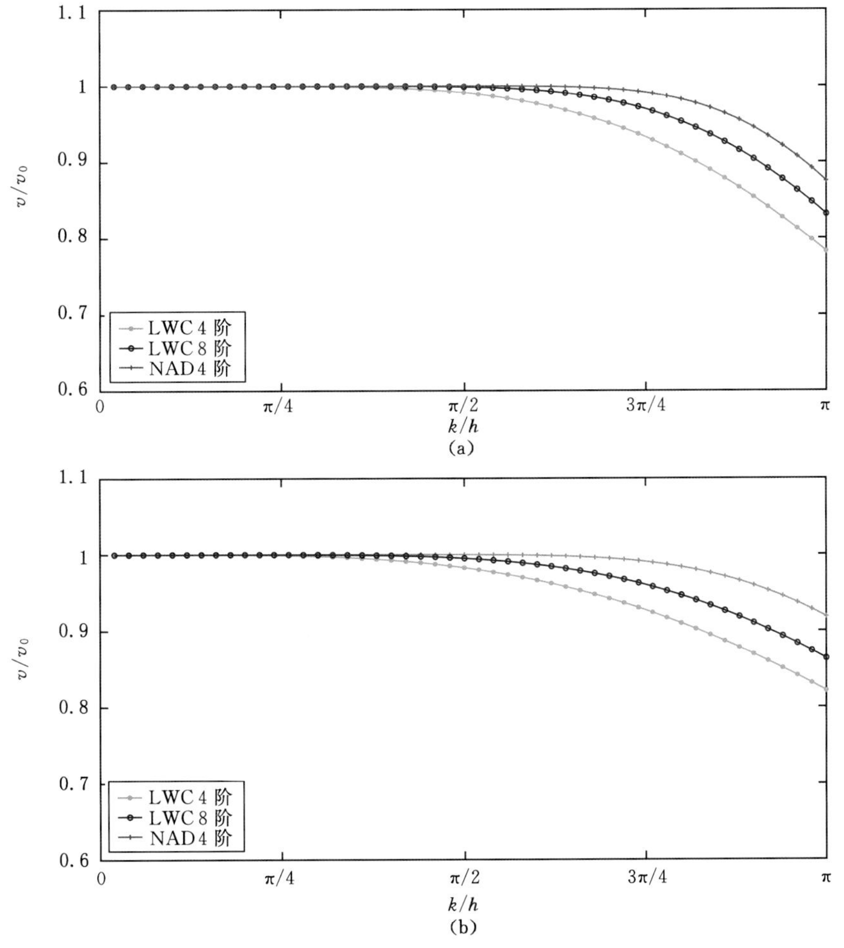

图2-23　不同地震波传播方向不同差分格式下受地震波频率影响的数值频散曲线

(a) $\theta=0$;(b) $\theta=\pi/8$

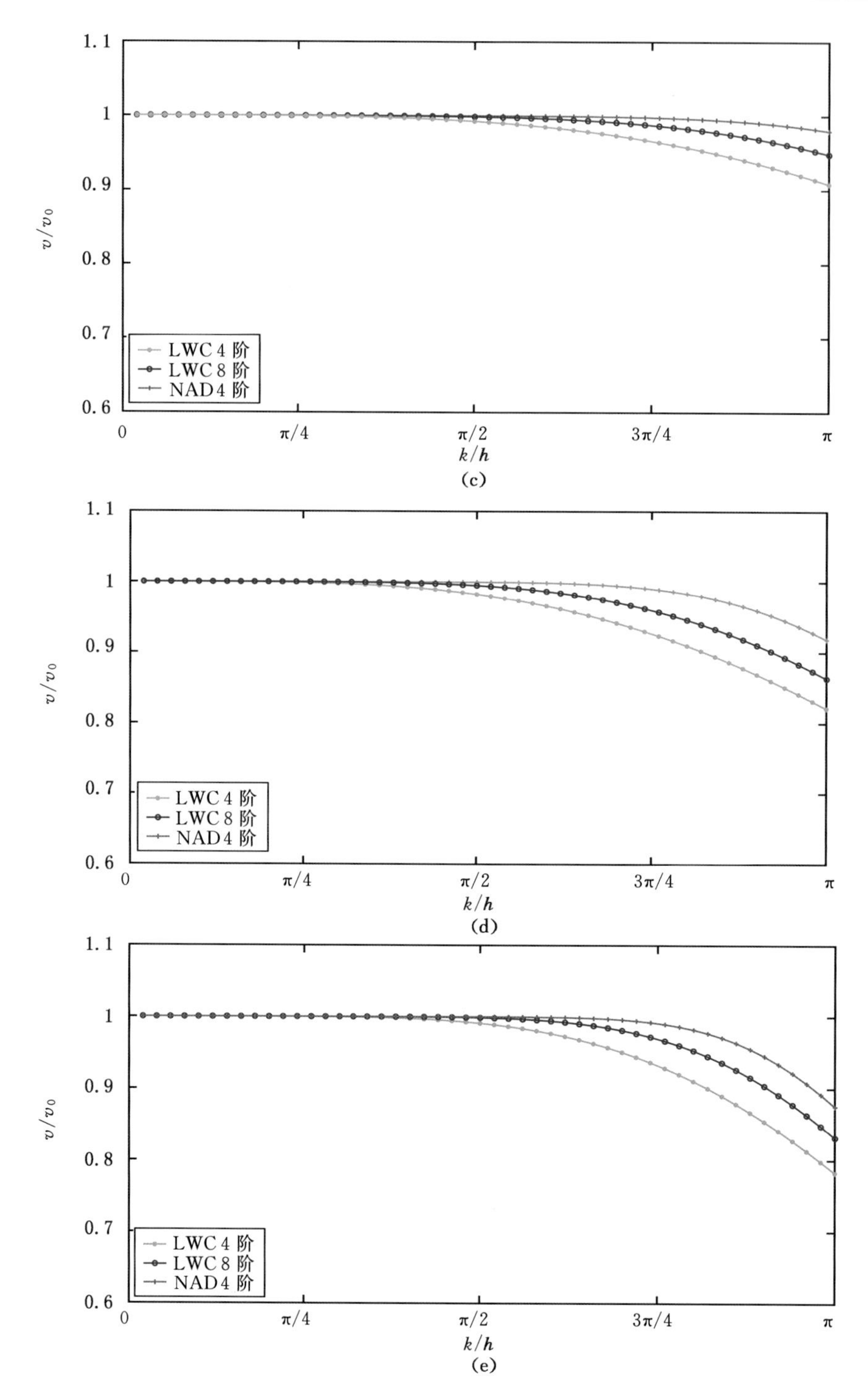

图 2-23(续) 不同地震波传播方向不同差分格式下受地震波频率影响的数值频散曲线

(c) $\theta=\pi/4$;(d) $\theta=3\pi/8$;(e) $\theta=\pi/2$

中纵轴 v/v_0 表示数值相速度与真实相速度之比，横轴表示波数与空间步长的乘积 kh，所以当网格步长一定时，频率随 kh 的增大逐渐增大。

从图 2-23 可以看到，当地震波频率较低时，4 阶 LWC、8 阶 LWC 与 4 阶 NAD 三种方法均可以比较准确地模拟地震波场，但是随着地震波频率的增加，4 阶 LWC 和 8 阶 LWC 方法数值模拟的精度不断下降，即数值相速度与真实的相速度的误差不断增大。如图 2-23(a)和图 2-23(e)所示，4 阶 LWC 和 8 阶 LWC 方法有着明显的频散现象，而 NAD 算法相对于前两者，虽然存在一定的数值频散，但是明显更稳定，说明 NAD 算法在压制数值频散上具有明显的优势。

表 2-16 是在频率影响下，不同地震波传播方向下不同差分格式的最大数值频散误差，可以发现，不管是哪一种方法，对于高频信号的捕捉都存在一定的误差，所以在进行数值模拟时，要选择合适的子波频率，尽量避免因为高频信号导致数值频散严重。

表 2-16　相同子波频率下，不同地震波传播方向不同差分格式的最大数值频散误差

方法	最大频散数值误差		
	$\theta=0(\theta=\pi/2)$	$\theta=\pi/8(\theta=3\pi/8)$	$\theta=\pi/4$
4 阶 LWC	22%	18%	10%
8 阶 LWC	16%	13%	7%
4 阶 NAD	12%。	7%	2%

为了进一步讨论它们的频散现象，我们构建一个简单的地质模型进行数值模拟。图 2-24是分别采用 4 阶 LWC、8 阶 LWC 和 4 阶 NAD 方法对单一界面模型数值模拟得到的单炮记录，模型大小为 5 000 m×5 000 m，$\Delta x=\Delta z=20$ m，$\Delta t=1$ ms，采样时间长度为 1.6 s。发现 4 阶 LWC、8 阶 LWC 频散相对 4 阶 NAD 而言比较严重，尤其是在地震波沿坐标轴传播时。

图 2-25 是单界面模型不同方法数值模拟的波场快照，从图中也可以明显看出，在压制数值频散方面，4 阶 NAD 相比 4 阶 LWC 和 8 阶 LWC 更具优势。从 4 阶 LWC 方法数值模拟的波场快照[图 2-25(a)、图 2-25(b)]中可以看到，地震波传播时出现了明显的频散现象；从 8 阶 LWC 方法数值模拟的波场快照[图 2-25(c)、图 2-25(d)]中可以看到，频散现象有了一定的收敛，但是仍然存在频散现象；从 4 阶 NAD 方法数值模拟的波场快照[图 2-25(e)、图2-25(f)]中可以看到，NAD 方法能有效压制数值频散。

(四) 计算效率

数值模拟的计算效率主要受采样时间与空间步长的影响，下面通过数值模拟声波在常速介质中的传播来对比分析 4 阶 LWC、8 阶 LWC 和 4 阶 NAD 的计算效率和存储需求。试验模型参数为：计算区域为 5 000 m×5 000 m，空间步长为 $\Delta x=\Delta z=25$ m，时间步长为 $\Delta t=2$ ms，声波波速为 5 000 km/s，震源采用主频为 25 Hz 的雷克子波，于模型中心激发。

图 2-26 是分别采用 4 阶 LWC、8 阶 LWC、4 阶 NAD 方法得到 0.4 s 时的波场快照。从波场快照图中可以发现，三种方法波场的传播速度是基本一致的，但是 4 阶 LWC[图 2-26(a)]、8 阶 LWC[图 2-26(b)]的波场快照可以观测到明显的数值频散，尤其是 4 阶 LWC 方法数值模拟得到的波场快照，频散现象十分明显，而用 4 阶 NAD 方法的数值模拟更稳定，从其波场快照[图 2-26(c)]观测不到数值频散。

4 阶 LWC、8 阶 LWC 方法在相同的时间步长、子波频率下，想要有效压制数值频散，得到同 4 阶 NAD 算法相同的数值模拟精度，需要将网格步长分别缩小到 5 m 和 10 m。如图 2-27 所示，是 8 阶 LWC 在相同条件下不同网格步长时的波场快照。

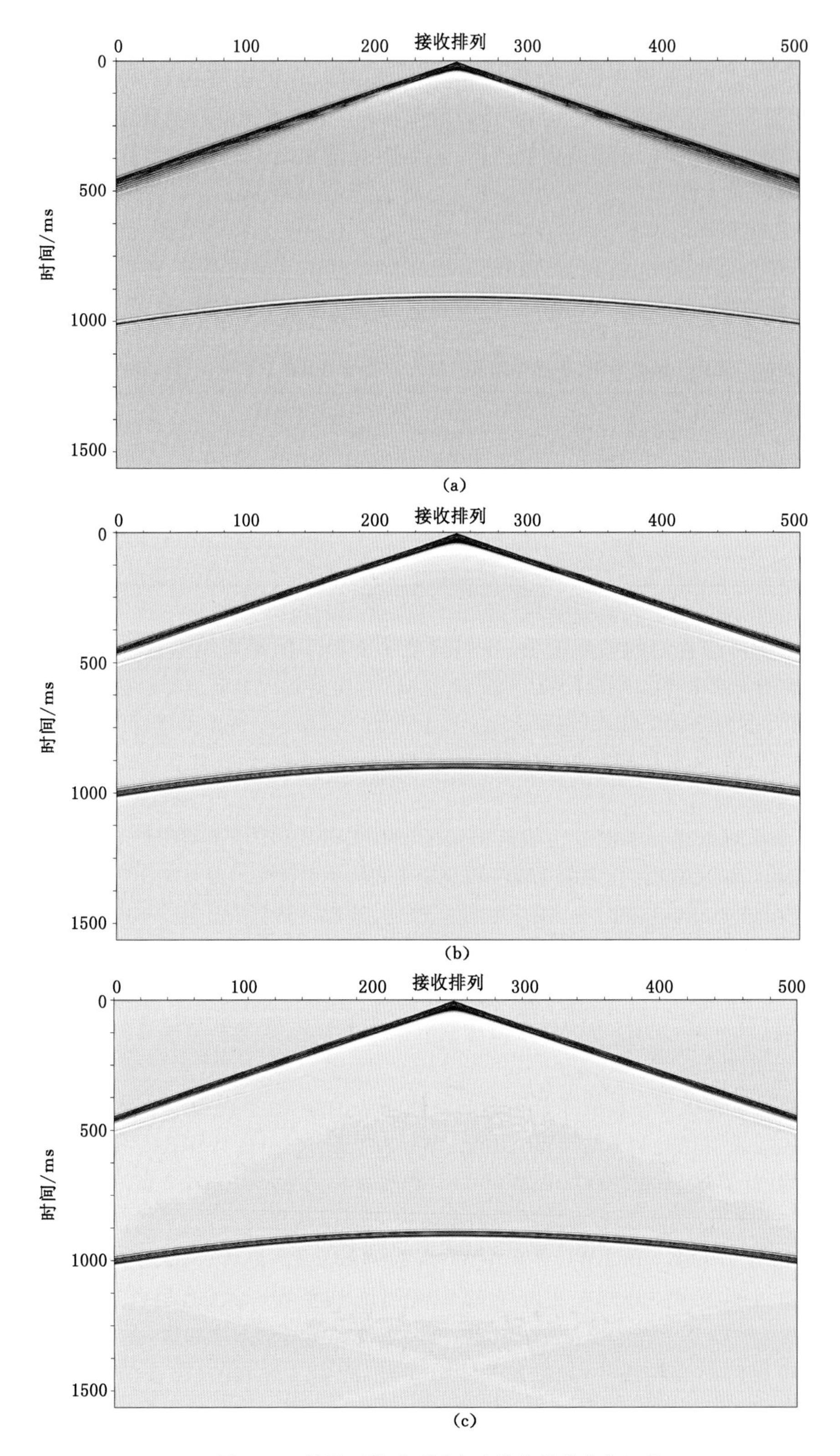

图 2-24 单界面模型不同方法数值模拟单炮记录

(a) 4 阶 LWC 方法数值模拟单炮记录；(b) 8 阶 LWC 方法数值模拟单炮记录；(c) 4 阶 NAD 方法数值模拟单炮记录

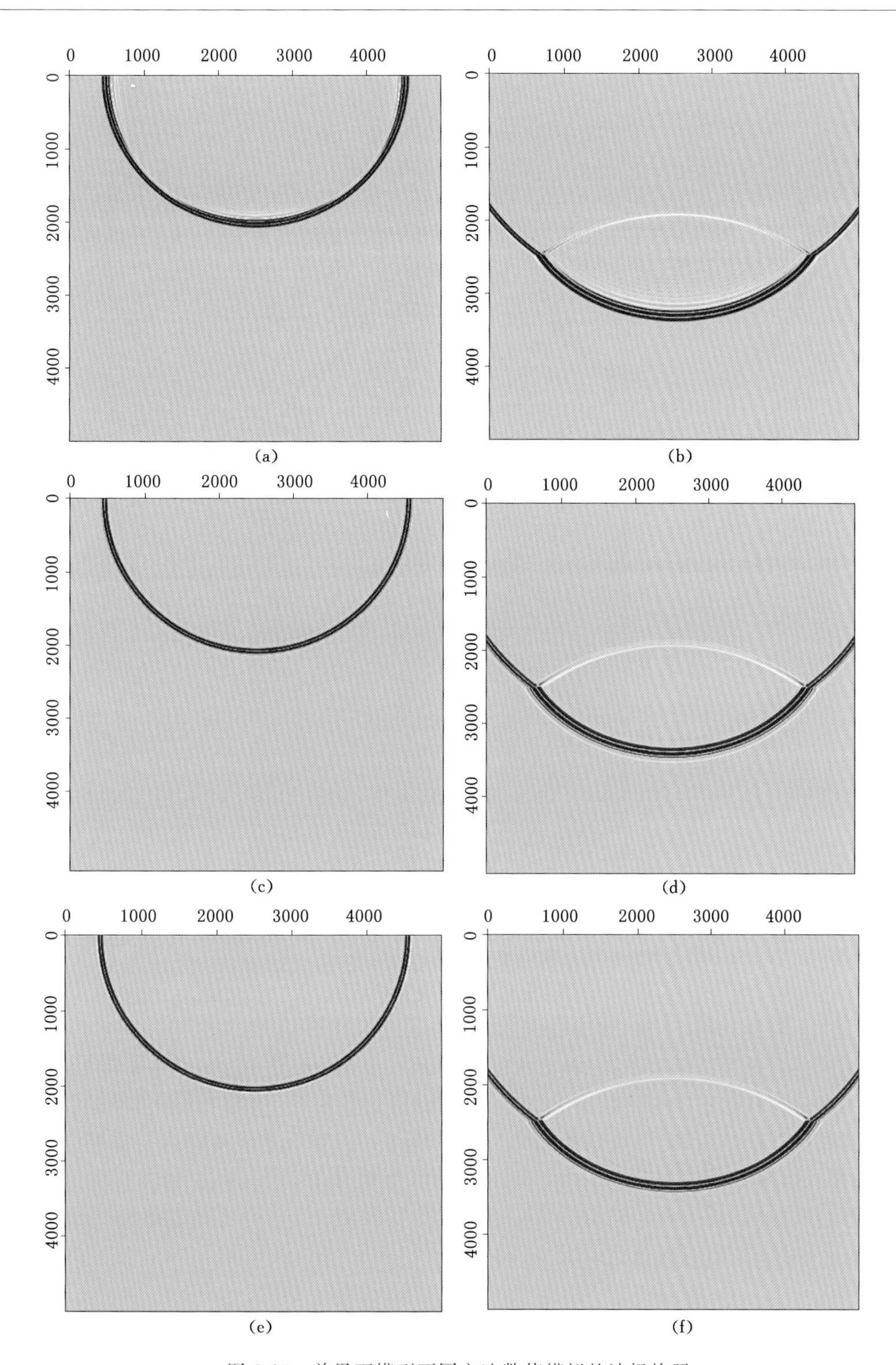

图 2-25　单界面模型不同方法数值模拟的波场快照

(a) 4 阶 LWC(t=0.6 s);(b) 4 阶 LWC(t=0.9 s);(c) 8 阶 LWC(t=0.6 s);(d) 8 阶 LWC(t=0.9 s);
(e) 4 阶 NAD(t=0.6 s);(f) 4 阶 NAD(t=0.9 s)

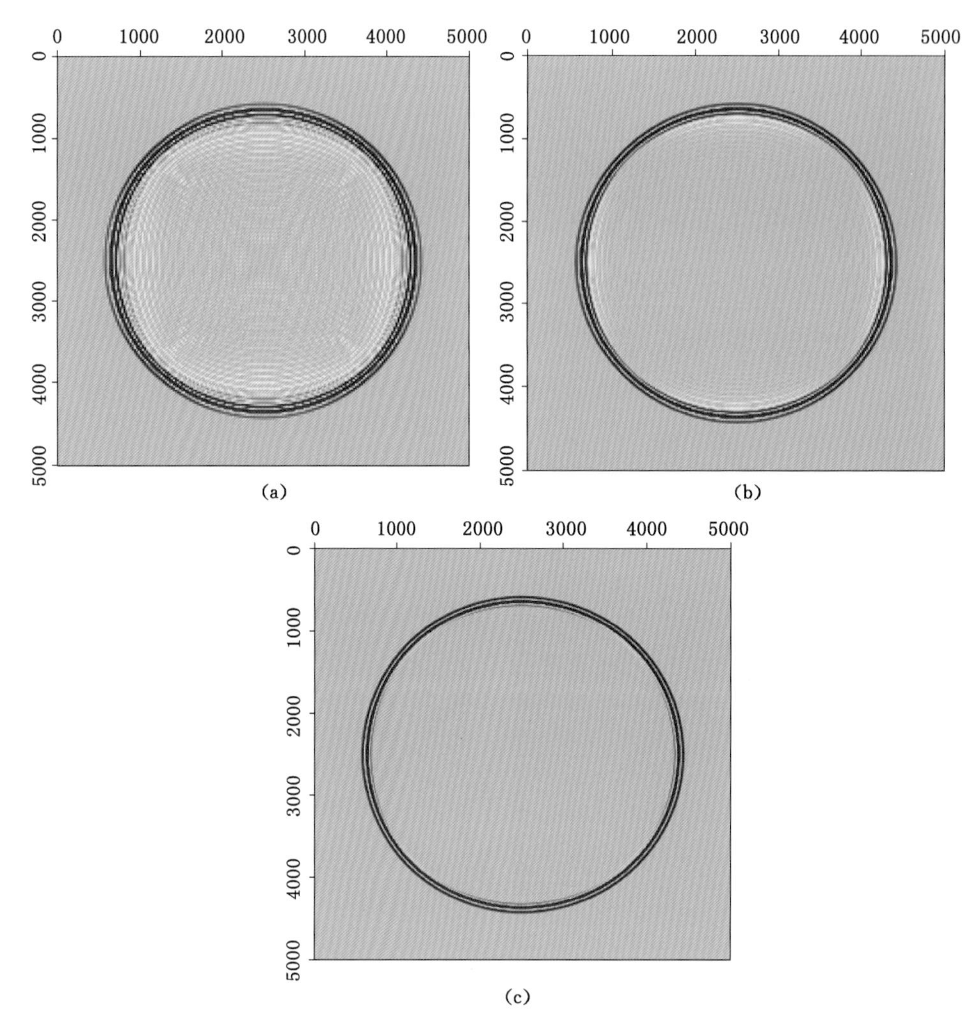

图 2-26　不同方法相同粗网格下的波场快照($t=0.4$ s)

(a) 4 阶 LWC;(b) 8 阶 LWC;(c) 4 阶 NAD

在相同的数值模拟精度下,三种方法的存储量和计算时间是不一样的。4 阶 NAD 每个格点需要存储位移信息和梯度信息共 9 个数组,网格点数为 201×201;4 阶 LWC 每个网格点上需要存储 3 个数组,网格点数为 1 001×1 001;8 阶 LWC 每个网格点上需要存储 3 个数组,网格点数为 501×501;4 阶 LWC、8 阶 LWC 分别为 4 阶 NAD 存储内存的 83 倍、21 倍。另外,数值计算所需要的时间也不一样,实验获得图 2-26(a)这种效果需要的时间为 43 s、339 s 和 1 443 s,具体数据如表 2-17 所示。

表 2-17　不同方法计算效率与存储空间的比较

方法	4 阶 LWC	8 阶 LWC	4 阶 NAD
网格步长/m	5	10	20
网格点数	1 001×1 001	501×501	201×201
CPU 时间/s	1 443	339	43

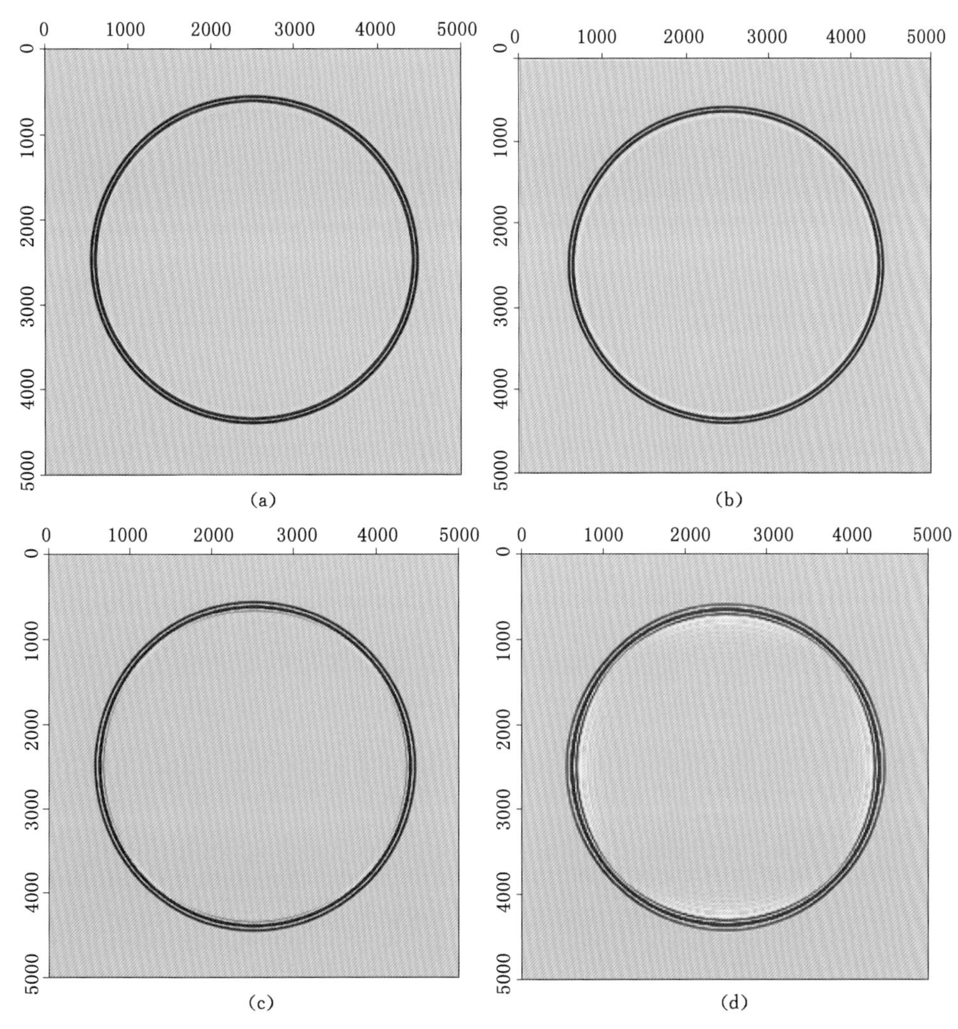

图 2-27　8 阶 LWC 不同网格步长模拟的地震波场快照($t=0.4$ s)

(a) $\Delta x=5$ m;(b) $\Delta x=10$ m;(c) $\Delta x=15$ m;(d) $\Delta x=20$ m

由于计算效率主要受采样时间与空间步长的影响，所以选择合适的采样时间与空间步长极为重要。

第三节　小断层、陷落柱地震正演模拟

一、地震分辨率

随着煤矿机械化采煤的进一步深入以及采区向深部的开拓，小断层往往与冒顶、突水、瓦斯突出等事故伴生，这不仅导致煤层开采难度增大，造成综采总体效率低下，而且还存在安全隐患[22-23]。煤矿资源的安全高效开采，在很大程度上依赖于对煤层赋存条件的查明程度，高分辨率地震勘探技术作为煤田采区勘查的主要手段，在识别煤层和小断层中发挥了重要作用。《煤田地震勘探规范》(DZ/T 0300—2017)规定[24]：采区三维勘探应查明落差≥5 m 以上的断层，其平面位置误差应控制在 30 m 以内，但一般煤矿将落差在 3～5 m 的小断层的识别、解释列入三维地震勘探要求之中，这对地震勘探提出了更高的要求。受地震资料自身分辨率的影响，小尺度地质异常体的解释工作在常规地震剖面上进行较困难，验证的准确率低，无法满足机械化开采对于地质条件查明情况的需要。因此，需要开展煤田地震资料高分辨技术研究，提高反射波的成像质量。

地震分辨率分为纵向分辨率与横向分辨率。

（一）纵向分辨率

地震的纵向分辨率是指地震记录或地震剖面上能分辨的最小地层厚度，地震数据精细解释通常受纵向分辨率影响。

1. 薄层

关于薄层有很多实验测试，其中 Widess[25]通过对不同厚度薄层的反射曲线进行模拟，计算出可识别薄层厚度的实验结果。薄层反射是薄层顶底界面的反射相互作用形成的复合反射波，Widess 实验中的薄层上下地层波速相同。薄层地层的顶界面反射与底界面反射之间的时差会随着薄层厚度的减小而变小，当薄层的厚度小于 $\lambda/8$ 时，薄层顶底界面产生的反射变得难以分辨，Widess 就以此为临界点，将厚度小于地震子波 $\lambda/8$ 的地层定义为薄层。

Neidell 等[26]对薄层的定义方式与 Widess 类似，他使用楔形模型来研究薄层分辨极限时，同样是利用地震子波的波形和振幅特征来定义对薄层的分辨能力。但区别在于，Widess 仅研究了薄层顶底地层的反射系数等幅异号的情况，而 Neidell 建立的楔形地质模型，则将研究情况分为薄层顶底地层反射系数等幅异号和等幅同号两种情况。通过建立楔形地质模型并进行正演模拟，对偏移剖面上反射波的波形和振幅特征进行分析，从而确定可分辨的最小地层厚度。

根据 Widess 对薄层的定义，薄层厚度与薄层反射振幅之间的关系计算过程如下。假设薄层顶、底界面反射波的波形相同，反射系数相等（即振幅相等），仅存在一些时差，顶界面的反射可近似为周期 T、振幅 A 的简谐波，则顶、底界面的反射为：

$$R_1 = -A\cos\left(t + \frac{b}{V}\right)\frac{2\pi}{T} \tag{2-38}$$

$$-R_1 = -A\cos\left(t - \frac{b}{V}\right)\frac{2\pi}{T} \tag{2-39}$$

式中，b 为薄层厚度；V 为薄层的波速。顶、底界面的复合反射 R_d 为：

$$R_d = R_1 + R_2 = \left[2A\sin\frac{2\pi b}{VT}\right]\sin\frac{2\pi t}{T} \tag{2-40}$$

括号内的项代表复合子波的最大振幅值，对其一阶近似可得：

$$A_d = 2A\sin\frac{2\pi b}{VT} \cong \frac{4\pi bA}{VT} = \frac{4\pi bA}{\lambda} \tag{2-41}$$

式(2-41)给出了由 Widess 定义的薄层($\lambda/8$)，其反射振幅与薄层厚度 b 和顶、底单个反射振幅 A 以及波长之间的一个近似关系式。实际上，该关系式同样适用于厚度小于 $\lambda/4$ 的地层。这是因为地层厚度小于 $\lambda/4$ 后，薄层反射的最大振幅就开始由顶、底界面单个反射复合而成。因此，对于地层厚度小于 $\lambda/4$ 的薄层，其振幅与层厚成正比，而与地震子波的波长成反比，通过薄层顶、底反射的振幅变化可以求得薄层厚度。

Neidell 楔状模型的速度假设条件与 Widess 的薄层假设条件相同，之所以 Neidell 难以通过反射波时差来计算地层厚度信息时的层厚 $\lambda/4$ 定义为薄层的分辨极限，而 Widess 将顶、底界面子波的相消干涉作用开始大于相长干涉作用，二者在视觉上难以分辨时的层厚 $\lambda/8$ 定义为薄层的分辨极限，是因为他们依据的标准不同，但实质上他们都是利用薄层反射振幅与厚度的关系进行分析。

综上所述，对于薄层的定义，给出的标准 $\lambda/4$ 更有其合理性和普遍性。实际的垂向分辨率是否可作为分辨极限，还需进一步深入讨论。

2. 纵向分辨率

地震波对地质体分辨能力的定义与薄层的定义方式不同，它遵循的是瑞雷准则，借助衡量光学仪器分辨两个物体之间距离能力的标准。两个点光源在成像面上得到两个衍射图像，衍射图像的中心距离等于爱里斑半径时被定义为分辨极限。爱里斑半径则是衍射图像中极大值到第一极小值的距离，这个距离为 $\lambda/2$。将瑞雷准则引入地震勘探中，应用于时间域地震数据分辨反射界面的间隔时，两个相邻界面的零相位子波类似于光学中的两个衍射图像，依据瑞利准则，$\lambda/2$ 即为两个反射波能够被分辨开来的最小距离。由于反射路径是地震波在地层中的往返路径，$\lambda/2$ 的反射波距离对应的地层厚度为 $\lambda/4$。因此，通常由瑞雷准则所定义的地震垂向分辨率为 $\lambda/4$[27-28]。

通过对上文楔形模型的分析可知，当地震正演时数据不考虑噪声影响，在采样足够充分的情况下，垂向上能够将薄层顶底界面分辨出来的薄层厚度极限近似为 $\lambda/4$。这与瑞雷准则关于垂向上 $\lambda/4$ 的分辨极限定义是一致的，但这并不意味着小于该分辨极限的地质体就不能通过地震手段检测出来。这是因为从薄层定义出发得到的 $\lambda/4$ 分辨极限针对的是能否在地震剖面上将薄层顶、底界面区分开来，而并非以识别垂向上是否存在薄层为目标。因此，用分辨地层厚度的准则来衡量地层能否在地震剖面上被检测出来是不合适的。

（1）地震可检测性分辨率

根据唐文榜等[29]提出的“地震可检测性分辨率”原理，当薄层厚度小于 $\lambda/4$，只要薄层反射的属性值有别于相邻层位的属性值时，该薄层就可以通过地震勘探检测出来。当我们讨论地震剖面的视觉分辨率时，其属性以振幅为主。厚度小于 $\lambda/4$ 的薄层其顶、底界面的反射波复合在一起无法区别，形成一个完整的复合反射波，可以通过计算薄层反射波的振幅与入射波振幅之比得到薄层的复合反射系数。这个系数可由顶、底界面反射系数 r、薄层厚度 h 及波长 λ 求得：

$$|R|=\frac{A(x)}{A(x_0)}=\frac{2r\ |\sin 2\pi/\lambda|}{[(1-r^2)^2+4r^2\sin 2\pi h/\lambda]^{1/2}} \tag{2-42}$$

式中，$A(x)$ 为薄层反射波的振幅；$A(x_0)$ 为入射波振幅；r 为顶底界面反射系数；h 为薄层厚度；λ 为波长。

唐文榜等给出了薄层可检测性分辨率的振幅定量标志，认为薄层的复合反射系数大于背景反射系数，背景反射系数为其他反射波振幅和背景噪声振幅的综合相关。由于复合反射系数与地层顶、底界面反射系数相关，所以当界面反射系数增大时，复合反射系数也会显著增大。因此，只要地层界面的反射系数足够大，薄层同样可以产生较强的反射，如煤层的反射系数通常为 0.3～0.5，当背景反射系数为 0.2 时，煤层厚度为 $\lambda/20$～$\lambda/40$，即可在地震剖面上被检测出来。所以由式(2-42)可知，当地层形成的复合反射系数足够大时，即使地层厚度达不到 $\lambda/4$，它也可以通过振幅属性被识别出来。

（2）断层的分辨极限

类似的，当垂向上存在不同断距的断层时，用 $\lambda/4$ 的分辨极限准则衡量断层能否在地震剖面上被识别出来并不合适。区别于分辨薄层产生同一道内的顶、底界面复合波，断层在地震剖面上引起的是同一反射波在相邻地震道之间的时差。来自断层的反射在相邻两道上相对独立，因此衡量断层能否被分辨的关键在于断层的上、下盘反射时差，以及这个时差是否使相邻地震道在剖面上产生视觉错动。

断层上、下盘的反射时差与断层上覆地层的波速有关，波速越低，相同落差的断层在时间剖面上两盘之间的错开时差越大。在信噪比足够高的情况下，断层只要在相邻地震道产生一个时间采样间隔的时差，就可通过互相关等手段将其识别出来；而要达到视觉上能够分辨断层，又与反射波的振幅、主频等因素有关。总体来说，断层在视觉上的分辨极限会低于薄层分辨极限的 $\lambda/4$，具有比薄层更易识别的垂向分辨特征[30]。

综上所述，薄层分辨极限仅代表垂向分辨率的一部分，它从定量的角度给出了地震波所能识别的最小地层厚度，通常为 $\lambda/4$；而垂向上地层的可检测性分辨率，以及断层的垂向分辨又与地层厚度的分辨准则不同。薄层能否在地震剖面上被识别出来，与薄层引起的振幅异常是否超过背景值有关，其定量标志由式(2-42)决定；断层的分辨是对断层引起的相邻两道错开时差的讨论，而不像薄层分辨率的讨论都是基于同一道上由薄层引起的复合反射波的振幅变化。只要存在时差，无论借助肉眼还是属性分析的手段都可以将断层识别出来。因此，断层的垂向分辨极限理论上应为最小时间采样间隔。

3. 子波对分辨率的影响

地震分辨能力与地震子波有关，也就是地震子波的频率成分、频带宽度、延续时间大小和子波波形影响着地震分辨率[31-32]。

（1）子波的频率成分对分辨率的影响

对于纵向分辨率来说，当地层厚度 $\Delta h \geqslant \lambda/4$，可被分辨；如果用菲涅尔带半径来表示地层的纵向分辨率，则有公式 $R = v_{av}\sqrt{t_0/f_m}$，小于这个范围的波长叠加，不能被分辨。

由此可见，子波的波长 λ 越小，分辨率越高。然而，根据波长公式 $\lambda = v/f$，波长与分辨率成反比，且地震子波为脉冲波，是由一系列不同幅度、不同频率和不同相位的简谐波叠加形成。因此，就子波的频率成分而言，子波的频谱中高频成分越多，其分辨率就越高，但高频的穿透能力较弱。

（2）子波的频带宽度和延续时间对分辨率的影响

子波的频带宽度 ΔF 与震动的延续时间 ΔT 成反比。子波的频带宽度越宽或延续时间越短，分辨率越高。

（3）子波的相位特征对分辨率的影响

Widess 于 1982 年推导出了分辨率与子波的振幅谱和相位谱公式：

$$R_{sf} = \left[\int_{f_1}^{f_2} S(f)\cos\theta(f)\mathrm{d}f\right]^2 \bigg/ \left[\int_{f_1}^{f_2} S^2(f)\mathrm{d}f\right] \tag{2-43}$$

式中，R_{sf} 表示频谱定义的分辨率；$S(f)$ 和 $\theta(f)$ 分别为子波的振幅谱和相位谱；f_1 和 f_2 为频谱的有效频带区间。从公式可以明显看出，当振幅谱相同时，零相位子波具有最高的分辨率。

将以上讨论的影响分辨率的三个因素进行综合，有：在零相位子波情况下得到子波的振幅谱与分辨率的相互关系；当振幅谱频带宽度越大，子波延续时间越短，分辨率越高。

（二）横向分辨率

横向分辨率是指在地震记录或水平叠加剖面上能分辨相邻地质体（如断层、尖灭点、岩性体等)的最小宽度。相邻小断层如果在横向相隔距离较近,常规解释过程中由于其局限性,使得断层无法辨别或在确定断层空间位置上呈现偏差。

偏移之前的地震剖面,横向上的分辨率通常由第一菲涅尔带半径[式(2-44)]确定,即两个绕射的距离若小于第一菲涅尔带半径,则相邻的两个小断层就无法分辨。

$$h_R=\frac{v_{av}}{2}\sqrt{t_0/f_m} \tag{2-44}$$

式中,v_{av}为平均速度;t_0为目的层双程反射时间;f_m为地震波的主频。

偏移之后的地震剖面,横向上能否识别出相邻断层依赖于目标层所在层位的反射波的最高频率。两个相邻绕射点的距离如果小于最高频率的一个空间波长,相邻的两个小断层就不会被分开,即偏移后的地震横向分辨率定义为最高频率的一个空间波长。根据目标层位的最大频率和层速度,横向分辨率为:

$$h_r^* = V_{int}/f_{max} \tag{2-45}$$

式中,V_{int}为目标层位速度;f_{max}为目标层位地震波的主频。

但在实际工作过程中,目标层的最高频率很难直接测出,因此根据目标层的主频和层速度,横向分辨率为:

$$h_r = V_{int}/2f_m \tag{2-46}$$

式中,f_m为目标层位地震波的主频。

由式(2-45)与式(2-46)可知,地震资料的横向分辨率主要受目标层的速度及主频影响。对于地震勘探区域,煤层波速基本为定值,则横向分辨率与目标层地震波主频呈反比例关系。如图2-28所示,随着地震波主频的增加,横向分辨率逐渐提高,两个相邻小断层之间的分辨距离逐渐降低,即分辨能力逐渐增大。随着主频继续增大,横向分辨率基本不再改变,达到横向分辨率的极限;当目标层地震波主频f_m=50 Hz时,h_r=16～20 m。

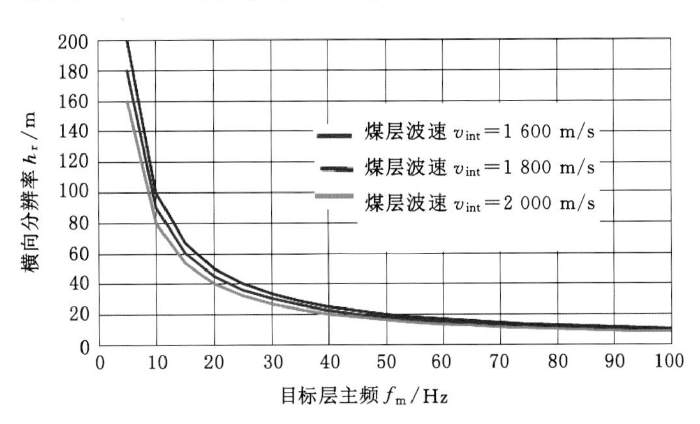

图2-28　横向分辨率h_r与地震波主频f_m的关系

二、小断层的地震正演模拟

断层构造一般指煤、岩层顺着破碎面发生显著位移的一种地质现象,通常将落差在3～5 m之间的断层称为小断层构造。地震勘探资料解释阶段,分辨小断层的位置、延展方向、倾角、落差等特征有着十分重要的意义。受地震资料自身分辨率的影响,小断层的解释工作在常规的地震剖面上进行往往很困难,因而通过数值模拟,研究小断层的地震波响应特征,提取煤层反射性属性，揭示其动力学和运动学的特征变化，从而识别小断层。

通过正演模拟，以地震属性作为考察指标，探讨地层速度、地层厚度、地震波主频及噪声对地震属性识别小断层的影响。

（一）地震波主频对小断层识别的影响

通过垂向分辨率以及横向分辨率的研究可以看出，地震勘探的主频对于小构造的识别是有影响的。为保证正演模拟的准确性及指导作用，构建如图 2-29 所示正演模型，在横向 200 m、500 m 和 800 m 处假设有落差为 3 m、2 m 和 5 m 的小断层构造。煤层上覆层泥岩纵波速度为 4 000 m/s，第四系覆盖层纵波速度为 1 800 m/s，煤层下的地层纵波速度为 3 400 m/s，模型地层参数见表 2-18。

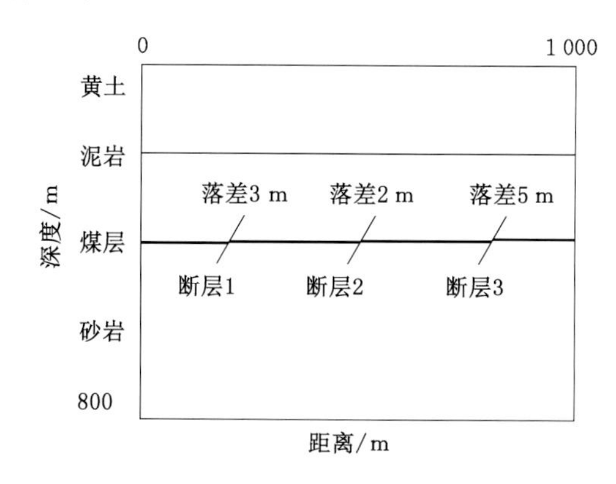

图 2-29　小断层正演地质模型示意图

表 2-18　正演模型地层参数

层号	岩性	V_P/(m/s)	密度/(g/cm³)	厚度 H/m
1	黄土	1 800	2	200
2	泥岩	4 000	2.7	200
3	煤层	1 600	1.45	3.5
4	砂岩	3 800	2.6	400

基于模型全程在无噪声的环境下模拟爆破，道距为 5 m，采用零相位雷克子波，主频选择 25 Hz、35 Hz、45 Hz、50 Hz 和 65 Hz，对煤层反射波提取相关属性，研究不同频率下小断层的识别精度。其正演成果及属性提取见图 2-30 所示。

根据以上五个不同频率的相干系数分析结果可见，随着地震波的主频逐渐增大，小断层的分辨率逐渐提高。当地震波频率为 25～35 Hz[图 2-30(a)、图 2-30(b)]时，相干系数对落差为 3 m 左右的小断层难以识别出；当地震波频率为 45～65 Hz[图 2-30(c)、图 2-30(e)]时，落差为 3 m 左右的小断层在地震属性图上可以清晰地辨别出。

可见，在无噪情况下，在地震勘数据解释的过程中，若想准确地识别出落差在 3 m 左右的小断层，地震勘探目的层的主频需达到 40 Hz 以上。考虑实际资料采集过程中会有噪声干扰，地震勘探目的层的主频应适当提高，一般地震波主频在 50 Hz 以上会有较好的分辨率，能较准确地识别出小断层的位置。

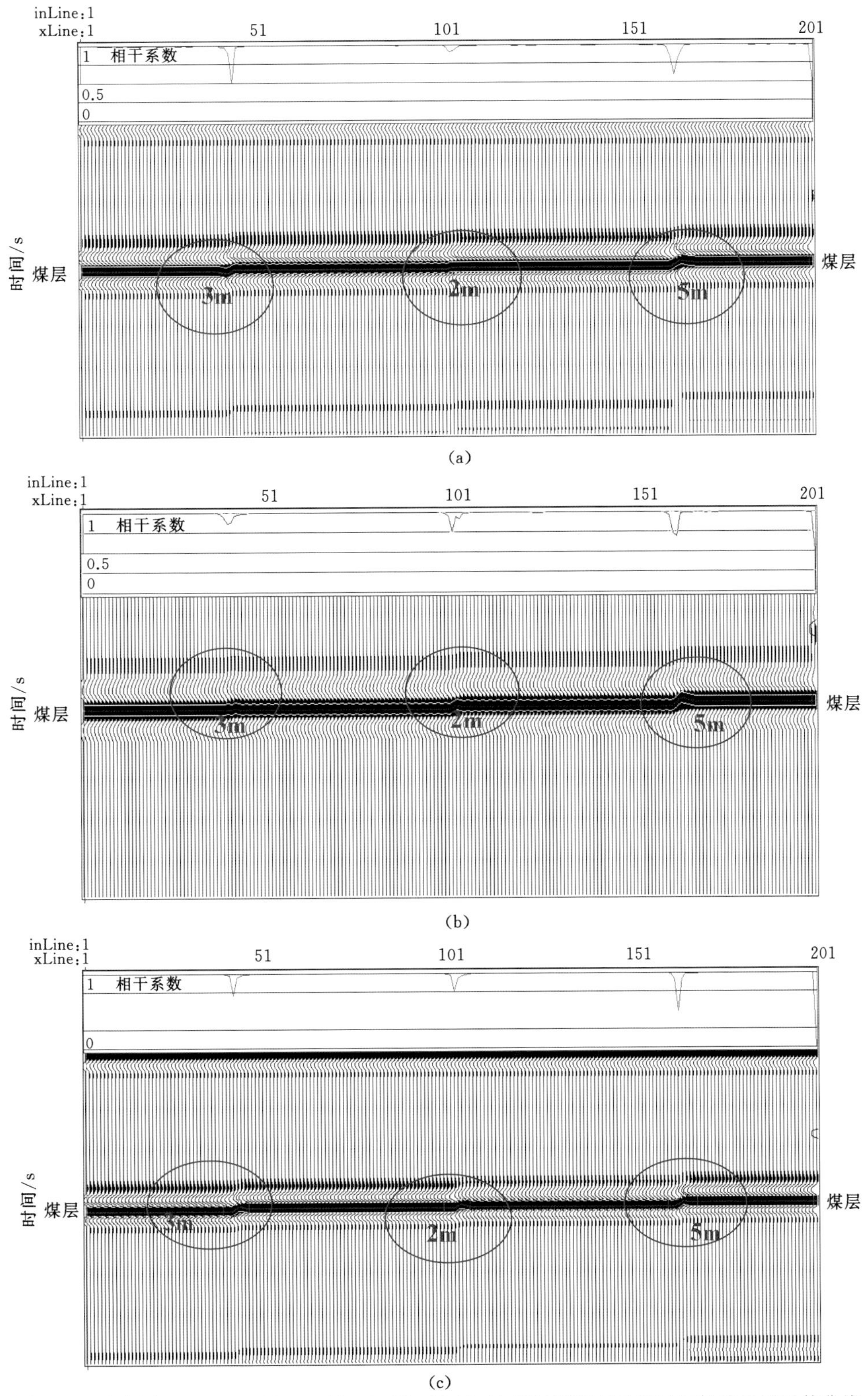

图 2-30　主频为 25 Hz、35 Hz、45 Hz、50 Hz、65 Hz 地震时间剖面及煤层反射波相干系数曲线

(a) 煤层反射波相干系数曲线与地震时间剖面(主频 25 Hz);(b) 煤层反射波相干系数曲线与地震时间剖面(主频 35 Hz)

(c) 煤层反射波相干系数曲线与地震时间剖面(主频 45 Hz)

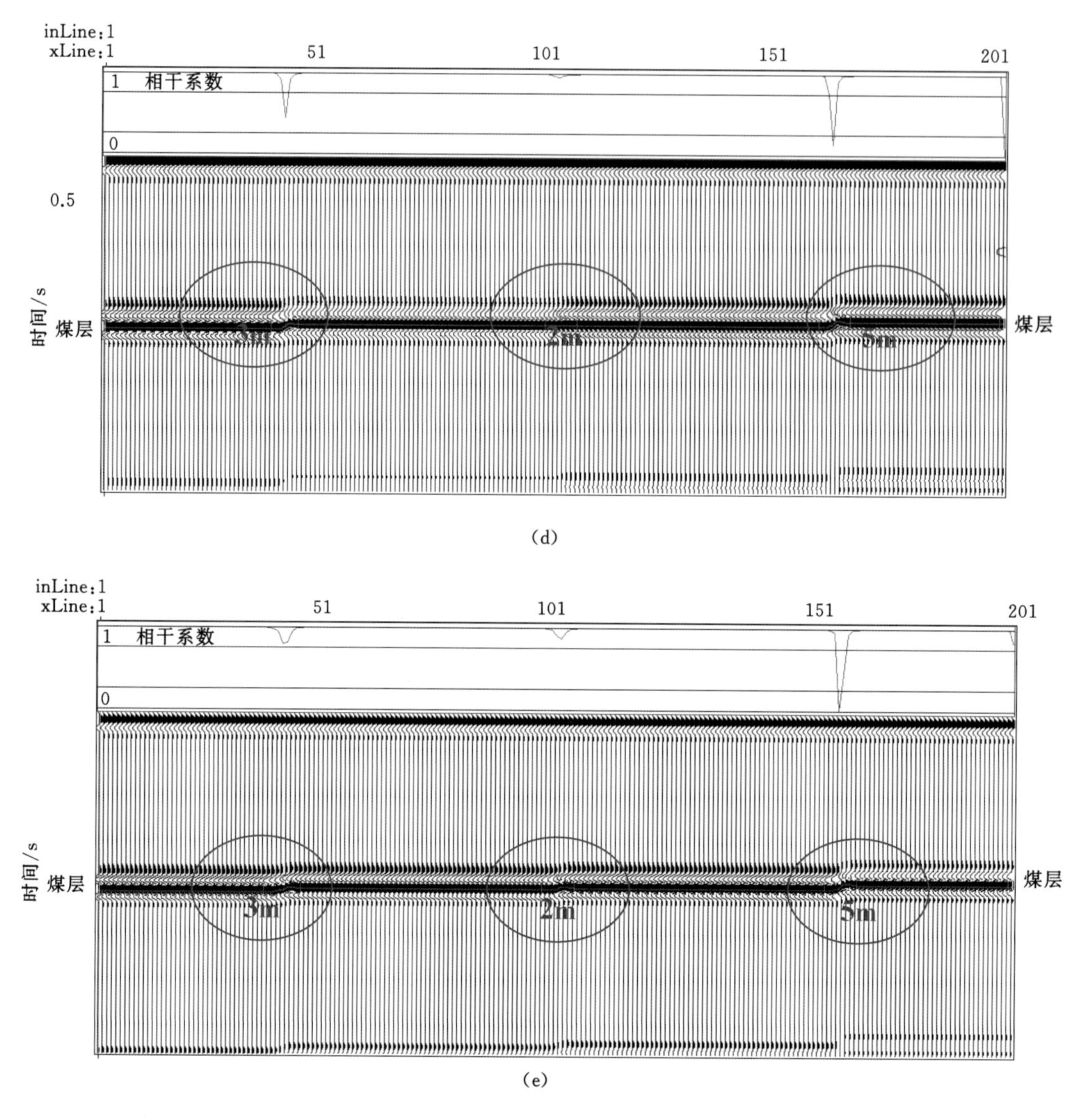

图 2-30(续) 主频为 25 Hz、35 Hz、45 Hz、50 Hz、65 Hz 地震时间剖面及煤层反射波相干系数曲线
(d) 煤层反射波相干系数曲线与地震时间剖面(主频 50 Hz);(e) 煤层反射波相干系数曲线与地震时间剖面(主频 65 Hz)

(二) 表层速度对小断层识别的影响

淮北煤田表层均为黄土覆盖,现改变黄土层表层速度,设表层速度为 1 000 m/s、1 800 m/s和 2 400 m/s,地质模型如图 2-29 所示,除表层地层参数外,其他地层参数同表 2-18。激发时采用 50 Hz 的雷克子波,全程模拟在无噪声的环境下爆破,道距为 5 m,得到如图2-31所示的地震剖面。对煤层做相干属性分析,分析在属性图上小断层的分辨能力。

由图 2-31 可以看出,表层速度的高低对于小断层构造的识别有着明显的影响。图 2-31(a)的表层速度为 1 000 m/s,对煤层反射波做相干系数属性分析,小断层处相干系数异常小,在相干属性图上不能明显辨别。图 2-31(b)的表层速度为 1 800 m/s,小断层在属性图上的识别能力明显增强,相干系数变大,在属性图上能圈定小断层的位置。图 2-31(c)的表层速度为 2 400 m/s,虽然对 2 m 以下的断层响应依然不明显,但落差在 3～5 m 的小断

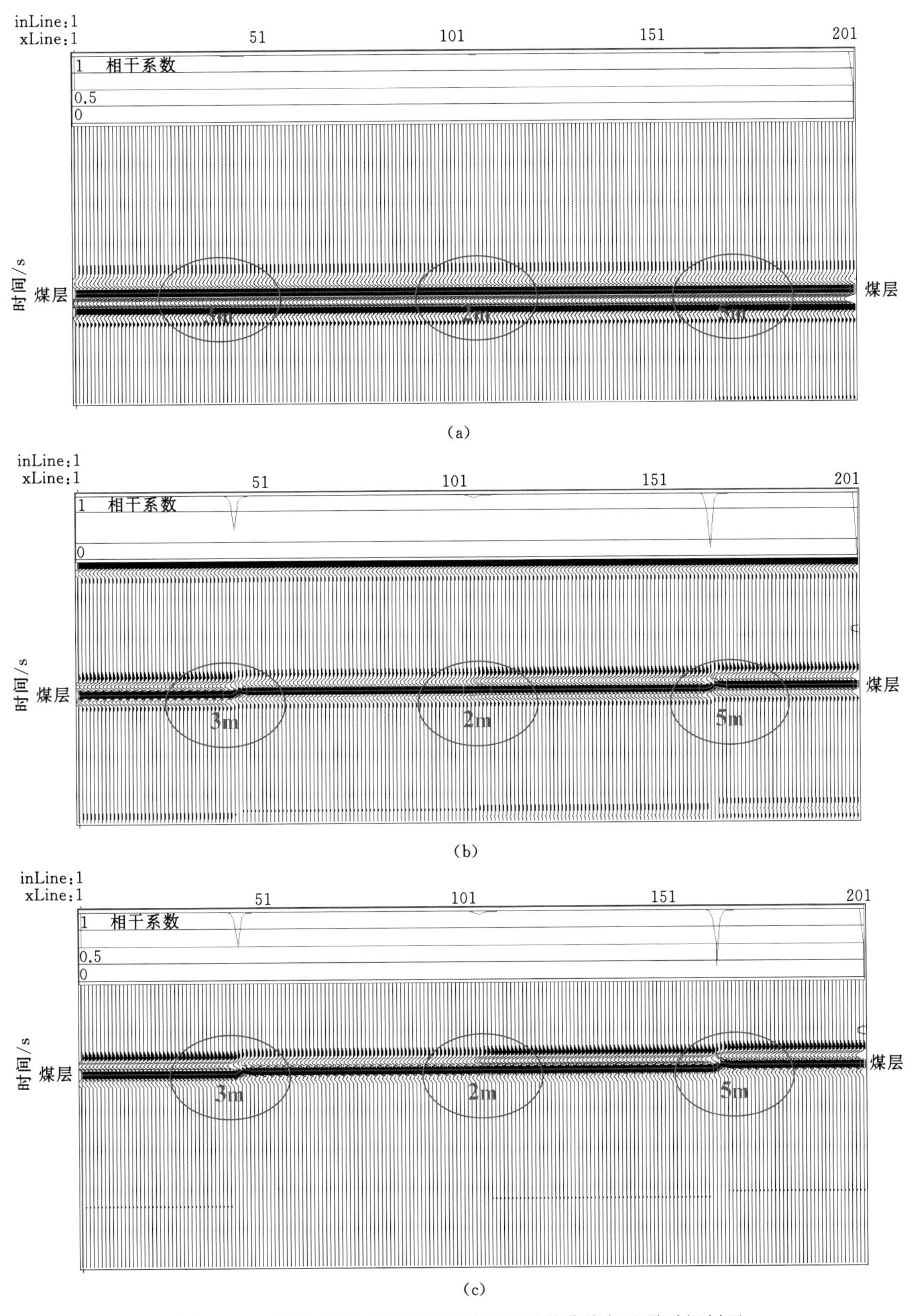

图 2-31 不同表层速度煤层反射波相干系数曲线与地震时间剖面

(a) 煤层反射波相干系数曲线与地震剖面(表层速度为 1 000 m/s);

(b) 煤层反射波相干系数曲线与地震剖面(表层速度为 1 800 m/s);

(c) 煤层反射波相干系数曲线与地震剖面(表层速度为 2 400 m/s)

层在属性图上能清楚地显示，异常幅度大。因此，表层速度对地震属性识别小断层能力影响较大，当表层速度由小变大时，地震属性识别小断层分辨能力就越大。表层速度越小，地震波的能量吸收得越多，小断层构造识别带来显著的负面影响，导致分辨率会有明显的降低。表层速度越高，地震波信号能量吸收越小，有利于地震波往深部传递，小断层构造识别的分辨率越高。

（三）地震资料信噪比对小断层识别的影响

上述讨论了地震波频率、表层速度对小断层识别的影响，但未考虑地震记录的信噪比对分辨率的影响。现设计小断层地震地质模型如图 2-29 所示，地层参数同表 2-18，断层落差分别为 3 m、2 m 和 5 m，分别位于模型的 200 m、500 m 和 800 m 处，模拟爆破接受道距为 5 m，地震波主频采用 50 Hz 雷克子波。地震资料信噪比 S/N 分别取 1、2、3、4 和 5，分析煤层反射波在 CDP 点 41、101 和 161 处小断层地震波响应特征，以研究不同信噪比下的地震波属性对小断层的分辨能力。

数值模拟剖面及煤层反射波相干系数属性如图 2-32 所示。

地震资料的信噪比对小断层的识别有显著影响。当 $S/N\leqslant3$ 时，地震剖面噪声干扰较强，通过相干属性的分析，小断层处没有表现出明显异常，如图 2-32(a)与图 2-32(b)所示，无法识别小断层位置。当 $S/N\geqslant4$ 时，地震剖面有效信号增强，噪声干扰变弱，小断层在相干属性上会有明显的异常，可以确定小断层的位置，并且随着信噪比的逐渐增大，相干属性的异常反映逐渐增大，如图 2-32(c)、图 2-32(d)及图 2-32(e)所示，但是对于落差 2 m 的小断层相干属性的异常很小。当地震剖面不含噪声时，如图 2-32(f)所示，小断层在相干属性上的反映十分清晰，并且能够辨别出落差为 2 m 的小断层。因此，对于地震资料信噪比 $S/N\geqslant4$时，除了对较小的小断层(如落差在 3 m 以下)无明显反映之外，小断层在属性图上都有明显反映，可以确定小断层的位置。

三、陷落柱地震正演模拟

（一）陷落柱的地质特征

1. 陷落柱在我国的分布

我国岩溶塌陷具有以下几方面的分布规律：

① 在地形地貌上，主要分布于丘陵地带或中低山的山前。

② 在地层结构上，上部为一定厚度的松散覆盖层、软弱岩层或石膏盐岩，下伏开口的岩溶洞穴。

③ 在大地构造上，比较明显地受新华夏系第二、第三隆起和阴山、秦岭与南岭三个巨型纬向构造体系的控制。

④ 在地质发展史上，主要出现在浅层岩溶作用强烈的时期。

我国煤矿含水层分布具有一定的规律性，它与含煤地层的成煤环境、成煤地质构造变迁等因素有关。在我国中东部采煤区，如河北、山东、山西、河南、陕西、安徽、江苏等地区，属华北石炭-二叠系岩溶—裂隙水害区，煤矿突水频繁，涌水量大或特大(1 000～123 180 m^3/h)，由于其隐蔽性、随机性，主要隐蔽突水地质体为断层、陷落柱及裂隙导水带等，一旦发生突水，往往造成灾难性的后果。自 1984 年 6 月 2 日开滦矿务局范各庄矿发生井下岩溶陷落柱特大突水灾害以来，先后在淮北杨庄矿、义马新安矿、峰峰梧桐矿、皖北任楼矿、徐州张集矿、永城车集矿、陈四楼矿、邢台东庞矿等又相继发生特大型奥灰岩岩溶突水淹井事故，造成重

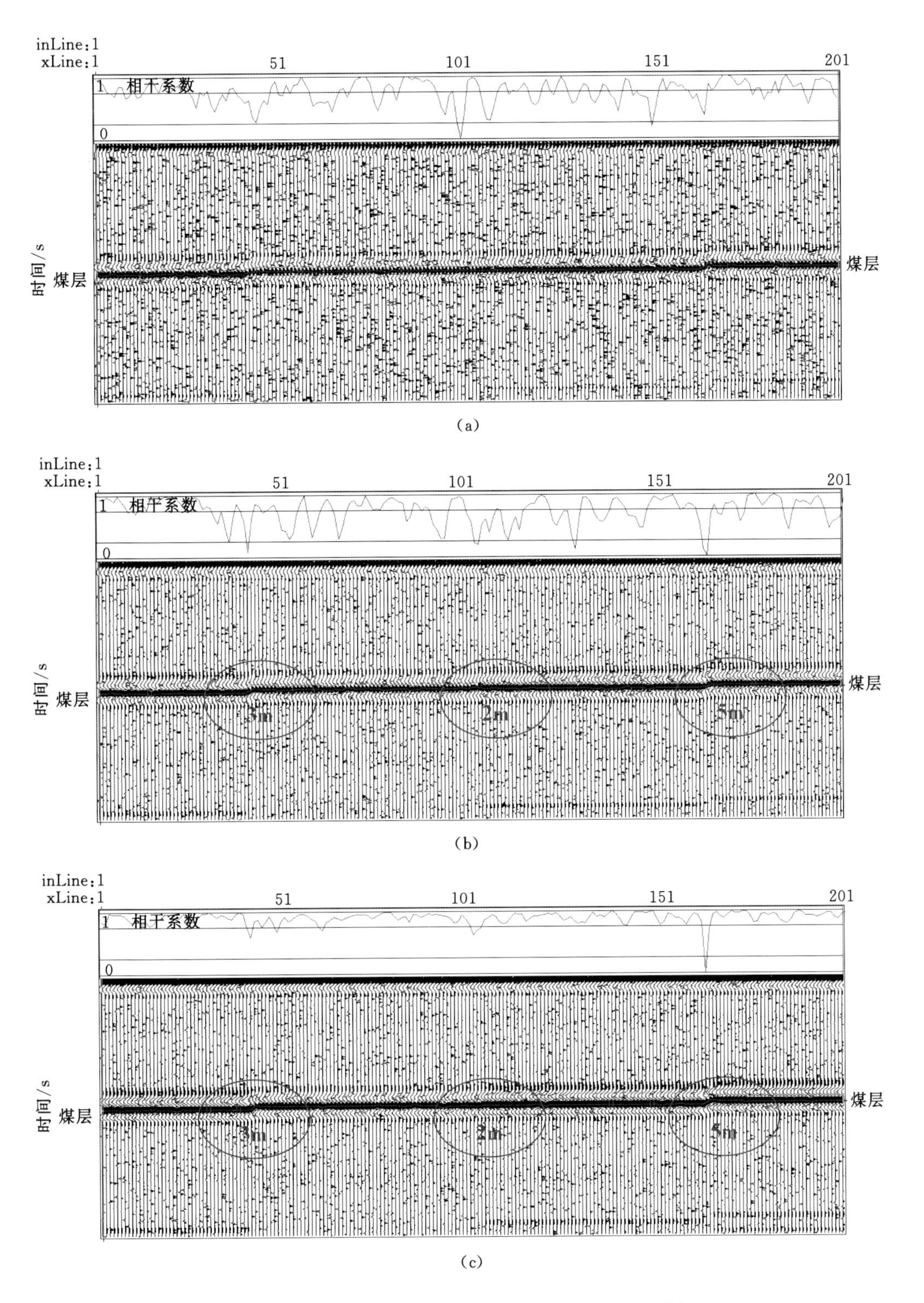

图 2-32 不同信噪比煤层反射波相干系数与地震时间剖面

(a) 煤层反射波相干系数与地震时间剖面(S/N=1);(b) 煤层反射波相干系数与地震时间剖面(S/N=2);(c) 煤层反射波相干系数与地震时间剖面(S/N=3)

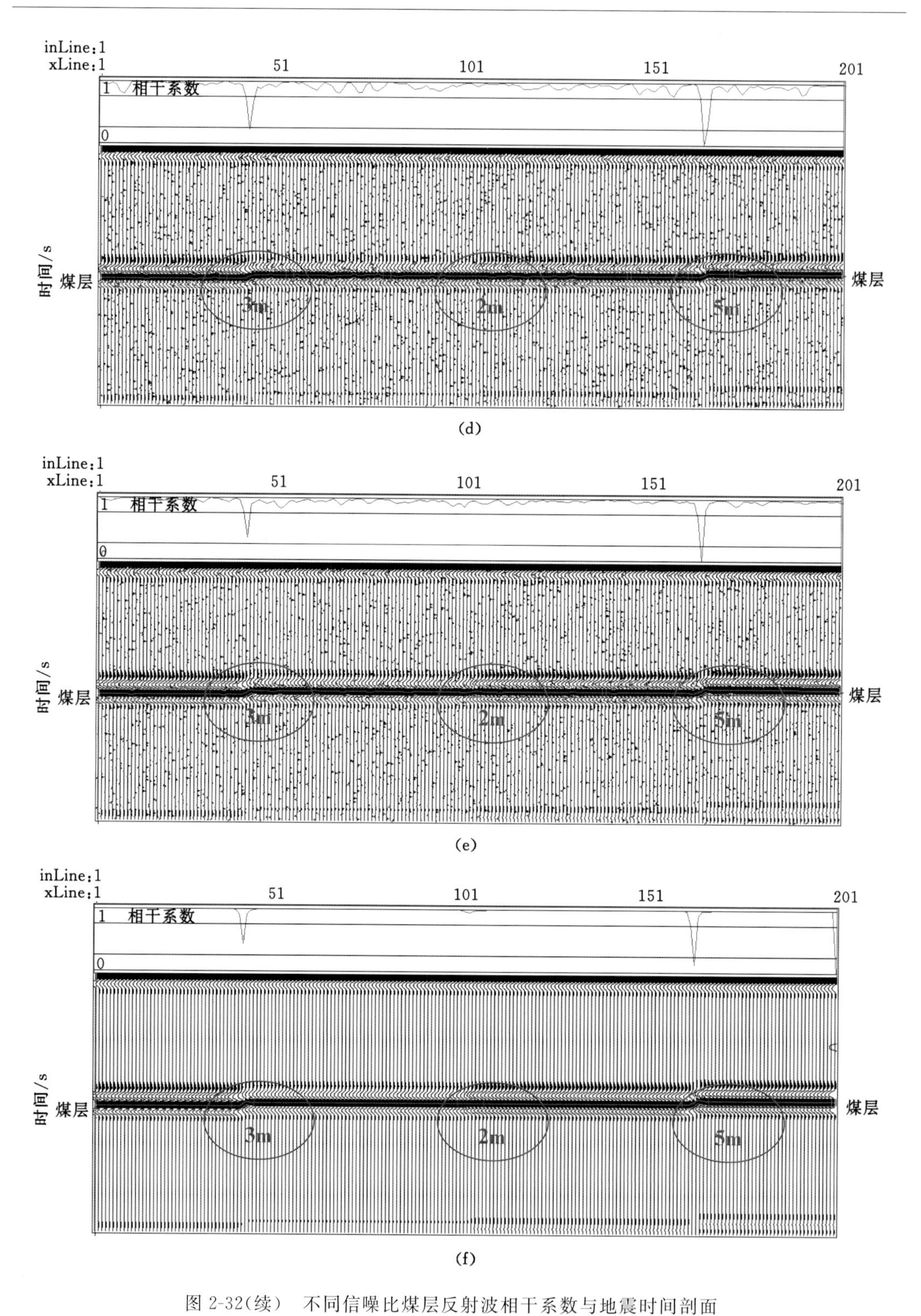

图 2-32(续) 不同信噪比煤层反射波相干系数与地震时间剖面

(d) 煤层反射波相干系数与地震时间剖面(S/N=4);(e) 煤层反射波相干系数与地震时间剖面(S/N=5);
(f) 煤层反射波相干系数与地震时间剖面(无噪声)

大人员伤亡和巨大的经济损失。如2013年2月3日淮北矿业集团桃园煤矿南三采区1035切眼掘进工作面发生透水事故，矿井透水量约为29 000 m^3/h，导水原因为隐伏陷落柱突水。

2. 陷落柱的形成机理

我国华北地区石炭纪和二叠纪煤系地层下方赋存着可溶性的奥陶系灰岩，同时奥陶纪地层中存在着承压含水层，受漫长时间的地质运动的影响，地层中可溶性的灰岩受构造应力的不断作用，形成了各种各样的裂隙。奥陶系灰岩中承压水沿着这些裂隙流动而形成地下水径流，对岩石的溶蚀作用提供了有利条件。随着地下水的不断溶蚀，灰岩中溶洞的范围逐渐变大，同时在上覆岩层的重力及地质构造应力的长时间作用下，溶洞发生了坍塌，上覆煤系地层也会随之塌落，从而破坏了煤层的完整性和连续性，形成了陷落柱。

陷落柱的形成大致经历岩溶发育、溶洞形成和岩层塌落几个过程。

3. 陷落柱的形态

在华北地区，石炭-二叠纪含煤地层中夹有多层厚度不等的石灰岩，且煤系地层的基底——奥陶系的碳酸盐类岩石主要为石灰岩，这类岩石在地下水的物理化学作用下，很容易形成溶洞，溶洞的上覆岩层受重力作用不断发生垮落，产生岩溶陷落，由于陷落体呈不规则柱状，故称为岩溶陷落柱。

陷落柱的形态是岩溶陷落柱最重要的地质特征之一，同时也是最直观的外在表现形式，这里介绍陷落柱的平面及剖面形态。如图2-33所示，陷落柱的平面形状是指顺着水平面对陷落柱柱体进行切割，也称横切面形状。根据目前的研究发现，其平面形状有椭圆形、似圆形、肾形、长条形以及不规则状等，其中主要以椭圆形与似圆形为主。由于陷落柱竖直方向围岩岩层性质的差异，同一陷落柱在不同水平面进行切割，其形状也千差万别。同一区块，由于受不同构造因素的影响，其形状也不同，长短轴方向、大小也不一致，并且相差比较悬殊。

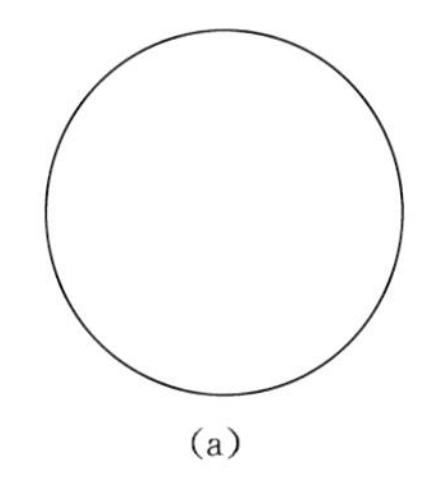

(a)

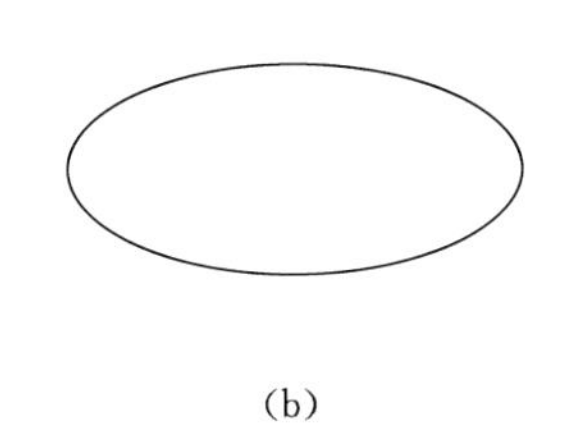

(b)

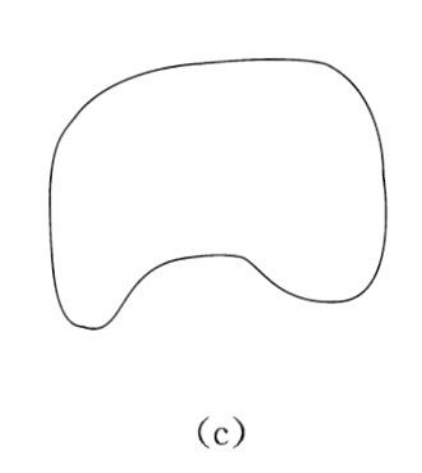

(c)

图2-33　陷落柱的平面示意图

(a) 圆形；(b) 椭圆形；(c) 不规则形

陷落柱的剖面形状主要是沿着纵剖面对陷落柱进行切割得到的形态。因陷落柱受围岩岩石物理力学性质的制约，其长短变化不一致，多以不规则柱体出现。岩性单一坚硬、裂隙发育的地层中，其剖面多呈现出圆锥状，塌陷角在60°～80°之间。由于华北煤田的陷落柱的围岩均为石炭-二叠纪地层，岩层较坚硬且裂隙较发育，因此华北煤田陷落柱多以圆锥状形态出现。如果围岩较为松软，陷落柱多呈现上大下小的漏斗状，塌陷角为40°～50°。如果围岩为软硬互层的岩层，其剖面形状多为时凹时凸的规则状。除上述几种剖面形态外，还会出现上下粗细相近的圆筒状柱体以及两头大、中间小的不规则柱状体，如图2-34所示。

（二）陷落柱模型的构建与数值模拟

《煤田地震勘探规范》中第4.2.5.2条规定，采区三维地震勘探要求查清直径大于等于

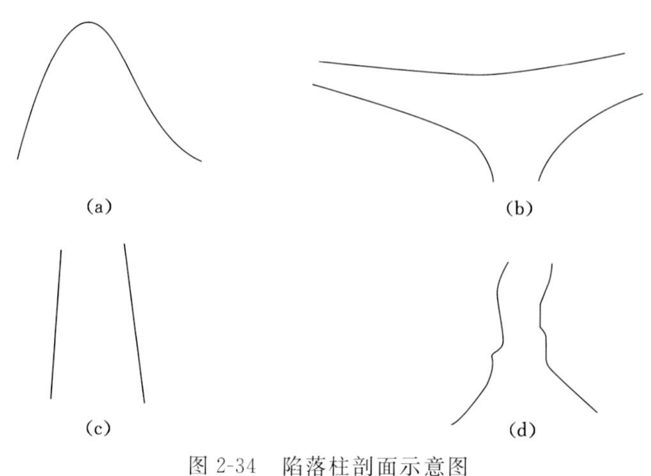

图 2-34　陷落柱剖面示意图

(a) 圆锥状;(b) 漏斗状;(c) 筒状;(d) 不规则状

50 m 的陷落柱。

本节对不同直径大小、不同剖面形态、不同成分的陷落柱以及隐伏陷落柱进行正演模拟,因此设计的陷落柱模型有以下几种。

1. 穿透煤层的陷落柱

不同直径:直径为 5 m、10 m、15 m、20 m、40 m 和 50 m 的穿透煤层的直立陷落柱。

不同剖面形态:直径为 5 m、10 m、20 m 和 40 m 的穿透煤层的弯曲陷落柱。

2. 隐伏陷落柱

距煤层底板不同距离:直径为 15 m,距煤层底板距离为 15 m、100 m 和 200 m 的直立陷落柱。

3. 不同组成成分的陷落柱

不同孔隙率的饱水陷落柱:直径为 15 m,孔隙率为 5%、10%、15%和 20%的穿透煤层直立陷落柱。

不同孔隙率的饱气陷落柱(充填天然气):直径为 15 m,孔隙率为 5%、10%、15%和 20%的穿透煤层直立陷落柱。

建立如图 2-35 所示的地层基本模型,地层依次为第四纪地层、泥砂岩层、煤层、砂岩层、泥砂岩层、灰岩层、泥砂岩层、灰岩层、奥灰岩层,模型参数如表 2-19 所示。

图 2-35　地层基本模型

表 2-19　地震地质模型基本参数

序号	层段	岩层厚度/m	纵波速度/(m/s)	横波速度/(m/s)	密度/(kg/m³)
第一层	第四系	200	1 800	2 062	1 800
第二层	泥砂岩	100	4 500	2 457	2 300
第三层	煤	5	1 800	1 050	1 450
第四层	砂岩	55	4 200	2 457	2 200
第五层	泥砂岩	20	4 500	3 631	2 500
第六层	灰岩	70	6 000	3 631	2 620
第七层	泥砂岩	30	4 500	2 457	2 500
第八层	灰岩	70	6 000	2 457	2 620
第九层	奥灰岩	150	6 700	3 831	2 800
	陷落柱	—	2 200	1 060	2 000

地层基本模型地震剖面如图 2-36 所示。

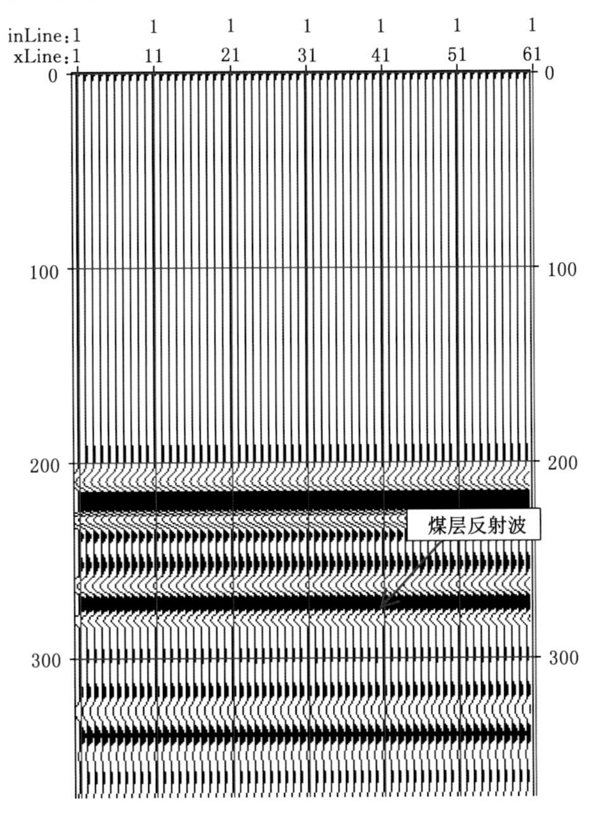

图 2-36　地层基本模型地震剖面

1. 穿透煤层陷落柱

(1) 不同直径的陷落柱

① 如图 2-37 所示，图中为直径分别为 5 m、10 m、15 m、20 m、40 m 和 50 m 的穿透煤层的直立陷落柱模型，陷落柱的横波速度为 1 060 m/s，纵波速度为 2 200 m/s，密度为 2 000 kg/m^3，超出煤层顶板 55 m。

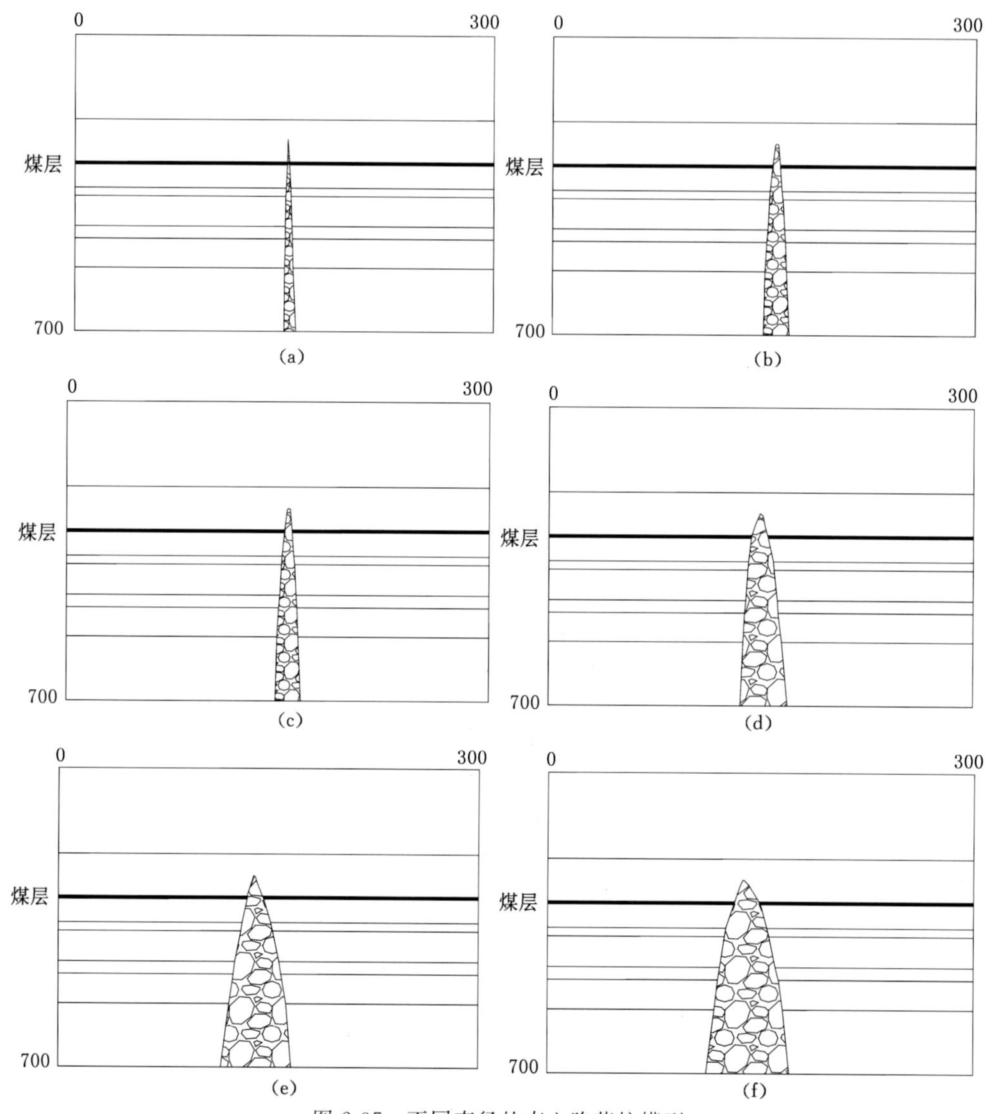

图 2-37 不同直径的直立陷落柱模型

(a) 直径为 5 m 穿透煤层的直立陷落柱模型；(b) 直径为 10 m 穿透煤层的直立陷落柱模型

(c) 直径为 15 m 穿透煤层的直立陷落柱模型；(d) 直径为 20 m 穿透煤层的直立陷落柱模型

(e) 直径为 40 m 穿透煤层的直立陷落柱模型；(f) 直径为 50 m 穿透煤层的直立陷落柱模型

② 不同直径的直立陷落柱地震剖面如图 2-38 所示，如图可见，第二层同相轴为煤层所在位置在地震剖面上的反映，同相轴明显。陷落柱发育部分在地震剖面上呈现同相轴错断，并显示为倒漏斗状。图 2-38(a)中煤层同相轴未发生明显变化，图 2-38(b)中煤层同相轴发生明显变化，但是畸变与错断不明显。图 2-38(c)中煤层同相轴能量明显减弱，振幅衰减，但未发生错断。图 2-38(d)、2-38(e)、2-38(f)中煤层同相轴明显错断。由此可以看出，陷落柱在地震剖面上会表现出同相轴振幅变弱、能量减弱或同相轴发生错断的特征。对于直径较

小的陷落柱，如直径为 5 m 的陷落柱不能被分辨，但对于直径越大的陷落柱，煤层同相轴异常显示越明显。

（2）不同剖面形态的陷落柱

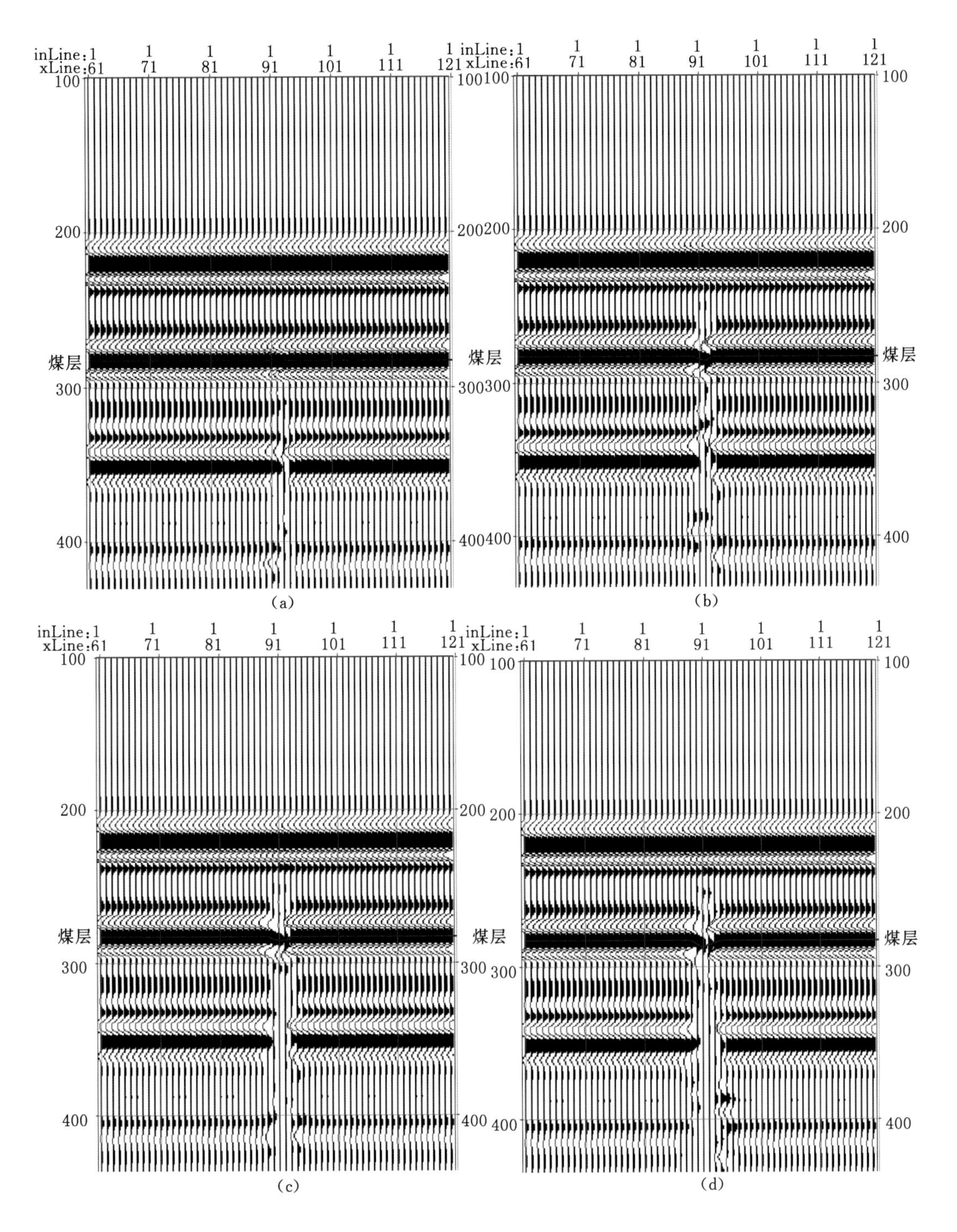

图 2-38　不同直径的直立陷落柱地震剖面

(a) 直径为 5 m 穿透煤层的直立陷落柱；(b) 直径为 10 m 穿透煤层的直立陷落柱

(c) 直径为 15 m 穿透煤层的直立陷落柱；(d) 直径为 20 m 穿透煤层的直立陷落柱

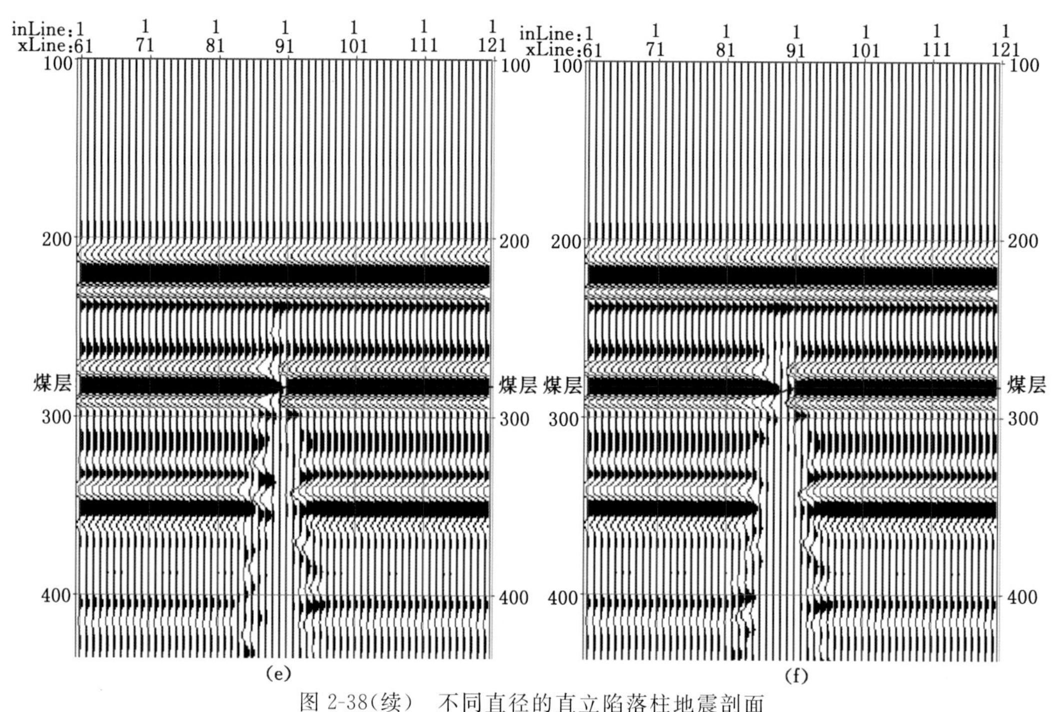

图 2-38(续) 不同直径的直立陷落柱地震剖面

(e) 直径为 40 m 穿透煤层的直立陷落柱;(f) 直径为 50 m 穿透煤层的直立陷落柱

图 2-39 为直径分别为 5 m、10 m、20 m 和 40 m 的穿透煤层弯曲陷落柱模型,陷落柱横波速度为 1 060 m/s,纵波速度为 2 200 m/s,密度为 2 000 kg/m^3,超出煤层顶板 100 m,模

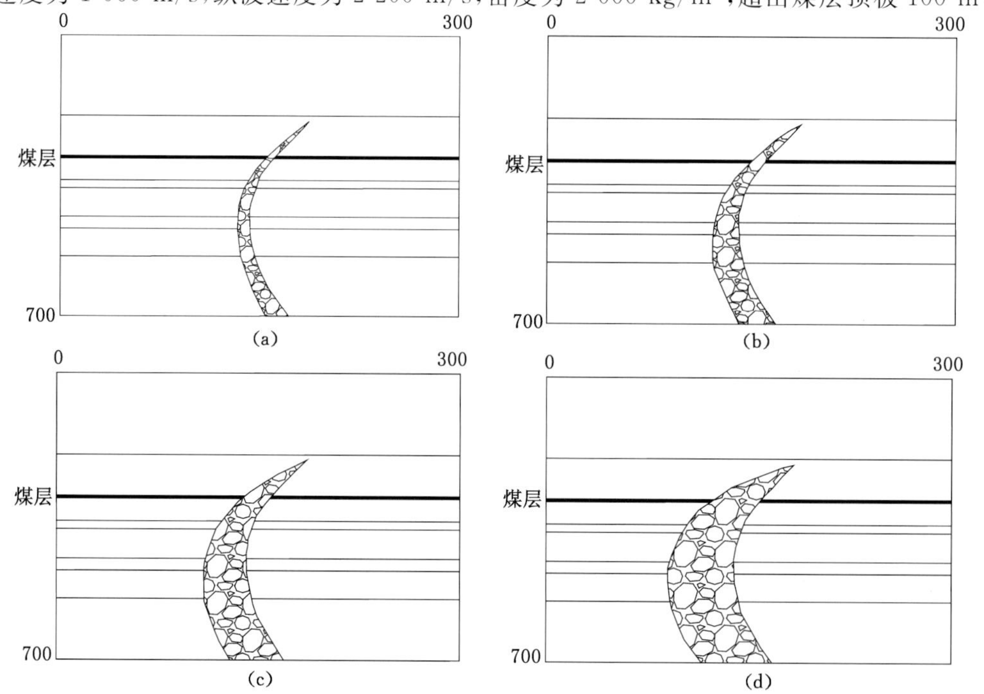

图 2-39 不同直径穿透煤层的弯曲陷落柱模型

(a) 直径为 5 m 穿透煤层的弯曲陷落柱模型;(b) 直径为 10 m 穿透煤层的弯曲陷落柱模型

(c) 直径为 20 m 穿透煤层的弯曲陷落柱模型;(d) 直径为 40 m 穿透煤层的弯曲陷落柱模型

型参数如表 2-19 所示。

不同直径弯曲陷落柱地震剖面如图 2-40 所示。与直立陷落柱相似，第二层同相轴为煤层所在位置在地震剖面上的反映，同相轴明显，陷落柱发育部分在地震剖面上都呈现同相轴错断。从图 2-40(a)可以看出，煤层同相轴发生轻微扭曲，振幅变小，能量变弱，但尚未发生错断。图 2-40(b)、图 2-40(c)和图 2-40(d)煤层同相轴都已经发生错断，并且范围随着直径

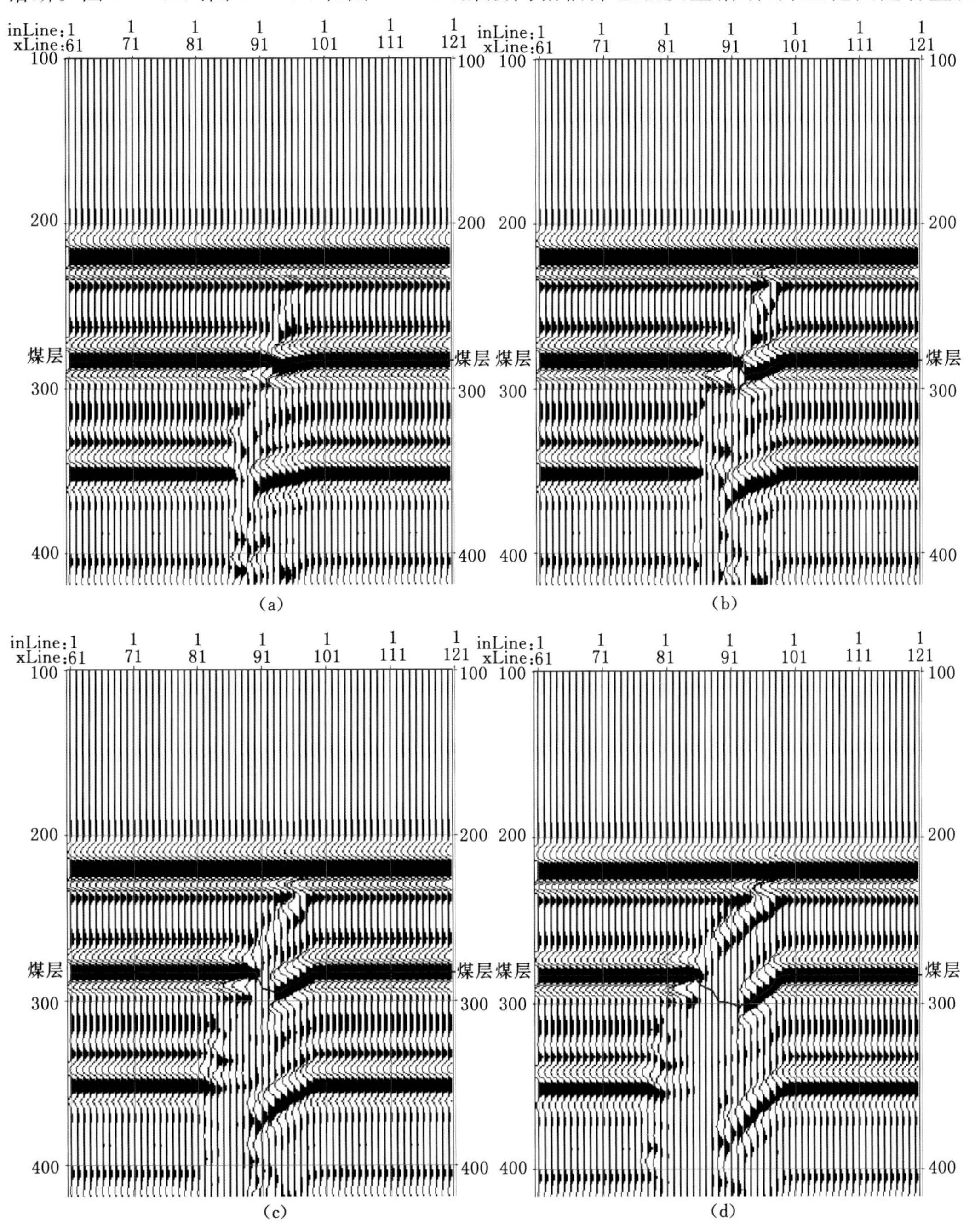

图 2-40　不同直径的弯曲陷落柱地震剖面

(a) 直径为 5 m 穿透煤层的弯曲陷落柱；(b) 直径为 10 m 穿透煤层的弯曲陷落柱

(c) 直径为 20 m 穿透煤层的弯曲陷落柱；(d) 直径为 40 m 穿透煤层的弯曲陷落柱

的增大而增大。由此可知，弯曲陷落柱在地震剖面上较易出现同相轴振幅衰减、能量减弱或错断，但对于直径较小的陷落柱识别效果也不佳，相比于相同直径的直立陷落柱，弯曲陷落柱的绕射波更为明显，同相轴畸变特征也更为显著。

2. 隐伏陷落柱

隐伏陷落柱与煤层底板之间有一定距离，一般隐蔽性强，一旦发生透水，往往是重特大事故，造成工作面被淹甚至人员伤亡。因此，隐伏陷落柱的探查关乎煤矿开采的安全性。

图 2-41 为直径为 15 m、距煤层底板距离分别为 15 m、100 m 和 200 m 的陷落柱模型，陷落柱横波速度为 1 060 m/s，纵波速度为 2 200 m/s，密度为 2 000 kg/m^3，模型参数如表 2-19 所示。不同埋深陷落柱剖面如图 2-42 所示。

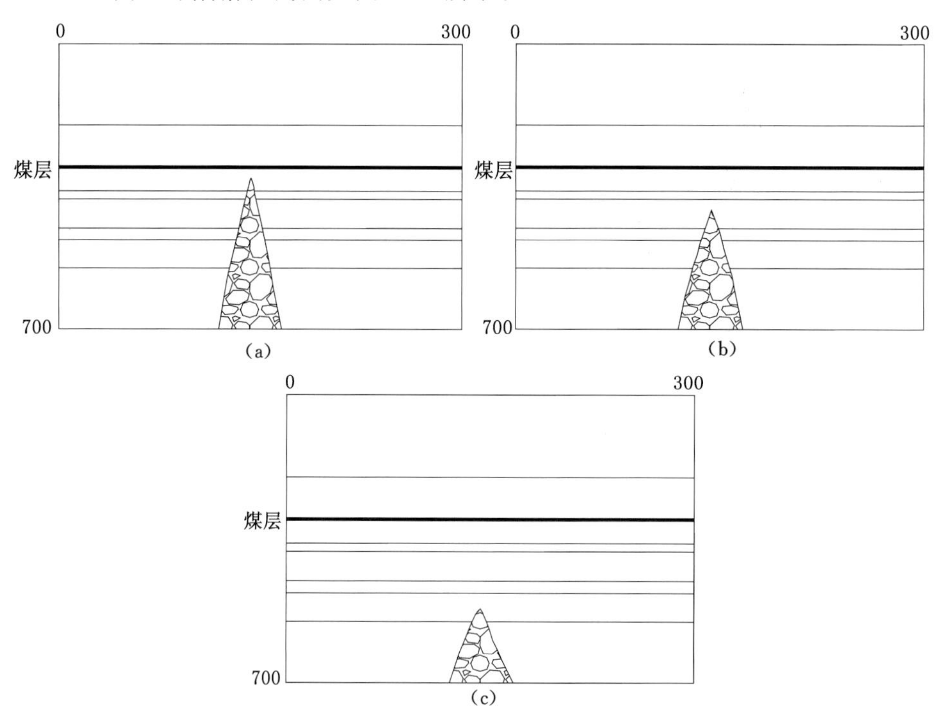

图 2-41　直径为 15 m 不同埋深的隐伏陷落柱模型

(a) 距煤层底板距离为 15 m 隐伏陷落柱模型；(b) 距煤层底板距离为 100 m 隐伏陷落柱模型；(c) 距煤层底板距离为 200 m 隐伏陷落柱模型

图 2-42 是地震地质模型的正演模拟结果，煤层同相轴几乎没有异常，因此需要借助辅助层位来进行解释。图 2-42(a)中煤层底板对应的同相轴能量明显变弱，在陷落柱的位置可以观察到明显的绕射波；图 2-42(c)中煤层底板所对应的同相轴能量少许变弱，有轻微同相轴错动现象；图 2-42(c)中煤层底板同相轴能量几乎没有变化，在它下方可以观测到存在着较轻微的反射波。因此，当陷落柱隐伏在煤层下时，人们无法根据煤层同相轴来识别陷落柱并分析其特征。

3. 不同组成成分的陷落柱

(1) 不同孔隙率的饱水陷落柱

图 2-43 为直径为 15 m 不同孔隙率的饱水陷落柱模型，孔隙率分别为 5%、10%、15% 和 20%的穿透煤层的直立陷落柱，陷落柱骨架弹性参数为：横波速度为 1 060 m/s，纵波速

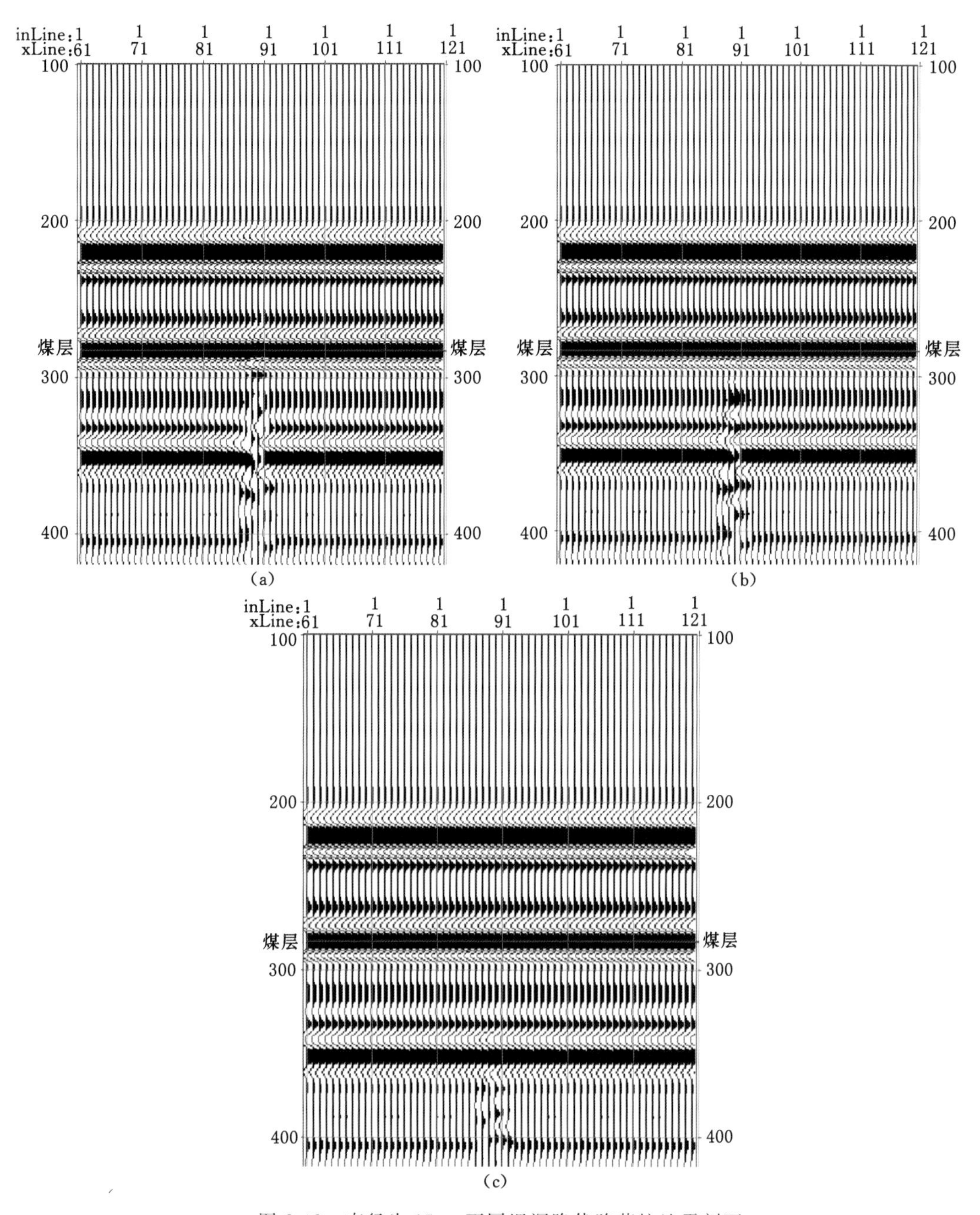

图 2-42　直径为 15 m 不同埋深隐伏陷落柱地震剖面

(a) 距煤层底板距离为 15 m 隐伏陷落柱地震剖面；(b) 距煤层底板距离为 100 m 隐伏陷落柱地震剖面

(c) 距煤层底板距离为 200 m 隐伏陷落柱地震剖面

度为 2 200 m/s，密度为 2 000 kg/m³，水弹性参数为纵波速度为 1 500 m/s，密度为 1 000 kg/m³，模型参数如表 2-19 所示，不同孔隙率穿透煤层的饱水陷落柱剖面如图 2-44 所示。

图 2-44 是地震地质模型的正演模拟结果，从图中可见，煤层反射波同相轴稳定且明显。图 2-44(a)～(d)均可以看出煤层同相轴错断，振幅减小，但并无太大差别，故而在含水情况下孔隙率对陷落柱的辨别影响不大。

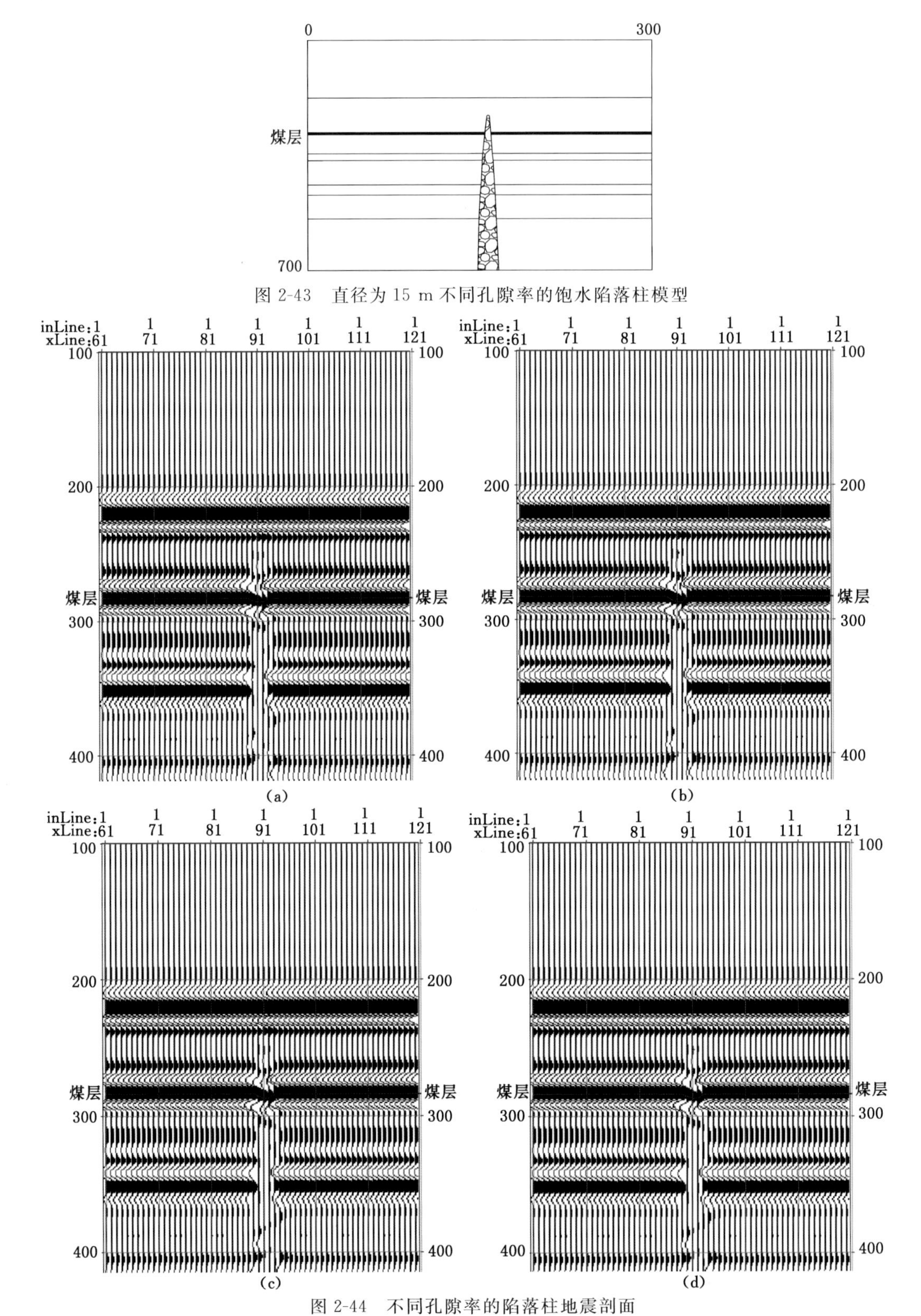

图 2-43　直径为 15 m 不同孔隙率的饱水陷落柱模型

图 2-44　不同孔隙率的陷落柱地震剖面

(a) 孔隙率为 5%穿透煤层的饱水陷落柱；(b) 孔隙率为 10%穿透煤层的饱水陷落柱；
(c) 孔隙率为 15%穿透煤层的饱水陷落柱；(d) 孔隙率为 20%穿透煤层的饱水陷落柱

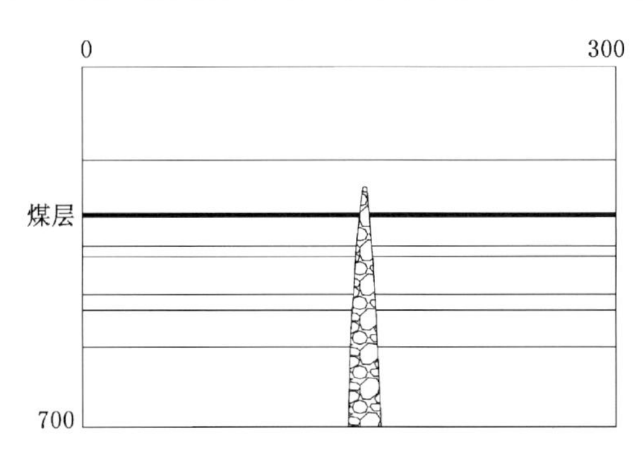

图 2-45　直径为 15 m 不同孔隙率的饱气陷落柱模型

(2) 不同孔隙率的饱气陷落柱

不同孔隙率的饱气陷落柱模型如图 2-45 所示。图为直径为 15 m、孔隙率分别为 5%、10%、15%和 20%的穿透煤层的直立饱气(天然气)陷落柱模型,陷落柱骨架弹性参数为:横波速度为 1 060 m/s,纵波速度为 2 200 m/s,密度为 2 000 kg/m³;天然气弹性参数为 s,纵波速度为 627 m/s,密度为 140 kg/m³,其他参数如表 2-19 所示。不同孔隙率穿透煤层的直立饱气陷落柱剖面如图 2-46 所示。

从图 2-46(a)～(d)可以看出,煤层反射波在陷落柱处错断,振幅变弱,但并无大的差别,故而在含有天然气的情况下,不同含气孔隙率对陷落柱的辨别影响不大。

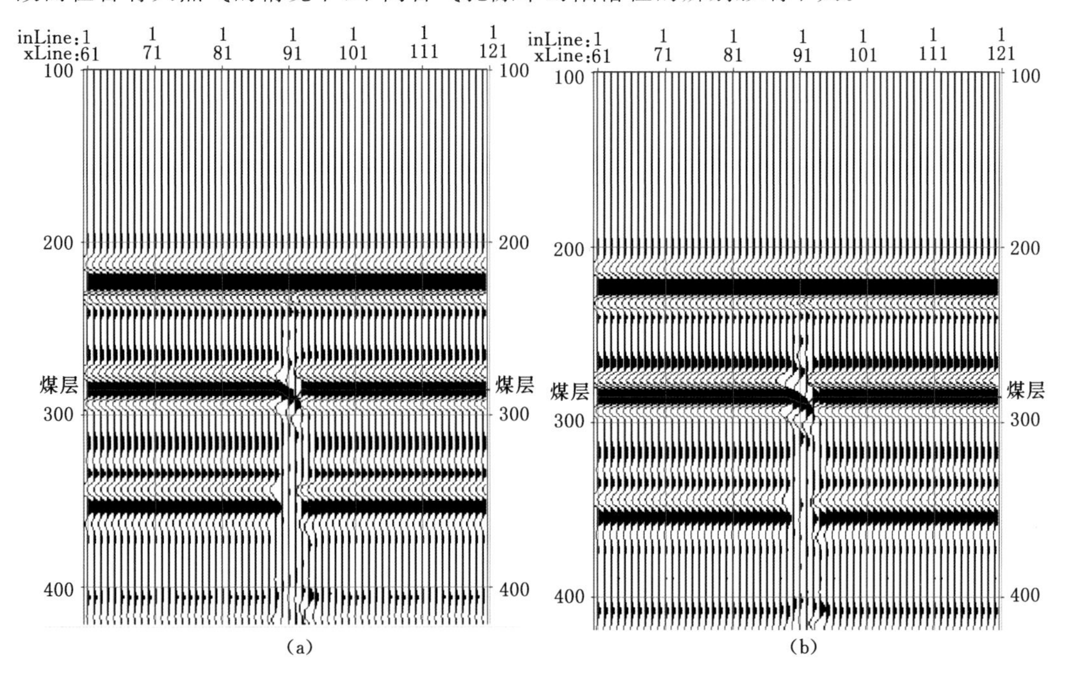

图 2-46　不同孔隙率的饱气陷落柱地震剖面

(a) 孔隙率为 5%穿透煤层的饱气陷落柱;(b) 孔隙率为 10%穿透煤层的饱气陷落柱;

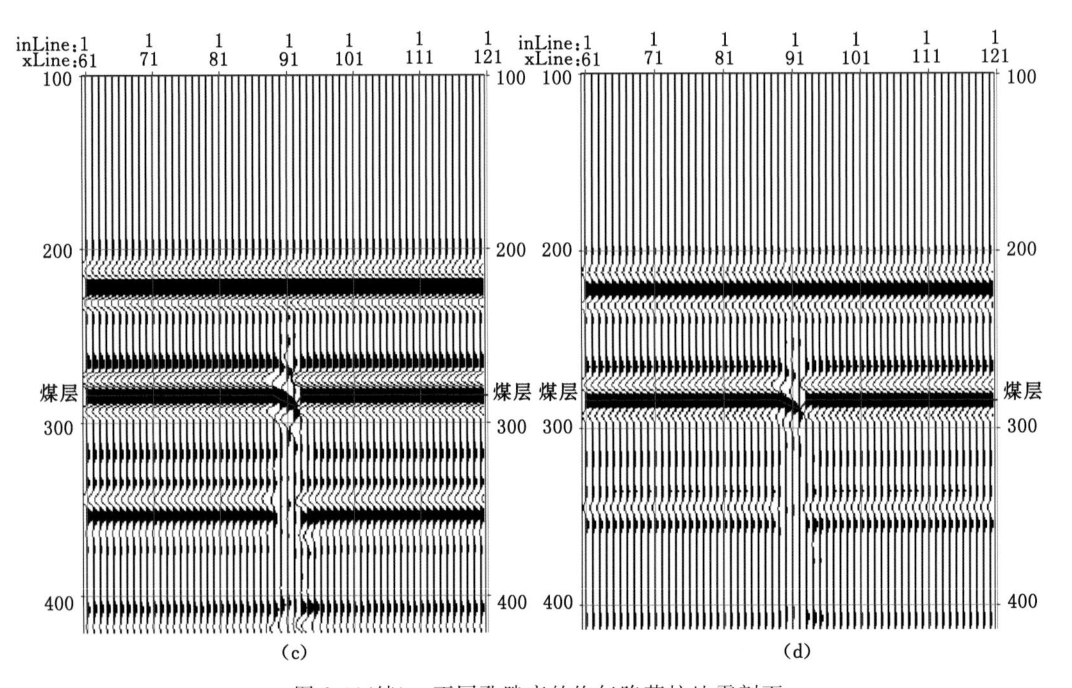

图 2-46(续) 不同孔隙率的饱气陷落柱地震剖面

(c) 孔隙率为 15%穿透煤层的饱气陷落柱;(d) 孔隙率为 20%穿透煤层的饱气陷落柱

第三章　煤田高密度观测系统及评价方法

煤田高密度三维地震具有全数字、小面元、高叠加次数、宽方位、宽频带的特点，但由于煤层埋藏深浅不一，采集条件不一样，因此在设计煤田高密度观测系统时，应考虑观测系统的充分性、均匀性与对称性。本章在讨论观测系统前现先讨论数字检波器与模拟检波器在性能上的差异。

第一节　数字检波器与模拟检波器野外接收试验

由于数字检波器和模拟检波器的原理和结构不同，使得这两种检波器具有不同的指标参数。模拟检波器以电磁感应方式将振动信号转换为模拟信号输出，它的主要参数包括自然频率、阻尼系数、灵敏度、谐波失真、容差等，相关参数包括直流电阻、阻抗、假频、噪声、漏电、极性以及悬体质量、线圈最大位移允许倾斜角度、体积等[3]；数字检波器直接输出数字信号，因此它的特性指标主要是动态范围、频率响应、噪声、失真度等。

为此，本节将讨论两种检波器在实验室、野外测得的地震信号的差异，分析它们频谱、信噪比、噪声等主要地震响应参数。

一、实验室数字检波器与模拟检波器振幅与频率响应

自然频率对检波器的振幅和相位响应有重大影响。自然频率也称固有频率或共振频率，它是系统的等效质量、等效刚度决定的自由谐振频率，其值的大小常常与线性度、灵敏度等相互制约，同样还受材料性能、结构形式等客观条件的限制。模拟检波器固有频率的高低决定了地震信号的有效起始频率。模拟检波器在其自然频率之上，振幅对每一频率的响应都相同，在自然频率之下的低频段则以固定数值衰减，相位响应是从 180°(十分之一自然频率处)变为 0°(很高的频率处)；而数字检波器采用的是加速度计，它的自然频率远大于尖刺信号的频率范围，且在自然频率之下振幅对每一频率的响应都相同，相位响应为零。因此，从理论上讲数字检波器能够不失真地记录自然频率以下不同频率的所有信号。

为了测试两类检波器对振动信号的实际响应，Michael[33] 在实验室对比了两种检波器在不同强度激发信号的振幅及相位响应。他在地震信号频带范围通过激发单频的正弦信号，定量确定检波器在实验室测得的频率响应与理论响应之间的偏差。两种检波器在测试时采用相同的制动装置及激发波形，包括相同的实验室装置，如隔振台、线性激发器、数据采集硬件等。实验频率段为 0.4～200 Hz，模拟检波器的自然频率为 10 Hz。

图 3-1 和图 3-2 分别为数字检波器和模拟检波器对中等强度振动的响应。

对比图 3-1 和图 3-2 可以看出，一般情况下两种检波器对中等强度振动的响应都比较

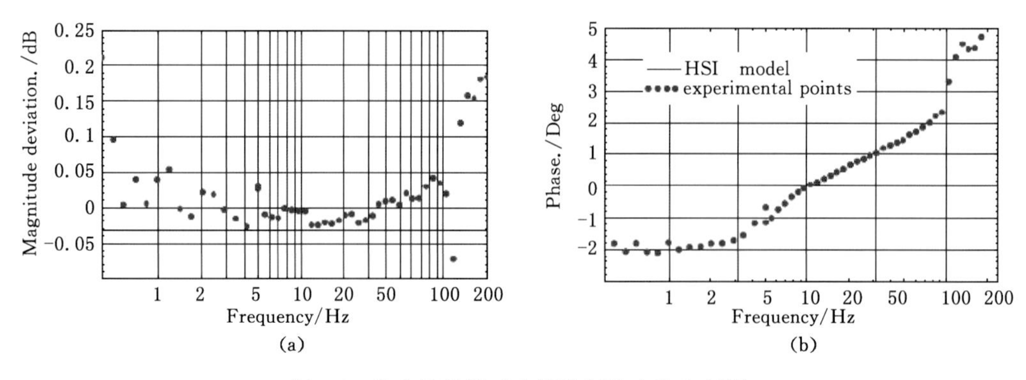

图 3-1 数字检波器对中等强度振动的响应[33]

(a) 振动误差;(b) 相位响应

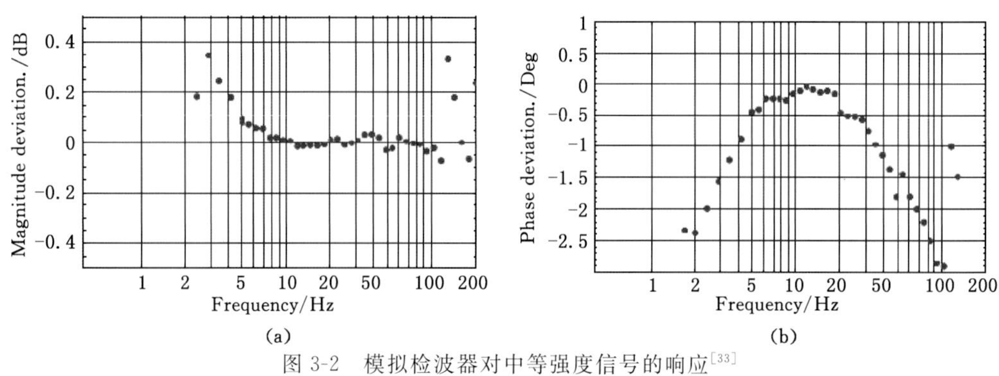

图 3-2 模拟检波器对中等强度信号的响应[33]

(a) 振动误差;(b) 相位误差

正常,误差很小。数字检波器在低频部分的反应更具有优势,模拟检波器在低频部分的振幅和相位都出现不正常反应。在高频段,数字检波器与模拟检波器都显示良好,振幅偏差小于0.5 dB,相位偏差小于5°。

总体来说,对于中等强度信号,在10 Hz以下,数字检波器比模拟检波器的反应要好,其他频段二者差别不明显,对振动反应误差都很小。

图 3-3 和图 3-4 分别为数字检波器和模拟检波器对极弱强度振动的响应。

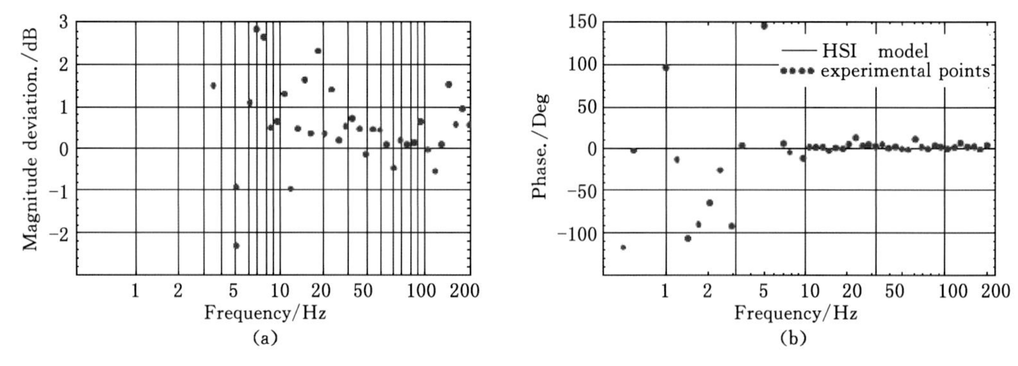

图 3-3 数字检波器对极弱强度振动的响应[33]

(a) 振幅误差;(b) 相位响应

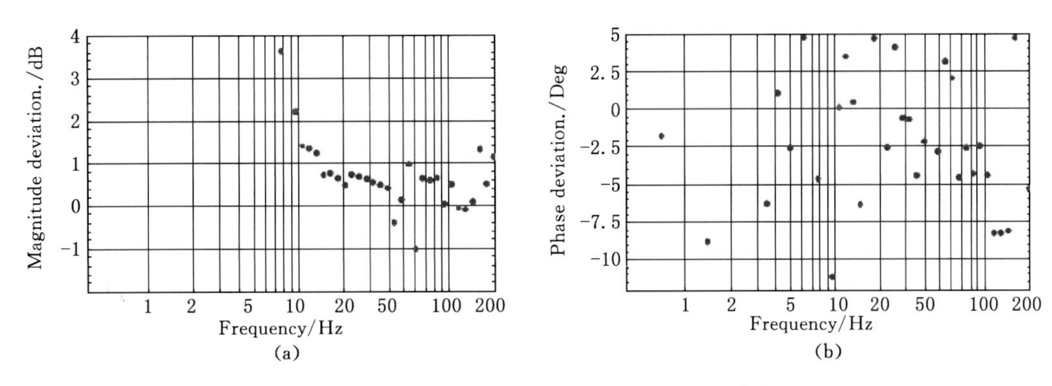

图 3-4　模拟检波器对极弱强度振动的响应[33]

(a) 振幅误差；(b) 相位误差

对比图 3-3 和图 3-4 可以看出，数字检波器和模拟检波器对极弱强度振动的响应，即在低频段(<10 Hz)，两种检波器对振动的响应相类似，相比之下，数字检波器的振幅误差较小。

综合以上分析可以看出，简单地以理论响应曲线作为判断数字检波器与模拟检波器优劣的标准并不合理，还需要结合物理系统以及实际环境对检波器工作过程产生的影响进行综合分析。

二、数字检波器与模拟检波器野外试验

为了对比数字检波器与模拟检波器的实际采集效果，并探讨在野外实际数据采集中数字检波器与模拟检波器性能之间的不同，在祁南煤矿进行二维试验，对比分析数字检波器与模拟检波器的性能。

本次段试验铺设检波器 310 道，道距 10 m，炮距 10 m，共 150 个物理点，井深 10 m，药量 1.5 kg。在二维线上同一个检波点布置 6 种检波器接收，其中有 4 个不同自然频率(2.5 Hz、40 Hz、60 Hz、100 Hz)的模拟检波器，1 个单点数字检波器(DSU3)和 3 个呈面积组合(室内组合)数字检波器(DSU3)接收(图 3-5)，将从检波器类型、频宽、覆盖次数等多个方面进行对比和分析。

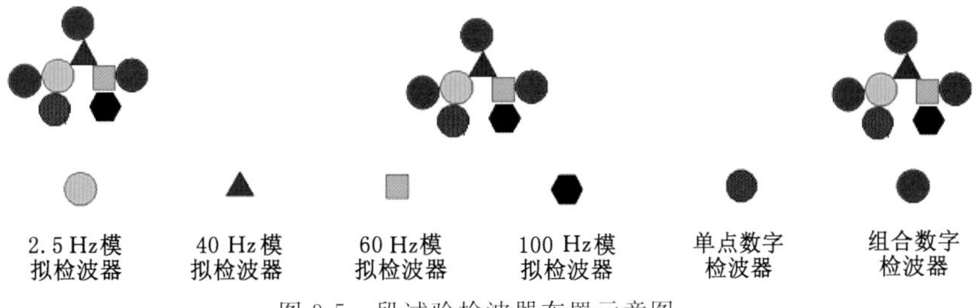

图 3-5　段试验检波器布置示意图

此次试验得到的 6 种检波器单炮记录如图 3-6 所示。从图中可见，6 种检波器采集的数据良好，单炮资料总体波组特征明显，连续性好，反射波能量较强，目的层反射可识别，40 Hz、60 Hz、100 Hz 这三种模拟检波器面波干扰能量较弱，而 2.5 Hz 模拟检波器、数字检波器及室内组合的面波能量较强。

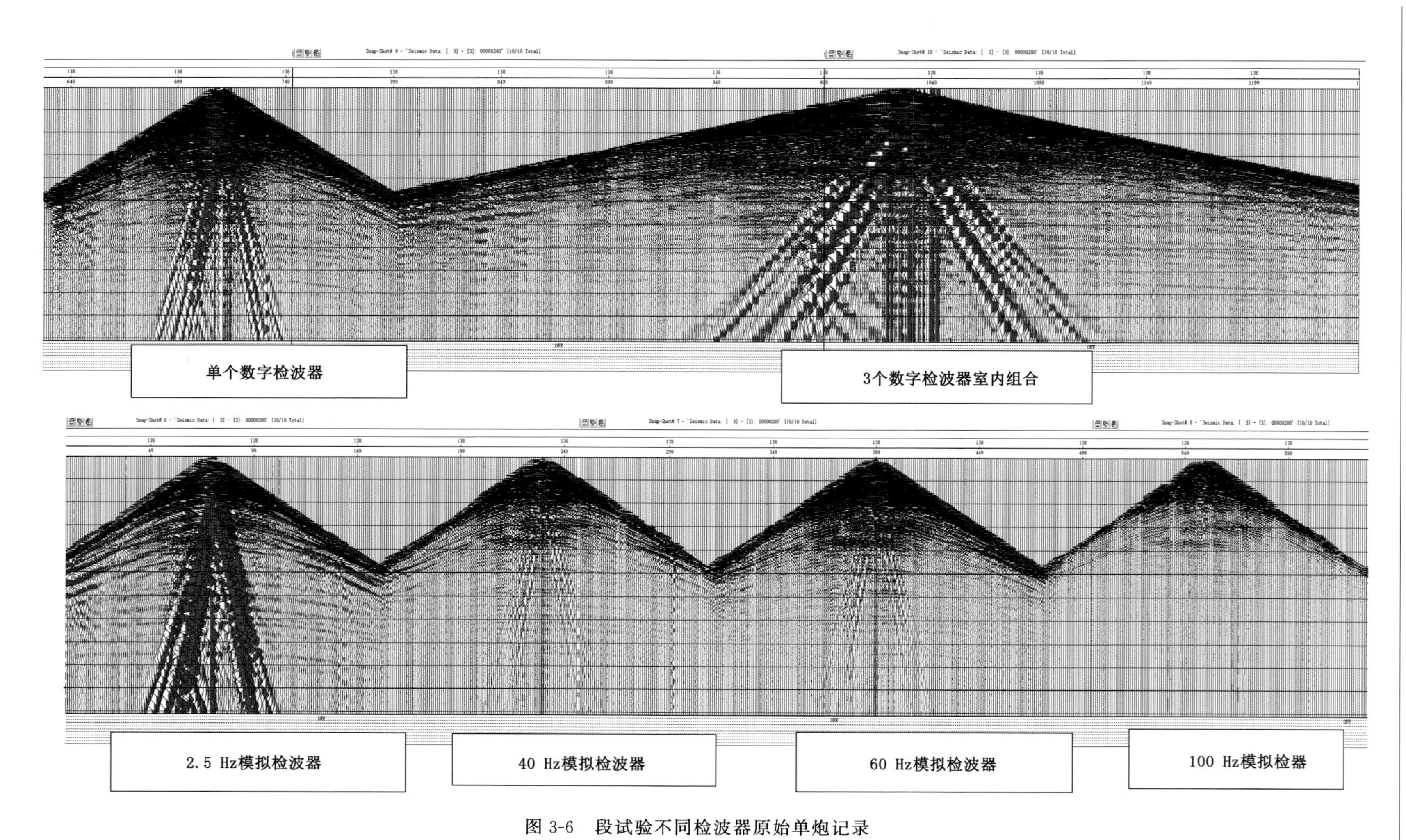

图 3-6　段试验不同检波器原始单炮记录

三、数字检波器与模拟检波器野外试验频谱与信噪比分析

（一）单炮频谱与信噪比

1. 不同检波器单炮频谱

不同检波器单炮频谱如图 3-7 所示。如取振幅值为 2×10^{6}，在该振幅下的有效频率范围，数字检波器室内组合、单个数字检波器和 2.5 Hz 模拟检波器的频宽最大，并且在低频段内它们的最大振幅值达到 10^{7} 数量级，而其余三种模拟检波器的频谱最大振幅能量均为 10^{6} 数量级。通过对比发现，除了 2.5 Hz 模拟检波器，数字检波器在 0～350 Hz 的频率范围的振幅能量大于其他模拟检波器的振幅能量，高频范围内更加明显。

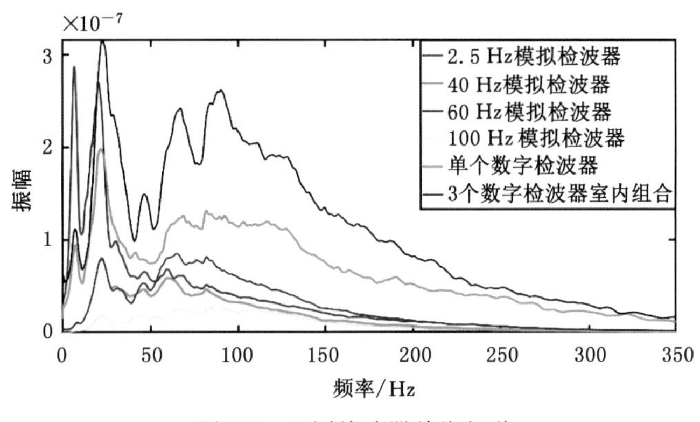

图 3-7　不同检波器单炮频谱

2. 单炮不同深度目的层频谱与信噪比

为了考察不同检波器对浅、中、深层不同信号的接收能力，在单炮上避开面波等干扰，在不同检波器接收的同一炮、同一位置与同一时间，选择浅层、中层、深层不同时窗（图 3-8），分析频谱与信噪比。

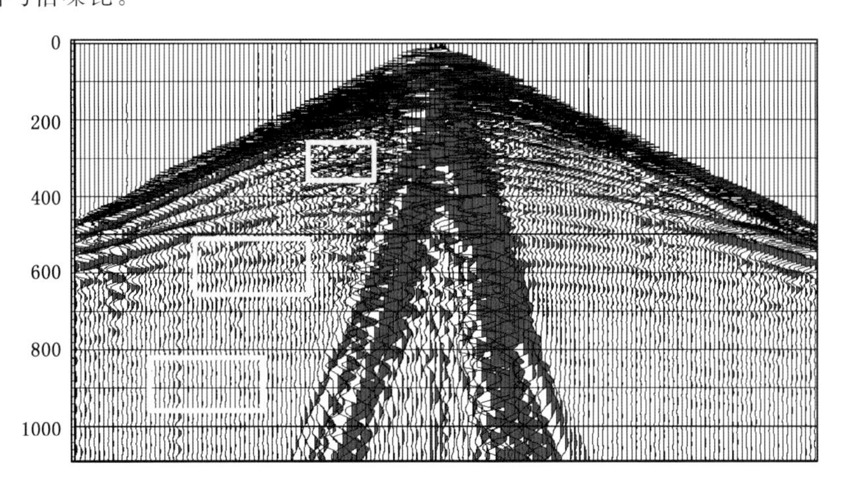

图 3-8　单炮记录中不同深度反射波时窗（黄色）选取示意图

浅层反射波频率一般较高，6 种检波器单炮在有效频带范围内，频带宽度、能量从大到小分别为数字检波器组合、单个数字检波器、2.5 Hz 模拟检波器。4 种模拟检波器在其自然

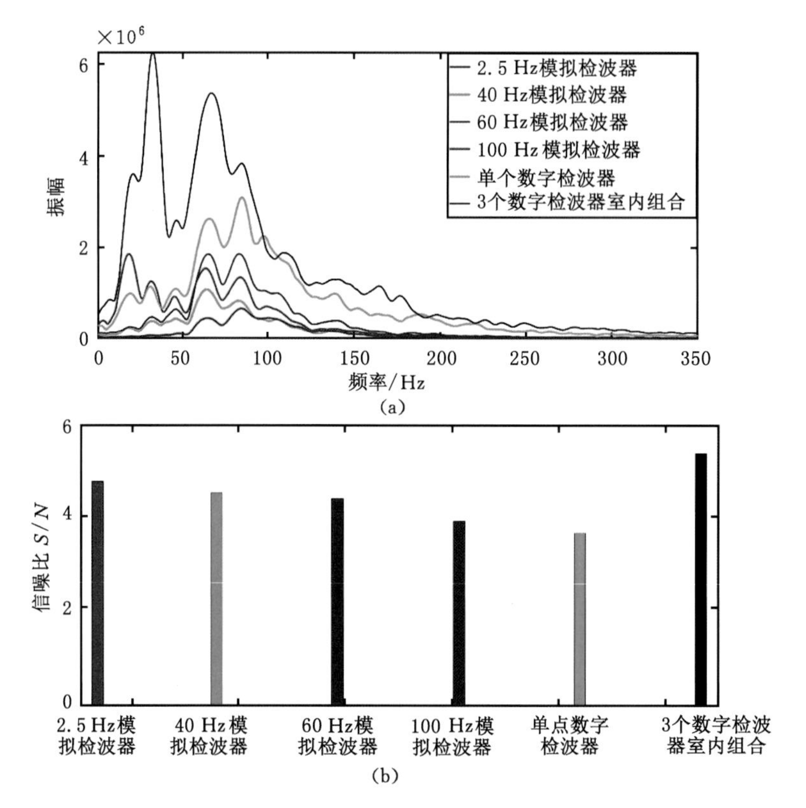

图 3-9　不同检波器单炮浅层反射波频谱与信噪比

(a) 不同检波器单炮浅层反射波频谱;(b) 不同检波器单炮浅层反射波信噪比

频率附近,振幅能量大。模拟检波器的信噪比大于数字检波器的信噪比,但数字检波器室内组合后信噪比最大(图 3-9)。

单炮中层反射波为中等频率反射波,图 3-10 为不同检波器单炮中层反射波频谱与信噪比。从图中可以看到,6 种检波器单炮在有效频带范围内,频带宽度、能量从大到小分别为数字检波器组合、单个数字检波器、2.5 Hz 模拟检波器。4 种模拟检波器在其自然频率附近,振幅能量大。模拟检波器的信噪比略大于数字检波器的信噪比,但数字检波器室内组合后信噪比最大。

深层反射波主要为低频反射波,6 种检波器单炮在有效频带范围内,频带宽度、能量从大到小分别为数字检波器组合、单个数字检波器、2.5 Hz 模拟检波器(图 3-11)。4 种模拟检波器在其自然频率附近,振幅能量大。对于低频信号,数字检波器的信噪比略大于模拟检波器的信噪比,但数字检波器室内组合后信噪比最大。

(二) 不同检波器单炮记录频率扫描

为了进一步了解不同检波器单炮记录有效波频率分布范围,对 6 种检波器的单炮进行频率扫描,结果如图 3-12 所示。

从 6 种检波器单炮的频率扫描结果来看,仅有室内数字检波器组合、单个数字检波器和 2.5 Hz检波器各频段有效信息丰富,在低频就能接收到有效波;而模拟检波器在自然频率附近才能接收到有效波;其中 40 Hz、60 Hz 这两种模拟检波器在大于 14 Hz 同相轴明显,而 100 Hz 模拟检波器在大于 31 Hz 后才明显。此外,因为地震波在地层传播过程中高频成分

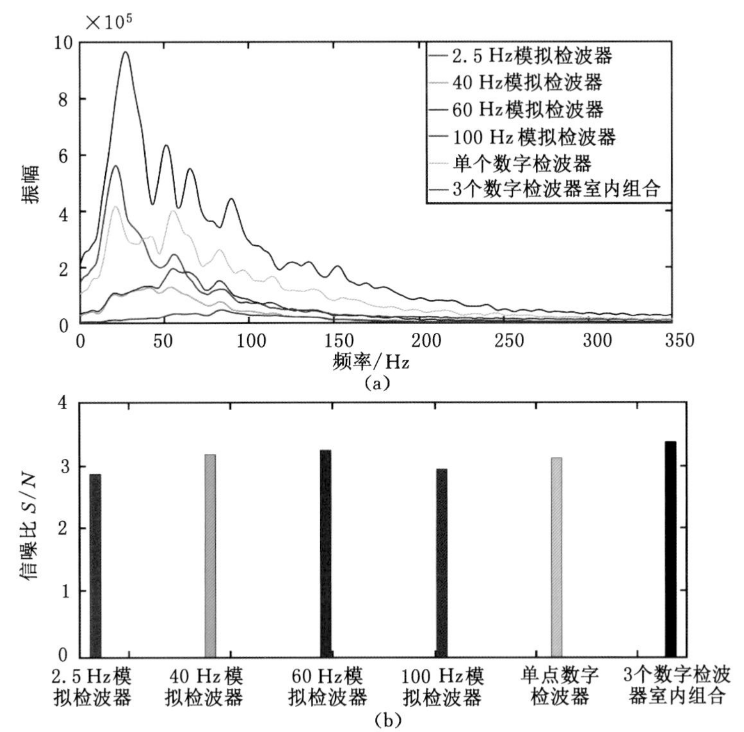

图 3-10　不同检波器单炮中层反射波频谱与信噪比

(a) 不同检波器单炮中层反射波频谱;(b) 不同检波器单炮中层反射波信噪比

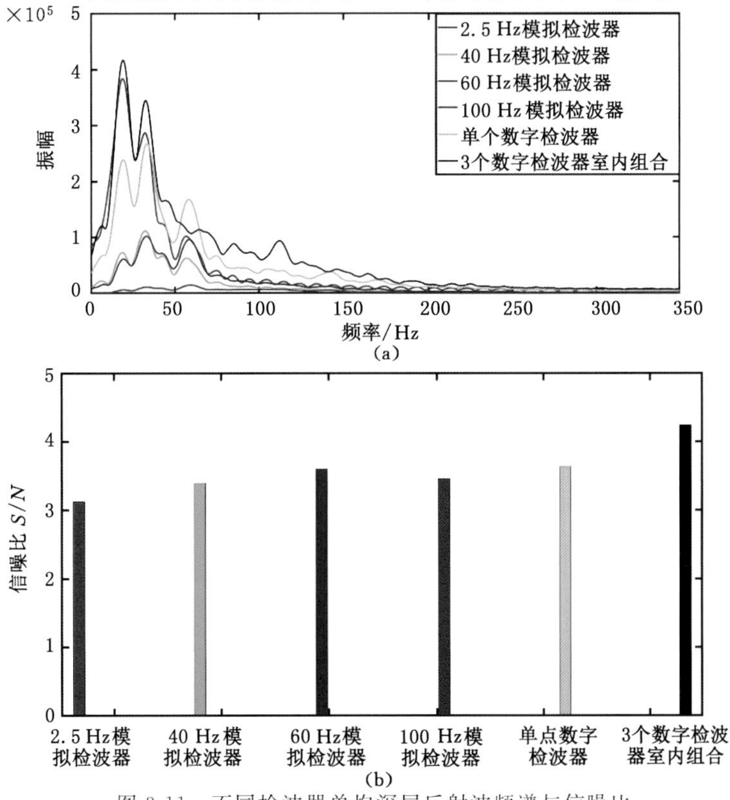

图 3-11　不同检波器单炮深层反射波频谱与信噪比

(a) 不同检波器单炮深层反射波频谱;(b) 不同检波器单炮深层反射波信噪比

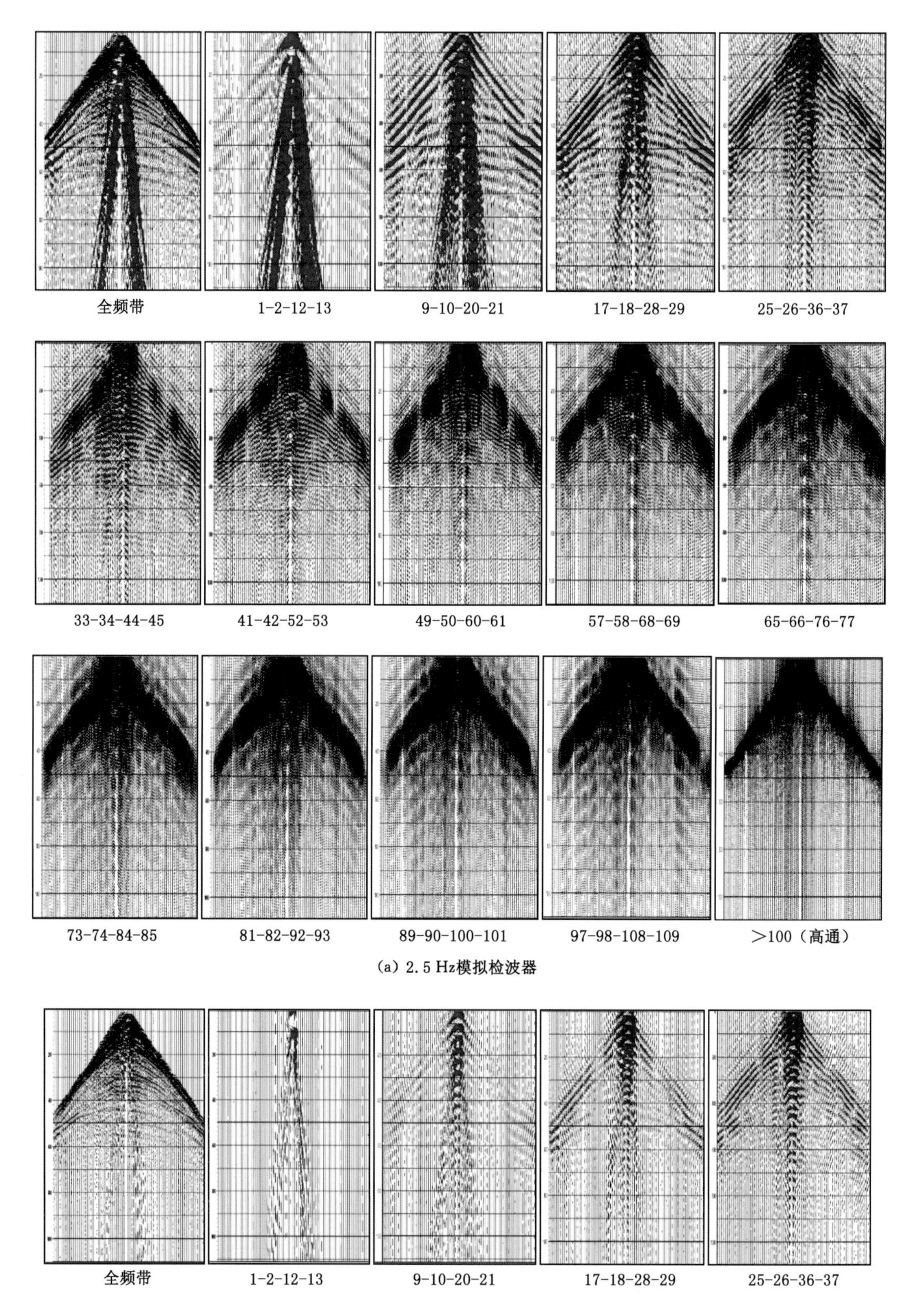

图 3-12　6种检波器单炮记录频率扫描图

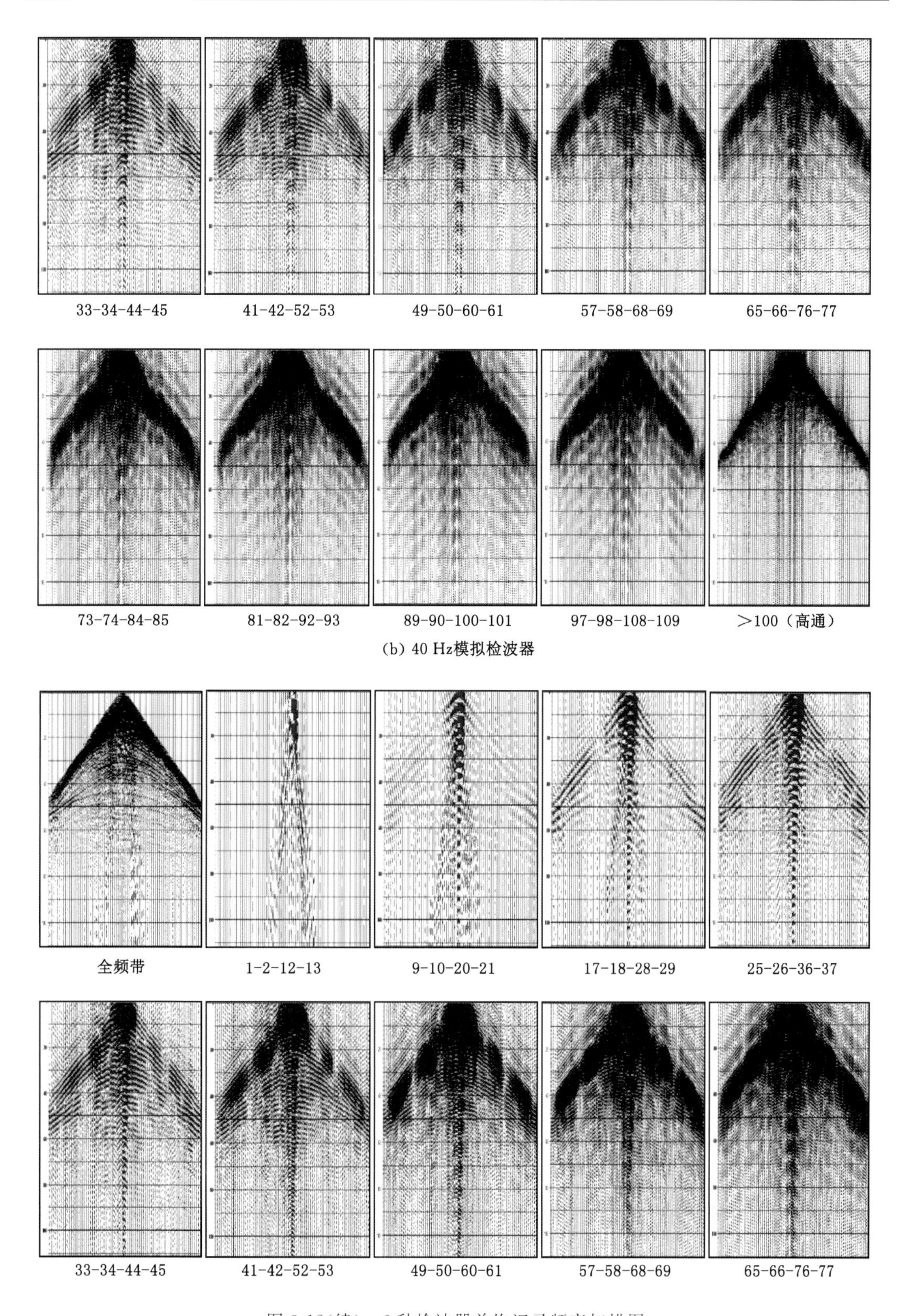

图 3-12(续) 6种检波器单炮记录频率扫描图

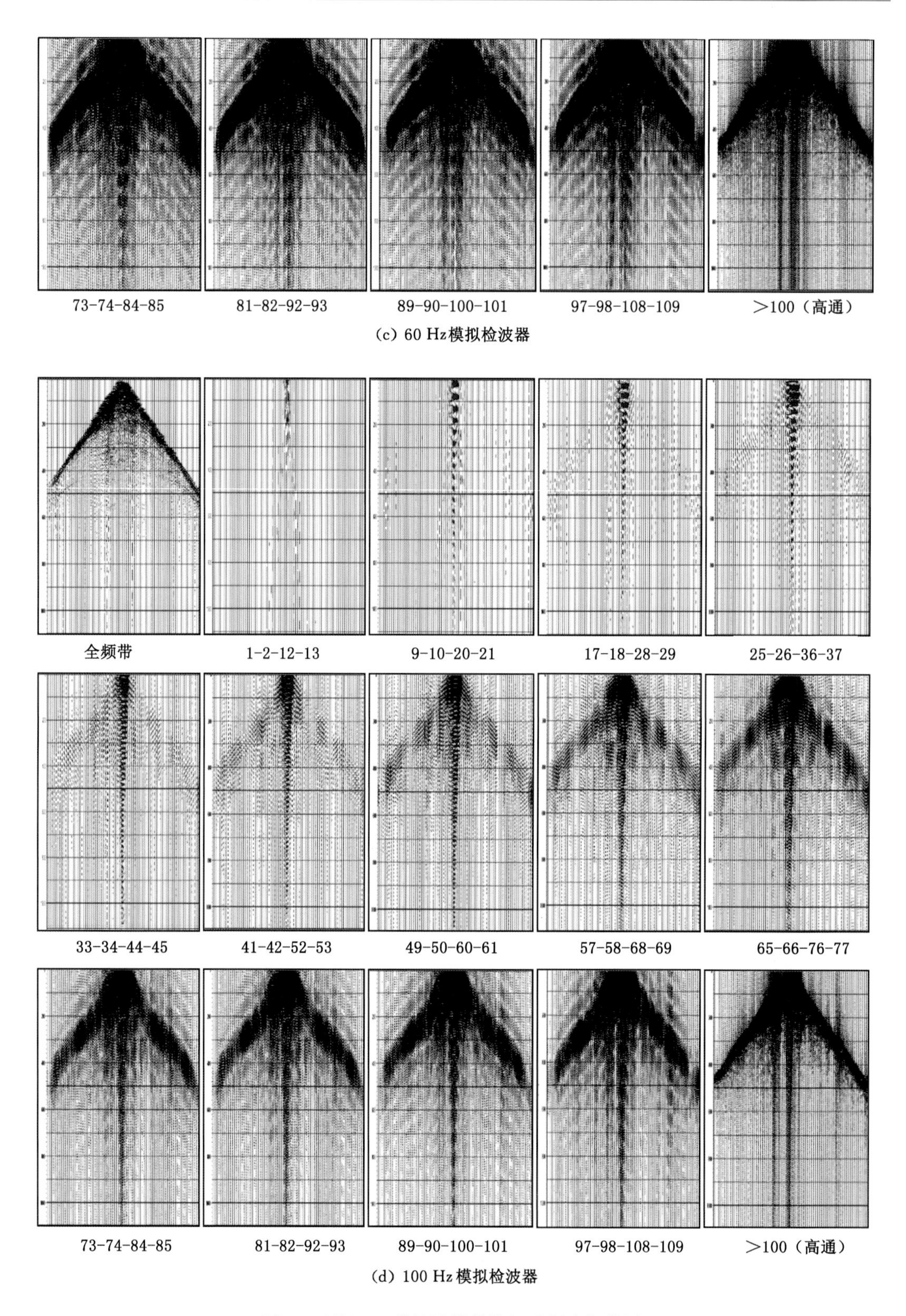

图 3-12(续) 6种检波器单炮记录频率扫描图

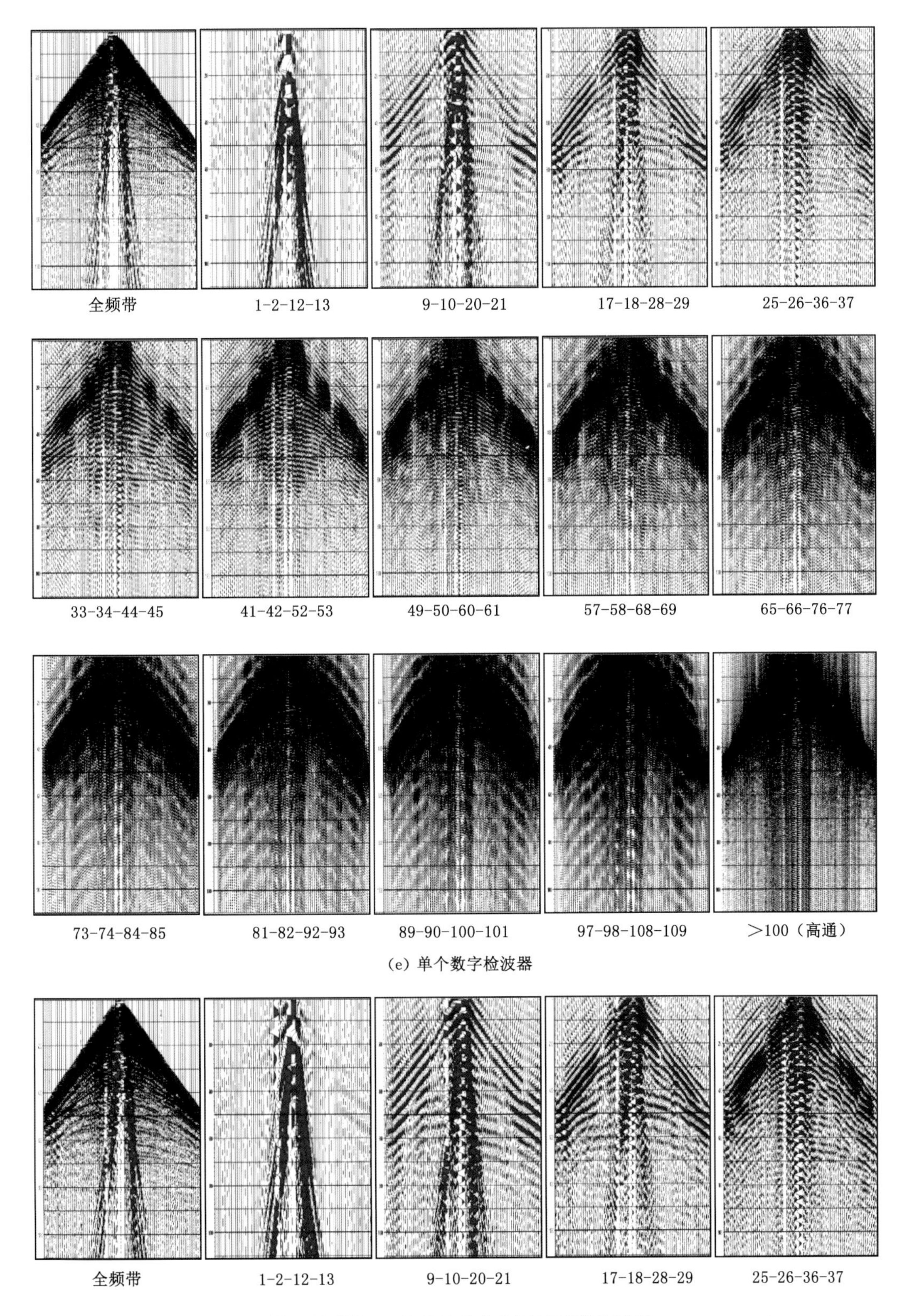

图 3-12(续)　6 种检波器单炮记录频率扫描图

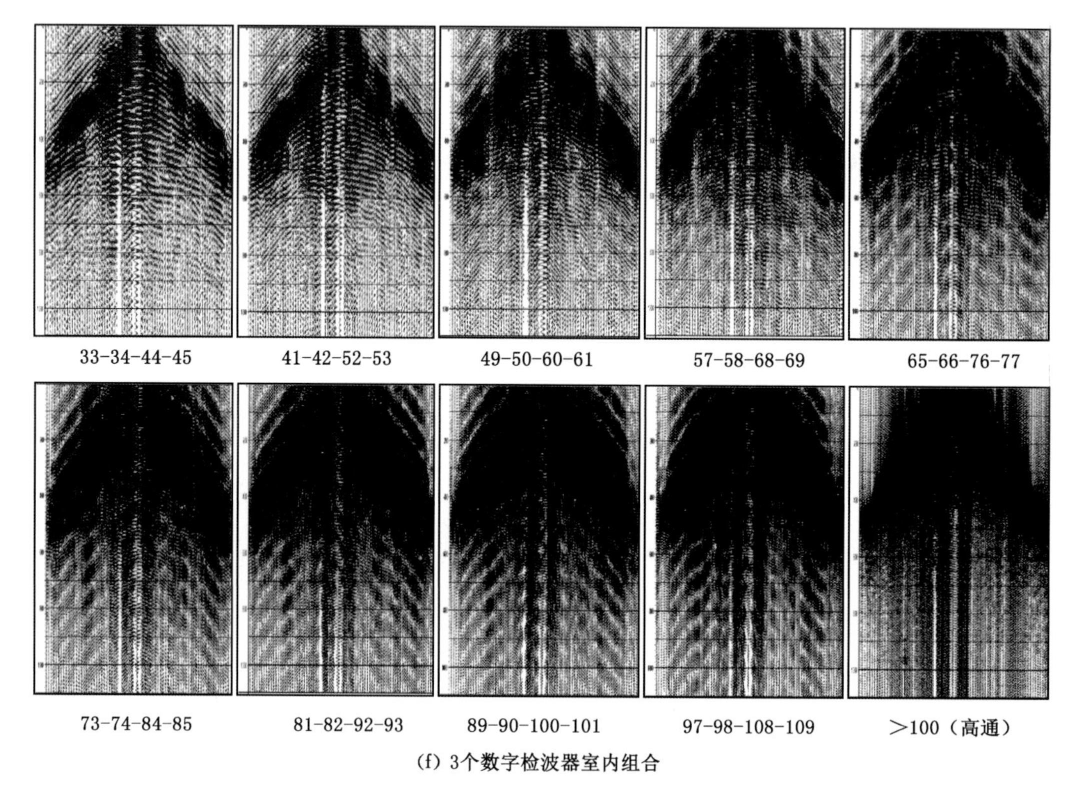

(f) 3个数字检波器室内组合

图 3-12(续)　6 种检波器单炮记录频率扫描图

损失很快，6 种检波器都在频率超过 90 Hz 后，深层能量衰减严重。

（三）不同检波器单炮背景噪声

通过对 6 种检波器的原始单炮记录分别进行频率扫描，确定其频带范围，现对 6 种检波器的原始单炮记录的背景噪声进行分析(图 3-13)。

由于地震记录背景噪声一般是随机的，频率丰富(图 3-14)。此次试验的背景噪声主要集中在 0～350 Hz，4 种模拟检波器的自然频率分别为 2.5 Hz、40 Hz、60 Hz 和 100 Hz，在其自然频率以下时，模拟检波器的振幅响应随频率以一定的坡度递减，因此对低频噪声存在压制与衰减作用；在相应的自然频率以上，高频噪声能量也下降很多，但 2.5 Hz 模拟检波器在低频范围内噪声大。根据图 3-14 可知，数字检波器记录所有频率噪声，在不同频率上均较好反映。由此可见，4 种模拟检波器有效频率范围远小于数字检波器及其室内组合的有效频率范围，灵敏度也低于数字检波器，所以检测不到高频噪声。但同时也必须注意，数字检波器记录地震信号干扰大、信噪比低，采集时必须保证高叠加次数。

（四）数字检波器与模拟检波器剖面信噪比分析

此次试验得到了 6 种检波器的叠加剖面，叠加次数分别为 16、32、64、70 和 80 次。由于不同检波器对地震信号响应不一样，因此需要有针对性地选择处理流程与测试参数，因而在不同检波器叠加剖面上频谱分析的可比性不强。但在采用相同处理流程与参数时，它们的初叠剖面信噪比大小具有参考价值。

通过试验，对于剖面深层反射波，不同检波器具有相同的叠加次数，当叠加次数小于 64 次时，2.5 Hz 模拟检波器的信噪比最大(图 3-15)，数字检波器室内组合与单个数字检波器

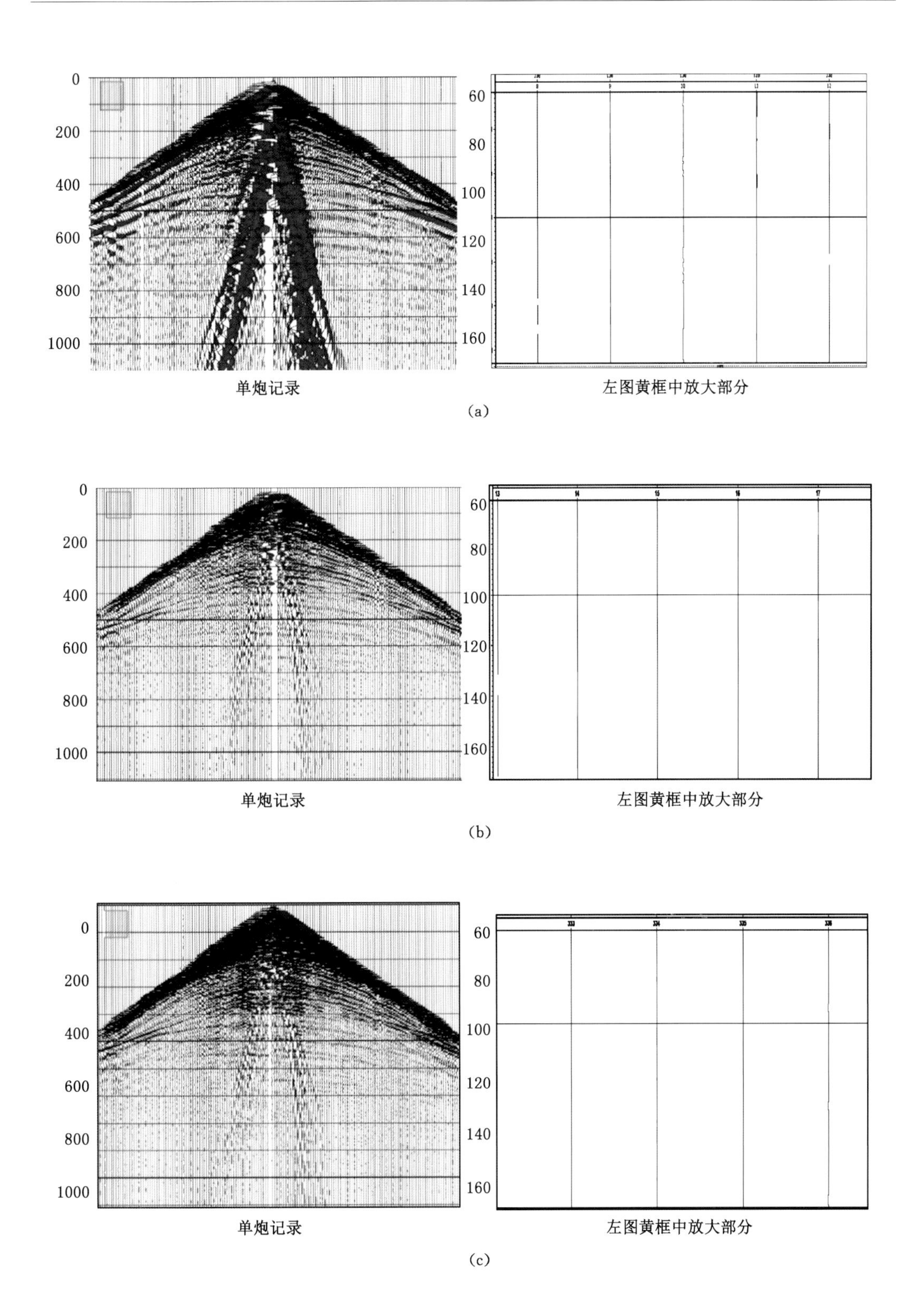

图 3-13　6 种检波器单炮背景噪声及放大图

(a) 2.5 Hz 模拟检波器;(b) 40 Hz 模拟检波器;(c) 60 Hz 模拟检波器

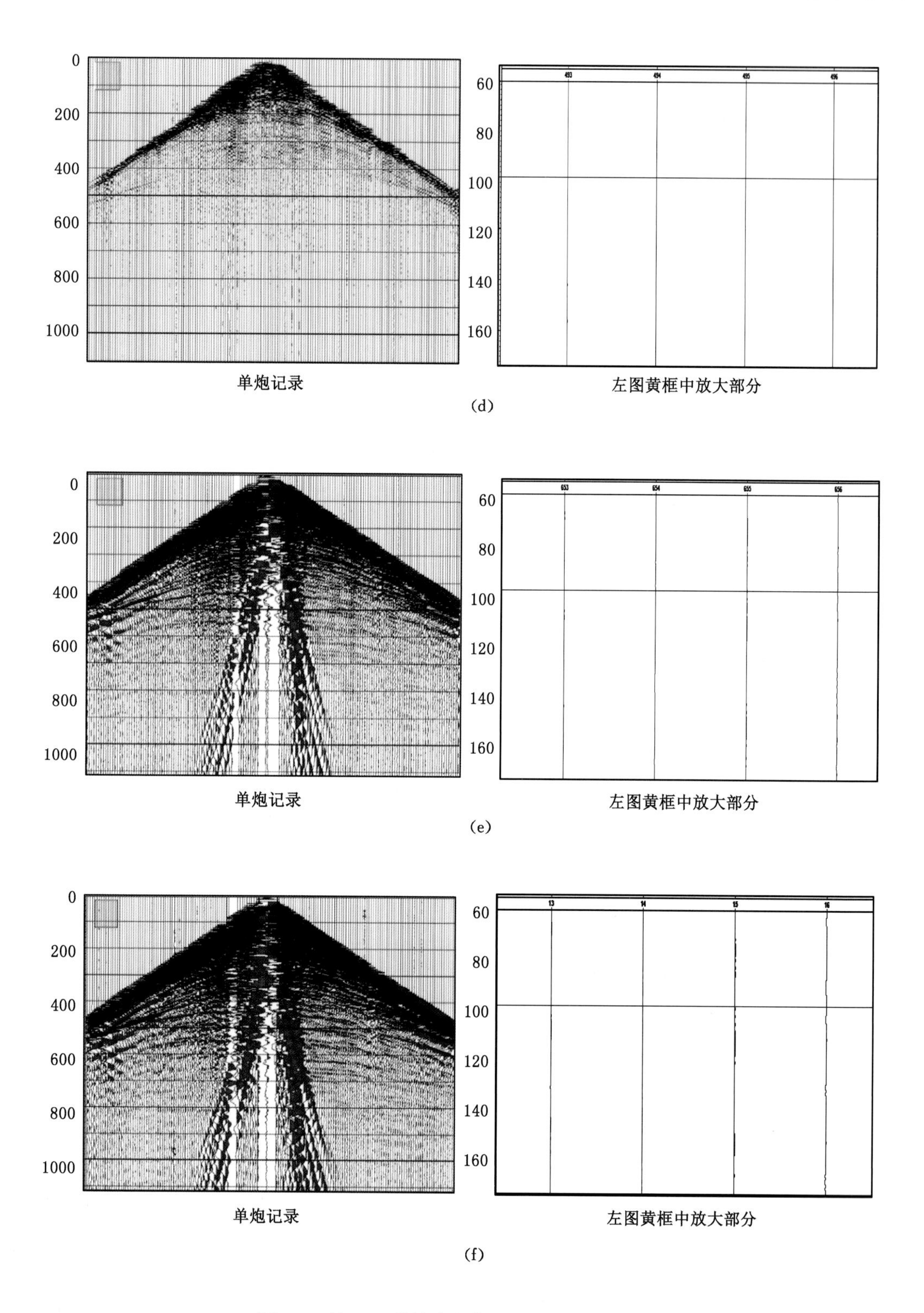

图 3-13(续) 6 种检波器单炮背景噪声及放大图

(d) 100 Hz 模拟检波器;(e) 单个数字检波器;(f) 3 个数字检波器室内组合

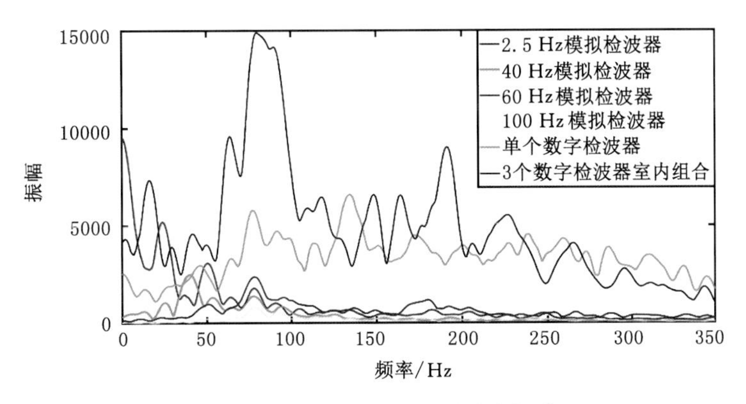

图 3-14 6 种检波器背景噪声频谱

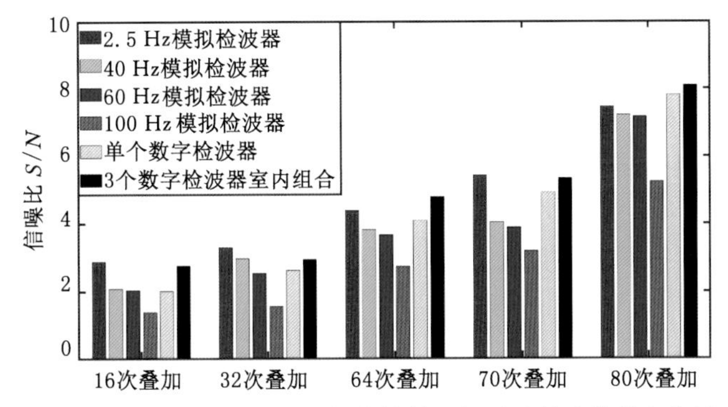

图 3-15 不同检波器不同叠加次数剖面深层反射波信噪比分析

次之，100 Hz 模拟检波器信噪比最小。当叠加次数在 64 次以上时，随着叠加次数增大，2.5 Hz 模拟检波器与数字检波器室内组合、单个数字检波器信噪比均比较大。因此，可以根据信噪比选择适当的叠加次数，减少施工成本和冗杂的数据。但在采用数字检波器时，叠加次数不能太少，在试验区对于深层（埋深≥700 m）反射波来说，叠加次数不能少于 64 次。

第二节 高密度采集的充分性

理想波场客观上要求在纵向（时间）、横向（空间）两个方向采样密度足够大，以保证不出现采集的信号失真，保证高密度采集的充分性，提高成像精度。与此同时，增加采样密度与仪器条件的限制、经济效益的要求相矛盾。在地震勘探设计中，采样密度大小依赖地震信号频率成分及地质任务要求。对于煤田勘探来说，地质异常体小，一方面要求我们采用接收密度高的观测系统，另一方面又因为煤田目的层埋藏浅而不能无限扩大检波器的使用，这样就势必增加激发点密度，增加采集地震勘探的成本。记录长度短，有利于通过增加较小的成本而获得采集间隔小的原始数据。因此，高密度勘探采集必须以煤田地震勘探特点与地质任务为依据，以质量为宗旨，保证数据采集的充分性。

一、时间采样

地震勘探时间采样遵循奈奎斯特定律，即在进行模拟/数字信号转换过程中，当采样频率 f 大于等于信号中最高频率的 2 倍时，采样之后的数字信号完整地保留了原始信号中的信息。一般实际应用中保证采样频率为信号最高频率的2.56～4倍，即：

$$f > 2f_{\max} \tag{3-1}$$

式中，f 为采样频率，Hz；$f_{\max}$ 为信号中最高频率，Hz。

当采样频率用采样间隔 $\Delta t_{\min}$ 来表示，有：

$$\Delta t_{\min} \leqslant \frac{1}{2f_{\max}} \tag{3-2}$$

煤田采区地震勘探任务要求查明大于1/2煤层厚度变化，对于常见3 m煤厚来说，要达到以上地质任务，即在1.5 m间隔上至少采样一个点。当煤层纵波速度取1 800 m/s，$\Delta t_{\min}$ 为0.417 ms，为了保证地震信号不畸变，高密度地震勘探采集间隔应该小，如 $\Delta t \leqslant 0.5$ ms。

采样间隔不一样，其原始单炮、剖面、平面属性特征具有明显的区别。图3-16为不同采样间隔处理后的剖面。

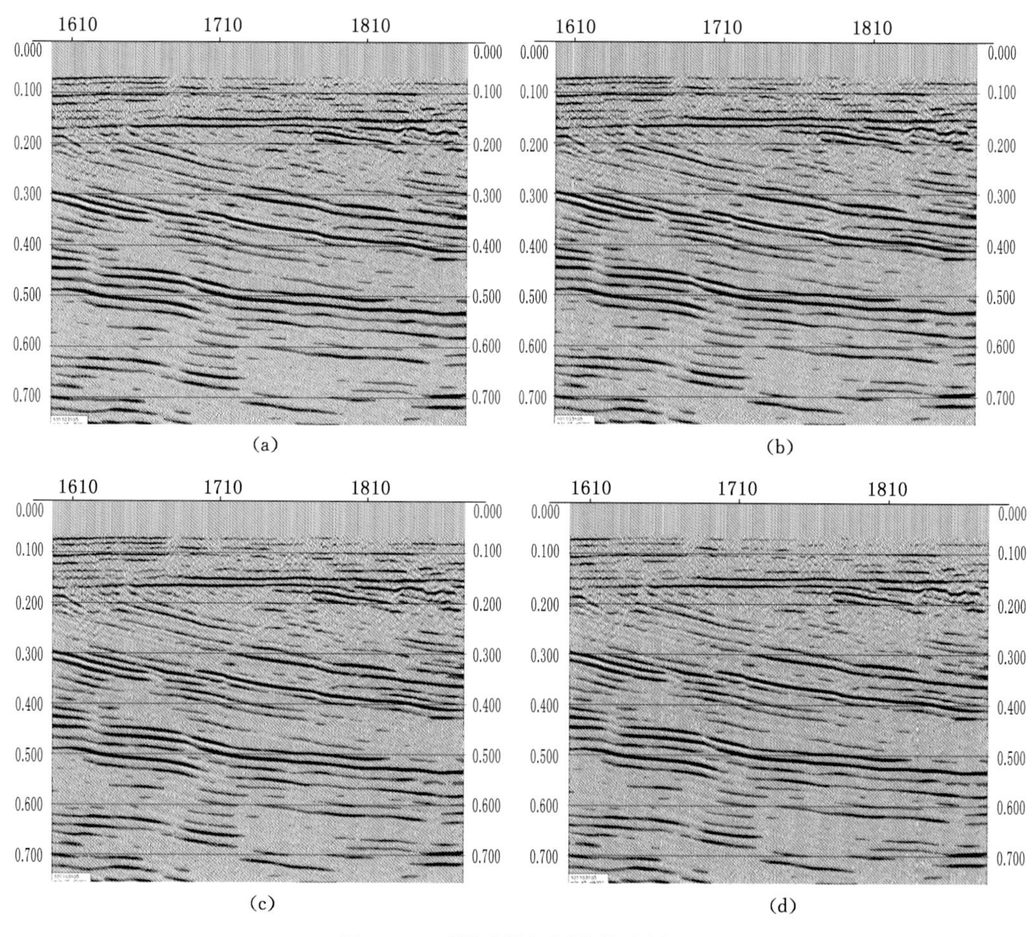

图3-16 不同采样间隔的偏移剖面

(a) $\Delta t=0.5$ ms；(b) $\Delta t=1.0$ ms；(c) $\Delta t=2.0$ ms；(d) $\Delta t=4.0$ ms

对于落差较小的断层，同相轴未错断，在大采样间隔的剖面上显示同相轴错断，常错认为是落差较大的断层[图3-17(d)]，而实际断层落差较小[图3-17(a)]，因此以小采样间隔剖面解释为好。

对于落差较大的断层，同相轴错断，在采样间隔的较大剖面肉眼更易识别，如图3-18(d)

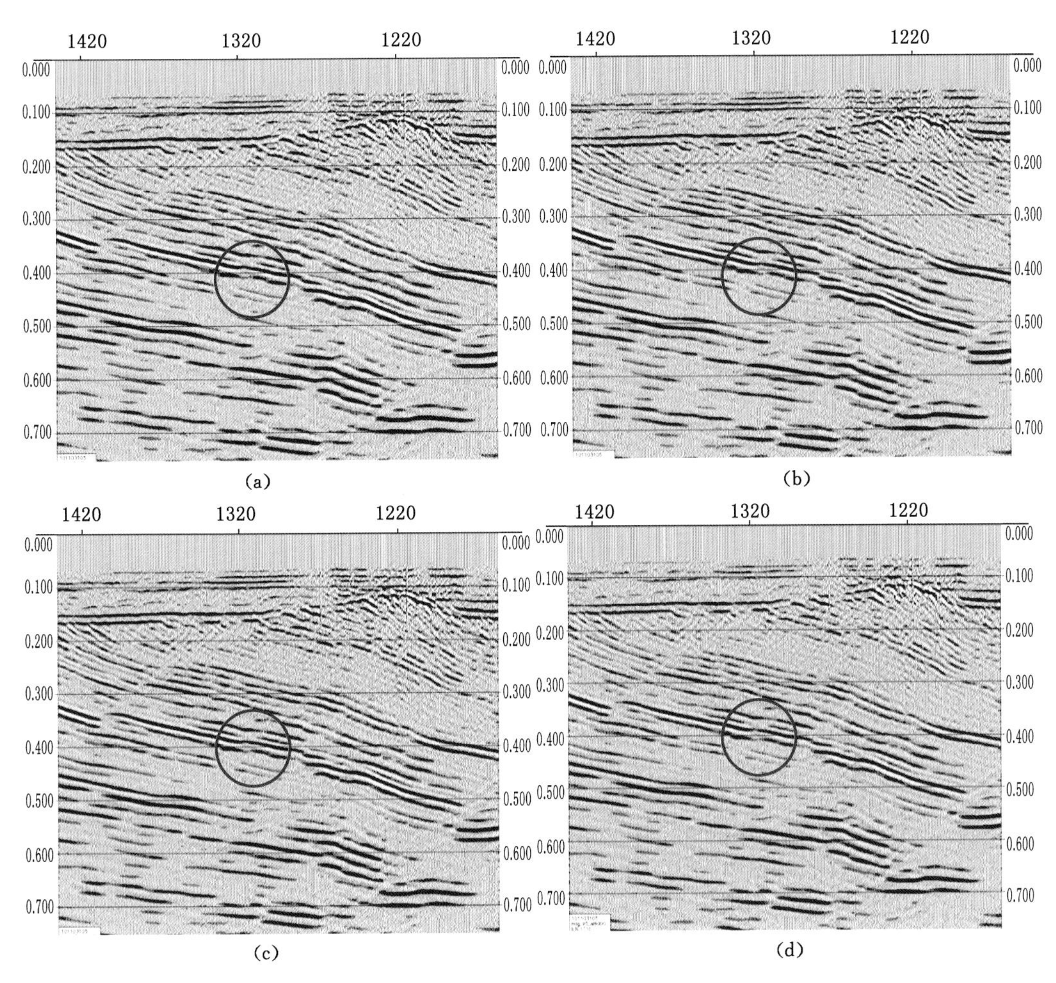

图 3-17　不同采样间隔的偏移剖面小断层显示

(a) $\Delta t=0.5$ ms;(b)$\Delta t=1.0$ ms;(c) $\Delta t=2.0$ ms;(d) $\Delta t=4.0$ ms

所示。

图 3-19 为不同采样间隔煤层反射波地震属性显示，可以看出，采样时间间隔越小，在横向上表现为高分辨。图 3-19(b)比图 3-19(f)具有更高的分辨率，在平面上能精确定位异常的边界。

二、空间采样

地震勘探空间采样同样遵循奈奎斯特定律，即：

$$\Delta x \leqslant \frac{1}{2k_{\max}} = \frac{\lambda_{\min}}{2} \tag{3-3}$$

式中，Δx 为道距，m；$k_{\max}$ 为最大波数，1/m；$\lambda_{\min}$ 为最小波长，m。

当道距满足式(3-3)，可实现空间无假频采样。对于煤田地震勘探来说，道距 Δx 的大小由 CDP 面元大小决定，煤田高密度 CDP 面元大小为 5 m×5 m，煤田上空间采样 10 m，对于浅层反射波频率高可能会出现空间假频。

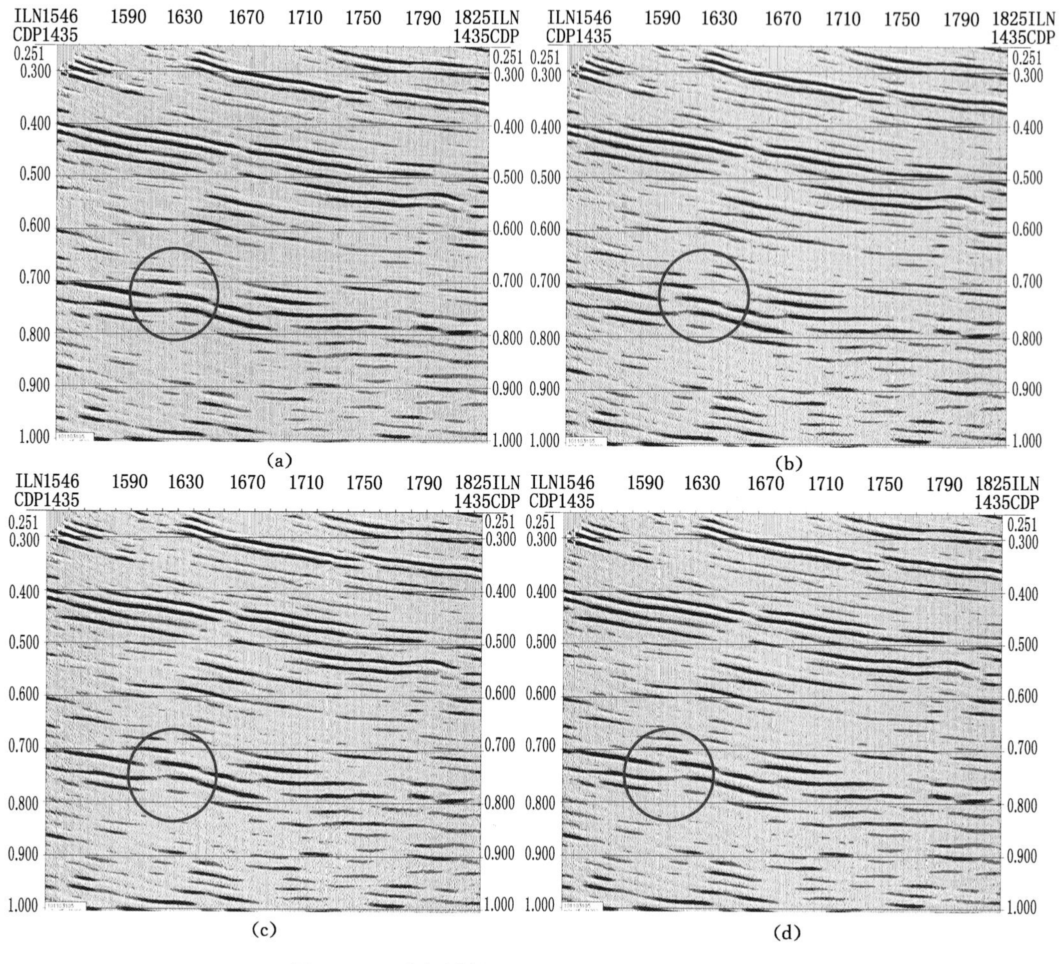

图 3-18 不同采样间隔的偏移剖面大断层显示

(a)$\Delta t=0.5$ ms;(b) $\Delta t=1.0$ ms;(c) $\Delta t=2.0$ ms;(d) $\Delta t=4.0$ ms

第三节　高密度采集的评价方法

一、淮北煤田高密度三维地震与常规三维地震对比

(一) 地质任务

高密度地震勘探重点解决的地质任务为:① 查明新生界厚度;② 查明主采煤层底板标高;③ 常规三维地震勘探要求查明落差在 5 m 以上断层,解释 3～5 m 断点,而高密度三维地震勘探要求查明 3 m 以上的断层;④ 查明直径大于 20 m 的陷落柱;⑤ 预测主采煤层厚度变化趋势;⑥ 查明太灰、奥灰顶界面深度及构造;⑦ 查明煤层露头及受古河床、古隆起、岩浆岩等的影响范围。

对比全数字高密度地震勘探与常规三维地震勘探地质任务可以发现,高密度地震勘探在地质任务上最大变化是对断层解释的要求由落差为 5 m 提升为落差为 3 m,3 m 左右的小断层是高密度地震勘探的主要地质任务,因此,提高分辨率是高密度勘探的重要任务。随

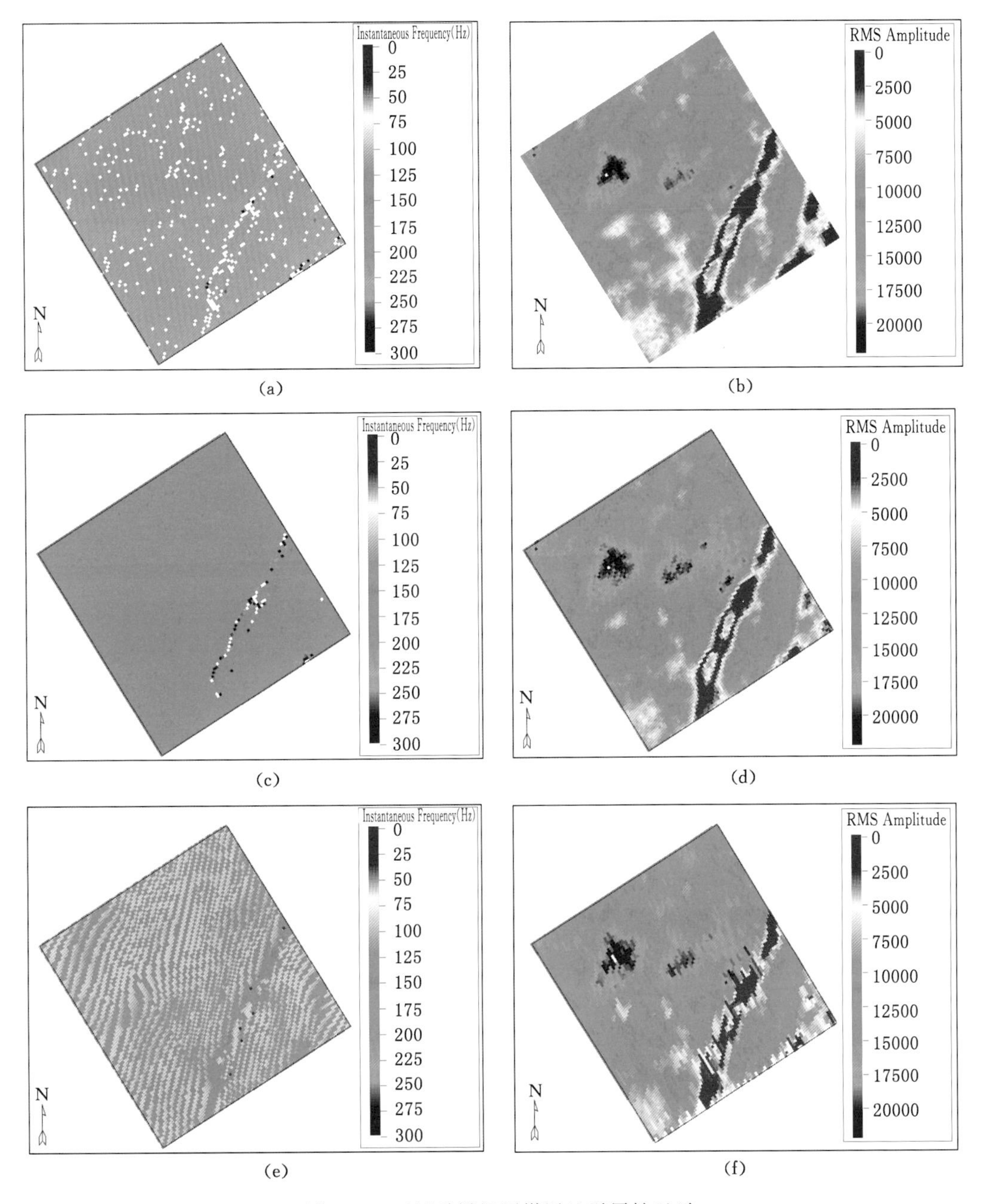

图 3-19　不同采样间隔煤层地震属性显示

(a) 0.5 ms 采样间隔瞬时频率属性；(b) 0.5 ms 采样间隔均方根振幅属性；
(c) 1 ms 采样间隔瞬时频率属性；(d) 1 ms 采样间隔均方根振幅属性
(e) 2 ms 采样间隔瞬时频率属性；(f) 2 ms 采样间隔均方根振幅属性

着高密度地震勘探覆盖次数的大幅度提升，高密度地震勘探成果的信噪比必然会高于常规地震勘探成果，高覆盖次数有利于后续去噪处理，但同时也大幅度增加了运算量。高密度地震勘探采用的5 m×5 m 小面元网格也能提高地震勘探成果的横向分辨能力，减小构造的平面摆动误差。

（二）宽方位、高密度采集

地震勘探野外采集系统应确保足够的覆盖次数以提高资料的信噪比，设计合理的排列长度，确定合适的道距、线距等采集参数，兼顾对浅、中、深目的层反射信息的接收，这是高密度地震勘探和常规地震勘探共同的目标。高密度地震勘探与常规三维地震勘探的观测系统主要不同之处在于：高密度勘探面元小，道距和炮距都小于常规三维地震勘探；高密度勘探一般采用多线宽方位采集，常规三维地震勘探一般采用窄方位，高密度勘探线束间横向重叠线数、覆盖次数也远高于常规三维地震勘探。下面就从这三个方面论述高密度地震勘探的特点。

1. 小面元地震采集

地球物理中衡量物体分辨能力的强弱有两种方式：一种是用距离表示，具体是指所能分辨的垂向或者横向地质体的大小，一般来讲所能分辨的地质体尺度越小，则分辨能力就越强；另一种是用时间表示，即地震时间剖面上可分辨地层的最小时间间隔，相邻地层时间间距越小，则分辨能力越强[34]。横向分辨率是指沿水平方向所能辨别地质体大小的能力，对于地球物理学界，菲涅尔带半径已为人们所熟知，在叠前偏移之前通常用菲涅尔带衡量其横向分辨率，因此面元的规格越小，横向分辨率越高。

高密度观测系统采用比常规三维地震观测系统更小的面元尺寸，炮点密度更高，这使得采集数据在横向上有与纵向相近的数据密度，有利于室内处理过程中应用十字排列去噪等新技术，进行保幅有效的去噪，有利于复杂构造的偏移成像。小面元采集也是提高横向分辨率的重要手段。

2. 全方位角地震采集

通常，宽、窄方位角观测系统的定义为：当横、纵比大于 0.5 时，为宽方位角采集观测系统；当横、纵比小于 0.5 时，为窄方位角采集观测系统[35]。常规三维地震勘探大多采用窄方位角观测系统，其优点是炮点、检波点布置简单，野外施工方便；缺点是排列横纵比小，所获信息主要来自纵向，横向信息不足，对于诸如褶曲发育等地层走向复杂的地区难以选择合适的布线方向，不利于后期偏移成像，而宽方位采集弥补了窄方位采集的这些不足。

3. 高覆盖次数

覆盖次数是指在某个 CMP 面元内的道数，高密度地震勘探覆盖次数普遍大于常规三维地震勘探覆盖次数，目前大部分高密度地震勘探的覆盖次数都在 60 次以上。覆盖次数作为提高资料信噪比的一个重要手段，覆盖次数越高，资料的信噪比越高，因此高密度地震勘探具有更高的信噪比。通常覆盖次数增加与信噪比呈非线性关系递增，当覆盖次数提高到一定数值之后，地震资料信噪比就无明显提升。石油系统高密度勘探通常采用 100～200 次以上的覆盖次数，而煤田采区地震勘探覆盖次数通常为 20 次左右，高密度地震勘探覆盖次数大多为 60 次左右，这主要是因为煤田勘探目的层深度远小于石油勘探的目的层。

（三）淮北高密度地震勘探与常规三维地震勘探观测系统对比

淮北煤田地质构造复杂，煤层倾角大、埋深变化大且形态多变，因此小面元、宽方位角、炮检距分布均匀的采集观测系统尤为重要。多年来，淮北煤田开展了多个常规三维地震勘探项目和高密度地震勘探项目，很多常规三维地震勘探后又开展了高密度三维地震勘探。淮北煤田典型常规三维地震勘探与高密度地震勘探项目观测系统主要参数统计如表 3-1 所示。常规三维地震勘探多采用 8 线接收，6、8 或 10 炮激发，覆盖次数为 16～24 次，面元网格为 10 m×10 m，横纵比小于 0.5，而高密度地震勘探每束接收线数超过 18 线，面元网格为

5 m×5 m，覆盖次数超过 64 次，横纵比大于等于 0.75。

表 3-1　淮北煤田典型常规三维地震勘探与高密度地震勘探采集参数对比

观测系统类型	常规三维地震勘探	高密度三维地震勘探
接收线数	8 线接收	18 线以上接收
面元尺寸	10 m×10 m	5 m×5 m
道距/炮点距/m	20/20	10/10
覆盖次数	16～24 次	≥64 次
接收线距/炮线距/m	40	20、40、60
横纵比	<0.5	≥0.75

如图 3-20 所示，淮北煤田三维地震勘探采用窄方位角的束状观测系统，其炮检距分布不均匀，采集脚印明显。高密度地震勘探方位角宽，有利于复杂地质体成像，炮检距远、中、近分布均匀，有利于精确的速度分析；面元间的炮检距方位角一致性越好，采集脚印越小。相比常规三维地震勘探 10 m×10 m 面元网格，高密度地震勘探 5 m×5 m 面元网格的高采样有利于识别小断层，减小平面位置摆动误差。高密度地震勘探相对于常规三维地震勘探覆盖次数提高了 3 倍以上，可以弥补数字检波器单点接收信噪比低的缺点，有效提升了成果的信噪比和准确程度。

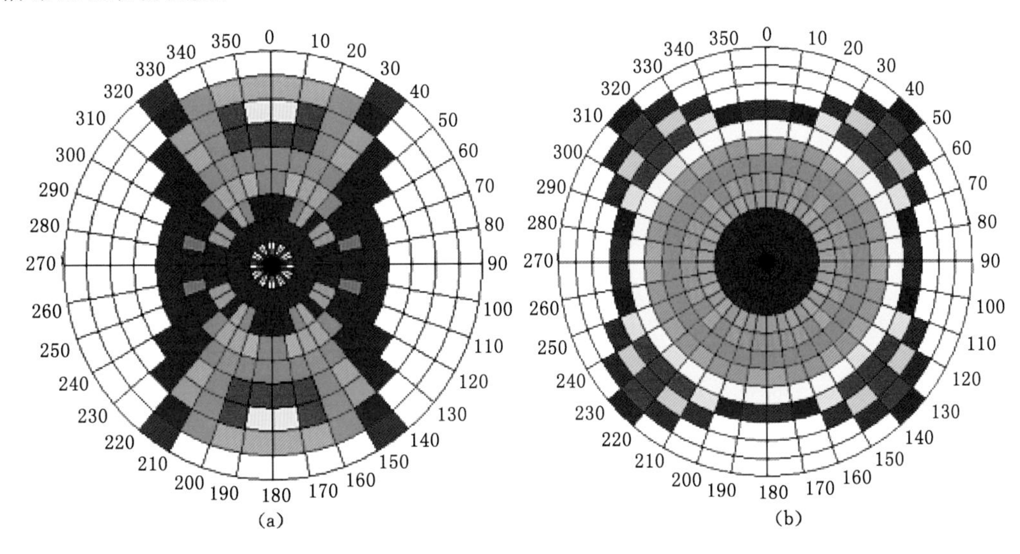

图 3-20　常规与高密度三维地震观测系统玫瑰图

(a) 窄方位；(b) 宽方位

二、高密度采集炮检距均匀性评价方法

炮检距分布均匀有两层含义：一是炮检距由小到大均匀分布，不要缺失某些炮检距信息；二是各炮检距道集上的道数应尽可能一致。三维观测系统面元均匀分布的炮检距能对多次波、地滚波及其他各种相干和随机噪声进行有效衰减和压制。

煤田高密度三维地震勘探与石油高密度三维地震勘探不同，煤田高密度具有CMP面元尺寸更小、目的层浅、地质目标的勘探分辨率更高和更精细等特点[30]。Vermeer[36]曾提出一种特别强调地震采样空间连续性的采集系统设计方法—均衡采样方法。三维地震勘探高密度采集的均匀性要求观测系统CMP面元的各种属性的分布要均匀，包括覆盖次数分布均匀、炮检距分布均匀、方位角分布均匀等[37-39]。只有CMP面元内炮检距是从小到大均匀分布，才能保证同时勘探浅、中、深各个目标层，使观测系统既能保证取得各目标层的有效反射信息，又有利于后续地震数据的各种处理分析[40-42]。成像面元中炮检距的分布对于计算成像(如动校正)速度和成像(叠加)响应影响较大[43]，理想的炮检距分布应该自近到远均匀线性分布。炮检距分布不均匀会引起倾斜信号、震源噪声甚至一次波发生混叠，严重时会使速度分析失败，所以可以用成像面元的炮检距均匀性分布特征来表示采样的均匀性[44-45]。成像面元一般要求满覆盖面元。下文中CMP面元简称为面元，炮检距均匀度简称为均匀度。

Slawson等[46]将相位空间划分为若干个方位区间，并通过每个方位区间的炮检距道的平均叠加响应函数(goodness函数)来评价观测系统的均匀性。尹成等[47]则提出了通过相邻炮检距的变化率曲线方差来评价面元炮检距均匀性的方法，赵虎等[48]提出了炮检距非均匀系数的概念，并以此作为衡量炮检距分布均匀程度的标准。谢城亮等[49]用面元炮检距均匀性相关系数，定量评价面元内的炮检距分布均匀程度，进而分析其对造成观测系统采集脚印的影响。

炮检距均匀性分布特征用两个参数来表征：① 炮检距值均匀性特征；② 炮检距与面元内平均中点个数。第一个参数表示炮检距值的整体均匀性，第二个参数衡量炮检距比较集中分布的范围，一般情况下可以用第一个参数来表达采样的均匀性。炮检距从小到大均匀分布既提高信噪比又兼顾分辨率，并且以均匀等差分布为最好，因此可以根据炮检距均匀性分布特征来代表采样均匀性。炮检距比较集中分布的范围，可以用炮检距与面元中点个数来描述。在某个炮检距范围内分布的中点个数越多，说明该范围的炮检距分布越密集。炮检距分布集中在小炮检距有利于提高高频成像效果，从而提高资料的分辨率；炮检距分布集中在大炮检距则有利于提高速度分析精度，从而提高资料的信噪比。

三、炮检距均匀性评价指标

对一个n次覆盖的面元，在理想情况下，炮检距应当在最小和最大炮检距之间呈均匀分布，形成理想炮检距分布。把面元按照间距$\Delta X=\frac{X_{\max}}{n}$分成$n$个区间，每个区间均有炮检距存在，将此均匀的炮检距分布作为面元的标准炮检距分布，如图3-21所示。若将实际炮检距分布按上述划分区间进行统计，应用下面提出的炮检距均匀度评价指标进行相关计算，即可分析面元和勘探区炮检距分布的均匀性。

炮检距值的均匀度，用Uniformity表示，简写为U。这里借鉴韩文功等[50]提出的均匀性定量评价方法，采用面元炮检距均匀度U_{bin}、均方根均匀度U_{rms}、平均均匀度$\overline{U}_{\text{bin}}$和修正标准差均匀度$U_{\text{s}}^{*}$评价指标及计算方法，计算思路如图3-22所示。

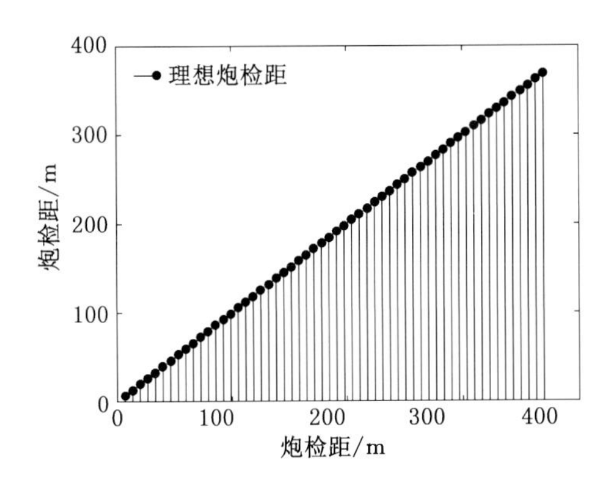

图 3-21 面元的理想炮检距分布

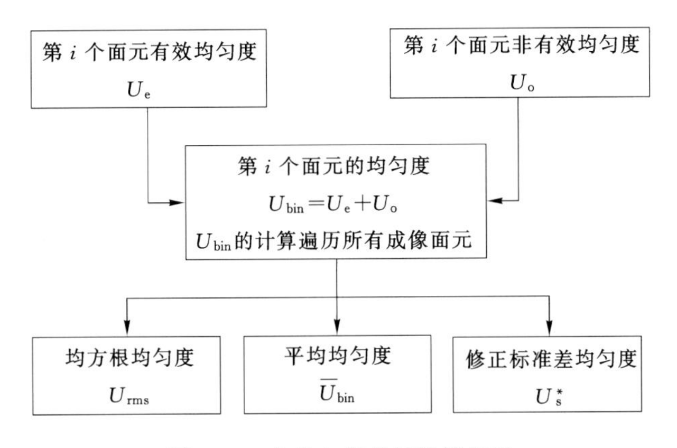

图 3-22 各均匀度指标计算流程

（一）面元炮检距均匀度 U_{bin}

$$U_e=\frac{1}{F}\sum_{n=1}^{F_e}\left[1-\left(w(n)\frac{X_r-X_n}{\Delta X}\right)^2\right] \tag{3-4}$$

$$U_o=\frac{1}{F}\sum_{n=1}^{F_o}\left[1-\left(w(n)\frac{X_r-X_n}{\Delta X}\right)^2\right] \tag{3-5}$$

$$U_{bin}=U_e+U_o \tag{3-6}$$

式中，U_e表示有效炮检距分布均匀度；F 为满覆盖面元的覆盖次数，即炮检距个数；F_e 表示面元内有效炮检距个数；$w(n)$为第 n 个炮检距的权系数，一般情况下，权系数 $w(n)$取常数；X_r 表示第 n 个实际炮检距；X_n表示第 n 个理想炮检距，$X_n=\frac{X_{max}}{F}\times N$，面元内的每个 X_n只能使用一次；$\Delta X=\frac{X_{max}}{F}$，按间距 ΔX 将面元分成 F 个区间。

有效炮检距和有效炮检距个数的判定：利用实际炮检距与理想炮检距进行比较，即在一个面元中，每个理想炮检距 X_n 找到一个位于 $\left(X_n-\frac{1}{2}\Delta X, X_n+\frac{1}{2}\Delta X\right)$ 之间、同时又最接近该理想炮检距 X_n的实际炮检距 X_r 作为有效炮检距，把此面元中找到的有效炮检距个数保留，作为有效炮检距对数 F_e。

式(3-5)中,U_o表示非有效炮检距均匀度,即有效炮检距外其他的炮检距的均匀度;F_o表示面元内有效炮检距外其他的炮检对数,即 $F_o = F - F_e$。

式(3-6)中,U_{bin}表示某个面元的炮检距分布均匀度,均匀度 U_{bin}越接近 1,说明该面元的炮检距均匀度越好。

(二) 均方根均匀度 U_{rms}

$$U_{rms} = \sqrt{\frac{1}{M}\sum_{i=1}^{M} U_{bin}^2(i)} \tag{3-7}$$

式中,M 表示要计算的面元个数。

尽管满覆盖区域内各面元的覆盖次数相同,但炮检距分布和采集脚印存在差异,因此某一个面元内炮检距分布和采集脚印均匀程度并不能够代表所有面元的炮检距和采集脚印分布均匀性。为了能够定量分析所有面元整体炮检距分布和采集脚印均匀性,引入均方根均匀度、修正标准差均匀度来表示所有面元整体炮检距分布均匀度。

U_{rms}表示成像面元整体炮检距均匀性,U_{rms}分布越接近 1,说明该观测系统成像面元间炮检距分布越均匀,采集脚印越弱。

(三) 平均均匀度 $\overline{U}_{bin}$

$$\overline{U}_{bin} = \frac{1}{M}\sum_{i=1}^{M} U_{bin}(i) \tag{3-8}$$

平均均匀度 $\overline{U}_{bin}$,表示成像面元内炮检距均匀性的平均值。$\overline{U}_{bin}$ 分布越接近 1,说明该观测系统成像面元的均匀度越好。

(四) 修正标准差均匀度 U_s^*

$$U_s^* = \sqrt{\frac{1}{M-1}\sum_{i=1}^{M} [U_{bin}(i) - \overline{U}_{bin}]^2} \tag{3-9}$$

U_s^* 表示观测系统各面元炮检距分布均匀性偏离平均均匀性的程度,它能更好地说明观测系统整体炮检距的均匀程度。U_s^* 越接近 0(即越小),说明偏离平均值越小,表明成像面元间炮检距分布比较均匀,采集脚印比较弱。

综合考虑上述所有指标,越好的观测系统的均方根均匀度和平均均匀度两项指标均越大,同时修正标准差均匀度指标越小。尽管从均匀度评价概念上讲,炮检距均匀度评价方法的物理解释较为明确,但该方法的实现需要对地下每个面元单独计算均匀度值,计算量较庞大。

四、观测系统测试

(一) 观测系统的设计

杨柳煤矿高密度地震勘探区主要目的层为太原组灰岩和奥陶系灰岩,深度为 200～400 m,为了探测灰岩中的小构造,共设计 5 种观测系统方案,如表 3-2 所示。针对杨柳煤矿本次勘探区域的地质任务,以“方案一”为初始观测系统,后 4 种方案是在“方案一”的基础上对初始观测系统的某一项参数进行调整,同时其他观测系统参数不变。

表 3-2　杨柳煤矿高密度观测系统参数

观测系统	36L×4S×70T×2R×126 次线束状方案一	24L×4S×70T×2R×84 次线束状方案二	18L×4S×70T×2R×63 次线束状方案三	16L×4S×70T×2R×56 次线束状方案四	18L×4S×70T×1R×126 次线束状方案五
激发方式	对称中点	对称中点	对称中点	对称中点	对称中点
接收道数/T	2 520	1 680	1 260	1 120	1 260
面元大小	5 m×5 m	5 m×5 m	5 m×5 m	5 m×5 m	5 m×5 m
覆盖次数/次	7(纵)×18(横)	7(纵)×12(横)	7(纵)×9(横)	7(纵)×8(横)	7(纵)×18(横)
道距/m	10	10	10	10	10
炮点距/m	10	10	10	10	10
接收线距/m	20	20	40	20	20
炮排距/m	50	50	50	50	50
束滚动距/m	40	40	40	40	20
最小炮检距/m	5	5	5	5	5
最大炮检距/m	502	423	495	382	391
最大非纵距/m	355	245	355	165	185
纵横比	1.01	0.67	0.98	0.43	0.49

5 种观测系统方案的面元尺寸大小相同，5 种方案主要对接收线数量进行变化：

“方案一”基本参数为：一个排列采用 36 条接收线，4 个激发震源，每条接收线 70 道，道距为 10 m，炮点距为 10 m，接收线距为 20 m，炮排距为 50 m，每束滚动距离为 40 m。

“方案二”在“方案一”的基础上，将 36L 接收改为 24L 接收，叠加次数由 7(纵)×18(横)次改变为 7(纵)×12(横)次。

“方案三”在“方案一”的基础上，将接收线抽稀一半，变为 18L，即接收线距改为 40 m，排列纵横方向不变，叠加次数改变为 7(纵)×9(横)次。

“方案四”在“方案一”的基础上，将 36L 接收改为 16L 接收，排列在横向两端各减去 19 条接收线，叠加次数变为 7(纵)×8(横)次。

“方案五”在“方案一”的基础上，将 36L 接收线改为 18L 接收，排列在横向两端各减去 10 条接收线，每束滚动距离改为 20 m，叠加次数不变。

（二）面元炮检距分布均匀度分析

根据 5 种观测系统的设计方案，将每种方案满覆盖区域所有面元的实际炮检距与理想炮检距分布图进行对比，如图 3-23 所示。

计算 5 种方案典型面元的炮检距均匀度值如表 3-3 所示。可以发现，方案五的面元均匀度值最大，同时结合炮检距分布图直观地分析，得出方案五的典型面元炮检距分布情况最为均匀。

虽然某一面元炮检距均匀性分析特征直观，但由于观测系统参数不同，相邻面元炮检距分布不尽相同，因此需从整个勘探区来评价。

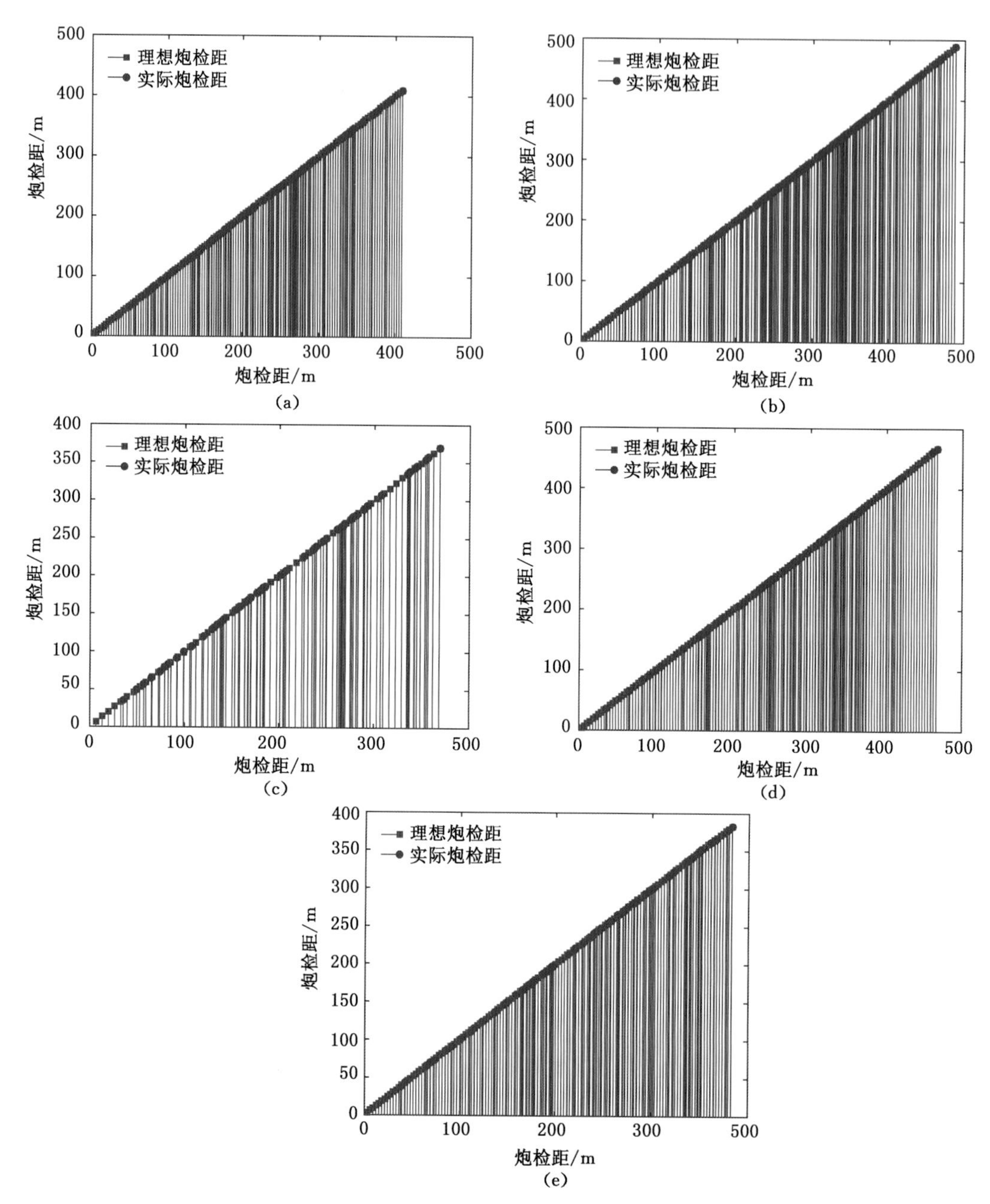

图 3-23 不同方案观测系统面元实际炮检距与理想炮检距分布示意图

(a) 方案一(U_{bin}=0.900 5);(b) 方案二(U_{bin}=0.920 8);
(c) 方案三(U_{bin}=0.883 1);(d) 方案四(U_{bin}=0.943 8);(e) 方案五(U_{bin}=0.963 3)

表 3-3 不同方案面元炮检距均匀度值

观测系统	方案一	方案二	方案三	方案四	方案五
面元炮检距均匀度 U_{bin}	0.900 5	0.920 8	0.883 1	0.943 8	0.963 3

1. 均匀度 U_{bin} 分布分析

根据面元炮检距均匀度的计算公式，计算勘探区所有面元炮检距分布的均匀度。如图3-24所示，每幅图为其对应的观测系统方案满覆盖区域面元的炮检距均匀度，反映面元之间炮检距分布的均匀性关系。颜色由红到蓝表示均匀度值由大到小，最大值为1，最小值为0。横坐标轴方向表示纵向测线(inline)方向，纵坐标轴方向表示横测线(crossline)方向。

从图3-24可看出，均匀度呈周期性变化，图3-24(a)、图3-24(b)、图3-24(c)和图3-24(d)周期变化频率较大，而图3-24(e)周期性变换频率最小。

2. 炮检距均匀度综合分析

对不同方案的均匀度进行统计分析，定量分析均匀度的好坏，如表3-4所示。可以看出，5种观测系统方案的均匀度大都在0.8～0.9之间。对于高密度三维地震采集优选观测系统，炮检距均匀性评价指标优先考虑均方根均匀度，然后是平均均匀度，最后是修正标准差均匀度。

表3-4　不同方案观测系统均匀度

均匀度参数	均方根值 U_{rms}	平均值 $\bar{U}_{bin}$	修正标准差值 U_s^*	最小值 U_{min}	最大值 U_{max}
方案一	0.890 4	0.890 3	0.010 8	0.870 7	0.911 3
方案二	0.907 4	0.907 2	0.014 5	0.879 5	0.928 5
方案三	0.885 3	0.885 0	0.021 9	0.846 6	0.924 1
方案四	0.938 2	0.938 0	0.018 9	0.898 0	0.958 6
方案五	0.952 6	0.952 5	0.011 8	0.927 9	0.966 4

由图3-24看出，“方案五”(18L×4S×70T×1R×126次线束状)的观测系统具有最大的均方根均匀度值、最大的平均均匀度值、比较小的修正标准差均匀度值、最大的最小均匀度值、最大的最大均匀度值，说明该方案的观测系统具有最佳均匀度。均匀度排第二好的是“方案四”，次之是“方案二”，然后是“方案一”，均匀度最差的是“方案三”。

一个面元内炮检距的分布情况决定了该面元炮检距均匀度，因此可以从某个面元内实际炮检距相对于理想炮检距的分布图直观地看出该面元的炮检距分布是否均匀；勘探区所有面元均匀性评价通过计算炮检距均匀度评价指标来定量计算。采用均方根均匀度、平均均匀度、修正标准差均匀度可作为考察炮检距均匀性的评价指标。

第四节　煤田地震资料全三维采集试验

“全三维”的概念源自全三维解释，全三维解释的概念是相对于三维资料的二维剖面、切片的传统解释方式而提出的。目前，全三维的概念不仅仅局限于资料解释，其内涵已延拓到三维地震资料的采集、处理、解释等各个环节。全三维地震采集与以往的三维地震采集有较大的区别，其突出特点是：注重对野外采集地区地下地质模型(包括近地表模型)的研究和具有针对性的野外采集设计，使得野外采集方案更趋于科学合理，所得到的地震资料是理想的。

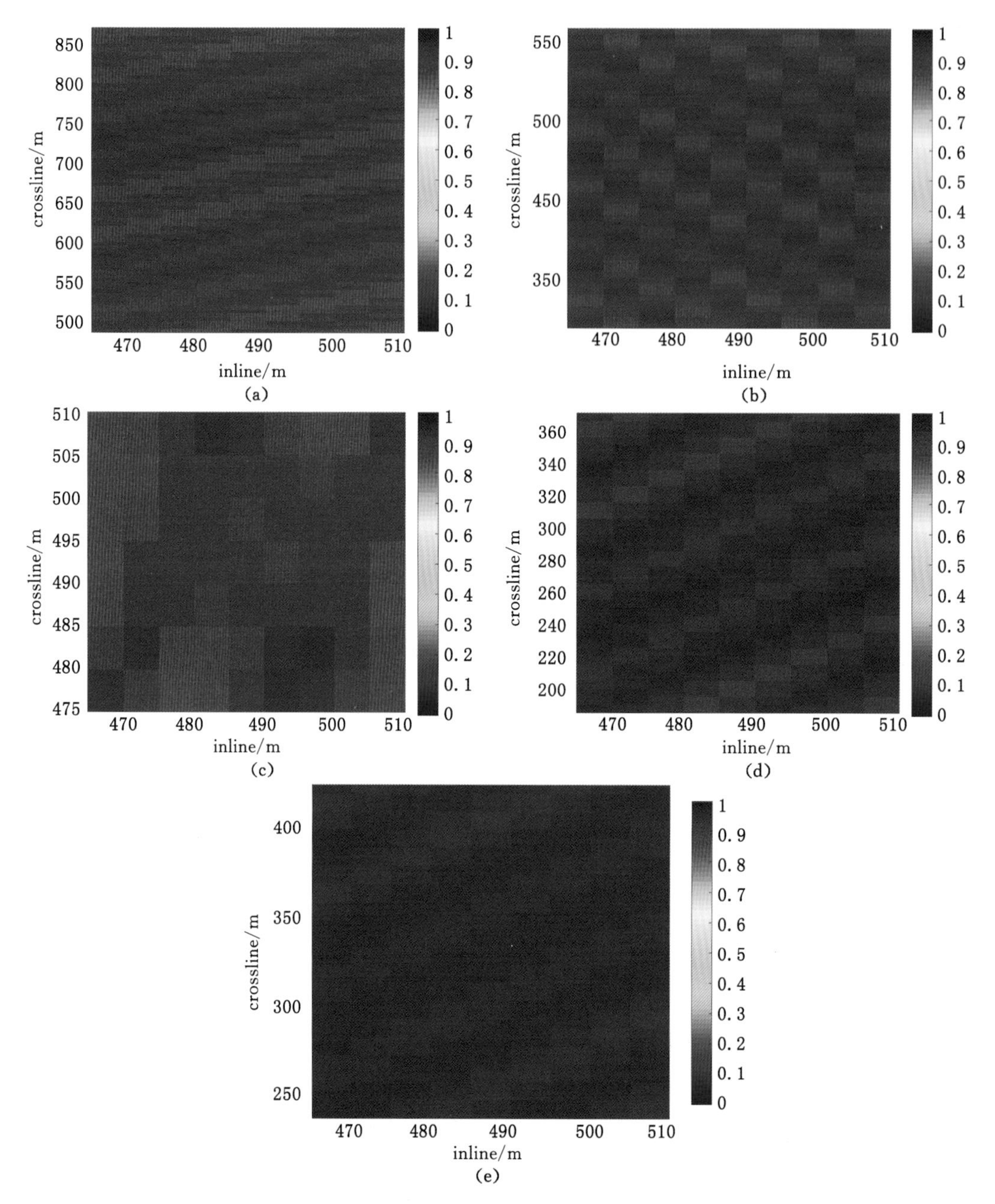

图 3-24　不同方案观测系统均匀度分布示意图

(a) 方案一;(b) 方案二;(c) 方案三;(d) 方案四;(e) 方案五

所谓煤田全三维地震采集,就是根据采集地区地下地质模型,采用观测系统参数尽可能小,尽可能相同,具有充分性、均匀性、对称性统一,获得近理想地震波场的观测方式。最直观全三维地震采集,也可简单认为炮点与检波点网格为 5 m×5 m 的三维观测。

随着电子与计算机技术的发展,我们有可能接近于全三维地震勘探,但由于地质勘探任务复杂,作为全三维勘探的基础工作——理想的地震波场获得就显得尤为重要。理想的地震波场就是全数字、全方位角、高密度、小面元、大(多)偏移距采集的海量数据,并保证观测方式上在炮检距、方位角等参数均匀分布，因此，要实现全三维采集就必须关注观测系统参数。

为了验证常规(采区)三维、高密度、近似全三维(简称全三维)采集对成果的效果，在祁南煤矿、杨柳煤矿进行全三维采集试验。

一、试验范围

2006年祁南煤矿31采区(图3-25)进行了常规(采区)三维地震勘探工作，采用窄方位角、常规检波器和低覆盖次数的采集方式。2019年祁南煤矿31、33采区进行了高密度三维地震勘探工作，高密度三维数据体是以宽方位角、数字检波器和高覆盖次数为基础，并且根据目的层埋深的不同，采用了不同的观测系统。在进行高密度三维地震勘探工作时，在勘探区右下角选择一块2 km^2区域作为全三维地震采集试验区，与高密度勘探区、常规三维地震区重合，其观测系统参数如表3-5所示。

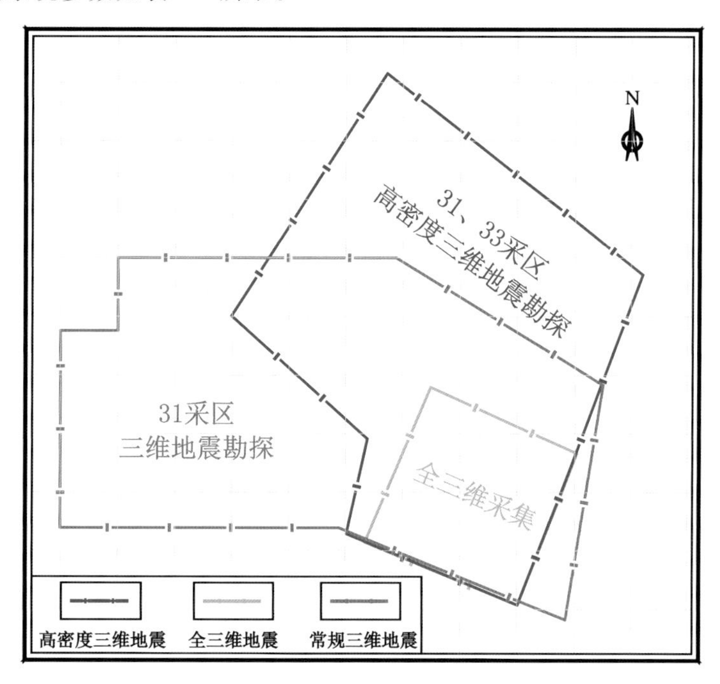

图3-25 祁南煤矿31采区高密度、全三维与常规三维地震范围示意图

二、观测系统

本次高密度勘探在浅部区域进行了全三维地震勘探，观测系统为40L×2S×80T×1R×200次线束状，横纵比为1，反射面元在各个方位角上均匀分布，取得了较好的效果(图3-26)。在试验过程中，将40L×2S×80T×1R×200次线束状观测系统基本参数抽稀成20L×4S×80T×1R×100次线束状、40L×2S×40T×1R×200次线束状、40L×1S×80T×1R×200次线束状，进行了4种观测系统结果比较，如表3-5所列。

表 3-5　全三维区域不同类型观测系统参数表

观测系统	40L×2S×80T×1R ×200 次线束状 方案一	20L×4S×80T×1R ×100 次线束状 方案二	40L×2S×40T×1R ×200 次线束状 方案三	40L×1S×80T×1R ×200 次线束状 方案四
接收线距/m	20	40	20	20
接收道距/m	10	10	20	10
激发点距/m	10	10	10	20
激发线距/m	40	40	40	40
接收道数	80 道×40 线=3200 道	80 道×20 线=1600 道	40 道×40 线=1600 道	80 道×40 线=3200 道
炮点总数	8 280	8 280	8 280	4 140
面元尺寸	5 m×5 m	5 m×5 m	10 m×5 m	5 m×10 m
覆盖次数	10(纵)×20(横)	10(纵)×10(横)	10(纵)×20(横)	10(纵)×20(横)
束距滚动/m	20	40	20	20

三、全三维面元炮检距均匀性分析

后 3 种方案是对“方案一”某一个参数进行变化，而其余参数保持不变。

“方案一”基本参数为：一个排列采用 40 条接收线，2 个激发震源，每条接收线 80 道，道距为 10 m，炮点距为 10 m，接收线距为 20 m，炮排距为 40 m，每束滚动距离为 20 m。

“方案二”在“方案一”的基础上，将接收线数抽稀一半，变为 20 L，即接收线距改为 40 m，排列纵横方向不变，由 10(纵)×20(横)次改变为 10(纵)×10(横)次。

“方案三”在“方案一”的基础上，将每条接收线上的接收道数抽稀一半，变为 40 道，叠加次数不变。

“方案四”在“方案一”的基础上，将每条激发线上的炮点数减少一半，即每个排列变为一个炮点，叠加次数不变。

根据 4 种观测系统的设计方案，将每种方案满覆盖区域所有面元的实际炮检距与理想炮检距分布图进行对比，如图 3-27 所示。

计算 4 种方案典型面元炮检距均匀度值如表 3-6 所示。可以发现“方案一”的面元均匀度值最大，同时结合炮检距分布图直观地分析，得出“方案一”的典型面元炮检距分布情况最为均匀。

表 3-6　不同方案面元炮检距均匀度值

观测系统	方案一	方案二	方案三	方案四
面元炮检距均匀度 U_{bin}	0.908 2	0.884 1	0.884 9	0.902 2

四、全三维采集地震属性与剖面分析

为了比较全三维采集效果，对 4 种观测系统的原始数据处理流程与参数统一，在平面属性与剖面上进行对比。

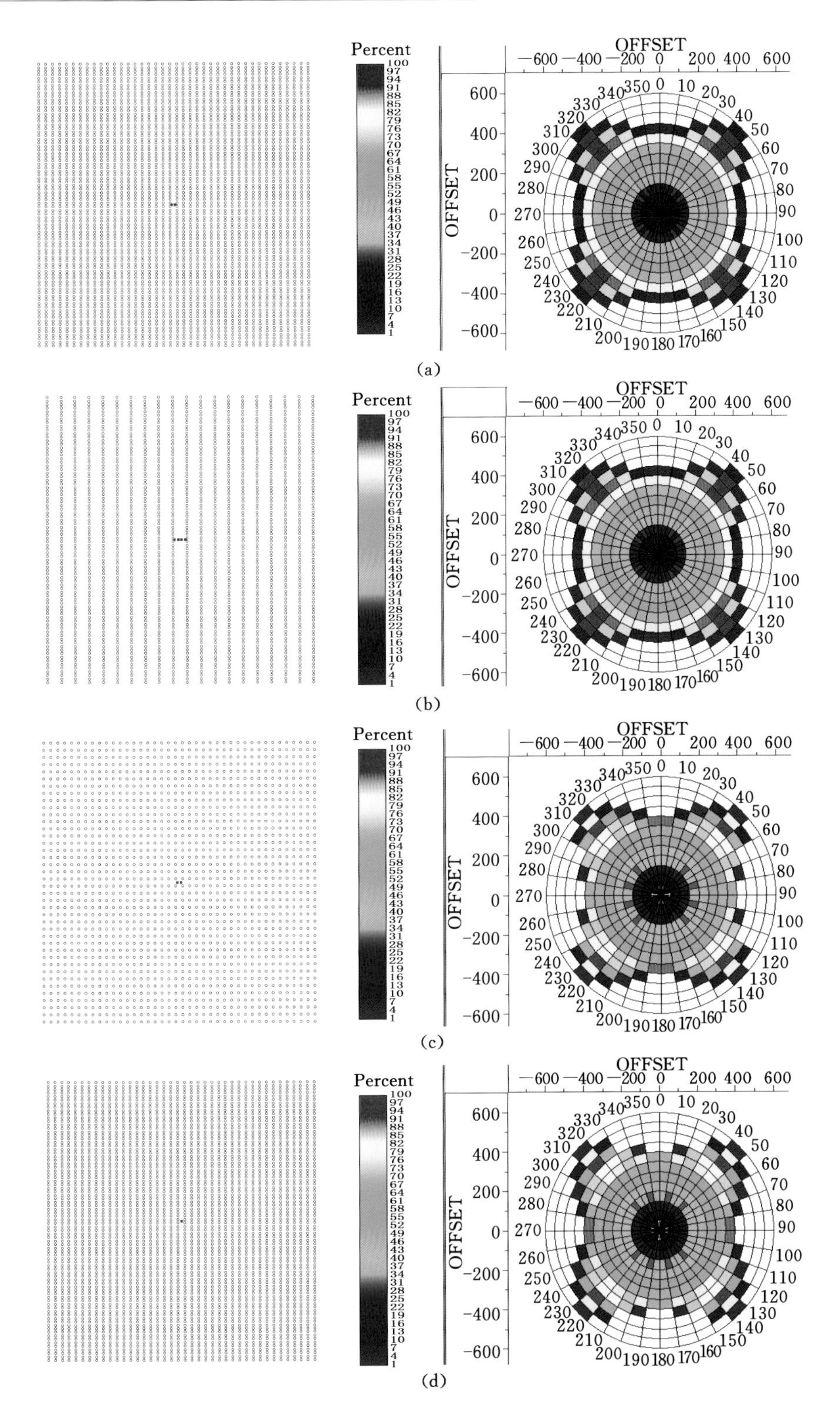

图 3-26　全三维区域不同类型观测系统示意图

(a) 40L×2S×80T×1R×200 次线束状观测系统；(b) 20L×4S×80T×1R×100 次线束状；
(c) 40L×2S×40T×1R×200 次线束状；(d) 40L×1S×80T×1R×200 次线束状

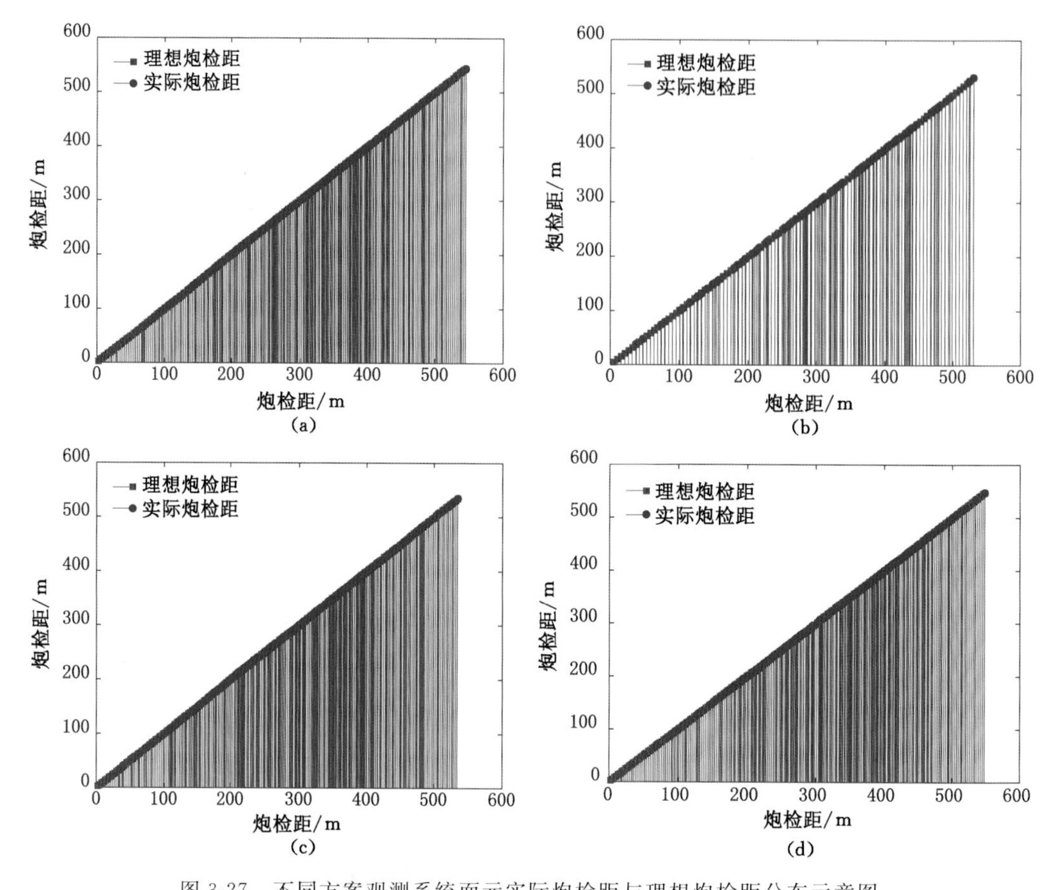

图 3-27 不同方案观测系统面元实际炮检距与理想炮检距分布示意图

(a) 方案一(U_{bin}=0.908 2);(b) 方案二(U_{bin}=0.884 1);(c) 方案三(U_{bin}=0.884 9);(d) 方案四(U_{bin}=0.902 2)

（一）全三维与其他观测系统属性比较

图 3-28 为不同观测系统 3_2 煤层反射波的主频，由于全三维炮检距与方位角分布均匀，小偏移距得到保证，因此反射波的主频高。

（二）全三维与其他观测系统剖面比较

图 3-29、图 3-30 为小构造、大断层在 4 种观测系统剖面上的反映。由图可以看出，全三维采集得到剖面上的小构造、大断层反映明显优于其他 3 种观测系统。

（三）宽窄方位角地震剖面的对比

全三维地震勘探不但要求炮检距均匀分布，而且要求炮检连线在方位角上均匀分布。图 3-31(a)为全三维观测系统地震剖面，全三维采集的观测系统横纵比为 1，各个方向的地震数据比较全，且均匀分布，能够较为全面地采集地质信息，相比于窄方位角集中于一个方向的采集，构造反映得更加清楚。将全三维原始数据抽成窄方位与宽方位的数据进行处理，处理流程与参数相同，结果如图 3-31(b)与图 3-31(c)所示。对于煤层断点来说，全方位地震剖面显示最清晰，其次是宽方位地震剖面，效果最差的是窄方位地震剖面。

图 3-32 为奥灰顶界面在全方位、窄方位、宽方位三维地震剖面反映。同样，全方位地震剖面上奥灰顶界面反射波成像效果好，其次是宽方位地震剖面，效果最差的是窄方位地震剖面。

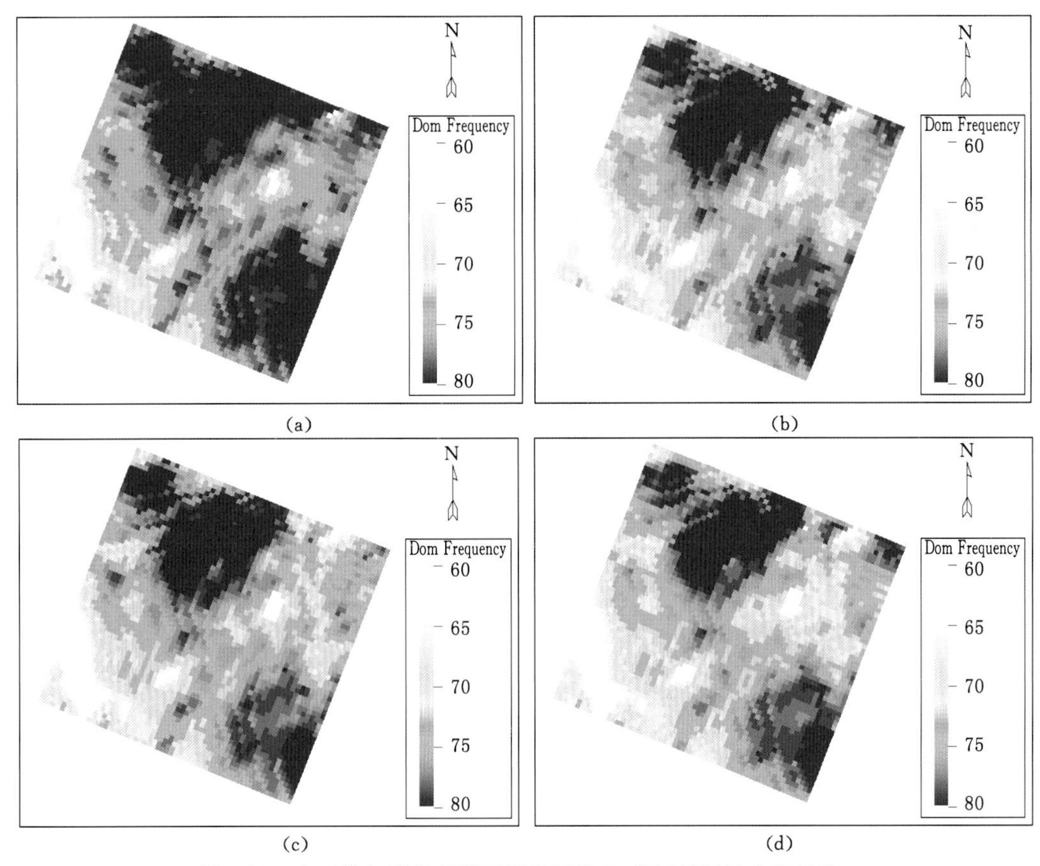

图 3-28　全三维与其他观测系统采集的 3_2 煤层反射波主频属性

(a) 全三维采集主频属性；(40L×2S×80T×1R×200 次线束状)　(b) 线距抽稀采集主频属性 (20L×4S×80T×1R×100 次线束状)

(c) 道距抽稀采集主频属性；(40L×2S×40T×1R×200 次线束状)　(b) 炮距抽稀采集主频属性 (40L×1S×80T×1R×200 次线束状)

将全三维采集的资料分方位角进行处理，如炮点与检波点连线的方位角范围为 0°～45°和 135°～180°(南北方向)以及方位角范围为 45°～135°(东西方向)，如图 3-33 所示。

通过分方位角和全方位角数据体剖面的对比可以发现，对于东西走向的断层，炮点与检波点连线在方位角范围为 0°～45°和 135°～180°(南北方向)处理后的数据体，地震观测的方位角方向垂直于构造走向时，有利于构造解释，但方位角范围为 45°～135°(东西方向)范围窄方位，不利于构造解释，南北向方位角和全方位角的数据体剖面对于大、小断层同相轴错断的反映更加清晰，位置更加精准(图 3-34 与图 3-35)；对南北走向断层来说，东西向方位角和全方位角的数据体剖面对于大、小断层的反映较好(图 3-36 与图 3-37)。全方位(全三维)观测系统则对各个方向的构造都能够较好地反映。

总之，在煤田地震勘探中，应尽可能采用数字检波，观测系统应向全三维看齐，实现全方位、大偏移距、小面元、高叠加次数采集。

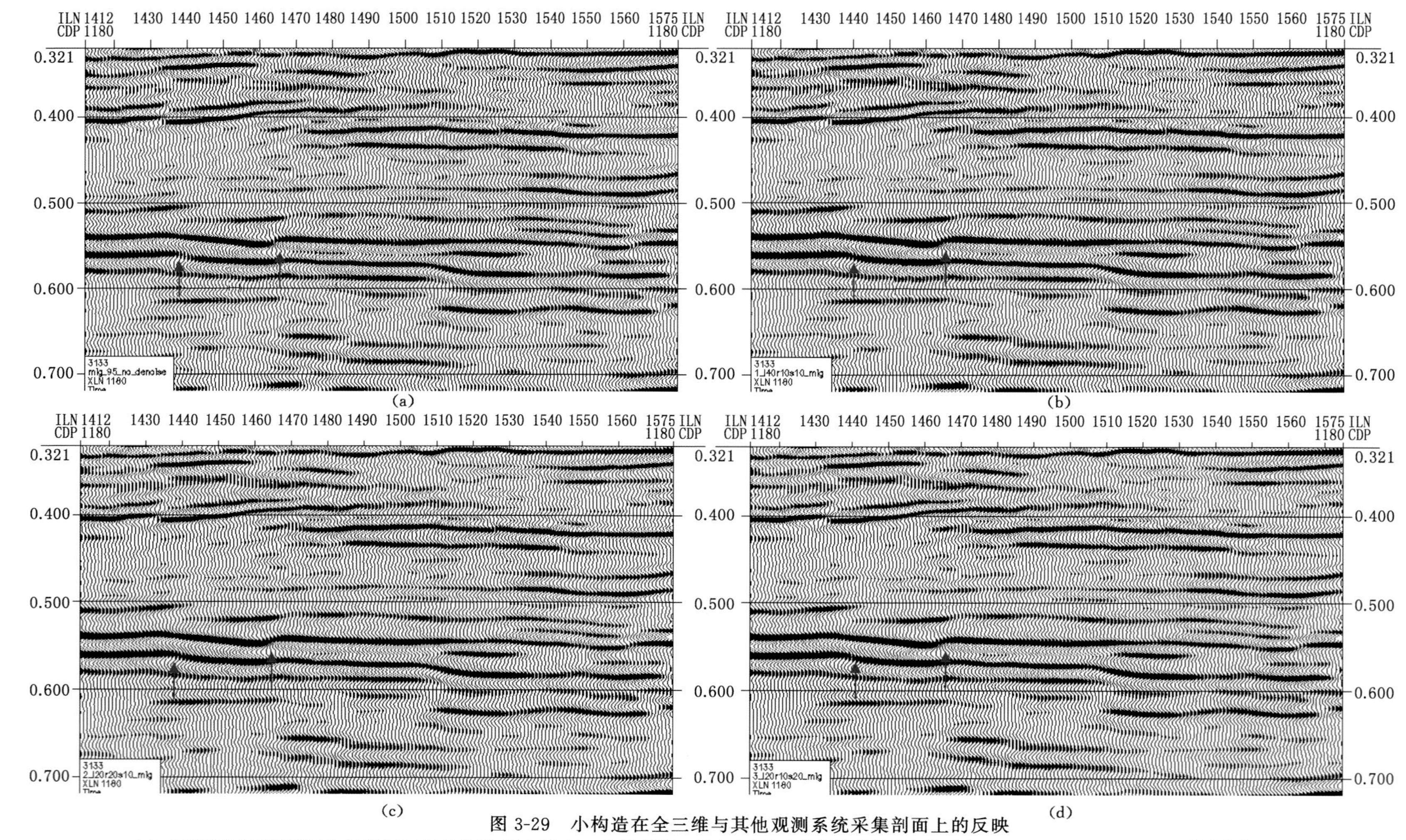

图 3-29　小构造在全三维与其他观测系统采集剖面上的反映

（a）小构造在全三维剖面上的反映（40L×2S×80T×1R×200 次线束状）；（b）小构造在线距抽稀剖面上的反映（20L×4S×80T×1R×100 次线束状）

（c）小构造在道距抽稀剖面上的反映（40L×2S×40T×1R×200 次线束状）；（d）小构造在炮距抽稀剖面上的反映（40L×1S×80T×1R×200 次线束状）

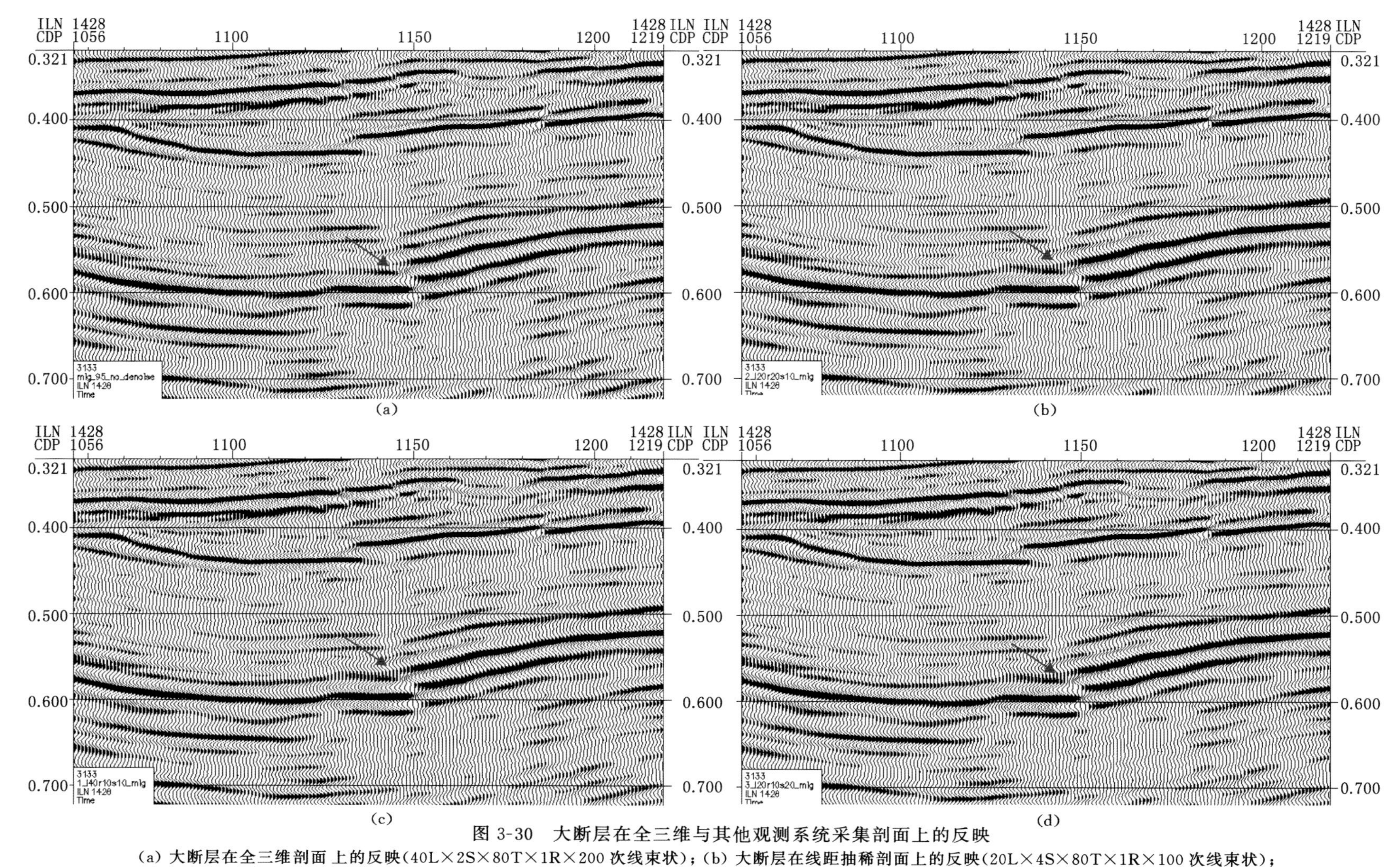

图 3-30　大断层在全三维与其他观测系统采集剖面上的反映

(a) 大断层在全三维剖面上的反映(40L×2S×80T×1R×200 次线束状)；(b) 大断层在线距抽稀剖面上的反映(20L×4S×80T×1R×100 次线束状)；(c) 大断层在道距抽稀剖面上的反映(40L×2S×40T×1R×200 次线束状)；(d) 大断层在炮距抽稀剖面上的反映(40L×1S×80T×1R×200 次线束状)

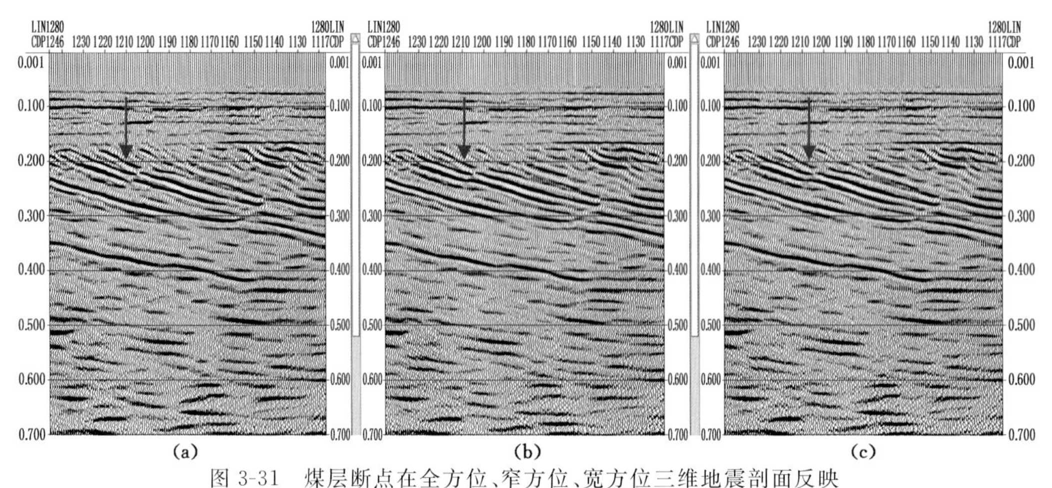

图 3-31　煤层断点在全方位、窄方位、宽方位三维地震剖面反映

(a) 全方位(全三维)地震剖面;(b) 窄方位三维地震剖面;(c) 宽方位三维地震剖面

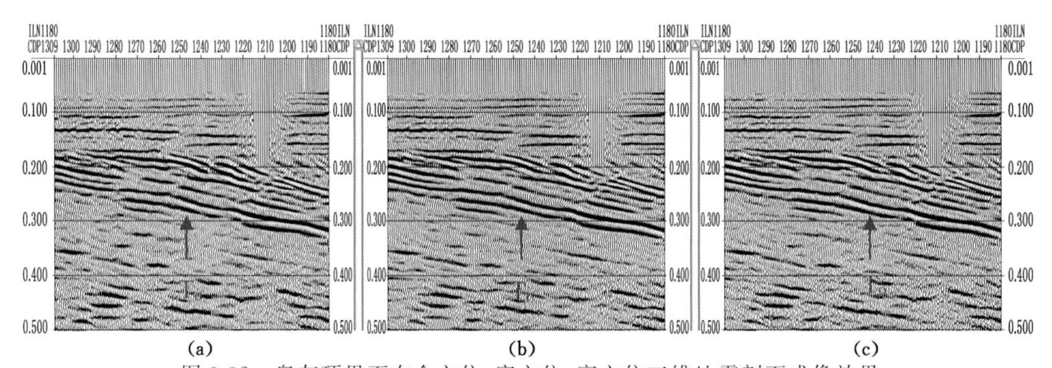

图 3-32　奥灰顶界面在全方位、窄方位、宽方位三维地震剖面成像效果

(a) 全方位(全三维)地震剖面;(b) 窄方位三维地震剖面;(c) 宽方位三维地震剖面

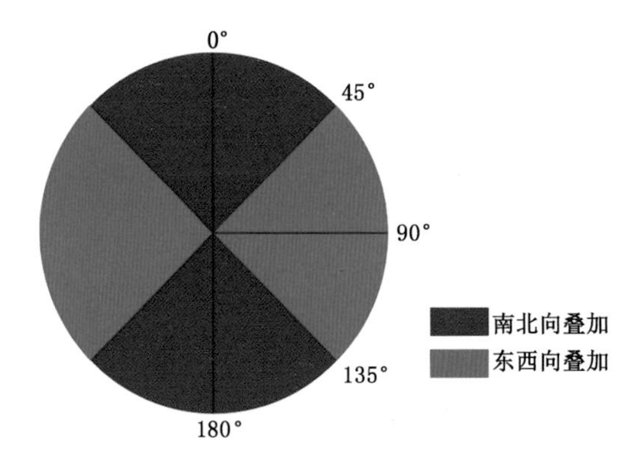

图 3-33　分方位角叠加示意图

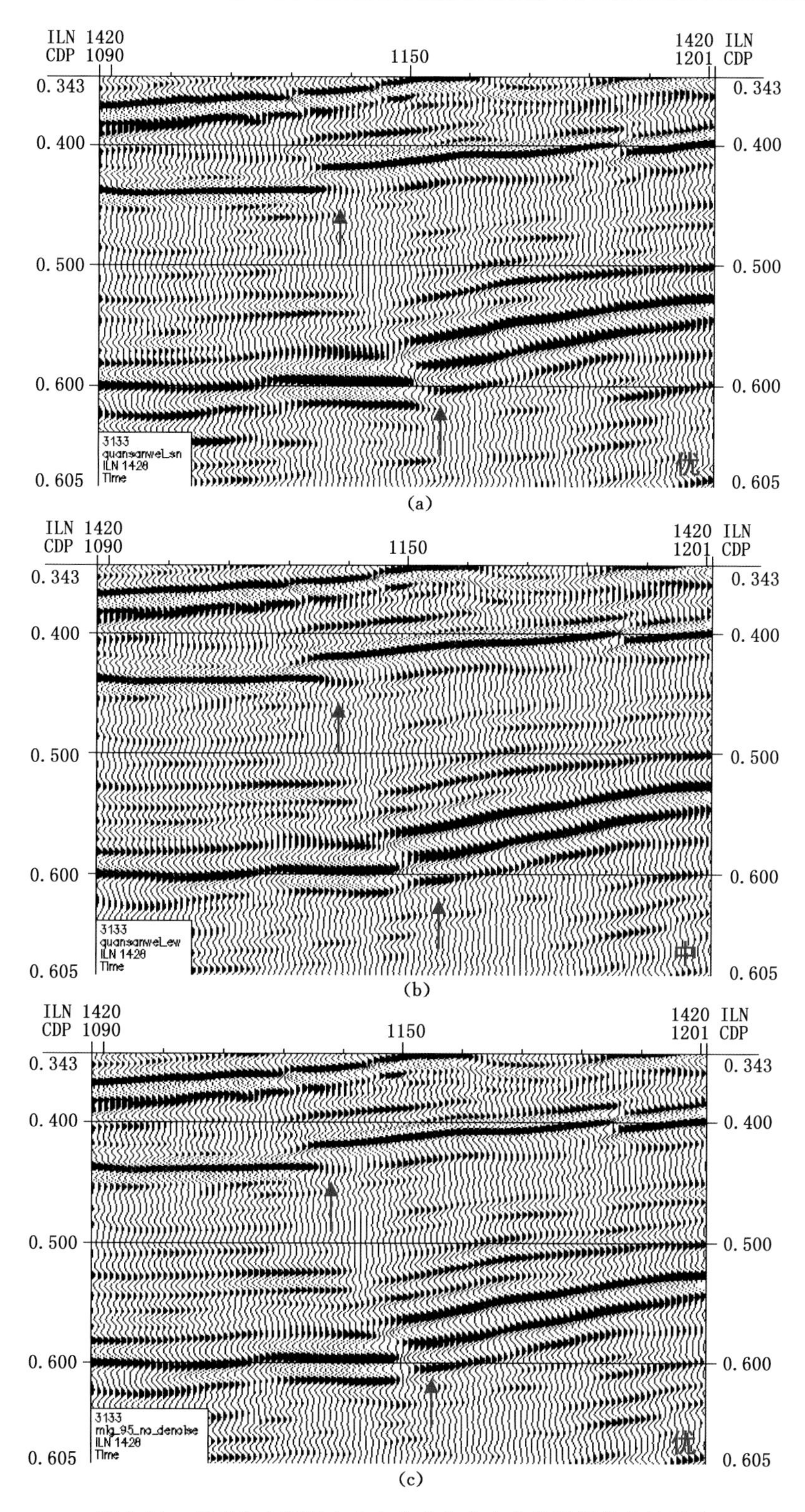

图 3-34　东西向大断层在分方位角和全方位角数据体上的反映

(a) 南北向方位角叠加；(b) 东西向方位角叠加；(c) 全方位叠加

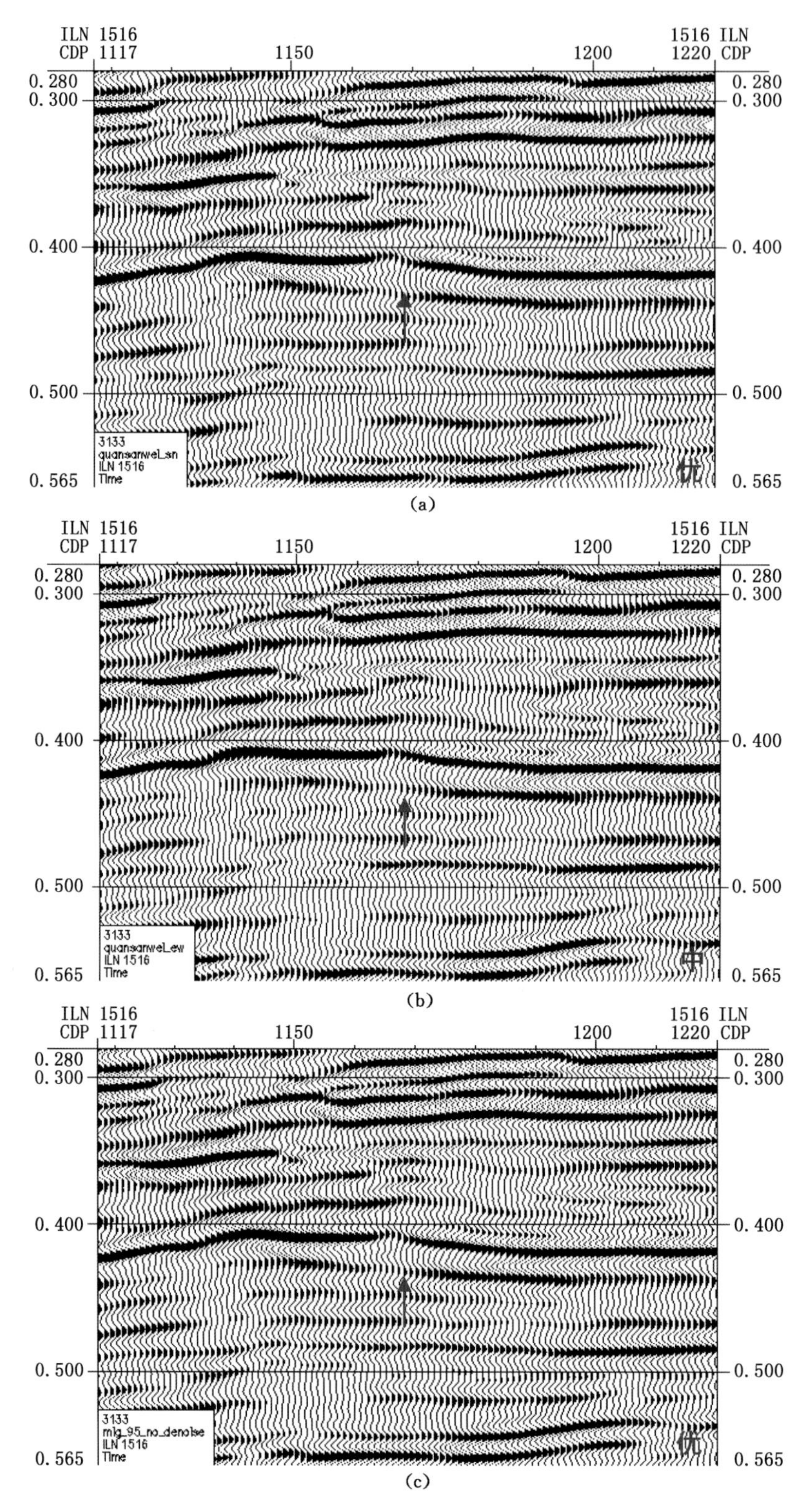

图 3-35　东西向小断层在分方位角和全方位角数据体上的反映

(a) 南北向方位角叠加;(b) 东西向方位角叠加;(c) 全方位叠加

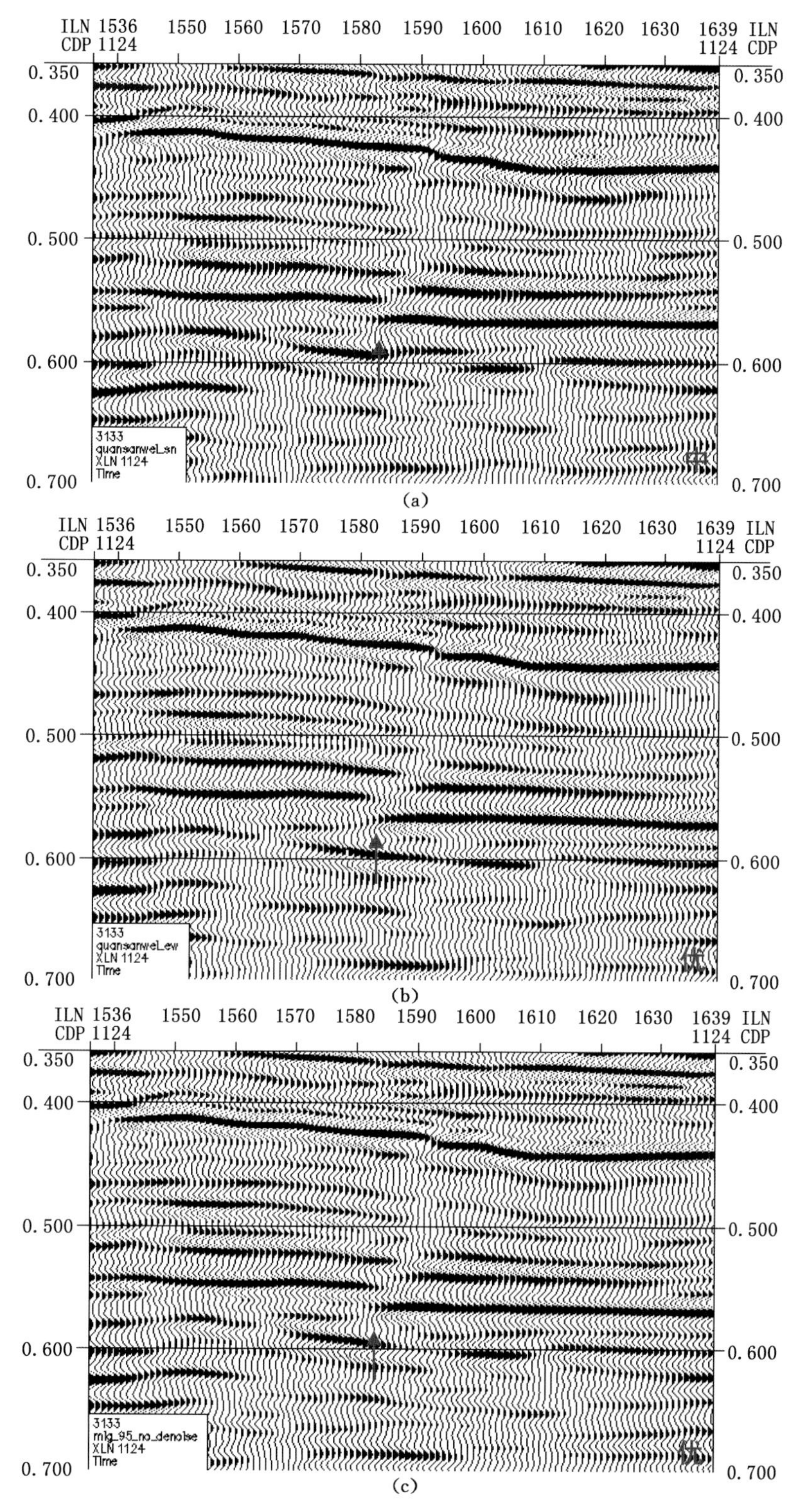

图 3-36　南北向大断层在分方位角和全方位角数据体上的反映

(a) 南北向方位角叠加；(b) 东西向方位角叠加；(c) 全方位叠加

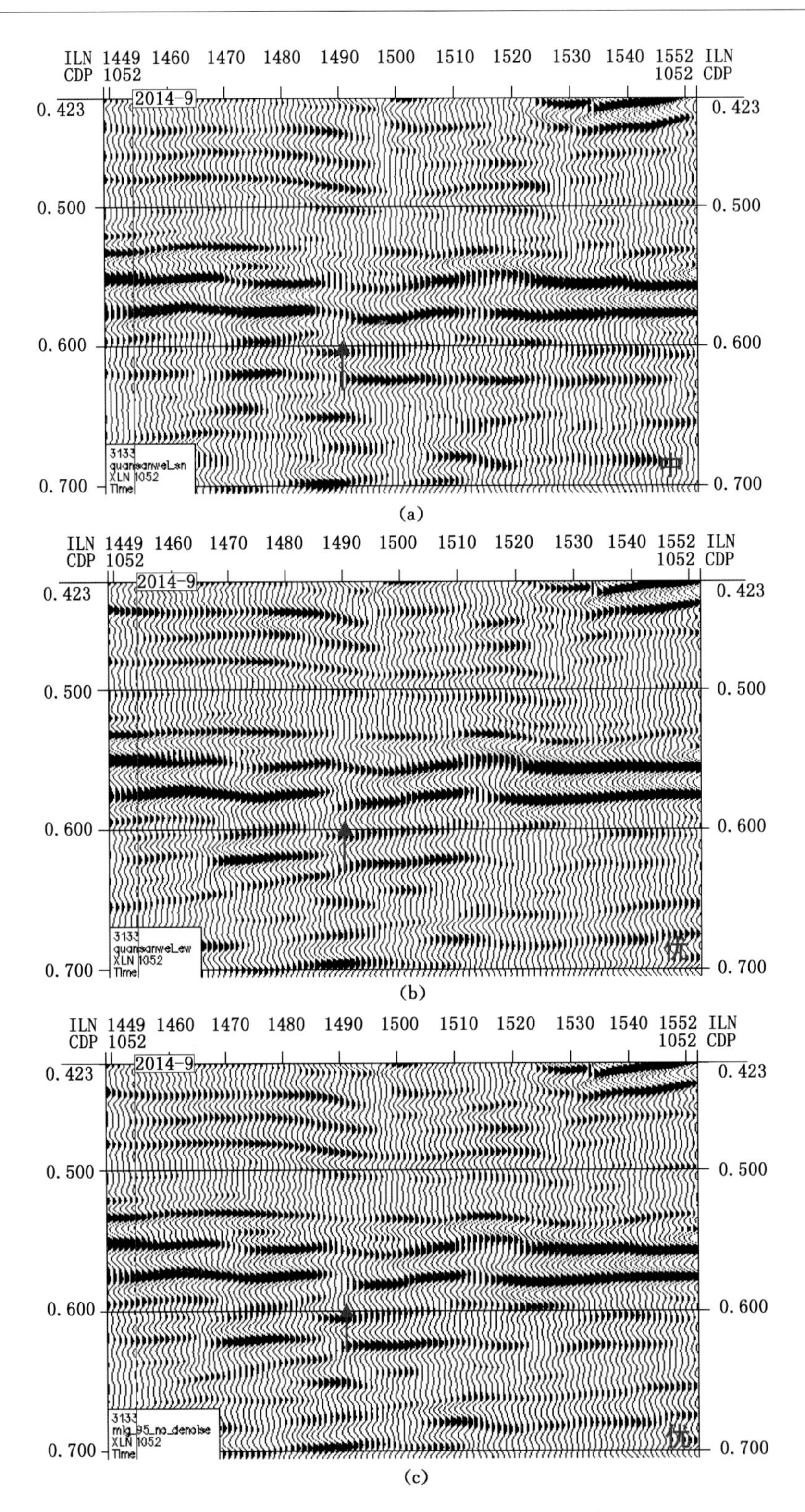

图 3-37　南北向小断层在分方位角和全方位角数据体上的反映

(a) 南北向方位角叠加；(b) 东西向方位角叠加；(c) 全方位叠加

第四章　高密度三维地震资料处理

第一节　高密度三维地震资料的常规处理

高密度地震采用小面元、高密度采集，提高了覆盖次数以及成果的纵横向分辨能力；宽方位采集，波场照明更均匀，横向信息丰富，有利于噪声压制，改善复杂构造的成像质量；数字检波器对高低频响应更好，经过室内保幅拓频处理，更有利于后续对岩性的解释。同时，由于数字检波器单点接收，在接收到更多高、低频有效信号的同时，干扰波相对于模拟检波器接收也更为突出。因此，去噪、高分辨、偏移成像、宽方位处理是全数字高密度地震资料处理的关键环节，而在观测系统定义、静校正、振幅补偿、速度分析等方面与常规处理并无差异。本节简要分析淮北矿区全数字高密度地震资料的常规处理过程。

一、淮北矿区全数字高密度地震原始资料分析

淮北矿区构造十分复杂，但主要煤层赋存较好，与围岩密度和速度差异大，波阻抗明显，具备产生地震反射波的良好条件。

2014 年以来，淮北矿区开展了多个全数字高密度地震勘探项目，获得了丰富的全数字高密度三维地震资料。我们选择淮北矿区典型全数字高密度地震资料在频率、振幅、噪声及静校正方面进行分析。

（一）频率

图 4-1(a)为淮北矿区全数字高密度地震典型单炮，对该单炮做频谱分析，分别进行低通、带通以及高通频率扫描。低通扫描频率分别为 6 Hz、8 Hz 和 10 Hz(图 4-1)，带通扫描频率分别为 10～20 Hz、20～40 Hz、40～80 Hz、60～120 Hz、80～160 Hz、100～200 Hz(图 4-2)，高通扫描频率分别为 120 Hz、140 Hz、160 Hz(图 4-3)。从扫描结果可见，低频端 6 Hz 以下的频率成分基本没有有效反射，100～200 Hz 的剖面上煤层目的层段基本无反射信号，新生界内部地层界面反射信号可达到 100～160 Hz，因此淮北矿区全数字高密度勘探资料反射信号频率范围为 6～160 Hz。500～1 000 ms 时间范围煤层及灰岩目的层段反射信号频率范围为 10～100 Hz，而 100～400 ms 时间范围新生界地层界面反射信号频率范围为 10～160 Hz。

（二）振幅

图 4-4 是淮北某矿高密度勘探原始单炮能量平面图，由于激发因素的不同，横向能量有差异。选取该区典型单炮(图 4-5)及纯波剖面(图 4-6)，可以看到记录在时间方向由浅至深在空间方向道与道、炮与炮之间均存在能量差异。由于 T_Q 波组强反射界面屏蔽作用导致

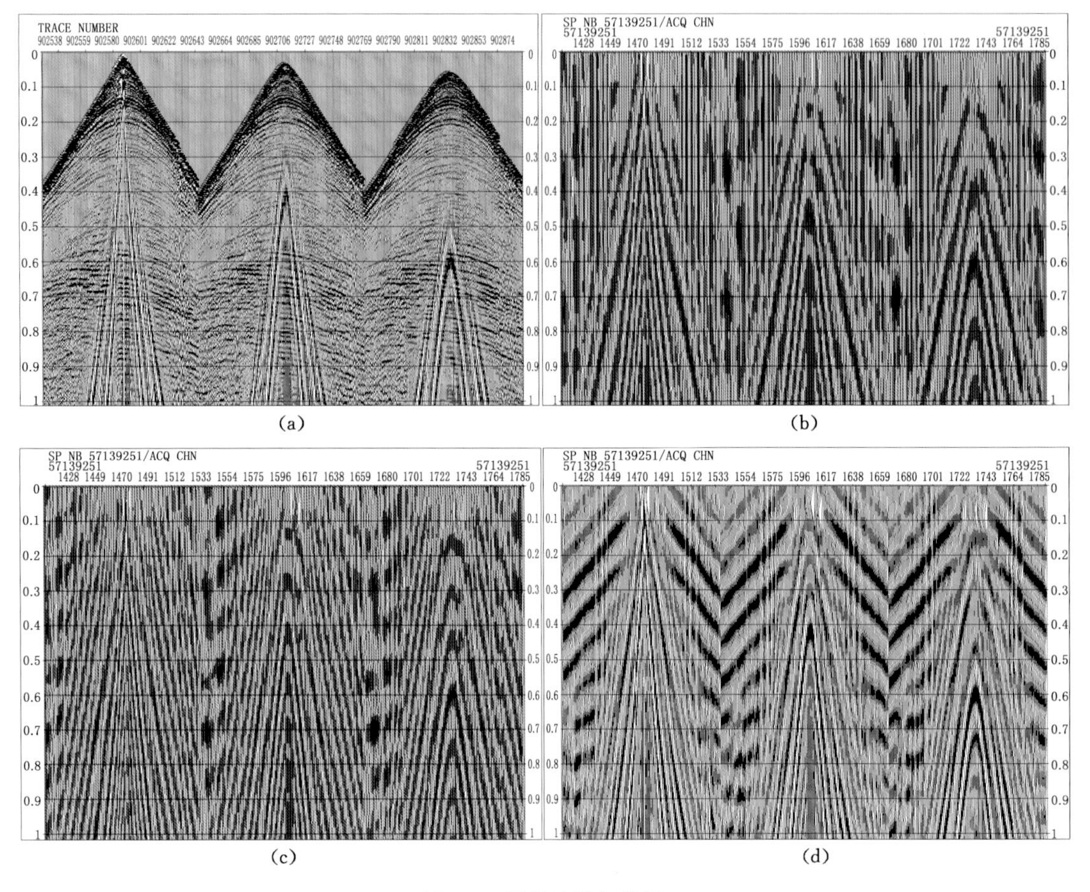

(a) (b)

(c) (d)

图 4-1 低通滤波扫描图

(a) 原始单炮;(b) 6 Hz ;(c) 8 Hz;(d) 10 Hz

下伏煤层反射较弱,在纯波叠加剖面上表现为煤层及以下能量衰减严重,不利于奥灰顶界面成像。这种现象普遍存在于淮北各矿区的地震勘探资料中,因此振幅补偿是淮北矿区高密度勘探资料处理的一项重要工作。

(三) 噪声

淮北矿区特定的地表地质条件以及采集因素的影响在地震数据上必然会出现不同类型的噪声,通过对噪声进行细致分析,研究噪声的特点及分布规律是有效压制噪声的前提。

由图 4-5 可以看出,淮北矿区全数字高密度地震资料信噪比较高,坏道少,主要干扰波是面波及异常振幅干扰,面波对目的层反射波影响严重。选取面波区进行频谱分析(图 4-7),面波能量主要集中在 20 Hz 以下,在 7 Hz 能量最强,超过 10 Hz 之后面波能量迅速降低,20 Hz 以上面波能量趋于零。

图 4-8 是包含面波的目的层段资料的信噪比分析图,在 20 Hz 以下,噪声强于有效信号能量;在 25～80 Hz 频率范围,信号能量强于噪声能量,这也是目的层反射波的主要频率范围;超过 85 Hz 之后,信号能量迅速下降,噪声能量强于有效信号能量。图 4-9 是避开面波干扰对目的层反射进行频谱和信噪比分析,从频谱上可以看出,目的层能量主要集中于 15～120 Hz 的频率范围,10～85 Hz 频率范围信号能量强于噪声能量,超过 85 Hz 之后噪声能量强于信号能量。不考虑面波干扰因素,淮北矿区高密度地震资料目的层有效反射波优

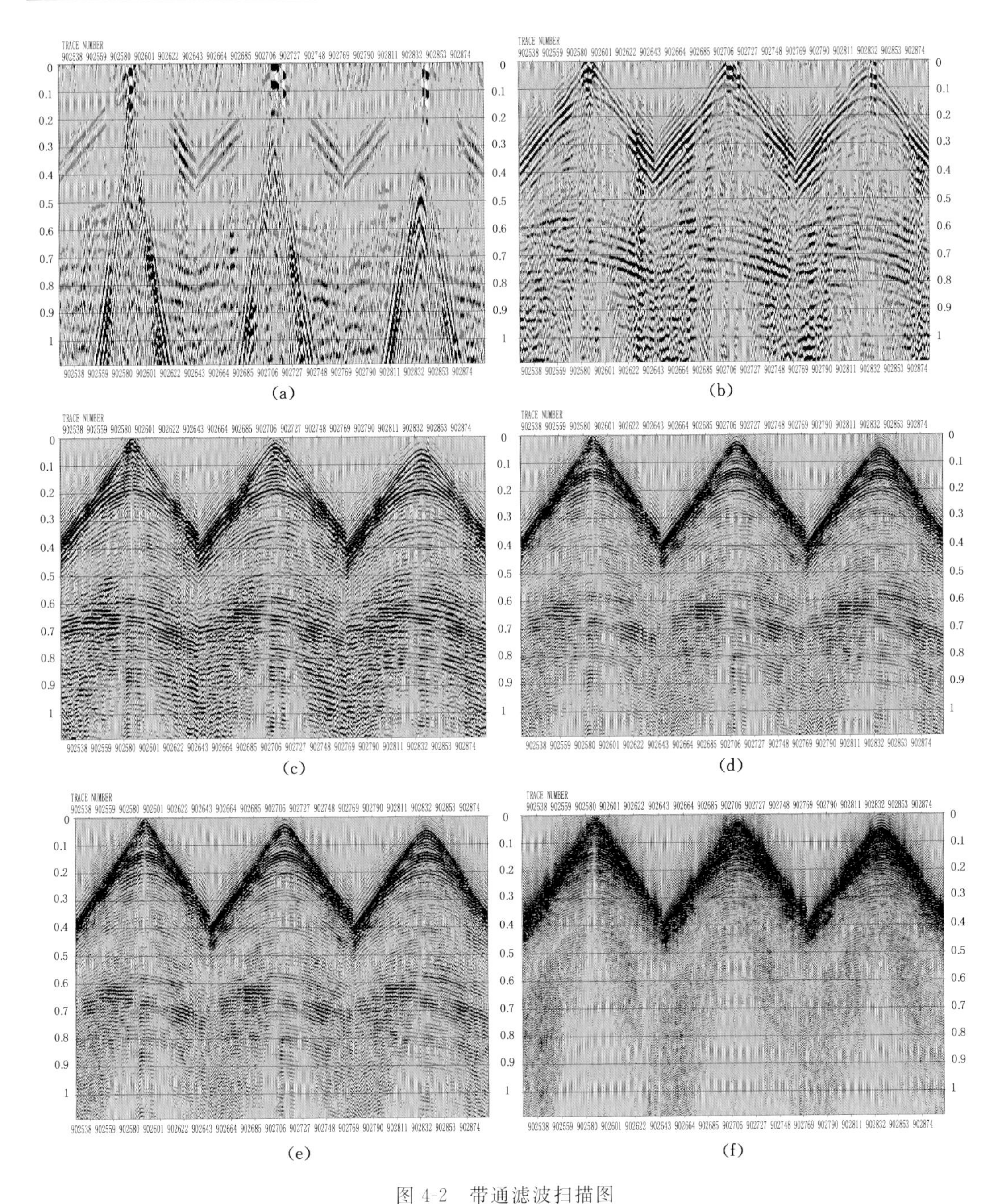

图 4-2　带通滤波扫描图

(a) 10～20 Hz;(b) 20～40 Hz;(c) 40～80 Hz;(d) 60～120 Hz;(e) 80～160 Hz;(f) 100～200 Hz

势频带为 15～80 Hz。

由于 T_Q 波组底部半成岩化,使其与下部基岩岩性差异明显,波阻抗差异大。对叠加剖面(图 4-10)及速度谱(图 4-11)进行分析,可见局部有多次波存在,影响了 T_Q 波组与下部煤层不整合面接触关系的判别。

由上述分析可知,淮北矿区全数字高密度地震资料主要干扰为面波、异常振幅干扰及多次波,后续处理的去噪工作也必须主要针对这些噪声开展。

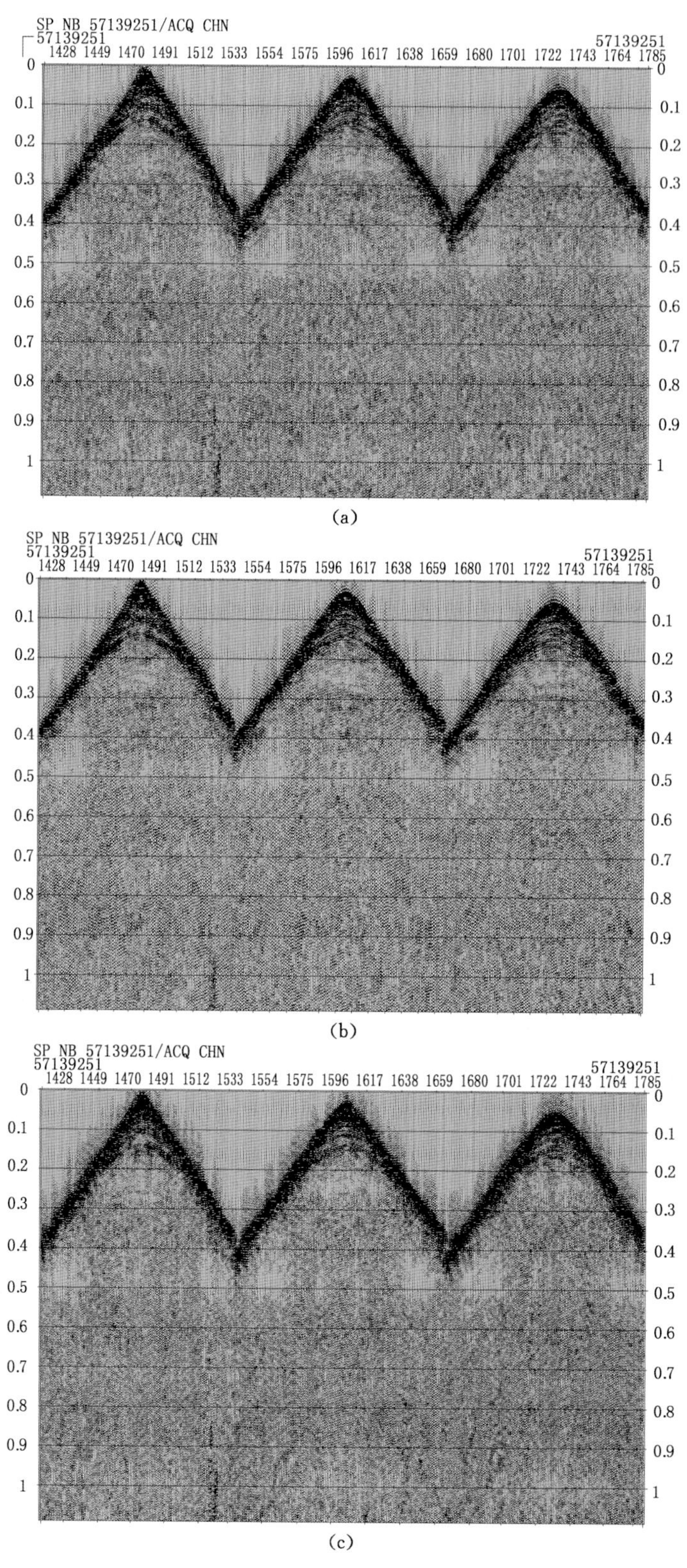

图 4-3　高通滤波扫描图

(a) 120 Hz;(b) 140 Hz;(c) 160 Hz

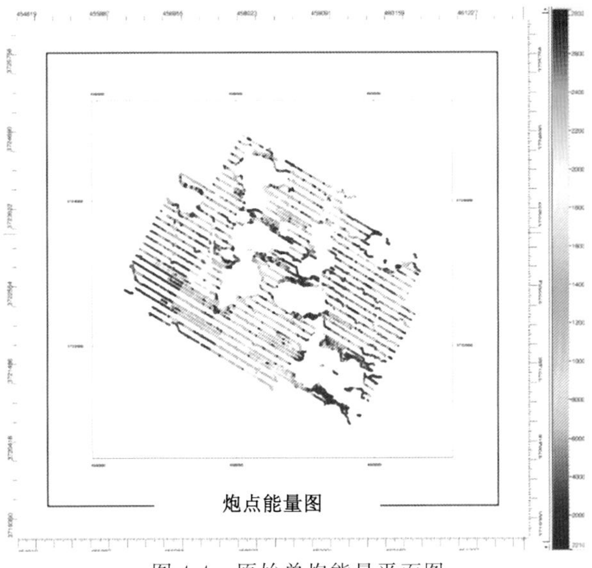

图 4-4　原始单炮能量平面图

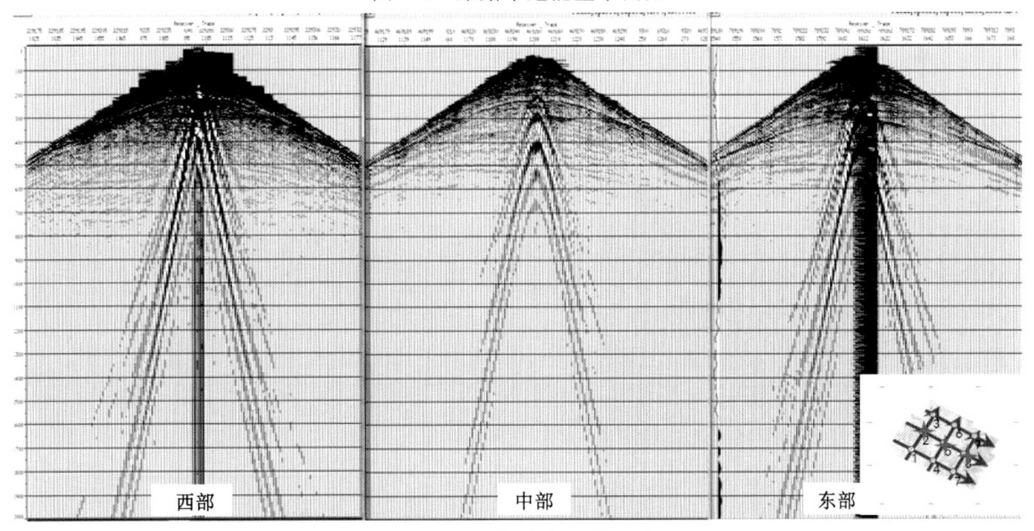

图 4-5　原始单炮纯波显示

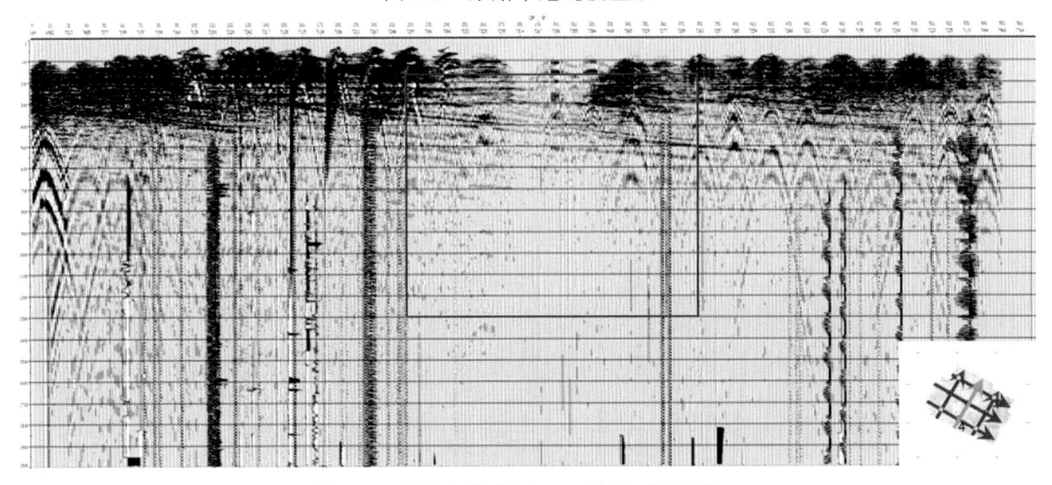

图 4-6　原始初叠剖面——纯波(主测线)

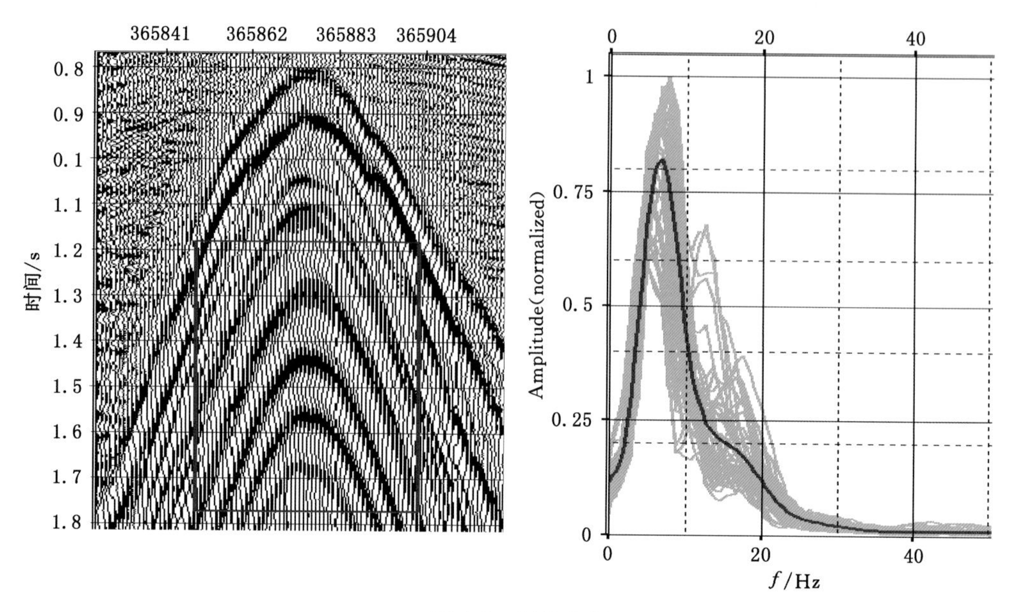

图 4-7　面波分析

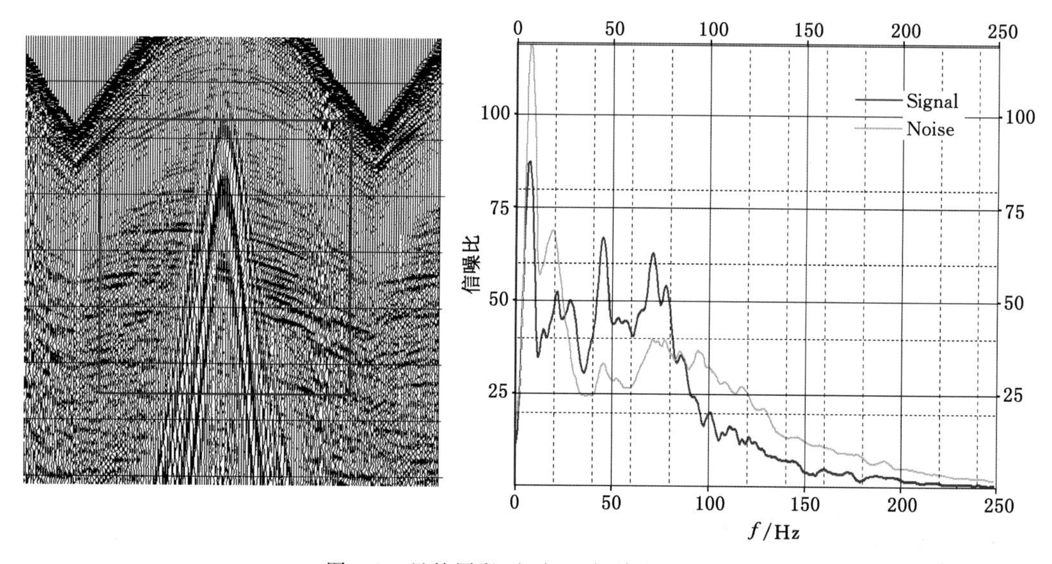

图 4-8　目的层段(包含面波)资料分析

(四) 静校正

我国东部平原地区地表起伏小,近地表结构简单,低降速带速度和厚度变化不大,高速层速度稳定,潜水面较浅。图 4-12 为许疃矿典型单炮静校正前后对比图,由图可见,虽然地表起伏小,但由于低降速带厚度大,速度低,依然存在一定的静校正问题,不利于小构造成像。因此,淮北矿区全数字高密度地震资料静校正处理不可或缺。

二、常规处理的主要流程

地震数据处理的主要目的是提高地震数据的信噪比、分辨率、保真度,实现对地下目标

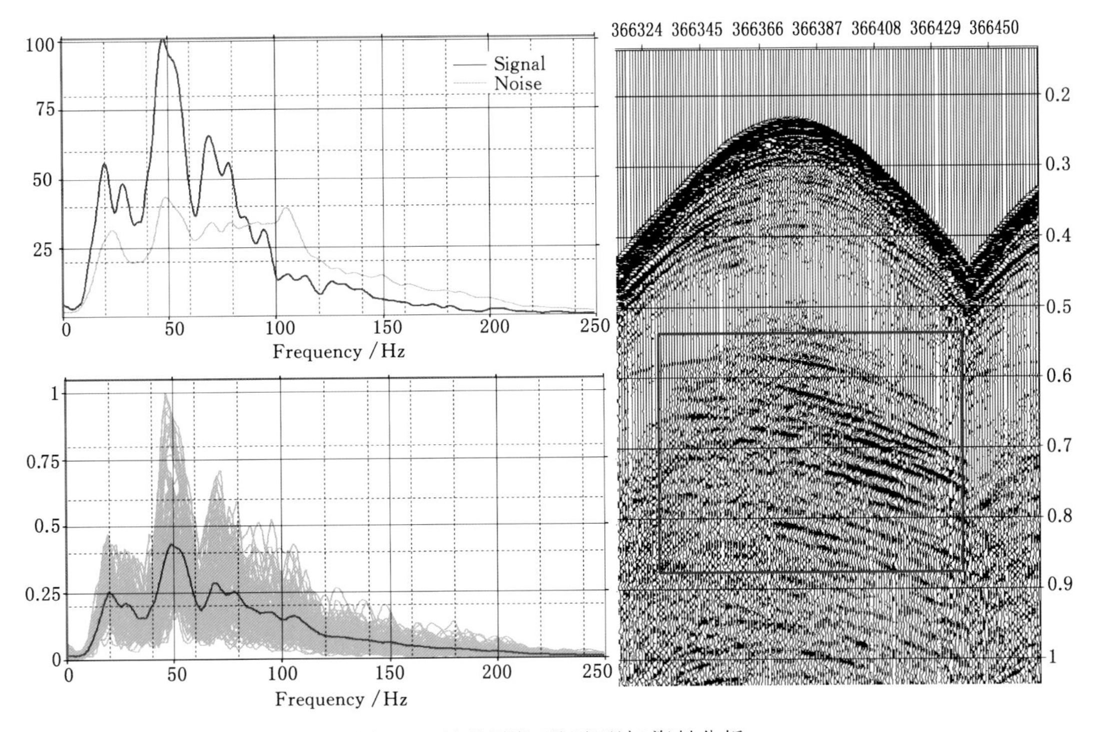

图 4-9　目的层段(避开面波)资料分析

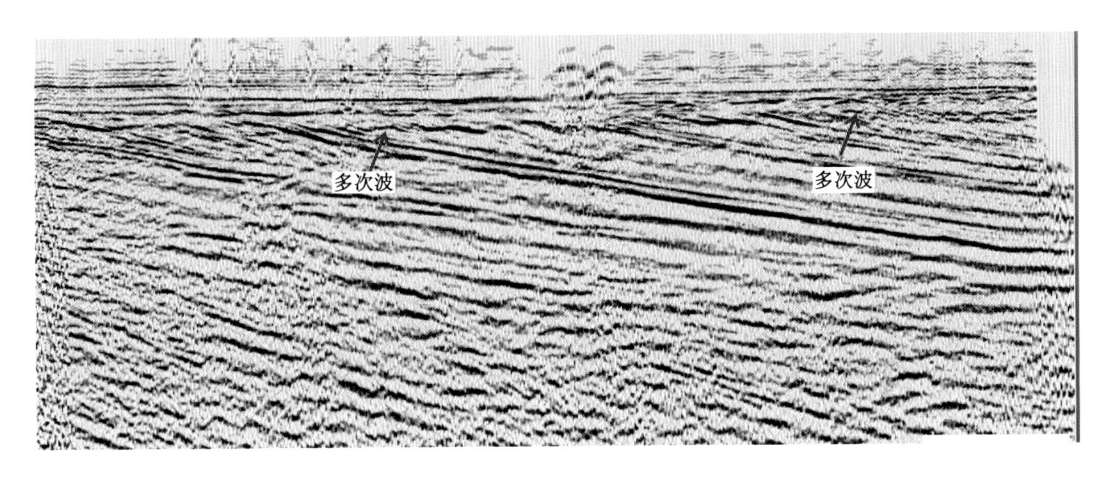

图 4-10　主测线 200 叠加剖面

地质体的准确成像,为后续的资料解释提供高质量的数据体。地震数据处理的流程较多,主要包含静校正、去噪、反褶积、速度分析、动校正、叠加、偏移成像等过程。其中,反褶积、叠加和偏移是地震数据处理最基本的三个环节,直接影响着最终成像结果的精度,其他处理大多是使地震资料符合这三类基本处理的假设条件,并获取相关处理参数的辅助性处理步骤。反褶积是压缩地震子波以提高地震垂向分辨率的主要方法;叠加处理是在动静校正之后把共反射点道集中各道记录对应点相加的一种方法,其目的是压制随机干扰,增强有效信号,提高信噪比;偏移成像则收敛绕射波,实现倾斜反射界面的归位,提高地震资料的水平分辨

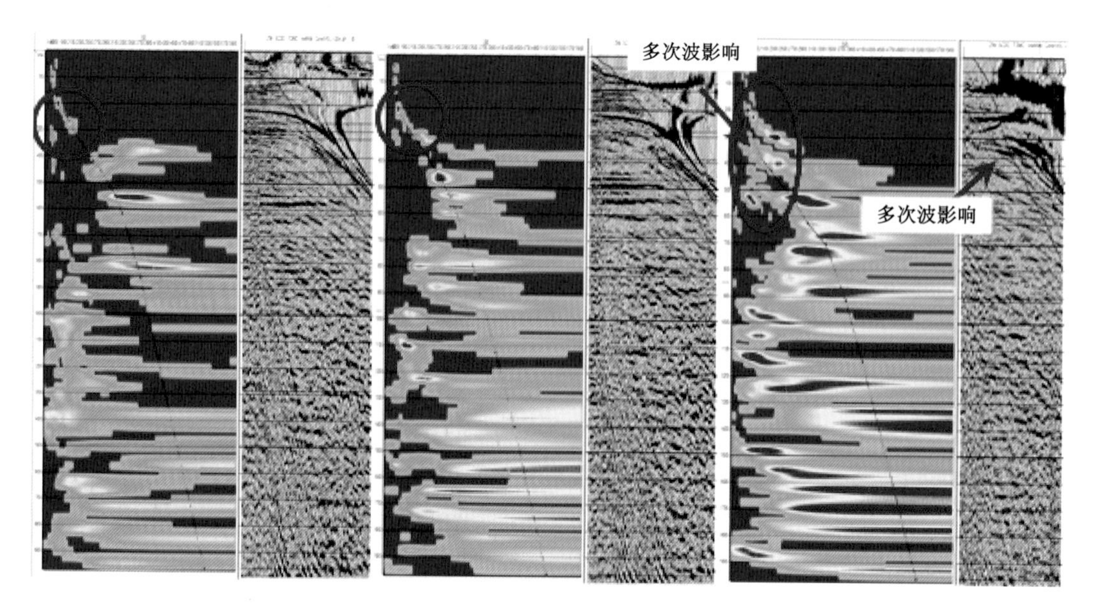

图 4-11　主测线 200 叠加剖面对应速度谱

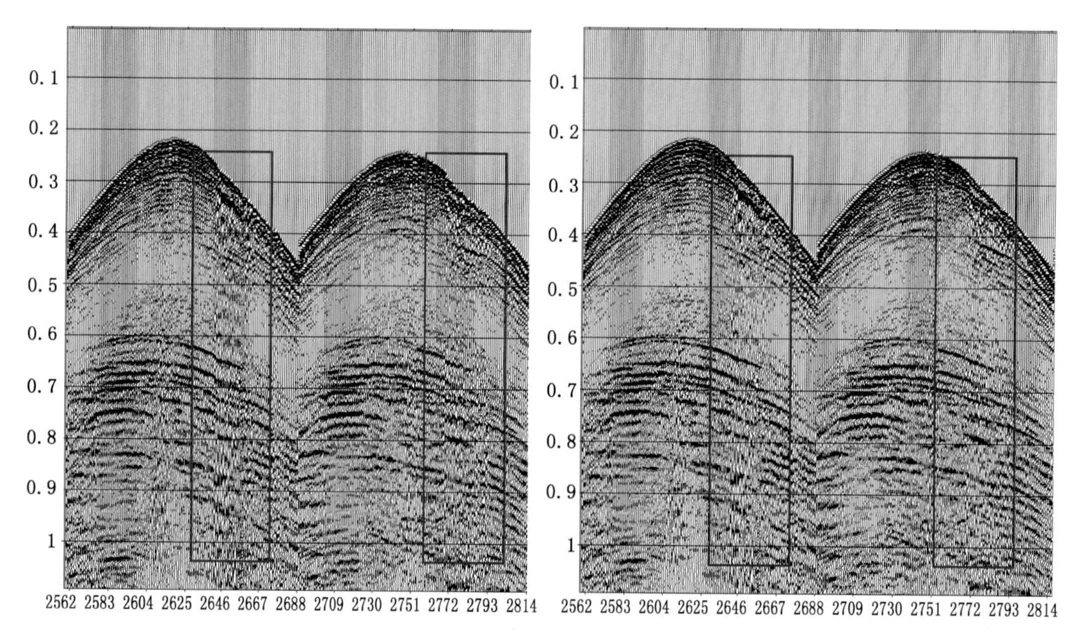

图 4-12　静校正前(左)后(右)的单炮效果对比图

率和准确性。

淮北矿区高密度地震勘探通过小面元的地震采集，获取了丰富的地下信息，这是以往采区地震采集所不具备的，如何更加有效地利用这些信息是摆在地震处理人员面前的首要问题。要想获得“三高”地震剖面，就要针对高密度采集的特点，在室内处理阶段进行认真研究，因为每一个环节的疏忽都会导致处理效果变差，给后续的地震解释带来困扰。

图 4-13 是淮北矿区地震资料基本处理流程，主要包含观测系统的建立、预处理、振幅恢

复、叠前去噪、反褶积、速度分析和剩余静校正、叠加和偏移处理。淮北矿区地震资料处理中，静校正低速带速度通常为500 m/s，固定基准面为30 m，替换速度为1 700 m/s；反褶积算子长度一般为120～200 ms，预测步长为12 ms；速度分析网格通常为200 m×400 m；常规资料面元网格通常为5 m×10 m，在偏移前往往需要插值为5 m×5 m。而对于全数字高密度地震资料，其主要处理过程与常规处理一致，相比常规地震勘探，叠前保幅去噪、提高高分辨、偏移成像以及宽方位处理是全数字高密度地震资料处理的关键，偏移成像往往需要采

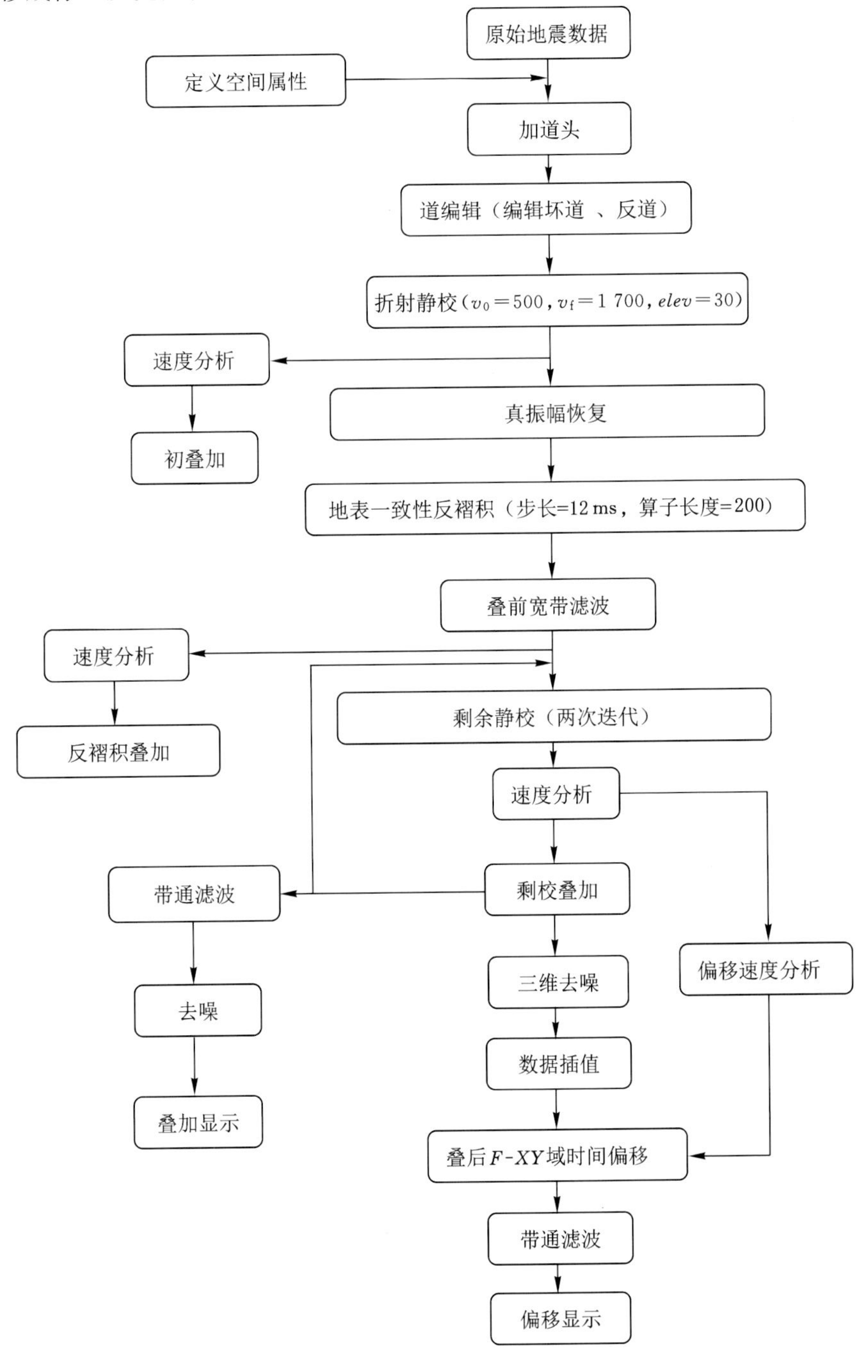

图4-13　淮北矿区常规地震资料处理流程图

用叠前时间甚至叠前深度偏移。

下面先将常规处理的重点步骤进行介绍。

（一）定义观测系统

定义观测系统，就是建立实际炮点、检波点的位置及排列关系，是对野外施工的一个定义和描述。目前，各处理系统大都能支持 SPS 观测系统定义。定义观测系统好后，需要使用处理软件的加载观测系统模块将观测系统置入道头或者数据库中，观测系统的建立和加载是整个处理流程的基础。

淮北矿区地震勘探区内遍布村庄、道路、河道、高压线、鱼塘等障碍物，因此野外采集变观及特观多，给观测系统定义带来了一定的挑战。变观多，在野外施工过程中临时变点也多，因此野外采集错炮率就会比较高。为了获得高质量处理成果，观测系统质控及纠错是一项重要工作。结合野外采集 SPS 文件，应使用多种质控方式，进行仔细多轮次的错炮排查。排查错炮有多种方法：① 使用初至/炮检距分布图检查；② 线性动校正检查；③ 初至拟合自动排查。排查出错炮后，应该对观测系统文件或数据库进行必要的修正，能纠偏的纠偏，无法纠正的错炮应剔除，确保观测系统的准确性。图 4-14 为应用初至/炮检距分布图检查错炮，正确的观测系统初至集中呈折线形态，而错误观测系统单炮的初至分布散乱。

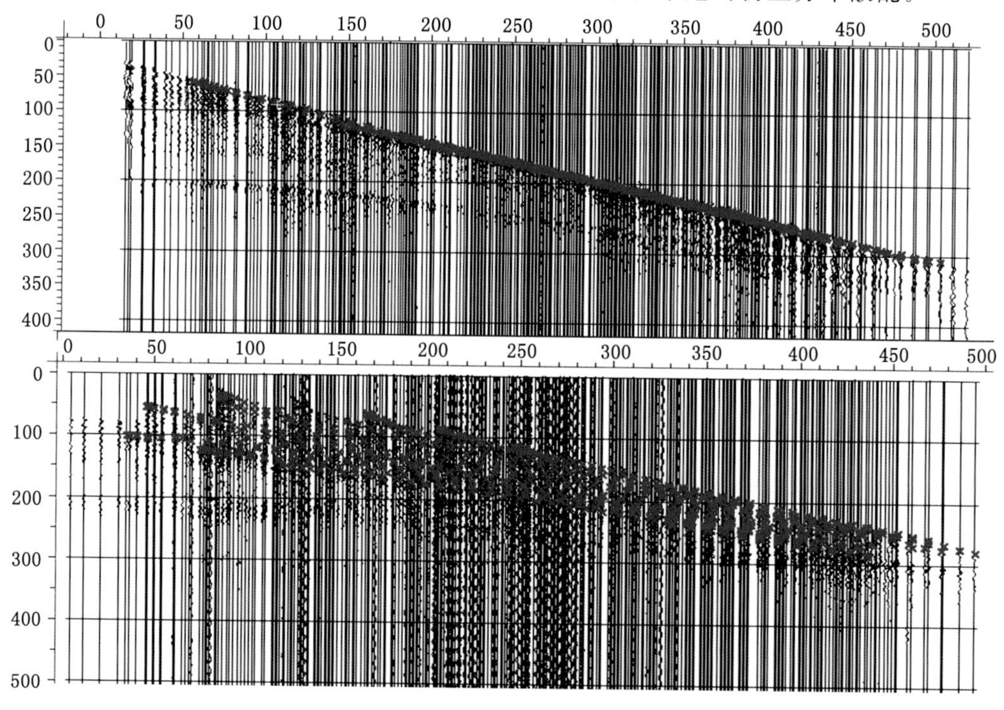

图 4-14　初至/炮检距分布图（上图为正确的观测系统，下图为错误的观测系统）

（二）静校正

静校正是将地震道校正到一个指定的基准面，消除地表高程、低降速带的厚度和速度横向变化对地震波旅行时的影响。静校正量与炮检点距离无关，对于同一检波点或炮点，其静校正量不变。静校正问题虽然只是一个静态时差问题，但是这个时差是蕴涵在比较复杂的地震资料中的，对于三维或多个三维区块地震资料的连片来说，获取这个信息需要全面考虑各种方法本身的特点[51]。

静校正可以分为野外静校正、初至波静校正和剩余静校正。野外静校正主要是通过野外直接观测获得的地面高程数据、微测井数据、小折射数据等求取静校正量，主要校正地形和近地表结构横向变化引起的静校正时差。初至波静校正利用地震数据的初至时间来反演近地表低降速带的厚度和速度变化来获得静校正量，目前主要采用折射静校正和层析静校正两种方法。折射静校正与层析静校正的适用性及优缺点见表4-1。剩余静校正一般是指反射波剩余静校正，通过求取动校正后反射同相轴之间的微小时差，来进一步消除剩余时差，提高叠加效果。

表4-1　折射静校正与层析静校正对比

	折射静校正	层析静校正
适用性	有稳定折射层，低降速带的厚度和速度横向变化不剧烈	适用于近地表结构复杂、横向变化大、初至波场复杂的情况
优点	计算速度快，效率高；计算精度高，稳定性好；多次覆盖，保证计算的统计可靠性	能够解决因速度横向剧烈变化和速度倒转引起的静校正问题；不考虑地下介质的分层情况
缺点	要人为给出风化层速度；要拾取同一层的初至，在地表复杂地区很难做到	计算量大；稳定性差，有多解性；依赖初始模型；网格大小对结果影响较大；对初至拾取误差敏感

淮北矿区属于东部平原地区，地表高程变化不大，由地形引起的静校正问题不严重，但是由于表层速度低，由表层结构及速度横向变化引起的静校正时差问题依然存在，为了提高高密度勘探的精度和分辨能力，静校正问题依然需要重视。

1. 野外静校正

野外静校正是利用地表高程及近地表速度（由小折射和微测井观测得到）构建近地表模型，并以此模型计算炮点和检波点的静校正量，将炮点和检波点校正到指定基准面上，消除地表形态及厚度、速度横向变化造成的影响。当近地表结构变化剧烈、低速带较厚、小折射及微测井控制密度不够时，很难获得准确的近地表模型，故而严重影响校正效果。

2. 折射静校正

当地震波射线经过两个具有不同速度地层之间的界面时，遵循Snell定律，地震波会发生折射，低降速带速度通常低于其下伏地层速度，因此该界面是一个良好的折射界面。当炮检距足够大时，由于下层速度高，地表检波器先接收到折射波，所以初至波为折射波。折射静校正首先需要完成折射波初至拾取，给定表层初始参数，采用简单层状模型假设，根据初至波路径的几何特性，由初至波时间计算截距和斜率，进而计算近地表的速度、厚度，构建准确的近地表模型，以给定基准面和替换速度，计算出静校正量。

3. 层析静校正

在复杂地表区，地形剧烈起伏以及地表介质厚度、速度的横向变化导致折射波不稳定，折射初至波难以拾取，野外表层调查点稀疏导致无法准确建立表层低降速带模型，因此无法应用折射静校正精确解决静校正问题，所以常常需要采用层析静校正方法。层析静校正是利用地震波射线反演介质速度结构的一种方法。层析静校正不需要区分初至波中的直达波、折射波和回转波，可以综合利用这些地震波的信息反演计算，适用于速度变化剧烈地区，因此层析静校正比折射静校正适应能力强。高密度地震勘探采集面元小、道距小、覆盖次数高，野外采集获得了巨量的初至波信息，保证了层析静校正射线密度，有利于应用层析反演静校正技术。初至层析反演静校正一般分为以下几个步骤：

① 首先就是要进行精细的初至波拾取工作，这是初至层析静校正的基础。对于高信噪比资料，初至波的拾取可以根据初至波的能量相位特征进行计算机的自动拾取，这种拾取方法操作简单，速度快，但后续需要进行人工编辑，剔除自动拾取不正确的初至。对于低信噪比资料，只能进行人工拾取，这也是处理环节最耗时耗力的工作之一。

② 给定初始模型，设定层析网格大小。

③ 应用初始速度模型和参数进行层析反演。

④ 计算出炮点、检波点的静校正量。

4. 剩余静校正

在完成折射或层析静校正后，由于表层不均匀等因素，炮点和检波点的静校正量还存在较小时差，这个时差就是剩余静校正量。剩余静校正量是在进行剩余静校正处理时自动计算的。剩余静校正量使同一 CMP 道集中的反射波时间有随机性的畸变，破坏了反射波时距曲线的双曲线特征，使反射波不能同相叠加，降低了叠加剖面的信噪比，最终影响叠加剖面同相轴连续性及小构造成像。剩余静校正就是提取和消除剩余静校正量的过程，剩余静校正量是随机的量，可采用统计法求取剩余静校正量。

5. 高密度地震资料静校正

如前所述，淮北矿区地表起伏小，静校正问题主要是由于波速较低的表层横向结构和速度变化引起的。高密度勘探覆盖次数高，面元网格小，初至数据量大，有稳定的折射层，因此应用固定基准面的折射静校正或层析反演静校正均能较好地解决该区地震资料的静校正问题。在该区高密度资料处理中，为了提高处理效率，一般情况下进行折射静校正即可。

（三）保幅处理技术

在地震数据处理中，保持振幅相对关系是至关重要的，但是如何真正实现保幅处理是比较困难的，因为信号从激发到接收过程中能够引起地震波衰减的不确定因素有很多。地震波衰减按照衰减机理主要分为两类：一类是基于地震波传播特性的衰减，如随传播距离而发生球面扩散，由于介质非均匀性引起的散射衰减、界面透射损失，薄层振幅调谐引起的衰减，等等；另一类是由于地下介质的非完全弹性引起的衰减。地震波在传播过程中，由于地层的吸收影响，地震波的能量随传播时间和距离的增加而减小，同时相位也发生变化，通常情况下地震波传播过程中高频成分能量衰减强于低频成分，这导致了深层地震资料分辨率降低。要提高地震资料的分辨率，必须消除大地滤波的影响，对地层吸收引起的各类衰减进行合理补偿。

目前，地震资料处理中常用的振幅补偿方法可以分为两类：一类是以地震波传播时间、速度、地层属性为补偿参数的振幅补偿方法，如球面扩散补偿、地层吸收补偿；另一类是基于地震资料所记录的振幅值，经统计分析计算各道补偿因子的方法，如地表一致性振幅补偿、振幅均衡等。

1. 球面扩散补偿

球面扩散和地层吸收是引起地震波能量衰减的最主要因素。在野外采集时，地震波能量经过球面扩散以及地层吸收，能量从浅到深、从近到远不断减弱，检波器接收到的信号不能真实反映地下介质波阻抗实际差异情况，必须进行球面扩散补偿。地震波振幅的球面扩散衰减是传播路径中球面状波前半径的函数，因此球面扩散补偿以速度和时间为参数计算补偿参数，对地震道各采样点的振幅进行加权补偿。

2. 道均衡补偿

道均衡补偿是在单道或者多道的一个时间段内自动计算平均振幅，对该范围中心点的振幅加权，消除振幅在时间、道间以及炮间的差异。小时窗的道均衡会严重破坏反射振幅空间相对关系，因此保幅处理过程中应尽量不使用道均衡处理手段，即便要用也只能使用大时窗或整道的均衡。

3. 地表一致性振幅补偿

地表一致性振幅补偿理论假设反射信号具有地表一致性特点，而噪声不具备地表一致性特点。它的主要思想是在给定的时窗内计算全区所有数据道的能量，采用统计方法求出各炮集、各接收道集、各炮检距道集上的补偿系数，然后将不同道集补偿系数同时应用于各数据道完成补偿处理。东方公司 GeoEast 处理系统的地表一致性振幅补偿实现过程分三步来完成：首先在一定时窗内，统计地震数据的平均振幅；然后对统计的地震数据平均振幅利用高斯—赛德尔算法进行地表一致性分解，得到地表一致性振幅补偿因子；最后应用地表一致性振幅补偿因子，消除地震记录在横向上的能量差异，完成地表一致性振幅补偿。

地表一致性振幅补偿在多域进行多道统计，保幅效果好，能较好地解决空间上由于激发和接收条件的差异引起的能量差异，有效补偿由于炮检距变化所引起的能量衰减。但是，当地震资料存在较强异常振幅干扰、面波以及其他强振幅干扰（例如初至）时，会严重影响振幅统计结果，因此，应用地表一致性振幅补偿应该避开强噪声，或者先对强噪声进行压制。另外，它对整个地震道使用一个补偿因子进行补偿，不能做时变处理，不能补偿时间方向上的能量衰减和基于频率的能量衰减。因此，这种方法应该在做好球面扩散补偿之后进行。

4. 地层吸收补偿

地层对地震波的吸收作用会导致地震子波随传播时间发生较大变化。由于反褶积处理要求子波在传播过程中没有改变，为此在进行反褶积处理前必须消除子波的时变效应，即对地层吸收进行补偿。对地层吸收能量的补偿方法主要有反 Q 滤波法，反 Q 滤波不仅能进行振幅补偿而且还能消除频散，有利于压缩地震子波。反 Q 滤波是补偿大地吸收作用的一种有效方法，可以补偿地震波的振幅衰减和频率损失，还可改善地震记录的相位特性，从而改善同相轴的连续性，增强弱反射波的能量，进而提高地震资料的信噪比和分辨率。目前，反 Q 滤波方法可分为级数展开作近似高频补偿的反 Q 滤波、基于波场延拓的反 Q 滤波和其他类型的反 Q 滤波等三大类[52]。

（四）速度分析

速度分析是地震处理中非常重要的一个环节，它是基于双曲线理论的，也就是通常所说的双曲线动校正速度分析。随着处理技术的发展和处理软件的升级换代，高信噪比资料的自动速度分析已经能够较好地应用于资料处理过程中。速度分析的目的是获取精确的叠加速度，从而进行动校正、叠加等，并可作为偏移初始速度使用。

求取速度的方法很多，主要分为两大类：一为叠加类，二为相关类。叠加类可以说是发展最早、最为常用的一种速度分析方法。该方法把各地震道的振幅值相加，然后通过计算得到平均振幅或者平均振幅能量，根据最大振幅或者能量对应的速度值来获取准确的均方根速度。相关类则是计算各地震道的互相关系数，根据互相关系数的大小，来获取最佳叠加速度。

在高密度地震资料处理过程中，我们首先使用常速度扫描法[图 4-15(a)]以粗网格进行速度分析，并以此速度为初始速度获取精细的速度谱[图 4-15(b)]，提高了速度分析的精度。图4-15(c)是该速度谱对应的CMP道集。速度谱分析与剩余静校正通常进行2～3次的迭代，最终获得高精度的速度场。速度分析网格通常为100 m×100 m，在局部构造复杂或速度变化剧烈区可适当加密速度分析点。

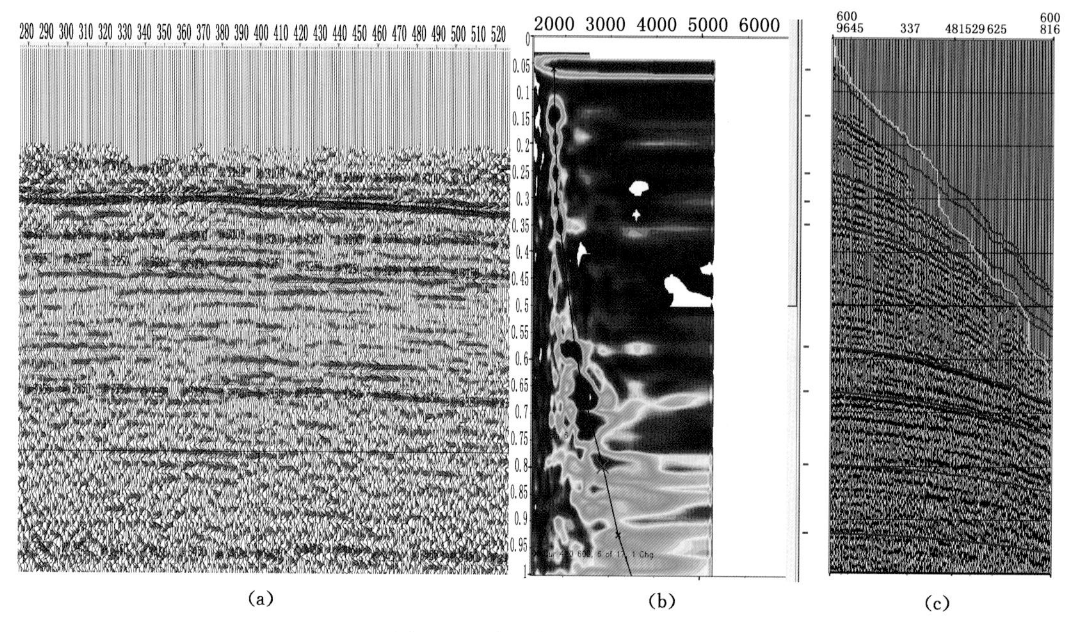

图 4-15　常速扫描与速度谱

三、连片处理技术

(一) 连片处理的意义和难点

由于煤矿采区三维地震勘探工作通常都是分期、分块开展的，而地震勘探边界往往是按照大断层及复杂构造来划分的，虽然设计观测系统时考虑了镶边问题，但由于煤田勘探区一般很小，仍存在较严重的边界效应问题。淮北矿区进行了许多小块三维地震勘探，这些小勘探区块互相重叠或相邻，而同一井田内的分块解释成果最终都要拼接成整个区域的构造图，一般的方法是通过将单块解释成果人工拼接而成。由于偏移成像时不可避免地会产生边界效应，边界附近地震解释成果极易产生误差，对三维连接部位的构造形态往往把握不准。三维连片处理旨在充分利用已采集的三维地震资料，将多块相邻的不同时间、不同地区、不同震源、不同仪器接收的三维地震资料进行统一处理，整合到同一观测系统内，进行连片精细处理和解释。连片处理能够增加资料尤其是边界有效覆盖，改善边界成像效果，提升矿区地震资料整体解释精度，充分挖掘地震数据构造解释的潜能。

常规资料连片处理过程中，由于不同区块地震数据存在观测系统、采集时间、仪器、震源类型、药量大小、井深等多种因素的不同，会导致不同区块地震数据的道线、炮距和方向、覆盖次数、面元大小、方位角、频率、相位、静校正时差、信噪比等方面有较大差异，给后期连片处理带来一些技术问题[53]。除了存在上述常规资料连片处理难点，淮北矿区全数字高密度地震勘探采用小面元接收，对于连片处理重叠区域以及障碍物变观区域资料而言，其覆盖次数不均匀问题更严重，不合理的坐标原点及面元划分，甚至可能会造成部分面元0次覆盖。

（二）连片处理的关键技术

连片处理可划分为如下四步：

首先在各小区块内进行网格定义，完成小块内的预处理、叠前去噪、振幅补偿、反褶积和剩余静校正处理，消除块内的振幅不均衡、子波不一致以及剩余静校正问题，进行分块的叠前去噪处理，提高各块地震数据的信噪比，为连片处理奠定良好的数据基础。

然后进行匹配滤波。以不同区块重叠区叠加数据为输入和期望输出，求取匹配滤波算子，将所得算子应用于叠前地震数据，消除子波不一致问题。

接着进行连片统一观测系统定义。首先要分析各观测系统的参数及属性，确定连片观测系统主要参数（面元大小、角点、方向等）。定义时要关注重叠处面元覆盖次数等关键信息，确保重叠处及变观区面元的有效覆盖及均衡性，最终应用连片观测系统进行加观。

最后在连片观测系统加载后，数据就具备了连片处理的基础。因为已经在分块中开展了基础处理，因此接下来主要解决连片处理带来的问题，如为了补偿块间振幅差异，要进一步开展地表一致性振幅补偿，开展全区统一的速度分析（尤其是拼接处速度的精细分析）、进行地表一致性剩余静校正和面元均化处理。通过这些连片处理措施，能够消除区块间的振幅差异和剩余静校正时差。具体连片处理流程如图4-16所示。

1. 定义网格

当连片处理各块测线、道距等观测参数不一致时，需要进行全区统一的观测系统定义。连片面元大小及角点是连片观测系统定义的关键。通常情况下，当各块面元大小不一致时，连片面元以各块中最大面元尺寸为准，这样小面元区块相当于扩大面元处理，而大面元区块也能保持每个面元均有覆盖。当各小块测线方向不一致时，以大块为主测线方向。角点的选择要考虑面元里包含的有效道数，必须保证每个面元均有覆盖且尽可能均匀，尤其是要仔细检查重叠区域，保证重叠区域面元均有覆盖。通过角点的微调，使各面元有覆盖且尽可能均匀，防止相邻面元覆盖次数差异过大。

2. 静校正量计算

采用折射静校正或层析静校正技术时，必须连片统一计算静校正量，避免由于不同区块单独计算的静校正量带来的拼接处校正量不一致造成的时差问题和边界效应。

3. 叠前噪声压制

连片处理叠前噪声压制应在单区块内完成，根据各区块资料的不同特点，制定不同的去噪流程，有效提高各区块地震资料的信噪比，为提高速度分析精度和求取匹配滤波算子打下良好的基础。

4. 地表一致性处理

当激发药量、井深等不一致时，会造成振幅差异；当震源类型及接收检波器不同时，资料频率会有差异，相位也会有所不同。必须消除这种非地质因素造成的区块间差异，才能做好连片处理。淮北矿区全数字高密度地震勘探目前全部采用428XL数字地震仪，激发药量差异不大，激发井深在同一矿区基本一致，因此，各区块之间不一致性问题较小。连片振幅一致性处理在分区一致性处理的基础上，进行连片地表一致性振幅补偿。

5. 速度场的建立

连片处理需要建立全区统一的速度场，在全区统一网格的基础上，根据地下地质构造和拼接带的位置，确立全区统一的速度分析点。速度分析的网格逐渐加密，需要从纵、横向和

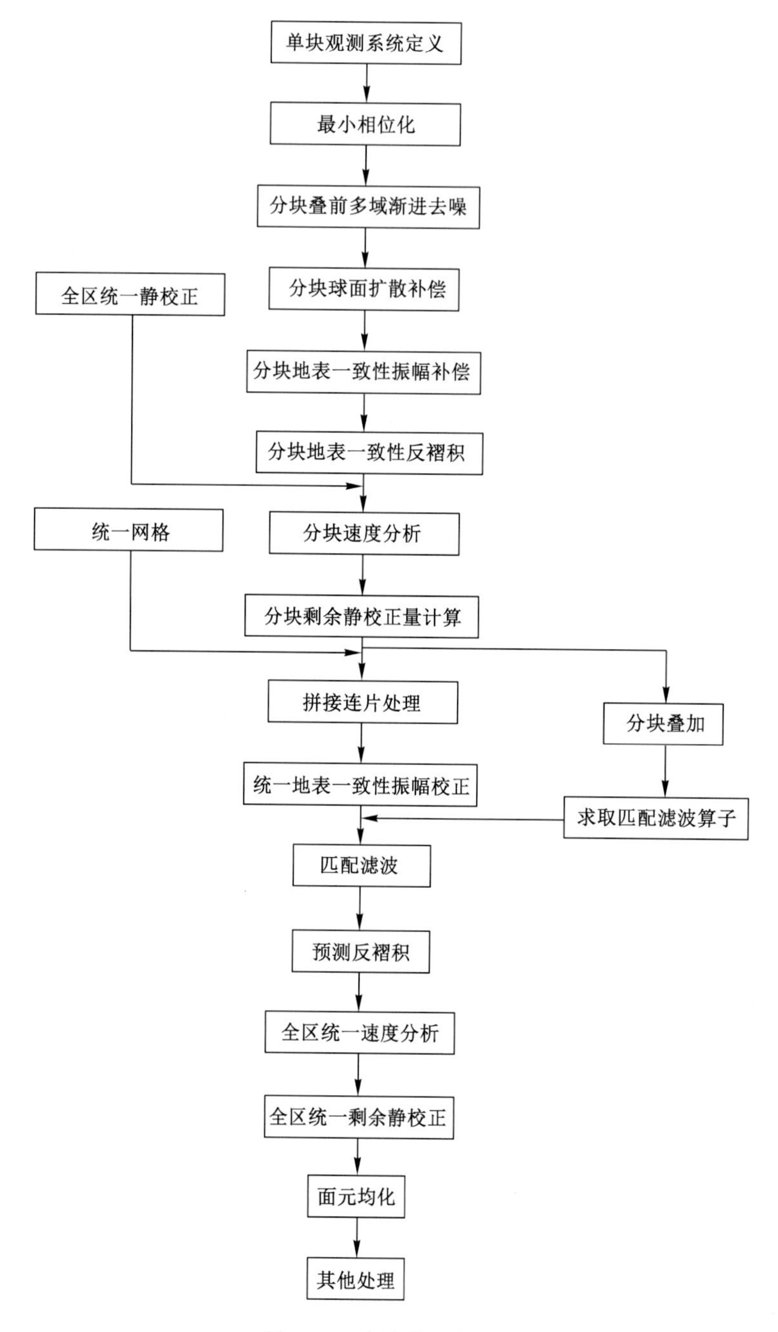

图 4-16　连片处理流程图

速度、时间水平切片上监控速度场变化趋势，并利用速度谱、超道集和小叠加段精确拾取速度，确保最佳成像。尤其要注意拼接带位置的速度拾取，确保拼接带处的处理效果。

6. 匹配滤波

由于施工参数的不同，不同区块存在频率、相位等的差异，匹配滤波的目的是校正不同区块之间地震数据在频率、振幅和相位上的不一致。匹配滤波具体实现方法为：在各区块拼接处的叠加剖面上求取匹配滤波算子，再将该滤波算子应用于叠前道集。经过匹配滤波处理，不同区块重叠处的叠前数据在振幅、频率和相位方面都趋于一致。具体做法为：在不同区块拼接处的叠加剖面上，选取同一 CMP 信噪比高的叠加道，应用最小二乘法原理，构建托布尼兹矩阵，求取可使区块 1 地震道期望输出为区块 2 地震道的滤波算子。将该算子应用到区块 1 所有叠前地震数据上，可实现匹配滤波处理。处理过程应遵循品质差的资料向品质好的资料匹配、老资料向新资料匹配、面积小的区块向面积大的区块匹配的原则。

（三）高密度连片处理应用实例

淮北矿区袁二煤矿在 2016 年、2017 年分块完成了 85、87 采区和 83 西、87 北与 85 西采区的全数字高密度地震勘探（图 4-17），并进行了连片处理。

图 4-17　连片处理区示意图

1. 拼接调查

连片处理需要对区块间的拼接问题进行调查，研究分块之间是否存在时间和相位差。图 4-18 是连片处理拼接区剖面和自相关，可见 4 个分片资料无时差及相位差，可以直接连片处理。

2. 资料分析

工区地表起伏小，浅层横向波速和厚度有变化，存在静校正问题。地震资料中存在的干扰波主要为面波、异常振幅和多次波。浅层主频高，主要目的层频率在 6～100 Hz。子波在空间上存在一定差异，振幅横向不均衡。

3. 连片处理及效果分析

对各片区数据以不重叠的编号独立定义，采用各自坐标定义空间属性，并采用统一观测系统进行加观，注意观测系统坐标原点的选择，尽量使炮检中心散点集中在面元中央，确保各面元覆盖次数均衡。定观后连片各分区，统一做静校正处理、振幅补偿、叠前去噪以及反褶积处理，开展精细速度分析和统一剩余静校正处理，最终进行偏移叠加成像。由于各连片区不存在时差及相位差异，因此无须进行匹配滤波处理。图 4-19 为分块处理剖面与连片处

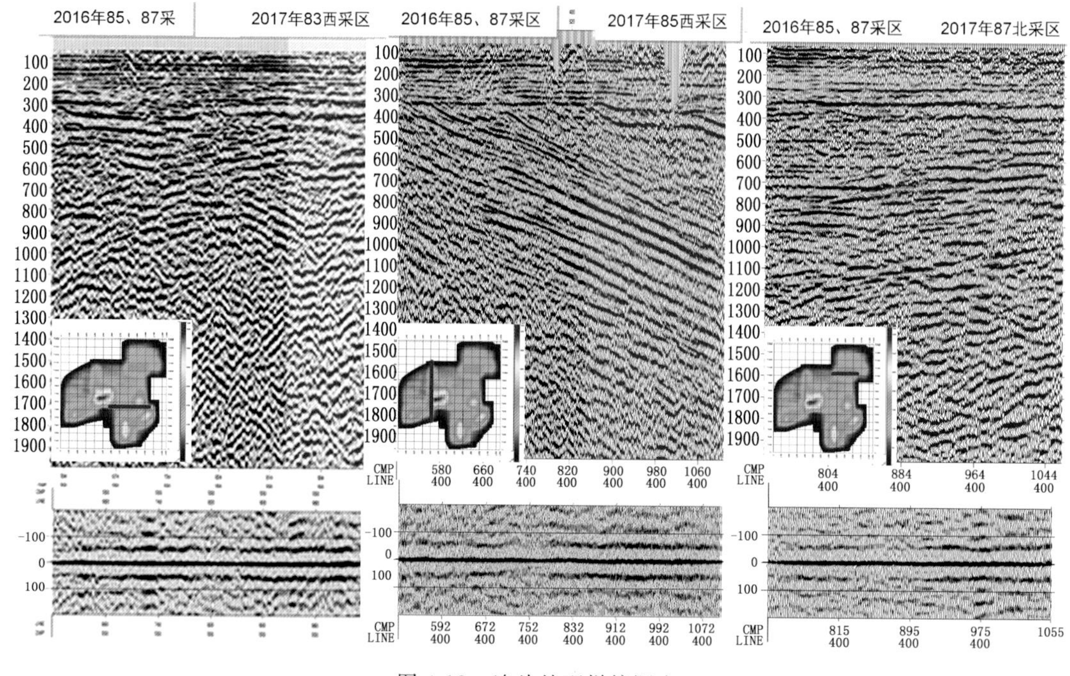

图 4-18　连片处理拼接调查

理剖面对比，可见连片处理前，由于边界镶边不足，导致偏移成像出现假象，目的层形态发生扭曲，出现假断层及向斜构造，而经过连片处理后，消除了边界效应，改善了边界成像效果，获得了真实的目的层形态。

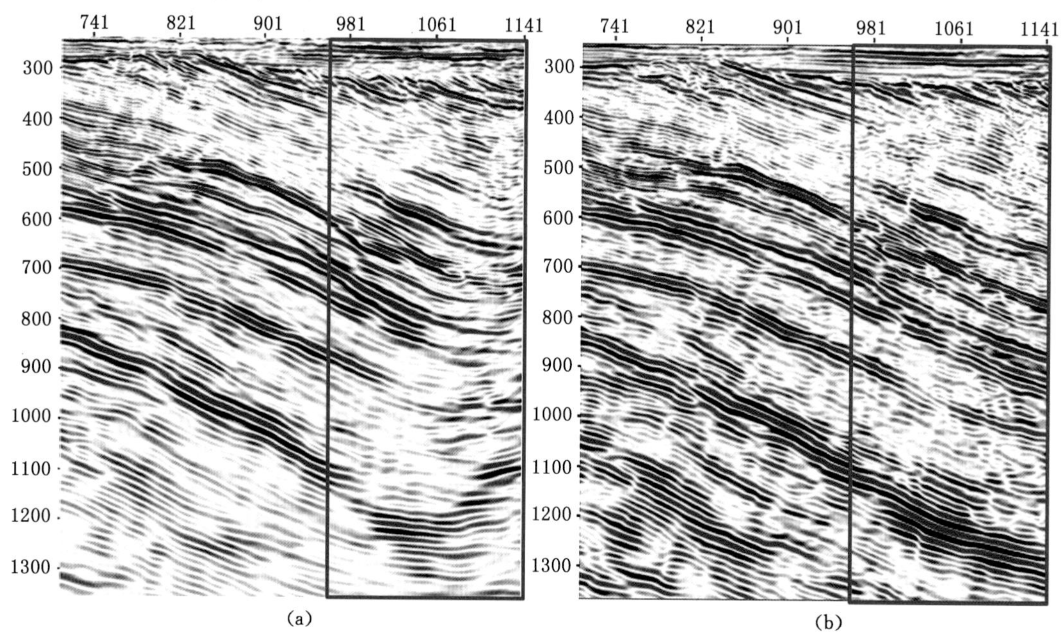

图 4-19　连片处理前后剖面对比

(a) 连片处理前；(b) 连片处理后

第二节　高密度地震资料关键处理技术

在分析区域地质特点及高密度原始资料基础上，为了完成高密度地震勘探地质任务，确定高密度地震资料处理的重点是叠前保幅去噪、提高分辨率处理、复杂断块区偏移成像以及灰岩含水层目标处理技术。

一、叠前多域联合去噪技术

随着地震勘探的深入，地质条件越来越复杂，导致原始地震记录存在各种强噪声干扰，有效反射波能量被强能量的各种干扰波湮没，原始记录信噪比较低。而地震勘探目标要求却越来越精细，尤其是淮北矿区对构造复杂和埋深较大的低幅度构造要求精确解释。探查复杂的地质任务需要高精度的地震数据，具体要求为高信噪比、高分辨率、高保真度和复杂构造准确成像。其中高信噪比是基础，没有一定信噪比的高分辨率和高保真度就不可能实现，因此淮北矿区全数字高密度地震勘探资料处理的去噪处理是至关重要的。

通常将地震记录的干扰分为规则干扰和不规则干扰(即随机噪声)。规则噪声是指有一定主频和一定视速度的干扰波，如面波、声波、线性干扰、单频干扰(交流电干扰)、浅层折射波、侧面反射波、多次波及绕射波等。不规则噪声(即随机噪声)主要是指没有固定频率和传播方向的干扰波，包括微震以及背景干扰等。

图 4-20 为典型多域去噪流程，由图可见，不同的噪声要在不同的域采用特定的去噪方法，根据噪声特点选择去噪流程及方法参数。

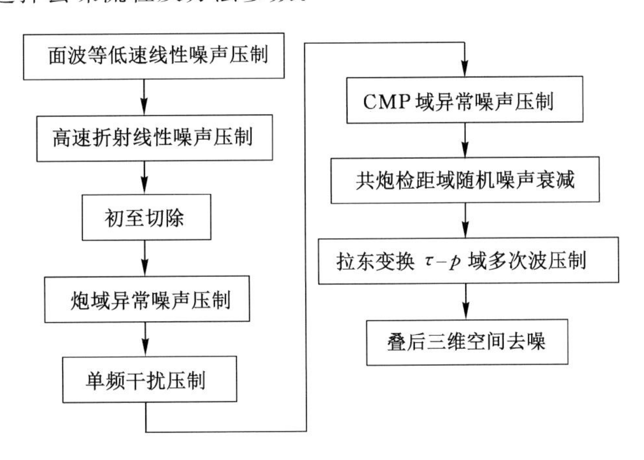

图 4-20　多域去噪流程图

(一) 淮北矿区噪声规律

淮北矿区高密度地震资料干扰波主要是面波、异常振幅以及多次波干扰。高密度地震勘探使用数字检波器采集，其对低频信号响应良好，并且由于采用单点接收，没有利用野外组合压制低速干扰，因此面波普遍发育，并与目的层反射波大范围重叠，面波视速度普遍低于 600 m/s，能量主要集中在 20 Hz 以下，在 7 Hz 频率能量最强，超过 10 Hz 之后面波能量迅速降低，20 Hz 以上面波能量趋于零。同时，由于勘探区地表村庄、工厂、公路等障碍物极多，外源干扰多，因此高频高能的异常振幅发育，高能异常振幅干扰会影响地表一致性振幅补偿、反褶积等处理，尤其是偏移处理时，异常振幅会造成画弧现象，严重影响成像质量。淮北矿区新生界与老地层之间波阻抗差异较大，产生了较强多次波干扰，对深部倾斜目的层成像有一定影响。下面主要针对这三种类型噪声进行去噪处理。

（二）异常振幅噪声的分频自适应压制

和有效反射波相比，异常振幅噪声的能量往往远大于有效反射能量，大部分异常振幅噪声在空间和时间上具有随机性特征，其能量强，频带宽，且与有效波在空间和时间上重叠，难以区分。高频异常振幅干扰噪声一般来自检波器附近，其产生源和传播距离与有效波不同，能量和主频也不随记录时间的增大而降低。异常干扰噪声一般在局部范围内存在，其主频范围、能量衰减特性等与有效波相比均有一定的差别。因此，可以在时间域、频率域和空间域从统计学的角度对其进行识别和压制。

基于异常振幅噪声的以上特点，可以采用“多道识别，分频单道处理”的思路对异常振幅噪声进行压制。在不同的频带内自动识别地震记录中存在的强能量干扰，确定出噪声的空间范围，根据用户定义的阈值和衰减系数，采用时变、空变的方式予以压制。计算中使用样点数据包络的横向加权中值作为干扰识别参数，这种分频处理方法具有较好的保真性，对有效信号的损伤小。图 4-21 为分频去除异常振幅干扰前后单炮对比图，显示分频去噪效果良好。

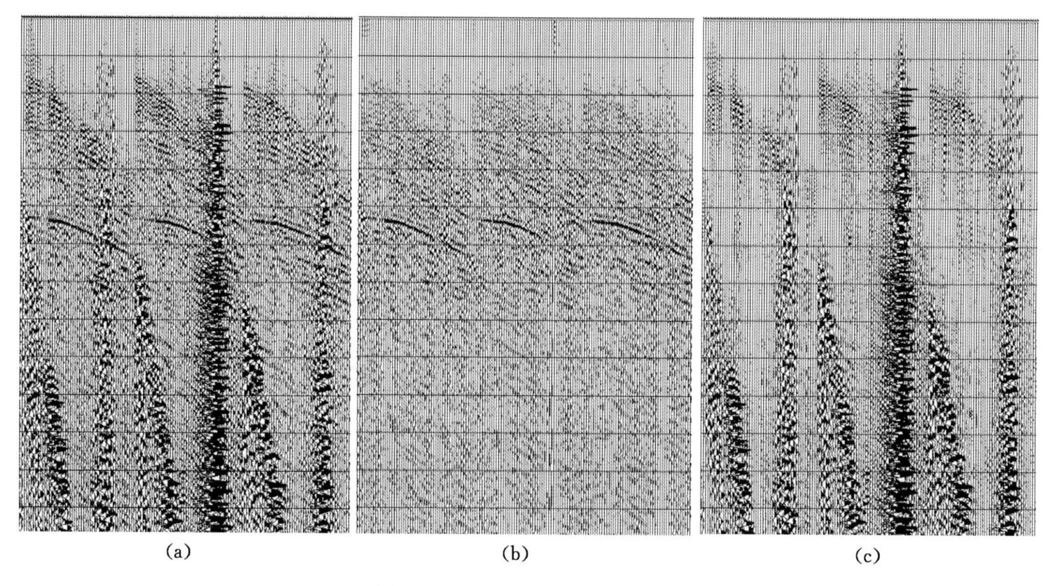

图 4-21　分频去噪前后对比图

(a) 去噪前；(b) 去噪后；(c) 去除的噪声

（三）面波衰减

面波干扰能量强，视速度低，常规 F-K 滤波能够有效压制线性干扰，但是面波在单炮记录上不完全呈线性特征，尤其是在远离炮点的排列上往往呈现出双曲线特征，利用去除线性噪声的 F-K 滤波处理这种双曲噪声难以达到预期的效果，而且在去除面波的同时在一定程度上损伤了有效波。目前，在淮北矿区全数字高密度地震数据处理中，最常用的面波衰减方法有两种：① 自适应面波衰减法；② 十字交叉排列去噪技术。

自适应面波衰减技术利用时频分析的方法，根据面波和反射波在频率分布特征、空间分布范围、能量等方面的差异，首先检测出面波在时间和空间上的分布范围，以确定面波能量的频率分布特征，并根据这种特征对其进行加权压制。该方法只压制面波干扰，对有效反射波损伤小。

十字交叉排列去噪技术是压制面波干扰的新技术，处理时先将炮线和接收线组合产生新的道头字，并按照该道头字对数据进行抽道，形成十字排列道集。在十字排列道集中，由于抽取的炮集之间的能量有差异，为了保证后续工作的展开，首先要对十字排列道集内各道之间的能量进行均衡处理；然后分别沿时间、纵向炮检距和横向炮检距三个方向对地震记录进行三维傅立叶变换；最后进行高通倾角滤波，在此基础上进行三维反傅立叶变换，完成十字交叉排列去噪处理。

无论是十字交叉排列去噪或者是自适应面波衰减，都能很好地压制淮北矿区全数字高密度地震记录中的面波能量，这与该区面波主频低且线性特征好有关。对于勘探区障碍物少、变观少的区域，推荐使用十字交叉排列法去噪；而对于变观多的工区，更适合采用自适应面波衰减方法。图4-22为淮北矿区全数字高密度地震资料自适应面波衰减前后单炮对比图，显示自适应去噪方法压制面波效果良好。

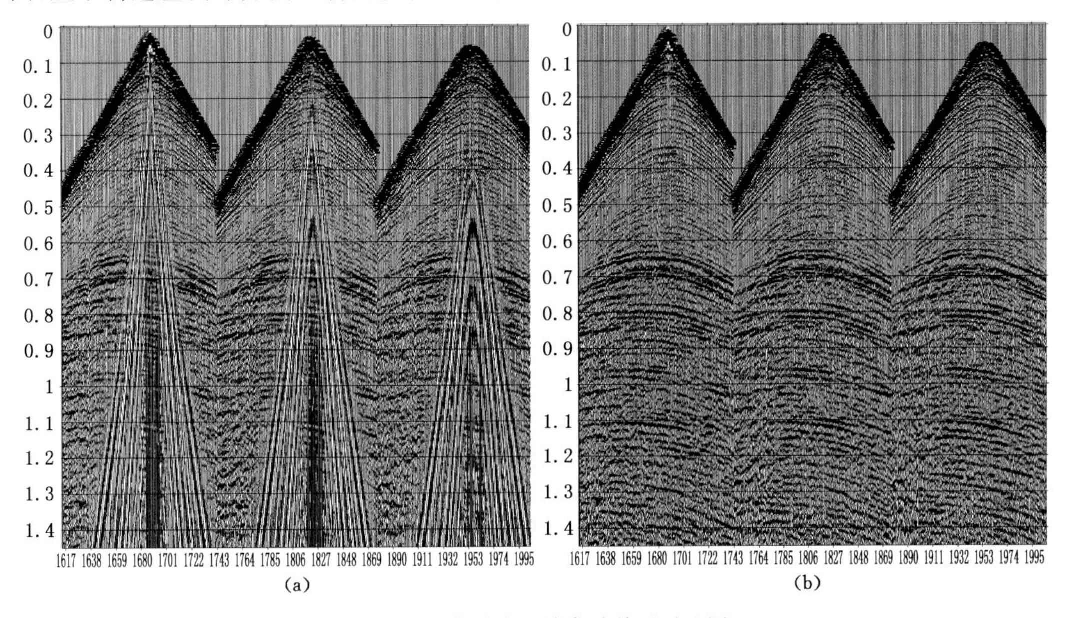

图 4-22　自适应面波衰减前后对比图

(a) 衰减前；(b) 衰减后

（四）多次波

多次波一直是煤田地震资料处理中常见的干扰波。多次波的出现，往往给资料处理和解释带来很多麻烦，尤其在新工区，在没有钻井资料情况下，由于没有合成记录，难以区分多次波和一次波，对构造解释影响很大。更为突出的矛盾是在岩性解释时，如做 AVO、亮点、频谱比等特殊处理时，由于多次波的存在，使解释可信度降低。淮北矿区地震资料中，由新生界底产生的水平多次波较严重地影响了速度分析精度，干扰了露头、倾斜地层的成像，因此，压制多次波是非常必要的。

淮北矿区多次波与一次波之间速度差异较大，应用 Radon 变换压制多次波技术可有效去除多次波干扰。Radon 变换把动校正后的 CMP 道集变换到 τ-p 域，后一次波能量分布在

零 p 道附近，而多次波能量呈弯曲条带状分布在远离零 p 道的地方，这样我们就可以在 τ-p 域中把多次波从地震资料中分离出来。将分离出的多次波进行拉冬反变换后再将它从原始地震资料中减去，能够达到消除多次波的目的。同时，用该方法还可以消除一些侧面波。

二、高分辨处理技术

淮北矿区煤层多，小断层发育，煤层厚度变化大，为了能够对煤层及小断层进行成像和有效分辨，应在数据处理过程中进行提高分辨率处理，但是提高分辨率常常意味着信噪比的降低，如何在保持信噪比的基础上进行提高分辨率处理，是数据处理中的一个难点。针对淮北矿区地质任务所采用的高分辨率处理技术措施有：利用多步反褶积逐步提高分辨率，每次反褶积之后进行适当的去噪处理，提高资料的信噪比。对叠前道集做反褶积处理之前，必须将明显的干扰去掉，并在共炮检距道集上进行一定的去噪处理。叠前采用地表一致性反褶积和适当步长预测反褶积处理，将提频工作放在叠后进行；在叠后采用预测反褶积、谱白化、蓝色滤波等手段进行提频处理，在提频处理过程中，要注意保持一定的信噪比。

（一）反褶积

反褶积是通过压缩地震记录中的基本地震子波，压制交混回响和短周期多次波，从而提高时间分辨率，得到地层的反射系数。反褶积通常应用于叠前资料，也可广泛用于叠后资料。反褶积不仅能够压缩子波，它也能从记录上消除大部分短周期多次波，通过反褶积处理，能够得到更高时间分辨率的地震剖面。用于提高纵向分辨率的反褶积方法，可以分为很多种，应用比较广泛的是脉冲反褶积、地表一致性反褶积、预测反褶积等。

地表一致性反褶积的目的是消除由于近地表条件的变化对地震子波波形的影响。近地表的变化导致地震波振幅的畸变和频带变窄，在一定程度上造成了同一道集内反射波的不一致。地表一致性反褶积首先在炮、检波器、共中心点域通过空间平滑的方法，把近地表的异常消除掉，然后用维纳滤波算法求取反褶积算子，最后用求得的算子对地震道做反褶积处理。脉冲反褶积应用于野外资料处理通常难以取得预期效果，在大部分情况下脉冲反褶积提起的主要是高频噪声能量，因此，在常规处理中，预测反褶积应用更为广泛。预测反褶积最重要的参数就是预测步长，步长太小影响连续性，太大又不能有效压缩子波，当预测步长等于采样率时，预测反褶积相当于脉冲反褶积。预测反褶积的预测步长可以调节反褶积输出谱的带宽，合适的预测步长能够让预测反褶积在拓宽频带的同时保持较好的信噪比。反褶积另一重要参数是预白百分比，增加预白百分比会降低反褶积效果，带有一定预白的脉冲反褶积相当于不带预白的脉冲反褶积后作宽带通滤波[54]。

图 4-23 是淮北矿区全数字高密度地震资料在应用了地表一致性反褶积及预测反褶积前后单炮、自相关以及频谱对比图。由图可以看出，地表一致性反褶积消除了子波的横向差异，预测反褶积压制了交混回响并提高了分辨率，反褶积后频谱（蓝色线）明显拓宽，反射波波组特征明显改善。

（二）Q 补偿

地震波在地层中传播时除了弹性衰减外还存在非弹性衰减，非弹性衰减就是波在传播过程中存在与品质因子 Q 有关的衰减。波在地层中传播时存在一定的内摩擦，使地震波部分弹性势能转化成为热能而耗散掉[55]。因此，Futterman 提出了波在传播过程中要经受与频率有关的衰减以及频散引起的相位畸变。地震波在传播过程中，Q 值越小，地震波能量的损失越大，地震波的频率越高，频散吸收越大，能量损失越严重。

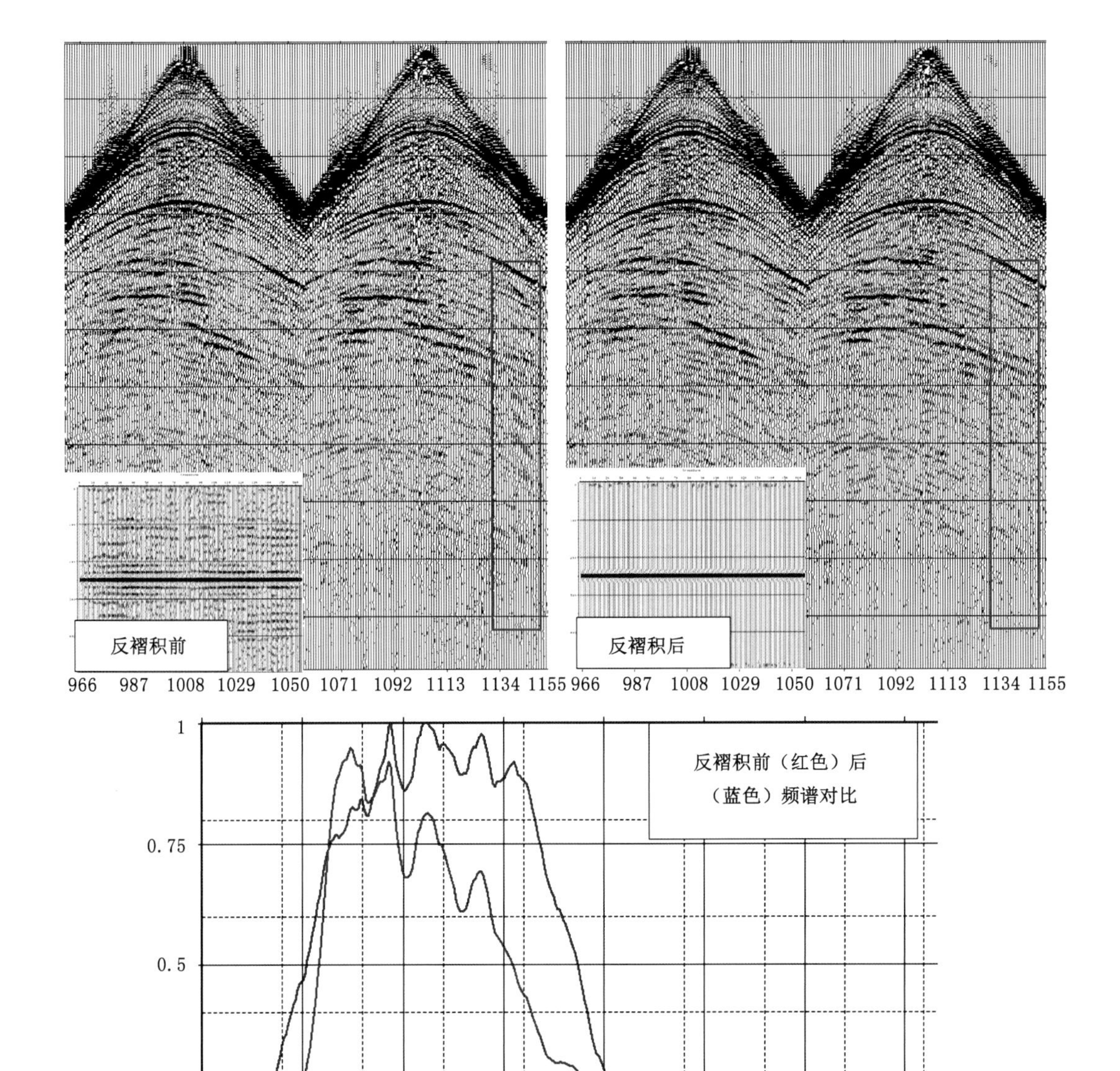

图 4-23　地表一致性反褶积＋预测反褶积效果对比图

反 Q 滤波可使中、深层地震子波波形基本保持一致，振幅得到补偿，提高了波相位的准确性。由于叠加会破坏原始地震数据的频率信息，因此反 Q 滤波尽量在叠前完成。

（三）谱白化

由于大地对波的吸收作用，地震波的高频成分要比低频成分损失得严重。谱白化方法是将地震记录的振幅谱白化，即在有效频带内将振幅谱拉平，以补偿损失的高频成分，从而达到提高地震分辨率的目的。该方法将地震信号进行傅立叶变换，由时间域变换到频率域；然后在有效的频率范围内进行频率补偿，然后进行傅立叶反变换，由频率域变回时间域。实现谱白化处理可以在频率域中完成,也可以在时间域里进行。李庆忠院士认为:“不同的检波器和不同的地震仪器接收地下的反射信号,都相当于将大地的原始振动做一种褶积滤波。因此所记录的各种频率信号,只要不到达‘死亡线’(−60 dB)以下,那么,不论何种仪器、何种检波器所记录的信号,通过反褶积处理或谱白化,都将变成面貌基本一样的资料。”从中可以看出,用谱白化方法处理资料,能提高地震资料的质量,拓宽地震资料的频带。

三、偏移成像技术

地震勘探是在地表使用检波器记录来自地下的反射波,当地层水平时,反射点与炮检中心点重叠,叠加剖面 CMP 记录的就是地下界面上的反射点。但当地层倾斜时,反射点位置就偏离了 CMP 下方的铅垂线位置。偏移使倾斜界面的反射归位到它们真正的地下界面位置,并使绕射波收敛,获取地层的真实形态。偏移水平位移、垂直位移以及偏移后的斜率都能用介质速度 v、旅行时 t 和偏移前时间剖面上的视斜率 $\Delta t/\Delta x$ 来表达:

$$\mathrm{d}x = \frac{v^2 t}{4}\frac{\Delta t}{\Delta x}$$

$$\mathrm{d}t = t\left[1-\sqrt{1-t\left(\frac{v\Delta t}{2\Delta x}\right)^2}\right]$$

$$\frac{\Delta \tau}{\Delta x} = \frac{\Delta t}{\Delta x}\frac{1}{\sqrt{1-\left(\frac{v\Delta t}{2\Delta x}\right)^2}}$$

由以上偏移公式可知:偏移时间剖面中的时间斜率 $\Delta\tau/\Delta x$ 总是大于偏移前时间剖面中的时间斜率 $\Delta t/\Delta x$;在偏移前时间剖面中位移 $\mathrm{d}x$ 随着反射时间 t 增大而增大;水平位移量 $\mathrm{d}x$ 是速度的平方的函数;垂直位移量 $\mathrm{d}t$ 随着时间和速度的增加而增加;倾斜反射界面越陡,偏移后的水平位移量和垂直位移量越大。

地震偏移处理技术从20世纪80年代末期发展至今,其技术理论和应用都十分完善。从偏移在处理流程中的先后顺序来分,可分为叠后偏移和叠前偏移;根据变量的属性可以分为时间偏移和深度偏移两大类。在煤田地震领域,目前应用最为广泛的主要是叠后时间偏移和叠前时间偏移,但在高密度地震资料处理中,叠前时间偏移已经被广泛使用,叠前深度偏移处理也得到了一定应用。

(一)叠后时间偏移

在进行水平叠加处理之后,为了使反射波归位到真实空间位置,需要进行叠后偏移处理,在时间域地震剖面上进行的偏移就是叠后时间偏移。实现叠后时间偏移的方法很多,常规地震资料处理中最常用的是有限差分法和克希霍夫积分法。

有限差分偏移算法基于标量波动方程,是差分求解的偏移方法,它主要利用向下波长延拓原理。有限差分偏移是通过隐式和显式算法实现的。1972 年 Clearbout 和 Doherty 提出了第一个工业应用的基于标量波动方程的抛物线近似法——有限差分偏移算法。有限差分波动方程偏移是求解近似波动方程的方法,该方法的关键参数是差分网格划分及延拓步长,网格剖分越细,偏移精度越高,但相应计算量就会越大。有限差分偏移应用比较广泛,输出偏移剖面噪声小,能够处理速度的纵横向变化,缺点是大倾角地层易产生频散[54]。

克希霍夫积分法是基于绕射求和原理,该方法考虑了倾斜因子、球面扩散因子和子波整形因子。具体做法是对输入数据应用各种因子并沿着双曲线轨迹求和,把求和结果放到偏移剖面上对应的双曲线轴顶点。克希霍夫偏移使用均方根速度，偏移均方根速度是输出时间双曲线顶点处的均方根速度。克希霍夫积分法适用于任意倾角，缺点是难于处理速度横向变化，偏移噪声大，"画弧"严重。

（二）叠前时间偏移

叠后时间偏移假设叠加剖面是地下水平介质的自激自收响应，但当地下介质有倾角时，叠加剖面就不是真正的自激自收响应，叠后时间偏移结果无法准确成像。而叠前时间偏移对未经叠加的数据直接进行偏移，通常是在共炮点域或共中心点域进行偏移处理，对偏移后归位到正确位置上的数据进行叠加，实现对倾斜地层的准确成像。

与叠后时间偏移理论不同，叠前时间偏移是以对反射点的非零炮检距成像理论为基础的，在其具体实现过程中是依照非零炮检距曲线绕射旅行时对振幅求和，所以叠前时间偏移技术在构造成像精度、成果数据保真方面有着很大的优点。尤其是近几年来，计算机的性能飞速提高，并且许多煤田纷纷开展高密度地震勘探背景下，叠前时间偏移成了改善构造复杂、横向速度变化不大地区成像的一种主要技术手段。淮北矿区地质构造复杂，煤层倾角大，但是地表结构简单，地形起伏很小，潜水面浅激发条件好，全数字高密度地震勘探单炮品质良好，应用叠前时间偏移处理技术，取得了优于叠后偏移的地震成果。

图 4-24 为叠前时间偏移处理流程，其中最关键的就是均方根速度场的更新。通过对控制线道集多次迭代剩余速度分析，最终获得全区精确的均方根速度场。影响叠前时间偏移效果的因素主要有以下三个：首先是地震资料的品质，这是偏移的基础。一般来说信噪比越高的地震数据，成像效果越好。其次是偏移算法，根据不同的地震数据和处理目的，需要采用不同的算法。目前，地震偏移过程中最常用的算法有克希霍夫积分法和有限差分法，但是由于克希霍夫积分法在实现过程中更易于进行叠前偏移速度分析，所以克希霍夫积分法目前资料处理中最常采用的叠前时间偏移算法。最后是偏移速度和偏移孔径的选择，要想获得高质量的偏移成果必须准确求取偏移速度，偏移速度误差对大倾角地层产生的影响更大，偏移速度的不准确将导致倾斜同相轴无法正确归位。克希霍夫积分法中以求和双曲线宽度所表示的偏移孔径越小，偏移收敛绕射能力越差，孔径越大，则可能导致深层低信噪比能量被偏移到浅部，降低了浅层成像质量，并大幅度增加了偏移计算量。

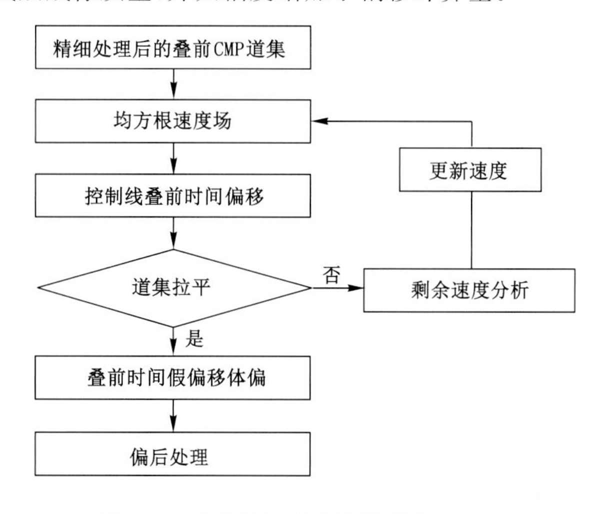

图 4-24　叠前时间偏移处理流程

淮北矿区开展高密度地震勘探的地质任务重点是小断层和大倾角煤层成像，如果采样的间隔过大，无论选用哪种偏移算法，无论地震资料的品质何如，都无法实现小构造的勘探目标，所以偏移也对面元尺度有着更高的要求。通常面元尺寸越小，剖面纵向横向分辨率就越高。在淮北矿区通常采用 5 m×5 m 的面元尺寸，时间采样率为 0.5 ms，因此无论是在叠前还是叠后偏移，在偏移处理过程中都不易产生空间假频，更有利于提高偏移成像精度，提高地震资料的纵横向分辨能力。高密度是小面元、高采样率的一种地震勘探技术，使用坏道率极少的数字检波器采集，并在叠前采用了精细的多域联合去噪，得到的高信噪比叠前道集是叠前时间偏移的前提，小面元、高覆盖次数保证了叠前时间偏移数据体对小构造的识别能力和高信噪比。图 4-25 为淮北某矿区叠前时间偏移剖面，从图中可见，偏移后剖面煤层反射波同相轴归位准确，断层特征明显，断面显示清晰。

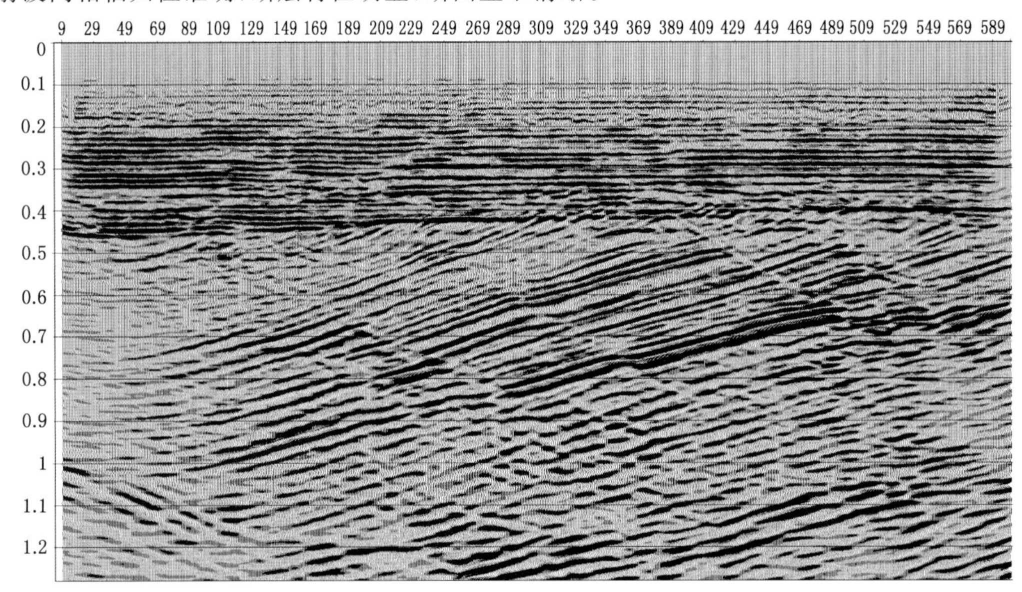

图 4-25　淮北矿区高密度资料叠前时间偏移剖面

（三）叠前深度偏移

叠前时间偏移是建立在均匀介质理论基础上的，当地下构造复杂、地层速度存在横向变化时，不能实现准确的反射波偏移归位。叠前深度偏移技术突破了水平层状、均匀介质的假设，弥补了时间偏移的不足，为正确认识地下地质构造提供了可能，叠前深度偏移是解决上述问题最好的方法。

图 4-26 是叠前深度偏移处理流程。目前，深度偏移常用的建模方法主要有基于层位的速度反演和网格层析速度反演。基于层位的速度反演方法主要是沿着控制速度变化的层位横向上拾取基于层位的剩余深度差并反演出该层层速度，它采用层剥离的方式，由上到下逐层迭代。网格层析速度反演方法是沿垂向上拾取剩余时差，在深度域剖面上自动拾取层位及倾角等信息进行射线追踪，求解层速度值。网格层析速度反演精度更高，可以解决小于一个排列长度的速度变化[56]。

目前最为常用的克希霍夫各向异性叠前深度偏移处理过程如下：

① 采用处理解释一体化运作模式，处理与解释相结合，充分利用地质解释的层位建立时间域实体模型，并根据地质解释层位、近地表调查资料及测井速度约束速度变化趋势。使

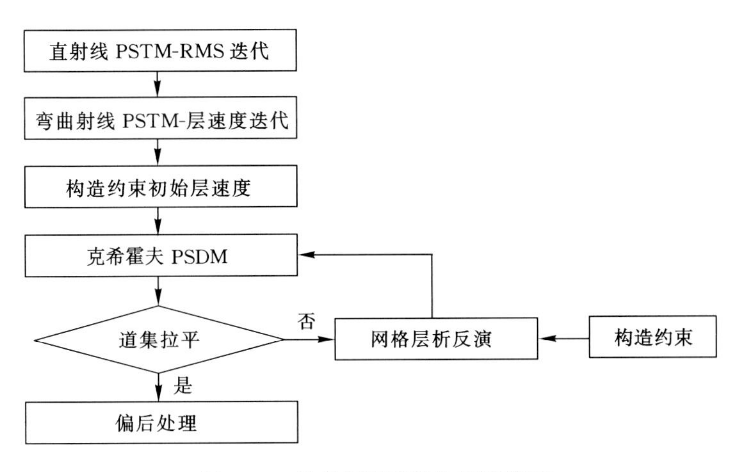

图 4-26　叠前深度偏移处理流程图

用叠前时间偏移速度建立初始的深度偏移速度场，然后沿层层析迭代偏移速度场。

② 尽量提高用于叠前深度偏移速度分析的叠前道集信噪比，以提高层速度反演的精度。

③ 在进行速度模型迭代时，采用基于模型的层析成像反演法，逐层更新速度，在确保第一层的速度基本准确后再开始下一层，直到得到最终速度场。同时，在模型优化过程中充分利用测井资料来约束速度场。

④ 在沿层迭代的层速度场的基础上进行网格层析处理，进一步优化层速度模型，得到各向同性速度模型。

⑤ 利用井震误差求取 delta，然后结合各向同性速度模型求得各向异性速度模型，最后进行各向异性叠前深度偏移。

淮北矿区地质构造复杂，近年来广泛开展了叠前深度偏移处理，提高了该区地震成果的质量，改善了复杂断块及陡倾地层的成像效果。

（四）偏移速度精细分析

一般来说，在叠前时间偏移速度场建立的过程中，速度建模和偏移成像无疑是最为关键的两个步骤。偏移速度的精确程度决定了成像质量与偏移成果的可信度，因此叠前偏移速度场的求取是叠前偏移的关键。在叠前偏移中，水平位移与偏移速度的平方成正比，速度不仅会在纵向上变化，而且在横向上也会发生较大变化，所以在建立偏移速度场时，需要同时分析速度在纵向和横向上的变化规律。当地层反射界面为均匀水平层状介质时，偏移速度和叠加速度相近，然而当地下界面存在倾斜的情况时，偏移速度和叠加速度会有较大差异。在常规处理中，通常都要开展速度的多轮迭代以求取精确的均方根速度。叠前时间偏移技术最关键也是最费时的环节就是偏移速度分析，常用的叠前时间偏移速度更新方法有偏移速度百分比扫描法和偏移速度迭代分析法。

1. 偏移速度百分比扫描法

这个方法的原理是应用不同百分比的偏移初始速度对速度分析控制线进行偏移，比较不同百分比速度偏移效果，拾取各点速度百分比，并以此百分比对偏移速度进行修正。百分比法对于低信噪比地区也能够进行相对精确的偏移速度拾取，但是由于要进行多次偏移，相对其他方法来说，工作量巨大，耗时长，其流程图见图 4-27 所示。

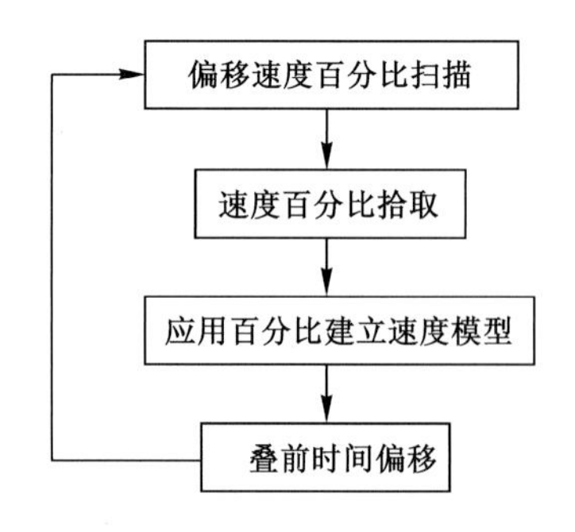

图 4-27 偏移速度百分比扫描法流程图

2. 偏移速度迭代分析法

这个方法是对目标线进行叠前时间偏移,其输入数据是做完叠前所有处理步骤并应用了剩余静校正的 CMP 道集,经过叠前时间偏移,获得目标线 CRP 道集。再应用反动校正,重新进行偏移速度分析,通过多次迭代求取最终偏移速度。该方法根据 CRP 道集中的同相轴是否拉平来判断偏移速度是否准确,其流程图见图 4-28 所示。在某些处理软件中,可实现沿层的横向剩余速度分析,极大提高了偏移速度的精度。

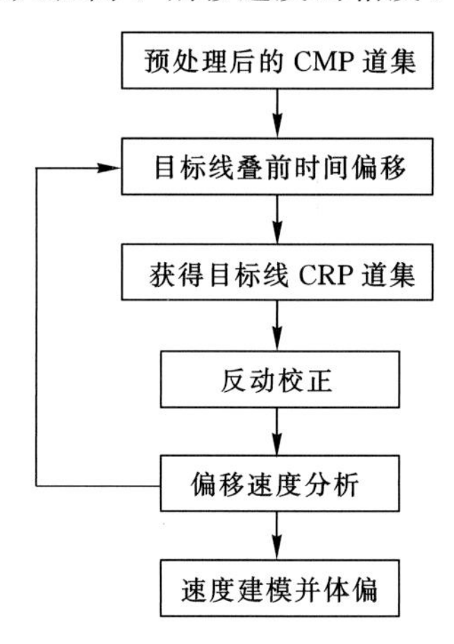

图 4-28 偏移速度迭代分析法流程图

四、基于数字检波器优势的奥灰成像处理技术

东部矿区煤层下部奥陶系灰岩的问题严重影响着煤矿的安全生产,查明奥陶系灰岩的地质赋存状态是煤矿开采非常关注的问题。由于奥陶纪地层本身具有容易在水动力条件下被剥蚀的特点,其顶界面所形成的风化壳容易出现起伏不平的现象,且由于剥蚀程度不同,横向存在一定的阻抗差异,不利于地震波能量形成连续有效反射。更为致命的是上覆煤系地层的强烈屏蔽作用,使得奥灰顶界面的反射波能量较弱且不连续,奥灰顶界面成像困难,风化壳以下的溶洞、陷落柱或落水洞等地质体更难于成像。

随着煤炭高密度三维地震勘探的不断深入开展,解决煤层底板及断裂构造等方面已经取得了较好的效果,为煤矿的安全高效生产提供了强有力的技术支持。对于数字检波器宽频带记录的特性,其优点是采集到的数据记录了更多的低频和高频信息,数据中的弱信号较常规检波器记录的信息更为丰富。针对奥灰成像的难点，结合数字检波器采集资料的特点，重点做好振幅补偿尤其是奥灰弱反射信号的振幅补偿，并在去噪提高信噪比的同时保持数字检波器宽频优势，着力保护数字检波器低频信号，改善奥灰目标层成像效果。

1. 噪声压制

由于数字检波器具有宽频和大动态范围接收的特点，实际数据在记录有效信号的同时也记录了更多的噪声，因此如何有效对噪声压制的同时保持弱信号不受影响，是奥灰良好成像的前提。噪声衰减方法需要选择从原理上保幅的模块，而且对模块的参数谨慎测试，保证在有效压制噪声的同时保护弱反射信号。例如对于低频面波干扰，采用自适应叠前相干噪声压制方法，根据其主频与视速度参数，在面波的优势频段内构建模型，用神经网络算法检测数据并与噪声模型相匹配，采用减法对面波进行压制。

2. 低频保护

数字检波器的最大优势之一是可以无损失地记录低频信息。低频信号穿透能力强，因此煤层下奥灰反射能量会更多地集中在低频信号中，充分利用低频是解决煤层下奥陶系灰岩成像问题的关键。

在数据处理过程中，需要对低频信号进行严格的保护与补偿，具体方法主要有以下几个方面：

① 不使用带通滤波，必须使用滤波时，其低截参数尽量小或者使用时变滤波参数。

② 去噪处理必须采用不损伤低频信号的处理方法和模块，减少叠前去噪或者进行叠后去噪。

③ 提高分辨率时，不能追求主频的提升而舍弃低频能量。

3. 振幅补偿

除了常规处理数据过程中的球面扩散补偿和地表一致性振幅补偿之外，还需要对地震波在地下传播过程中由于地层吸收、散射等原因造成的地震波能量衰减进行补偿。其中，煤层对下伏地层反射能量的屏蔽作用强烈，虽然低频能量能穿透煤层，但是其本身的能量较弱，同时高频信息缺失，因此需要对数据使用 Q 补偿方法，将被煤层屏蔽掉的高频能量进行补偿，对奥陶系反射能量和频宽进行补偿。为了实现对奥灰目的层的成像，必要的时候可以在一定程度上降低保幅性要求，对奥灰目的层段的振幅进行非保幅提升处理。

4. 振幅保真

振幅保真对构造解释影响较小，但奥陶系灰岩内部地层结构，除了原生的层状结构外，后期岩溶发育的地质产物，如溶洞、暗河和陷落柱等地质构造都是孤立的地质体，由于其尺度大多小于地震信号的波长，因此其主要依靠能量更弱的绕射波和散射波来成像，而受屏蔽作用影响的煤层下伏地层的反射能量本身就很弱，其溶洞和陷落柱的绕射波的能量相对更弱，此时弱振幅的保持和提升就更为重要。

因此，在数据处理过程中，去噪环节使用在原理方法上保幅的模块，并且谨慎调试参数，需要进行详尽的过程质控，在去除噪声的同时避免伤及绕射波的振幅；在振幅补偿过程中，使用 Q 补偿技术，补偿高频能量；在提高分辨率环节，使用较大的反褶积步长和参数，以降低反褶积效果，保护绕射波。

5. 速度精确求取

常规的速度求取是在道集上进行的，速度拾取网格一般在 100 m×200 m 左右，速度拾取的密度较小。人工直接拾取速度的方式受人为因素影响大，误差相对较大，速度精度不高。通常情况下，地层在层内水平方向的变化是连续的，速度分析可以在垂向道集速度谱求取的基础上，在水平层位控制下，在一定时窗范围内求取延迟时或剩余速度误差，使用层约束速度反演技术对速度进行更新，这样既可以保持地层速度沿着地层趋势变化的特征，也可以提高速度的横向分析精度。

沿层横向剩余速度分析过程和速度更新结果见图 4-29 所示，在初始偏移结果之上，拾取主要地层的层位，拾取奥灰顶界面层位，构建地质模型[图 4-29(b)]，在层位约束下，拾取水平速度相关谱，获得剩余速度，再进行层析速度反演，对速度进行更新。经过多轮速度更新之后，速度场的变化趋势与煤系地层呈现单斜的构造相符，速度精度得到提升。

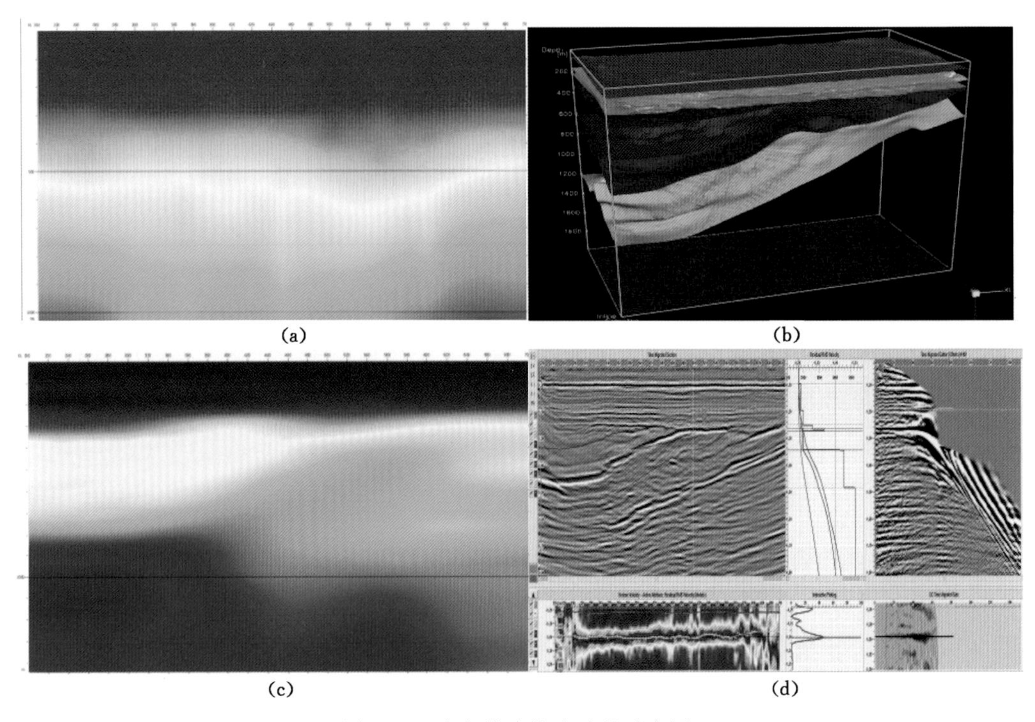
(a) (b) (c) (d)

图 4-29　速度精确拾取过程示意图

6. 叠前时间偏移

由于奥陶系灰岩内部的地质体如溶洞和地下暗河都属于岩性突变且孤立的地质异常体，因此需要更先进的偏移方法对奥灰风化壳、陷落柱以及溶洞等特殊的地质体进行良好成像。叠前时间偏移是复杂构造成像最有效的方法，能适应奥陶系内部因为岩溶发育而其内部速度变化较大的情况。叠前时间偏移能够使灰岩内部溶洞和陷落柱地质异常体的绕射波能量得以收敛，溶洞特有的“串珠状”反射发生了从无到有的根本性改变。

图 4-30 是淮北某区块常规模拟检波器与高密度采集处理效果对比图，可以看出，高密度地震勘探剖面深部奥灰顶界面反射同相轴连续性更好。这主要是因为采取了保护低频、低频振幅补偿和去噪处理，保护了奥灰顶成像必需的低频信号。

奥灰内的目标处理着重从保幅的角度出发，采用有针对性的叠前保幅去噪、对煤层下伏地层的弱反射信号做 Q 补偿、沿层求取精确的速度和叠前时间偏移成像方法，对数据中的低频弱信号进行了保护和能量提升(图 4-31)。常规处理剖面中奥灰内部存在明显的弱能量区，而奥灰目标处理的剖面中奥灰顶界面反射之下 30～40 ms 出现了一个能量较强的串

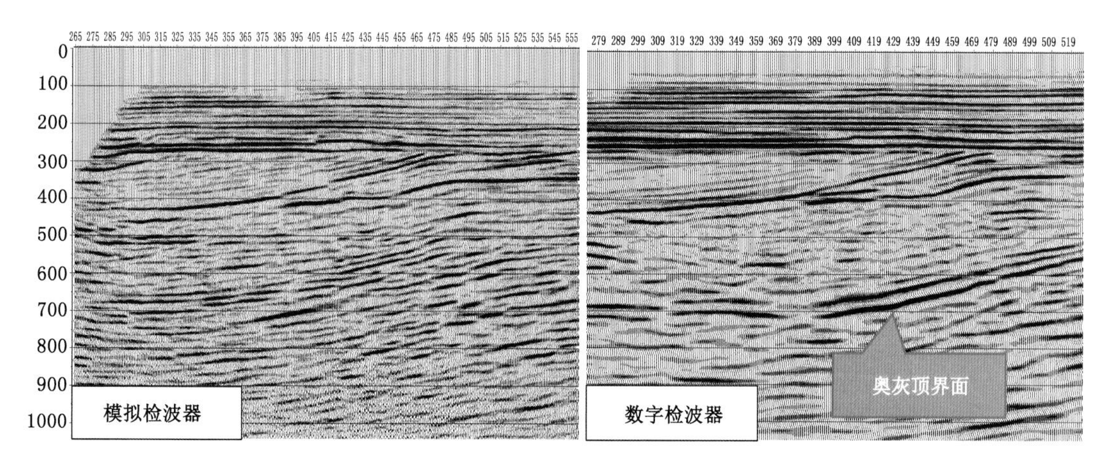

图 4-30　模拟检波器与数字检波器处理结果对比图

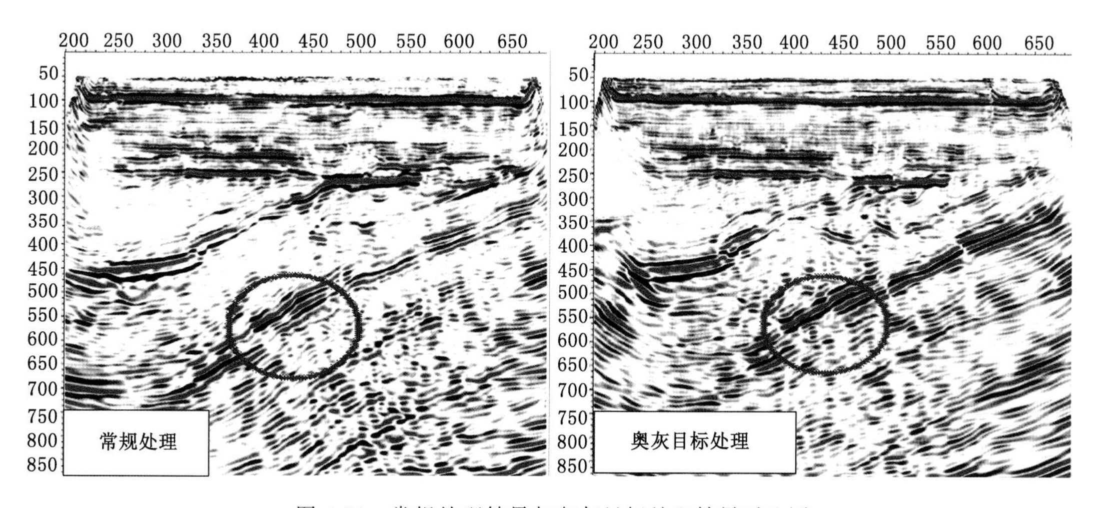

图 4-31　常规处理结果与奥灰目标处理结果对比图

珠状反射异常,符合溶洞主要发育在奥陶系古喀斯特作用面内,局部风化壳 60 m 以内为孤立的地质异常体的典型地质特征,而且上覆风化壳反射连续性好,说明地层没有垮塌形成陷落柱,因此该串珠可以解释为奥陶系灰岩内部的溶洞反射。

第三节　“两宽一高”处理技术

“两宽一高”指野外采集使用宽频带的激发震源、宽方位的观测排列和高密度的空间采样,因此,在数据处理和资料解释中需采用相适应的方法和技术。

近些年来,煤田地震勘探的目标由构造向岩性发展,其地质特征更复杂,对地震勘探的精度要求更高。因此,宽方位角地震勘探越来越多地应用于煤田地震勘探。由于宽方位角地震勘探炮检距大、采样密度高,尤其是横向增大的炮检距和采样密度更有利于对复杂地质体的照明,从而改善了复杂构造的成像效果。在地震资料采集中,区分宽、窄方位角的指标是“横纵比”,即观测系统中排列宽度与排列长度的比值。当横纵比大于 0.5 时,称之为宽方位角采集;当横纵比小于 0.5 时,则是窄方位角采集[57]。炮检距较大时,窄方位角观测系统在横向测线上的接收效果相对较差,而宽方位角观测系统在各个方位采集的信息基本均匀。宽方位角勘探炮点检波点分布比较均衡、覆盖次数高,包含更完整三维波场信息,保幅性好,远、近炮检距随方位角均匀分布,在纵、横炮检距方向都能有较均衡的地震信息。因此,宽方位勘探有利于方位各向异性特征的研究,在小断层识别、储层裂缝预测等方面具有重要意义。此外,宽方位角采集方法可以用于压制近地表的散射干扰,进一步改善资料的信噪比和分辨率,提高成像精度。

高密度主要是指大幅度提高勘探区布置的物理点尤其是炮点,是否是高密度主要以道密度衡量。对于可控震源激发,如果每平方千米道数大于 100 万道,即为高密度,而对于炸药震源,每平方千米超过 50 万道就可称为高密度。高密度地震勘探技术的特点是:① 在野外加大空间采样密度,减小面元尺寸,增加目的层有效覆盖次数,保证各种波场的无假频采样,确保面元属性均匀;② 在室内通过各种处理技术,在保证信噪比的前提下拓宽频带,提高纵横向分辨率;③ 在解释方面全面利用高密度成果,开展各类属性分析和反演,提高解释精度和成果的准确性。

“两宽一高”是地震勘探技术的发展方向,该技术具有诸多优势:① 获得宽频带的反射波能够提高地震勘探分辨率、探测范围和深度;② 通过宽方位采集得到了丰富的方向均衡的地震勘探信息,有利于各向异性的研究,对复杂多变地质目标的照明成像更好;③ 高密度勘探适合于地震地质条件复杂区,小面元、高覆盖的地震数据经过精细处理后可实现对小构造、薄互层、奥灰等含水层的更精确成像。

一、宽方位处理技术

淮北矿区地质构造复杂,目的层倾角大,走向多变,各类型断层极其发育,只有通过开展高密度宽方位地震勘探,才能更好地解决各类地质问题。该矿区地表起伏小,激发条件较好,为开展宽方位高密度勘探提供了便利条件。

宽方位地震资料的处理重点是如何通过宽方位采集资料,解决速度的方位各向异性问题,建立精确的速度场。如何充分挖掘全方位资料信息来提高最终成像精度,提供更丰富解释成果,宽方位资料处理技术主要有分方位处理技术、OVT 技术以及全方位角成像技术。目前能应用于实际资料的宽方位资料处理技术有 CGG 公司的 COV 技术,斯伦贝谢的 OVT 处理技术,另外还有 Paradigm 公司研发的新一代 EarthStudy360 成像技术。

(一) 分方位角技术

2002 年 Cordsen 等[58]认为由于地下介质的非均质性和方位各向异性等原因,导致地震波在地下传播时在不同方向上速度的不同,仅采用过去的单一速度难以解决不同方位的偏移成像问题,因而要考虑基于方位的速度分析。分方位处理首先按照一定的角度范围将地震数据划分为分方位道集,扇区划分要保证各个方位上的覆盖次数均匀分布,速度分析工作也需要在分方位道集上分别进行,以获得各个方位的最佳速度。偏移后的分方位道集可继续做资料解释,如通过方位切片和地震属性分析等来判断地层变化或者裂缝的发育情况[59]。分方位技术降低了速度的方位各向异性对处理效果的影响,但各偏移后的分方位数据体无法重构为一个统一的成果,只能在各个分方位数据体上进行综合性解释。

(二) OVT 处理技术

OVT 就是 Offset Vector Tiles 的缩写,也就是炮检距向量片,是随着宽方位采集发展起来的处理技术。段文胜等[60]在2013年首次将其应用到国内塔里木油田，提高了碳酸盐岩洞体成像和裂缝预测精度。OVT道集是对十字排列道集按照炮线距和检波线距等距离划分得到的子道集，十字排列道集是以相同炮线和检波线抽取的道集，因此其个数与炮线和检波线交点的数目一致；对每个十字排列道集矩形按照炮线距和检波线距等距离划分，得到的小矩形就是一个OVT，其大小由炮线距和检波线距决定，每个十字排列中OVT的个数等于覆盖次数。将每个十字排列道集中相同位置的OVT抽取出来，就形成了一个覆盖全区的单次覆盖OVT道集。因为每个OVT都是炮线有限范围内的炮点和沿检波线有限范围内的检波点构成，这两个范围把OVT的取值限制在一个小的区域，也就是说OVT具有限定范围的炮检距和方位角。

在获得OVT道集之后，可以在OVT域实现插值、叠前偏移等处理，相对于常规共炮点域、共炮检距域有很多优势。常规窄方位地震资料由于各向异性影响小，在共炮检距域进行插值问题不大，但是宽方位采集数据可能会存在严重各向异性问题，在处理中必须考虑各向异性问题，而OVT道集具有相近方位角，消除了各向异性影响，因此OVT域的插值更适应宽方位的地震资料规则化处理。应用OVT道集进行叠前时间/深度偏移，获得的CRP道集保留了炮检距和方位角信息，可用于各向异性分析、叠前反演和裂缝预测。

（三）ES360全方位角偏移成像技术

全方位角成像技术是基于地下局部角度域的成像方法，是针对宽方位资料处理的一种新思路。OVT道集的方位角是建立在地表观测系统之上的，而全方位角度域输出的方位角、倾角和反射角均为地下反射点的角度，精度更高。全方位角成像技术是将地面采集的地震数据映射到地下局部角度域(图4-32)系统中进行偏移成像，每个地下成像点处的射线都包含开角、开方位角、倾角和方位角坐标分量，这四个量形成了一个4D局部角度域系统，可以对成像点处的射线进行准确的描述[61]。通过全方位角偏移成像处理，可以产生倾角道集和反射角道集。倾角道集通过加权叠加能够改善断面等非连续目标的成像效果，而反射角道集可以用于层析速度反演，有利于深度域速度建模和叠前反演。通过对比克希霍夫叠前深度偏移和全方位角成像输出结果，全方位角成像结果在同相轴分辨率以及洞体成像上都具明显优势，尤其在针对裂缝发育的地区，利用倾角域道集成像的规律和特点能够很好地辨

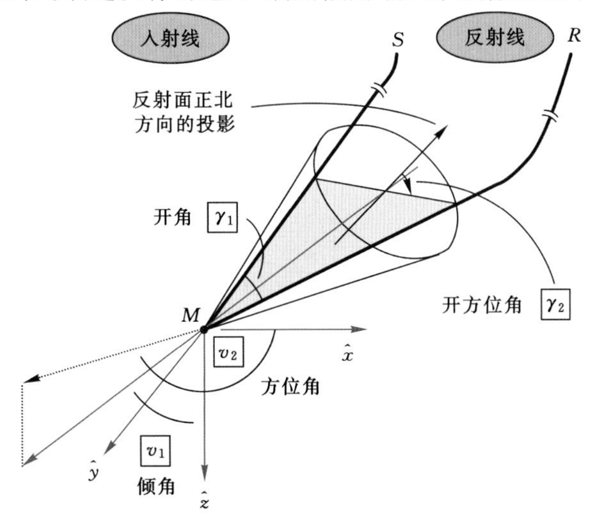

图4-32　成像点M的局部角度域[61]

别真假断层和串珠。

ES360是帕拉代姆近几年研发的、具有创新性的系统，是一个专门为全波场地震的成像、描述、可视化和解释而设计的全新系统。ES360可以在地下局部角度域，以连续方式应用所有的地震数据，产生两个互补的全方位角度道集系统：方向道集和反射道集。方向道集能够从总的散射能量分离镜像反射能量，镜像能量的加权能提高反射体的连续性，除此之外镜像能量还提供关于局部反射体的方向（倾角/方位角）和连续性的准确信息。通过加权散射能量，能够加强超出地震分辨率的几何特征，例如微小断层甚至裂缝。

二、宽频处理技术

宽频地震勘探技术是实现高精度地震勘探的重要方法之一，有利于改善薄层以及小构造的成像效果，提高地震资料的解释水平，宽频地震数据更有利于反演。宽频处理工作的重点是拓宽频带，尤其是保低频，提高地震资料的主频并不能真正提高分辨率，主频高但缺乏低频信号的窄频带地震剖面会牺牲剖面的波组特征，在一定程度上造成假象，并不是真正的高分辨。倍频程对宽频处理更为关键，通常要求倍频程能够达到3～5，增强低频成分是确保频带宽度和提高倍频程数的最有效做法。

淮北矿区对于断层等小构造的精细解释要求高，防治水工作迫切需要解决煤层下部隔、含水层成像问题，这些都需要提高地震勘探成果的精细化程度和准确性。地震信号低频成分具有穿透力强、比高频稳定、传播距离远等优点，在岩性识别、薄煤层成像和全波形反演中起到至关重要的作用，通过拓展数据的低频成分来提升资料分辨率，是目前宽频地震数据处理的主要思路。淮北矿区通过全数字高密度勘探项目的开展，在采集方面实现了高密度宽方位采集，在保证激发能量的前提下尽可能使用小一些的药量激发，保证激发信号频宽。使用数字检波器接收更多高低频端信号，精细化野外采集保证单炮质量，通过室内宽频处理、解释方面属性分析反演技术的应用，尽可能挖掘地震资料的解释潜力，提供更多更可靠的地震解释成果。

俞氏子波是由俞寿朋教授提出的一种新型子波，它具有主瓣窄、旁瓣幅度小、波形简单、振幅谱光滑连续等特点，是目前条件下高分辨率处理的理想子波[62]。俞氏滤波能使滤波器的峰值频率对应最佳信噪比的频段，使地震数据同时具备较高的分辨率和信噪比。

三、高密度海量数据并行处理技术

“两宽一高”中的高密度空间采样使得地震数据采集量成倍增长。石油系统单一工区地震采集的数据量早已增长到了TB级甚至PB级，煤田系统单一高密度工区数据量也已接近TB级别，相应的地震采集仪器也已进入万道、十万道甚至百万道的时代。海量数据对处理系统带来了巨大的压力，海量数据的存储与管理、超大规模计算都给处理软硬件系统提出了更高要求。煤田地震数据处理系统，已经由原来的单机工作站发展成为中小规模集群，处理软件也已由单机单线程叠后时间偏移发展为多节点多线程叠前时间/深度偏移。

（一）基于CPU/GPU的并行处理集群系统

海量地震数据的处理必须要有足够运算能力的硬件支撑，因此高性能的计算环境是必不可少的。单台计算机受各种硬件因素发展水平影响其计算能力有限，将许多单机通过网络连接并由并行管理系统统一调度，协同完成大型计算，就构成了计算机集群。集群就是一个多机联网的并行系统，由多个CPU或GPU处理单元组成，能够将工作分配到多个节点上并行完成。多节点并行集群是实现海量地震数据高效处理的主要手段，从理论上讲其计算能力可以无限可扩展。集群系统有如下优点：

1. 高可扩展性

集群系统的计算性能随着 CPU/GPU 个数的增加线性提高，其存储能力也可以无限扩展。

2. 高可用性

集群系统中各节点都是一个完整的系统，有独立完整的操作系统。集群中的一个节点失效，它的任务可以分配给其他节点。集群搭建灵活方便，组成集群的节点可以是工作站，也可以是 PC 机，可以根据需要把不同机型的计算机互连，有效地形成异构并行计算环境。

3. 高性能

通过并行管理及合理调度，集群允许系统同时接入多个用户，每个用户可以使用集群中分配到的节点进行资料处理，多个用户可以互不干扰地进行不同的处理任务。

4. 高性价比

可以采用廉价的符合工业标准的硬件构造高性能集群系统。地震数据处理集群通常包含软件节点、I/O 节点、计算节点、磁盘阵列以及网络系统。软件节点用于安装各种处理解释软件，I/O 节点通过光纤与磁盘整列连接，负责管理磁盘阵列及数据的 I/O，计算节点执行并行处理作业，磁盘阵列用于存储地震数据。集群系统目前最常见的品牌有 DELL、曙光、浪潮、华为等，其基本架构相同。集群节点一般为机架式和刀片式，通常软件服务节点及 IO 节点采用机架式节点，而计算节点采用体积更小、扩展性更好的刀片式服务器。集群操作系统以 Linux 系统为主，多以 MPI 为并行编程环境。MPI 是目前最流行的分布存储并行编程环境，具有移植性好、功能强大、效率高等多种优点。

某高密度地震勘探数据处理集群配置如表 4-2 所列。该集群由 28 个计算节点、3 个软件节点、4 个 I/O 节点、1 个管理监控节点和裸容量为 192 T 的磁盘阵列组成，处理核心数达到 672 个，理论浮点运算峰值速度超过 27 万亿次每秒。

表 4-2　某高密度地震勘探数据处理 CPU 集群硬件配置

序号	项目	具体构成	数量	备注
1	计算节点	Dell M630 刀片：2 颗 Intel Xeon E5-2690v3 处理器；64G 内存	28	
2	刀箱	Dell M1000e 刀箱	1	
3	软件节点	Dell R630 机架式服务器：2 颗 Intel Xeon E5-2690v3 处理器	3	
4	I/O 节点	Dell R630 机架式服务器：2 颗 Intel Xeon E5-2660v3 处理器；256 G 内存，1.2 T SAS 硬盘	4	
5	监控节点	Dell R630 机架式服务器：2 颗 Intel Xeon E5-2630v3 处理器；64 G 内存；1.2 T SAS 硬盘	1	
6	高性能存储	DELL MD3420 和 DELL MD3460	1	裸容量 190 T
7	交换网络	1 个万兆光纤交换网络；2 个千兆交换网络	3	

图 4-33 为该集群系统架构及实际设备图。集群管理系统采用千兆网络系统，计算网络采用光纤及万兆网络系统。机柜从上至下依次为管理节点，4 个软件节点、4 个 I/O 节点、磁盘阵列、两个分别插入 14 个刀片式计算节点的刀箱，机柜上部的节点全部采用机架式服

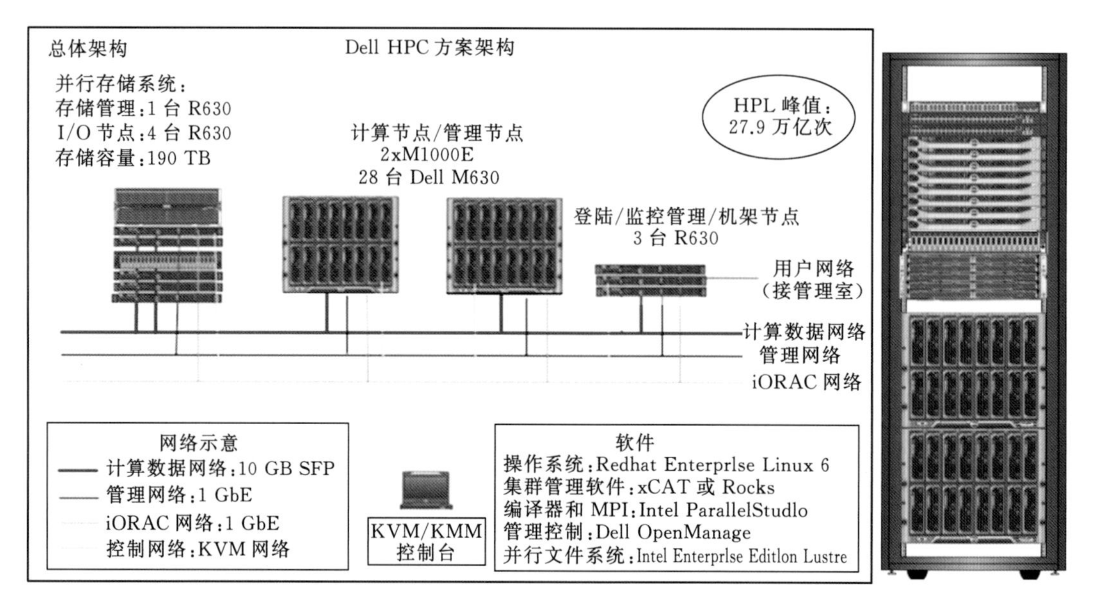

图 4-33　高密度地震勘探数据处理集群架构（左）及实际设备（右）

务器。

表 4-3 是自 2014 年以来集群完成的部分高密度项目叠前时间偏移运行机时统计表，对比塔式单机工作站，可见应用 CPU 集群系统处理效率提升明显。

表 4-3　淮北矿区高密度项目叠前处理效率统计表

	项目名称	面积/km^2	数据量/G	叠前时间偏移机时/h		节省机时/h
				工作站	集群	
1	朱仙庄 8、10 采区	3.1	100	168	8	160
2	邹庄	4	120	180	9	171
3	童亭	2.3	70	120	6	114
4	朱仙庄 103	4.03	150	200	10	190
5	淮北杨柳	19	800	1500	150	1350
6	许疃	18.9	900	1 600	155	1 445
7	孙疃	9.3	500	700	80	620

（二）并行处理技术

随着高密度地震勘探的推广，地震观测测线和道数越来越多，采样精度也越来越高，地震勘探的采集数据量随之大幅增长，加上处理流程中不断增加的中间处理数据，不断提出的各种复杂大计算量处理技术，使地震资料处理所需的生产周期越来越长。因此，必须实现这些大计算量的处理算法的并行化。另外，地震数据模拟及处理中常用的有限元、有限差分等方法存在固有的并行性，而且地震数据是按束、炮、线、道等方式组织的，同样具有良好的并行特征，所以并行算法在地震勘探中的应用日渐普及，技术已较为成熟。

地震数据处理中叠前偏移计算量庞大，同时偏移处理固有的可分解性和线性叠加性质，为实现叠前偏移的并行计算提供了条件，是目前大部分地震数据处理软件中必须并行实现的处理步骤。在叠前偏移成像中，每个炮集计算过程独立，计算时相互间不需要或很少需要进行数据交换，具有很强的并行性。炮域叠前偏移将所需的计算参数和计算所有炮集数据的基本参数等信息发送到不同的节点完成叠前偏移，最终由主节点叠加并输出最终偏移结果。在计算过程中将中间结果保存在计算节点本地磁盘中，提高了并行处理效率。除了叠前偏移处理技术，各大处理软件也推出了很多其他大计算量处理模块的并行版本，这些处理模块主要集中在叠前去噪、静校正计算、多次波压制、偏移等方面，例如 GeoEast 软件的并行叠前叠后随机噪声衰减以及综合全局寻优剩余静校正等。随着地震资料处理数据日益增加、处理算法日趋复杂，并行处理模块在各大处理软件中所占比例越来越高，甚至推出了很多 GPU 版本的处理模块。

集群硬件系统的易扩展性保证了硬件上可以几乎无限满足处理计算需求，同时并行处理模块的不断推出，极大地推进了地震资料处理新技术的应用，提升了处理效率及复杂地质条件的成像精度和成果质量。

第四节　地震资料处理实际应用

一、目标区概况

青东矿位于淮北矿区北段 NE 向裙断带内，区内构造比较复杂，构造主体表现为一走向 NW、局部略有转折、向北倾斜的单斜。地层倾角一般为 10°～20°，但沿走向方向出现较小规模的地层起伏或次级褶曲，局部出现“平台”，倾角由 10°～20°变化为 5°～8°，未发育有较大规模的褶曲。断层发育规律主要表现为走向近 SN 方向的断层切割近 EW 方向的断层。矿区含煤性较好，7 煤埋深 245～950 m，8 煤埋深 250～970 m，10 煤埋深 275～1 030 m，这三套主力开采煤层整体均表现为单斜，断裂较多，倾向 EN，倾角为 20.5°～23.3°。

表 4-4 是青东矿全数字高密度三维地震勘探工程野外施工参数，图 4-34 是研究区三维地震炮检位置、覆盖次数以及最大最小偏移距图，由图可见工区覆盖次数较均匀，在村庄位置缺少小炮检距数据。图 4-35 为工区典型原始单炮，受激发、接收因素影响，原始资料存在多种干扰，主要是面波和异常振幅干扰。

表 4-4　观测系统参数表

观测系统	16L×8S×160T×1R×64 次线束状	仪器型号	SERCEL428XL
面元	5 m×5 m	纵横比	0.79
纵向覆盖次数	8	横向覆盖次数	8
总覆盖次数	64	单排列接收道数	2 560
最大非纵距	635 m	最大炮检距	1 017.5 m
道距	10 m	炮点距	10 m
接收线距	80 m	炮线距	100 m
横向滚动距	80 m/1 条	震源类型	乳化炸药

通过对原始资料进行分析，可知工区地震资料具有如下特点：

① 本区地表起伏较小，近地表结构比较简单，但是由于浅层波速低且横向有变化，依然存在一定的静校正问题。

② 资料目的层信噪比较低，干扰严重，主要噪声有面波、异常振幅干扰等，局部区域坏炮、坏道现象严重，局部有多次波存在。

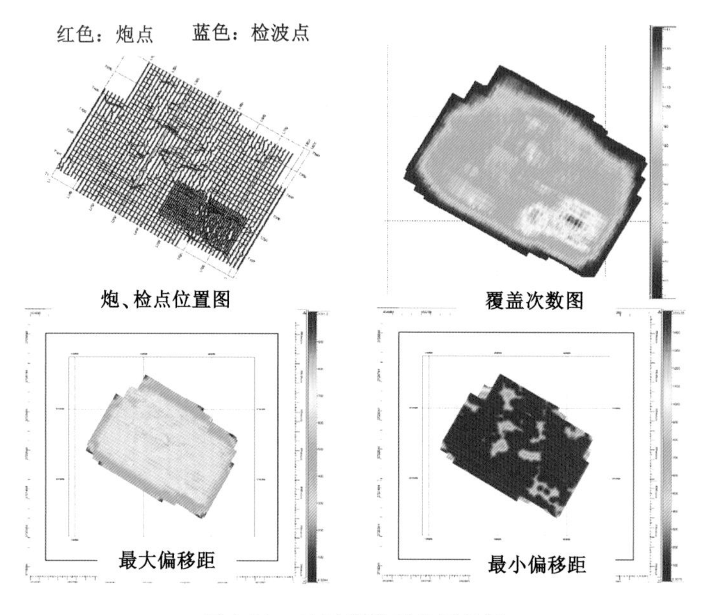

图 4-34　工区观测系统属性图

③ 由于激发因素、接收条件影响，造成炮间能量有一定差异，受煤层上覆地层屏蔽影响，煤层以下反射波能量衰减严重。

④ 原始资料浅层有效信号频带较宽，分辨率高，高频端可到 150 Hz 左右。煤层附近频率范围 6～80 Hz，太灰和奥灰地层频率较中浅层有明显降低。

⑤ 受地表施工条件的影响，炮、检点分布不均，影响浅煤层成像。

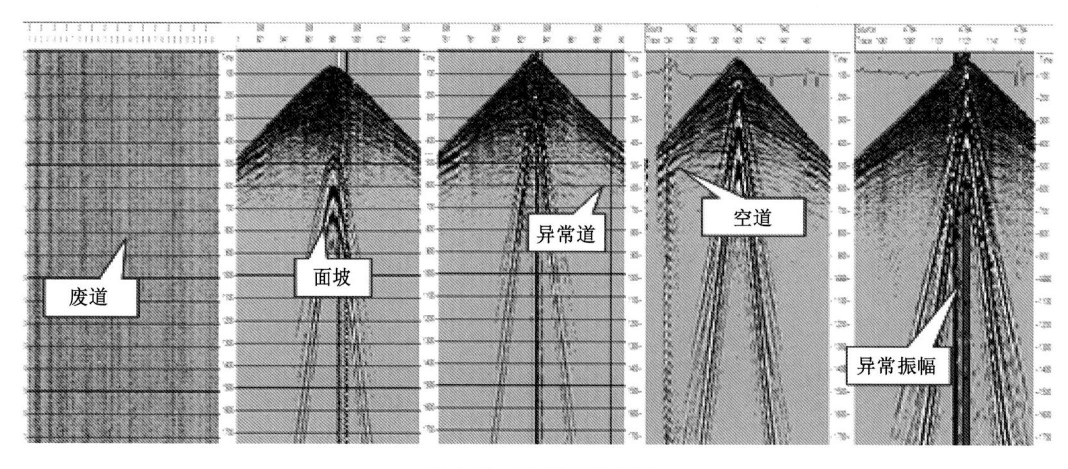

图 4-35　典型单炮记录

二、关键处理环节

（一）静校正处理

如图 4-36 所示，本次处理采用了初至波层析静校正与反射波剩余静校正组合，较好地解决了静校正问题。本区原始资料初至清楚，折射层稳定，可以应用基于初至的基准面静校正方法来反演近地表模型。通过对比变网格初至波层析静校正方法、折射波校正与野外静校正效果（图 4-37），本区最终的基准面静校正采用了变网格初至波层析静校正方法，该方法对于精细解决近地表风化层速度反演问题具有网格小、精度高、反演效率高、结果稳定等优势，在获得基准面静校正量的同时获得近地表速度场等成果，浅部成像效果更好。在应用了变网格初至波层析静校正法解决了中长波长静校正量之后，又开展了速度分析与反射波剩余静校正的迭代，进一步消除了残余的短波长静校正量。

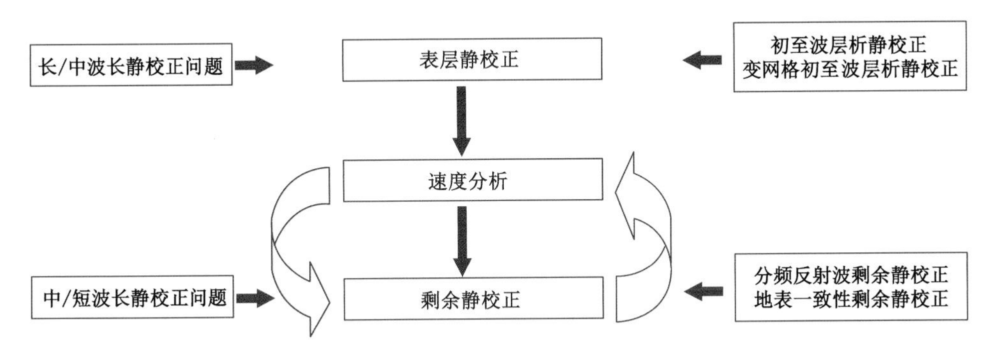

图 4-36　静校正处理方案

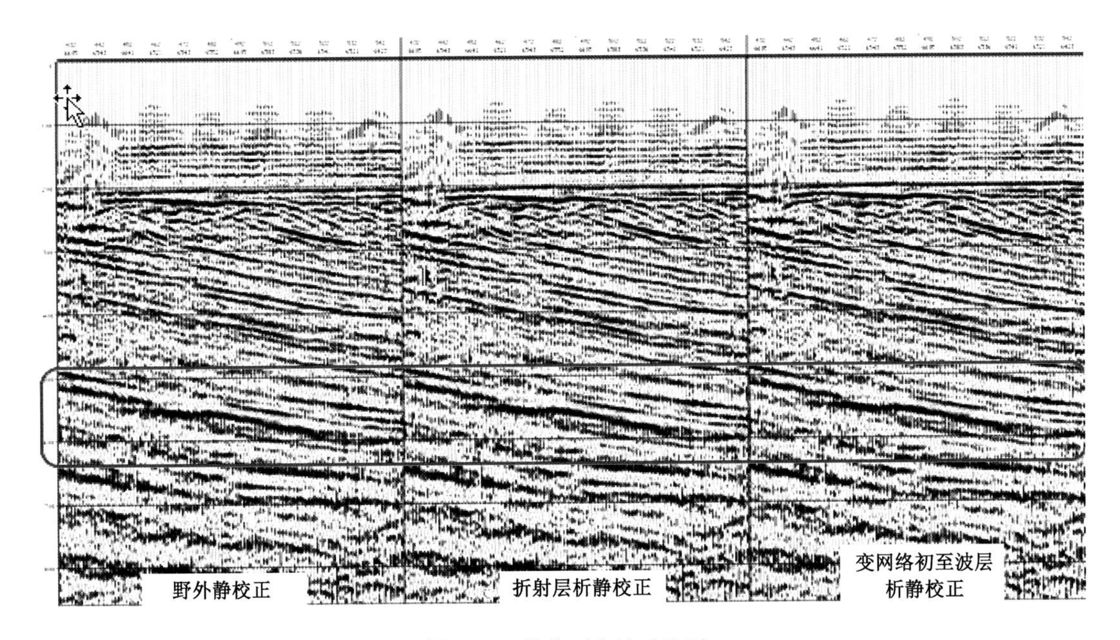

图 4-37　静校正方法对比图

（二）叠前去噪

根据噪声特点，叠前选择自适应面波压制技术进行面波衰减，选择分频去噪技术对异常振幅干扰进行压制。图 4-38 是综合应用自适应面波压制及分频异常振幅压制前后单炮对比图，可以看到，综合去噪后，面波及异常振幅衰减效果很好，去除的干扰中没有有效信号。图 4-39 是噪声压制前后纯波叠加对比图。在青东高密度资料处理过程中，叠前去噪采用的面波干扰压制、异常振幅干扰压制，都是利用多道统计、分频检测的方法对干扰波进行识别，再用减去法消除噪声，因此具有较好的保真度。

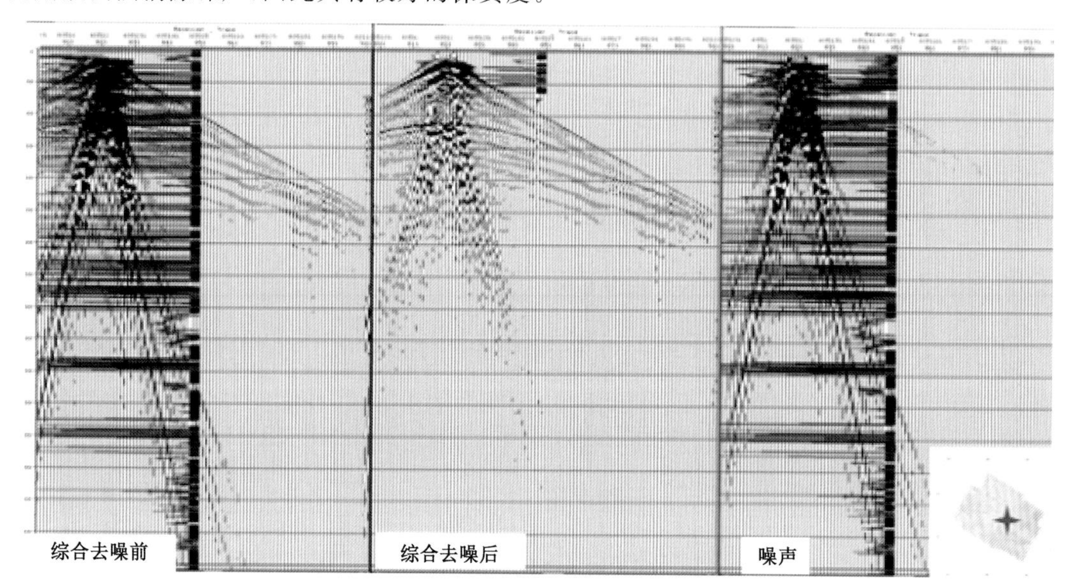

图 4-38　综合去噪前后单炮对比图

（三）振幅补偿

青东高密度资料处理采用几何扩散振幅补偿技术，恢复了地震波传播过程中造成的能量衰减，使得资料浅、中、深层能量得到恢复；采用地表一致性振幅补偿技术，消除了由于采集因素、低降速带厚度及速度、激发岩性等地表因素横向变化造成的能量差异。图 4-40 是振幅补偿前后叠加剖面对比图，可以看到，振幅补偿后纵横向能量都更为均衡。

（四）反褶积处理

通过对地表一致性预测反褶积、脉冲反褶积和多道预测反褶积方法进行对比，最终选用地表一致性预测反褶积方法进行反褶积处理，并分为两个反褶积时窗，选用不同的反褶积参数。从图 4-41 可见，地表一致性预测反褶积目的层段反褶积效果最好，分辨率明显提高。图 4-42 是对不同的预测反褶积步长进行测试，可以看到，在浅部 12 ms 步长反褶积效果最好，在深部 20 ms 步长反褶积效果最好。

（五）速度分析

速度分析与剩余静校正是淮北矿区全数字高密度地震资料处理的重要环节，通过速度分析和剩余静校正的迭代，可以获得最优的叠加剖面和最佳的叠加速度，为后期偏移成像奠定基础。速度是地震勘探资料处理最重要的参数，速度分析的精度直接决定了成像质量。速度分析包括叠加和偏移速度分析，其目的是获取工区均方根速度场。叠加速度场既可作为叠加速度直接对 CMP 道集进行动校正，也可作为偏移的初始速度进行偏移成像。不同

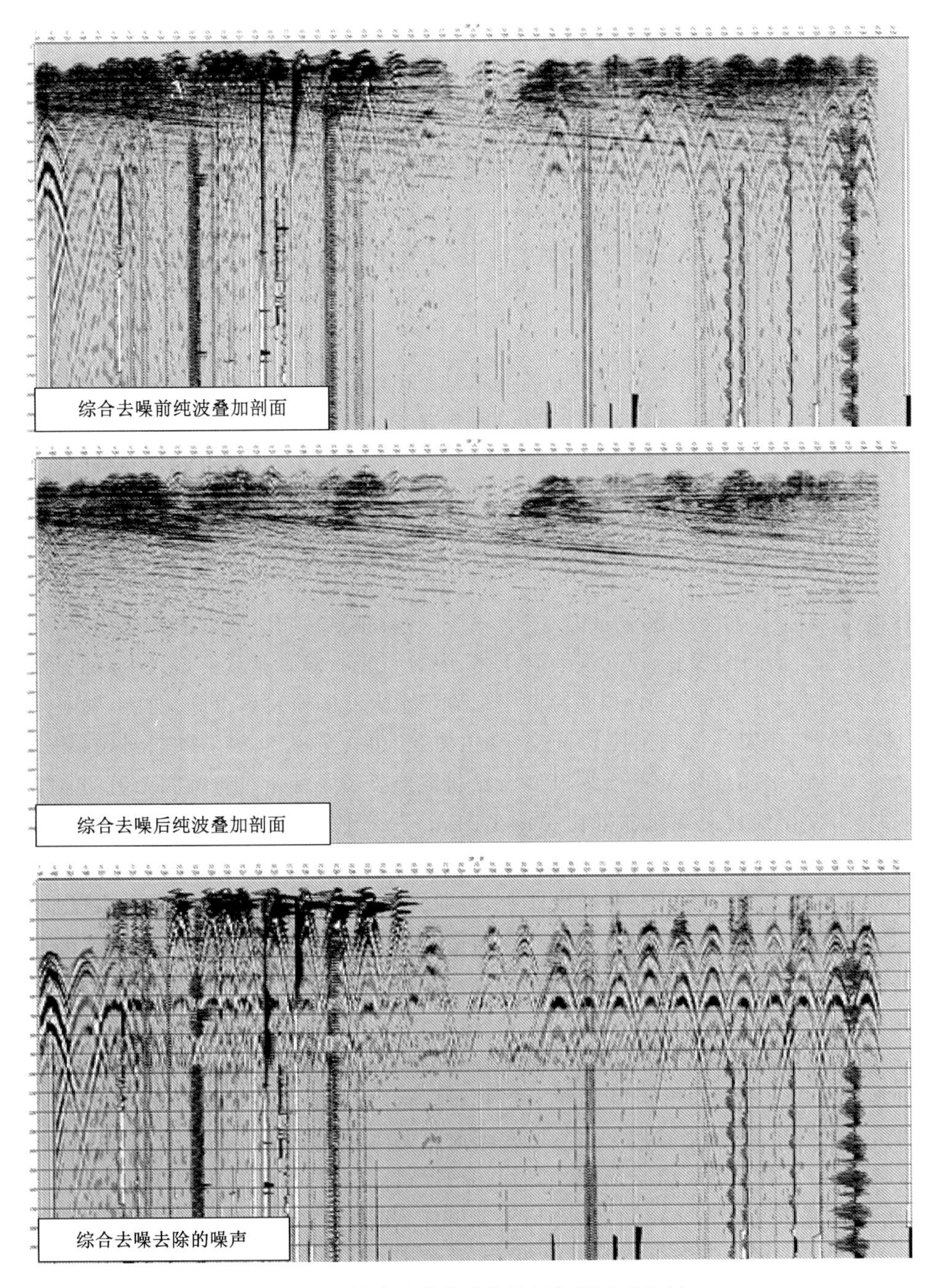

图 4-39 综合去噪前后纯波叠加剖面对比图

于常规勘探纵向密、横向疏的速度分析间隔，青东高密度勘探基于宽方位采集以及 5 m×5 m的面元网格，速度分析在横向采用了与纵向相同的密度，大部分区域速度分析网格为 100 m×100 m，在局部构造复杂、速度变化剧烈区进行了适度加密。图 4-43 为青东高密度地震资料处理典型速度谱，图 4-44 为速度分析网格及速度剖面。

（六）时间域偏移成像

时间域偏移成像采用了叠后时间偏移、叠前时间偏移处理技术。叠后时间偏移对比了

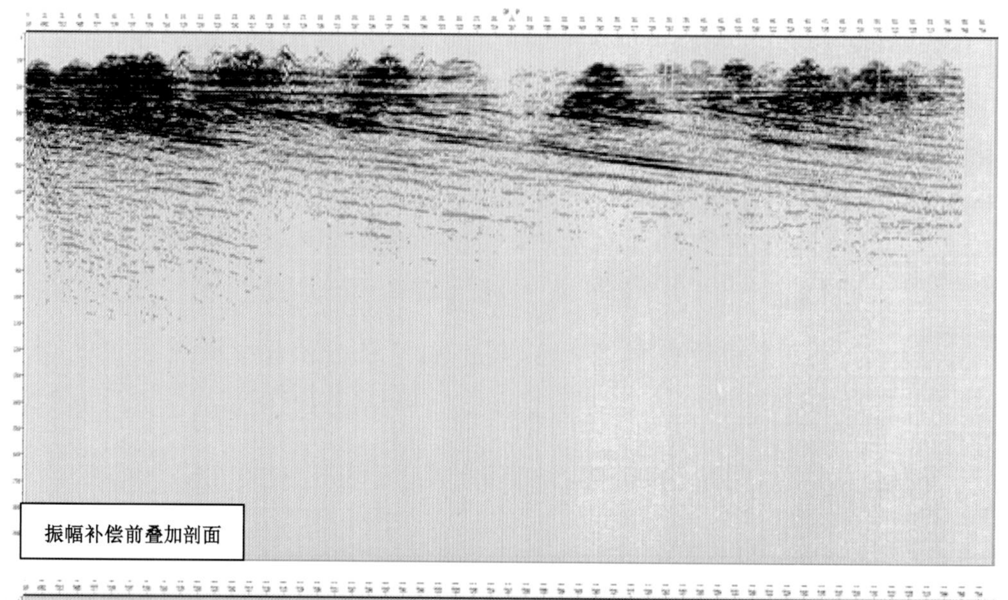

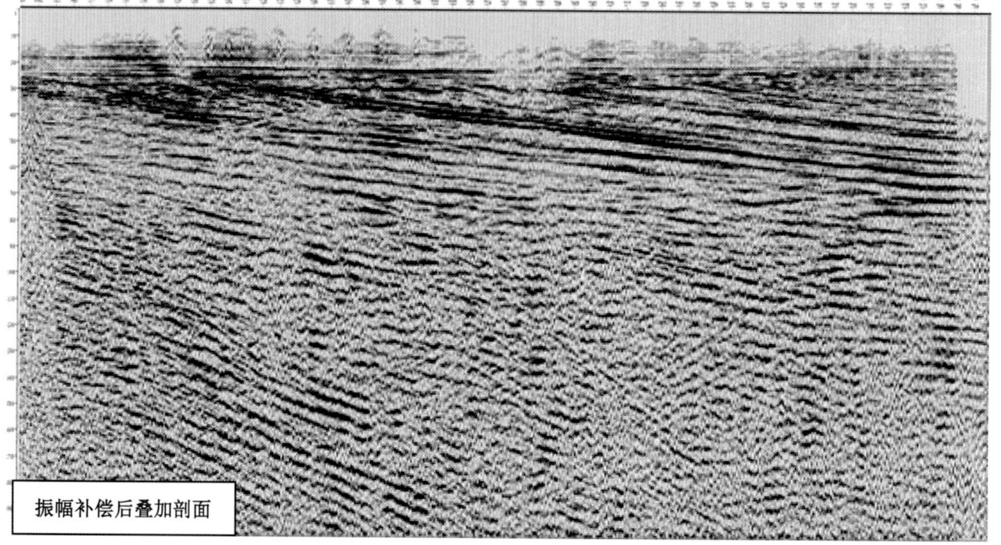

图 4-40 振幅补偿前后叠加剖面对比图

克希霍夫积分法和有限差分法，如图 4-45 所示。克希霍夫积分法叠后时间偏移同相轴连续性更好，但是深部有一定假象，而有限差分法虽然连续性稍差，但是剖面整体波组特征更好，深部未出现水平同相轴假象。

叠前时间偏移处理的核心是得到准确的均方根速度场，偏移成像的效果好坏主要取决于偏移速度场的准确与否。在建立偏移速度场时，首先将叠加速度场平滑后选定为初始偏移速度场，对目标线进行叠前时间偏移，通过检验目标线的共反射点道集是否拉平来判断偏移速度场准确与否，并进行剩余速度分析，修正偏移速度场。对比叠后时间偏移和叠前时间偏移剖面（图 4-46），可见叠前时间偏移剖面比叠后时间偏移剖面对断层和不整合面的刻画更清晰。

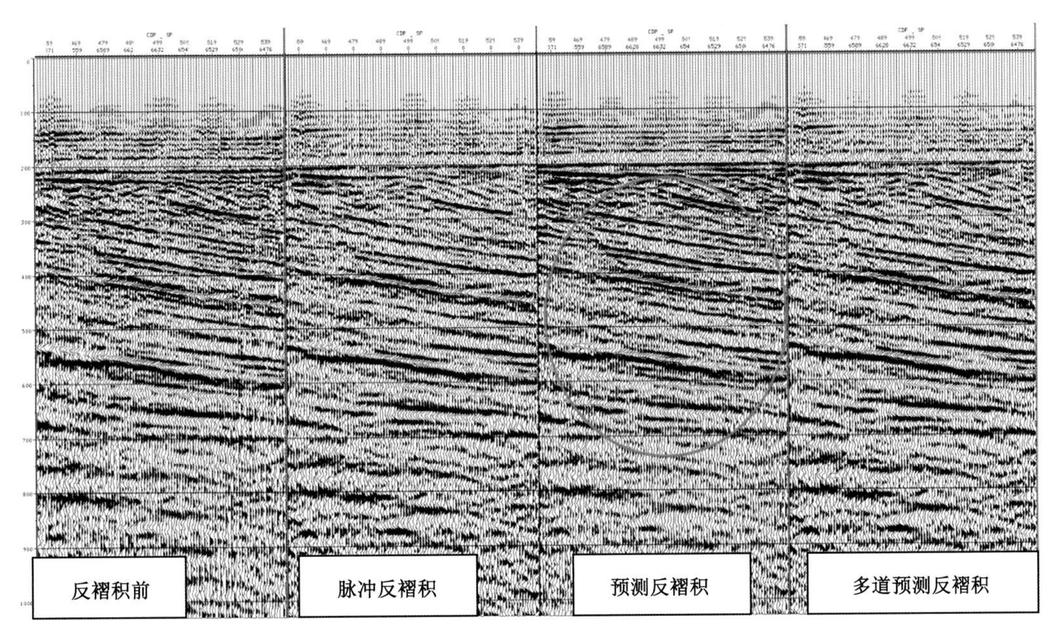

图 4-41　反褶积方法对比图

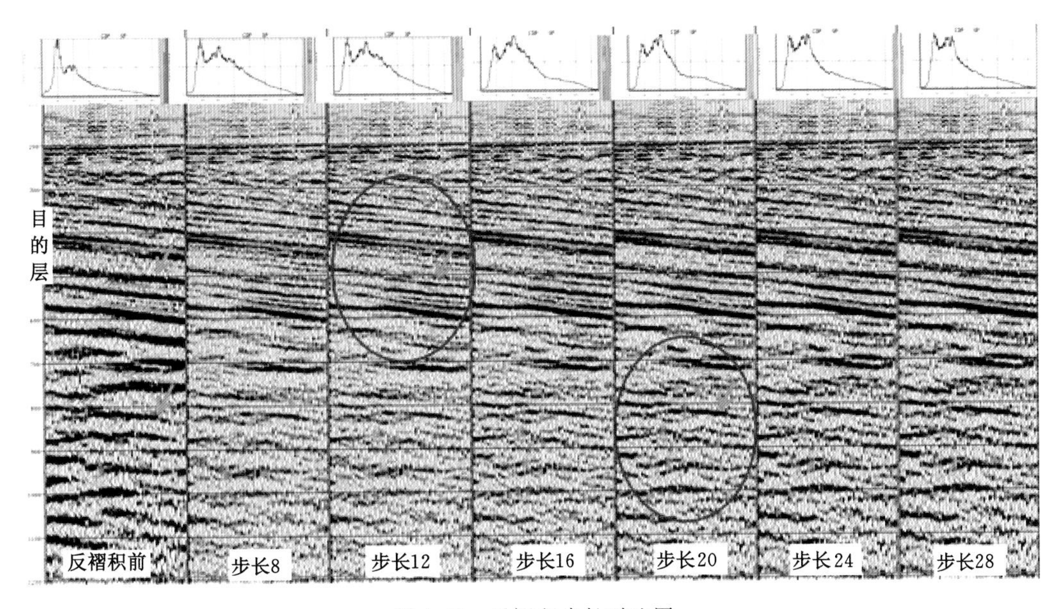

图 4-42　反褶积步长对比图

（七）叠前深度偏移成像

青东矿区全数字高密度地震资料叠前深度偏移处理详细过程及参数如下。

1. 时间域构造模型的建立

如图 4-47 所示，叠前深度偏移处理首先拾取了 9 个主要反射层位建立地质模型，在层析反演时作为射线追踪点。这些点信噪比高、剩余延迟可靠，空间上位于有地质意义的速度界面，以此约束反演深度域速度体更加可靠。地质模型纵向层位密度合理，横向变化与区域

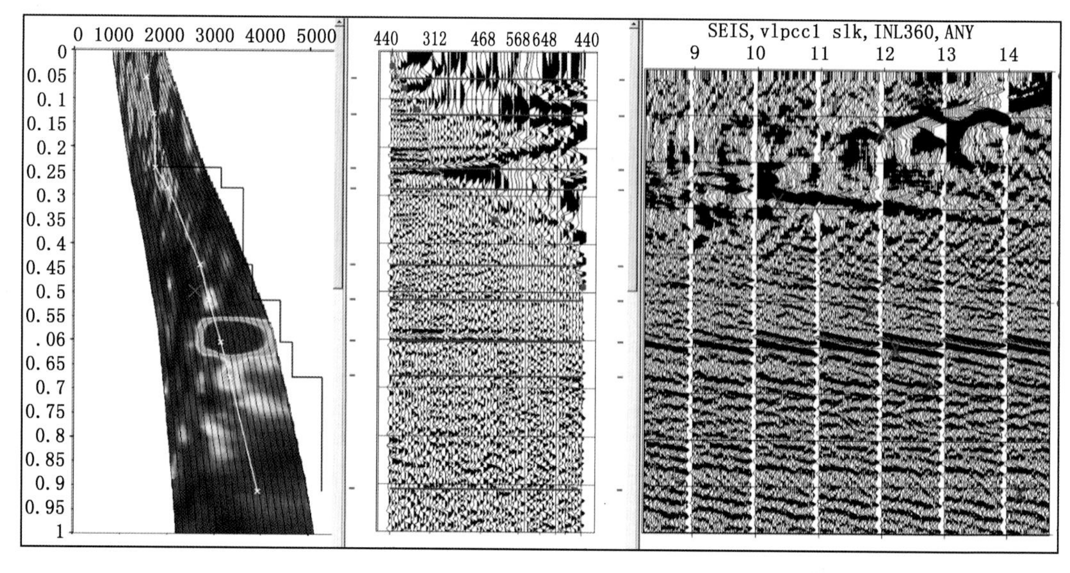

图 4-43 速度分析

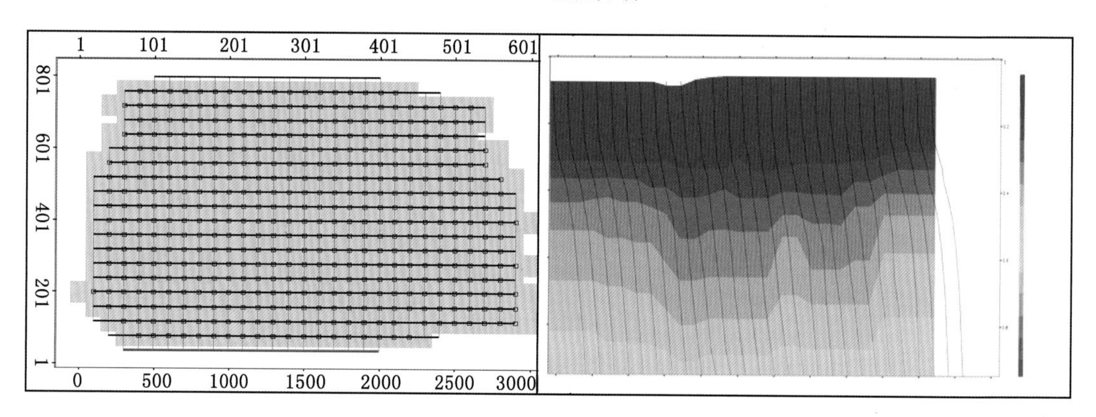

图 4-44 速度分析控制网格(左)与典型速度剖面(右)

构造特征吻合,纵横向测线解释方案闭合,层位解释满足后续处理要求。

2. 各向同性速度场的建立

各向同性叠前深度速度场的建立主要包括初始速度场的建立、沿层层析迭代速度优化和网格层析迭代速度优化。

(1) 初始速度场的建立

首先用叠前时间偏移的 RMS 速度转换成层速度场,与过井点的声波测井曲线进行对比,检查速度吻合趋势;抽取出沿层速度,进行编辑、平滑后,建立本次深度偏移处理的初始速度场。

(2) 沿层层析迭代速度优化

利用初始的速度模型,进行叠前深度偏移,逐层使用沿层层析成像技术对层速度-深度模型修改优化,最终每层沿层剩余速度接近零。

(3) 网格层析迭代速度优化

首先用沿层迭代后的速度场进行数据体偏,用体偏生成的叠加数据求取地层倾角信息;然后用体偏生成的道集数据做相似谱,求取同相轴信息,把同相轴信息和地层倾角信息相结

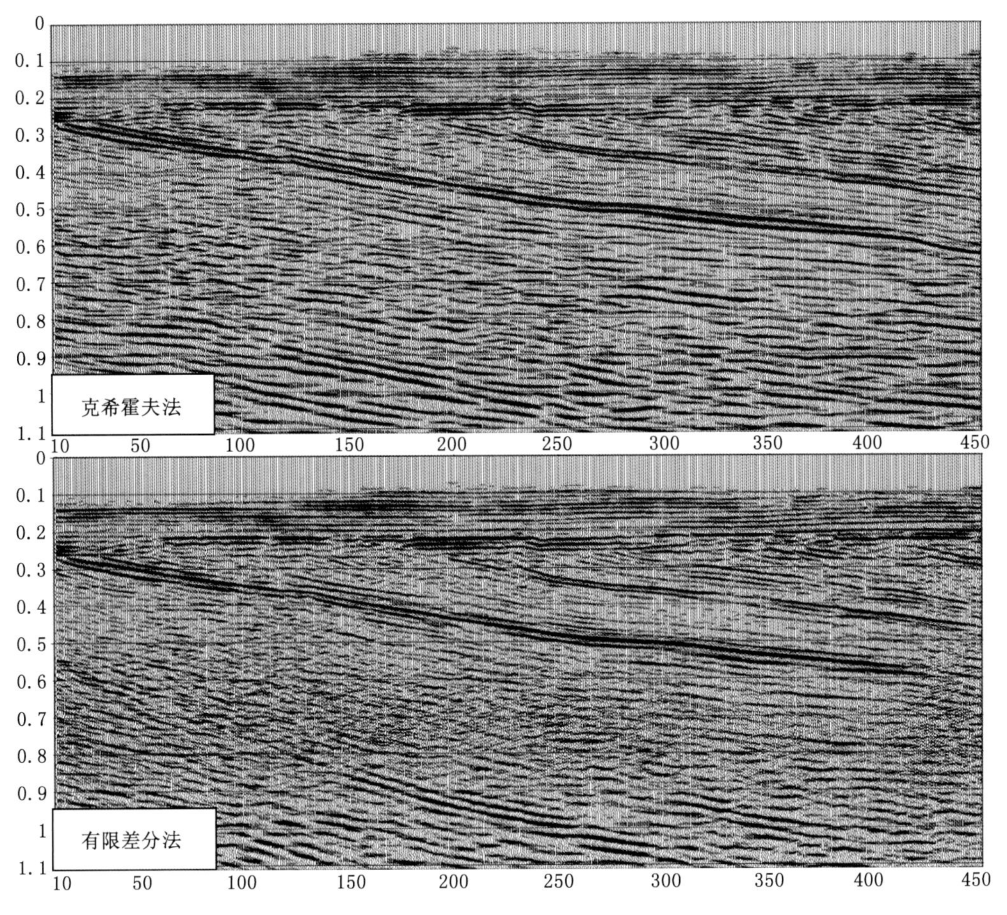

图 4-45　叠后时间偏移剖面对比图

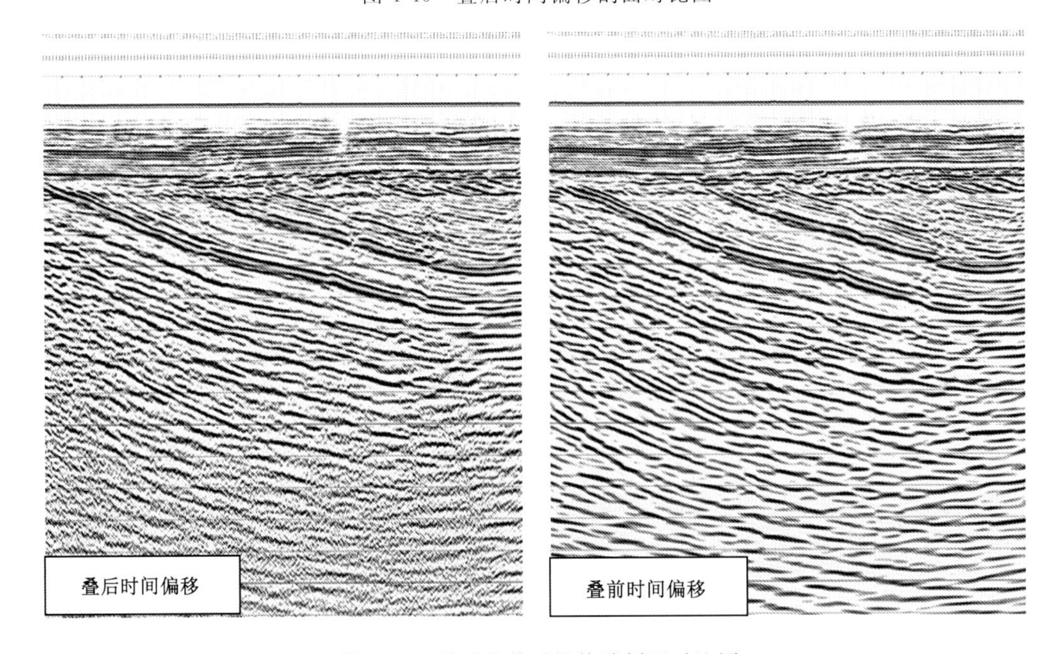

图 4-46　叠后叠前时间偏移剖面对比图

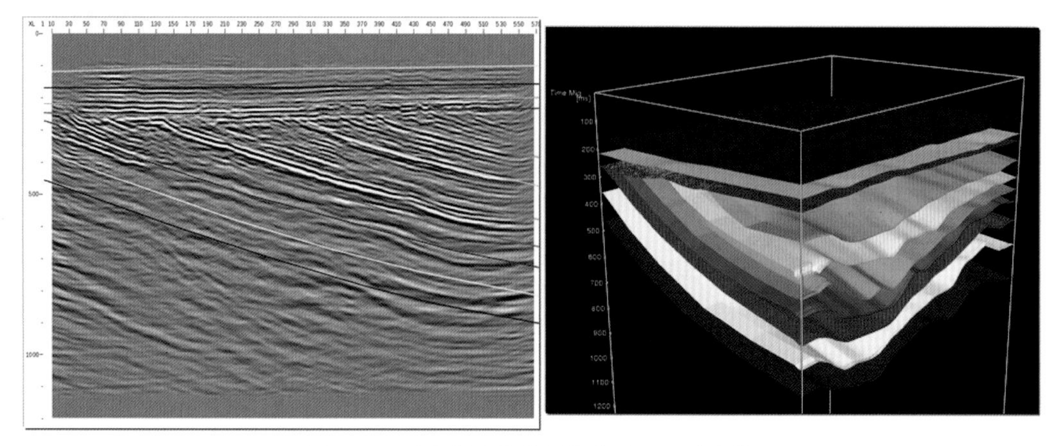

图 4-47　叠前深度偏移层位拾取及地质建模

合，采用射线追踪的方法来优化速度模型，并利用井资料约束速度改变量，形成新的速度-深度模型。本次共进行了 3 轮网格层析迭代，最终速度迭代网格为 50 m×50 m。在沿层模型迭代基础上，使用多轮次的沿层层析和网格层析逐步优化速度模型，提高速度模型精度。与叠前时间偏移数据相比，深度偏移数据断点归位更准确，构造形态更清晰。

在获得了准确的速度模型后，可以通过叠前全方位角深度偏移处理获取全方位倾角及反射角道集，这些道集更有利于对复杂微小构造进行分析和解释。

三、处理效果分析

图 4-48 是叠后时间偏移、克希霍夫叠前时间偏移以及全方位角叠前深度偏移成果（比例到时间域）对比，可以看到，叠前时间偏移及全方位角深度偏移成果频宽及主频均有明显提高，对于高陡断面成像更好，全方位角深度偏移成果在某些断层的显示上更为清晰。对比叠前时间偏移和全方位角深度偏移成果水平振幅切片（图 4-49 和图 4-50）可见，全方位角深度偏移资料分辨率明显提高，断层清晰度明显改善。

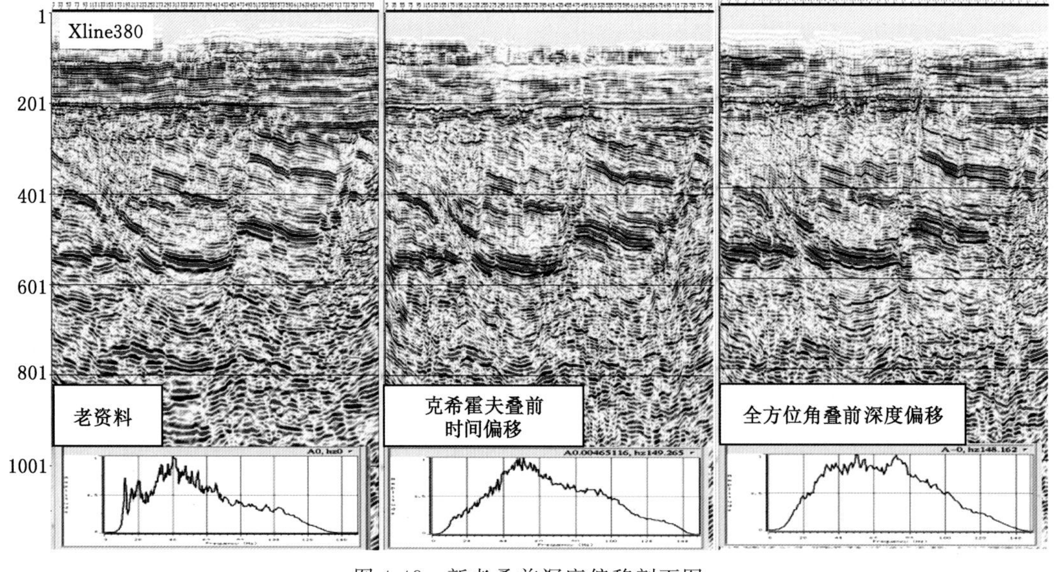

图 4-48　新老叠前深度偏移剖面图

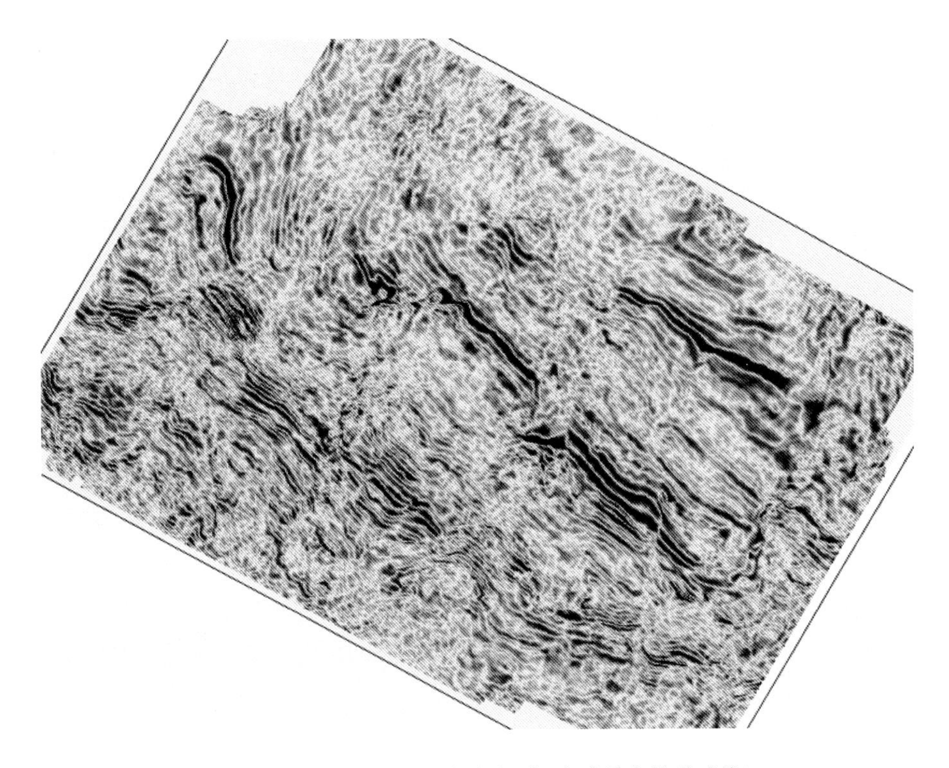

图 4-49　400 ms 均方根振幅切片(克希霍夫偏移成像)

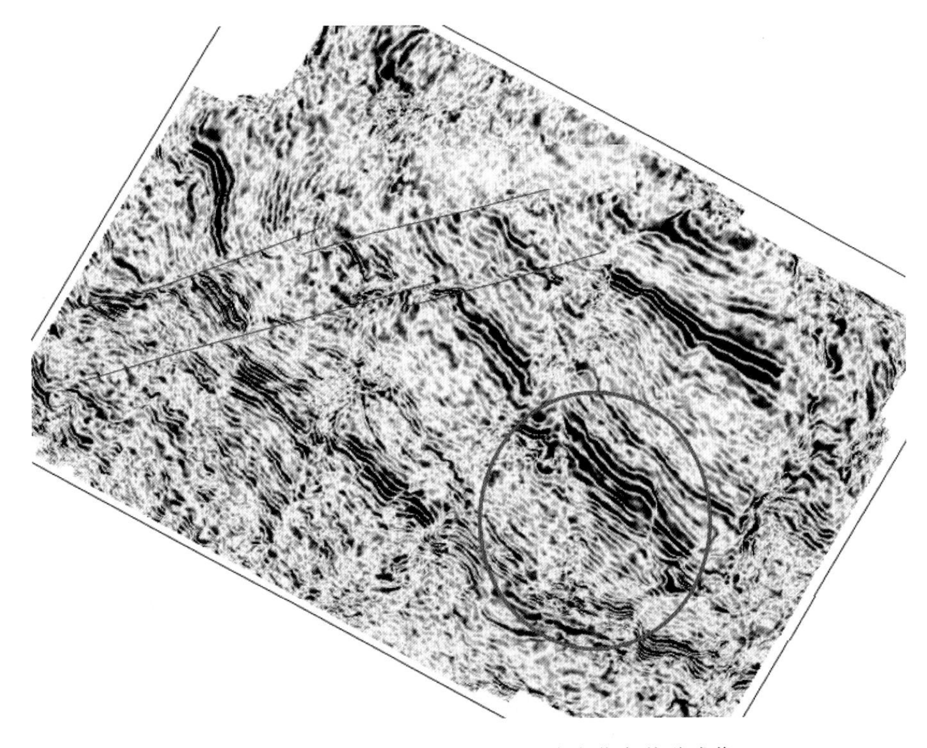

图 4-50　400 ms 均方根振幅切片(全方位角偏移成像)

图 4-51 是青东矿区全数字高密度地震资料本次处理与原处理对比图，可以看到，新处理剖面中红框所示目的层段波组特征明显好于原剖面，绕射波得到更好收敛，箭头处断点更为清晰，本次处理取得了良好效果。

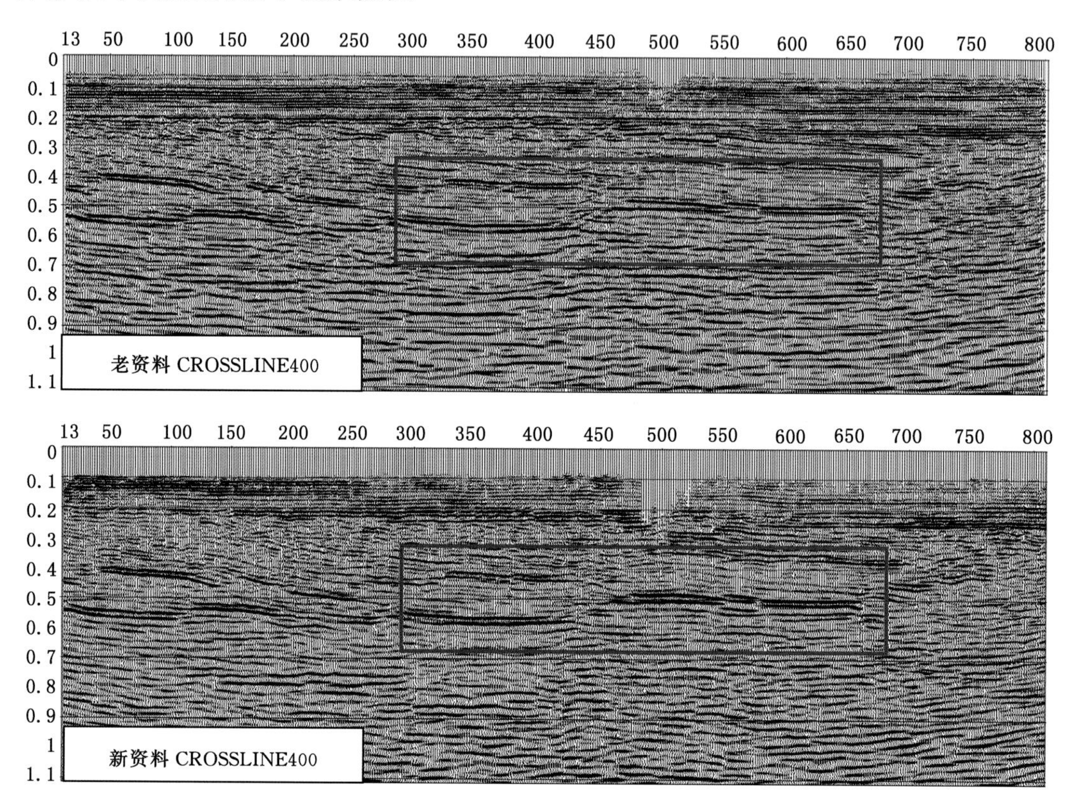

图 4-51 CROSSLINE 400 线偏移对比图

第五章　高密度三维地震解释方法研究

地震资料解释技术发展到今天，经历了从单纯的地下构造解释到地层岩性判断、岩相识别、储层预测以及岩石物性参数定量计算等发展历程。精细解释是煤田三维地震勘探资料解释发展的最终目标。

第一节　人工解释方法

煤矿采区三维地震勘探的常规解释（人工解释）方法是采用传统的二维方式，解释员按照时间剖面利用人机交互解释软件进行解释，手工解释完成后，在时间剖面上通过煤层反射波频率、振幅、相位、倾角等特征的变化用于煤层中断层的解释，其局限性主要体现在没有充分发挥三维数据体的优势，没有全方位、多视角、全空间识别检测断层构造，解释周期长，效率低。另外，传统的解释方法受采区地质条件的影响以及解释员经验的限制，3～5 m 的小断层产生的地震反射异常难于识别（3～5 m 的小断层引起的地震反射振幅变化、反射波倾角突变、频率的变化等），包括落差小于 1/2 煤厚的小断层产生的地震反射波的响应。高密度三维地震勘探是常规三维地震勘探的延伸，野外数据采集采用数字检波器单点高密度采样，加大覆盖次数，提高原始资料的信噪比，室内资料处理工作严格按照“三高”要求实施，可以检测到 2～3 m 的断层，对落差在 5 m 以上断层的控制准确率有很大提升，提高了地震资料对复杂地质构造的分辨能力[63-64]。

全数字高密度地震资料具有空间采样间隔小、宽频、高保真、信噪比低等特点，三维数据体中包含着勘探区内丰富的地质信息，资料解释工作就是利用相应的技术方法对数据体内的地质信息进行提炼，将数据信息转换成地质语言。在这个过程中，必须把技术人员对井田构造规律的认识及解释经验与解释软件的智能功能相结合，利用多种解释方法、多种数据信息对地震资料进行综合分析、反复认识、不断深化研究，确保解释成果的可靠性和准确性。很显然，人工解释的质量是每个解释人员的能力、想象力的综合表现，最终的成果体现在地质解释的合理性上[65-67]。

人工解释资料一般分为五个阶段：资料准备、剖面解释、空间解释、综合解释和构造成图。

一、解释前资料准备阶段

地震资料解释以地质理论和规律为指导，运用地震波传播理论和地震勘探方法原理，综合地质、测井、钻井、巷道和其他地质、物探资料，对地震数据进行深入研究、综合分析的过程。首先要收集和准备与解释工区有关的基础资料，主要包括地震工区的建立、钻测井工区的建立，叠后数据体和叠前时间偏移数据体加载，钻、测井曲线的加载，速度场的建立。其次，地震解释人员要收集以往本工区的地质资料、巷道资料、钻孔资料等，如果邻区以往有三维地震资料也最好收集到。了解熟悉工区的地质和地震数据资料，对解释区的地质特征、煤矿类型和煤矿主要地质构造特点有基本的认识。

（一）解释工作正式开始之前应做的必要准备工作

① 搜集区域做过的地质、地球物理等工作的相关资料，如区域的构造特征、构造发展史、地层分布规律、断层系统特点、钻井地质柱状图等。地球物理资料包括地震反射标准层或地震波组特征及其地质属性，地震速度资料，地震勘探成果报告，重力、磁法、电法勘探资料，测井资料，另外还需要收集测量资料。

② 解释人员应明确本区域的地质任务。

③ 工区的加载，解释工作一般在工作站进行，配备的常用软件有 GeoEast、GeoFrame、Landmark 等。图 5-1 为用于解释的高密度三维地震数据示意图。

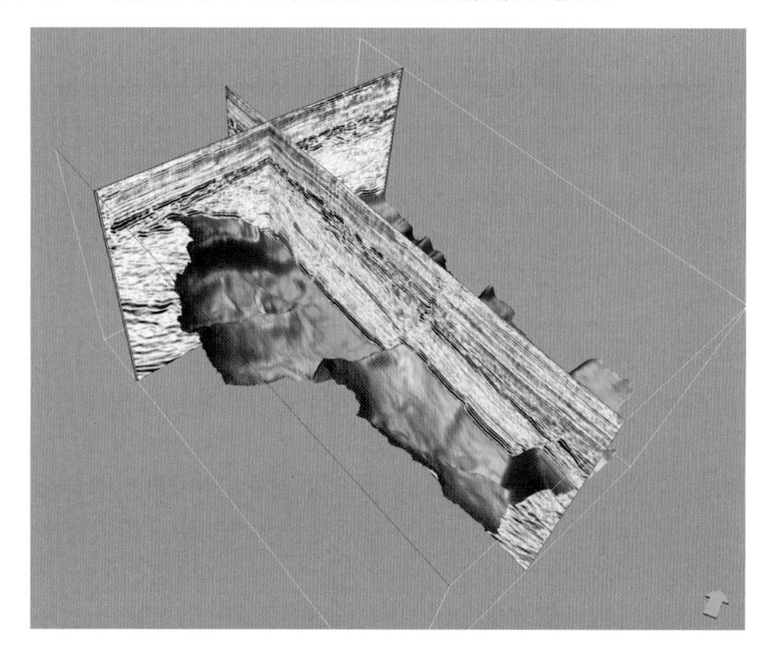

图 5-1　高密度三维地震数据体示意图

（二）掌握解释地震资料需要的相关知识

地震资料解释几乎涉及所有基础地质和煤田地质研究领域，如地层学、沉积学、煤田地质学、矿井地质学、构造地质学、岩石学、地球物理勘探、钻测井等基础学科，解释人员需要掌握这些学科的基本知识。

二、剖面解释

根据地质任务，结合地震工区资料的特点，采用多种技术进行综合解释。其中，二维资料解释是地震资料解释的基础，主要进行反射波组追踪对比，确定反射波的地质属性意义，在反射波对比中解释断层。另外，还要确定具有一定地质意义的褶曲、陷落柱、冲刷带和角度不整合等地质现象。

（一）层位标定

精确的层位标定是地震解释的基础工作，目前应用最广泛、最精确的是采用 VSP 标定。由于研究区内常常没有 VSP 测井资料，因此常采用测井中的纵波时差和密度曲线制作人工合成地震记录，进行地震地质层位的标定。

在制作人工地震合成记录过程中，一般采用雷克子波、统计子波进行地震合成记录的制作和对比。例如，青东高密度三维地震勘探工区虽然断裂发育，但主要目的层段地震波组特征清晰，区域上可对比性较强，所以可用雷克子波进行合成地震记录的制作，并进行地震地质层位的标定。图 5-2 为 2011-5 孔的合成记录标定结果，由图可知，合成记录与钻孔旁地震道波组特征对应良好，可作为地层追踪对比的依据。

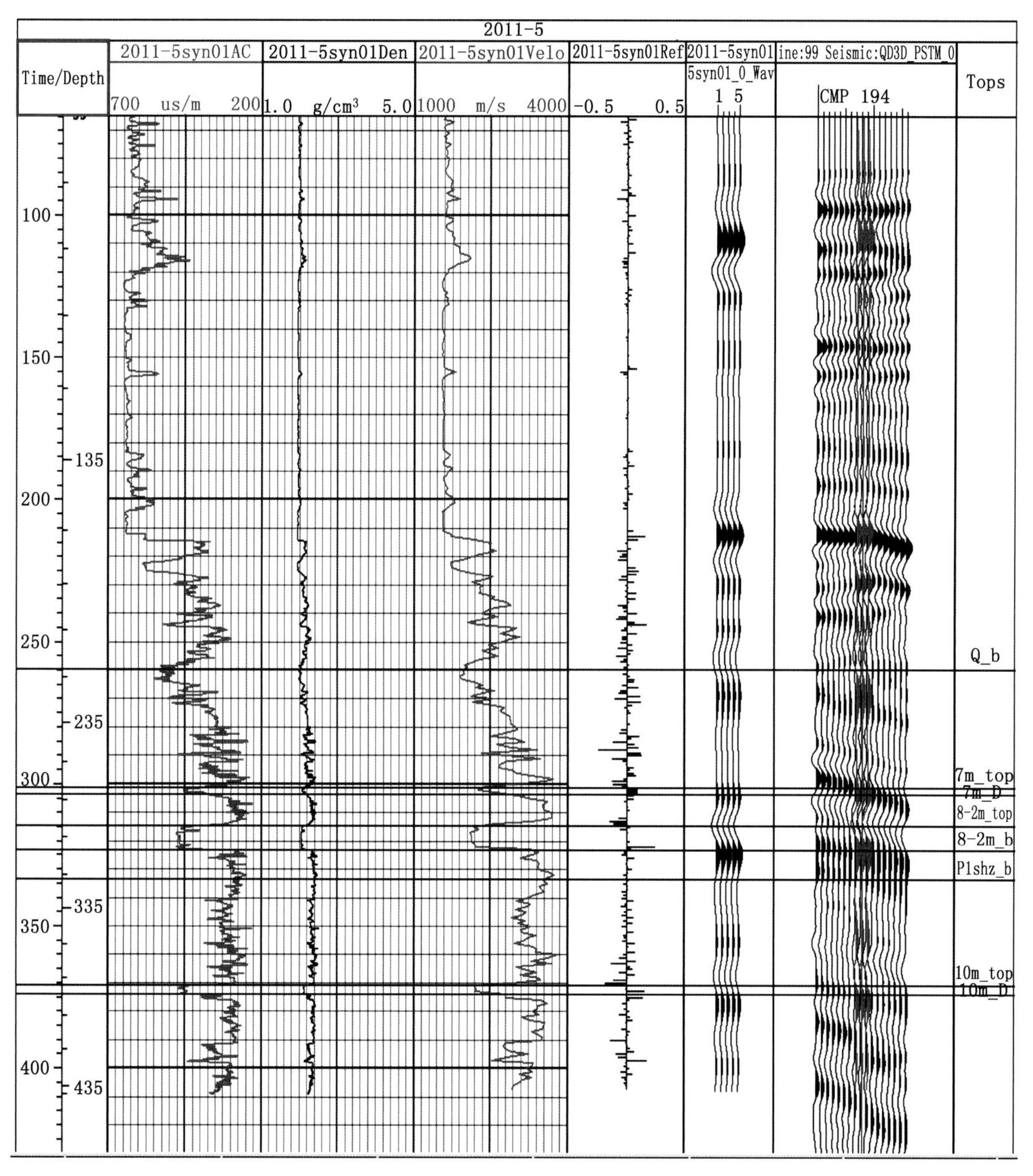

图 5-2　青东高密度三维地震 2011-5 孔合成地震记录

（二）主要地震反射波特征

青东矿高密度三维地震勘探区层位包括：第四系砾岩层顶界、第四系底界、3_2煤层底界（T_3）、7煤底界（T_7）、8煤底界（T_8）、10煤底界（T_{10}）、灰岩1顶界、灰岩2顶界等8个地震反射层。各反射层所对应的地震地质层位及反射波组特征如图5-3所示。第四系砾岩层顶界反射：第四系砾岩层主要是第四系底部的一套高速砾岩沉积，局部地区夹杂砂泥岩和黏土，地震剖面上表现为一套中低频、中强连续、强相位的平行反射。标准层相位为其顶界反射，是一个连续较好的强波峰，可以在全区范围内追踪对比。

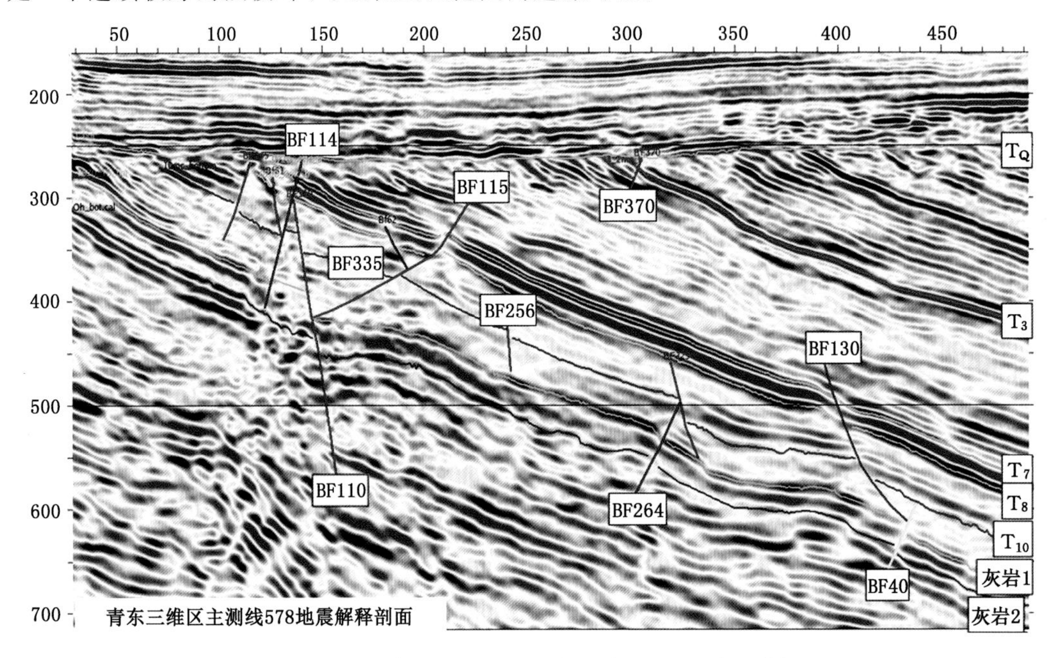

图5-3　青东矿高密度三维地震主测线578地震解释剖面图

① 新生界底界反射（T_Q）：该界面与下伏基岩反射呈角度不整合接触关系。区内盖层为新生界松散冲积物，底部半成岩化，与下部基岩岩性差异明显，波阻抗差异大，形成一组基本上呈水平状的反射波组，能量一般较强，连续性较好。但局部地段因风氧化带变化，波阻抗差异变小，T_Q反射波能量较弱，致使可靠地追踪该波组有一定的困难，但因角度不整合明显，仍可连续追踪对比。标准层相位为一组弱连续、强振幅、中强相位的波。

② 3_2煤底界反射（T_3）：T_3是一个由3煤层顶、底界面产生的复合反射波组，一般有两个相位。3煤层与其围岩岩性差异较大，尤其是煤层密度小，速度低，围岩岩性为中粗粒砂岩，密度较大，波速较高，故波阻抗差异大，形成一个良好的反射界面。但由于本区3煤层厚度变化较大（0.1～2.83 m），局部受岩浆岩影响，造成T_3波组信噪比降低，连续性较差，反射波组仅在东部连续，西部煤层变薄，反射波组品质变差。

③ 7煤底界反射（T_7）：T_7为7煤层底界反射，能量较强，连续性较好，全区能追踪对比，但在岩浆岩侵入区7煤层存在吞蚀、焦化、变薄等情况，导致反射波缺失或能量减弱。反射波组仅在满覆盖区内连续，东部煤层变薄，反射波组品质变差。7煤层只有部分地区可采，可采地区的煤层反射波反映良好，是研究本区煤系地层构造形态及7煤层赋存状况的主要标准反射波。

④ 8煤底界反射(T_8):8煤层厚度相对稳定,平均达3.6 m,顶、底板多为泥岩和粉砂岩,与围岩的波阻抗差异大,能形成良好的反射界面。8煤层与7煤层层间距一般在15～30 m间变化(平均在25 m左右),因而,在小于20 m层间距的局部区域,T_8波为一组复合反射波。T_8反射波能量较强,可连续追踪对比解释,是研究本区煤系地层构造形态及8煤层赋存状况的主要标准反射波。

⑤ 10煤底界反射(T_{10}):T_{10}为山西组10煤层底界的反射,该界面物性差异明显,波阻抗较稳定,在浅部反射波反映较好。当10煤层埋藏较深时,由于上覆7、8煤层反射波的屏蔽作用、地震波能量随深度的增加而变弱以及部分区域受岩浆岩侵入影响致使10煤层吞蚀、焦化、变薄等,反射波缺失或能量减弱,导致T_{10}波能量较弱,连续追踪比较困难,但全区能连续追踪对比。

⑥ 灰岩1和灰岩2:在研究区内没有钻孔可以标定,仅根据灰岩的反射特征在10煤底界反射波向下30～50 ms的强反射界面确定灰岩1的反射界面,全区内追踪对比较困难。在10煤底界反射波向下60～120 ms的强反射界面确定灰岩2的反射界面,全区内追踪对比亦较为困难。

(三) 构造剖面解释

构造解释的精度主要依赖于精确的层位标定,标定的准确度是保证成果真实可靠的关键,精细的构造解释是落实构造形态的基础。本次主要追踪对比了第四系砾岩层顶界、第四系底界、3_2煤层底界(T_3)、7煤底界(T_7)、8煤底界(T_8)、10煤底界(T_{10})、灰岩1顶界、灰岩2顶界(奥灰顶)等8个地震反射层。

1. 层位精细解释

根据已标定好的地震和地质层位的对应关系,采用三维叠前时间偏移地震资料,在工作站利用常用的解释软件针对主要目的层段(3_2煤底界,7、8、10煤底界,太灰1顶界,奥灰顶界)开展精细解释。

实际解释过程中,首先进行过钻孔剖面的解释。首先根据过钻孔线上层位标定的结果,确定追踪对比方案;再进行主测线、联络线闭合解释以及多孔连孔剖面解释,并利用相邻地震剖面类比的方法进行层位的框架解释;最后连断块内抽取任意线进行验证,使断块内、断块之间的层位关系更趋合理、可靠[68]。

2. 断层解释

通过成熟的解释软件提供的辅助解释技术和显示手段,从各个侧面了解和掌握断层的空间和平面展布规律,采用相干数据体、曲率体、水平切片、主测线、联络线同步解释,即由切片定走向、由剖面定倾向、共同定产状。

(1) 根据地质规律确定宏观解释原则

根据地质规律,充分利用已有的地质资料,掌握区内地质构造的变化规律,将宏观的区域地质构造规律和本区的地质构造规律相结合,对井巷揭露资料和区内钻孔资料深入研究,力求对地层赋存形态,尤其是煤系地层的赋存形态、构造发育特征建立起完整的地质概念模型。这时主要了解断层性质、断层走向、断层倾角等主要特征,在进一步解释时就有了地质模型的概念,以避免混乱断点解释及组合。

淮北青东矿地质构造总体表现为一走向NW的单斜,局部略有转折,倾向EN,3_2煤埋深250～670 m,8煤埋深250～920 m,10煤埋深250～970 m。本区构造主体形态表现为向北、北东倾斜的单斜,后经多次构造运动破坏,断层相互切割,构造极为复杂。区内未发育较大规模的褶曲，仅沿地层 EW 走向出现较小规模的起伏或次级褶曲，局部出现“平台”，地层倾角一般为 10°～20°，地层向南延伸出现煤层露头。

工区内主体以 NE、NNE 向与近 EW 走向的两组断裂发育为主，这两组断裂相互交切，形成了区内似网状的断裂平面组合模式，发育多条小的逆断层及两条上正下逆的断层，其余均为正断层。主干断层发育规模大，断距最大可达 200 m，倾角最大可达 80°，延伸距离长。

(2) 剖面解释

浏览主测线、联络线及过钻孔任意线和时间切片(图 5-4)，了解断层在立体空间的宏观展布规律。

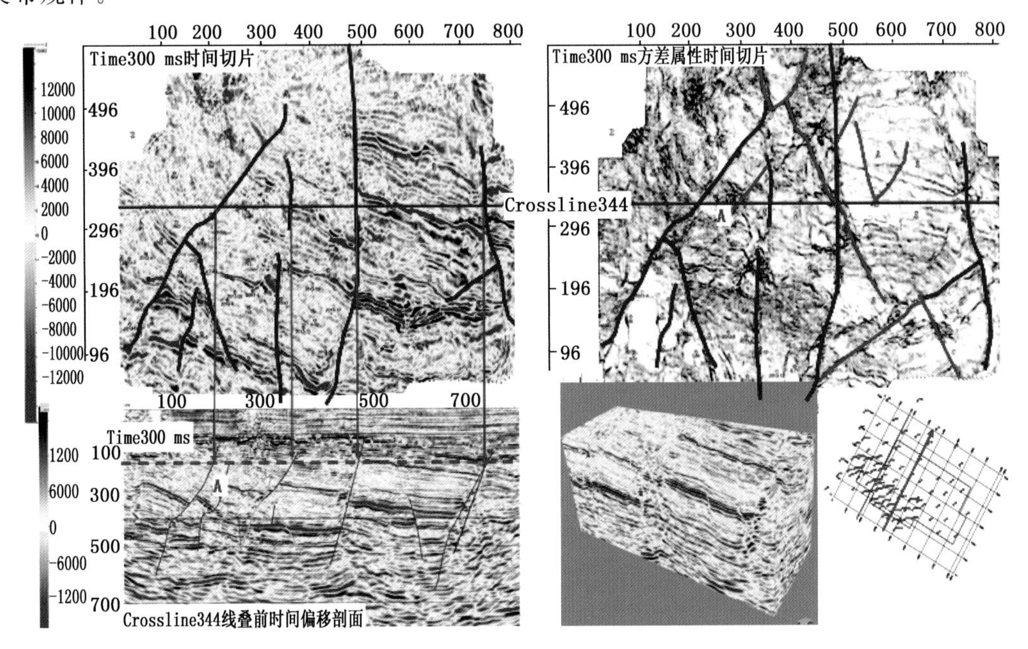

图 5-4 青东矿高密度三维地震体-切片-剖面联合解释断层

(3) 多线剖面解释

多线剖面是将已解释的地震剖面中的某一反射目的层的同相轴，按一定时窗范围取出依次排列组成的剖面，它具有以下特点：① 能更细致地揭示断层在平面上的展布规律；② 能更细致地揭示构造的平面规律；③ 能反映目的层反射能量的平面变化，这对研究储层横向预测有重要的参考价值。

图 5-5 是 7 煤上下 20 ms 用联络线 300-313 制作的一条多线剖面，从剖面上可以清晰地看出断层的延伸情况，避免了断裂组合的多解性。

三、空间解释

空间解释是在剖面解释的基础上，研究它们的平面分布规律，把剖面和平面统一起来进行解释，最终得到构造解释成果。这个阶段工作是把各种地质现象展布在测线平面图上，把地震时间剖面上的反射标准层 t_0 时间展布在测线平面图上，进行断点组合并划分构造、绘制等 t_0 图、作空间校正、绘制构造图等[69]。

(一) 常规解释

先解释过钻孔的测线，然后解释连孔任意线(图 5-6)，确定解释网格，然后进行联络线、

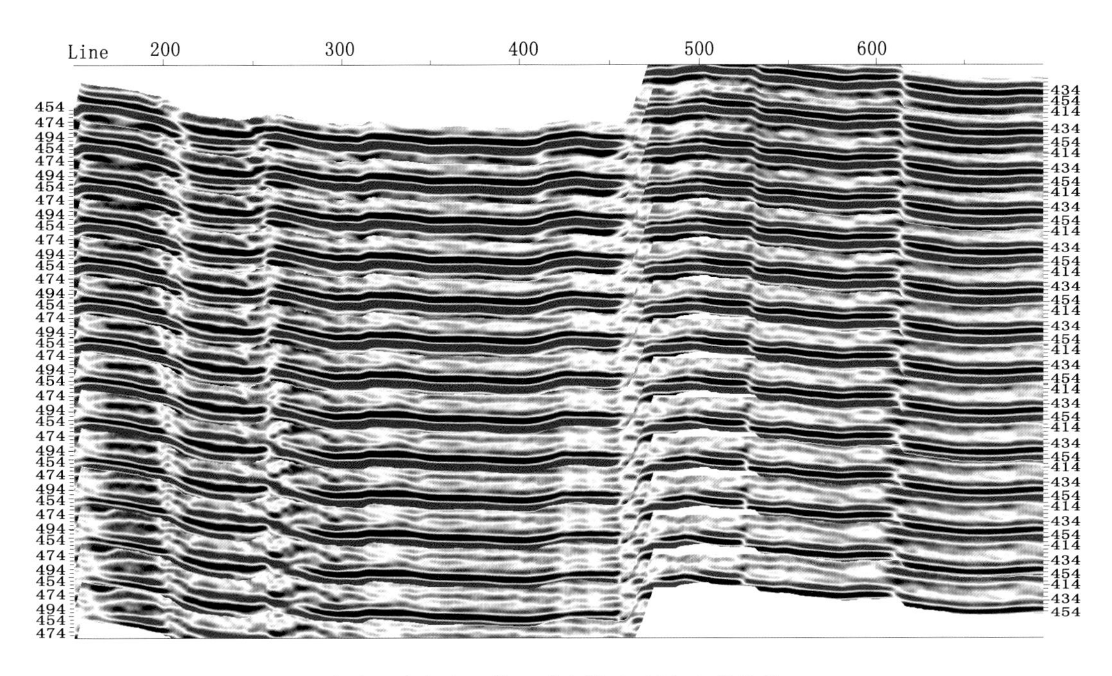

图 5-5　青东矿高密度三维地震多线地震剖面(联络线 300-313)

主测线的反复闭合,再利用变密度、变波形等多种显示方法不断调整断点位置,最后再用任意线验证,直到合理为止。

(二) 地震资料三维可视化解释

地震资料三维可视化是显示三维地质现象的一种工具,它能够利用海量数据检查资料的真伪,是一种大数据的展示工具。与传统剖面解释方法完全不同,三维解释是通过对每一条地震剖面上的不同层位、每条断层进行拾取后,再通过三维空间的组合来完成的。

1. 三维数据体浏览

应用三维可视化工具对工区的三维数据进行浏览,了解地层及断裂的总体分布特征(图 5-7)。

2. 立体显示

选取主要目的层,拾取种子点,给定参数,利用种子点在整个三维体内追踪主要目的层,得到主要目的层的三维解释方案(图 5-8)。

本书采用青东矿高密度三维地震叠前时间偏移数据体,对新生界底界(T_Q)、3_2 煤层底界(T_3)、7 煤底界(T_7)、8 煤底界(T_8)、10 煤底界(T_{10})、太灰 1 顶界、奥灰顶界等 7 个地震反射层在全区进行了精细的构造解释,并编制了相应的等 T_0 图。

(三) 断层组合

三维资料解释中的断点组合是把性质相同、落差相近的相邻剖面上的断点按一定展布规律组合起来,同一断层的断点在相邻倾向和走向上的性质有一定的规律性,根据这些规律将相邻剖面的断点进行组合后,反过来再在各个方向上闭合,检查断面与同相轴之间的关系。这些关系应在同一层位上表现出统一性和连续性,并且符合地质构造规律。另外,属性分析成果在断点组合上具有重要地位,如我们常用的相干切片、曲率切片、方差切片等,沿解释层位提取相干、曲率、方差属性平面图、多线剖面图等,均可以很好地辅助断裂的平面组

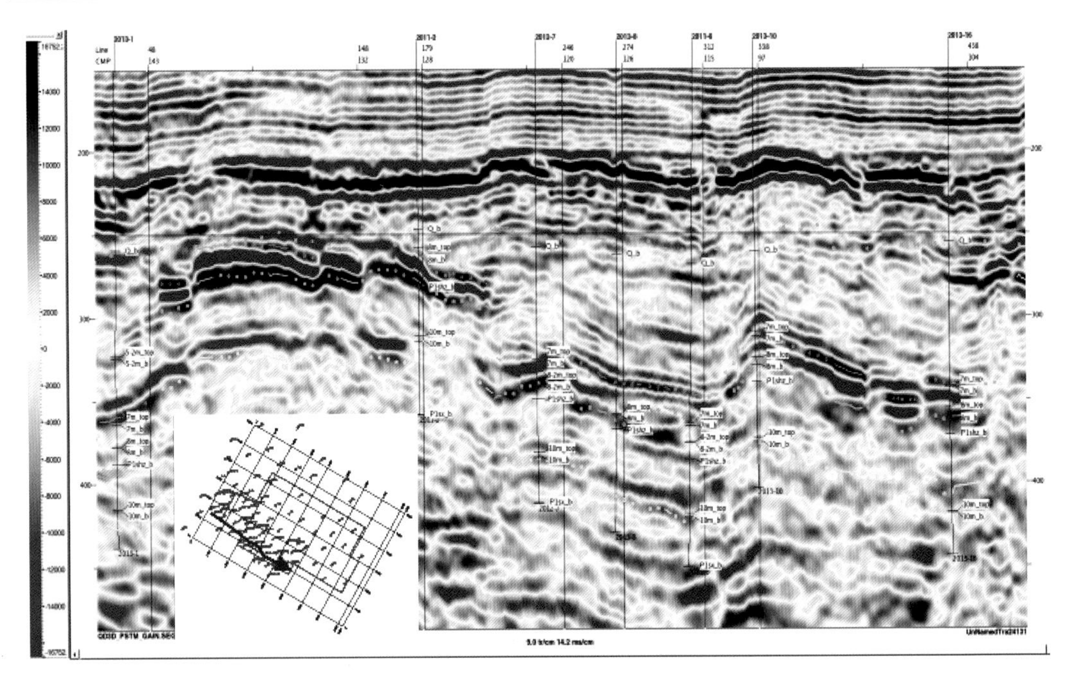

图 5-6　青东矿高密度三维地震连井地震解释剖面图

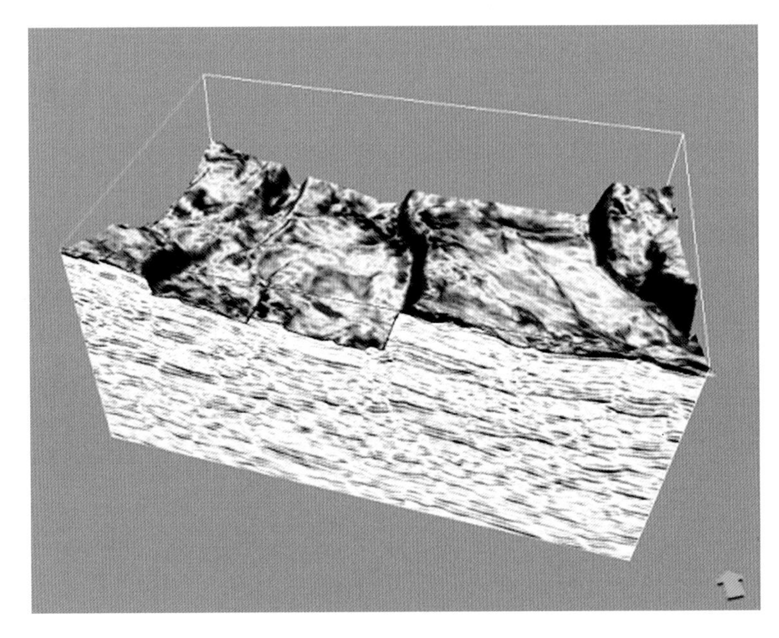

图 5-7　青东矿高密度三维地震三维数据体浏览图

合，消除断裂组合的多解性，提高断裂组合的合理性。

1. 断层产状的确定

断点在平面上的投影连线就确定了断层的走向。按一定间距垂直断层走向切剖面，剖面上的断层线即反映出倾向、倾角和落差变化。

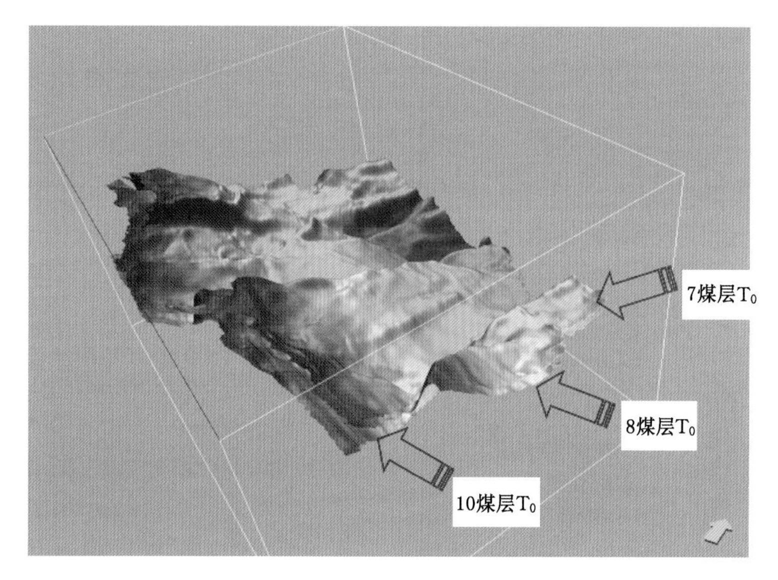

图 5-8　青东矿高密度三维地震煤层底界等 T_0 面立体显示图

2. 断层可靠程度评价

根据《煤炭煤层气地震勘探规范》(MT/T 897—2000)有关规定对解释的断层进行可靠性评价。

依据断点在时间剖面上的显示特征分为 A、B、C 三级，具体标准为：

① A 级断点：上下两盘反射波对比可靠，同相轴错断明显，断层的性质和产状可明确确定。

② B 级断点：上下两盘反射波对比较可靠，或一盘可靠另一盘稍差，能基本确定断层的性质、产状和落差。

③ C 级断点：有断点显示，但标志不够清晰，能基本确定断层的一盘或升降关系，两盘反射波连续性较差。

断层的评级分为可靠、较可靠、控制程度较差三个级别，标准为：

① 可靠断层：A＋B 级断点占 75％以上，且 A 级断点占 50％以上，断面产状、性质明确，断距变化符合地质规律。

② 较可靠断层：A＋B 级断点占 60％以上，断面产状、性质较明确。

③ 控制程度较差断层：A＋B 级断点不足 60％，断面产状、平面位置、断距不够明确。

图 5-9 为断点评级实例。

四、综合解释

在空间解释的基础上，将三维可视化技术贯穿于解释全过程，将解释层位与断层结果展示于空间，并旋转显示。解释结果的三维可视化是可以随时随地地解释一点显示一点，使解释过程与三维可视化密切而有机地结合起来，充分发挥可视化的作用。将三维数据体中的任意细小构造识别出来并快速地解释，钻井数据可直接置入三维数据体中，时间剖面嵌入“子三维体”中，这样既可检查层位解释成果的正确性又可判定断层解释成果的合理性。全三维可视化解释对断裂平面组合方案的确定起着重要的作用，通过三维立体视觉效果使解

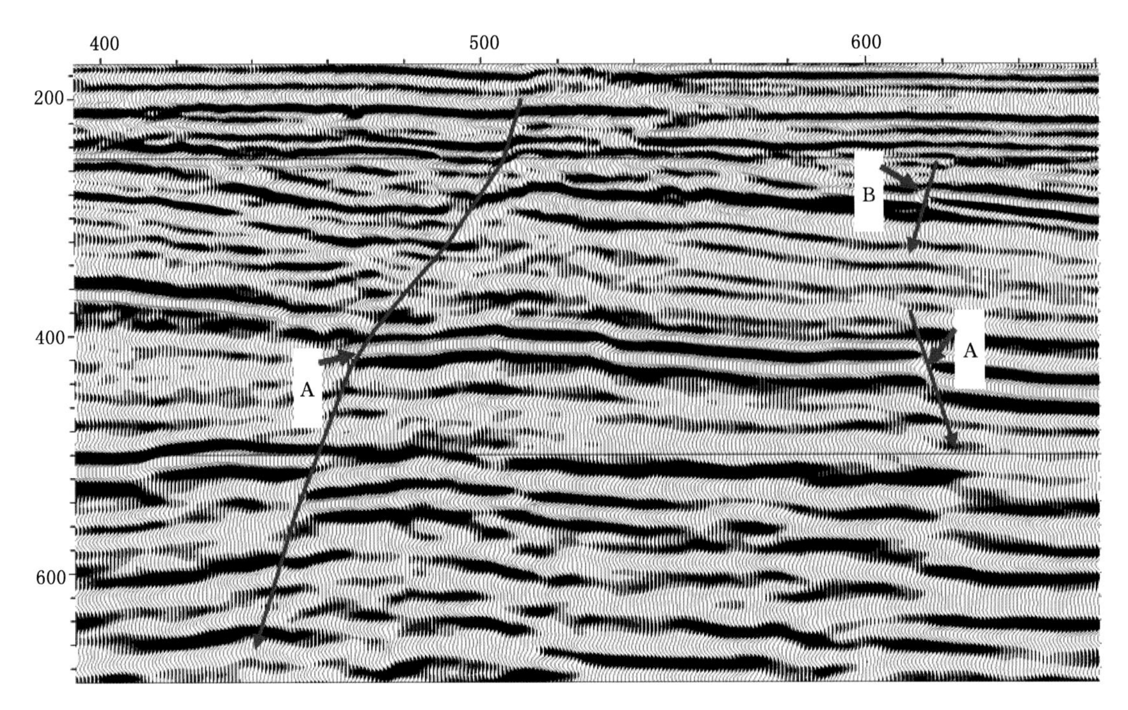

图 5-9 断点剖面评级实例(主测线地震解释剖面)

释人员可以宏观地观察主要目的层空间的展布及地质解释的合理性。

五、构造成图

精确的层位标定是保证构造解释结果真实可靠的关键,精细的构造解释是落实构造形态的基础,准确的速度分析是落实构造形态的保证。

速度是联系时间域和深度域的纽带,因此速度的求取和成图方法的选择对提高成图精度至关重要。对于三维数据成图来说,最好的速度模型应该是应用地震速度场经过测井速度(或 VSP 测井速度)校正后得到的平均速度场。因此,叠前时间偏移的叠加速度场是三维变速成图准确与否的基础[70]。

在常用的解释软件中,速度可以通过输入叠前时间偏移的均方根速度场,编辑异常速度点,建立均方根速度体;再应用 DIX 公式,将均方根速度体转换为平均速度体,经过钻孔速度校正后,得到平均速度体与切片(图 5-10、图 5-11),根据解释层位沿层提取平均速度,再经过网格平滑后得到各层平均速度平面图(图 5-12)。

如果工区内钻孔多且分布较均匀,目的层上覆地层横向速度变化不大,可根据钻孔处的反射波时间及各目的层埋藏深度求得钻孔处的时—深转换速度,然后进行全区网格化得到全区时—深转换速度场。把这个速度场与经过钻孔校正得到的沿层平均速度进行趋势面网格消除速度系统误差,最终得到各反射层平均速度平面图,以确保钻孔处成图误差不大于 0.5 m。

进行时深转换后,即可得到各目的层底板等高线图。从图 5-12 可知,7 煤层的平均速度在 1 900 m/s(浅部)到 3 000 m/s(深部)之间变化。

青东矿高密度区 7 煤整体形态为一单斜构造,向 NE 倾伏。下距 8 煤层 20～30 m,煤

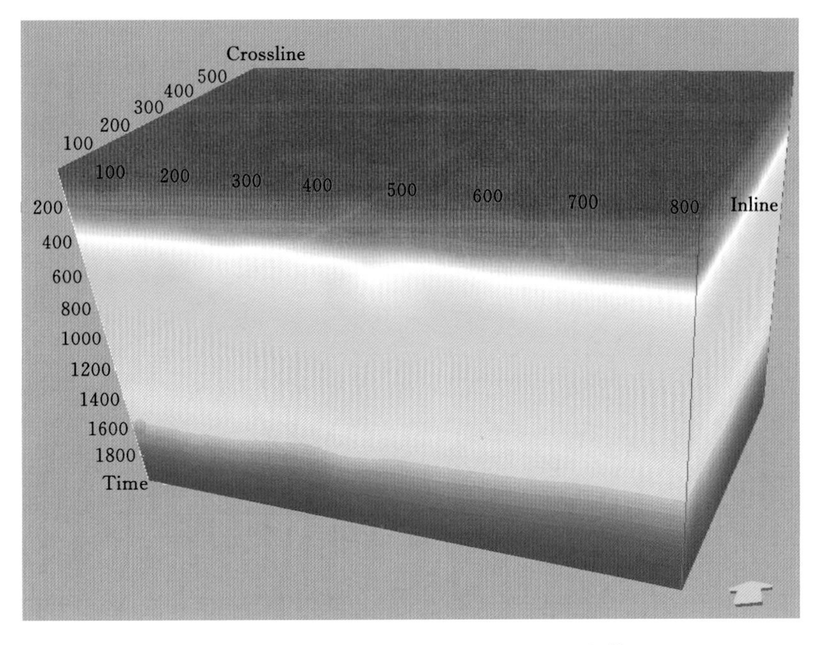

图 5-10　青东矿高密度三维地震速度体

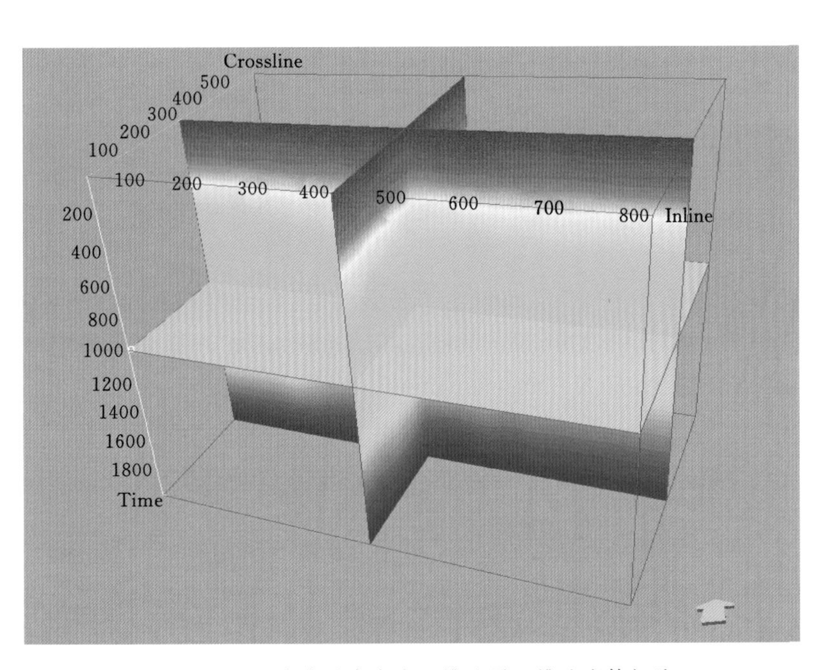

图 5-11　青东矿高密度三维地震三维速度体切片

层赋存面积与 8 煤层基本相当，南部控制到煤层剥蚀线，剥蚀线标高一般在 −200～−240 m，西部为数据范围控制边界，煤层向北逐渐变深，底板标高变化范围在 −200～−940 m，最深处位于 710 钻孔以东。

断裂构造发育特征则表现为：受区域性 NE 向大断层的影响，将煤系切割成 NE 向条状地堑、地垒式构造；区内以 NE、NNE 向与近 EW 走向的两组断裂发育为主，该期 NW 向断层开始发育；断层主要以高角度层间正断层为主，层间小断层较为发育，共解释断距大于

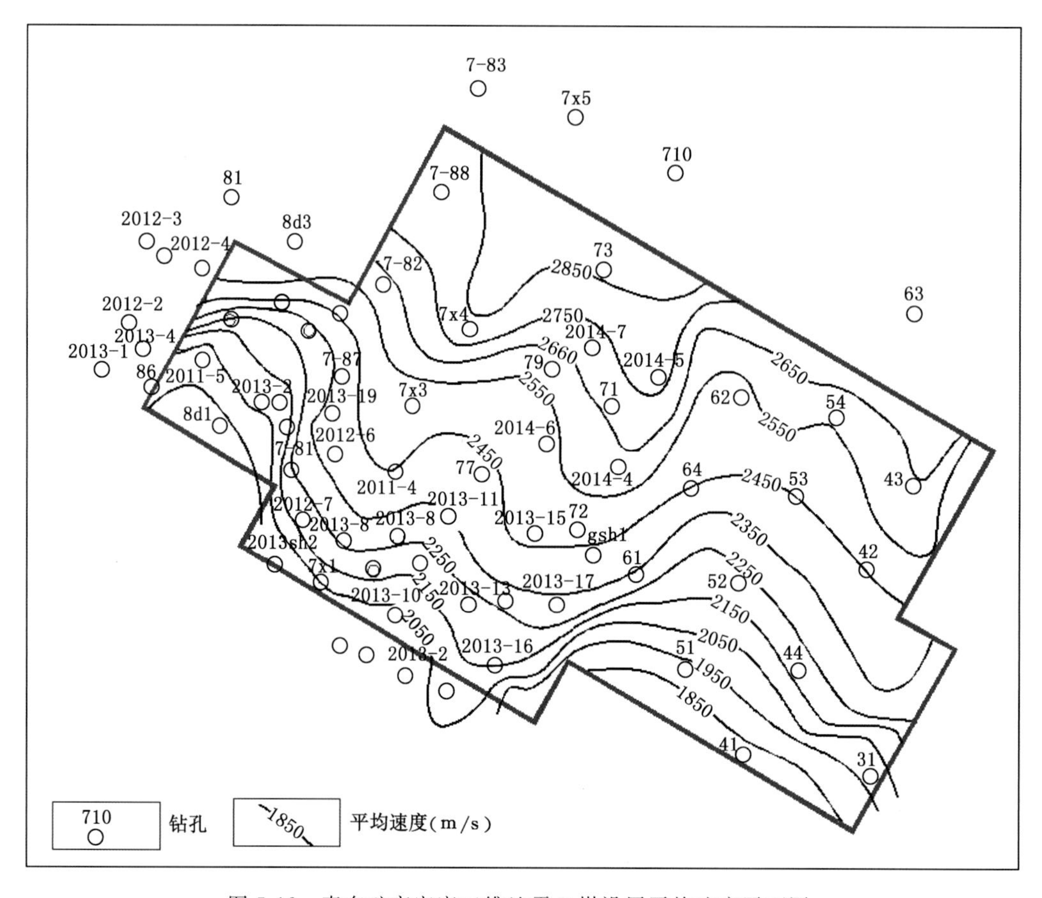

图 5-12　青东矿高密度三维地震 7 煤沿层平均速度平面图

5 m的断层 130 条,其中除发育 26 条高角度逆断层外,其余均为正断层。工区局部发育小型构造,东部 710 与 55 钻孔间发育 NW 向向斜,向斜核部被断层 BF2 切割,下降盘构造标高为−920 m,上升盘构造标高为−820 m(图 5-13)。

第二节　地震属性解释方法

地震属性是由叠前或叠后地震数据,经过数学变换而导出的有关地震波的几何形态、运动学特征、动力学特征和统计学特征。三维地震资料中蕴含着丰富的地震信息,这些地震信息是地下构造、地层结构、储层发育程度及物性、含油性等参数的综合反映。地震属性分析的主要目的就是试图从大量的、丰富的三维地震数据中,拾取隐藏在这些数据中的有关地层岩性、储层物性和流体信息[71]。在煤田地震勘探中包括地震属性提取,地震属性分析,利用地震属性区分构造、岩性并进行目的层预测[72]。

“地震属性”一词于 20 世纪 70 年代开始引入地球物理界。起初,国内在译名上并不完全统一,类似的译名还有地震特征、地震参数、地震标志等,直到 20 世纪 90 年代初才基本统一称为地震属性[73]。

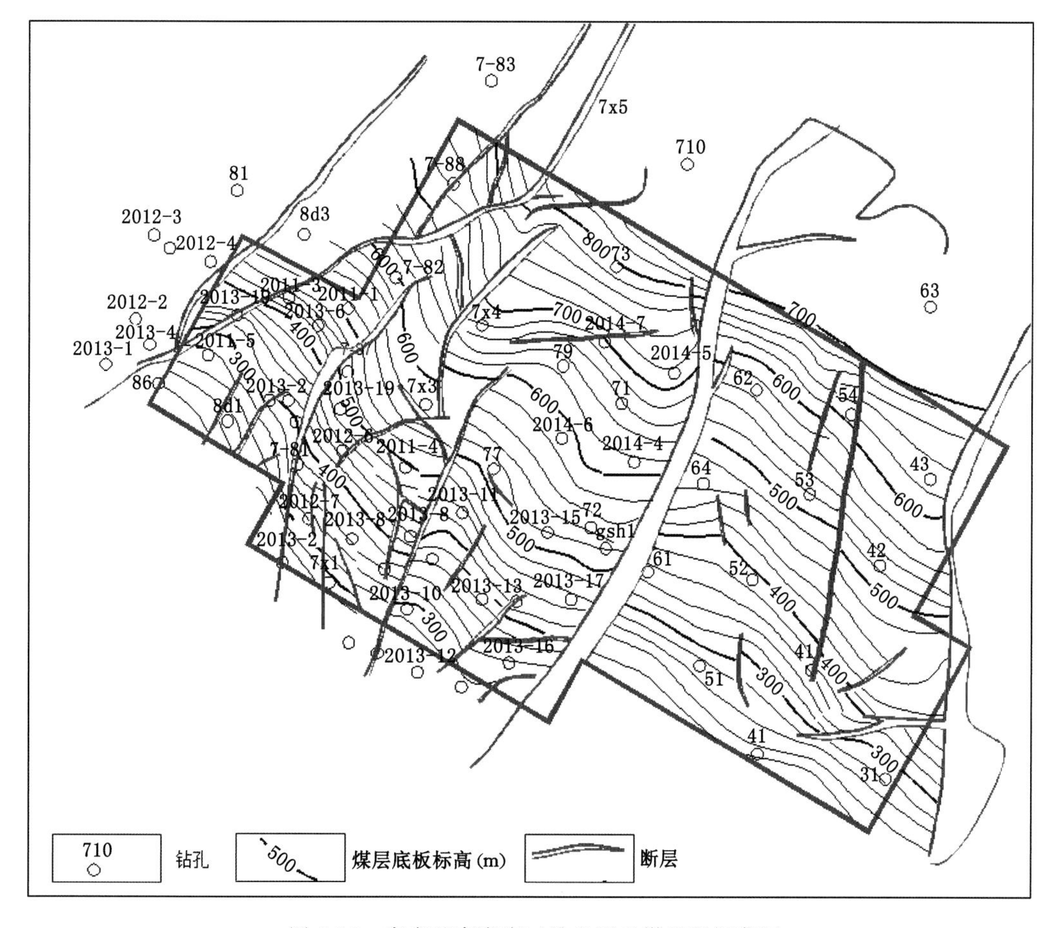

图 5-13　青东矿高密度三维地震 7 煤底板标高图

一、地震属性预处理方法

地震资料信噪比对小断层识别具有重要影响，即在进行属性分析前要提高属性的信噪比，去伪存真，滤波是地震资料处理过程中一个非常重要的环节，对于叠后数据解释也有很重要的意义。滤波能去除采集脚印和随机噪声，获得的高质量资料能给构造解释带来很大的便利，特别在解释小构造的工作中，滤波显得更为重要。滤波有很多种算法，常用的滤波方法有中值滤波、均值滤波和最大、最小值滤波。这些算法各有优劣，在特定的情况下有良好的效果。

（一）中值滤波

中值滤波有一维中值滤波和二维中值滤波两种，它具有抑制噪声（尤其是脉冲噪声）和保护边缘的作用，因此在信号处理领域得到重视，特别是在非平稳信号的处理中取得了明显的效果。中值滤波算法是由 Tukey 提出的，最先应用于图像处理过程之中，后来 Bednar 等人将其运用到地震勘探的数据处理过程中，可以针对地震信号的非平稳性做滤波。中值滤波对叠后 3D 地震数据有一定的消除噪声效果。它收集沿着固定倾角和方位角的每一个采样点，然后用中值振幅代替中间采样点的振幅。当随机噪声较弱时，中值滤波能增强横向连续的构造，其优势在于能保留边缘信息。

中值滤波的对象为地震信号的振幅值，其基本原理是把地震信号振幅序列中某一点为中心的滤波窗口内的各点值的中值来代替该点值，使得该点周围的振幅值更加接近真实值，从而达到消除随机噪声带来的突变值的目的。但是，中值滤波去噪的能力极其依赖滤波窗口的大小，滤波窗口较大时对噪声有较强的削减作用，但也会削减有效信号能量；相反，滤波窗口较小时，中值滤波会减少对有效信号能量的削减，但去噪能力也受到极大削弱。

中值滤波是一种低通滤波器，很容易地去掉孤立的点、线噪声，同时保护小断层断煤交线的边缘效果，也能很好地去除脉冲噪声，但是中值滤波的一个严重不足之处在于相对滤波窗口而言，较为“细小”的信号细节结构易被破坏和丢失。

（二）均值滤波

均值滤波有几何均值滤波和算术均值滤波两种，它计算时间切片窗口中每个网格节点的平均值，是线性滤波。均值滤波的基本思路就是一个像素点的灰度值可由其邻域内的几个像素的灰度值的平均值来代替。设一个图像的灰度值为 $g(x,y)$，经过中值滤波后的输出为 $f(x,y)$，窗口选择的邻域为 S_{xy}，窗口包括 M 个点，则 $f(x,y)$ 可由下式决定：

$$f(x,y)=\frac{1}{M}\sum_{(m,n)\in S_{xy}}g(m,n) \tag{5-1}$$

该式表明，对含有噪声的原始资料 $g(x,y)$ 的每个数值点取一个邻域 S，计算 S 中所有数值灰度值的平均值作为空间域平均处理后的图像 $f(x,y)$ 的像素值。均值滤波平滑后的图像 $f(x,y)$ 中的每个像素的灰度值均由包含在 (x,y) 的预定邻域中的 $g(x,y)$ 的几个像素的灰度值的平均值来决定。均值滤波能够滤除某些噪声，但也会使图像边缘显得更加模糊。

1. 算术均值滤波

算术均值滤波是最简单的均值滤波算法。设 S_{xy} 表示在中心 (x,y)、尺寸为 $m\times n$ 的矩形子窗口图像的坐标组，计算由 S_{xy} 定义的区域中被干扰图像 $g(x,y)$ 的平均值。在 (x,y) 处复原图像 $f(x,y)$ 的值就是用 S_{xy} 定义的区域的像素计算出来的算术平均，即：

$$f(x,y)=\frac{1}{mn}\sum_{(s,t)\in S_{xy}}g(s,t) \tag{5-2}$$

这个过程可以用系数为 $\frac{1}{mn}$ 的卷积模板来实现。算术均值滤波算法简单，在减少了噪声的同时模糊了结果。

2. 几何均值滤波

算法表达式如下：

$$f(x,y)=\Big[\prod_{(s,t)\in S_{xy}}g(s,t)\Big]^{\frac{1}{mn}} \tag{5-3}$$

从式(5-3)可以看出，每一个被复原像由子图像中像素点乘积并自乘到 $\frac{1}{mn}$ 次幂给出。几何均值滤波算法在滤波过程中丢失更少的图像细节，它可用于去除噪声，作为平均数值，对刻画小断层有消极影响。

研究发现，不管是中值滤波还是均值滤波，它们在去除随机噪声的同时，还会滤除一些有用的构造信息。这一点，对地震资料解释是很不利的，尤其在精细解释方面很容易把小构造信息当成噪声滤除。因此，靠上述常规滤波方法很难解释 5 m 以下的断层，必须采用一种可以控制滤波对象的滤波方法才能更好地解释小构造。现在需要一种既能滤除随机噪声，还能保留断层边缘信息的滤波方法，构造导向滤波就是一个很好的选择。构造导向滤波的本质就是针对平行于地震同相轴信息的一种平滑操作，该操作不超出地震反射的终止形式（断层），其目的是沿着地震反射界面的倾向和走向，利用有效滤波方法去噪，增加同相轴的连续性，提高同相轴终止处（断层）的侧向分辨率，保存或改善断层的尖锐性；在构造导向滤波处理后的地震数据体上进行相干属性计算，可突显小断层。

（三）构造导向滤波

常规的滤波方法对地震信息滤波去噪，在一定程度上让地震信号变得较为平滑，提高了信噪比，但是由于在断层处反射终止，使得地震信号被删除，从而对断层构造造成了一定的破坏性，因此常规滤波对于边缘信息不能起到保护作用。通过构造导向滤波对地震信号进行滤波去噪，不但可以提高地震信号的信噪比，还可以保持原始地震信号的基本形态不变，突出地层不连续性，对于断层以及裂隙的显示效果更为清晰。

构造导向滤波是叠后地震数据体的一种特殊去噪处理方法，该方法采用"各向异性扩散"平滑算法，仅对平行于地震同相轴的信息进行平滑，对垂直于地震同相轴方向的信息不作任何平滑[74-77]。如果地震数据的同相轴横向上显示不连续性，则该处数据滤波时将不做平滑，也就是说这种滤波方式的平滑操作是不在地震反射同相轴终止（断层、陷落柱以及岩性边界）的界面上进行，因而该方法可以保护断层以及岩性边界的地震不连续信息。如图5-14所示为构造导向滤波原理示意图。

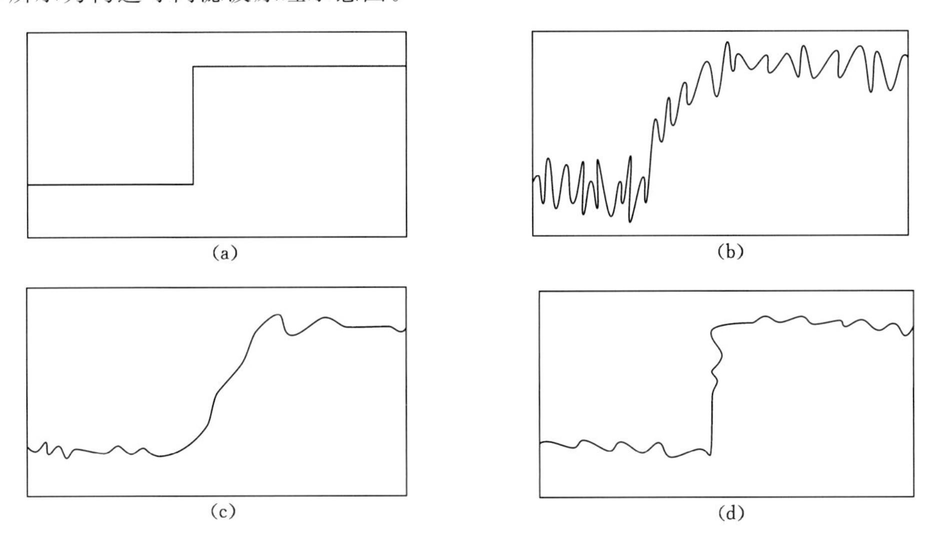

图 5-14　构造导向滤波示意图

(a) 原始信号；(b) 带噪信号；(c) 常规滤波；(d) 构造导向滤波

由图可知，常规滤波方法虽然也可以对带噪信号[图 5-14(b)]进行去噪，使地震信号变得平滑，并压制一些噪声信息，但在断层处会删除大量断层信息，如图 5-14(c)所示，造成了破坏性的效果，原因是常规滤波方法不能保护边缘信息。如果通过构造导向滤波对带噪信号进行去噪处理，不仅可以提高地震数据信噪比，还可以保持原信号[图 5-14(a)]基本形态不变，突出地层的不连续性，提供了更好的断层、裂隙的成像效果[图 5-14(d)]。因此，构造导向滤波的原理可以满足我们对断层识别的要求。

二、地震属性的提取

通过数学方法从地震数据中得到地震属性的过程称为地震属性提取。每种地震属性都是提取方法结合地震属性算法共同作用从地震数据中得到的。提取方法是对地震属性的数学定义的具体实现，常用的地震属性提取方法包括基于剖面、层位和地震数据体等三种方法。

（一）基于剖面的地震属性提取

剖面属性提取就是直接将地震剖面数据通过一些数学变换或方法转换为与地震反射波或岩石物性有关的地震信息，如利用复数道分析、时频分析、波阻抗反演等方法获得地震属性剖面。

对于同一探测地层，三种瞬时属性在同一位置发生明显变化，反映探测对象在该处的物性变化。

（二）沿层地震属性提取

沿层地震属性提取需要沿目的层段开一个时窗，对时窗内的记录作自相关、功率谱、傅立叶变换、自回归及其他统计特征分析，进而提取相关地震属性。沿层地震属性是以解释层位为基础，在地震数据体（剖面）中提取属性，它的数值对应一个层位或一套地层，每个属性值对应一个(x,y)坐标。

提取方式有两类：一类是沿一个解释层位开一个常数时窗，在此时窗内提取地震属性，提取方式有 4 种，如图 5-15 所示；另一类是用两个解释层提取某一段地层对应的地震属性，提取方式也有 4 种，如图 5-16 所示。

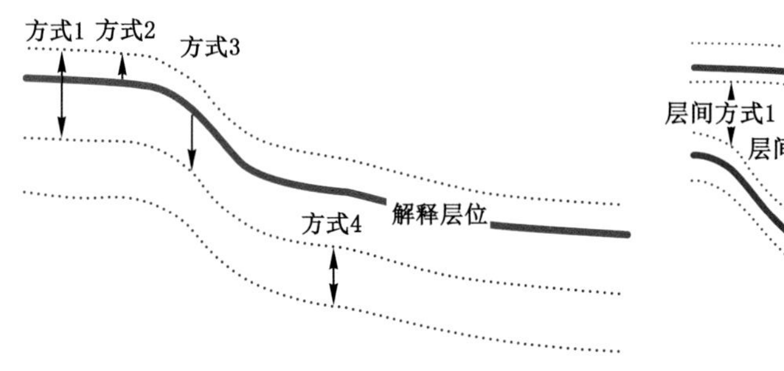

图 5-15　单层位地震属性提取方式

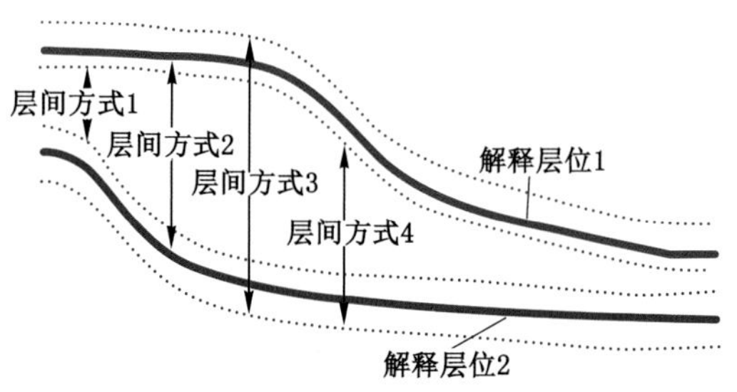

图 5-16　层间地震属性提取方式

（三）体属性提取

三维体属性其实质是基于三维地震数据体产生一个完整的三维地震属性体，它是地震数据的另一类图像。这种图像可以揭示其他剖面图像难以识别的地震特征，如河道砂体、礁体、各类地层学沉积单元的沉积特征等，它具有重要的使用价值。

体积属性的提取方法与上述层位属性的提取方法一样，即分为瞬时属性提取、单道时窗属性提取和多道时窗属性提取。分时窗提取时，体积属性的时窗一般为两个时间切片，且时窗的位置和长度是固定的，重复使用固定时窗做属性提取，并按一定步长在时间上重叠，即可产生一个完整的地震属性体。对于多道时窗提取的体积属性可以用来研究储层的各向异性特征，以识别储层的裂隙或断层的分布模式。

目前，被广泛使用的相干数据体就是一种多道时窗属性提取的体积属性数据体。地震波的吸收衰减属性是直接从地震记录的振幅信息通过数学变换得来的，由于岩层的吸收作用，地震信号在实际传播中其高频成分衰减比低频成分要快，随着传播深度的增加，地震波频率降低且低频成分丰富。

（四）地震属性提取的时窗选取

由于地震记录的分辨率总是有限的，即地震子波是具有一定振动延续时间的波。因此，对于单一的一个反射界面，其反射的地震信息应是在某一个时窗范围内所有离散采样数据的综合作用。同时，从另一个角度来说，地震剖面上的一个反射波往往是一些相邻的薄互层反射波叠加干涉的结果。这就要求人们在进行属性提取时首先要选择合理的时窗，时窗开得过大，包含了不必要的信息，时窗开得过小，则会出现截断现象，丢失有效成分。

地震属性提取时窗的选择一般需要针对不同的研究目标和研究对象进行区别对待。当目的层为薄层时，因目的层的各种地质信息基本集中反映在目的层顶界面的地震响应中，时窗长度尽可能小。

在微断层解释或亮点识别中，主要是利用目的层顶界面或单一同相轴的地震信息。因此，应以提取目的层顶界面地震信息为主，时窗长度也尽可能小，以尽可能少包含非目的层界面信息为准。

对于振幅类和瞬时类地震属性一般要求提取的时窗尽可能小，否则就会丧失明确的地质意义，或者成为一种综合的平均效应。而对于以傅立叶变换为基础提取的频谱类属性，其时窗的长度尽可能大一些，否则会丢失一些频率成分，一般要求大于两个主波长。对于研究地层的横向特征变化，或者提取层序类属性，这时属性提取的时窗也可以选择得大一些，或者直接以储层（或某一层序）的顶底界面的反射时间为时窗的上下限。

三、基于匹配追踪的频谱属性

时频分析是当今信号分析处理领域的一个研究热点，特别是 20 世纪 80 年代以来在这方面有了很大的发展，各种时频分析方法得到了广泛的研究和应用，逐渐形成了一套独特的理论体系。

信号分析处理是获得各种信息资讯的重要手段，而信号分析的主要思想就是将信号由时域转换到频域，即由抽象的时间信号转变为易于分析的频率信号，并对信号进行各种处理以获得所需信息。这种思想最初是由傅立叶变换发展起来的，但由于信号具有非平稳性，而傅立叶变换是对信号的整体转换，只能反映信号的全局特性，为了改善对非平稳信号的分析精度，逐渐发展起来了短时傅立叶变换、Wigner-Vill 分布技术、小波变换、S 变换及希尔伯特黄变换等时频分析技术。时频分析即时频联合域分析[78-80]，其主要思想是以时间和频率作为变量，将信号表示成时间和频率的能量密度或强度。该技术克服了傅立叶变换的全局性，可以对信号进行局部分析，相对准确地给出某一时刻出现的频率分量及某一频率分量出现的时刻。由于该技术可以对时间、频率进行大致定位，其被广泛应用于储层预测等方面。

匹配追踪（MP）算法的基本思想是利用一个基函数形成一个过完备的原子库，然后将待分解信号在原子库中进行投影，选取投影值最大的原子（即最佳原子），剩余的残差值继续在原子库中寻找最佳原子，直到满足某一设定的阈值条件为止。MP 算法是一种贪婪算法，它是通过不断的迭代寻找局部最佳原子的方法来实现对原信号的不断逼近[81-86]。

以一维信号的分解过程为例，假设采样信号长度为 D，采样信号用 $x(n)$ 表示，当讨论在信号空间进行时，采样信号用 x 表示。$D=\{g_\gamma\}_{\gamma\in\Gamma}$ 为用于信号分解的过完备原子库，g_γ

为由参数组γ定义的原子，Γ为参数组γ的集合。

首先从过完备库中选出与待分解信号x最为匹配的原子$g_{\gamma 0}$，其满足以下条件：

$$|\langle x, g_{\gamma 0}\rangle| = \sup_{\gamma \in \Gamma} |\langle x, g_{\gamma}\rangle| \tag{5-4}$$

因此，信号x可以分解为在最佳原子$g_{\gamma 0}$上的分量和残余信号两部分，即为：

$$x = \langle x, g_{\gamma 0}\rangle g_{\gamma 0} + R_1 x \tag{5-5}$$

其中，$R_1 x$是用最佳原子对原信号进行最佳匹配后的残余信号，初始状态下$R_0 = x$。

对最佳匹配后的残余信号可以不断地进行上面同样的分解过程，即：

$$R_k x = \langle R_k x, g_{\gamma k}\rangle g_{\gamma k} + R_{k+1} x \tag{5-6}$$

其中，$g_{\gamma k}$满足：

$$|\langle R_k x, g_{\gamma k}\rangle| = \sup_{\gamma \in \Gamma} |\langle R_k x, g_{\gamma k}\rangle| \tag{5-7}$$

经过n步分解后，信号被分解为：

$$x = \sum_{k=1}^{n-1} \langle R_k x, g_{\gamma k}\rangle g_{\gamma k} + R_n x \tag{5-8}$$

其中，$R_n x$为信号分解为n个原子的线性组合时，用这样的线性组合表示信号所产生的误差。由于每一步分解中，所选取的最佳原子满足式(5-7)，所以分解的残余信号$R_n x$随着分解的进行，迅速地减小。在信号满足长度有限的条件下（这是完全可以而且一定满足的），$\| R_n x \|$随n的增大而指数衰减为0，从而信号可以分解为：

$$x = \sum_{k=0}^{\infty} \langle R_k x, g_{\gamma k}\rangle g_{\gamma k} \tag{5-9}$$

事实上，由于$\| R_n x \|$的衰减特性，一般而论，用少数的原子（相对信号长度而言）就可以表示信号的主要成分，即：

$$x = \sum_{k=0}^{n-1} \langle R_k x, g_{\gamma k}\rangle g_{\gamma k} \tag{5-10}$$

其中，$n \subset N$（N为过完备原子库中原子的个数）。

在满足误差一定的条件下，该方法可以得到信号的稀疏表达形式。MP算法的灵活性可以使人们选择与原信号更相近的时频原子，它可以更好地揭示信号的时频结构。然而，传统的MP算法是在过完备原子库中不断搜索，计算量大且搜寻效率低。因此，如何在过完备库上实现信号的自适应快速分解，降低分解算法的复杂度，一直是信号自适应分解算法研究的热点，现在已经有很多MP优化算法，比如基于互交替投影的块稀疏正交MP算法、前向预测与回溯结合的正交MP算法、改进选择算子的遗传MP算法等。本节要论述的优化MP算法则是基于复数道分析和最小二乘原理展开的。

由于Morlet子波适合对地震记录作能量和频谱的定量分析，比较适合波在孔隙介质中的衰减和分辨率问题的研究，因此本节选取复Morlet子波作为基函数，表达式如下：

$$m_{\gamma_j}(t) = \exp[-(\ln 2/k_j) f_j^2 (t-\mu_j)^2] \times \exp[i 2\pi f_j (t-\mu_j)] \tag{5-11}$$

其中，$\{f_j, \mu_j, k_j\}$为一参数组，f_j为峰值频率，μ_j为子波中心位置，k_j为尺度参数，是构成子波的重要参数，它同时控制着频带宽度和时间域内的子波宽度。另外，我们需要引入参数$A_j = |A_j| \exp(i\phi_j)$来定量描述匹配原子的振幅和相位。这样，就可以通过参数组$\{f_j, \mu_j, k_j, A_j\}$来表示匹配原子，当参数取不同值时就可以得到不同的原子，由此建立起过完备原子库。

对于任意一道地震记录$s(t)$，MP算法是一个反复搜索迭代的过程，它的目标是通过自适应性寻找最佳匹配原子 g_{γ_k}，使得：

$$s(t)=\sum_{j=0}^{n-1}a_j g_j+R^{(N)}f \tag{5-12}$$

成立。

基于复数道地震记录进行匹配追踪，大大缩小了搜索范围，另外利用最小二乘原理进行拟合，提高了计算精度，与其他的匹配追踪算法相比具有一定的优势。其具体实现过程如下[87]：

第一步，首先对实地震道 $s(t)$ 进行 Hilbert 变换得到复数道 $S(t)$，通过复数道分析提取瞬时属性，得到最大峰值处的瞬时频率及时间，作为 f、μ 的初始估计值。

第二步，通过 $k_j=\arg\max\limits_{k_j\in D}\dfrac{|\langle S(t),m_{\gamma_j}(t)\rangle|}{\|m_{\gamma_j}(t)\|}$ 优化 k 值，其中 D 代表尺度参数 k_j 的取值范围(本文中取 $D=(0,5]$)，$\langle S(t),m_{\gamma_j}(t)\rangle$ 表示 $S(t)$ 与 $m_{\gamma_j}(t)$ 的内积，$\|m_{\gamma_j}(t)\|=\sqrt{\langle m_{\gamma_j},m_{\gamma_j}\rangle}$。

第三步，由 f、μ、k 值得到匹配原子 $m_{\gamma_j}(t)$，并利用公式 $S(t)=A_j m_{\gamma_j}(t)+R(S)$，对 $S(t)$ 进行最小二乘拟合，得到参数 A_j，其中 A_j 是一复数，包含振幅和相位两个属性。

第四步，对于实地震道得到其匹配原子为 $\mathrm{real}[A_j m_{\gamma_j}(t)]$，通过 WVD 变换求取该匹配原子对应的时频谱，信号 $x(t)$ 的 WVD 分布为：

$$WVD(T,\omega)=\int_{-\infty}^{+\infty}x\left(t+\frac{\tau}{2}\right)x^*\left(t-\frac{\tau}{2}\right)\mathrm{e}^{-j\omega\tau}\,\mathrm{d}\tau \tag{5-13}$$

将匹配原子的表达式带入，得匹配原子的时频谱为：

$$TF(t,\omega)=\frac{|A_j|}{\|m_{\gamma_j}(t)\|}\left(\frac{1}{f_j}\sqrt{\frac{k_j}{2\ln 2\cdot\pi}}\right)^{\frac{1}{2}}\exp\left[-\frac{\pi^2 k_j}{\ln 2}\frac{(f-f_j)^2}{f_j^2}\right]\exp\left[-\frac{\ln 2}{k_j}f_j^2(t-\mu_j)^2\right] \tag{5-14}$$

将匹配追踪和 Wigner-Ville 分布相结合时，能有效消除时间频率平面内交叉项的影响，从而充分展示信号的时频信息。

第五步，令 $s(t)=\mathrm{real}[R(S)]$，这就是从原始信号中提取出第一个匹配原子后剩余的残差。可以由残差判断误差大小，如果不满足精度要求，重新回到第一步继续迭代，直到误差小于某一阈值后终止迭代或者选取迭代次数作为迭代终止条件。每次迭代都把上一次迭代的残差作为原信号，直到满足迭代终止条件为止，具体流程如图 5-17 所示。

MP 算法是一个信号自适应分解的过程，理论上具有较强的信号分解能力。下面以人工合成地震记录为原始信号，通过 MP 算法计算匹配信号，分析该算法对信号分解的效果。

图 5-18 表示人工合成地震记录的生成过程，由前四道叠加生成最终的合成记录。在该合成记录中 50 ms 处为 40 Hz 主频的雷克子波，300 ms 处为 10 Hz 和 40 Hz 主频的复合子波，500 ms 和 520 ms 处均为 40 Hz 主频的雷克子波，680 ms 和 700 ms 处是主频为 20 Hz、30 Hz 的复合子波，而 880 ms、900 ms 及 920 ms 处均是 30 Hz 主频的雷克子波。将该合成记录作为原始信号，对其应用 MP 算法。

图 5-19(a)为原信号匹配结果，可以看出，对于合成地震记录而言，该算法能够较准确地重构原始信号，具有较高的精度。图 5-19(b)分别为 MP 算法、短时傅立叶变换(Short-time Fourier Transform，STFT)及伪 Wigner-Vill 方法(Pseudo Wigner-Vill distribution，PWV)

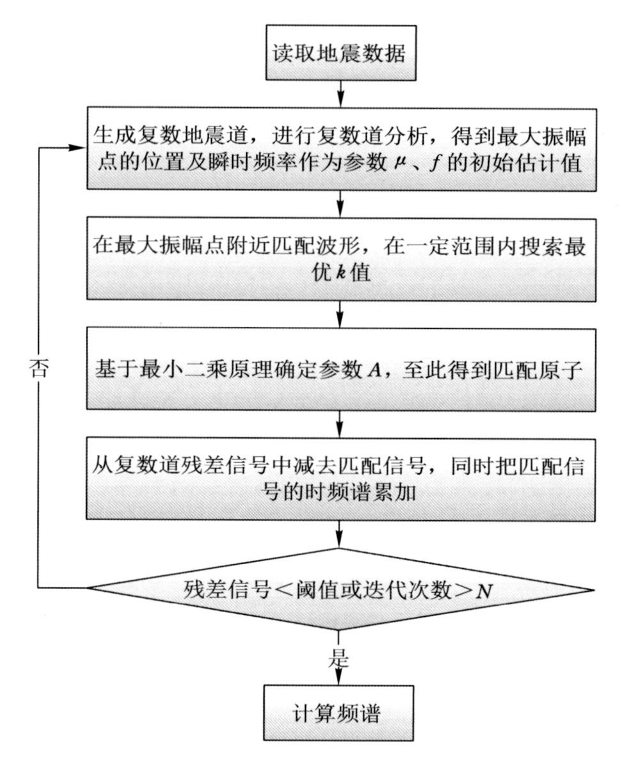

图 5-17　基于复数道地震记录的 MP 算法流程图

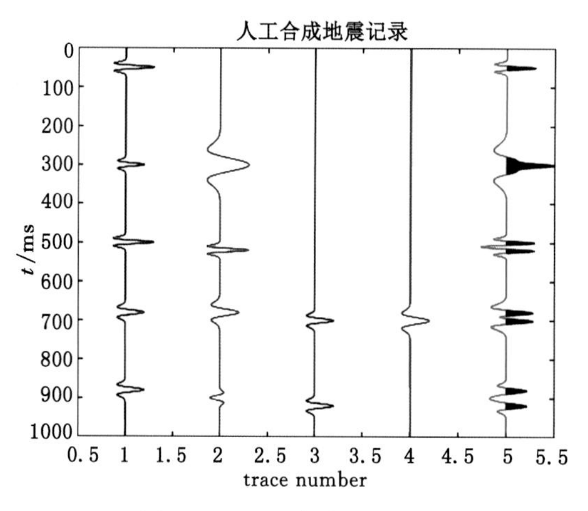

图 5-18　人工合成地震记录

应用于上述合成记录得到的时频分布。对比分析发现，MP 时频谱分辨薄层的能力较强，尤其表现在对第三、四个波形的反映上，且对频率定位较准确。在第二个波形处，MP 时频谱对低频成分和高频成分均可以较好地反映，而在 STFT 和 PWV 时频谱上能量发散，分辨率较低。最后一个波形是三个相连薄层反射的叠加，MP 虽然分层不太明确，但能相对准确地分辨出其时频值，而在 STFT 及 PWV 时频谱上难以判定。

综上分析可知，MP 算法具有较好的匹配效果，通过 MP 方法求得的时频图可以较准确地描述合成记录的时频信息，分辨率较高。

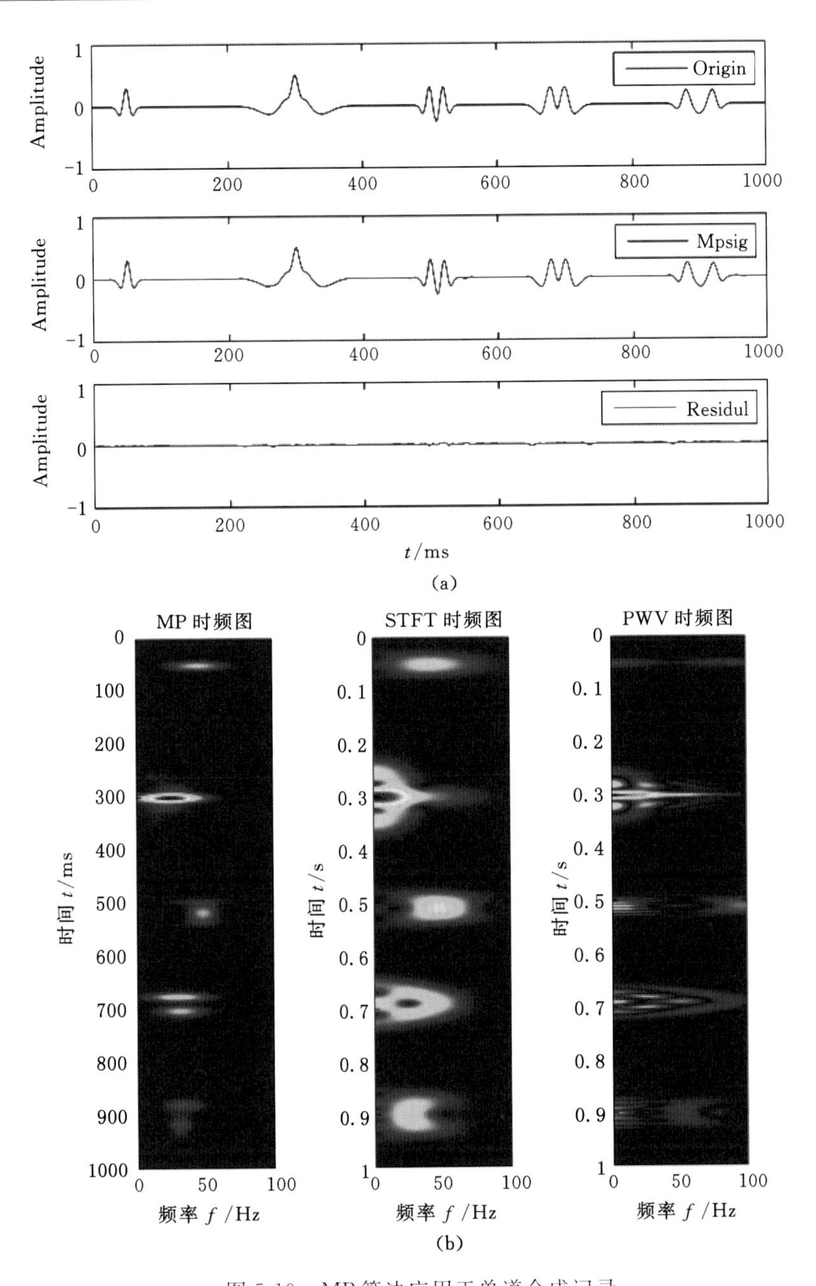

图 5-19　MP 算法应用于单道合成记录

(a) 从上到下依次为合成记录、匹配信号及残差信号；(b) 从左到右依次为 MP、STFT 及 PWV 时频图

通过上面的分析可知，MP 算法对信号具有较好的匹配能力，但有噪声的信号可能受噪声干扰影响匹配效果，下面对合成记录加入不同信噪比的高斯噪声，以讨论信噪比对 MP 算法精度的影响。

信噪比为 15 dB 时，匹配信号能够较准确地刻画原始信号(图 5-20)，但残差信号略有震荡，通过对比分析断定这些震荡是由噪声引起的。这种情况下噪声对有效信号的匹配影响较小，其时频谱仍具有较高的分辨率。另外，仔细观察图 5-20(a)的原始信号、匹配信号和残差信号，可以发现，利用 MP 算法可以达到去除噪声的目的。

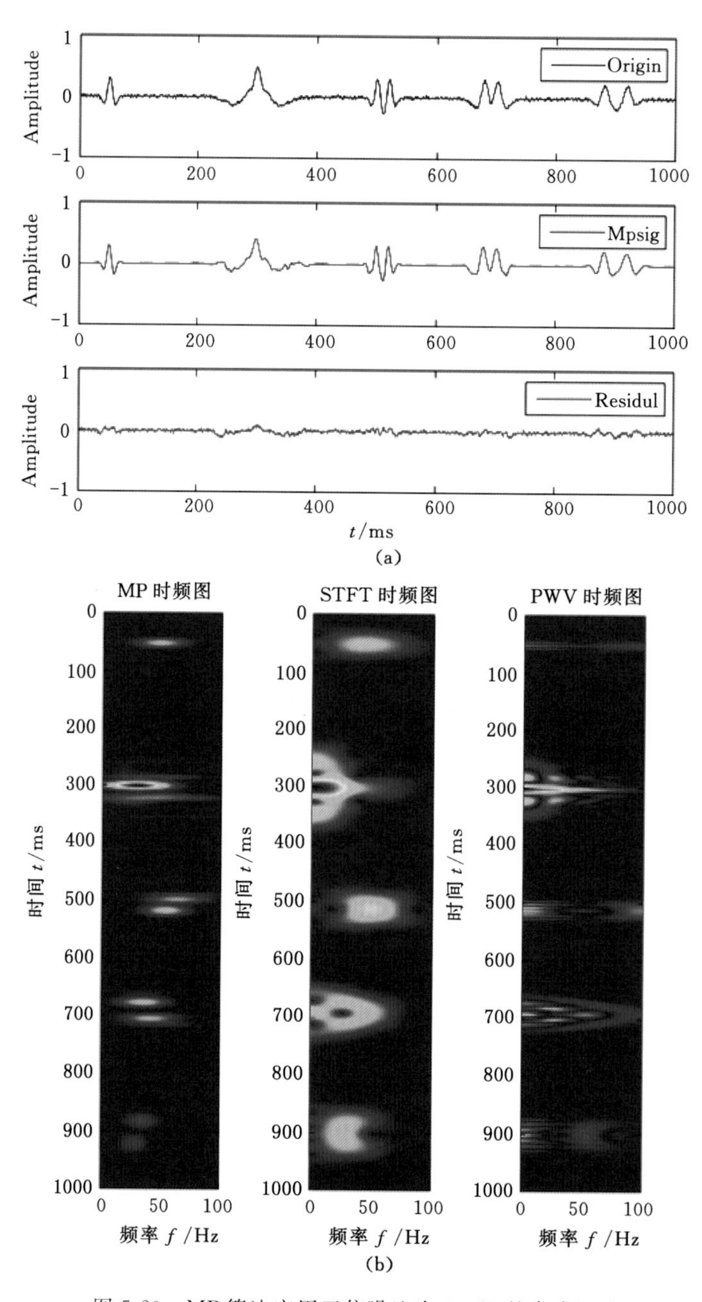

图 5-20　MP 算法应用于信噪比为 15 dB 的合成记录

(a) 从上到下依次为合成记录、匹配信号及残差信号；(b) 从左到右依次为 MP、STFT 及 PWV 时频图

信噪比为 10 dB 时，利用 MP 算法仍可以对原始信号进行匹配，但匹配结果会受到噪声的影响(图 5-21)，在第二个波形处发生了畸变，表现在时频图上为 200～300 ms 处出现了一个小的分层，第四个波形匹配效果也不太好，时频谱的分辨率有所降低，但相比于其他方法仍可以较好地反映信号的时频特征。

信噪比为 5 dB 时，匹配效果受噪声的影响较大，匹配波形畸变(图 5-22)。这是由于信噪比较低时，有效信号中振幅比较小的部分被噪声压制，干扰匹配，进而影响最终的匹配结

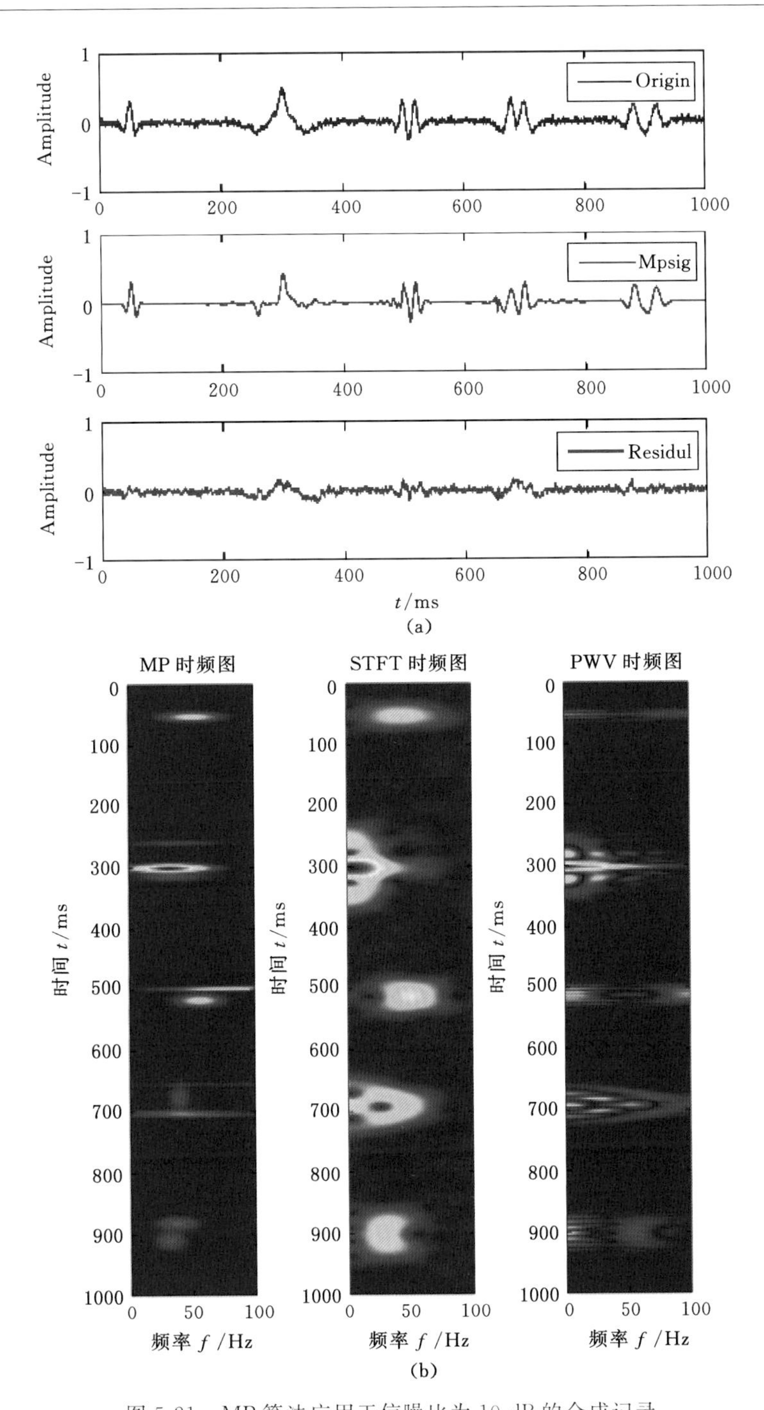

图 5-21　MP 算法应用于信噪比为 10 dB 的合成记录

(a) 从上到下依次为合成记录、匹配信号及残差信号；(b) 从左到右依次为 MP、STFT 及 PWV 时频图

果。这种情况在第二个和第五个波形上表现比较明显，这种匹配误差导致时频谱的分辨率降低。

综上所述，MP 算法的精度对信噪比有一定的要求。对高信噪比的信号(约 10 dB 以上)，该算法能够实现准确匹配，精度较高，而对低信噪比的信号，匹配结果受噪声影响较大。

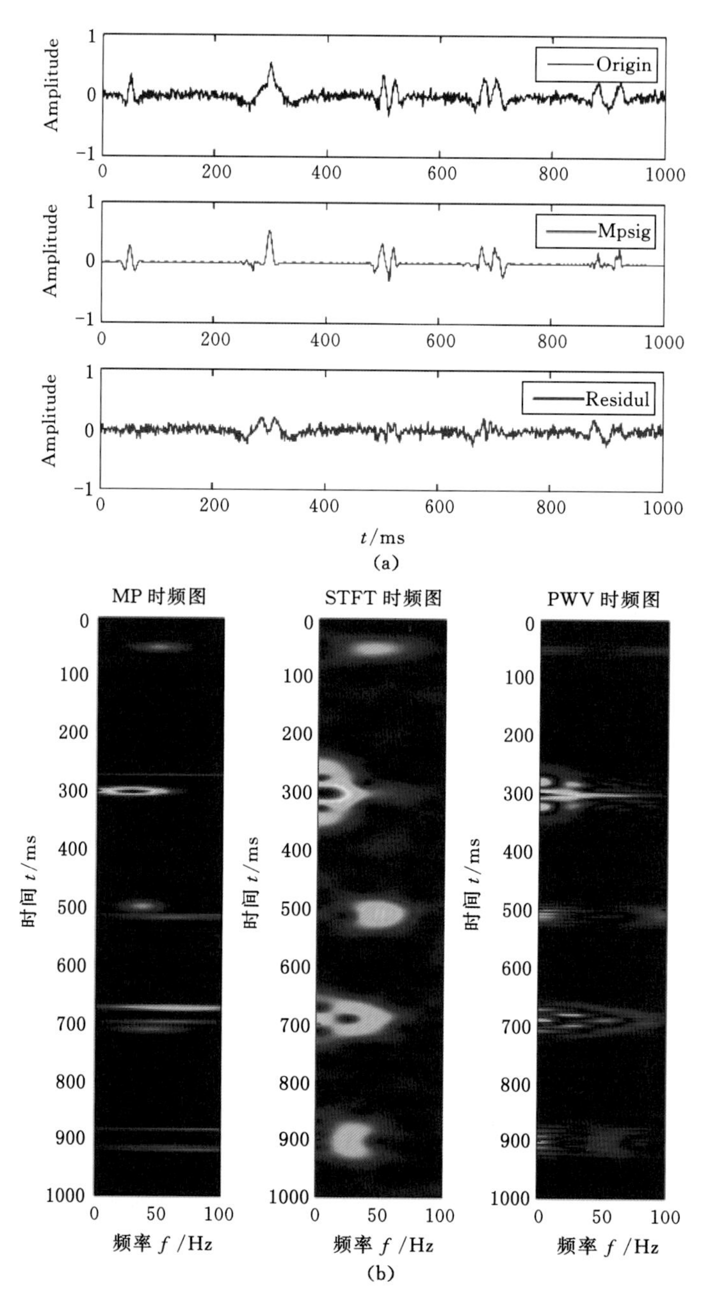

图 5-22　MP 算法应用于信噪比为 5dB 的合成记录

(a) 从上到下依次为合成记录、匹配信号及残差信号;(b) 从左到右依次为 MP、STFT 及 PWV 时频图

但该算法相对于 STFT 和 PWV 方法而言,仍具有较高的时频分辨率。

四、基于灰色理论的地震属性优化方法

地震数据携带大量的地质信息,当地层的地质情况确定时,只有地层结构的变化导致相应特征参数变化达到一定程度的情况下,地震剖面才会有反映,而地震属性却对这些特征参数敏感得多,并且很多属性都是非线性的,它可能会增加预测的准确性。不同工区和不同储

层对所预测对象敏感的地震属性是完全不同的，所以在油气预测过程中，通常引入与储层有关的各种地震属性，但是过多的地震属性对于储层预测也会带来不利的影响，如产生维数灾难，占用大量的存储空间和计算时间等。另外，大量的地震属性之间肯定包含许多彼此相关的因素，从而造成信息的重复和浪费，所以在进行储层预测之前，需要对地震属性进行优化。地震属性优化技术可以从众多的地震属性中挑选出与研究目标关系最密切、反映最敏感的少数优势属性，利用优化后的地震属性预测储层，可以减少多解性，明显提高预测精度。

目前地震属性优化方法主要包括专家经验法和数学理论法。专家经验方法需要对所有属性以及地质、测井等方面的资料进行分析，这种方法的优点是可信度高，优选出的属性一般有较明确的地质意义，缺点是要对工区以及各种地震属性的含义都有深入的了解，工作量大，主观性大。数学理论方法是利用数学方法优选一些属性来进行储层预测，比如粗糙集与遗传 BP 神经网络法、搜索法、模拟退火优化方法、相关法、神经网络法、依据井旁地震属性值与测井特征值计算出地震属性有效性法、多种数学手段同时进行控制法等。这种方法不需要对所有的属性进行分析，而是直接利用数学方法选出一些理想的属性，然后进行简单的分析，再删除一些认为不合理的属性，最后利用剩下为数不多的属性进行预测。这种方法的优点是减少了研究人员的工作量，不要求对工区和地震属性含义进行深入理解，比较客观，缺点是可信度不高，优选的地震属性有时没有明确的地质意义。

以上两种方法都存在优化结果稳定性或者准确性较差的缺点，特别是针对复杂的储层，还可能导致错误的预测结果。提取的众多地震属性参数之间并不是相互独立的，我们需要对数目众多的属性进行优化以便提高地震储层预测的精度和更加高效地进行储层描述。基于上述原因，提出一套基于灰色理论的地震属性优化方法，基本思想是：① 根据储层参数与地震属性之间的灰色关联度，选出 6～8 种与储层参数关联度高、相关性强的属性；② 根据灰色聚类算法将相关性高的地震属性进行聚类，仅选择同一类地震属性中与储层参数的灰色关联度最大的地震属性，得 3～5 种属性的敏感集；③ 具体选择几种地震属性由交互误差确定，得最终的敏感地震属性集。地震属性优化流程如图 5-23 所示。

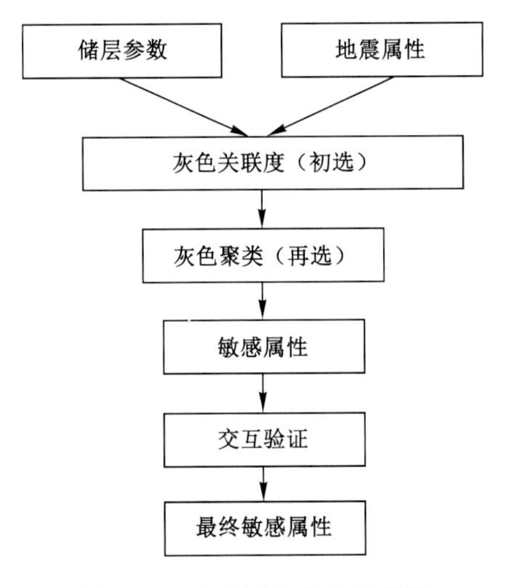

图 5-23 地震属性优化示意图

灰色关联度和灰色聚类的基本原理如下：

对于时间区间$[a,b]$，$b>a\geqslant 0$，令 $\Delta t_k=t_k-t_{k-1}$，$k=2,3,\cdots,n$，$[a,b]=\bigcup_{k=2}^{n}\Delta t_k$，$\Delta t_k\cap\Delta t_{k-1}=\phi$，$k=2,3,\cdots,n$。设$[a,b]$上的两时间序列分别为 $X_1=[x_1(1),x_1(2),\cdots,x_1(n)]$，$X_2=[x_2(1),x_2(n)]$，则有：

$y_i(k)=x_i(k)-x_i(k-1)(i=1,2;k=2,3,\cdots,n)$，表示时间序列 X_i 在时点$(k-1,k)$的增量。

$D_i=\dfrac{\sum_{k=2}^{n}|y_i(t_k)|}{n-1}(i=1,2)$，表示时间序列 X_i 在各个时段的增量绝对值的平均值。

$z_i(k)=\dfrac{y_i(k)}{D_i}(i=1,2;k=2,3,\cdots,n)$，表示时间序列 X_i 在时点$(k-1,k)$的增量的均值化。

依据上面的思想，有下面的定义：

时间区间$[a,b]$上的两个时间序列分别为 $X_1=[x_1(1),x_1(2),\cdots,x_1(n)]$，$X_2=[x_2(1),x_2(2),\cdots,x_2(n)]$，则称：

$$\xi(k)=\begin{cases}\operatorname{sgn}[z_1(k)\cdot z_1(k)]\dfrac{1}{1+\dfrac{1}{2}\|z_1(k)|-|z_2(k)\|+\dfrac{1}{2}\left[1-\dfrac{\min(|z_1(k)|,|z_2(k)|)}{\max(|z_1(k)|,|z_2(k)|)}\right]} & z_1(k)\text{、}z_2(k)\text{不同时为}0\\ 1 & z_1(k)\text{、}z_2(k)\text{同时为}0\end{cases}\tag{5-15}$$

为 $X_1=[x_1(1),x_1(2),\cdots,x_1(n)]$、$X_2=[x_2(1),x_2(2),\cdots,x_2(n)]$在时点$(k-1,k)$上的改进的灰色 T 型关联系数。其中，引入 $\operatorname{sgn}[z_1(k)\cdot z_1(k)]$这个符号函数是用来反映两序列正负相关性，即当 $z_1(k)\cdot z_1(k)\geqslant 0$ 时，关联系数 $\xi(k)>0$，表示两个序列在时点$(k-1,k)$是同方向变换的，即正关联；当 $z_1(k)\cdot z_1(k)<0$ 时，关联系数 $\xi(k)<0$，表示两个序列在时点$(k-1,k)$是不同方向变换的，即负关联。

$$r=\frac{1}{n-1}\sum_{k=2}^{n}\xi_k\tag{5-16}$$

当$-1\leqslant r<0$ 时，表明两个序列之间为负关联，且$|r|$越大，负关联性的程度越大；当$0<r\leqslant 1$时，表明两个序列之间为正关联，且 r 越大，正关联的程度越强；当 $r=0$ 时，两个序列为无关联性。

当两个时间序列在对应时间段内的增量相等或者近似于相等的时候，增量的构成差$\|z_1(k)|-|z_1(k)\|$与构成比$\left[1-\dfrac{\min(|z_1(k)|,|z_1(k)|)}{\max(|z_1(k)|,|z_1(k)|)}\right]$的值均接近于零，此时，两个时间序列在此时间内的关联系数就大，关联系数的值接近于 1，反之，关联系数的值就小，这点符合模型构造的基本思想。但是，构造差和构成比前面的系数均为 0.5，可以理解为构成差和构成比具有同等效应，这样似乎缺乏说服力。因此本研究提出了根据权重确定权系数的方法，确定权系数如下：

构成差的权系数：

$$w_d=\frac{\|z_1(k)|-|z_2(k)\|}{\|z_1(k)|-|z_2(k)\|+\dfrac{\min[|z_1(k)|,|z_2(k)|]}{\max[|z_1(k)|,|z_2(k)|]}}\tag{5-17}$$

构成比的权系数：

$$w_r = 1 - \frac{\| z_1(k) | - | z_2(k) \|}{\| z_1(k) | - | z_2(k) \| + \frac{\min[| z_1(k) |, | z_2(k) |]}{\max[| z_1(k) |, | z_2(k) |]}} \tag{5-18}$$

依据上面的思想，有下面的定义，时间区间$[a,b]$上的两个时间序列分别为 $X_1 = [x_1(1), x_1(2), \cdots, x_1(n)]$和 $X_2 = [x_2(1), x_2(2), \cdots, x_2(n)]$，则有：

$$\xi(k) = \begin{cases} \mathrm{sgn}[z_1(k) \cdot z_1(k)] \dfrac{1}{1 + w_d \| z_1(k) | - | z_2(k) \| + w_r \left(1 - \dfrac{\min[| z_1(k) |, | z_2(k) |]}{\max[| z_1(k) |, | z_2(k) |]}\right)} & z_1(k)、z_2(k) \text{不同时为} 0 \\ 1 & z_1(k)、z_2(k) \text{同时为} 0 \end{cases} \tag{5-19}$$

为 $X_1 = [x_1(1), x_1(2), \cdots, x_1(n)]$和 $X_2 = [x_2(1), x_2(2), \cdots, x_2(n)]$在时点$(k-1,k)$上的新改进的灰色 T 型关联系数。其中，引入 $\mathrm{sgn}[z_1(k) \cdot z_1(k)]$这个符号函数是用来反映两序列正负相关性，即当$z_1(k) \cdot z_1(k) \geqslant 0$ 时，关联系数 $\xi(k) < 0$，表示两个序列在时点$(k-1,k)$是同方向变换的，即正关联；当 $z_1(k) \cdot z_1(k) < 0$ 时，关联系数 $\xi(k) < 0$，表示两个序列在时点$(k-1,k)$是不同方向变换的，即负关联。

$$r = \frac{1}{n-1} \sum_{k=2}^{n} \xi_k \tag{5-20}$$

基于灰色关联度的聚类方法就是在灰色关联分析结果的基础上，对研究对象进行分类的数学方法。在考虑同类因素的归并和简化复杂系统的问题上，常规的聚类方法以及模糊聚类、灰色聚类都起到良好的效果。在很多情况下进行分类的目的是为了更好地作出比较，灰色关联度可通过定性分析和计算来定量描述各事物因素间关系强弱、大小和次序，加入灰色关联的聚类评估在分析几个并行的复杂系统时，既能起到简化复杂系统的作用，又有利于优化复杂系统。

根据关联度求解各元素之间的关联差异矩阵 $\boldsymbol{H}$、差异距离矩阵 $\boldsymbol{U}$。假定 $\boldsymbol{R}$ 为关联度 $\boldsymbol{R} = (r_1, r_2, \cdots, r_m)$，

$$\boldsymbol{H} = \begin{bmatrix} h_{11} & h_{12} & \cdots & h_{1m} \\ h_{21} & h_{22} & \cdots & h_{2m} \\ \vdots & \vdots & & \vdots \\ h_{m1} & h_{m2} & \cdots & h_{mm} \end{bmatrix} \tag{5-21}$$

G_i 相对 G_j 的差异系数 $h_{ji} = \dfrac{|r_i - r_j|}{r_j}$，

$$\boldsymbol{U} = \begin{bmatrix} u_{11} & u_{12} & \cdots & u_{1m} \\ u_{21} & u_{22} & \cdots & u_{2m} \\ \vdots & \vdots & & \vdots \\ u_{m1} & u_{m2} & \cdots & u_{mm} \end{bmatrix} \tag{5-22}$$

$u_{ij} = h_{ij} + h_{ji}$，u_{ij} 为差异距离。

求灰色相似关系矩阵：

$$\boldsymbol{D} = \begin{bmatrix} d_{11} & d_{12} & \cdots & d_{1m} \\ d_{21} & d_{22} & \cdots & d_{2m} \\ \vdots & \vdots & & \vdots \\ d_{m1} & d_{m2} & \cdots & d_{mm} \end{bmatrix} \tag{5-23}$$

有 $d_{ij}=1-\dfrac{u_{ij}}{\max(\boldsymbol{U})}$，其中 $\max(\boldsymbol{U})$ 表示取矩阵中的最大值。

以所有分类对象为顶点，按 d_{ij} 从大到小的顺序依次连接，在不产生回路的基础上把所有顶点都连通，构造最大树并画谱系图，然后按照需要聚类的类数进行处理即可。

五、地震属性参数转换技术

目前，地震属性种类繁多，人们需要从多种地震属性中挑选出具有实际应用价值的数据并刻画研究的地质体。常用 PCA-RGB 多属性融合技术，即先用主成分分析（PCA）技术将多个同类地震属性进行降维处理，得到相应的主分量，再利用颜色融合（RGB）技术对不同种类地震属性的主分量进行融合。

（一）PCA 技术

PCA 是利用数学上处理降维的思想，将实际问题中的多个指标设法重新组合成一组新的少数几个综合指标来代替原来指标的一种多元统计方法。地震属性参数之间是相互关联的，因此这些相互关联的参数之间，必然存在着主次关系，PCA 技术就是从这些参数中选出对储层反映情况最敏感、数目较少的综合变量，并将原来的属性参数用这些综合变量表示出来。

设有 n 个样本，p 个变量，将原始数据体转换为主成分。主成分是具有正交特征的原变量线性组合，即是把 $x_1,x_2,\cdots,x_p$ 合成 $m(m<p)$ 个指标 $z_1,z_2,\cdots,z_m$。设 $l_{i1},l_{i2},\cdots,l_{ip}$ 为变量相关阵的第 i 个特征值对应的特征向量，则 $\boldsymbol{z}$ 可以用 $\boldsymbol{X}$ 和 $\boldsymbol{L}$ 来表示：

$$\begin{bmatrix} z_1 \\ z_2 \\ \vdots \\ z_m \end{bmatrix}=\begin{bmatrix} l_{11} & l_{12} & \cdots & l_{1p} \\ l_{21} & l_{22} & \cdots & l_{2p} \\ \vdots & \vdots & & \vdots \\ l_{m1} & l_{m2} & \cdots & l_{mp} \end{bmatrix}\begin{bmatrix} x_1 \\ x_2 \\ \vdots \\ x_p \end{bmatrix} \tag{5-24}$$

$z_1,z_2,\cdots,z_m$ 所对应的特征值为 $\lambda_1,\lambda_2,\cdots,\lambda_m$，且 $\lambda_1\geqslant\lambda_2\geqslant,\cdots,\geqslant\lambda_m$，用下式表示：

$$\varepsilon=\lambda_i/\sum_{i-1}^{p}\lambda_i \tag{5-25}$$

式中，分量 z_i 对整体信息的贡献值越大，表示该分量贡献越大。

（二）RGB 技术

RGB 技术的基本思路是将三个地震数据体分别在颜色空间赋予红、绿、蓝三个颜色，这种显示方法对于突出各属性中能量近似特征区域有很好的效果，可以突出共性，弱化差异。

通过定义单个 R、G、B 窗体为：

$$b_{\mathrm{R}}(f)=0.5\cdot\left[1.0+\cos\left(\pi\frac{f-f_{\mathrm{R}}}{k\cdot f_{\mathrm{Bandwidth}}}\right)\right] \tag{5-26}$$

$$b_{\mathrm{G}}(f)=0.5\cdot\left[1.0+\cos\left(\pi\frac{f-f_{\mathrm{G}}}{k\cdot f_{\mathrm{Bandwidth}}}\right)\right] \tag{5-27}$$

$$b_{\mathrm{B}}(f)=0.5\cdot\left[1.0+\cos\left(\pi\frac{f-f_{\mathrm{B}}}{k\cdot f_{\mathrm{Bandwidth}}}\right)\right] \tag{5-28}$$

式中，f_{R}、f_{G}、f_{B} 是三个频率窗的中心频率；$f_{\mathrm{Bandwidth}}$ 是信号的宽带；k 是常数，用来控制宽带的大小。

地震每一个参数点的频谱 $u(f)$ 可分为 R、G、B 三个频带，即：

$$u(f)=c_R b_R(f)+c_G b_G(f)+c_B b_B(f) \tag{5-29}$$

式中，c_R、c_G、c_B 分别为三个频带频谱能量占总能量的比重。将上式以频率 f 离散化，并写成矩阵形式：

$$\boldsymbol{U}(f)=\boldsymbol{B}(f)\boldsymbol{C} \tag{5-30}$$

最终得到向量 $\boldsymbol{C}$：

$$\boldsymbol{C}=[\boldsymbol{B}^T\boldsymbol{B}+\varepsilon\boldsymbol{I}]^{-1}\boldsymbol{B}^T\boldsymbol{U} \tag{5-31}$$

将求得的 c_R、c_G、c_B 转化到 0～255 之间，用三原色显示方法即可得到 RGB 色彩融合的结果。

（三）人工神经网络

人工神经网络的拓扑结构由神经元（节点）以及它们之间的联系构成，输入层接收外界输入，经隐含层变换，由输出层输出，如图 5-24 所示。它分为学习和识别两过程，即通过对一组已知输入和输出的样本的“学习”过程，将学习的“知识”存储在网络中，然后利用已掌握的“知识”去识别未知样本，从而取得对新样本的“认识”。

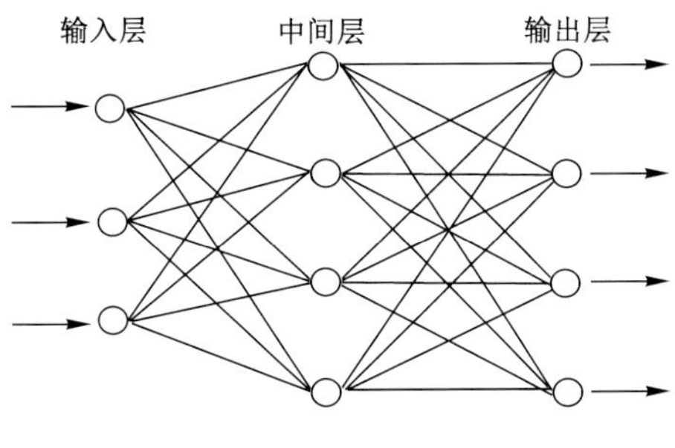

图 5-24　三层 BP 网络

人工神经网络通过一个使代价函数最小化的过程完成输入到输出的映射，这个代价函数定义为所有输出层单元预期输出与实际输出的误差平方和。实际上，BP 网络的学习是不断调整网络的连接权，使实际输出和预期输出接近的过程。

（四）支持向量机技术

支持向量机（Support Vector Machine，SVM）是在统计学习理论的基础上发展起来的一种新型高效的机器学习方法，其建立在统计学习理论（VC 维理论）和结构风险最小化原理的基础上，根据有限样本信息在模型的复杂性（即对特定训练样本的学习精度）和学习能力（即无错误地识别任意样本的能力）之间寻求最佳折中，以期获得较好的推广能力[88-89]。

1981 年，Vapnik 和他的合作者提出了 SVM 的重要基础理论，即 VC 维理论；1982 年，Vapnik 提出了具有划时代意义的结构风险最小化原则；1995 年，他首次提出了支持向量机这一概念。SVM 算法旨在改善传统神经网络学习方法的理论弱点，从最优分类面问题出发提出了支持向量机网络。近年来，SVM 方法已经在图像识别、信号处理等方面取得了成功应用，显示了它的强大优势[90-93]。

灰色关联分析是灰色理论中应用最广泛、理论最成熟的部分。在前文的介绍中已详细说明了灰色关联的基本概念，并提出了改进的灰色关联算法，通过数据测试，表明改进的灰色关联算法具有较好的性能。在常规的运用支持向量机进行训练的过程中，我们都是将每个样本看成等同的效果，放入训练集进行训练的。但是，通过地震属性优选部分的知识可知，不同类型的地震属性与测井对应的储层参数的关联度不一样，关联度大的地震属性，相关性高，反之，相关性低。因此，我们可以将灰色关联分析应用到支持向量机的建模过程中，根据关联因素的灰色关联度赋予地震属性不同的权重。

灰色支持向量机是将灰色关联和支持向量机结合的一种新的方法。该方法的主要思想是：首先利用关联度分析方法计算地震属性与储层参数的关联度值，确定各地震属性的权系数 $w_i = \gamma_i / \sum_{i=1}^{n} \gamma_i$，其中 γ_i 为第 i 个地震属性与储层参数的关联度。然后将地震属性乘以各自权系数组成新的地震属性序列，以此突出与储层参数关联度高的地震属性。再利用支持向量机对储层样本进行训练和识别，以达到提高储层参数预测精度的目的。灰色支持向量机进行储层参数转换的流程如图 5-25 所示。

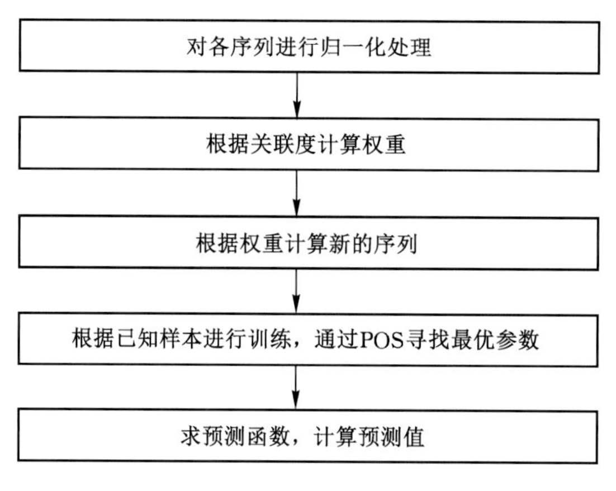

图 5-25　灰色支持向量机储层参数转换流程图

第三节　叠前深度偏移资料地震解释方法

就地震深度域数据的效果而言，具有地震时间域数据不可比拟的优势：

① 深度域数据比时间域数据更能真实、直观地反映地质构造。时间域数据中同相轴较为准确地反映地质构造的水平位置，但是垂向上由于在时间维度表示而被歪曲，使得构造特征与地下的真实构造不同，容易对地质解释产生误导；而深度域数据同相轴位置准确，尤其是深度域成像能够解决速度横向复杂变化问题[94-97]。

② 深度域地震资料具有较准确的地质意义，可以为地层对比提供较好的约束。在叠前深度偏移(PSDM)剖面上，地质分层与地震解释层位之间的偏差较小是合理的。

③ 深度域的地震资料可以判断井校正后层位的合理性。由于深度域地震资料的深度值是相对的，无法与井上分层准确地一一对应，因此必须对解释层位和地震数据应用井校正，得到最终的深度层位和构造图。

④ 深度域地震资料的几何类和动力学类属性可以直接用于储层预测，其空间位置的准确性优于时间域资料，且较时间域平面属性中断层特征更为清晰。

一、深度域地震资料解释流程

深度域地震资料与时间域资料存在诸多不同，其解释方法与时间域也存在差异。应用

GeoEast 解释系统的深度域特色解释功能，进行了深度域地震资料的解释，其流程如图 5-26 所示。通过深度域合成记录进行层位标定，明确井震间的对应关系；为了使井震误差能够在空间范围内合理分布，建立全区的井震误差场。主要思路是创建井震误差场，使井震误差在空间各个节点上分布合理。用误差场对深度域层位进行校正，再进行构造成图，使每个目的层段的井震间误差合理减小。利用深度域数据体提取深度域的各种属性进行煤层构造预测，其空间位置更加准确[98-101]。

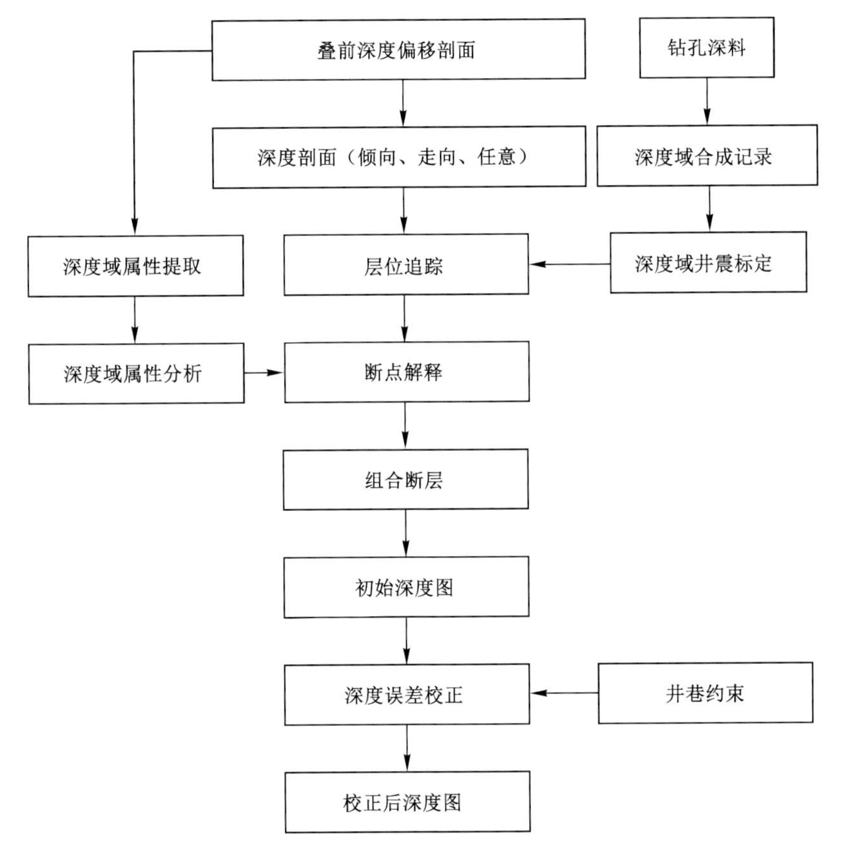

图 5-26　深度域解释流程图

深度域解释流程与时间域解释流程主要有 3 个不同的关键技术，分别是深度域层位标定、深度误差校正、深度域属性分析。

二、深度域合成地震记录层位标定

层位标定是构造解释和属性分析的基础，是连接地震、地质和测井工作的桥梁。时间域地震资料与地震合成记录需要时—深关系来建立彼此之间的关系，进而来进行层位标定。与时间域地震资料不同，深度域地震资料纵向刻度为深度，与测井数据的纵向刻度一致，可以直接实现井震联合显示，便于在深度域进行井震标定。

时间域的合成地震记录通过反射系数和子波褶积来实现。前人的研究多致力于求取深度域子波，利用褶积方法制作深度域合成记录。胡中平等通过数学推导后认为，在时间域子波频率确定的情况下，深度域子波在数值上与之相等。因此，深度域合成地震记录是直接在深度剖面上提取深度域子波或者深度域雷克子波，然后利用褶积方法制作深度域合成记录[102-106]。

与时间域合成记录类似，深度域的合成记录也需要输入声波、密度和井旁地震道数据。值得注意的是，由于深度偏移是从零时刻和零深度起算，应选择从零深度起始的测井数据制作合成记录。

（一）合成地震记录制作原理

合成地震记录是根据声波测井资料制作成的，可以直接与地震剖面进行对比，鉴别反射波地质属性。通过声波测井和密度测井得到声波测井曲线和密度测井曲线，将它们在同一深度上的速度值与密度值相乘，得到波阻抗曲线。根据波阻抗曲线，求出反射系数序列。反射系数的计算公式为：

$$R_i = \frac{Z_{i+1} - Z}{Z_{i+1} + Z} \tag{5-32}$$

即

$$R_i = \frac{\rho_{i+1} v_{i+1} - \rho_i v}{\rho_{i+1} v_{i+1} + \rho_i v} \tag{5-33}$$

式中，v_i 为速度值；ρ_i 为密度值；R_i 是第 i 层与第 $i+1$ 层界面的深度域反射系数。

在深度域，合成地震记录制作及层位标定是通过软件系统提供的子波完成的。深度域理论子波的获得是在得到时间域的子波之后，利用声波时差值来进行时/深转换，转换成深度域的子波。在时间域，合成地震记录是地震子波与反射系数的褶积，如果将时间域的子波 $W(t)$ 进行时/深转换，便可得到深度域子波 $W(h)$。将深度域的子波和深度域的反射系数 $R(h)$ 进行褶积，便可得到深度域的合成地震记录：

$$S(h) = R(h) * W(h) = \int_0^H W(\tau) R(t-\tau) \mathrm{d}\tau \tag{5-34}$$

式中，H 为子波在深度域的长度。将上式离散化为：

$$S(n\Delta h) = \sum_0^H W(m\Delta h) R(n\Delta h - m\Delta h) \tag{5-35}$$

式中，Δh 为反射系数的采样率；n 为反射系数的采样序号；m 为子波采样序号。

由人工合成地震记录在地震剖面上标定出对应的层位，层位标定的精确度完全取决于合成记录的制作精度。因此，在层位标定过程中，需要对测井曲线及合成地震记录进行校正和处理，同时，根据实际情况选择合适的子波，以提高层位标定的精确度。

（二）深度域合成地震记录的标定

① 声波和密度曲线按深度采样间隔进行方波化处理（采样间隔为 0.05 m），获得按深度采样的声波和密度曲线。

② 计算波阻抗与反射系数。

③ 从深度域地震剖面上提取子波（图 5-27）。

④ 利用深度域子波和反射系数计算，得到深度域合成记录。

⑤ 按照波形相似原则，将主要目的层的各反射界面从上到下逐层与地震井旁道对齐，即可完成深度域合成地震记录的直接标定。

在深度域的层位标定中，关键技术就是制作合成记录时子波的获得。采用频变子波和将时间域子波转换为深度域子波时在不同深度层位采用不同的速度值来将子波转换成深度域的子波，对精确标定层位起关键作用。

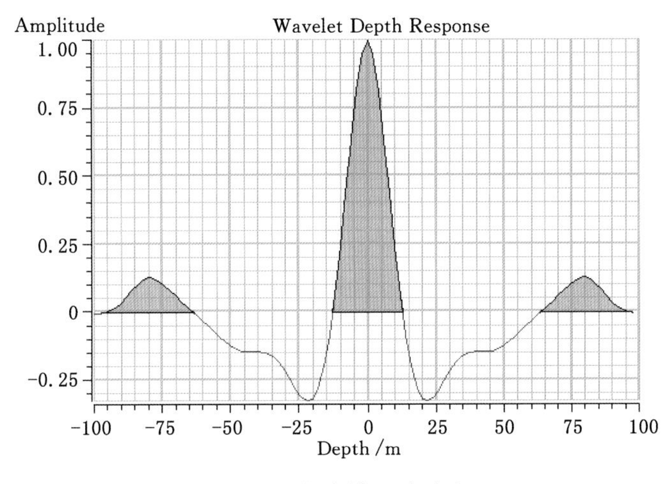

图 5-27 深度域地震子波

深度域井震直接标定方法虽然操作简单，但存在井震对应关系不能调整、不直观等缺点。图 5-28、图 5-29 分别为祁南煤矿Ⅱ103 采区 2016-7 钻孔深度域合成地震记录图和深度域地震剖面图。

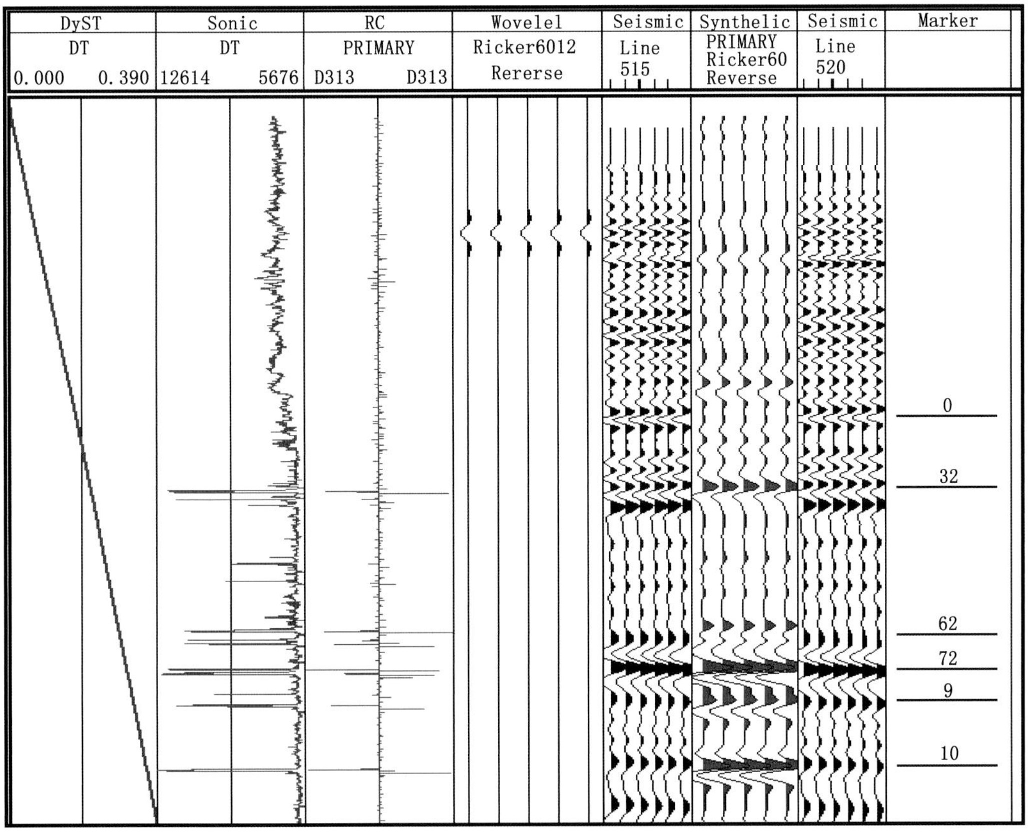

图 5-28 祁南煤矿Ⅱ103 采区 2016-7 钻孔深度域合成地震记录

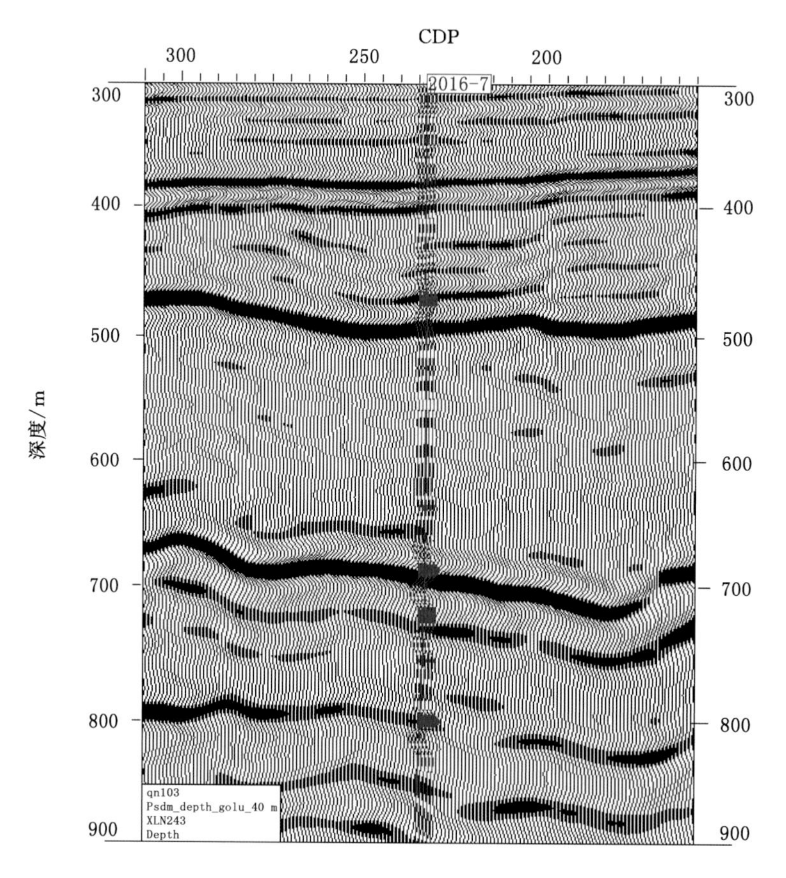

图 5-29 祁南煤矿Ⅱ103 采区钻孔合成记录在深度域地震剖面(XLN243)

三、深度误差校正

由于声波测井速度与地震速度在测量方式、测量精度等方面存在差异。因此,深度域地震资料虽然经过井控叠前深度偏移处理,但与个别井之间依然存在一定的误差,且随着深度增加,误差会越来越大,导致深度域解释得到的层位直接成图后井震误差偏大。因此,深度域构造成图最大的难点是如何合理地校正井震误差。

经过合成地震记录标定后,得到井点位置各主要目的层系的井震误差,建立全区的井震误差场。具体做法是:首先建立地震深度与钻井深度间的误差场。初始状态下默认井震间深度一一对应,即建立数值为 0 的初始误差场。然后利用合成地震记录标定得到井震误差校正初始场,得到最终的井震误差场。包括 6 个主要步骤:① 建立初始误差关系场;② 将以各目的层为单位存储的井震误差转换为散点形式;③ 将各主要目的层的井震误差输入到初始误差场中,计算得到井震误差场;④ 对得到的井震误差场进行空间插值,得到空间合理分布的井震误差场;⑤ 用误差数据体校正原深度,使得各目的层得到更为合理的深度值;⑥ 用校正后的深度体进行构造成图。具体流程见图 5-30 所示。

这种构造成图方法避免了单层井震差异校正带来的空间形态畸变问题,使上、下地层的构造图均趋向合理。图 5-31 为祁南煤矿Ⅱ103 采区 10 煤层深度误差校正前后对比图。在得到深度图后,使用研究区的基准面减去深度即可得到研究区目的层底板等高线图。

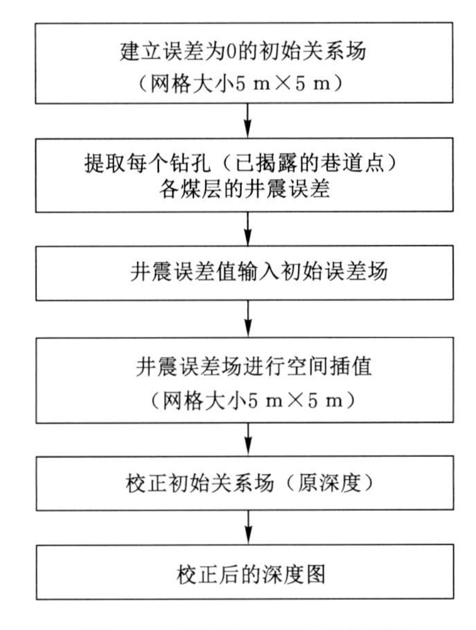

图 5-30　深度误差校正流程图

四、应用效果分析

通过叠前深度偏移处理，对得到的深度域数据体进行构造解释。通过对比分析，结合巷道资料，验证叠前深度成果的应用效果。

（一）祁南煤矿Ⅱ103 采区叠前深度偏剖面与叠前时间偏剖面对比

由于上覆煤层的屏蔽作用，10 煤层形成的反射波较 7 煤层、9 煤层形成的反射波信噪比低，通过叠前深度偏移，10 煤层形成的反射波较叠前时间偏移剖面连续性有了改善，使得在叠前深度剖面上更容易追踪 10 煤层反射波。从图 5-32、图 5-33 中可以看出，叠前深度偏移剖面中 10 煤层的成像质量得以提高。

从图 5-32、图 5-33 可以看出，叠前深度偏移剖面中断层断点变得较为清晰，剖面成像质量提高。

（二）深度域属性分析技术

深度域地震属性与时间域地震属性相似，都是从地震数据中导出关于几何学、运动学、动力学及统计特征的特殊度量值，反映煤层成像质量的是振幅属性，反映构造特征的包括相干体属性、方差体属性及蚂蚁体属性等。在深度域，由于成像点归位更准确，提取的空间属性位置也相对更为精确。深度域属性切片中断层的清晰度有了明显提升，最终通过深度域属性和时间域属性对比，研究深度域属性分析技术。

1. 深度域振幅属性

反射地震记录的振幅可以看作有限带宽的反射系数，地震振幅的大小取决于反射系数的大小和反射系数的组合。也就是振幅代表地层或煤层的物性变化，因此可以沿层提取地震振幅信息表示沿层反射系数的变化。振幅类属性包括最大振幅、均方根振幅和平均振幅等。

通过祁南煤矿Ⅱ103 采区沿 10 煤层叠前时间偏移（时间域）与叠前深度偏移（深度域）数据体振幅属性（图 5-34）对比可以看出，叠前深度偏移（深度域）数据体振幅较叠前时间偏

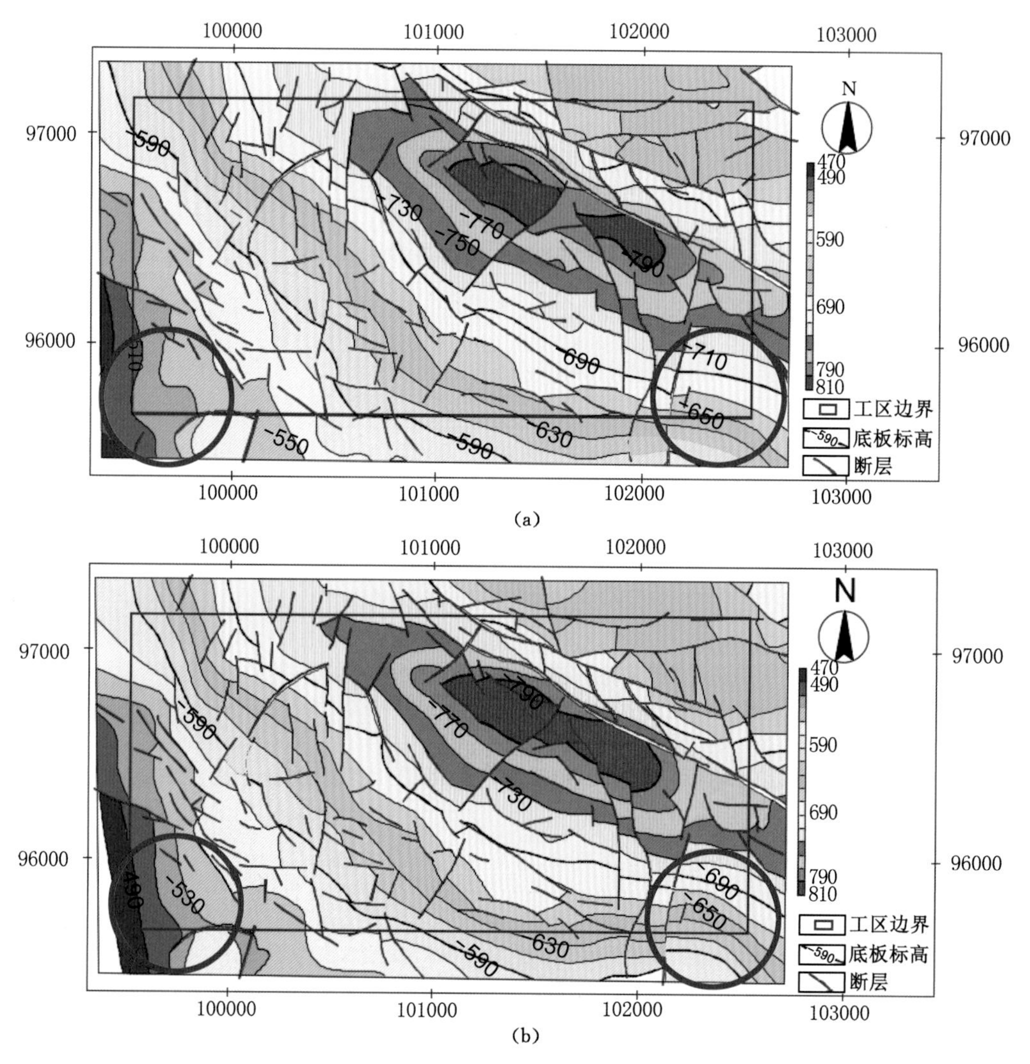

图 5-31　祁南煤矿Ⅱ103 采区 10 煤层深度误差校正前后底板等高线示意图

(a) 校正前;(b) 校正后

移(时间域)数据体振幅明显变强,这说明叠前深度偏移(深度域)数据体成像质量有了一定改善,使得原叠前时间偏移(时间域)数据体信噪比较低的区域成像质量有了明显提高,10 煤形成反射层可追踪性增强。

2. 深度域相干体属性

相干体技术是利用三维数据体纵横上的波形特征的相似性来解决地质问题的一种手段。通过对数据体进行相干处理,利用相干时间切片、相干沿层切片、相干体三维显示等手段来识别检验断层。

通过祁南煤矿Ⅱ103 采区沿 10 煤层叠前时间偏移(时间域)与叠前深度偏移(深度域)相干体属性(图 5-35)对比可以看出,叠前深度偏移(深度域)相干体属性较叠前时间偏移(时间域)相干体属性对构造反映更加清晰。

3. 深度域方差体属性

通过祁南煤矿Ⅱ103 采区沿 10 煤层叠前时间偏移(时间域)与叠前深度偏移(深度域)

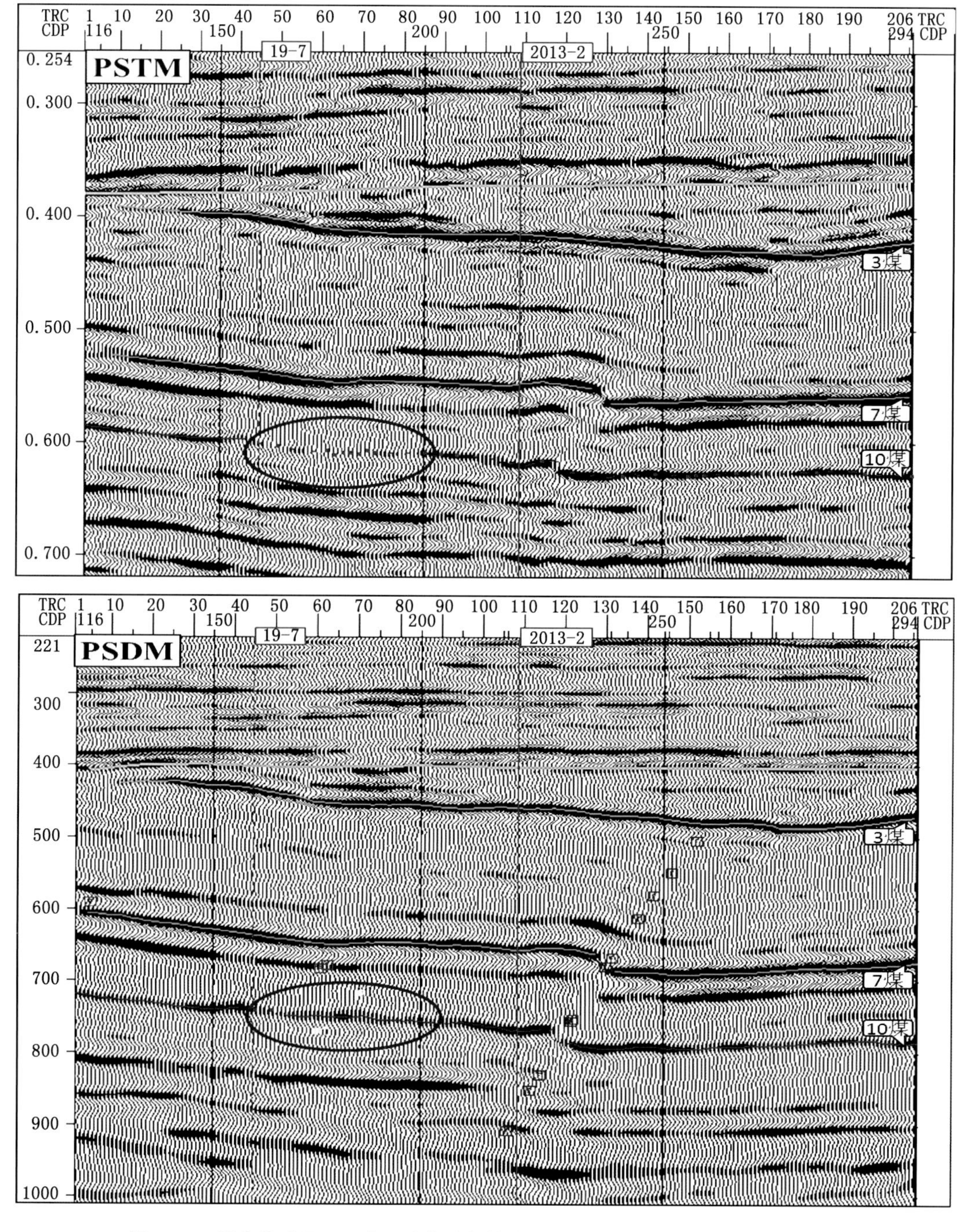

图 5-32　祁南煤矿Ⅱ103 采区叠前时间偏移(上)与叠前深度偏移(下)剖面(1)

方差体属性(图 5-36)对比可以看出,叠前深度偏移(深度域)方差体属性较叠前时间偏移(时间域)方差体属性对构造反映更加清晰。

通过祁南煤矿Ⅱ103 采区沿 10 煤层叠前时间偏移(时间域)与叠前深度偏移(深度域)蚂蚁体属性(图 5-37)对比可以看出,叠前深度偏移(深度域)蚂蚁体属性较叠前时间偏移(时间域)蚂蚁体属性对小断层反映更加清晰。

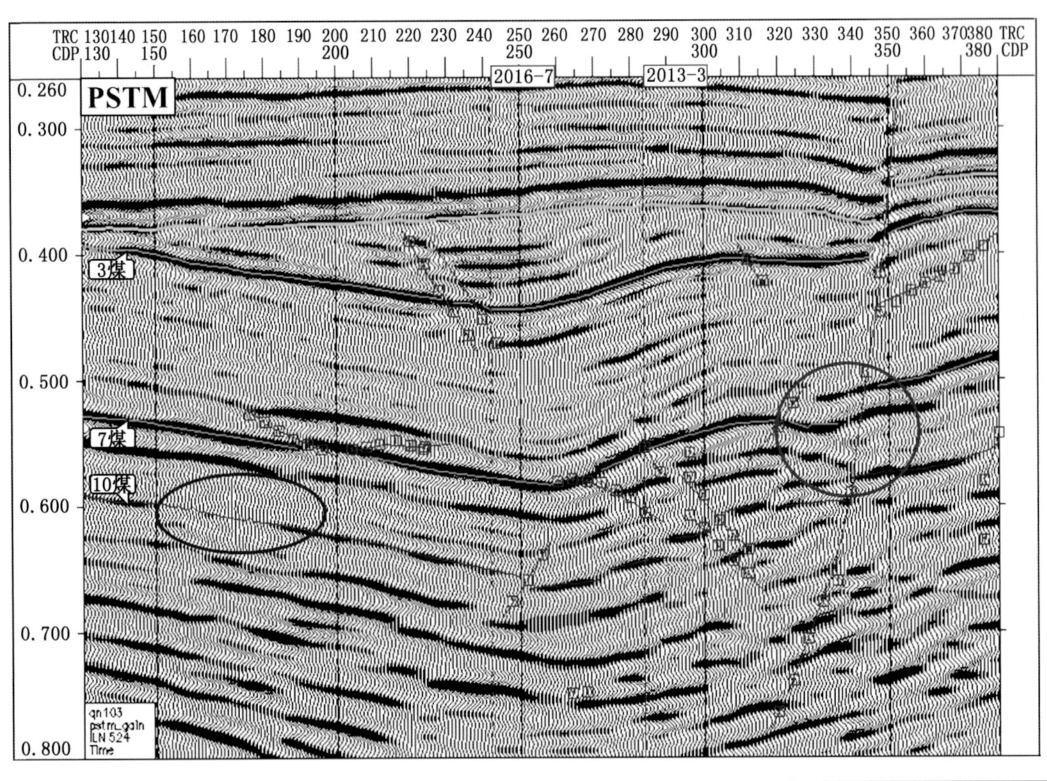

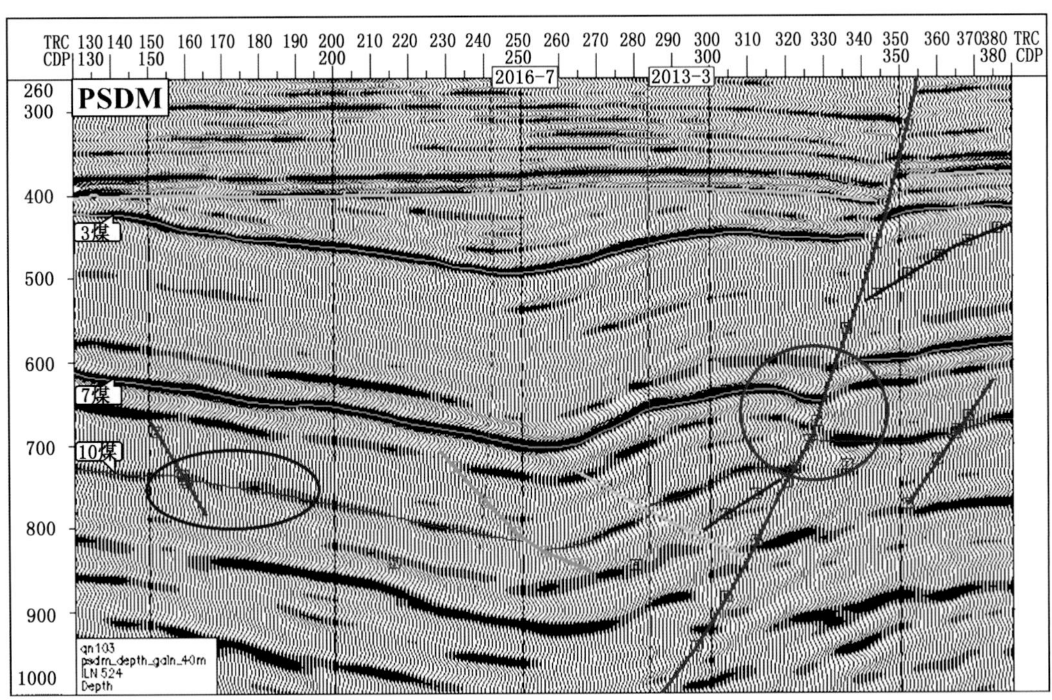

图 5-33 祁南煤矿Ⅱ103 采区叠前时间偏移(上)与叠前深度偏移(下)剖面(2)

(三) 祁南煤矿Ⅱ103 采区工作面回采情况

本区高精度三维地震数据采集时间为 2015 年 7 月 31 日至 2015 年 8 月 7 日,在本次数

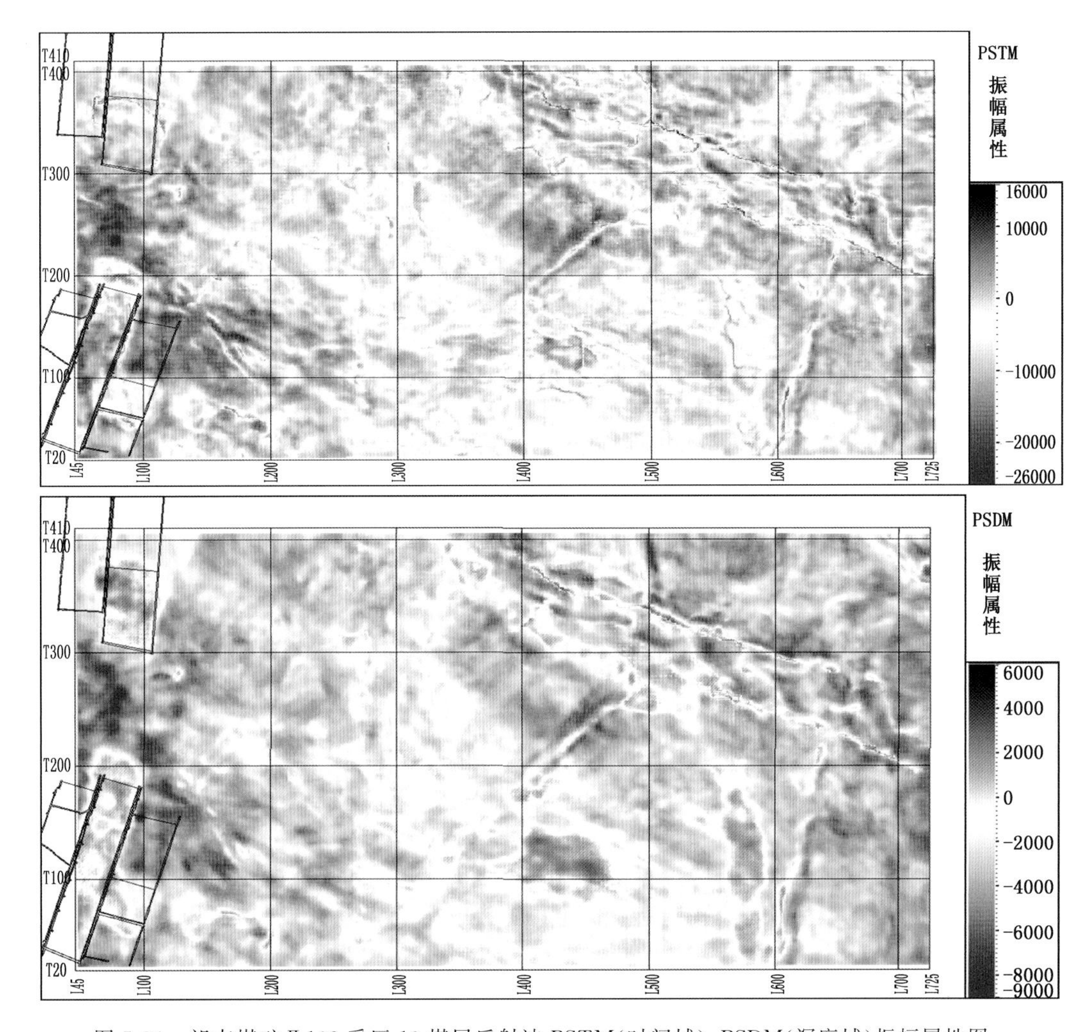

图 5-34　祁南煤矿Ⅱ103 采区 10 煤层反射波 PSTM(时间域)、PSDM(深度域)振幅属性图

据采集之前回采的工作面有采空区。

在本工区西南部有 3 个工作面回采，即 10113 工作面、10114 工作面和 10115 工作面，如图 5-38 所示。10113 工作面于 2007 年 3 月至 2009 年 4 月回采，为采空区，由于该工作面位于工区勘探边界以外，振幅属性对该工作面的采空反映不明显。10114 工作面于 2011 年 1 月至 2012 年 5 月 31 日回采，为采空区，在属性切片上表现为低振幅区域，地震剖面如图 5-39所示。10115 工作面于 2015 年 4 月至 2016 年 2 月 23 日回采，三维地震数据采集时回采至黑线位置。

在本工区西北部 6 煤层有 6125 采煤工作面，如图 5-40 所示。6125 工作面于 2015 年 2 月至 2016 年 3 月 31 日回采，三维地震数据采集时回采至黑线指示位置。6 煤层为 10 煤的上覆煤层，受 6 煤采空区的影响，10 煤层在地震剖面上表现为反射波同相轴下凹。

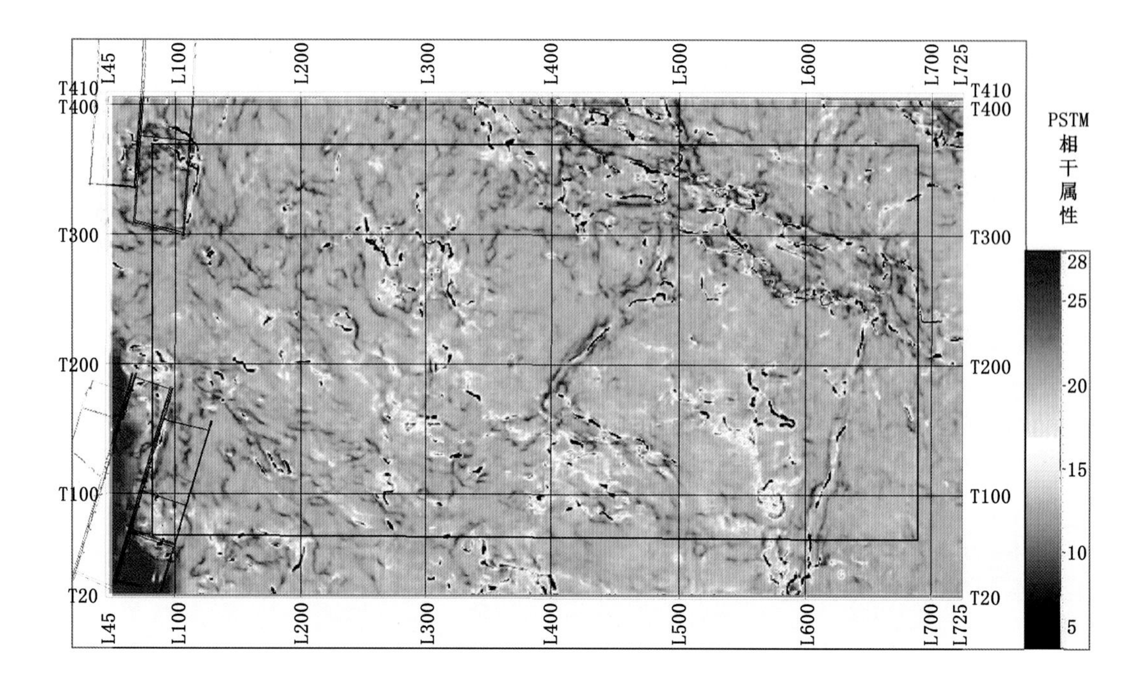

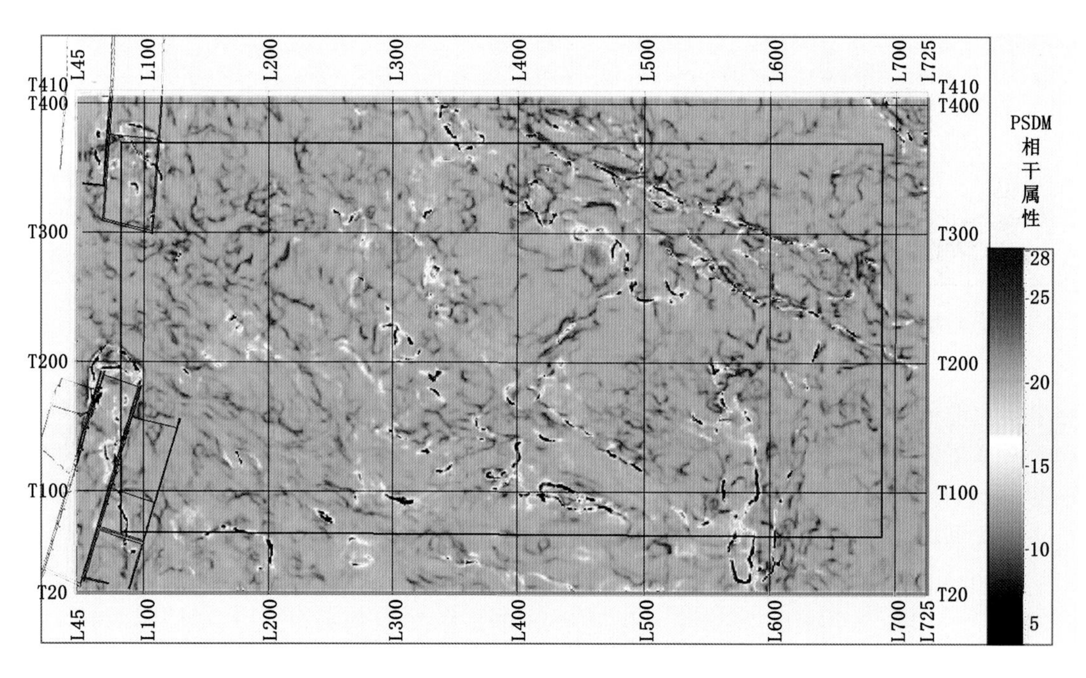

图 5-35　祁南煤矿Ⅱ103 采区 10 煤层反射波 PSTM(时间域)、PSDM(深度域)相干体属性图

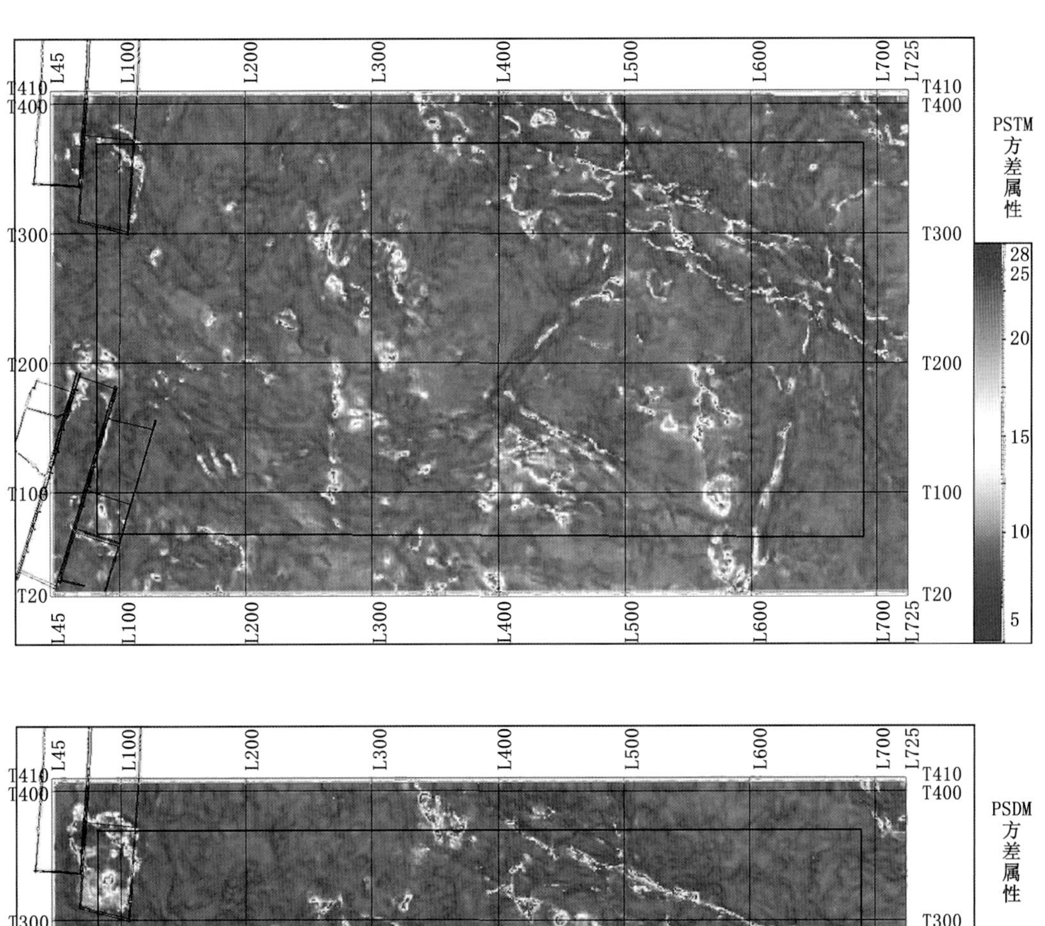

图 5-36　祁南煤矿Ⅱ103 采区 10 煤层反射波 PSTM(时间域)、PSDM(深度域)方差体属性图

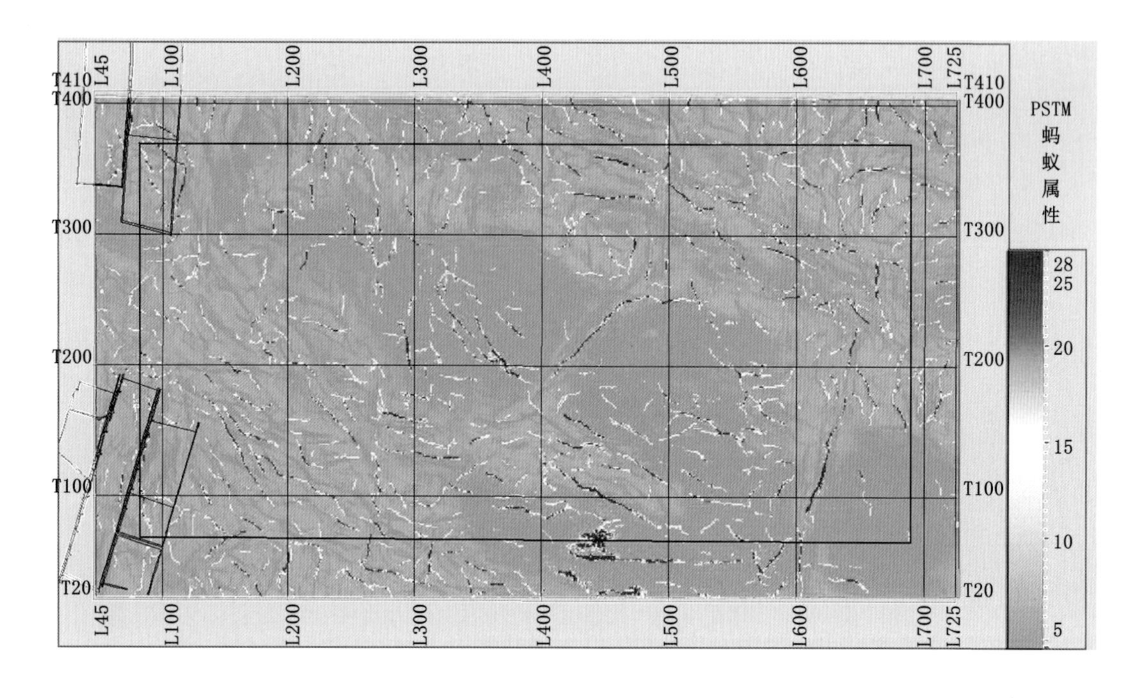

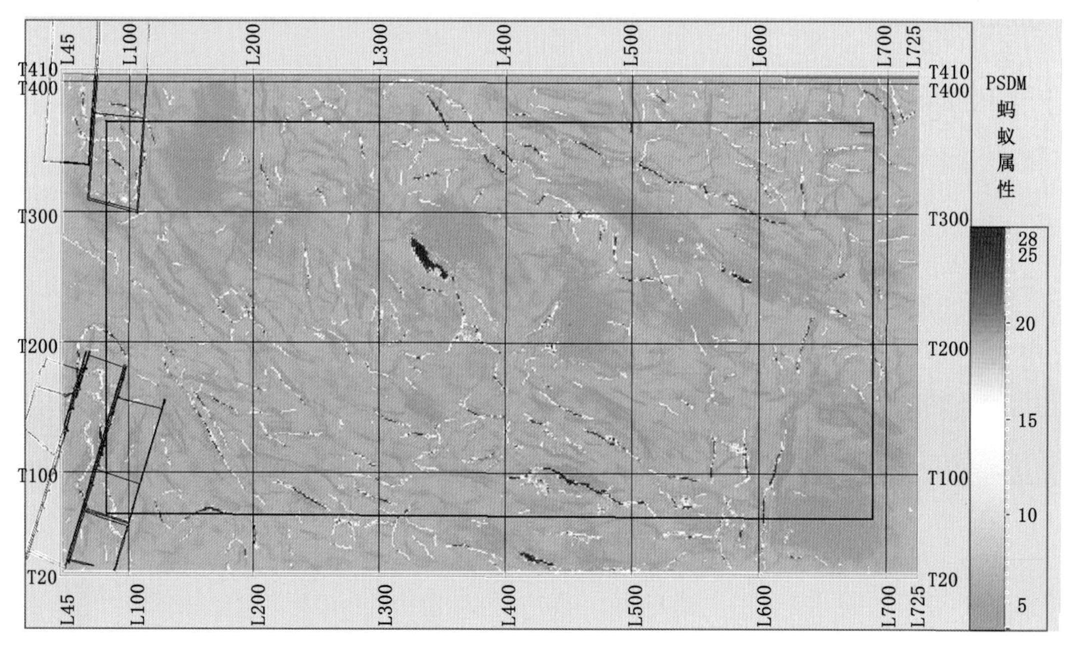

图 5-37 祁南煤矿Ⅱ103 采区 10 煤层反射波 PSTM(时间域)、PSDM(深度域)蚂蚁体属性图

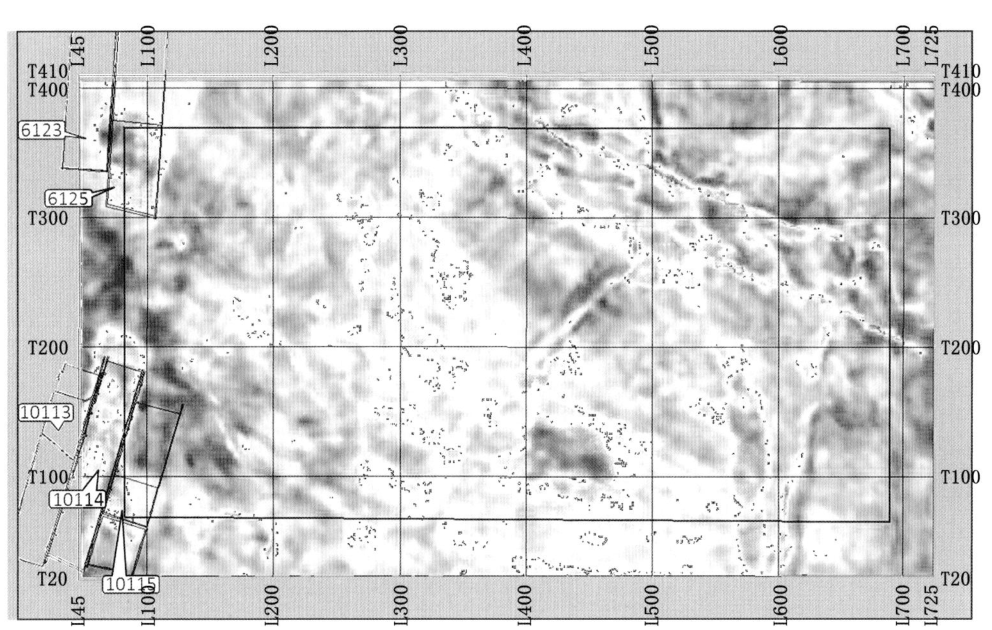

图 5-38 祁南煤矿Ⅱ103 采区工作面与 10 煤层反射波 PSOM(深度域)振幅属性叠合图

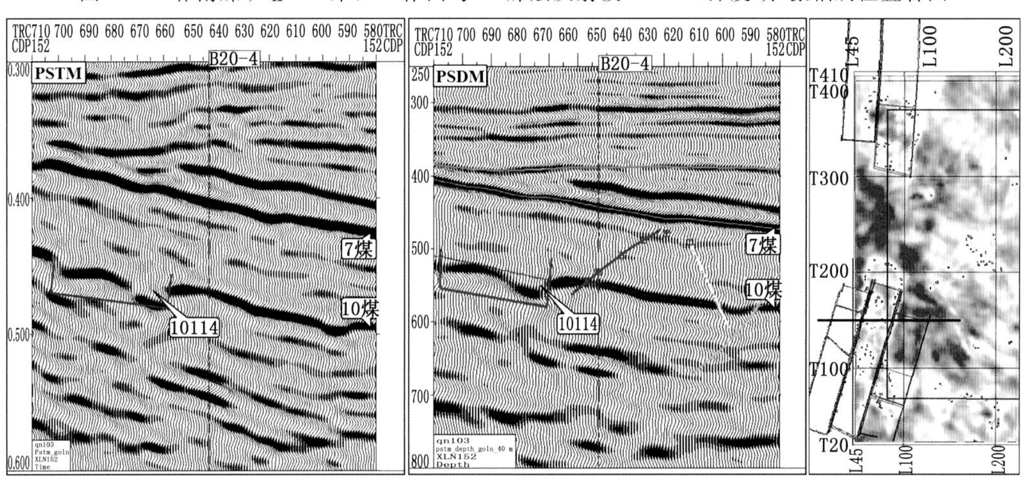

图 5-39 祁南煤矿Ⅱ103 采区 10114 工作面采空区 PSTM 与 PSDM 地震剖面图

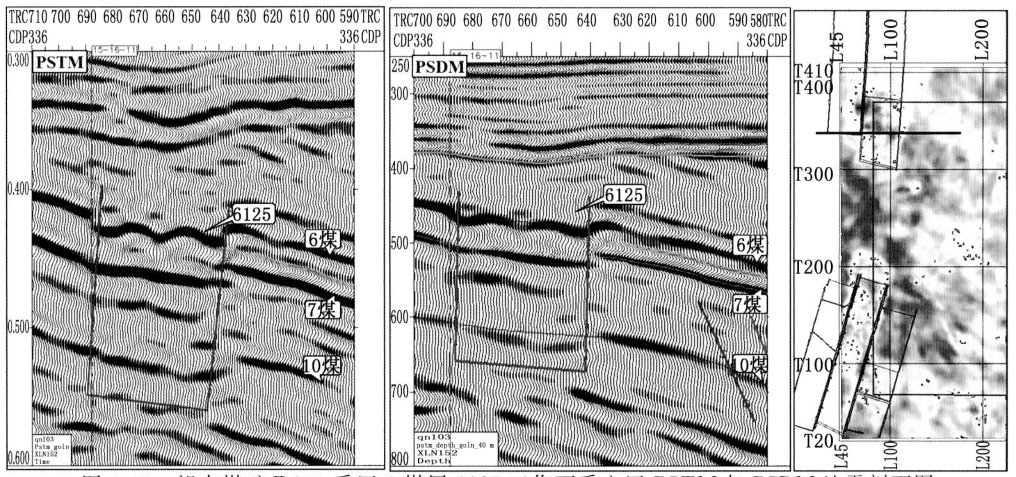

图 5-40 祁南煤矿Ⅱ103 采区 6 煤层 6125 工作面采空区 PSTM 与 PSDM 地震剖面图

第六章　高密度地震资料的应用

由于高密度三维地震采用数字检波器接收，观测方式为全方位、高密度、长(多)偏移距，获得更接近理想波场所有信息，采用宽频带与宽方位处理，获得频带宽、高保真数据体，为解释工作打下良好基础，在构造解释与岩性解释方面取得明显效果。

第一节　“一全、二宽、三高、四精”高密度三维地震勘探模式与实践

淮北煤田具备中国东部煤田典型地震地质条件，自2014年以来，在14对矿井26个采区开展了煤田高密度三维地震勘探的生产、试验和研究工作，面积达到150 km^2，总物理点32万炮，取得了满意的研究成果和地质成果。通过对大量项目资料的分析研究，总结出淮北煤田“一全、二宽、三高、四精”高密度三维地震勘探模式，即一全(全三维)、二宽(宽方位、宽频带)、三高(高密度、高分辨、高保真)、四精(精致设计、精心施工、精细处理、精确解释)工作模式，并进行了推广与示范，为煤炭安全高效开采提供了有力保障。

一、“一全、二宽、三高、四精”高密度三维地震勘探模式

(一) 一全(全三维)观测系统

树立煤田全三维观测高密度三维地震勘探的指导思想，在采集时实现全方位、充分性、均匀性和对称性目标的统一，以获得理想的三维波场。

地震采集是一种波场采集，地震波激发后产出的是有效波和干扰波叠加的波场，通过有效的处理手段，去除干扰波，保留有效波，还原地下各目的层真实的形态。因此，高密度观测系统要满足全三维观测系统(横纵比等于1)。

观测系统的道间距、炮间距、接收线距、炮线距、接收道数和接收线数决定着采样的充分性。

在对称性上表现为炮域和检波点域采集地震波场的参数基本相同。

均匀性表现为观测系统各个属性分布均匀，即叠加次数分布均匀、炮检距分布均匀、方位角分布均匀。

充分性表现为对各种波场进行充分采样，即采集脚印小和尽量密集的空间采样间隔。

通过对祁南煤矿(面积为2.0 km^2)、杨柳煤矿(面积为5.5 km^2)全三维采集试验，获得了高品质的时间剖面和准确的地质成果。

(二) 二宽(宽方位、宽频带)采集与处理

开展宽方位、宽频带的采集与处理方法试验研究，拓宽频带宽度，提高分辨能力，并精确成像。

1. 宽方位

淮北煤田的煤层倾角大、褶曲发育，横向波速变化大。常规三维地震窄方位束状观测系统采集的波场主要来自纵向，横向信息不足，成像效果差。宽方位的观测系统采集的波场信息纵、横方向均匀，成像效果明显改善。

2. 宽频带

高密度三维地震勘探采用数字检波器，而数字检波器一个显著的特点是频带宽。试验表明，数字检波器在0～350 Hz频率范围的振幅能量大于其他模拟检波器，高频范围内更加明显。

在处理阶段，进行宽方位、宽频带配套处理，即保低频去噪处理、提高低频能量、谱白化、Q补偿、保振幅与叠前深度偏移等流程，当然也考虑面波、多次波衰减，充分保留低频和高频信息，一方面高频有利于解释煤层中的小构造；另一方面低频信息穿透能力强，能量损失小，有利于深部目的层（特别是灰岩）成像，再则低频信息有助于岩性和属性解释。

（三）三高（高密度、高分辨、高保真）方法

通过试验与分析，根据采样定理提出面元大小不大于5 m×5 m，时间采样间隔为0.5～1.0 ms，根据信噪比的大小中组煤层叠加次数不应少于64次。选择合适的高分辨、高保真采集、处理方法与流程。

1. 高密度

高密度包括高叠加次数、小面元、小采样间隔等。

针对不同的目的层、不同的埋深、不同的形态以及不同的地质任务，采用不同的叠加次数。中组煤层叠加次数不应少于64次，在浅部和障碍物下要保证有效叠加次数不少于24次；面元尺寸选择5 m×5 m；采样间隔为0.5～1.0 ms。

2. 高分辨

高分辨始终是煤田地震勘探追求的目标。影响分辨率的因素很多，从观测系统的设计、采集参数（井深、药量等）的确定到资料处理的流程等，每个环节都至关重要，所以每个环节都要根据试验与实际情况采取不同的措施。特别是地震属性滤波、蚂蚁体追踪与属性融合，大大地提高了地震属性的分辨能力。

3. 高保真

在常规处理流程基础上，进一步强化基于高密度三维空间采样特点的空间域处理技术、弱信号运动学、动力学特征的一致性处理等技术。

（四）四精（精致设计、精心施工、精细处理、精确解释）措施

在全三维观测系统高密度三维地震勘探的指导思想下，以质量为第一目标，将精致设计、精心施工、精细处理、精确解释落到实处。

1. 精致设计

淮北煤田具有地表条件复杂（村庄密布、河流密集、公路交错）、构造密集、陷落柱发育、目的层倾角变化大且深浅不一、煤层多且间距小、岩浆岩侵蚀严重等特点，每个勘探区又都有不同的特点，因此，针对不同的勘探区地震地质条件，要完成同样的地质任务，需采用不同且行之有效的观测系统。需要针对勘探区不同的特点，进行观测系统的精致设计。

2. 精心施工

精心施工包括合理有效采集参数（井深、药量、采样间隔）的确定、炮检点测量、现场监控处理等工作。

3. 精细处理

高密度三维地震数据不同于常规三维地震，由于观测系统、检波器的不同，其具有波场健全、噪声与弱信号兼得、信噪比低、海量数据等特点。重点进行叠前保幅去噪、提高分辨率处理、复杂断块区偏移成像以及灰岩含水层目标处理技术。

4. 精确解释

除常规的人工剖面解释外，还要进行多属性及属性融合解释、岩性反演解释和叠前深度偏移解释，使解释精度大幅度提高。

二、高密度三维地震构造探测

在相同的勘探区，高密度数据在频带宽度、信噪比、深层反射波方面，均好于常规采区三维地震。淮北祁南煤矿 31 采区 2006 年进行了常规三维地震勘探工作，采用窄方位角、模拟检波器和低覆盖次数采集方式；2019 年又进行了高密度三维地震勘探，采用宽方位角、数字检波器和高覆盖次数的采集方式。两次处理的数据体在构造反映、深部灰岩地层反射等方面有着不同程度的差异，特别是对 313 工作面煤巷及岩巷的解释，有力地证明高密度三维地震勘探能够探测落差小于 3 m 的断层。

(一) 高密度成像精度高

祁南煤矿 31 采区高密度三维地震时间剖面自上而下能量分布均匀，波组层次清晰，中、下组煤组、煤层反射波能够很好地被分辨和追踪；而常规三维地震时间剖面上部煤层能量强，但下部煤层的反射波能量较弱、频率低、连续性差，不利于中、下组煤层的构造解释(图 6-1)。

(二) 断点清晰

1. 小断点的显示

高密度三维地震勘探所获取的时间剖面对小断点的成像精度高，表现为断点清晰、位置明确，原常规三维地震勘探多数小断层的断点不易识别(图 6-2)。

2. 复杂断块显示

高密度剖面对于断块复杂的区域，能够将断块的错断情况反映得更清楚；常规时间剖面在断块相互交切的位置不明，难以理清构造的真实情况(图 6-3)。

3. 大断层显示

高密度剖面对于错断层位较多的大断层，错断层位表现一致；常规时间剖面在断层错断层位较多的情况下，难以理清构造的真实情况(图 6-4)。

三、煤巷及岩巷解释

在野外进行三维地震数据采集时，313 工作面的两巷和切眼已经形成，有煤巷及岩巷，如图 6-5 为 313 工作面、运输大巷、二部胶带巷及回风大巷示意图，313 工作面煤巷截面尺寸为 4.8 m×3.2 m，岩巷截面尺寸为 5 m×4 m，但工作面尚未开采。在采集完成后，工作面开始回采，地震资料的解释同步进行。勘探在指导开采的同时，采掘也勘探的准确性。

(一) 煤巷地震解释

313 工作面靠近切眼附近，过风巷、机巷地震剖面 M_1、M_2、M_3 和 M_4(图 6-5)，风巷位于煤层中，煤巷在叠前地震深度偏移与叠前时间偏移剖面上均有反映(图 6-6、图 6-7)，但叠前地震深度偏移效果明显优于叠前时间偏移。煤巷截面尺寸为 4.8 m×3.2 m，因此，煤田高

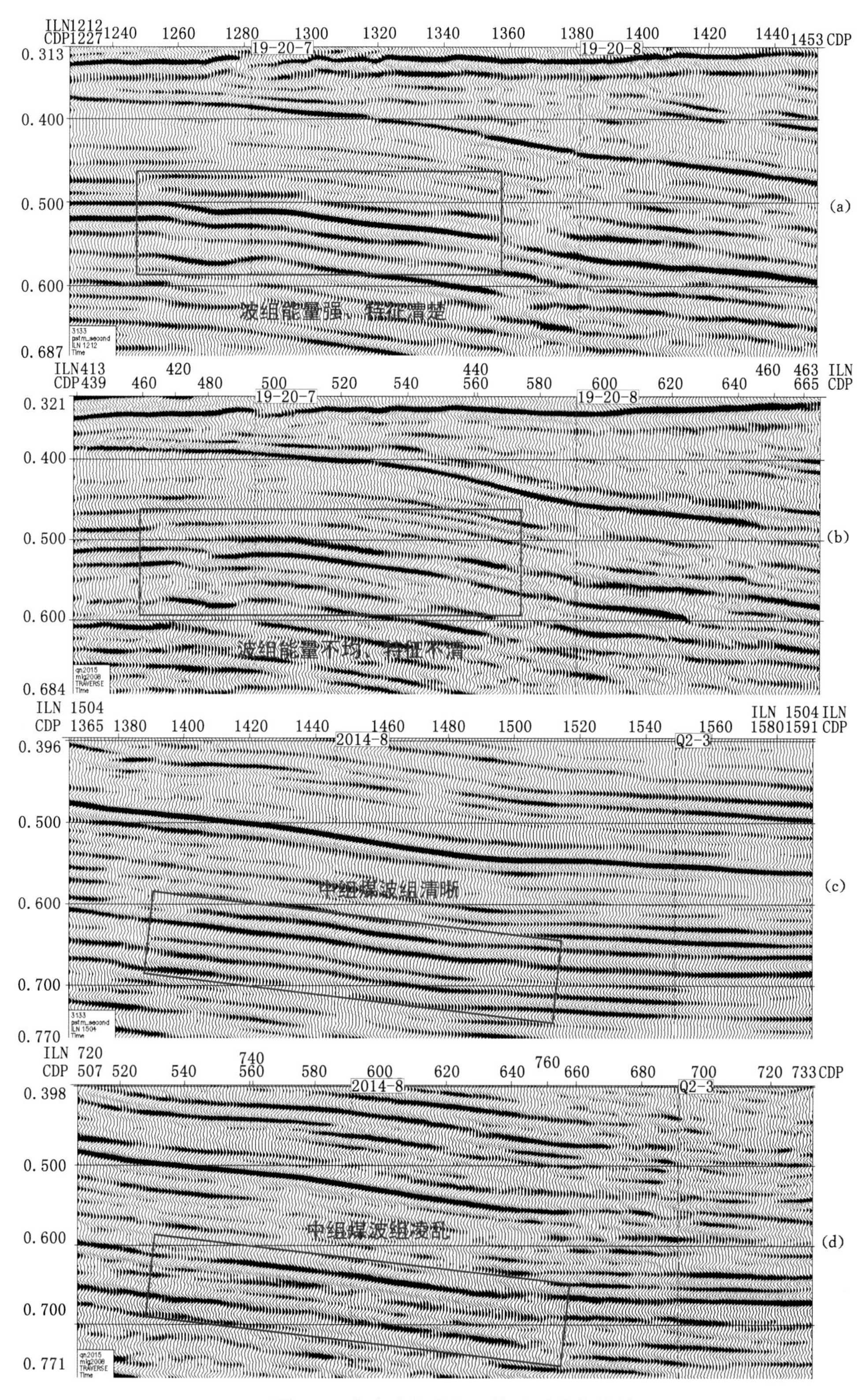

图 6-1　高密度与常规三维地震成像效果

(a) 浅部区域高密度剖面；(b) 浅部区域常规剖面；(c) 深部区域高密度剖面；(d) 深部区域常规剖面

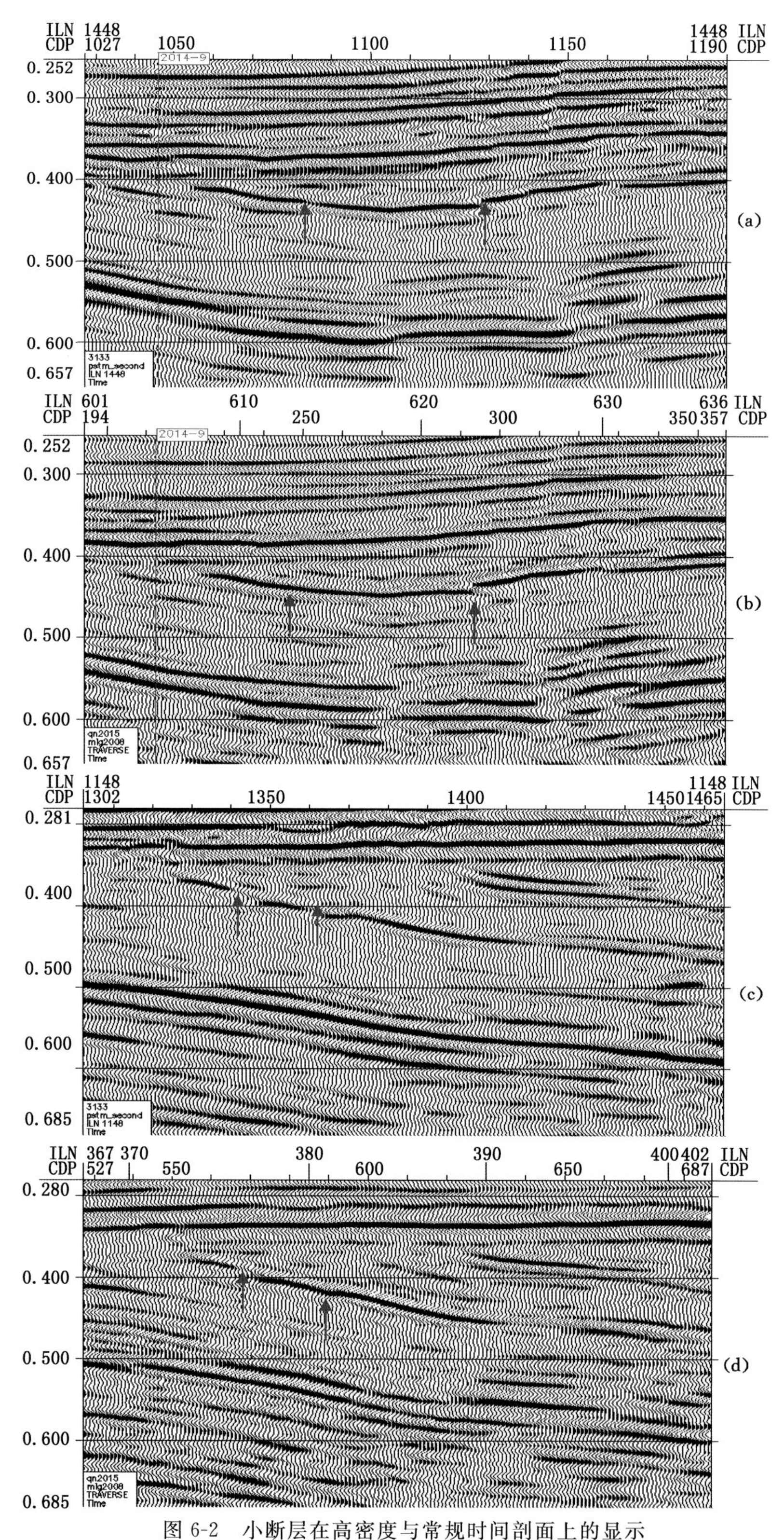

图 6-2　小断层在高密度与常规时间剖面上的显示

(a)、(c) 小断层在高密度剖面上的显示；(b)、(d) 小断层在常规剖面上的显示

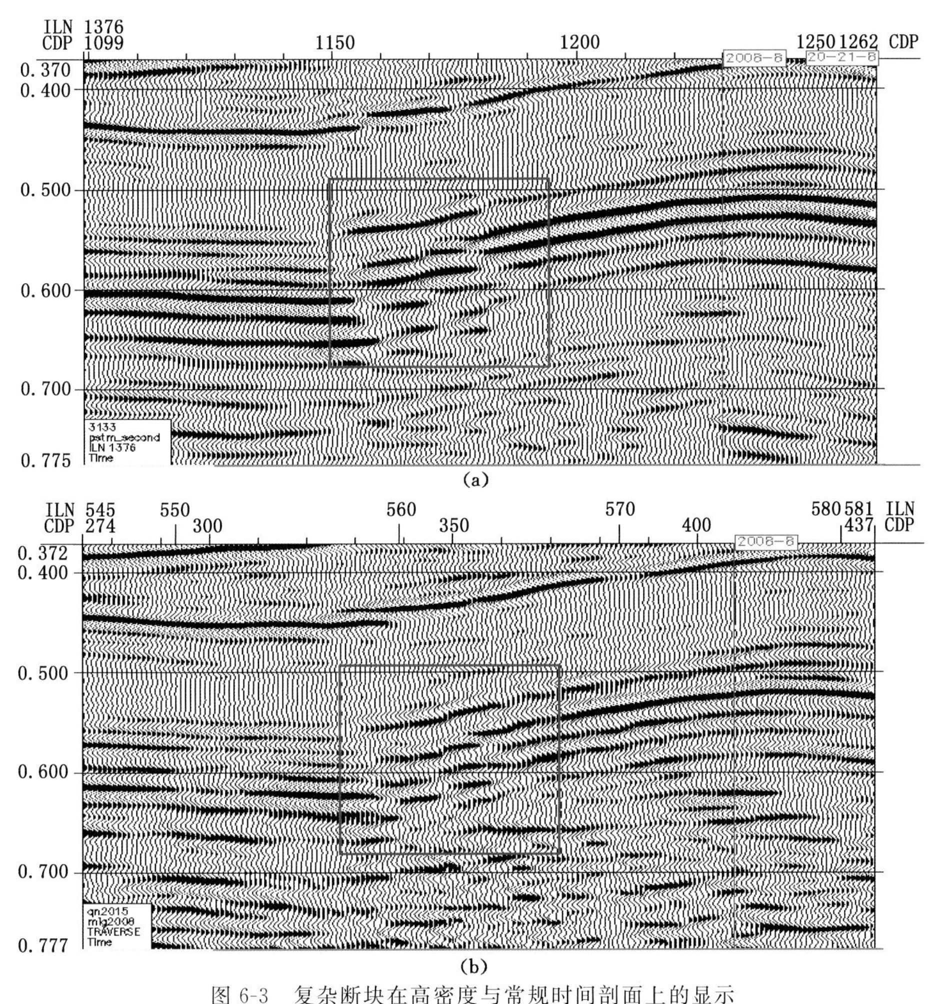

图 6-3　复杂断块在高密度与常规时间剖面上的显示

(a) 复杂断块在高密度剖面上的显示；(b) 复杂断块在常规剖面上的显示

密度三维地震能够探测煤层中 3 m 左右的构造。

（二）岩巷地震解释

图 6-5 中运输大巷、二部胶带巷位于 3_2煤层下 15～30 m，回风大巷位于 3_2煤层中和煤层上，现在叠前地震深度偏移与叠前时间偏移数据体上切 2 条地震剖面 Y_1 和 Y_2，地震剖面 Y_1、Y_2 与三条大巷斜交。地震剖面 Y_1 切的三条大巷均为岩石巷，运输大巷、二部胶带巷位于 3_2煤层下，回风大巷位于 3_2煤层上；地震剖面 Y_2 切的运输大巷、二部胶带巷为岩石巷，回风大巷为煤巷，岩巷在叠前地震深度偏移与叠前时间偏移剖面上均有反映(图 6-8)。因此，证明煤田高密度三维地震能够探测岩石中落差在 3 m 左右的构造。

为了验证高密度探测岩巷的可靠性，现沿运输大巷切一剖面 YC_1 和与运输大巷平行，离运输大巷距离 12 m 的剖面为 YC_2，剖面 YC_1 为 3_2煤层下的一条岩石巷，剖面 YC_2 为 3_2煤层下的无岩石巷，如图 6-9 所示。

从图 6-9(a)可以看出，YC_1 线叠前时间偏移剖面上有岩石巷反射波反映，并且岩石巷与 3_2煤层间距从左向右变小。从图 6-9(b)可以看出，YC_2 叠前时间偏移剖面上无岩石巷反射波，因为 YC_2 线离 YC_1 线距离 12 m，与实际情况一致。

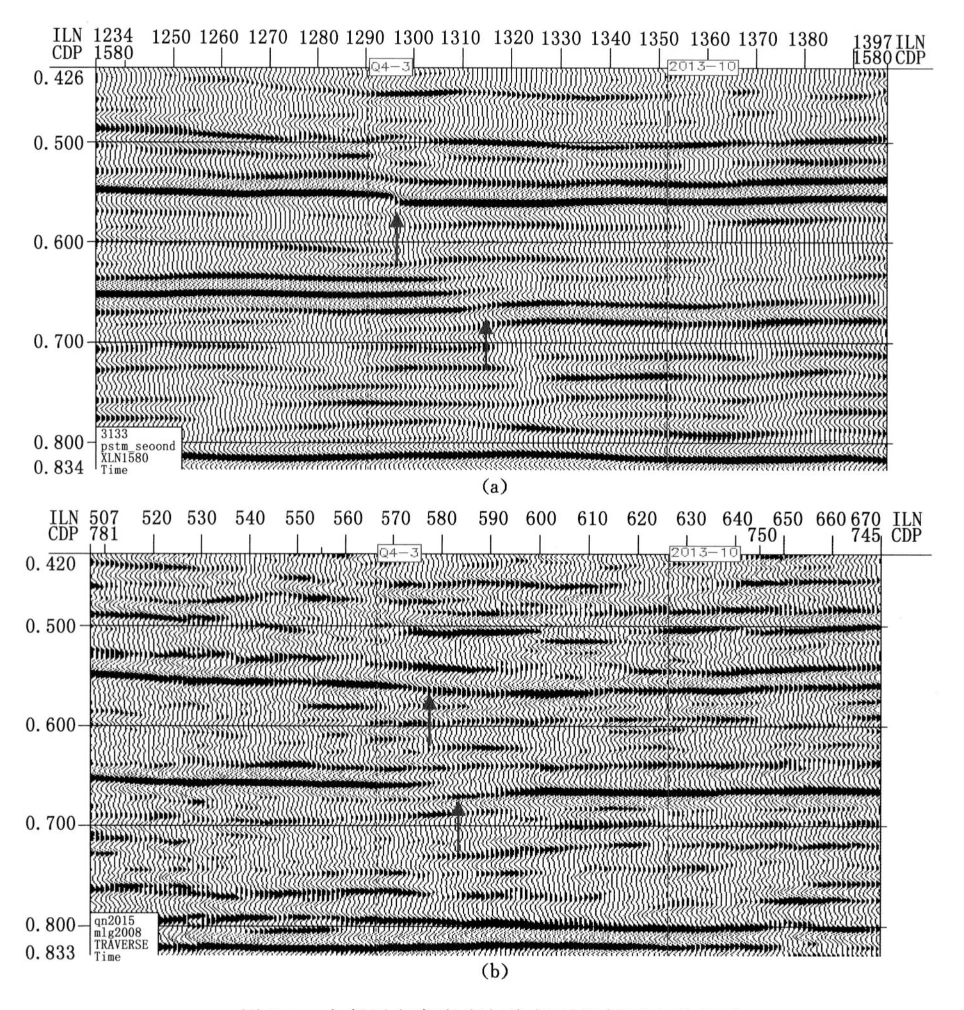

图 6-4　大断层在高密度与常规时间剖面上的显示

(a) 大断层在高密度剖面上的显示;(b) 大断层在常规剖面上的显示

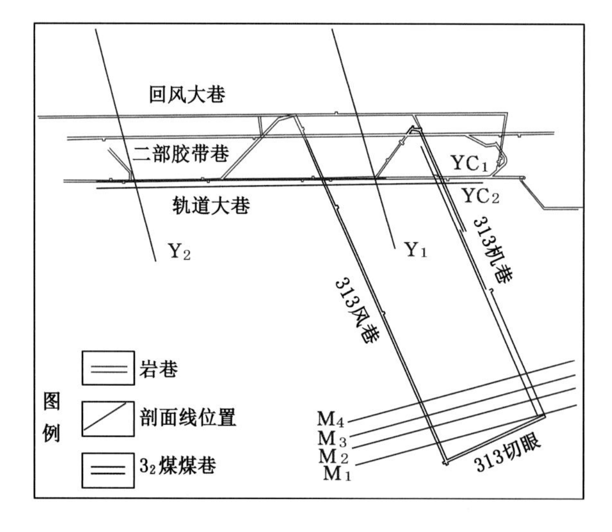

图 6-5　313 工作面、运输大巷、二部胶带巷及回风大巷示意图

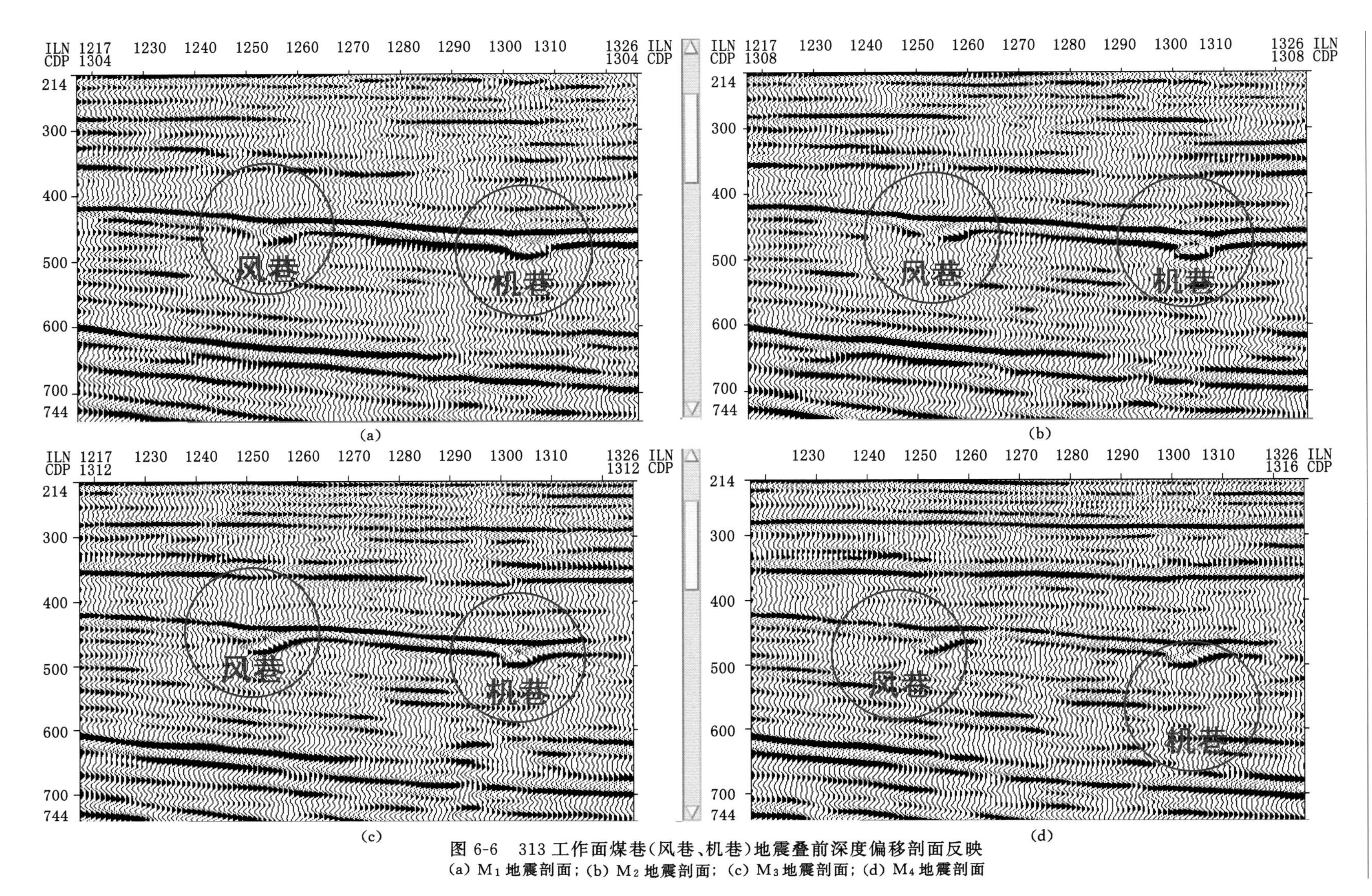

图 6-6 313 工作面煤巷(风巷、机巷)地震叠前深度偏移剖面反映

(a) M_1地震剖面；(b) M_2地震剖面；(c) M_3地震剖面；(d) M_4地震剖面

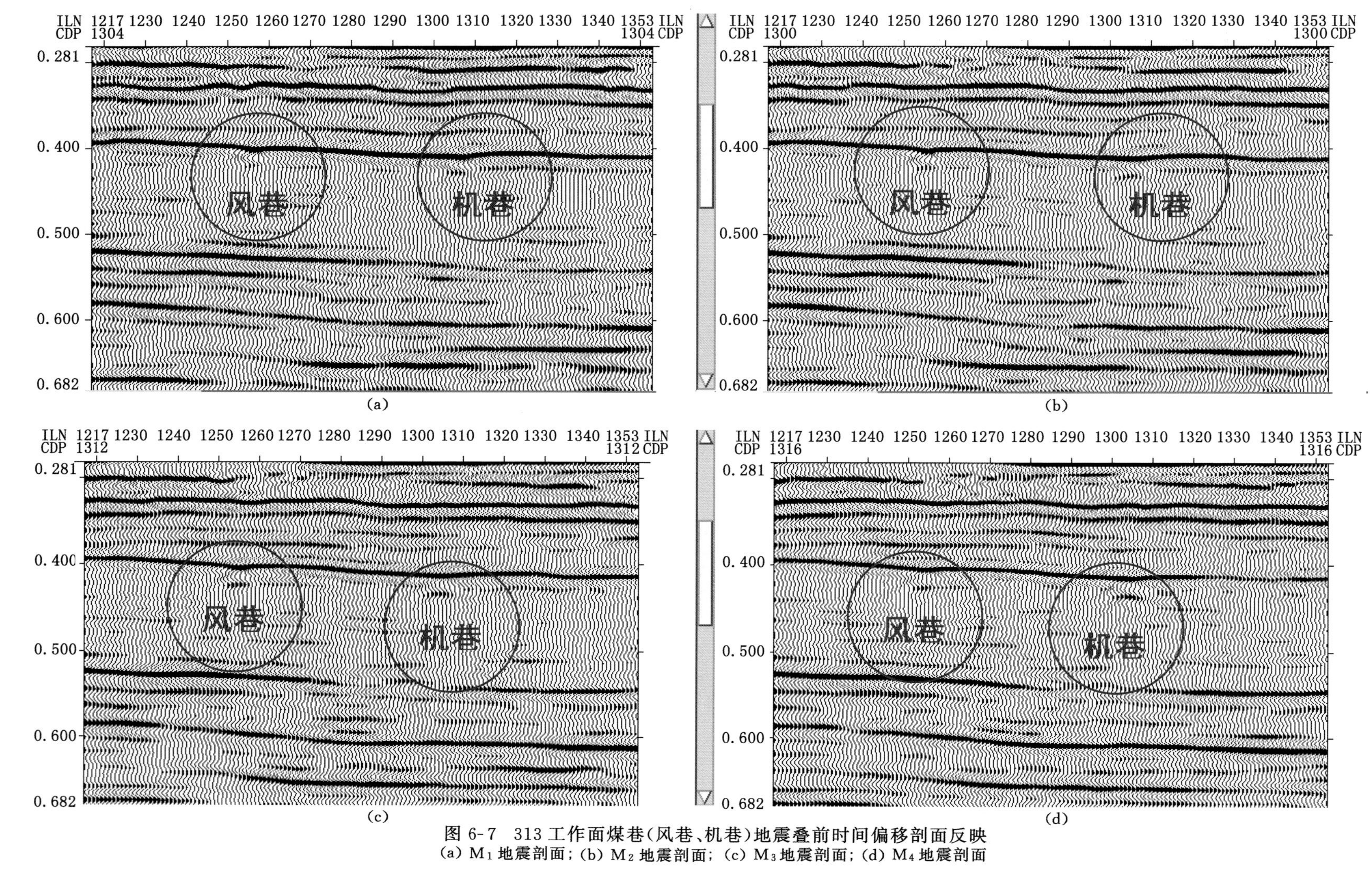

图 6-7　313 工作面煤巷(风巷、机巷)地震叠前时间偏移剖面反映

(a) M_1 地震剖面；(b) M_2 地震剖面；(c) M_3 地震剖面；(d) M_4 地震剖面

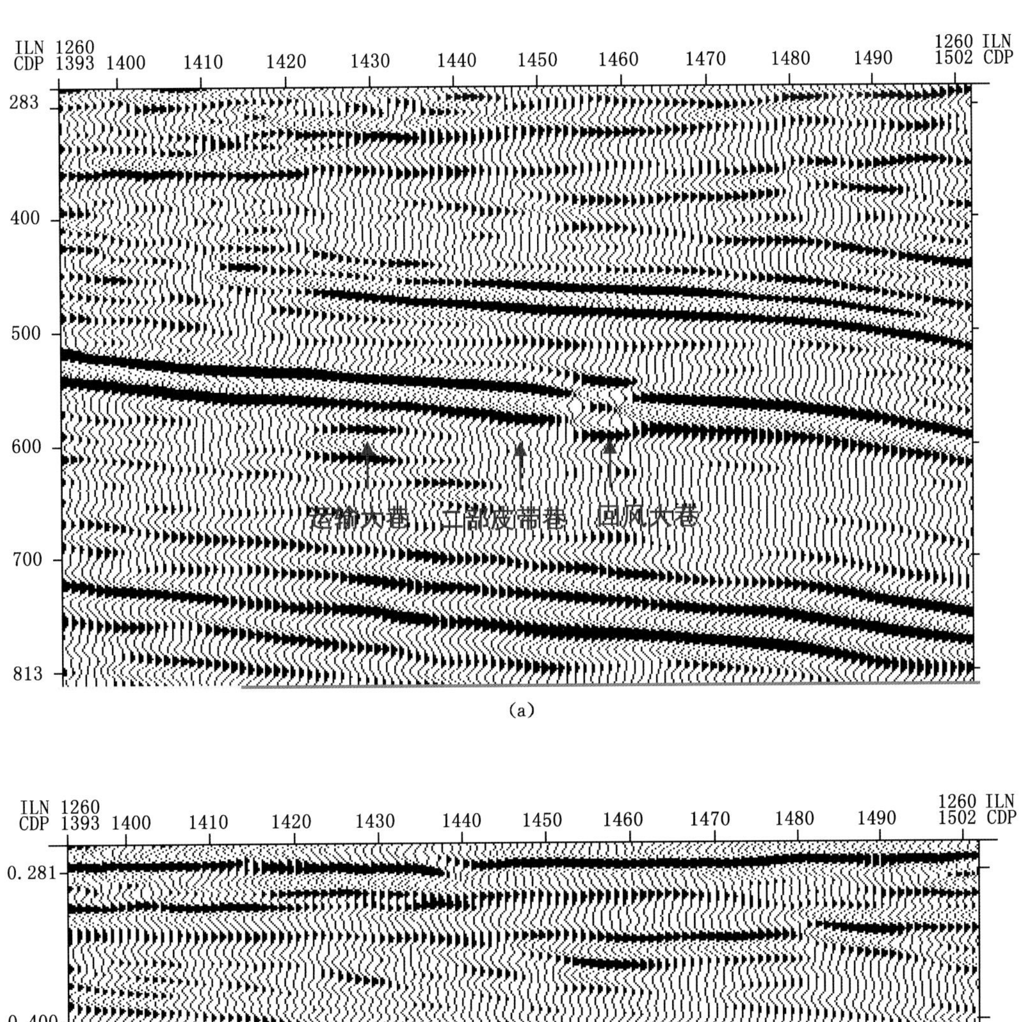

(a)

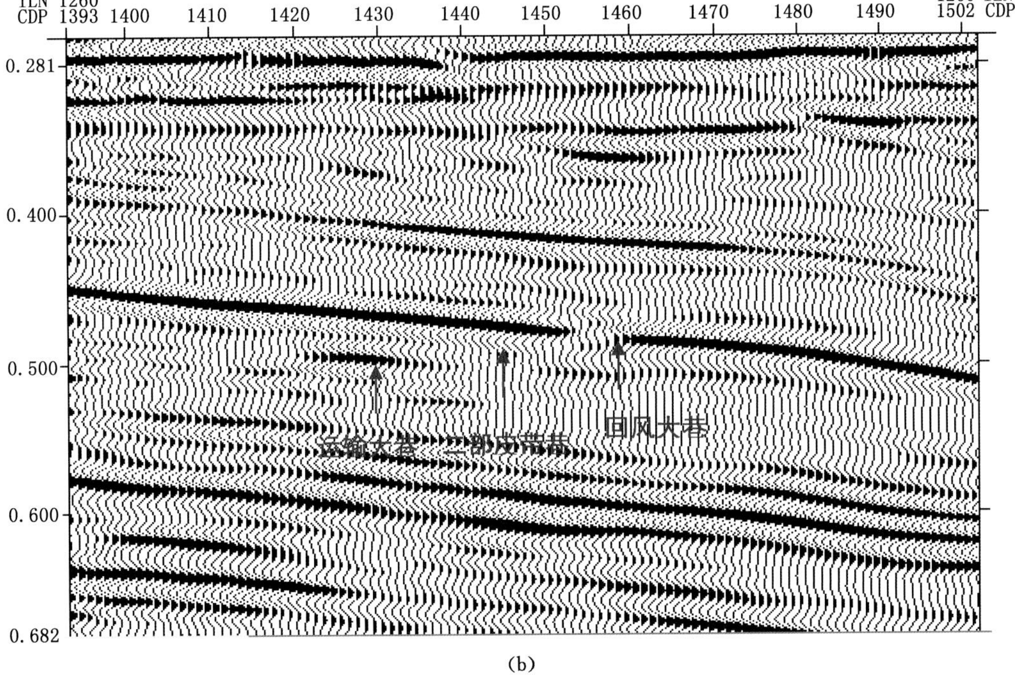

(b)

图 6-8　岩巷地震叠前深度、时间偏移剖面显示

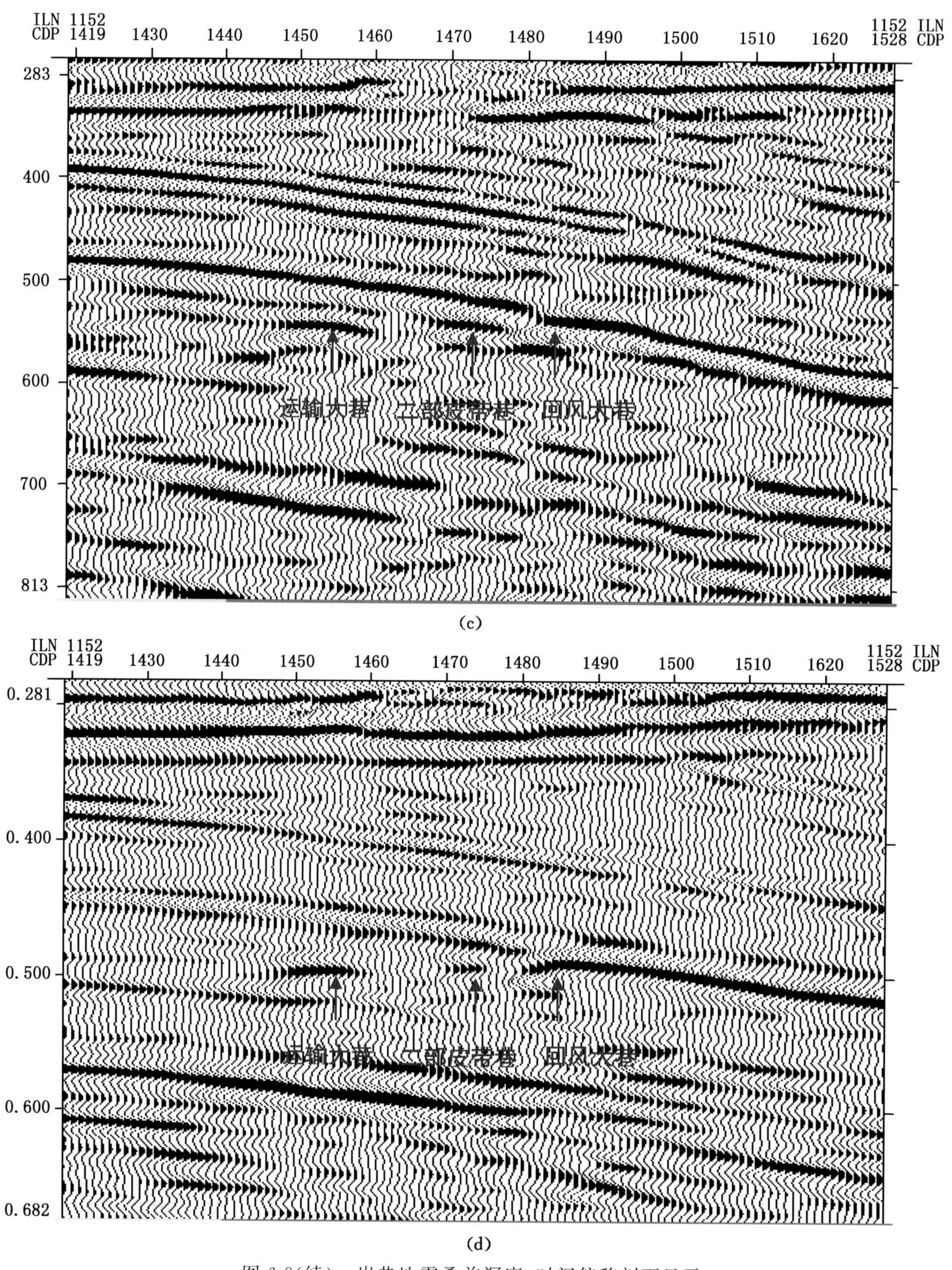

图 6-8(续) 岩巷地震叠前深度、时间偏移剖面显示

(a) Y_1 地震叠前深度偏移剖面;(b) Y_1 地震叠前时间偏移剖面;

(c) Y_2 地震叠前深度偏移剖面;(d) Y_2 地震叠前时间偏移剖面

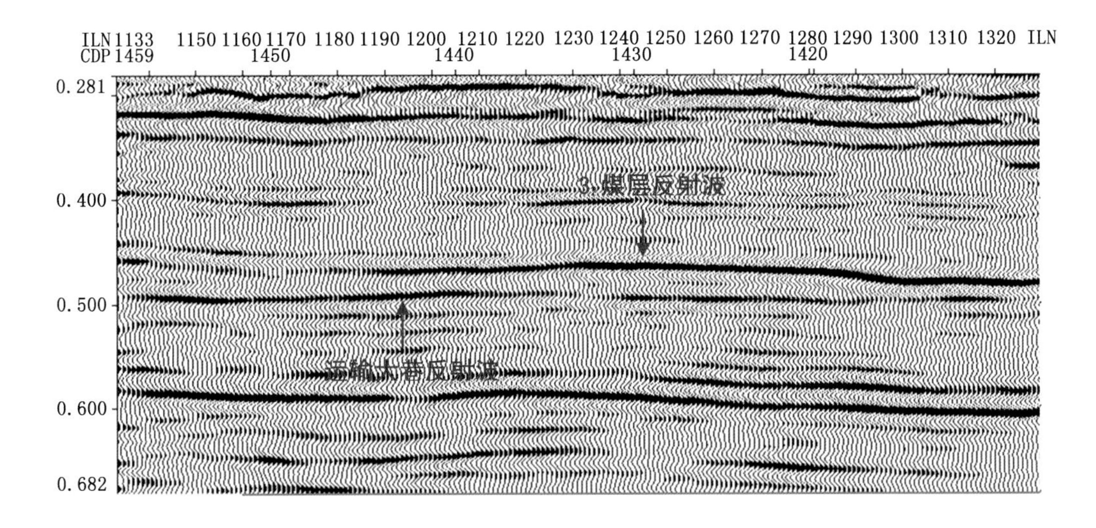

(a)

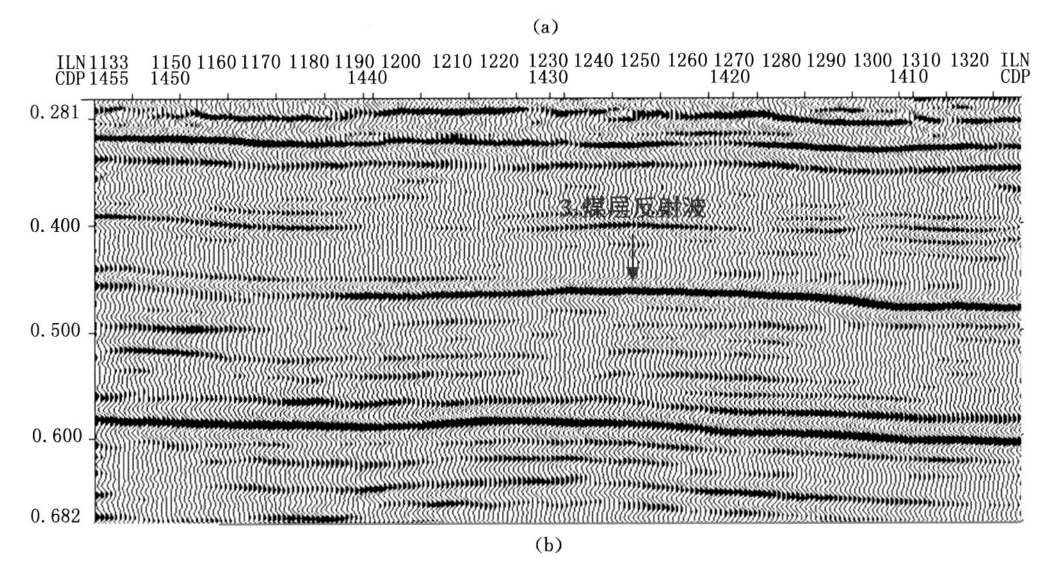

(b)

图 6-9　YC_1、YC_2 线叠前时间偏移剖面

(a) YC_1 线叠前时间偏移剖面岩石巷反射波显示；(b) YC_2 线叠前时间偏移剖面无岩石巷反射波显示

四、灰岩顶界面的反射波强

矿井水害严重地影响煤矿安全生产，而煤层底板含水层主要是石炭系和奥陶系灰岩，其中奥陶系灰岩的富水性更强。结合水文观测孔资料以及实际钻孔资料，太灰与奥灰是主要的矿井水富水岩层，随着孔隙与裂隙发育的程度不同，其富水性也有所差异。

由于煤层屏蔽的影响，奥灰顶界面反射波信号弱，同时奥灰顶界面风化，难以成像，另外随着探测深度增加，高频被吸收，其探测精度相应降低。常规地震勘探由于对于奥灰顶界面的反射波弱，横向连续性较差；高密度剖面对于奥灰顶界面反映较好，表现为振幅强、横向连续性好，能连续追踪，对灰岩水防治工作具有重要意义。

(一) 太灰反射波

淮北煤田主要含煤地层为二叠系和石炭系，灰岩主要赋存于奥陶系以及石炭系的上统太原组中，其中太原组灰岩（太灰）数量多，但是各灰岩均为薄层，主要与砂岩、泥岩等形成互层，表 6-1 给出了部分钻孔揭露太灰各层厚度统计情况。

表 6-1　部分钻孔太灰岩层厚度统计表

孔　号	太灰 1 厚度/m	太灰 2 厚度/m	太灰 3 厚度/m	太灰 4 厚度/m	太灰 5 厚度/m	太灰 6 厚度/m	太灰 7 厚度/m	太灰 8 厚度/m	太灰 9 厚度/m
1	5.1	2.8	9.2	10.1	10.3	18.55	0.39	0.2	0.76
2	2.65	4.32	9.66	16.30	11.25	3.81	1.98	3.24	1.20
3			3.99	11.50	6.50	3.80	4.37	1.14	3.18
4	2.10	2.69	3.48	13.19					

由于太灰岩层薄，只有部分地区能形成较强的反射波（T_{th}）。如图 6-10 所示，左边为杨柳矿高密度区在无上覆煤层（T_m）屏蔽情况下，太灰与奥灰顶界面（T_O）反射波均能连续追踪，并且煤区分 1 灰与 4 灰的反射波；但在图右边有煤层（T_m）屏蔽，太灰（T_{th}）反射波连续性变差，但奥灰顶界面（T_O）反射波能连续追踪。

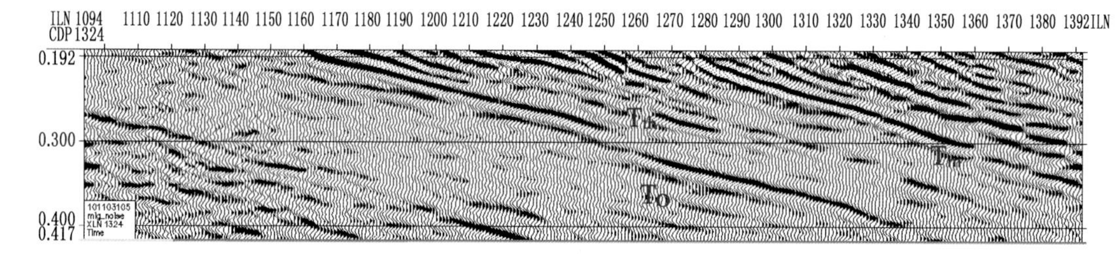

图 6-10　太灰、奥灰顶界面在高密度地震剖面上的反映

（二）奥灰顶反射波

由于高密度三维地震勘探采用数字检波器接收，并且叠加次数高，采用宽频带处理，奥灰顶界面反射波（T_O）在高密度地震剖面上能连续追踪，效果明显优于常规三维地震（图 6-11），已成为高精度探测煤层底板导水通道（断层、隐蔽陷落柱）的有效方法之一。

第二节　地震多属性精细解释小断层

随着煤矿机械化采煤的进一步深入以及采区向深部的开拓，小断层往往与冒顶、突水、瓦斯突出等事故伴生，这不仅导致煤层开采难度增大，造成综采总体效率低下，而且还存在安全隐患[107]。因此，许多煤矿对采区小断层解释精度的要求越来越高。虽然《煤田地震勘探规范》（DZ/T 0300—2017）规定[24]：采区三维勘探应查明落差≥5 m 以上的断层，其平面位置误差应控制在 30 m 以内，但一般煤矿将落差在 3～5 m 的小断层的识别、解释列入三维地震勘探地质任务中，这对利用地震勘探煤矿小断层的工作提出了更高的要求。而传统的小断层识别方法主要有人工识别和统计模式识别，人工识别从时间剖面上肉眼观察地震波的振幅、相位和时差等特征以确定断层的存在[108]。但由于小断层在时间剖面上造成时差、振幅、相位等方面的微小变化难以肉眼察觉[109]；另外受时间剖面分辨率等因素的影响，

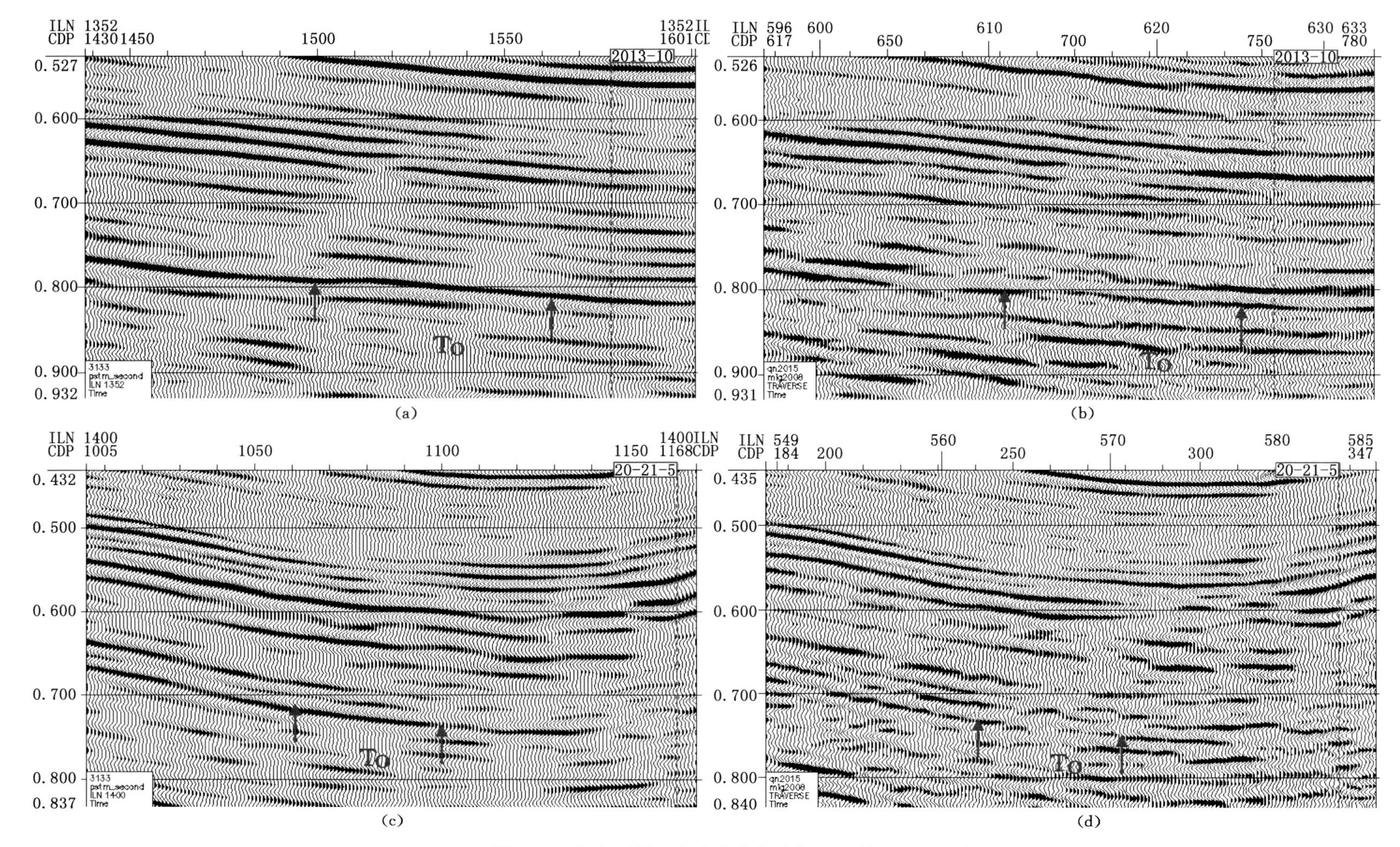

图 6-11　奥灰顶界面在高密度与常规地震剖面上的反映

(a)、(c) 奥灰顶界面在高密度地震剖面上的反映；(b)、(d) 奥灰顶界面在常规地震剖面上的反映

依靠传统方法解释与分辨 3～5 m 的小断层难度较大，对小断层的识别效果在很大程度上取决于专家的知识和经验，由于知识获取困难以及专家对多维数据认识的局限性，所获得结果有时不尽人意。对于统计模式识别技术，其效果依赖于人们对数据分布的假定，但在很多情况下实际数据的分布形式是未知的，结果往往有多解性[110-111]。

煤矿采区三维地震勘探的常规解释方法是采用传统的二维方式，解释人员按照时间剖面利用人机交互解释软件进行解释，手工解释完成后，在时间剖面上通过煤层反射波频率、振幅、相位、倾角等特征的变化用于发育煤层中断层的解释[112]，其局限性主要体现在没有充分发挥三维数据体作用，没有全方位、多视角、全空间识别检测断层构造，解释周期长，效率低。另外，传统的解释方法受采区地震地质条件的影响以及解释人员经验的限制，往往会对 3～5 m 的小断层产生的地震反射异常难于识别，包括落差小于 1/2 煤厚的小断层产生的地震反射波的响应[113-118]。

如何利用高分辨处理技术及多属性处理、信息提取、构造异常解释技术，突破采区地震勘探小断层的分辨率，这不仅要对野外采集和资料处理方面开展一定的技术攻关，同时还要在资料的解释上研究新的方法，以期达到对 3～5 m 的小断层准确识别的目的。通过数学变换，生成表征因细微地质构造异常(小断层)产生的地震反射波的几何特征、运动学特征、动力学特征以及统计学特征新的地震属性体，提取相关属性特征，分析、解释属性特征的地质含义。开展数值模拟研究影响小断层识别的因素，探讨地震属性识别小断层的能力。为了提高地震属性刻画小断层的能力，开展煤田地震属性构造导向滤波与蚂蚁追踪处理方法的研究，通过属性优化及融合方法，建立小断层属性识别指标，提高地震解释煤田小断层的能力与精度。

目前断层识别的方法种类繁多，综合国内外几种广泛运用且效果良好的断层识别技术，将其分为 4 类[119-121]：① 常规人工断层识别方法，包括地震剖面识别与井断点识别；② 基于地震属性的断层识别方法，包括一些对断层较为敏感的沿层属性或体属性，如相干属性、方差属性、曲率属性等；③ 断层的自动追踪与解释方法，如蚂蚁追踪算法、BP 神经网络以及 AFE 方法等；④ 基于图像处理技术的断层识别方法，如边缘检测技术、三色混频技术等。

1. 常规(人工)断层识别方法

地震剖面识别断点是断层解释工作的基础，在断层解释的初期起着至关重要的作用。要对断层进行合理的地质解释[122-123]，首要的问题是在地震剖面上把它识别出来。断层在地震剖面上通常具有以下 5 种标志：① 反射波同相轴发生错断；② 标准反射波同相轴产生局部变化；③ 反射波同相轴突然增减或消失，波组间隔发生突变；④ 反射波同相轴产状突然变化，波形凌乱或出现空白带；⑤ 特殊波的出现。良好的剖面解释有助于在研究初期更好地了解研究区的断裂发育情况，同时对断层的走向、倾向及延伸等要素进行初步研究。

地震剖面断层识别方法适用于任何三维地震资料，但其识别效果受地震资料的分辨率和视觉分辨率等因素的影响较大，对于断距较小的断层无法准确地识别。通常在地震剖面上无法准确识别断距为 3～5 m 的断层，所以当小断距断层较发育的地区，通过地震剖面无法精确识别断层，需要借助一些其他的方法辅助识别断层。

2. 基于地震属性的断层识别方法

地震属性解释技术以地震、测井、地质等资料为基础，利用正演模拟、相干体技术、蚂蚁体技术、多属性综合分析等方法，提高构造预测的精度。三维地震属性分析技术应用在煤矿采区精细构造解释始于 20 世纪 90 年代晚期，相干体、方差体、界面时间切片、顺层切片、水平时间切片、曲率等分析技术的发展，仅局限在地震反射波的运动学、动力学方面的研究，未能获得针对同一煤田(或不同煤田)不同煤矿、不同采区、不同地震地质单元的小断裂构造发育敏感属性因子系统性分析体系。随着煤矿采区三维地震采集、处理技术的提高，21 世纪初，基于地震波几何学、运动学、动力学和统计学特征全三维地震多属性综合分析技术得到快速发展，在地震地质条件较好的采区应用于识别断裂构造方面取得了可喜成就，揭示了地震多属性分析技术在煤矿采区三维地震地质解释中的必然性。

相干体技术是目前最优秀的断层识别技术之一，由 Amoco 公司于 1995 年发明。相干体技术将地震资料相似性以相干属性的形式体现出来，可以通过相干变化突出断层、微断裂、岩性或地质构造的整体空间发育特征[124-127]。相干体技术能够从三维地震资料中定量地识别出断层，避免了解释误差的影响，从而极大地提高了断层解释精度。随着计算机技术的进步，新一代相干体技术正在迅速发展。王西文等[128]提出了基于小波变换的多尺度相干体分析技术，利用小波分析提高了相干分析对小断层的识别能力。宋维琪等[129]对 C_3 相干算法进行改进，提出了地震多矢量属性相干算法。陆文凯等[130]以 C_1 算法为基础，提出了基于高阶统计量的相干体技术。郑静静等[131]在 Curvelet 变换基础上进行了多尺度相干分析。这些相干体技术在算法上各有不同，都对断层有较好的识别效果。

方差体技术是一种基于概率方差分析的地层不连续性检测，当地下存在断层时，其在地震数据体中对应的地震道反射特征就会与相邻地震道出现差异，方差体技术通过计算相邻地震道之间的方差来表示各个地震道反射特征的差异，从而完成对断层的识别。方差体技术有其独有的计算方法，首先应选择一个包含目标点和其周围相邻地震道的时窗，计算目标样点与时窗内所有采样点平均值之间的方差，再进行加权归一化得到样点方差值[132-136]。

3. 断层的自动识别方法

断层自动识别是一种能够在地震数据体中自行识别并解释断层的技术[137]，在断层解释过程中没有主观的人为参与，从而克服了人工断层识别过程中由于肉眼视觉分辨率产生的误差[138]。近年来，随着计算机技术的进步，断层自动识别技术发展迅速，董守华等[139]利用 BP 人工神经网络对断层进行自动识别，熊晓军等[140]提出了基于四阶互累计的断层自动识别方法；路远等[141]通过信噪比差异体完成断层的自动识别。

蚂蚁追踪技术是目前应用最广泛的断层自动识别技术，由 Dorigo 在受到蚁群觅食过程中路径选择的行为启发而提出[142]。其原理为：在地震数据体中散播大批的“蚂蚁”，这些“蚂蚁”会在满足预设断裂条件处散播“信息素”，并召集附近范围内的其他蚂蚁在该断裂处聚集，直到完成对目标断层的识别与追踪；而在不满足预设断裂条件的地方，蚂蚁不会聚集。地震数据体在经过蚂蚁算法追踪后，会获得一个低噪声、断裂痕迹清晰的数据体，称为蚂蚁体，从而完成对断层的自动识别[143]。

4. 基于图像处理技术的断层识别方法

目前，利用一些常规方法难以对地震资料中的断裂及小断层进行识别，而图像处理技术为这些问题提供了一条新的解决思路[144]。常用的图像处理技术包括将不同频率的地震体进行 RGB 融合的三色混相分频技术，对同相轴波峰和波谷采用不同颜色表示的剖面双极性显示技术，在剖面上采用不同比例对横纵方向放大显示的不均衡比例法，检测地震数据不连续性的边缘检测技术等[145]。

边缘检测技术起源于图像处理领域，用于检测图像中的灰度突变区域，地震勘探领域主要应用边缘检测技术对地震数据中的不连续区域进行检测[146]。通常情况下，断层、小断裂等一些特殊地质体在地震数据上会表现出不连续的特性，经过边缘检测技术处理后，这些不连续的边缘特性会得到凸显，因此，边缘检测技术能够对地震体中的断裂及小断层进行识别，并能较准确地反映断层的形态。传统边缘检测算法在边缘检测领域取得了较好的成果，一些新的方法，如先滤波后检测边缘算法、曲面拟合算法、神经网络边缘检测法、小波变换法、模糊检测法等，正逐渐发展并完善[147]。

近年来，国内外学者对边缘检测技术在断层识别中的应用做了大量的研究，宋建国等[148]提出了基于构造结构导向的梯度属性边缘检测技术。值得一提的是，不同的边缘检测算法有不同的适用条件，如 Sobel 边缘检测算子具有较高的抗噪性，适用于灰度渐变和有噪声干扰的图像处理；Laplacian 算子适用于无方向性的边缘检测；小波分析边缘检测技术适合对边缘方向复杂的图形进行边缘检测；等等。

三维地震资料常规解释方法是通过三维资料的二维解释来实现的，即通过一个个二维剖面的解释以及水平时间切片的解释来完成，其解释成果受不同地区地震地质条件的限制以及解释人员经验的影响，这种解释精度低、效率低，小构造容易漏失以及难于发现细微的构造和地层特征等。目前，三维资料的二维解释存在的主要问题是：

① 解释效率低。对于庞大的三维数据体，由于从层位标定、追踪、断层解释、编制构造图等工序基本上是二维地震解释的思路，因此，断层组合不合理，上下层位矛盾，难以闭合等现象屡见不鲜，需要反反复复做大量的修改，大大影响解释效率。

② 无法充分利用大量的地震信息。无论是手工还是人机联作解释，由于抽稀解释主测线和联络测线，必然造成大量的地震资料不能利用，因此在抽稀的过程中不可避免地要漏失小断层和小构造等。

③ 解释视野局限。由于解释是在二维剖面或水平时间切片上进行的，而特征地质体是三维空间分布，因此，不能从三维的角度去观察、认识、分析这种特征地质体。

一、地震属性断层解释方法

地震勘探是研究岩石的弹性性质，通过研究人工激发的地震波在介质中的传播规律来推算介质的岩石性质和地质构造的一种勘探方法。由于岩石的弹性不同，导致岩性分界面或者构造分界面的波阻抗也各不相同。根据 Snell 定律，地震波在传播过程中，在波阻抗界面会产生反射、折射等现象。根据记录的弹性波信息，通过计算机处理来提高信噪比并得到有针对性的地震信息。

对于二维地震勘探而言，沿着地面上的一条测线逐排进行观测，并对观测结果进行处理之后，就可以形象地反映地下岩层分界面埋藏深度起伏变化。三维地震勘探是在二维地震勘探的基础上发展起来的，也被称为面积勘探。三维地震勘探是在地面上同时布置多个激发点和多条接收线，改变接收线的排列方式和激发点线的间距，能够获得多个多次覆盖的地震资料[149]。

地震波在地层中的传播过程相当复杂，它也是对地下地质结构的一个综合反映。地层中岩石的物理性质的改变必然导致地震信号特征的改变，进而导致从地震数据中提取的地震属性的相对变化[150]。地震属性的提取一般指应用“三高”地震资料，采用多种数学方法，如傅氏变换、复数道分析、自相关函数分析和自回归分析等，提取出反映地震波动力学、运动学、几何形态和统计学特征等属性参数。由于信息科学等领域新技术的不断引入，现在可以从地震数据中提取的地震属性多达 300 余种，而且不断有新的地震属性从地震数据中被提取出来，例如分维属性，小波变换属性，将传统的属性进行叠合、差值、乘积和级联运算后的复合属性等[151]。

1. 断层属性精细解释方法—相干技术

相干技术的原理是根据地震数据中相邻道之间地震信号的相似性，以此来描述地层和岩性的横向非均匀性。通常，我们将对相邻的地震数据道的地震数据进行相干系数计算获得的地震数据体称为地震相干数据体，它能够反映地震的相干性，同时它可以作为对因构造、岩性等因素的变化引起地震响应横向变化的一个重要度量。基于波形的相似性，我们可以将三维反射数据体的连续性转换到三维相干数据体的不连续性，由此来突显波形的不连续特征。一般来说，在层岩性变化小或地层横向连续的地区，波形变化较小，而相干性强；在地层发生错断或岩性发生变化的地区附近，波形差异较大，而相干性弱。我们可以利用不同层位或反射时间切片的叠合，根据不相干区域的立体分布，圈定或解释出断层或地质异常体的空间产状。

两个地震数据道相关系数的计算方法如图 6-12 所示，设置搜索时窗的目的是按照地层的走势来寻找相关值的极值。

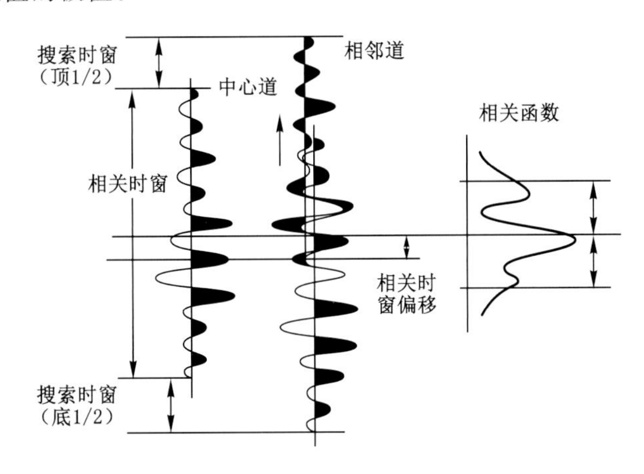

图 6-12　相关系数的计算方法

相关系数的具体算法如下：

第一步，保持中心道地震数据不变，以样点间隔为单位，移动相邻的地震道，从上向下每次移动一个样点间隔，就计算一次时窗内波形的相关系数，从而得到图 6-12 右侧的相关函数，它的长度是搜索时窗长度。

第二步，求取相关函数的最小值，也就是两个地震道之间的低相干值，看该处两个相邻道之间是否存在构造异常，如图 6-13 所示。

进行地震相关值计算的算法有互相关算法 C_1、相似性算法 C_2、本征值算法 C_3 几种。C_1 计算量小，但是对于有相干噪声或信噪比较低的资料会有很大误差。C_2 采用了多道处理的方法，较好地处理了提高分辨率与提高信噪比的矛盾，但也造成了计算成本随着窗口内计算道数的增加而变大，而且存在极大的缺点，就是基于水平切片上一定时窗内计算的相似性，对非水平地层不太适用，还有可能混合上覆与下伏地层的特征，进而影响垂向分辨率。相比之下，C_3 在有效信号大于噪声的平均值时，能够大大地压制噪声，在断层识别和边缘检测上具有更高的水平分辨率和垂直分辨率，因此这里重点介绍 C_3 算法。

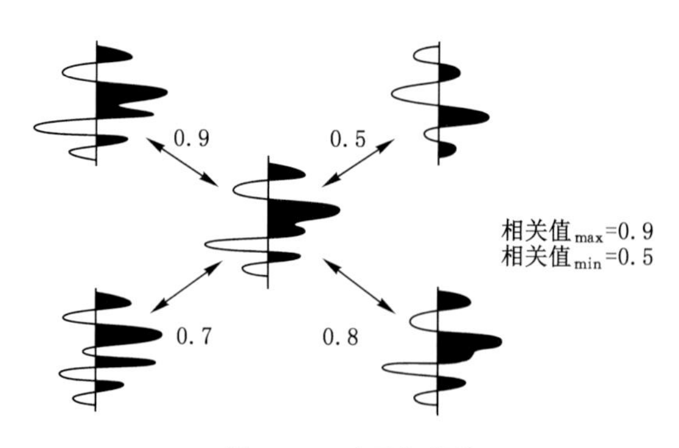

图 6-13　地震相关值

对于三维地震数据体中任一格点上的数据道 U_j，其坐标为 (x_j, y_j)，现沿着与其相邻的 inline 线、crossline 线方向上，可以定义一个包含 j 道的平面数据子集区域，并给定某一时间切片 t（$t=n\Delta t$，Δt 为时间采样间隔），在以 t 为中心、$2\omega+1$ 时窗长度上，计算数据子集中任意两道的互相关。为实现相干算法，特引入协方差矩阵来协助完成。设以 $t=n\Delta t$ 为中心的一对视倾角 (p, q) 的 $2M+1$ 个采样点，而这 $2M+1$ 个采样点对应着一个 $J\times J$ 的协方差矩阵 $\widetilde{\boldsymbol{C}}$：

$$\widetilde{\boldsymbol{C}}(p,q)=\sum_{m=n-M}^{n+M}\begin{bmatrix} \bar{u}_{1m}\bar{u}_{1m} & \bar{u}_{1m}\bar{u}_{2m} & \cdots & \bar{u}_{1m}\bar{u}_{jm} \\ \bar{u}_{2m}\bar{u}_{1m} & \bar{u}_{2m}\bar{u}_{2m} & \cdots & \bar{u}_{2m}\bar{u}_{jm} \\ \vdots & \vdots & & \vdots \\ \bar{u}_{jm}\bar{u}_{1m} & \bar{u}_{jm}\bar{u}_{2m} & \cdots & \bar{u}_{jm}\bar{u}_{jm} \end{bmatrix} \tag{6-1}$$

式中，$\widetilde{\boldsymbol{C}}$ 为 $J\times J$ 协方差矩阵；$\bar{u}_{jm}=U(M\Delta t-px_j-qy_j)$ 表示地震道沿着视倾角 $t=M\Delta t-px_j-qy_j$ 处的内插值。

C_3 相干算法就是借助协方差矩阵 $\widetilde{\boldsymbol{C}}$ 来实现的。设 $\lambda_j(j=1,2,\cdots,J)$ 是协方差矩阵 $\widetilde{\boldsymbol{C}}$ 的第 j 个特征值，其中 λ_1 是最大的特征值，则定义 C_3 相干算法公式如下：

$$C_3(l,m)=\lambda_1\Big/\sum_{j=1}^{J}\lambda_i \tag{6-2}$$

令视倾角 m、l 为零，得到该算法的相干值为：

$$C_3=C_3(l=0,m=0) \tag{6-3}$$

也可以取视倾角对 (l,m) 中对应的最大相干值作为所计算点 C_3 相干算法的最终相干值：

$$C_3=\max C_3(l,m) \tag{6-4}$$

相干算法涉及的技术参数主要有时间分析时窗、空间分析窗口、最大扫描倾角、扫描倾角增量等，其中，时间分析窗口和空间分析窗口为主要的技术参数。

① 时间分析时窗：即垂向分析窗口。分析时窗的大小对滤波会产生十分显著的影响。当窗口太大时，会使得分析时窗内包含太多的反射同相轴，会影响相干数据体的成像质量，降低目的层的分辨率；当窗口太小时，极容易受到噪声的影响，从而产生假象；最佳分析时窗一般应为地震主频的倒数。在资料解释的过程中，要根据实际地质体的解释目的层，通过合成记录，进行参数测试。

② 空间分析时窗：空间分析窗口即包含的地震道数，它的大小会影响相干体的横向分辨率。空间分析窗口较大时，即包含的地震道数较多时，平均效应就会越大，在一定程度上会增加角度分辨率，但是会降低横向分辨率且增大计算时间。空间分析窗口较小时，横向分辨率会增高。此外，在纵向方向上随着深度的增加，地震数据体的频率会逐渐降低，因此深层分析窗口应该比浅层分析窗口大些。

通过对三维地震数据体的处理与分析，能够提升数据体的空间视分辨率，显示出地下地质异常体（小断层）的细节部分，能大大提高小断层的识别和解释能力。相干性好可以表示相邻道间是连续的同一层，而相干性差则表示地层连续有倾角，不相干的数据表示地层不连续，可能是地下有大断裂、小断层的存在或岩性、沉积相带的变化带。一般而言，有明确地质意义的三维相干数据体有垂直、水平、沿层三种方式。

由于垂直、水平类相干切片载附信息有限，通常只能用于断层的识别和解释，而沿层类相干切片可进行层间小断层、微裂缝的解释与识别。

2. 断层属性精细解释方法——方差技术

方差体技术是以计算道集内地震道与平均地震道之间的方差值来求取方差体，突出由断层或异常地质体所造成的地震反射异常的一种属性技术。煤田三维地震数据体反映了地下高密度规则网格的反射情况，当地下存在断层或某个局部区域地层不连续变化时，相应的地震道的反射特征与其附近地震道的反射特征就会出现差异，导致地震道局部之间的不连续性。所以，通过地震道之间的差异程度，就可以检测出断层。

计算方差体，首先要计算每个时间或深度样点的方差值，再把所取的时窗内数据加权归一化，就得到方差数据值。一般而言，相邻道之间的相似性越小，方差值就越大。

3. 其他属性方法

如频谱分解与曲率属性分析等，近年来受到很多学者的关注。

二、小断层地震属性横、垂向分辨能力数值模拟

通过数值模拟，可以研究小断层的地震属性横、垂向分辨能力。

（一）小断层横向分辨力数值模拟

设模型长 1 000 m，高 800 m，煤层厚度为 3.5 m，煤层波速以及其他地层参数见表2-18所示。全程在无噪声的环境下放炮，地质模型见图 6-14 所示。

小断层构造横向分辨能力的研究共设置 4 个模型，断层的位置以及断层横向距离如表 6-2 所示。

表 6-2　落差为 5 m 的断层地震属性横向分辨力模型参数

断层空间位置	模型类型			
	模型一	模型二	模型三	模型四
横向距离/m	8	10	15	20
断层 1 位置/m	505	505	505	505
断层 2 位置/m	513	515	520	525

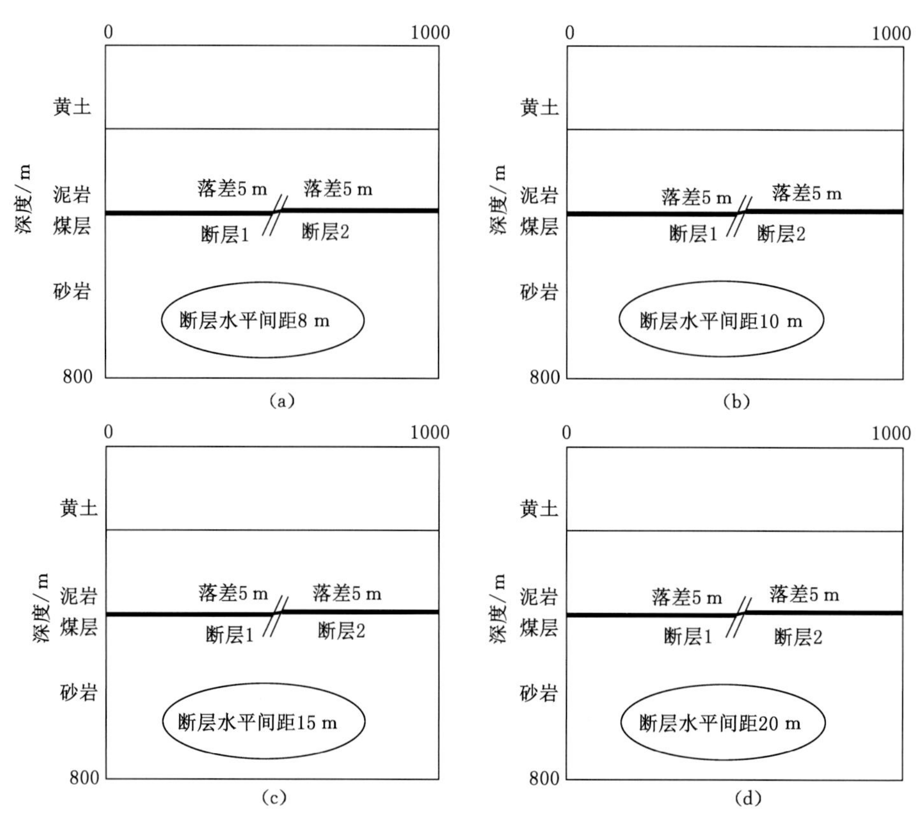

图 6-14 落差为 5 m 的断层横向分辨力地质模型示意图

(a) 模型一;(b) 模型二;(c) 模型三;(d) 模型四

设道距为 5 m,地震子波为 50 Hz 的雷克子波,对上述地质模型进行模拟,其正演结果及煤层反射波属性提取见图 6-15 所示。

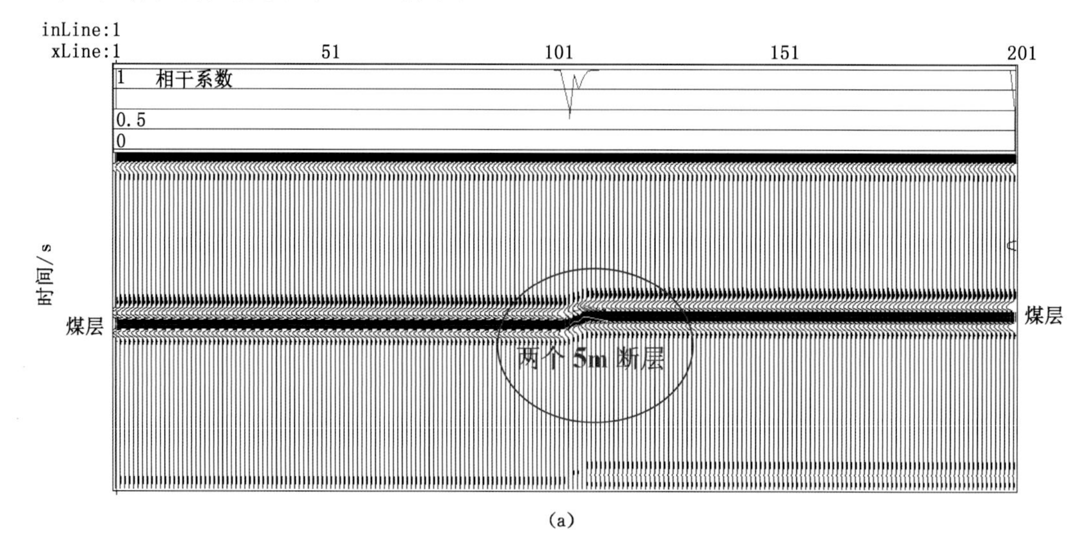

图 6-15 不同横向距离断层、煤层反射波相干系数与地震剖面图

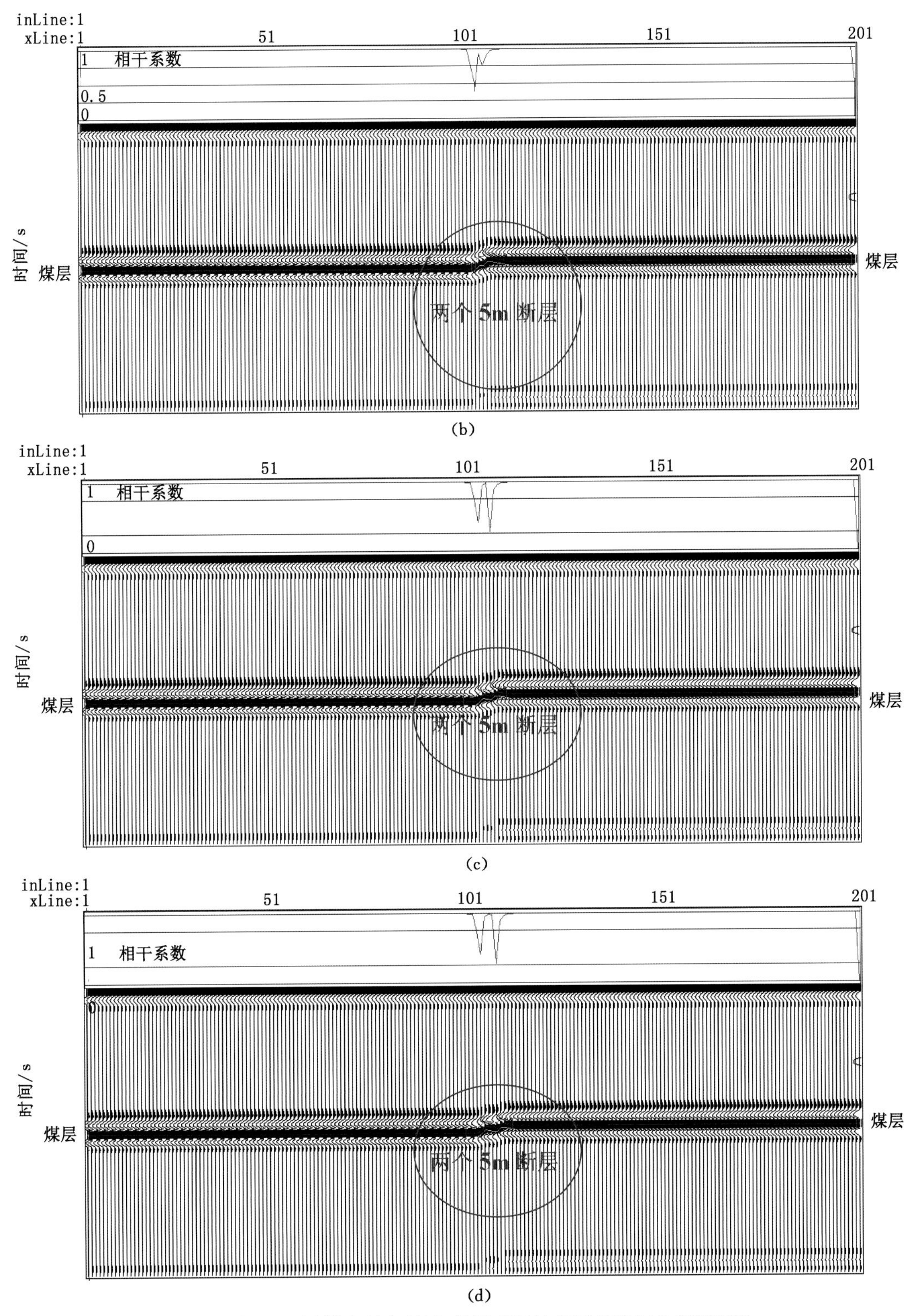

图 6-15(续)　不同横向距离断层、煤层反射波相干系数与地震剖面图

(a) 模型一煤层反射波相干系数与地震时间剖面(两断层横向距离为 8 m);(b) 模型二煤层反射波相干系数与地震时间剖面(两断层横向距离为 10 m);(c) 模型三煤层反射波相干系数与地震时间剖面(两断层横向距离为 15 m);(d) 模型四煤层反射波相干系数与地震时间剖面(两断层横向距离为 20 m)

通过四个模型地震剖面的分析，可以看出煤层中存在两个落差为 5 m 的断层，当两个断层之间横向距离为 5 m、10 m 时，提取的相干系数属性没能将两者区分开[图 6-16(a)、图 6-16(b)]，解释工作中往往会把这些属性异常看成一个属性异常处理，这就会给解释工作带来纰漏和缺陷；当断层横向距离大于等于 15 m 时，如图 6-15(c)及图 6-15(d)所示，相干系数属性对于横向上的两个断层反映较为明显，能够清晰地分辨出 2 个断层所在的位置，并且随着横向距离的增大，分辨能力逐渐增强，断层的位置反映更准确。通过以上四个模型分析得出，当小断层横向距离大于式(2-46)所确定的横向分辨率极值时，小断层的属性图上有明显的指示。

现研究落差为 3 m 断层的横向分辨力的大小，地质模型如图 6-16 所示。模型长 1 000 m，高 800 m，煤层厚度为 3.5 m，煤层波速以及其他地层参数同表 2-18 所示。

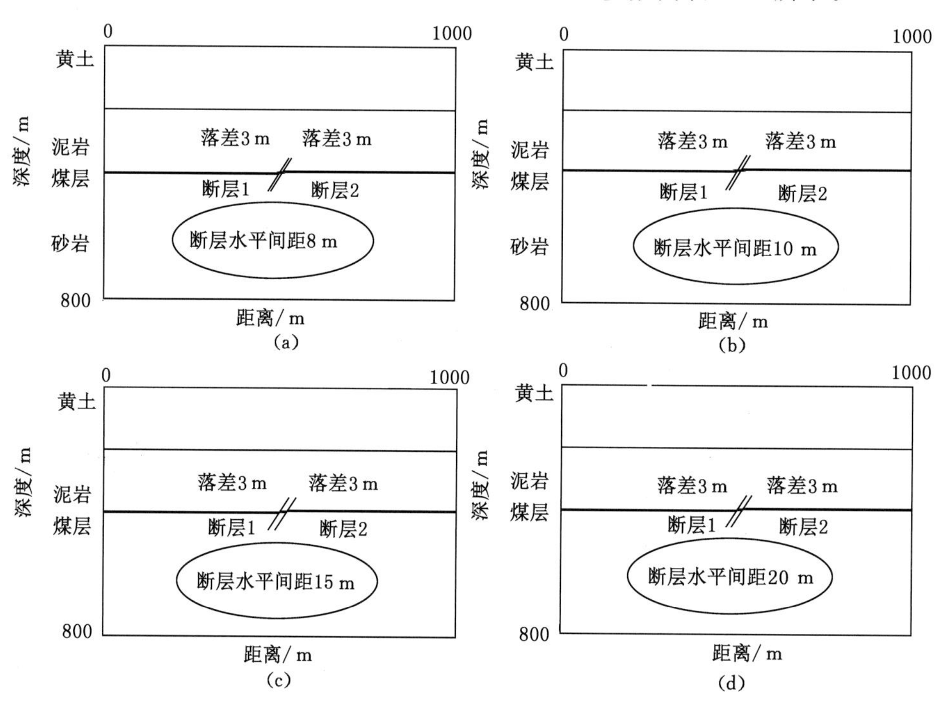

图 6-16　落差为 3 m 的断层横向分辨力地质模型示意图

(a) 模型一；(b) 模型二；(c) 模型三；(d) 模型四

断层的位置以及断层横向距离见表 6-2，设道距为 5 m，地震子波为 50 Hz 的雷克子波。通过对上述地质模型进行正演，对煤层反射波提取相关属性，其正演结果及属性提取见图 6-17所示。

通过对四个模型的地震剖面分析，可以得到 3 m 的断层落差相比 5 m 断层落差，分辨率低。如图 6-17(a)所示，两个 3 m 断距的断层属性已经合为一处，无法区分两个断层；随着两个断层的水平间距增大，区分能力逐渐增强。如图 6-17(d)所示，相干系数属性能够区分两个断层，但第二个断层属性响应仍旧不明显。因此，断层落差为 3 m 的断层比落差为 5 m的断层更难识别。随着断层落差的增大，横向分辨能力会有所提高。

（二）小断层地震属性垂向分辨力数值模拟

下面对小断层进行垂向分辨率研究。设断层倾角为 30°，断层的位置以及参数如表 6-3

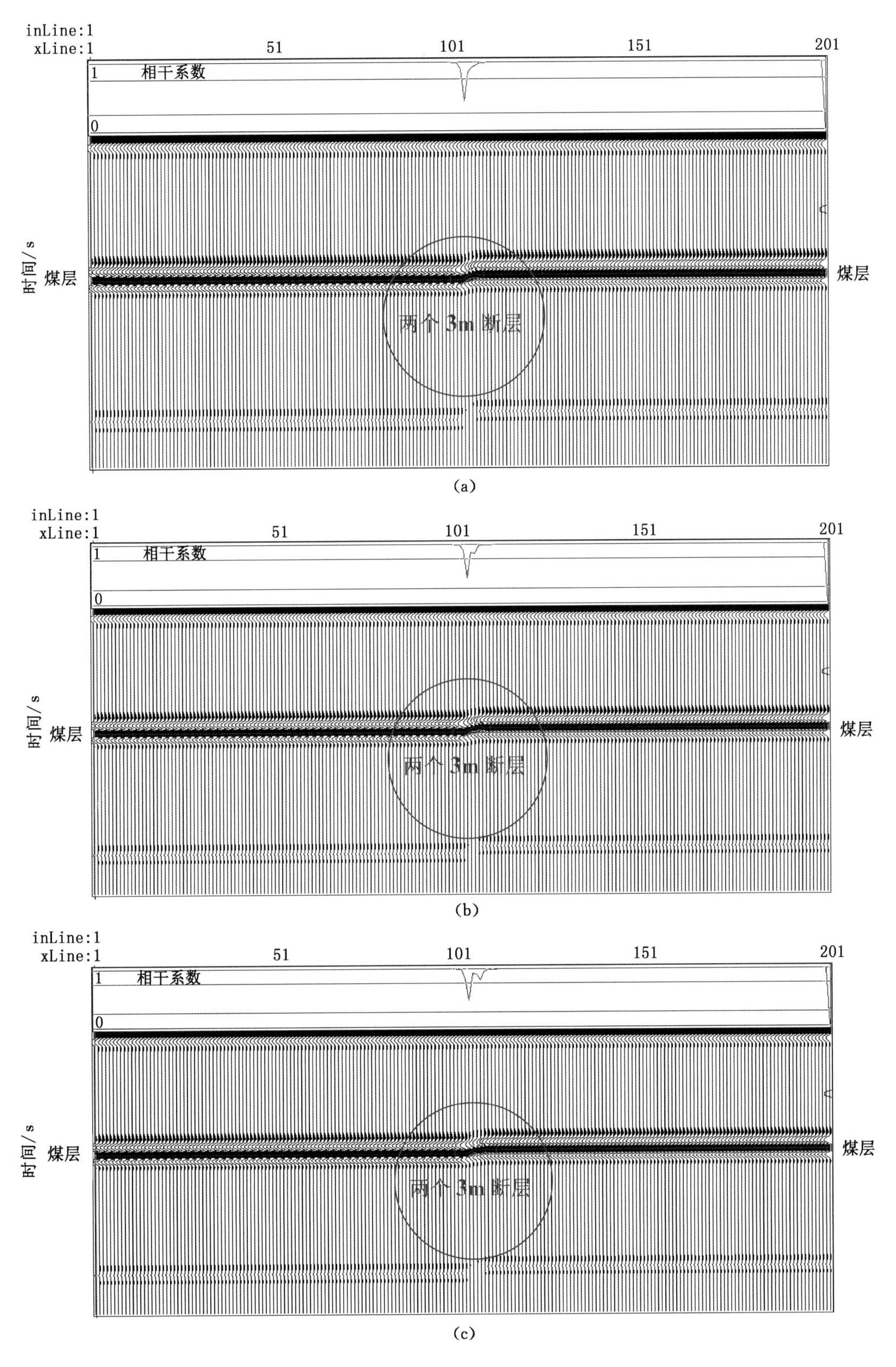

(a)

(b)

(c)

图 6-17　不同横向距离的两个 3 m 断距的断层地质模型相干系数与地震剖面图

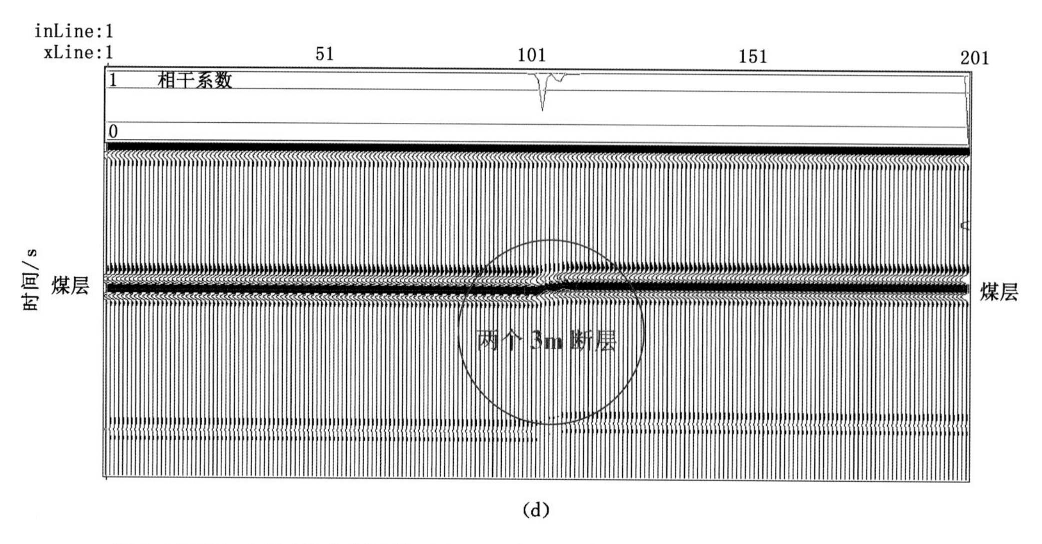

(d)

图 6-17(续) 不同横向距离的两个 3 m 断距的断层地质模型相干系数与地震剖面图
(a) 模型一地震时间剖面与相干系数(两断层横向距离为 8 m);
(b) 模型二地震剖面与相干系数(两断层横向距离为 10 m)
(c) 模型三地震剖面与相干系数(两断层横向距离为 15 m);
(d) 模型四地间剖面与相干系数(两断层横向距离为 20 m)

所列。工区在无噪声的环境下进行放炮,道距为 5 m,地震子波为 50 Hz 雷克子波。

表 6-3 小断层地震属性垂向分辨力模型参数

断层空间特性	断层 1	断层 2	断层 3
水平位置/m	200	500	800
落差/m	3	2	5

设模型长 1 000 m,高 800 m,煤层厚度为 3.5 m,如图 6-18 所示。从左到右断层落差分别为 3 m、2 m、5 m。通过对上述地质模型进行正演,其正演结果见图 6-19 所示。

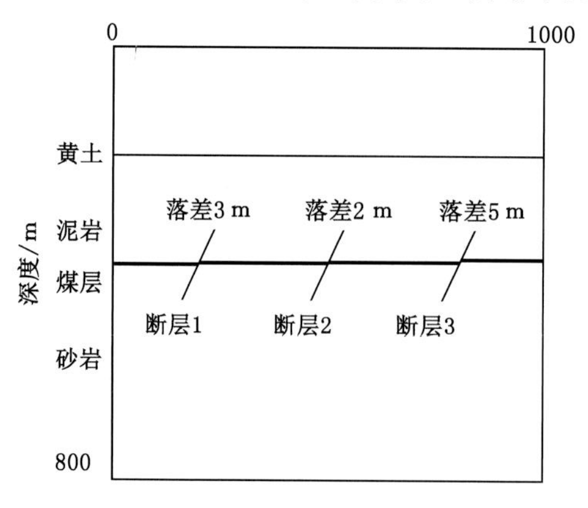

图 6-18 小断层垂向分辨力地质模型示意图

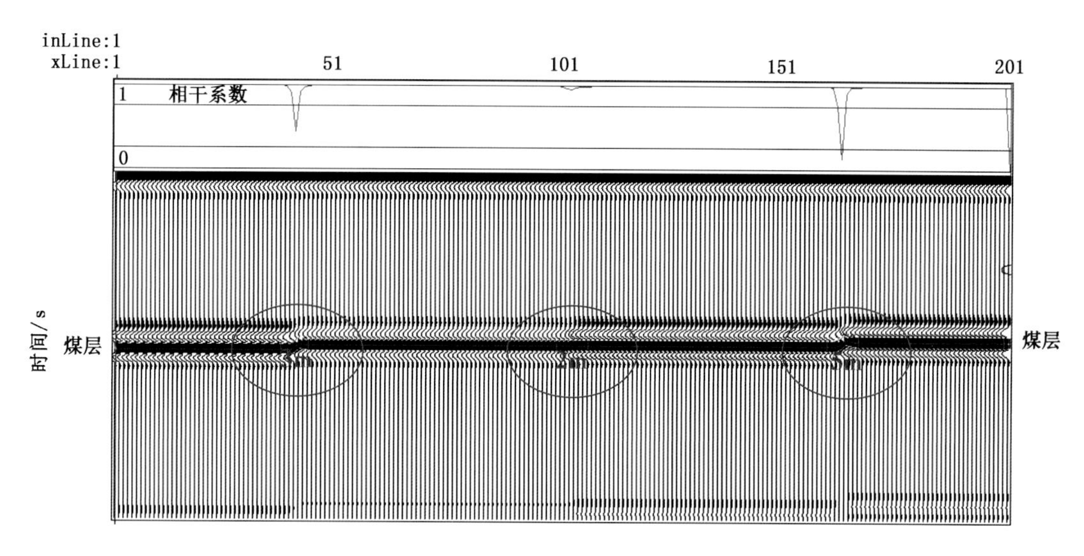

图 6-19　模型煤层反射波相干系数与地震剖面图

通过图 6-19 相干属性可以看出，在断层 1 和断层 3 处，对应的断层落差分别为 3 m 和 5 m，煤层反射波同相轴发生明显扭曲或错断，其相干系数异常明显，在断层 2（落差为 2 m）处，小断层处煤层反射波同相轴发生肉眼较难识别煤层同相轴的变化，相干系数较小，在实际资料的处理过程中，受随机噪声等因素的影响，可能无法直接用肉眼观测到 3～5 m 的小断层带来同相轴的变化。但总体趋势，随着断层落差的逐渐增大，相干系数的大小逐渐增大。

（三）小断层正演模型敏感属性优选

相干属性能较好地反映煤层的非均匀性及小断层，现以图 6-18 所示模型研究煤层反射波振幅类、频率类属性特征。

1. 主振幅属性

通过对煤层反射波的主振幅分析可知，图 6-20 中 CDP 为 41、101 和 161 对应于小断层处煤层反射波的振幅值相较其他部位煤层反射波的振幅较小。可以得出，无论是落差为

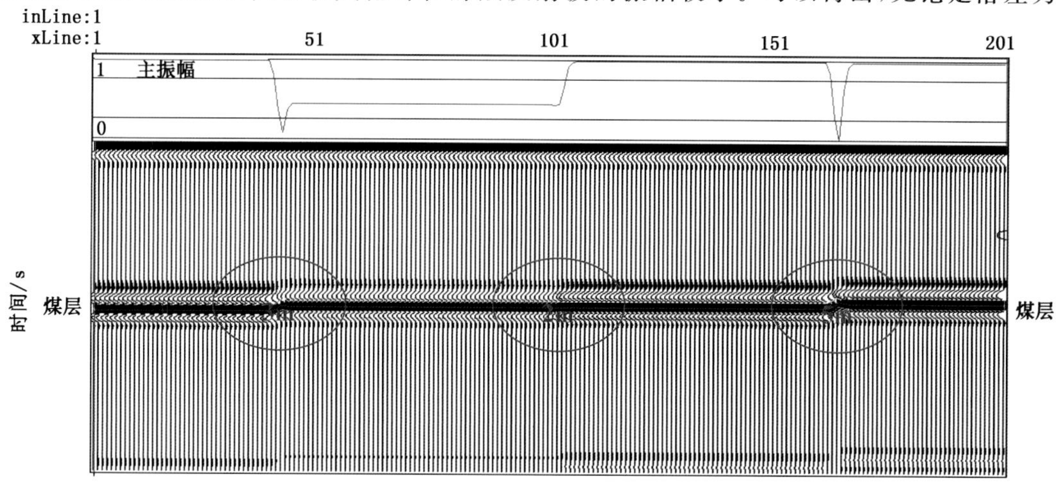

图 6-20　模型煤层反射波主振幅属性与正演地震剖面图

3 m和 5 m 的小断层，还是落差为 2 m 的小断层，都会造成反射波振幅值的变弱，3 m 的小断层会引起主振幅幅值的抖动，2 m 的小断层没能形成完整的异常响应。

2. 频带宽度属性

通过对模型煤层反射波频带宽度进行分析，可以发现，断层造成反射波频带宽度变化。图 6-21 中 CDP 为 41、101 和 161 处煤层反射波的频带宽度有异常响应，落差为 2 m 的小断层没有异常响应，3 m 的断层属性幅值波动大，干扰严重。以上说明，煤层反射波频带宽度属性在识别落差在 5 m 以下的断层时不是很稳定，很容易被干扰，但是异常响应随着断层落差的增大而增大。

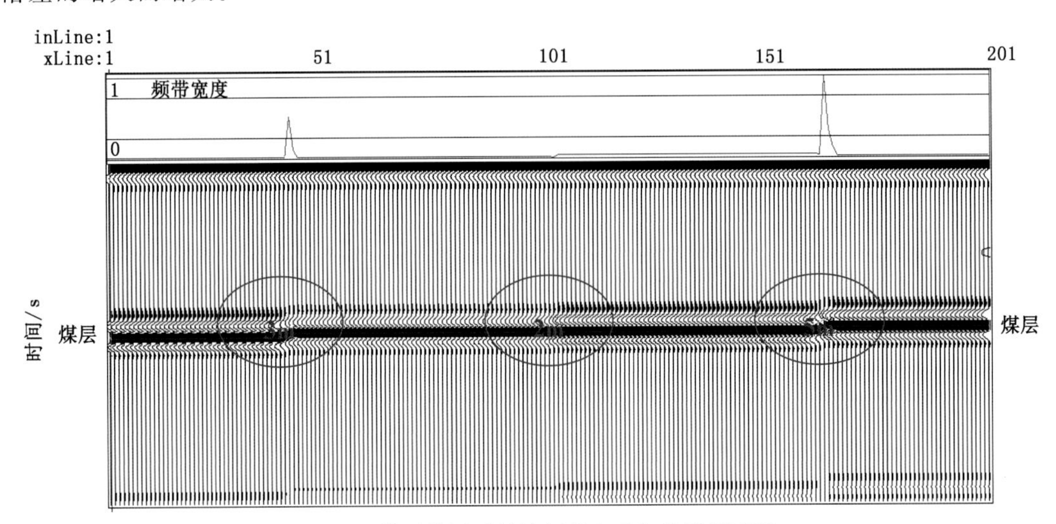

图 6-21　模型煤层反射波频带宽度与地震剖面图

3. 吸收系数属性

对煤层反射波吸收系数属性进行分析，可以发现，图 6-22 中 CDP 为 41、101 和 161 处煤层反射波的吸收系数幅值有异常。可以看出，落差为 2 m 的小断层的破碎带范围小，对地震波的吸收不明显，3～5 m 的断层破碎带范围相对要大，因而吸收系数要大，在吸收系数

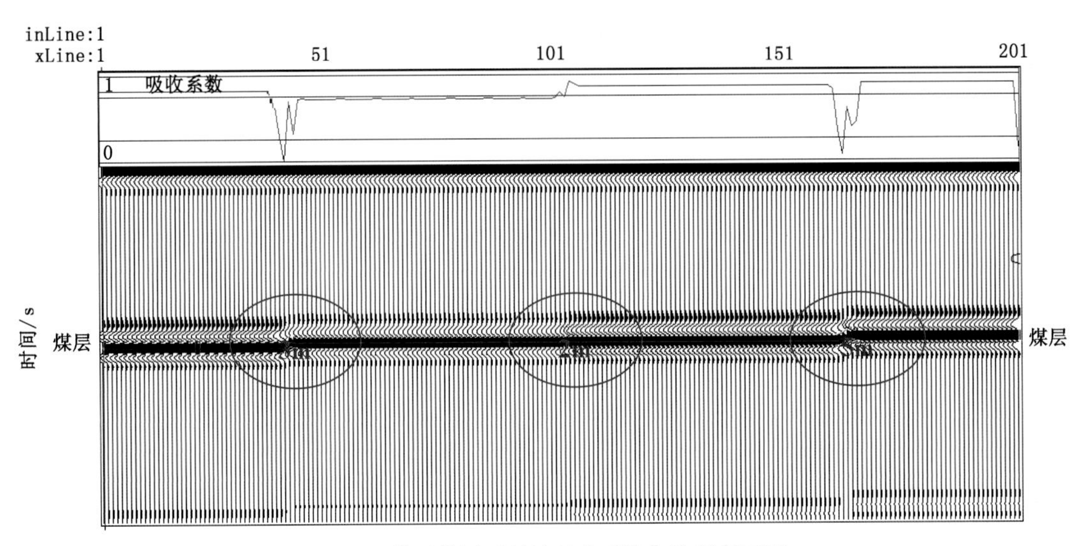

图 6-22　模型煤层反射波吸收系数与地震剖面图

属性上能识别 3～5 m 的断层的存在。通过分析可以看出，吸收系数属性对于小断层的识别能力较弱，异常响应不规律，波动很大，所以对于小断层识别的属性提取中，一般不予考虑。

4. 主频能量属性

通过对煤层反射波主频能量属性进行分析，可以发现，图 6-23 中 CDP 为 41、101 和 161 处（断层）煤层反射波的主频能量值变小，与振幅类属性异常特征一样。

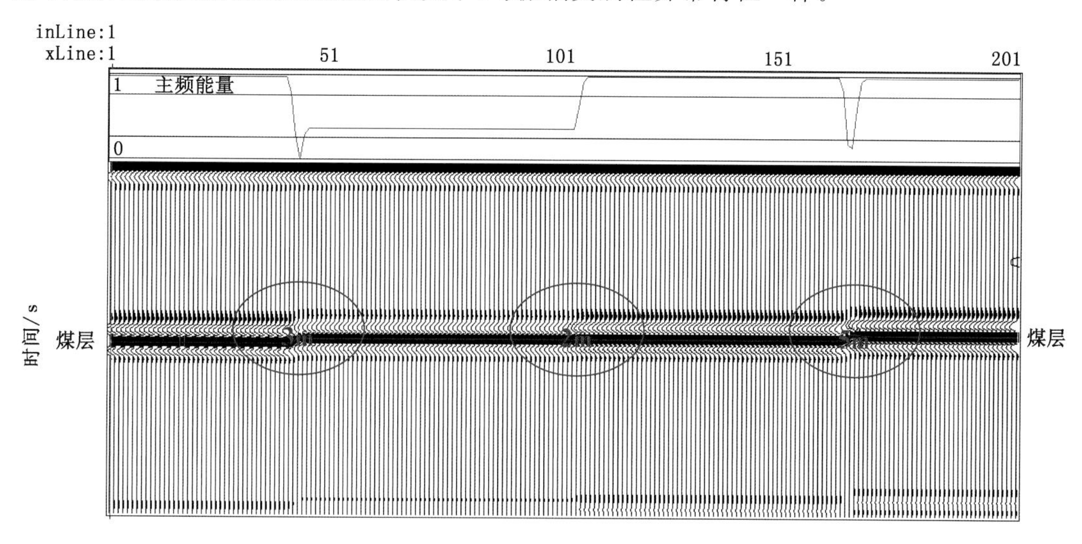

图 6-23　模型煤层反射波主频能量与地震剖面图

5. 中心频率属性

中心频率属性也属于频率域属性，如图 6-24 所示，该属性对落差为 5 m 和 3 m 的断层有反映，对落差小于 2 m 的小断层只有扭曲反映，而且异常不规律，所以不考虑用于小断层识别的属性优选。

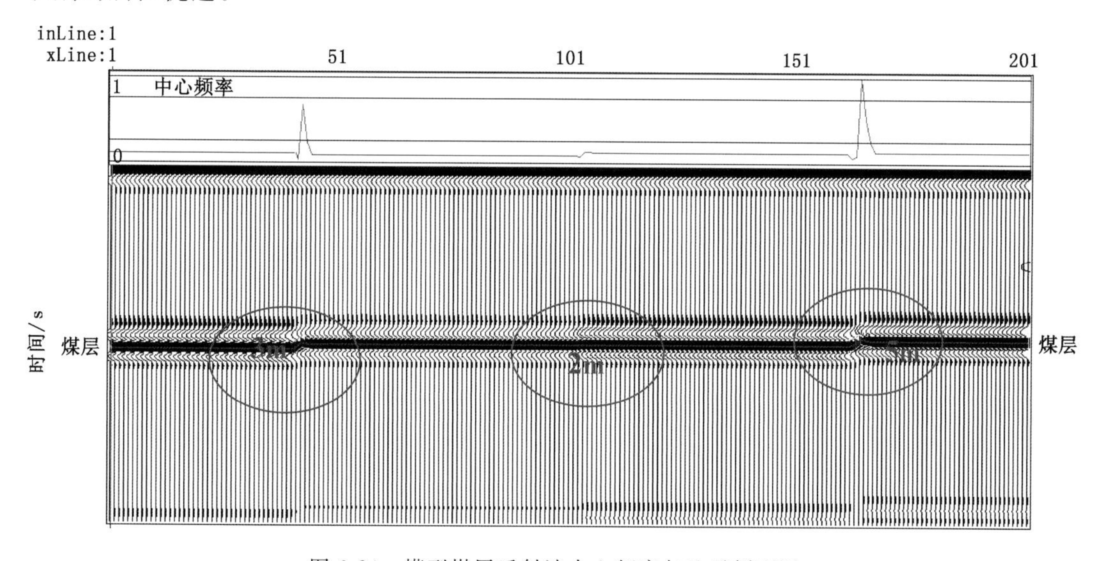

图 6-24　模型煤层反射波中心频率与地震剖面图

三、小断层地震多属性精细刻画方法

地震属性处理技术的出现在一定程度上提高了属性对小断层的刻画能力，由于受地震分辨率等多种因素的影响，在实际应用过程中仍然存在一定的局限性。因此，还需要另辟蹊径，寻找一种能够对小断层产生敏感响应而且精度较高的算法。而基于蚂蚁算法的断裂系统自动解释技术的出现，为问题的解决提供了一种新的有效途径，它是数据体基于构造导向滤波基础上，再进行蚂蚁追踪，以提高小断层识别精度。

（一）地震属性滤波

理论上，构造导向滤波对小断层识别的贡献是很大的，为了说明构造导向滤波的实用性，下面以童亭煤矿 109 采区为例，分别运用前面介绍的三种常规滤波方法（中值滤波、算术均值滤波和几何均值滤波）以及构造导向滤波方法，在同一区域提取同一属性进行对比、分析。四种滤波方法均提取方差属性，如图 6-25 中条状白色均表示断层构造信息，黑色是背景颜色，雾状白色为随机噪声干扰。将中值滤波、算术均值滤波以及几何均值滤波和构造导向滤波成果图进行比较，从图 6-25 中可以看出，算术均值滤波和几何均值滤波效果最不明显，与原始数据效果图比较，雾状噪声较多，不如构造导向滤波效果明显。中值滤波效果较好，但是相比构造导向滤波，在勘探区南部呈现滤波不足。

（二）蚂蚁体追踪与属性融合断层精细刻画

1. 蚂蚁追踪法

研究表明，自然界中的蚂蚁在觅食的过程会产生被称为信息素的分泌物质，通过分泌物质实现与其他蚂蚁进行信息交流。当蚂蚁群遇到没有走过的路径时会随机性地选择一条路径，同时释放出信息素，信息素的浓度与路径长度有关，路径长度越长，所释放出来的信息素浓度越低，而随后行进的蚂蚁更倾向于选择信息素浓度大的路径走，而且还会释放出相应的信息素。不难理解，蚂蚁选择信息素浓度越大的路径概率更大一些，最终可以通过信息素浓度的不断累积达到收敛于最优化的路径。

如图 6-26(a)所示，从蚁巢到达食物所在的地点共有 3 条路径，分别为路径 1、路径 2、路径 3，其中路径 2 的路径最短，蚂蚁同时从蚁巢出发爬向食物所在的地点并返回，如图 6-26(b)所示，蚂蚁在其所走过的路径上会留下信息素，由于路径 2 的路径较短，其所遗留下的信息素浓度较大，因此其后的若干只蚂蚁经过一段时间的选择，都倾向于通过路径 2 往返。

当前应用较广泛的是基于图搜索式蚁群优化算法，即先对地震数据体做预处理，将其转换为满足图搜索式蚁群优化算法所描述的问题，也就是路径节点、弧段和长度等信息，然后通过放置大量的电子蚂蚁追踪符合断层特征的路径信息，再根据设置的正反馈机制，不断修正，最终达到地震数据体的全局优化。

2. 蚂蚁体追踪与属性融合

从理论上来说，利用蚂蚁追踪技术获得的属性体切片可以更加清楚直观地显示断裂痕迹，能够有效地指导断裂解释工作。追踪技术是目前三维地震资料解释中用于地质构造解释的方法之一，相比于常规地震资料解释具有速度快、精度高的优点。

21 世纪初，蚂蚁追踪技术开始广泛应用于断裂系统解释中，目前该技术不仅成功地应用到石油地震资料精细解释中，也开始不断尝试应用于煤田三维地震资料精细解释中，并取得了明显效果[152-153]。为了使小断层地震属性识别更明显，解释精度更高，在构造导向滤波

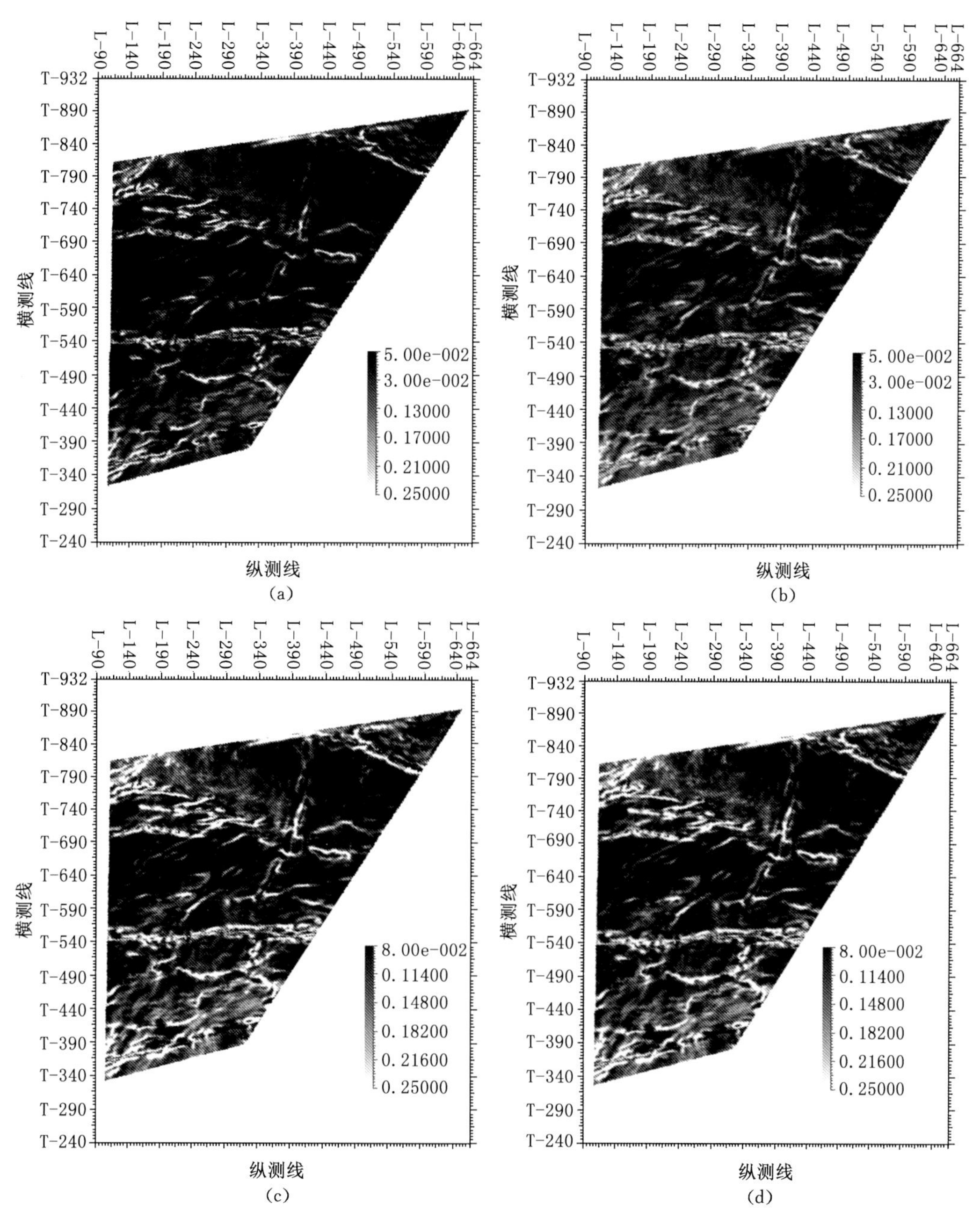

图 6-25　地震属性不同滤波方法成果图

(a) 构造导向滤波；(b) 几何均值滤波；(c) 中值滤波；(d) 算术均值滤波

基础上，再对数据体进行蚂蚁追踪计算，最后根据属性优选提取敏感属性。即通过"蚂蚁"＋属性融合(包括"蚂蚁"＋方差属性、"蚂蚁"＋相干属性、"蚂蚁"＋朗伯反射属性、"蚂蚁"＋倾角属性、"蚂蚁"＋瞬时振幅属性、"蚂蚁"＋瞬时频率属性等)，然后优选其中的敏感属性用于精细构造解释。

为了更好地说明属性与"蚂蚁"＋属性的效果，下面以淮北童亭煤矿 109 采区 10 煤层断层地震属性解释为例予以说明。如图 6-27 所示，红色是前人解释以及巷道揭露的断层构

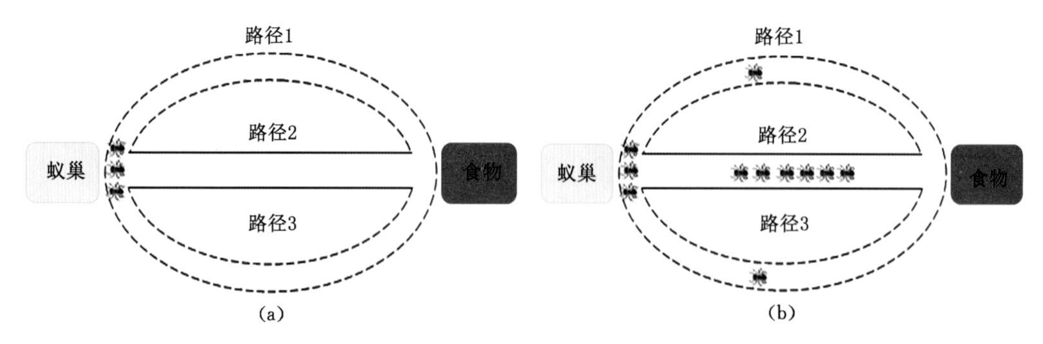

图 6-26　蚂蚁觅食行为示意图

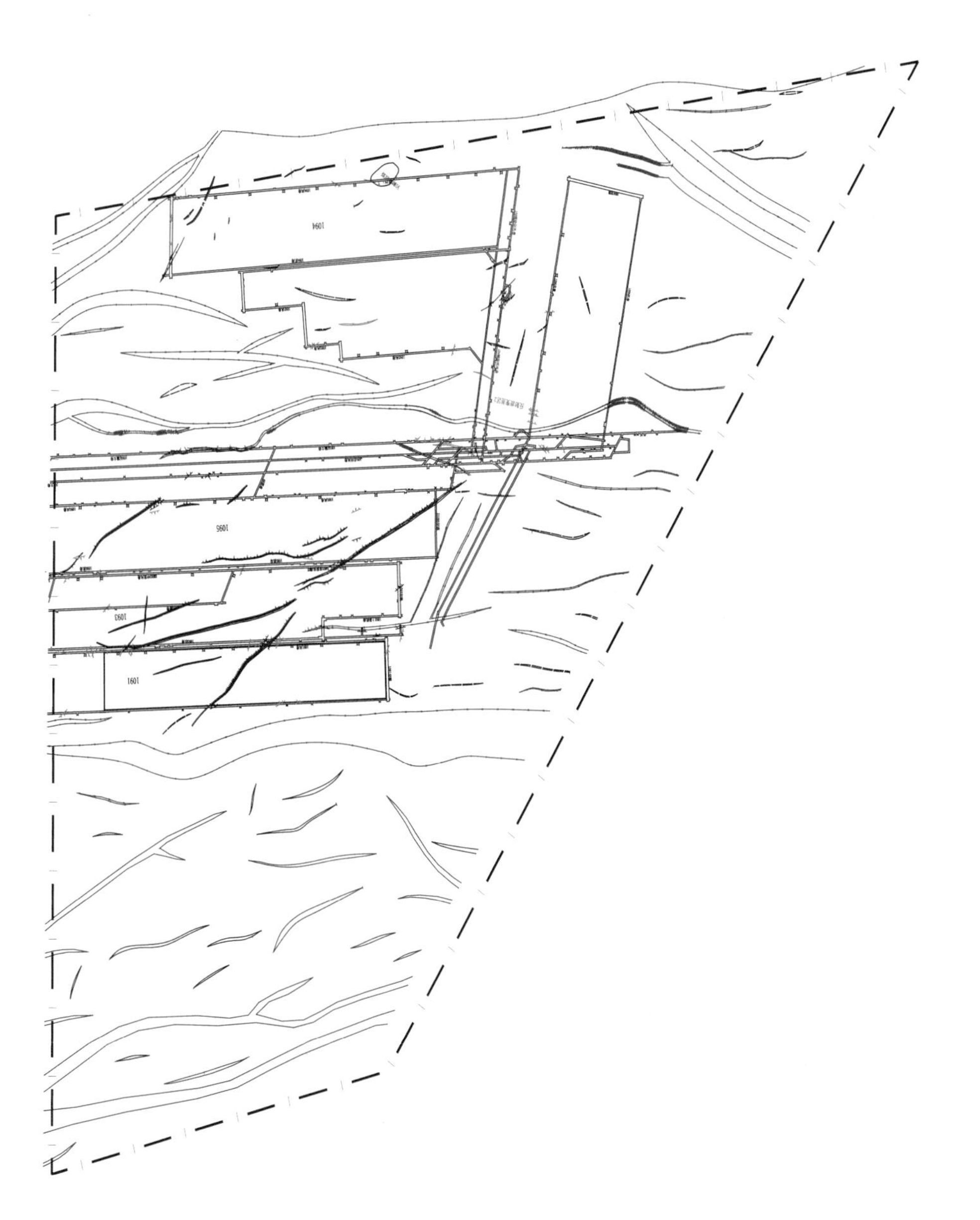

图 6-27　童亭煤矿 109 采区 10 煤层断层地震属性解释成果示意图

造，紫色是巷道，绿色是巷道揭露但人工未解释的断层，蓝色是属性分析之后新解释的断层。纵观整个工区，断层发育，且伴生小构造。

断裂构造发育特征表现为：以正断层为主，区内仅见少数逆断层；断裂构造主要以 NE 向断裂为主，NW、EW 向断裂构造次之；层间小断层较为发育；测区北部构造较为简单，测区中部及南部构造相对较为复杂。检验解释效果原则：优先对比巷道揭露构造，在巷道外的区域，与前人解释对比。因此，将巷道揭露以及前人解释断层一同当成检验对象。

下面对各属性进行比较，成果如图 6-28 所示。

鉴于"蚂蚁"＋相似类属性的小断层精细刻画效果，以"蚂蚁"＋方差属性和"蚂蚁"＋相干属性作为小断层的解释基本属性。

（三）地震多属性 RGB 融合断层识别

常规地震属性彩色显示技术主要是通过某种变换将属性数值映射呈彩色图像，一次只能显示一种属性。而对于多个地震属性，这种单个属性逐一彩色显示方法很难很好地反映整体趋势。为了突出区域性异常，基于颜色空间的多属性融合技术被引入地震属性分析中。这种方法主要是通过 PCA-RGB 颜色融合技术，提高地质目标的识别精度。RGB 融合技术是将时频分析得到的低、中、高不同频段的数据分别用为 R（红色）、G（绿色）、B（蓝色）三原色进行融合显示[154-158]，对于突出各分频属性中能量近似特征区域有很好的效果，可以突出共性、弱化差异。

下面以淮北青东煤矿东部采区 8 煤层为例，讨论属性 RGB 融合的特点，并分析其融合效果。

对青东煤矿东部采区的 8 煤层反射波提取三种对断层反映较好倾角属性、朗伯反射属性以及瞬时振幅属性（图 6-29），做 PCA 分析，可以得到三原色图（图 6-30），最后将这三种颜色的原色图融合，可得出 RGB 属性融合图，如图 6-31 示。RGB 颜色融合出来的属性图包含了倾角属性、朗伯反射属性以及瞬时振幅属性的异常，可以在它们的基础上解释出更多的异常。属性融合不是简单的相加，能够弥补各种属性之间的不足，使融合之后呈最优化显示。但是，融合之前必须要考虑单属性的特点，选择对异常响应较为敏感的属性进行融合效果会更好。

四、小断层多属性精细解释实例

（一）童亭煤矿 109 采区概况

1. 地质概况

童亭矿井属于华北型沉积全隐蔽石炭系、二叠系含煤地层，其下部的泥盆系、志留系，其上部的三叠系、侏罗系、白垩系缺失，含煤地层上部被新近系和第四系冲积层覆盖。地层层序由老至新有：古生界奥陶系中下统老虎山嘴-马家沟组；石炭系上统本溪组、太原组；二叠系下统山西组、下石盒子组，上统上石盒子组、石千峰组；新近系上新统；第四系更新统和全新统。石炭系假整合于古生界奥陶系之上，二叠系整合于石炭系之上，二叠系为本矿区的主要含煤地层；新生界新近系及第四系不整合于古生界二叠系之上。根据钻孔揭露的含煤地层石炭系、二叠系以及新生界地层简述如下：

(1) 石炭系太原组（C_2t）

由灰-浅灰色石灰岩、灰色的砂岩、灰-深灰色粉砂岩、深灰色泥岩和薄煤层组成，下部为紫红色且含少量菱铁鲕粒的铝质泥岩。太原组含灰岩多达 12～14 层，总厚为 65.22～

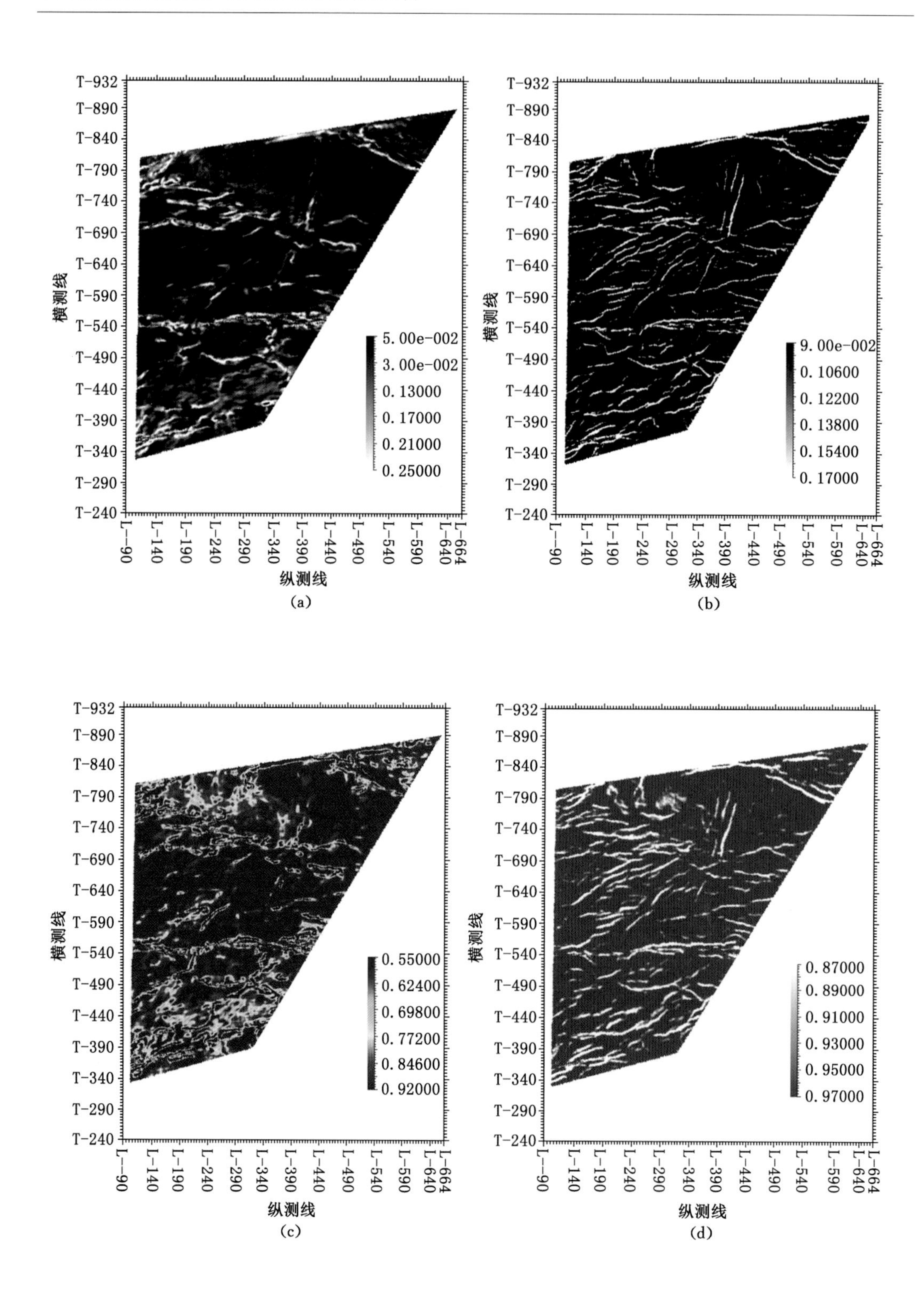

图 6-28 童亭煤矿 109 采区 10 煤层地震属性与蚂蚁体追踪融合成果图

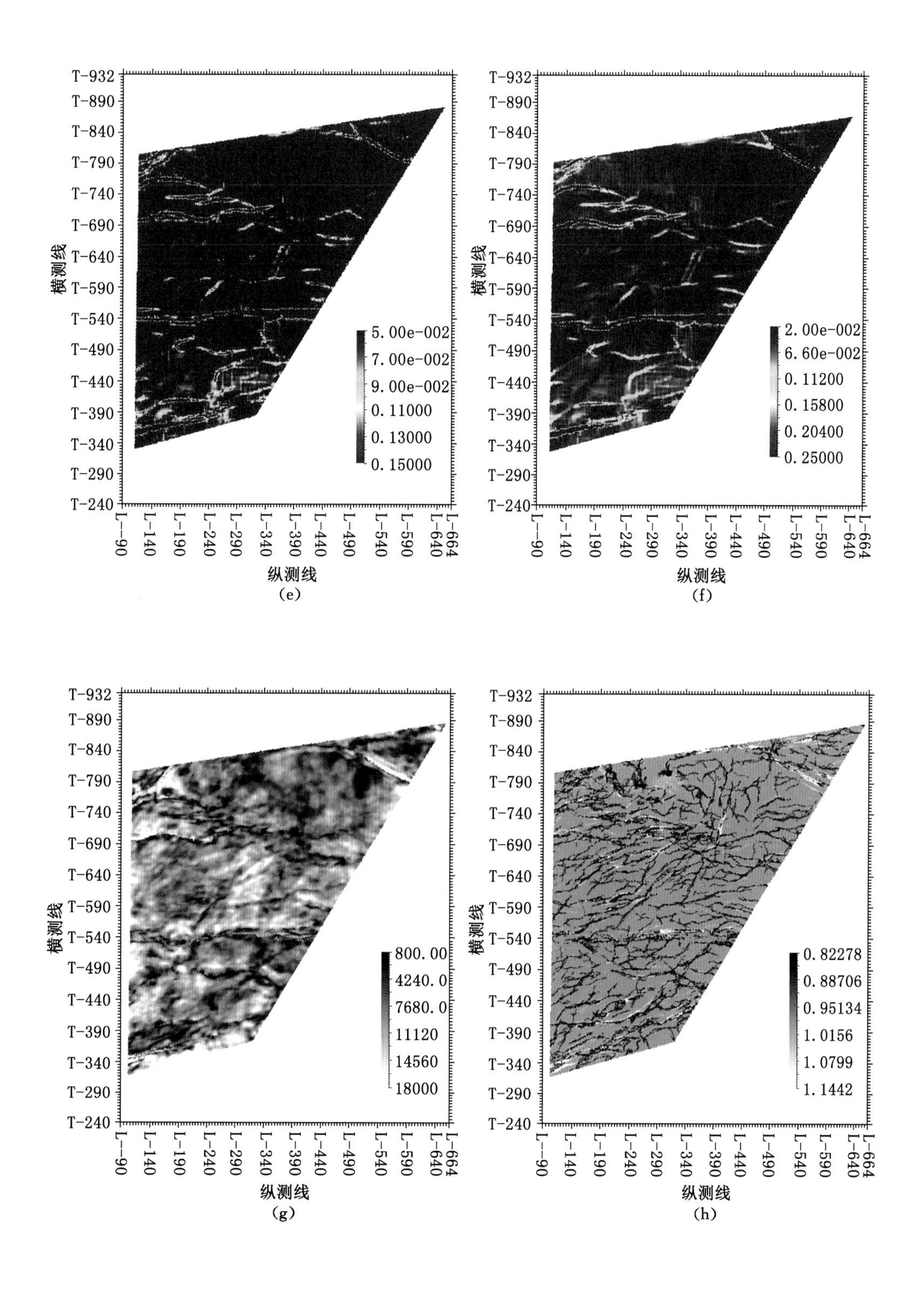

图 6-28(续)　童亭煤矿 109 采区 10 煤层地震属性与蚂蚁体追踪融合成果图

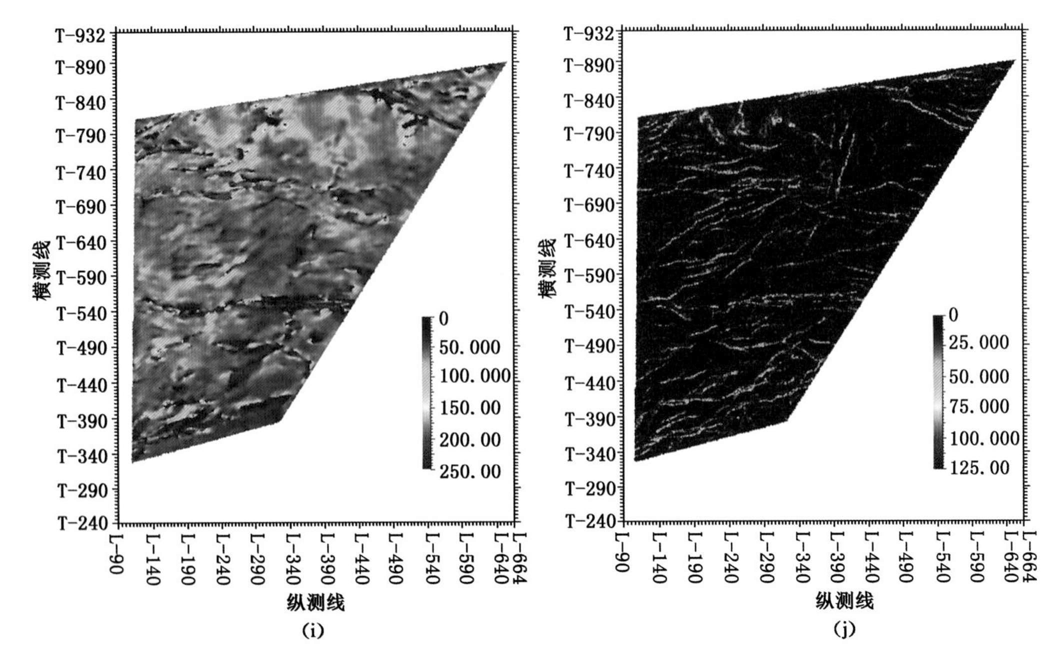

图 6-28(续)　童亭煤矿 109 采区 10 煤层地震属性与蚂蚁体追踪融合成果图

(a) 童亭煤矿 109 采区 10 煤层方差属性;(b) 童亭煤矿 109 采区 10 煤层"蚂蚁"+方差属性

(c) 童亭煤矿 109 采区 10 煤层相干属性;(d) 童亭煤矿 109 采区 10 煤层"蚂蚁"+相干属性;

(e) 童亭煤矿 109 采区 10 煤层倾角属性;(f) 童亭煤矿 109 采区 10 煤层"蚂蚁"+倾角属性;

(g) 童亭煤矿 109 采区 10 煤层瞬时振幅属性;(h) 童亭煤矿 109 采区 10 煤层"蚂蚁"+瞬时振幅属性;

(i) 童亭煤矿 109 采区 10 煤层瞬时频率属性;(j) 童亭煤矿 109 采区 10 煤层"蚂蚁"+瞬时频率属性

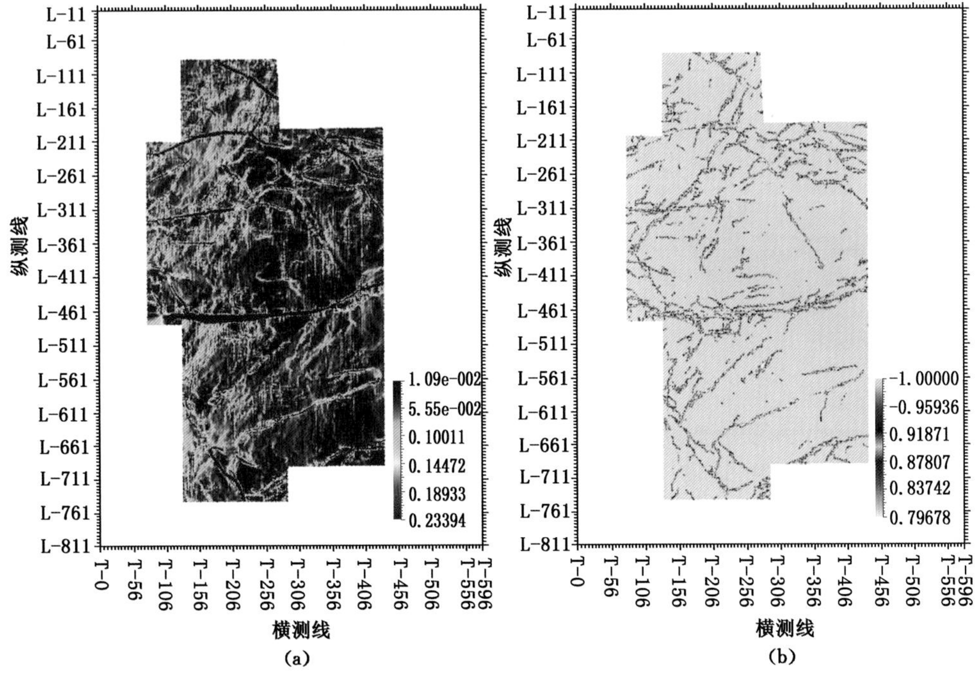

图 6-29　青东煤矿东部采区 8 煤层层位 RGB 融合优选属性

(a) 青东煤矿东部采区 8 煤层层位倾角属性;(b) 青东煤矿东部采区 8 煤层层位瞬时振幅属性

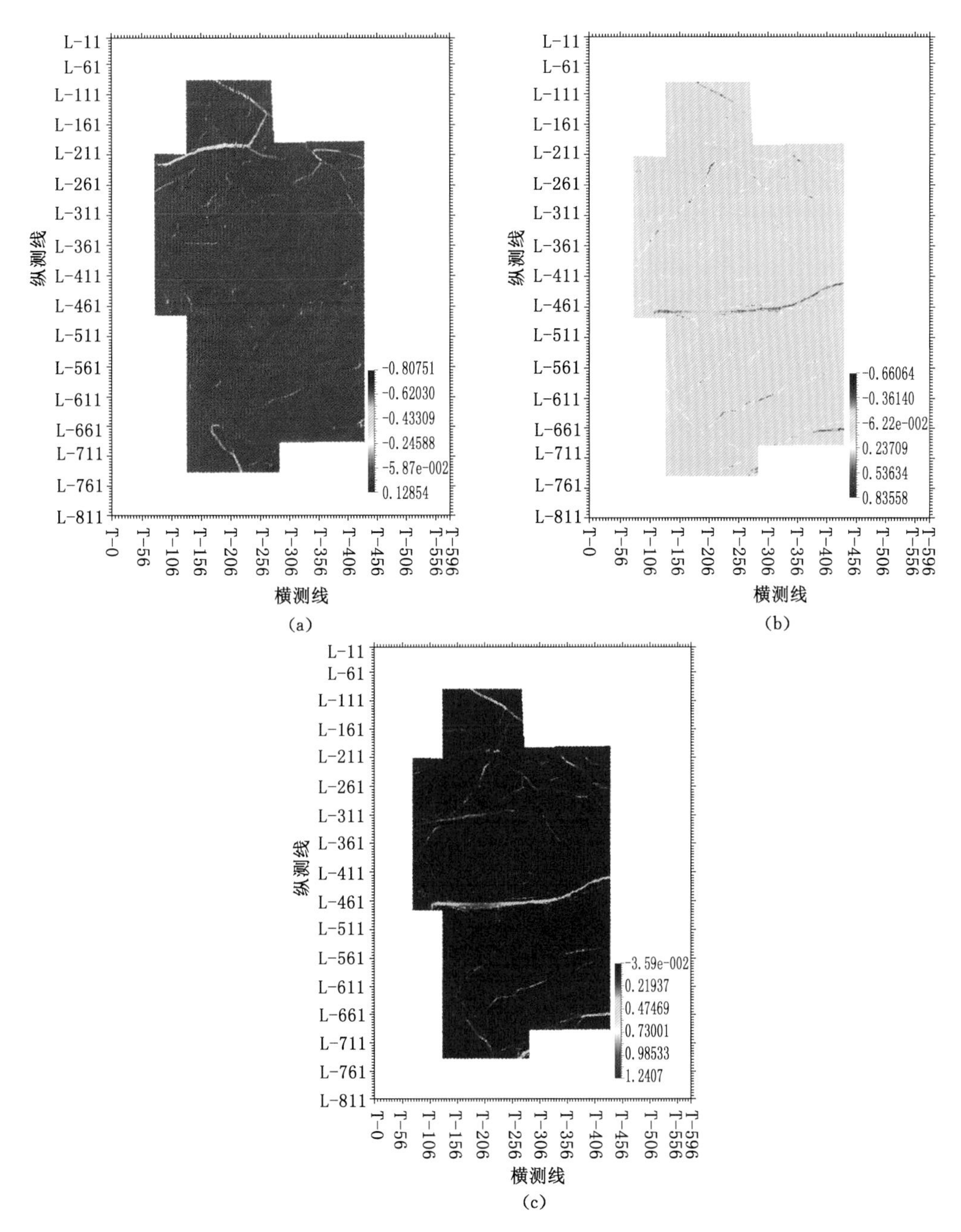

图 6-30　青东煤矿东部采区 8 煤层 RGB 三原色效果图

(a) 青东煤矿东部采区 PCA-R 效果图；(b) 青东煤矿东部采区 PCA-G 效果图；(c) 青东煤矿东部采区 PCA-B 效果图

73.64 m，占本组所有地层厚度的 50%以上。太原组顶部第一层灰岩厚 1.75～3.58 m，层位比较稳定，从五灰底部开始，各层灰岩底部均发育有薄煤层，一共含煤 8～12 层，大多不可采，并且由于煤层较薄，加上灰岩含水丰富，无利用价值。

(2) 二叠系(P)

自下而上依此含有以下地层：

① 下统山西组(P_1s)

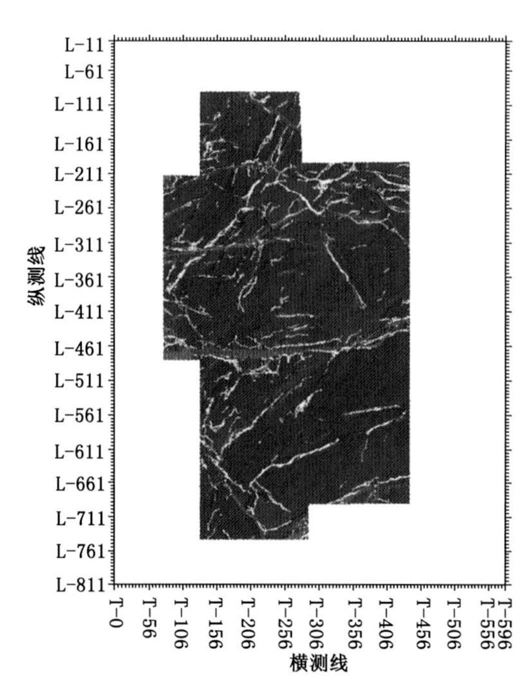

图 6-31 青东煤矿东部采区 8 煤层 RGB 属性融合效果图

与下伏太原组地层连续沉积，厚度为 75.19～189.71 m，含砂岩、粉砂岩为主，其顶部以及底部以泥岩为主要成分。层理发育，为灰-深灰色。本组底部为海相沉积，中、上部为过渡相沉积。

本组含煤 3 层，为 9、10、11 煤组，其中 10 煤层全区比较稳定，属于可采煤层，9、11 煤组较不稳定，属于不可采煤层。

② 下统下石盒子组(P_1x)

与山西组连续沉积，本组下部主要以灰-灰白色砂岩、泥岩为主，其底部含有一层稳定铝质泥岩(K_2)和下伏的山西组为界，岩性特征比较明显，层位以及厚度比较稳定，较容易识别。其上部泥岩中含有紫色以及黄色的斑纹，局部含有鲕粒。顶部以 3 煤层下 60～70 m 有一层细中粒砂岩(K_3)底面与上石盒子组为界。过渡相、陆相沉积，岩性主要为灰-深灰色粉砂岩、泥岩及砂岩。

含有煤层 4、5、6、7、8 等煤层，其中 7、81 以及 82 煤层为主要可采煤层；51 和 52 煤层属于局部可采煤层。

③ 上统上石盒子组(P_2s)

与下石盒子组呈整合接触；2 煤及其以上地层未见。本组基本为陆相沉积环境，为该井田的含煤地层之一。

上段：主要由泥岩、粉砂岩以及砂岩组成，以灰色石英、中粒砂岩、灰色粉砂岩、灰-灰绿带紫斑泥岩为主，含有 1～4 个薄层的炭质泥岩。上段底部有 1 煤层(组)，其中含有 1～3 个薄煤层，全井田都不发育，为不可采煤层。

下段：主要由粉砂岩及泥岩组成，其次为中、细砂岩。在靠近 3 煤组时，含有一层灰色-深灰色粉砂岩以及浅灰-浅灰绿色细砂岩构成的薄层状互层，并且具有水平状层理。本段含有2煤、3煤(组)。

④ 上统石千峰组(P_2sh)

下界与上石盒子组呈整合接触，上界和新生界的上新统呈不整合接触。本组不含煤层。

(3) 新生界(Q+R)

勘探区内新生界地层不整合于二叠系之上，厚度为190～210 m，岩性为黏土、砂质黏土、中细砂、细砂、粉砂等交织互层。

2. 地震地质条件

(1) 浅层地震地质条件

童亭煤矿109采区地表地势较为平坦，地面标高在+27 m左右，地形高差变化较小，地表条件较好，区内有稻圩庄、东小陈庄、赵大庄、大张家、小赵庄等5个自然村庄，村内建筑物比较密集，给野外的施工工作带来了比较大的困难。

该区的潜水面深度约为4.5 m，激发层位选在黏土层与砂质黏土层中，本区的激发条件比较好。

(2) 中、深层地震地质条件

通过对测区的煤层情况进行分析，7、8以及10煤组的平均厚度约为2 m，煤层顶、底板为泥岩以及砂岩互层。由于煤层和顶、底板的物性差异比较大，形成了一个良好的波阻抗界面，除部分煤层反射波受到岩浆岩的影响导致品质变差以外，其余煤层产生的地震反射波较好。根据对以往地震勘探的地质资料研究，本区主要有效反射波(图6-32)如下：

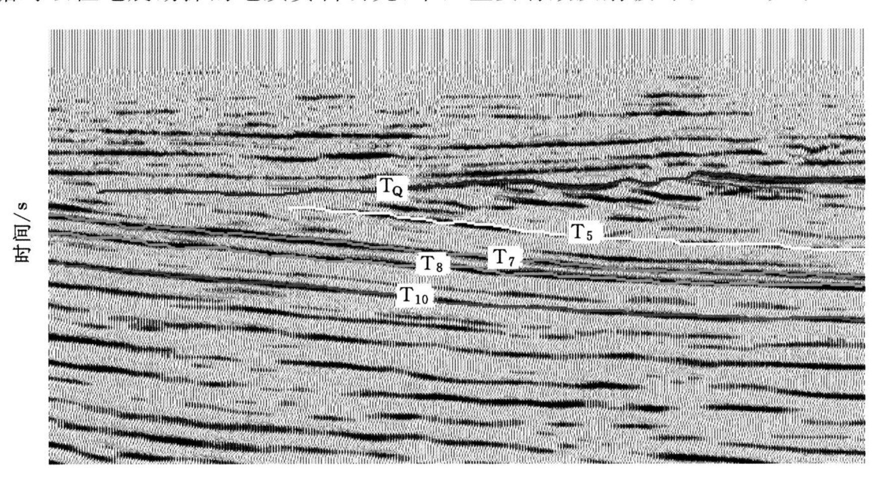

图6-32　童亭煤矿109采区典型地震剖面

T_Q波：产生于新生界底界面，全区较稳定，可连续对比追踪。其与下伏地层呈角度不整合接触，不整合面波阻抗差异较大，用该波组可控制新生界厚度及古地形起伏变化。

T_3波：来自3煤的反射波。

T_5波：来自5_1、5_2煤层的复合反射波。

T_7波：来自7煤层的反射波(属7_1、7_2煤层复合反射波)，波形较连续，能量较强，信噪比较高，是本区的主要目的层反射波之一。

T_8波：来自8_1、8_2、煤层的复合反射波。该煤组在测区中部有一较大区域变薄带，煤层不可采，因而煤层波在该区域能量弱，是本区T_8波的主要特点。

T_{10}波：来自10煤层的反射波，波形连续，能量强，信噪比高，是本区的主要反射波之一。

综上所述，测区内浅层和深层地震地质条件较好。

（二）童亭煤矿109采区10煤层地震属性小断层精细解释

对童亭煤矿109采区10煤层反射波进行属性提取，进行小断层构造的精细解释以及识别小断层的位置。

小断层地震属性解释工作主要包括以下几个步骤：进行构造导向滤波，提高资料的信噪比，开展蚂蚁自动追踪算法处理，在保护断层以及岩性边界地震信息的基础上，对属性精细刻画，再进行多属性提取，识别小断层，并在人工解释系统中进行相互验证。

图6-33为童亭煤矿109采区10煤层"蚂蚁"+高斯曲率属性图。前人工解释断层以及巷道采掘揭露断层以红色细线表示，"蚂蚁"+属性新解释断层以蓝色细线表示，采掘巷道面以粉红色细线表示，属性未解释断层以绿色表示。可以发现，高斯曲率属性很难识别断层，吻合率极低。

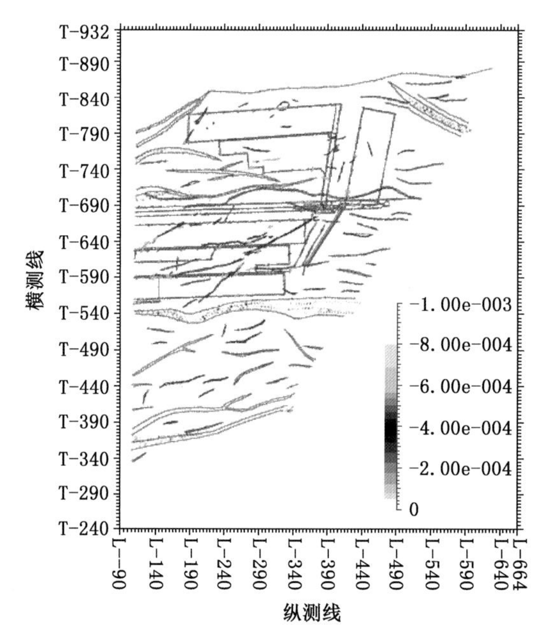

图6-33 童亭煤矿109采区10煤层"蚂蚁"+高斯曲率属性图

图6-34为童亭煤矿109采区10煤层"蚂蚁"+倾角属性图。图上异常属性以红色表示，前人解释断层以及巷道采掘揭露断层以红色细线表示，"蚂蚁"+属性新解释断层以蓝色细线表示，采掘巷道面以粉红色细线表示，属性未解释断层以绿色表示。能够清楚地看出，倾角属性对于大断层有一定的反映，但是很难追踪小构造，吻合率较低。

如图6-35为童亭煤矿109采区10煤层"蚂蚁"+方差属性图。方差属性以黑色表示，前人解释断层以及巷道采掘揭露断层以红色细线表示，"蚂蚁"+属性新解释断层以蓝色细线表示，采掘巷道面以粉红色细线表示，属性未解释断层以绿色表示。能够清楚地看出，"蚂蚁"+属性的断层基本把前人（原人工）解释的和巷道采掘揭露的断层均解释了，而且新解释了许多新断层。但是对于落差在3 m以下的小构造，蚂蚁追踪能力有限，只验证部分小构造。但蚂蚁体仍然为本次试算提供了巨大贡献，追踪出来的小断层与部分采掘揭露的断层吻合率较高。

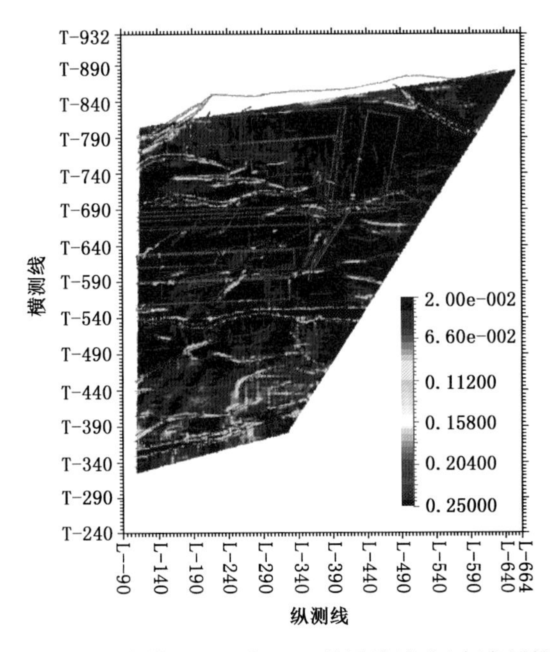

图 6-34　童亭煤矿 109 采区 10 煤层“蚂蚁”＋倾角属性图

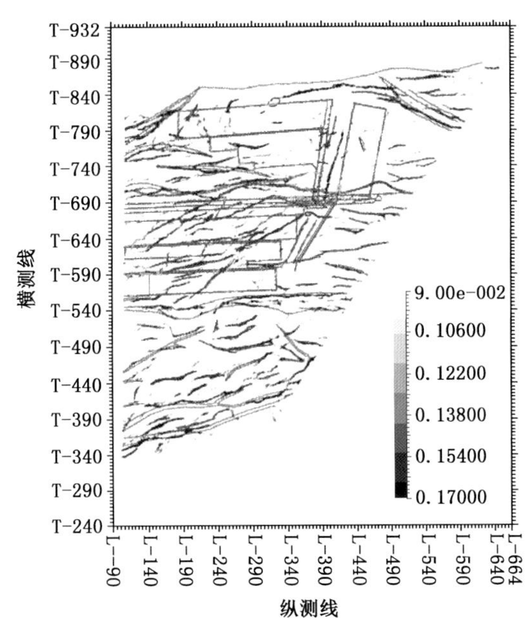

图 6-35　童亭煤矿 109 采区 10 煤层“蚂蚁”＋方差属性图

图 6-36 为童亭煤矿 109 采区 10 煤层“蚂蚁”＋相干属性图。图中白色表示相干属性，前人解释断层以及巷道采掘揭露断层以红色细线表示，“蚂蚁”＋属性新解释断层以蓝色细线表示，采掘巷道面以粉红色细线表示，属性未解释断层以绿色表示。能够清楚地看出，“蚂蚁”＋属性的断层基本把前人(原人工)解释的和巷道采掘揭露的断层均解释了，还发现了许多新断层。当然也存在这不足，就是对于小构造(落差在 3 m 以下)，蚂蚁体的追踪能力较

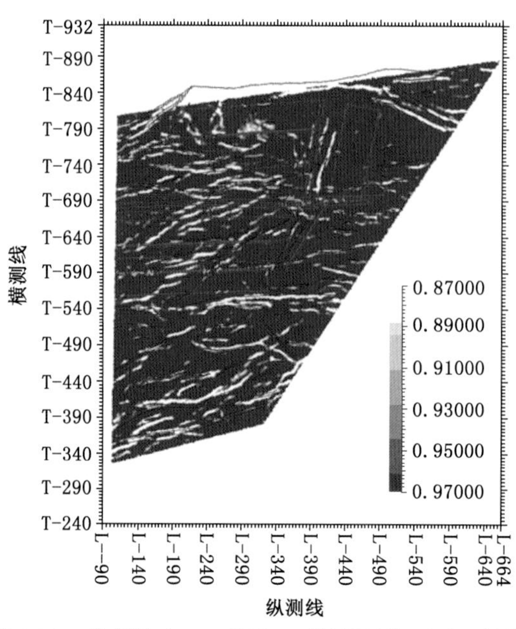

图 6-36　童亭煤矿 109 采区 10 煤层“蚂蚁”+相干属性图

弱，仅验证部分小构造。

图 6-37 为童亭煤矿 109 采区 10 煤层 RGB 属性融合成果。图中前人解释断层和巷道采掘揭露断层以红色细线表示，“蚂蚁”+属性新解释断层以蓝色细线表示，采掘巷道面以粉红色细线表示，属性未解释断层以绿色表示。能够清楚地看出，RGB 多属性融合应用在童亭煤矿 109 采区后，也能够解释一些小断层，但相比“蚂蚁”+属性追踪显示出的小断层要少，后者的吻合度较高。

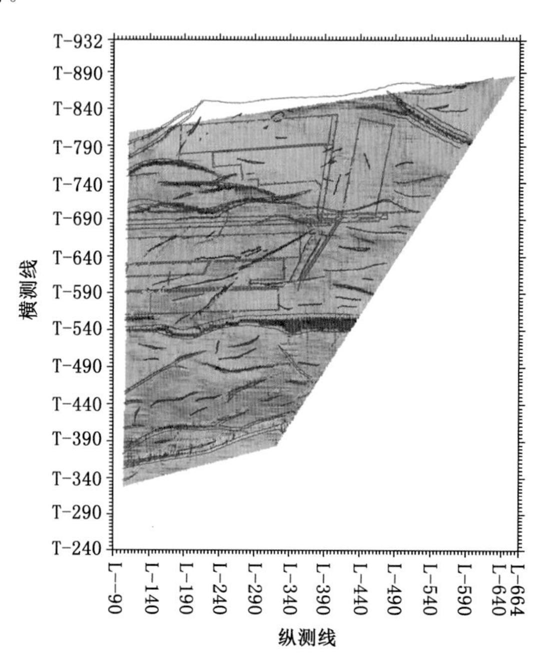

图 6-37　童亭煤矿 109 采区 10 煤层 RGB 属性融合成果图

从“蚂蚁”＋方差属性、“蚂蚁”＋相干属性、“蚂蚁”＋倾角属性以及“蚂蚁”＋曲率属性小断层识别效果来看，“蚂蚁”＋相干及“蚂蚁”＋方差属性识别效果好，作为优选属性。本区将“蚂蚁”＋方差属性识别的小断层成果与巷道揭露、前人解释成果进行对比分析，全区已掘进巷道与采煤工作面中，共发现了 17 条断层，本次地震属性能识别的断层有 15 条，不能识别解释断层有 2 条，吻合率达 88.2%，在未识别的 2 条断层中，1 条断层的落差为 2.7 m，另 1 条断层落差为 3.5 m；在已揭露 17 条断层中，前人（人工）共解释了 12 条断层，吻合率达 70.6%，详见表 6-4。因此，地震属性对于小断层识别效果要比人工解释效果要好。同时，在揭露的 17 条断层中，落差 $H=3\sim5$ m 的断层共有 7 条，地震属性显示了 6 条断层，吻合率达 85.7%，前人解释了 4 条断层，吻合率达 57.1%，可以看出，地震属性对落差 $H=3\sim5$ m 的小断层的识别较前人解释成果精度要高。

表 6-4　童亭煤矿 109 采区 10 煤层属性断层解释与巷道揭露、前人解释成果对比统计表

	揭露断层数		属性解释断层数		前人解释断层数	
	总计	落差 $H=3\sim5$ m	总计	落差 $H=3\sim5$ m	总计	落差 $H=3\sim5$ m
巷道	17	7	15	6	12	4
吻合率			88.2%	85.7%	70.6%	57.1%

对于全区来说，前人解释了 56 条断层，本次地震属性识别断层 93 条，其中 37 条为新解释断层，与前人解释一致的断层有 53 条，3 条未解释，与前人解释吻合率达 94.6%，见表 6-5。地震属性解释的成果基本涵盖了前人断层解释成果，而且对前人无法识别的断层进行了识别，使小断层的识别精度更高，丰富了地质解释成果。

表 6-5　童亭煤矿 109 采区 10 煤层属性断层解释成果与前人解释对比统计表

	前人解释断层数	属性解释断层数	与前人一致的属性解释断层数	属性新解释断层数
全区/条	56	93	53	37
吻合率	94.6%			

1095 工作面位于 109 采区中部，巷道已掘进，工作面已回采。1095 风巷揭露断层 3 条，即 DF45、DF36 和 DF37，前人解释 3 条，地震属性解释 3 条，未解释的 3 条均为 3 m 以下的断点，详见图 6-38。

（1）DF45 断层

DF45 断层在 1095 风巷西段，为正断层，为巷道揭露，地震属性显示断层存在。断层走向 NE，倾向 SE，倾角为 50°～60°，落差为 1～2 m，延展长度约为 270 m。在局部放大地震剖面上人的肉眼无法确定断层的存在，前人未解释。

（2）DF36 断层

DF36 断层在 1095 风巷西段，为正断层，巷道已揭露。断层走向 NEE，倾向 SE，倾角为 60°～70°，落差为 0～1.8 m，延展长度约为 75 m。由于断层落差很小，在地震剖面上人的肉眼无法确定断层的存在，在属性图上有显示。

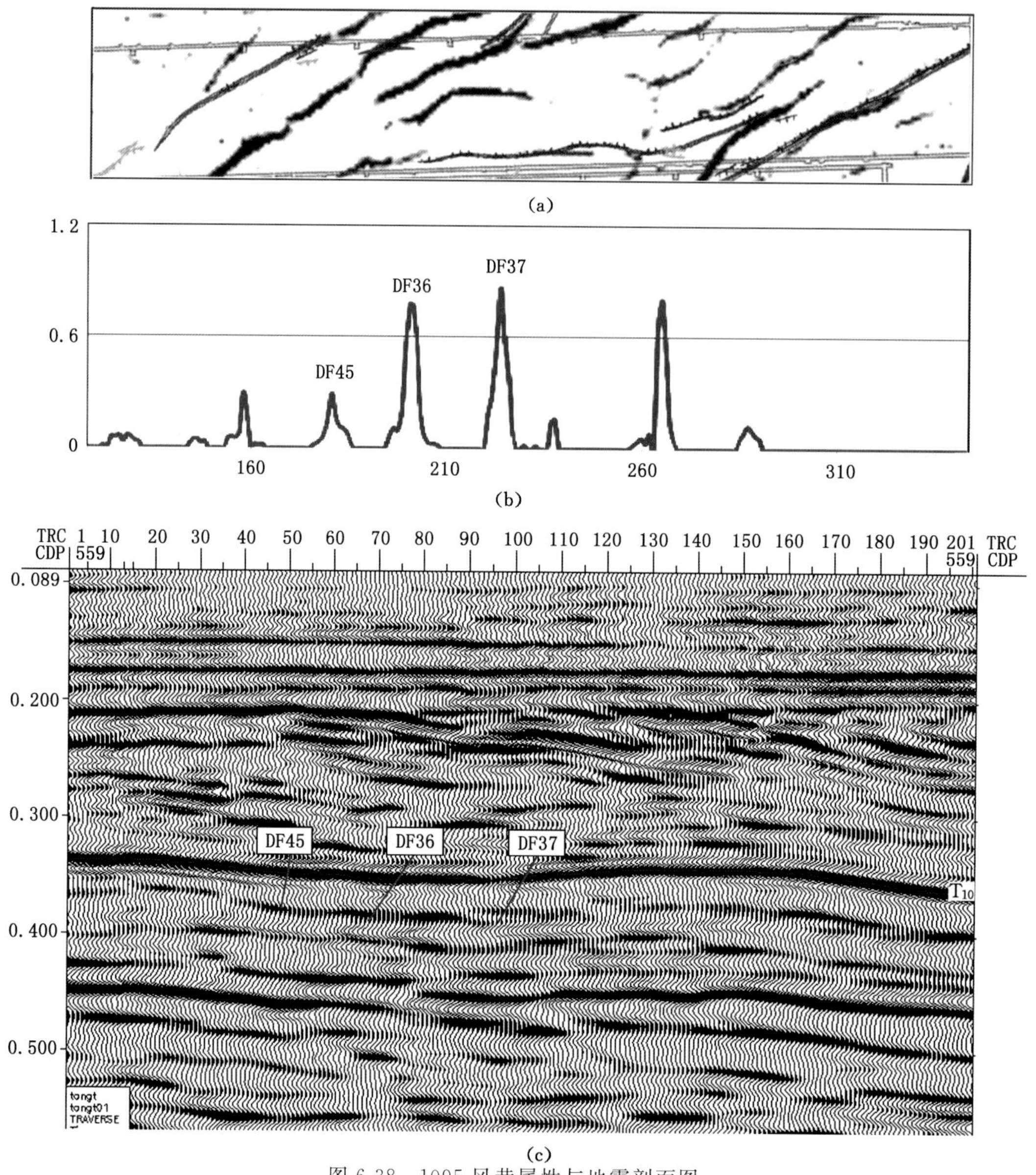

图 6-38　1095 风巷属性与地震剖面图

(a) 1095 风巷“蚂蚁”+方差属性平面图；(b) 1095 风巷 10 煤层“蚂蚁”+方差属性图；(c) 1095 风巷对应地震剖面图

(3) DF37 断层

DF37 断层在 1095 风巷中段，正断层，前人解释、巷道揭露、地震属性均解释断层。断层走向 NE，倾向 SE，倾角为 60°～70°，落差为 0～3 m，延展长度约为 77 m。

第三节　高密度地震资料煤厚预测

利用地震资料预测煤层厚度这一方法在早期的煤田地震地层解释中就已经普遍应用，具体是根据几何地震学原理，利用时距曲线对大套地层进行解释，将某个层或段的双程旅行时间转换为厚度数据，这种方法至今仍然应用在较厚地层的厚度解释中。对于煤田采区勘探,多数煤层厚度小于 10 m,一般为 1～5 m。从煤田地震勘探的角度来看,与煤层反射主波长 λ (45 m 左右)相比,煤层厚度小于 λ/4,顶底板反射不能分离,形成复合波,属于薄层范畴。

薄层的理论研究始于 19 世纪 40 年代,1973 年 Widess 以无限均匀介质为模型,提出了薄层厚度与其反射振幅的关系,首次超出纯几何的算法,用于求取薄层厚度的界限。Koefoed 从地震分辨率与薄层地震响应关系入手研究薄层厚度解释的地球物理理论基础[159-161]。

当薄层厚度小于 λ/4 于时,薄层反射波振幅随薄层厚度线性变化,即薄层的厚度信息包含在反射波振幅之中。在有钻孔资料时,可以利用反射波振幅、能量与厚度间的准线性关系估算薄层厚度。程增庆等[162]根据煤层厚度与反射波振幅或能量呈准线性的关系,利用反射波振幅参数来估算煤层厚度(振幅法)。戚敬华[163]根据薄层理论,推导出煤层厚度与反射波频率域参数的近似线性关系,直接反演煤层厚度,结果表明煤层反射波振幅不仅与煤层的界面反射系数有关,与入射子波及其频率亦有关,而且与该波在煤层中的双程旅行时有关,即与煤层厚度和煤层滤波特性有关。董守华等[164]依据地质、地震资料设计了地震地质模型,模拟了在煤层缺失、合并等情况下反射波振幅、频率等地震属性,并讨论了这些属性对不同煤层厚度的灵敏度。师素珍等[165]为了提高煤厚的预测精度,采用了多井约束反演生成波阻抗体的方法,从测井分析出发,建立全频带的地质模型,采用共轭梯度算法不断修改模型,得到了高分辨率的波阻抗体。结果表明,反演得到的结果与钻孔揭露煤厚资料完全吻合。李刚[166]依据煤厚变化的非线性特点,运用三维地震数据的运动学、动力学特征,研究了煤层反射波不同类型属性信息与煤厚的相关性,通过非线性人工神经网络 BP 算法,建立了各属性与煤厚之间的人工神经网络模型,实际资料验证结果良好。郝治国等[167]将用谱分解技术预测煤厚趋势与振幅法获得的煤厚趋势进行比较,结果表明谱分解法精度更高。

一、煤厚地震反演与构造煤地震属性识别方法

煤层厚度地震反演方法很多,在这里我们主要讨论谱矩法、基于模型的波阻抗反演方法、BP 神经网络地震反演方法,为煤厚反演及煤厚突变带划分提供工具。利用地震属性分析方法解释构造煤发育分布,根据煤厚突变带与构造煤发育区重叠区,综合圈定煤层层滑构造区[168]。

(一)煤厚地震反演方法

1. 谱矩法反演煤厚

煤层的构造或岩性变化主要反映在密度、波速及其他弹性参量的差异上,这些差异导致了地震波在传播时间、振幅、相位、频率等方面的异常。当煤层厚度变化较大时,会引起介质的弹性物理力学性质发生变化,这些变化表现在时间剖面上为反射波组的振幅、相位和频率的变化。通过建立地震属性与煤层厚度之间的统计关系,就可以直接利用地震属性参数来表征煤层厚度的变化。董守华等[169]根据薄层理论,推导出煤层厚度与反射波频率域参数的近似线性关系,直接反演煤层厚度(谱矩法)。

煤层是典型的低速薄层,煤层反射波主要是煤层顶、底板反射叠加的复合波,其波形是入射地震子波的微分形式。在一定的条件下,煤层厚度近似正比于煤层反射波频谱积分与地震子波频谱一阶矩的比值。在一定数量的钻井中已知煤厚,标定其比例系数,便可直接从煤田地震勘探反射资料逐道定量反演煤层厚度。

在无限介质中有一低速煤层，如图 6-39 所示，设煤层厚度为 H、纵波的速度为 v、煤层的顶底板反射系数绝对值为 R，τ 为煤层时间厚度，可知纵波在煤层中双程传播时间为 $\tau=2H/v$。

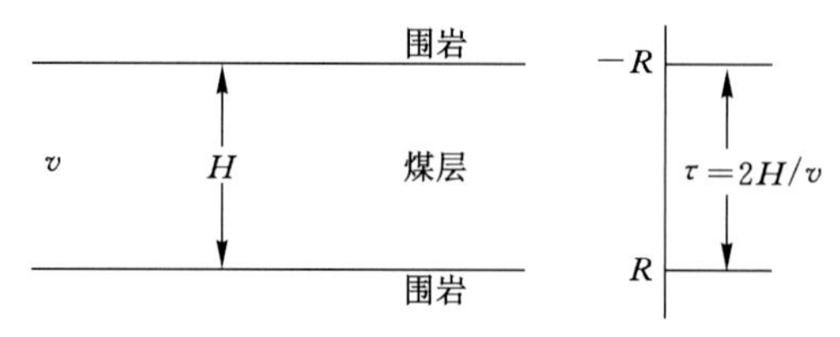

图 6-39　薄煤层模型示意图

当震源脉冲 $b(x,t)$（地震子波）入射到煤层上时，则煤层反射波 $s(x,t)$ 为：

$$s(x,t)=h(t)\times b(x,t) \tag{6-5}$$

式中，$h(t)$ 为煤层的反射系数。

对于薄煤层来说，在其一阶近似条件下，式(6-5)变为：

$$s(x,t)\approx\frac{Rt}{1-R^2}b(x,t) \tag{6-6}$$

对式(6-6)两边取傅氏变换，积分可得：

$$\int S(f)\mathrm{d}f=\frac{4\pi RH}{(1-R^2)V}\int fB(f)\mathrm{d}f \tag{6-7}$$

令 $A=\int S(f)\mathrm{d}f$ 为反射波频谱积分，$D=\int fB(f)\mathrm{d}f$ 为地震子波的一阶频谱，$C=\frac{4\pi R}{(1-R^2)V}$，那么式(6-7)变为：

$$H=\frac{A}{DC} \tag{6-8}$$

式(6-8)为谱矩法地震资料反演煤层厚度的基本公式。由于 D 为地震子波的频谱一阶矩，故称此法为谱矩法。

地震子波 $b(x,t)$ 的求取可依据理论估算、地震道自相关等方法，系数 C 由钻孔附近地震道数据来标定。假设勘探区内有 N 个钻孔，第 i 个钻孔处煤层厚度为 H_i，并求该钻孔处煤层反射波频谱积分 A_i，地震子波的一阶频谱 D_i，那么根据式(6-8)求得第 i 个钻孔处的标定系数 C_i 为：

$$C_i=\frac{A_i}{H_iD_i}(i=1,2,\cdots,N) \tag{6-9}$$

对于离钻孔较远处的标定系数 $C_i(i=1,2,\cdots,N)$，可通过内插方法求得。

2. 波阻抗反演煤厚

波阻抗反演是利用地震资料反演地层波阻抗或速度的特殊地震处理解释技术，采用基于模型的波阻抗反演技术，其实现方法为测井约束反演。从地质模型出发，采用模型优选迭代扰动算法，通过不断修改更新地质模型，使模型正演合成地震资料与实际地震数据最佳吻合，最终的模型数据便是反演结果。

在薄储层地质条件下，受地震频带宽度的限制，基于普通地震分辨率的直接反演方法，其精度和分辨率都不能满足煤田开发的要求。测井约束地震反演技术以测井资料丰富的高频信息和完整的低频成分补充地震有限带宽的不足，用已知地质信息和测井资料作为约束条件，推算出高分辨率的地层岩性资料，为储层深度、厚度和物性等精细描述提供可靠的依据。

波阻抗模型的建立以及地质解释需要有足够的基础资料，因此必须确保测井资料的准确完整。井孔环境可能会影响声波测井的精确度，如井壁坍塌或有大量泥浆淤积等，易出现测量误差，需要提前对测井资料进行校正。声波测井资料与地震紧密相关，由于研究区没有声波测井曲线，本节利用人工伽马测井曲线来代替声波测井曲线。首先对人工伽马测井曲线进行仔细分析、剔除野值等校正处理，然后分别对其进行归一化处理，目的是反演时得到相近的波阻抗值。利用式(6-10)将人工伽马曲线转换为密度曲线，进而利用式(6-11)将密度曲线转换为纵波速度曲线，利用转换后的密度、速度曲线进行基于模型的波阻抗反演。

$$J_{\gamma\gamma}=K\mathrm{e}^{-m\rho_e} \tag{6-10}$$

式中，$J_{\gamma\gamma}$ 为人工伽马值；K 为与伽马源性质、源距和单位有关的系数；m 为与伽马源能量、源距有关的常数；ρ_e 为介质电子密度指数。

$$\rho=av^b \tag{6-11}$$

式中，ρ 表示密度值，在一定条件下 $\rho=\rho_e$；a、b 表示转换系数；v 表示纵波速度。

在测井约束反演中，通过对地震资料的分析，对地质模型形成一定的约束。同时，从地震资料中还能了解层位走向、层位厚度、断层等状况，以此扩展测井资料的应用。子波和模型反射系数褶积会产生合成地震数据，为实现迭代的终止，必须保证子波与实际地震资料之间的误差达到最小值。

建立一个合理、准确的初始模型，是测井约束反演的核心。模型的构建其实是将测井技术和地震技术的相结合。测井波组抗信息具有高分辨率特点，对岩石波阻抗的变化有着详细记录；而地震资料则连续记录了波阻抗界面的深度变化，测井信息与地震资料信息相结合能够取长补短，提高模型的精确性。利用测井资料，以地震解释层位为控制，从井点出发进行外推内插，形成初始波阻抗模型。然后以褶积模型建立的基本方程为基础，利用共轭梯度法实现对初始波阻抗模型的不断更新，使得模型的合成记录最逼近于实际地震记录。

根据研究区测井资料，采用基于模型的波阻抗反演方法，反演煤层厚度变化。以褶积模型建立的基本方程为基础，利用共轭梯度法对初始波阻抗模型进行不断更新，最终得到目的煤层波阻抗值。该值介于一定幅值之间，以该区间作为目的煤层的波阻抗门槛值，确定目的煤层顶、底板距离，该距离即为目的煤层厚度，对全区目的煤层波阻抗进行追踪，利用此方法反演目的煤层厚度。

3. BP 神经网络法

神经网络是模拟人脑处理信息功能的复杂网络计算系统，它是一种非线性处理系统，可以用来进行非线性反演[170]。

（二）地震属性与 PCA-RGB 信息融合理论

1. 地震属性

地震波在地层中的传播是一个较为复杂的过程，是对地层结构的一个综合反映。地层中的岩石物理性质的改变会导致地震信号特征的变化，进而也会影响从地震数据中提取的地震属性的相对变化。本书认为地震属性携带与地层的结构特征等有关的地层信息，反映与构造发育有关的地震属性异常的地震信息主要包括以下几类[171-172]：

① 振幅类或能量类信息。

② 频率类信息。

③ 相位类信息。

④ 波形类信息。

这里主要介绍与煤层厚度变化、构造煤发育相关性较大的振幅类信息与频率类信息，包括均方根振幅、振幅最大值、平均瞬时振幅能量、频率吸收衰减与谱分解等地震属性。

2. PCA-RGB 信息融合理论

目前，地震属性种类繁多，人们需要从多种地震属性中挑选出具有实际应用价值的数据并刻画研究的地质体。利用 PCA-RGB 多属性融合技术，先用 PCA 主成分分析技术将多个同类地震属性进行降维处理，得到相应的主分量，再利用 RGB 颜色融合技术，将不同种类地震属性的主分量进行融合，用于构造煤发育解释。

二、煤厚变化和构造煤发育地震正演模拟与地震属性分析

对煤层厚度变化及构造煤发育进行正演模拟，研究以煤层厚度突变、构造煤发育为主要特征的层滑构造对地震波的响应。经过实际资料揭露验证，煤层层滑构造区在振幅类属性和频率类属性等方面与非层滑构造区存在明显差异，与正演结论相吻合。

（一）煤厚变化正演模拟与地震属性分析

1. 煤层厚度变化正演模拟

设定煤层厚度变化的地震地质模型长 1 000 m，高 800 m，煤层厚度变化为楔形，厚度变化为 0～20 m，如图 6-40 所示。

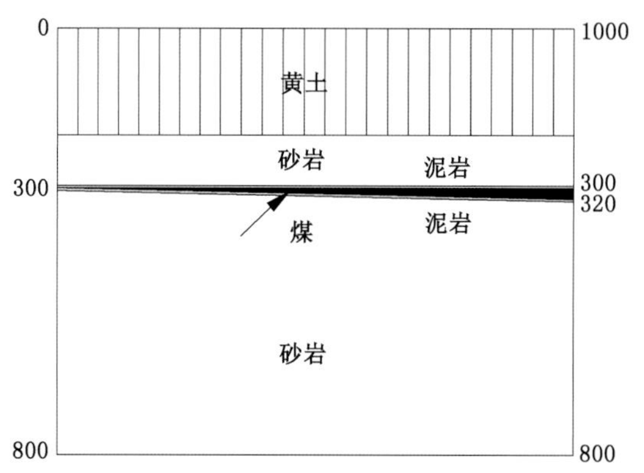

图 6-40　煤层厚度变化楔形模型图

结合研究区地质报告及区内钻孔数据，设模型的物性参数如表 6-6 所示。

表 6-6　煤层厚度变化地震地质模型物性参数表

层序号	岩性	v_P/(m/s)	v_S/(m/s)	ρ/(g/cm^3)	H/m
1	黄土	1 800	1 100	1.40	200
2	砂岩	4 000	2 100	2.35	98
3	泥岩	4 200	2 250	2.39	2
4	煤(T_8)	1 700	900	1.30	0～20
5	泥岩	4 500	2 457	2.50	2
6	砂岩	4 200	2 250	2.39	478～498

正演模拟子波选取 50 Hz 的 Ricker 子波，采样间隔为 0.5 ms，体积元剖分大小为 0.5 m ×0.5 m，计算时间长度为 800 ms，接收道距为 5 m，共 201 道。为方便显示，正演地震剖面及地震属性分析均选取时间长度为 400 ms，其正演地震剖面如图 6-41 所示，煤层反射波为 T_8 波。

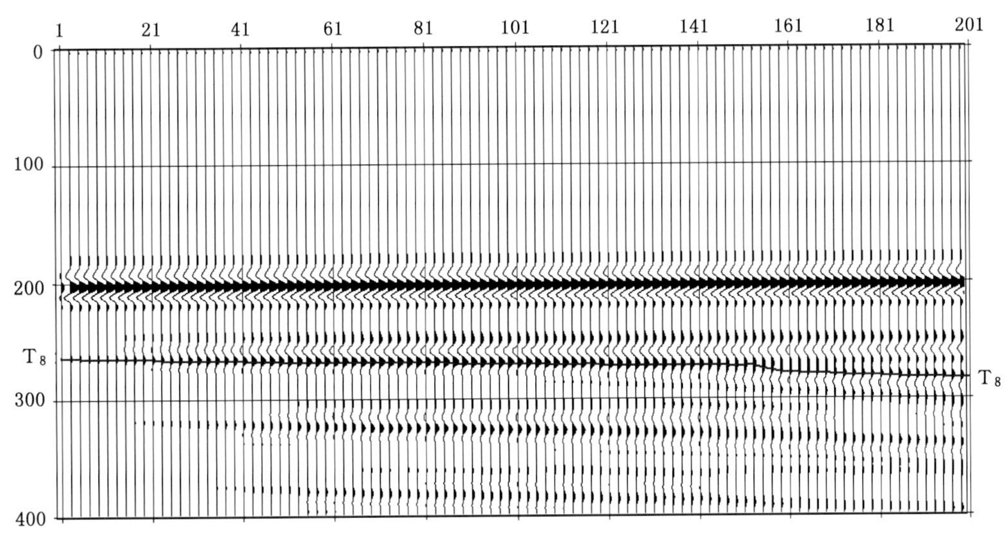

图 6-41　煤层厚度变化模型正演地震剖面图

2. 煤厚变化的地震属性特征分析

通过对地震地质模型的正演地震剖面(图 6-41)进行地震属性分析，各岩性层的反射界面反射波强，提取 T_8 煤层反射波(时窗 10 ms)的地震属性值进行归一化分析。

(1) 主振幅属性

图 6-42 为模型地震剖面与 T_8 主振幅属性随煤厚变化关系图。OA 段，主振幅属性值随煤层厚度变大而增加，并达到最大值，A 点对应的煤层厚度为 8.2 m，即 $\lambda/4$(λ 为地震波波长)；AB 段，主振幅属性值由最大值逐渐降低到一稳定值；BC 段，属性值随煤层厚度变化较为缓和，趋于稳定值。因此，当煤层厚度较薄时(即处于 OA 段时)，反射波振幅与煤层厚

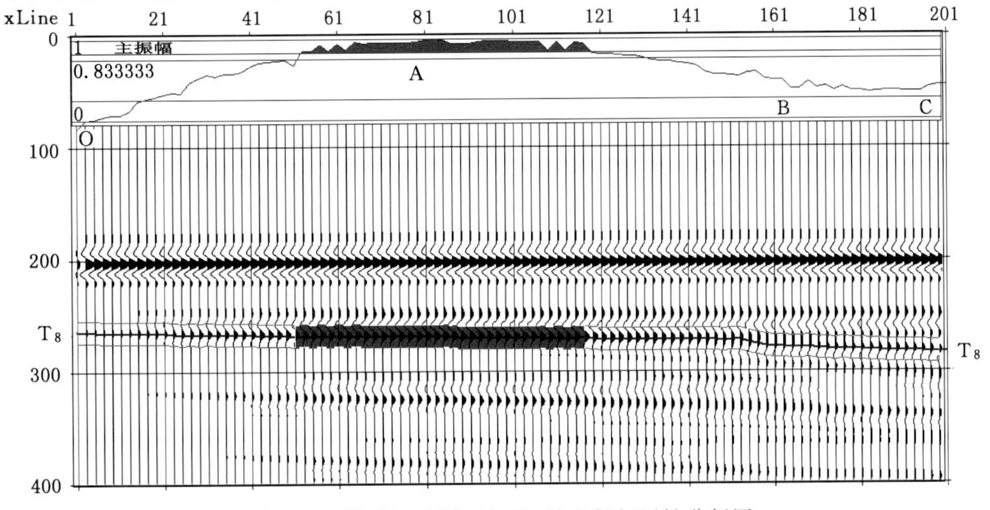

图 6-42　模型地震剖面与 T_8 波主振幅属性分析图

度呈正相关，可以利用主振幅属性反演煤层厚度。

（2）振幅最大值属性

图 6-43 为模型地震剖面与 T_8 振幅最大值属性随煤厚变化关系图。OA 段，振幅最大值属性值随煤层厚度变大而增加，并达到最大值，A 点对应的煤层厚度为 8.2 m，即 $\lambda/4$（λ 为地震波波长）；AB 段，振幅最大值属性值由最大值逐渐降低到一稳定值；BC 段，属性值随煤层厚度变化较为缓和，趋于稳定值。因此，对于煤层厚度较薄时（即处于 OA 段时），可以利用振幅最大值属性反演煤层厚度。

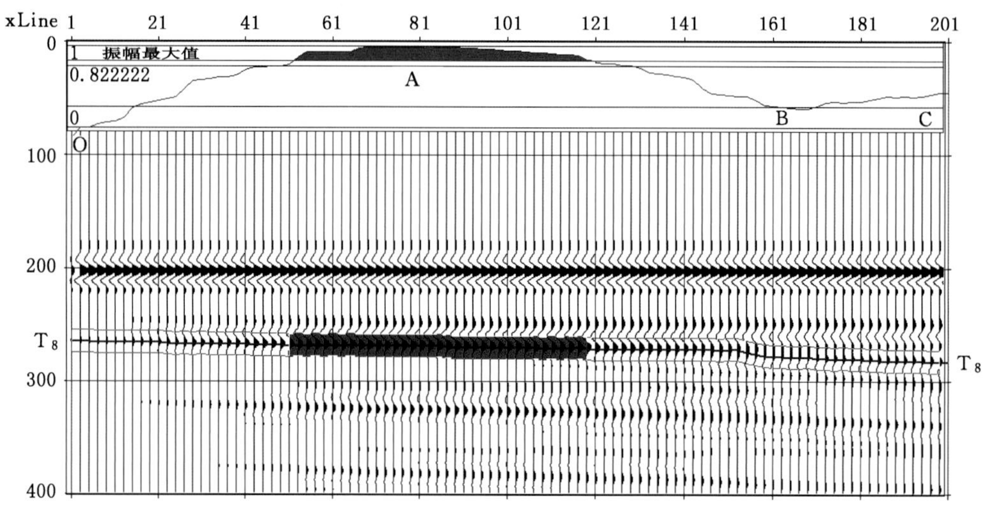

图 6-43 模型地震剖面与 T_8 波振幅最大值属性分析图

（3）均方根振幅属性

图 6-44 为模型地震剖面与 T_8 均方根振幅属性随煤厚变化关系图。OA 段，均方根振幅属性值随煤层厚度变大而增加，并达到最大值，A 点对应的煤层厚度为 8.2 m，即 $\lambda/4$（λ 为地震波波长）；AB 段，均方根振幅属性值由最大值逐渐降低到一稳定值；BC 段，属性值随煤层厚度变化较为缓和，趋于稳定值。因此，对于煤层厚度较薄时（即处于 OA 段时），可以利用均方根振幅属性反演预测煤层厚度。

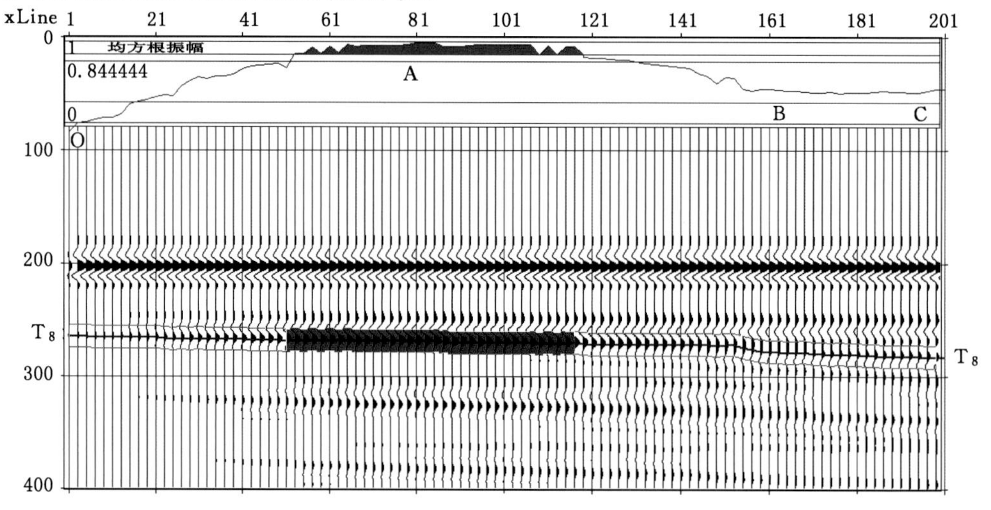

图 6-44 模型地震剖面与 T_8 波均方根振幅属性分析图

（4）主频能量属性

图 6-45 为模型地震剖面与 T_8 主频能量属性随煤厚变化关系图。OA 段，主频能量属性值随煤层厚度变大而增加，并达到最大值，A 点对应的煤层厚度为 8.2 m；AB 段，主频能量属性值由最大值逐渐降低到一稳定值；BC 段，属性值随煤层厚度变化较为缓和，趋于稳定值。因此，对于煤层厚度较薄时(即处于 OA 段时)，可以利用主频能量属性反演预测煤层厚度。

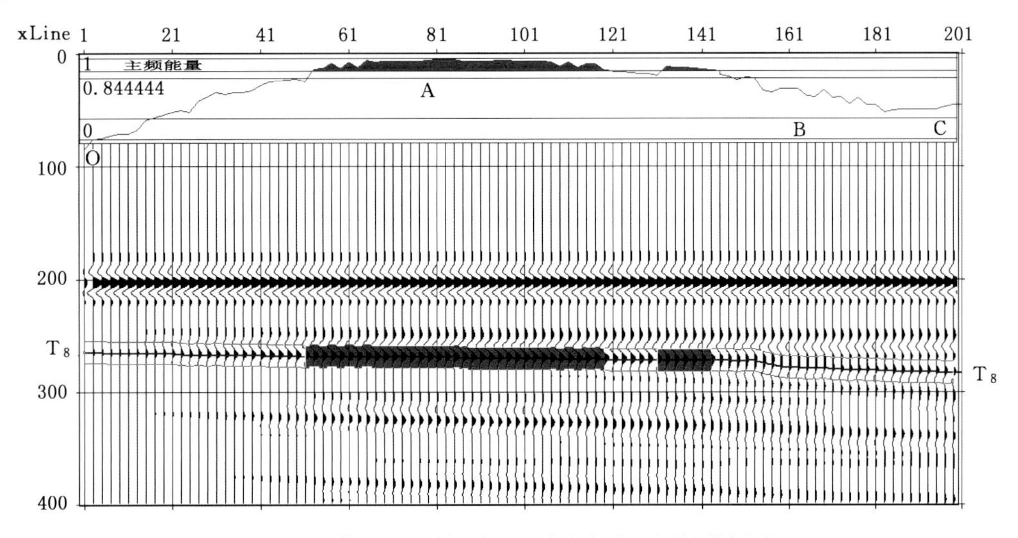

图 6-45　模型地震剖面与 T_8 波主频能量属性分析图

（5）平均瞬时振幅属性

图 6-46 为模型地震剖面与 T_8 平均瞬时振幅属性随煤厚变化关系图。OA 段，平均瞬时振幅属性值随煤层厚度变大而增加，并达到最大值，A 点对应的煤层厚度为 8.2 m；AB 段，平均瞬时振幅属性值由最大值逐渐降低到一稳定值；BC 段，属性值随煤层厚度变化较为缓和，趋于稳定值。因此，对于煤层厚度较薄时(即处于 OA 段时)，可以利用平均瞬时振幅属性反演预测煤层厚度。

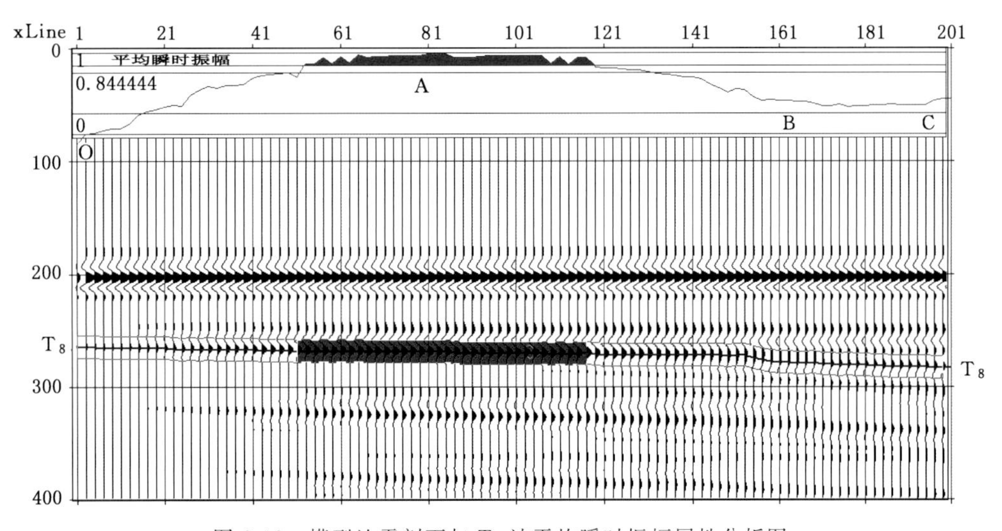

图 6-46　模型地震剖面与 T_8 波平均瞬时振幅属性分析图

综上所述，在煤层厚度小于 λ/4（λ 为波长）时，煤层反射波的动力学特征随着煤层厚度的变化敏感。

（二）构造煤地震正演模拟与地震属性分析

1. 构造煤地震数值模拟

根据地震勘探原理，假定未受到构造应力破坏的原生煤（或岩体）属于均匀层状各向同性的弹性介质，主要弹性特征表现为其各层内速度、密度的均一性与同一性（实际上各向同性的均匀弹性介质的原生煤或岩体在自然界中根本不存在）；而受到构造破坏后形成的构造煤（或构造岩体），其主要弹性特征表现为速度、密度的非均一性与非同一性。因此，地震波在层状各向同性弹性介质中传播，其运动学特征、动力学特征（包括频率、振幅、相位、吸收和衰减等）具有均一性与同一性；而地震波在构造煤或构造岩体中传播时，其运动学特征、动力学特征（尤其是在频率、振幅、相位、吸收和衰减等特征方面）具有非均一性与非同一性。研究其同一性，区分出差异性。

层滑构造在煤层或软弱层顶、底板间的剪切顺层滑动、发育，造成煤层原生结构受到破坏，煤质变差，导致构造煤发育和地应力集中。现利用地震波的传播理论，通过建立构造煤发育地质模型，并对其进行正演模拟及地震属性分析，为研究构造煤发育区提供地球物理基础。

根据该区域相关地质报告及测井资料，区域内构造煤纵波速度一般小于 1 500 m/s，密度在 1.2～1.30 g/cm^3 之间；原生煤纵波速度一般在 1 800～2 000 m/s 之间，密度在 1.35～1.5 g/cm^3 之间。原生煤（即构造欠发育煤）纵波速度为 2 000 m/s，密度为 1.45 g/cm^3，构造煤纵波速度为 1 700 m/s，密度为 1.30 g/cm^3。据此构建研究区构造煤发育地震地质模型的参数如表 6-7 所示。

表 6-7　构造煤发育地震地质模型物性参数表

层序号	岩性	v_P/(m/s)	v_S/(m/s)	ρ/(g/cm^3)	H/m
1	黄土	1 800	1 100	1.40	200
2	砂岩	4 000	2 100	2.35	98
3	泥岩	4 200	2 250	2.39	2
4	构造煤/原生煤	1 500/1 800	700/900	1.2/1.35	8
5	泥岩	4 500	2 457	2.50	2
6	砂岩	4 200	2 250	2.39	490

构造煤发育地震地质模型如图 6-47 所示，模型长 1 000 m，高 800 m，煤层厚度为 8 m，构造煤发育在模型横向 400～700 m 之间。

正演模拟采用声波方程法进行计算，子波选取 50 Hz 的 Ricker 子波，采样间隔为 0.5 ms，体积元剖分大小为 0.5 m×0.5 m，计算时间长度为 800 ms，接收道距为 5 m，共 201 道。为方便显示，正演地震剖面及地震属性分析均选取时间长度为 400 ms，其正演地震剖面如图 6-48 所示。

2. 构造煤地震属性特征分析

通过对构造煤发育模型正演地震时间剖面（图 6-48）分析，构造煤发育处地震响应特征明显，构造煤发育处地震波运动学及动力学特征方面易于区分。现提取 T_8 煤层反射波上

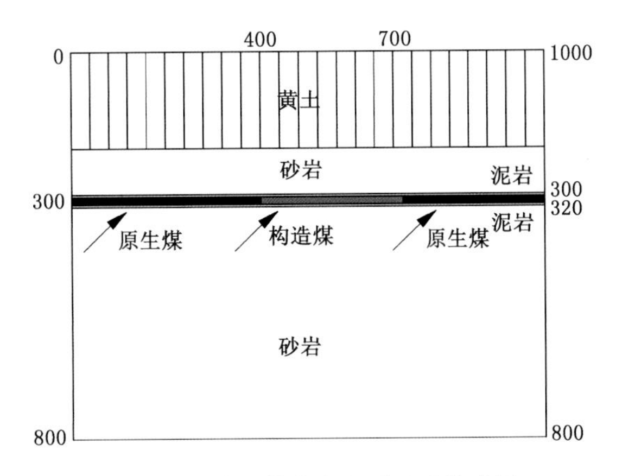

图 6-47　构造煤发育地震地质模型图

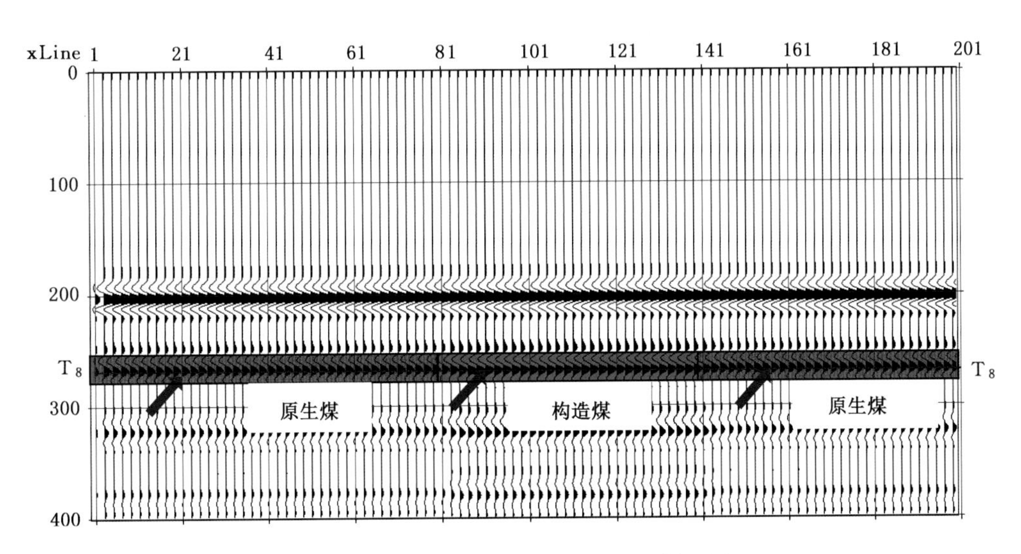

图 6-48　构造煤发育模型正演地震剖面图

下 8 ms 时窗内典型的地震属性值进行归一化分析。

(1) 主振幅属性

图 6-49 为构造煤模型地震剖面与 T_8 波主振幅属性随构造煤发育的变化关系图。从图中可以看出，构造煤发育部位煤层反射波主振幅属性值比原生煤部位的主振幅属性值低，因此可以利用主振幅属性识别构造煤发育部位。

(2) 振幅最大值属性

图 6-50 为构造煤模型地震剖面与 T_8 波振幅最大值属性随构造煤发育的变化关系图。从图中可以明显看出，构造煤发育部位煤层反射波振幅最大值属性值比原生煤部位的振幅最大值属性值低，因此可以利用振幅最大值属性识别构造煤发育部位。

(3) 均方根振幅属性

图 6-51 为构造煤模型地震剖面与 T_8 波主振幅属性随构造煤发育的变化关系图。从图中可以明显看出，构造煤发育部位煤层反射波均方根振幅属性值比原生煤部位的均方根振幅属性值低，因此可以利用均方根振幅属性识别构造煤发育部位。

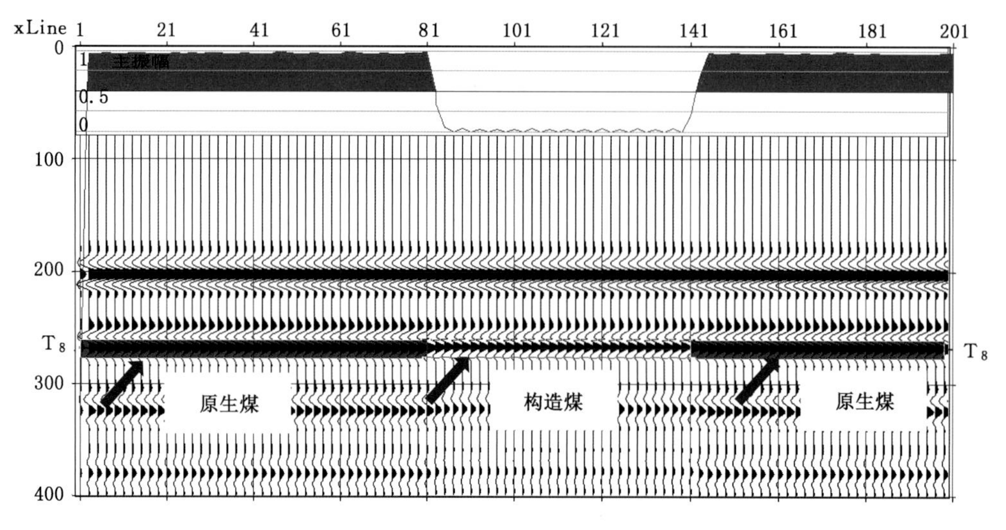

图 6-49 构造煤模型地震剖面与 T_8 波主振幅属性分析图

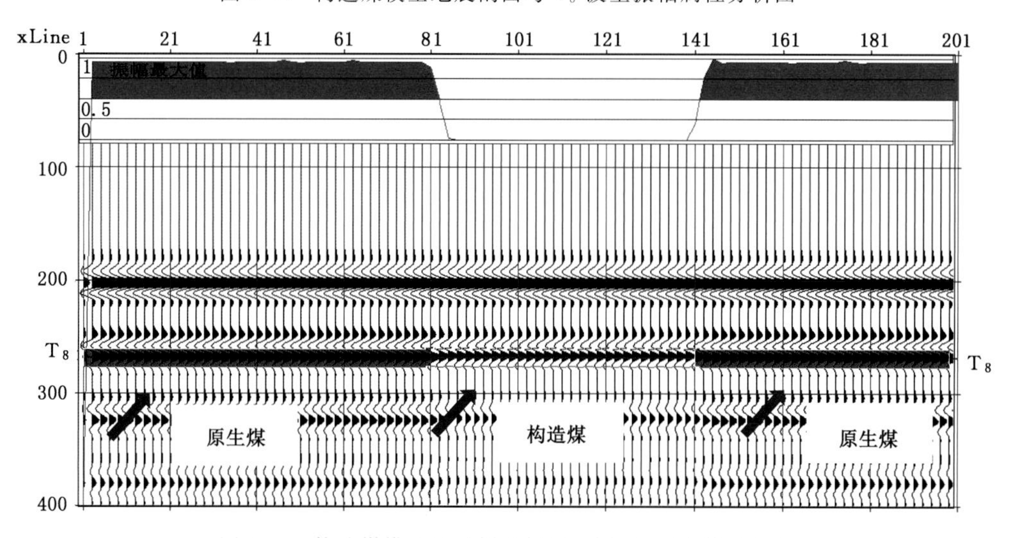

图 6-50 构造煤模型地震剖面与 T_8 波振幅最大值属性图

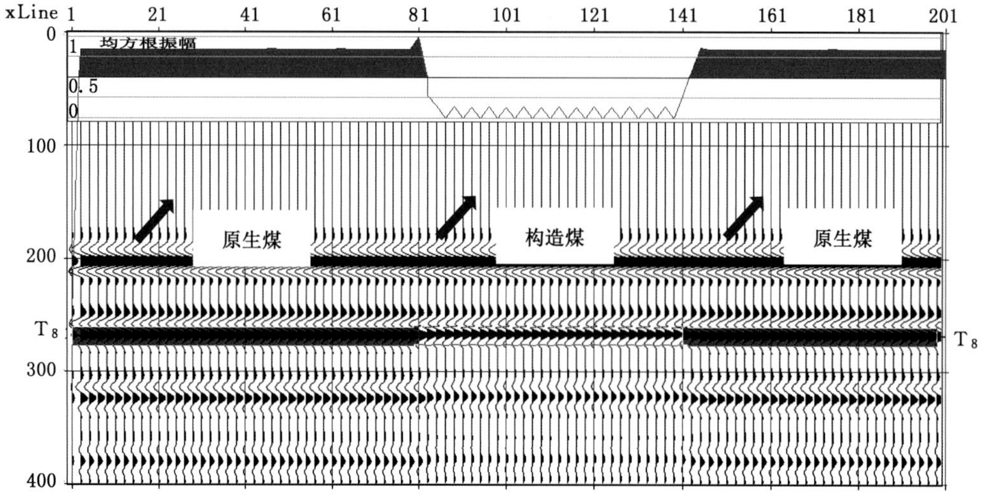

图 6-51 构造煤模型地震剖面与 T_8 波均方根振幅属性图

（4）主频能量属性

图 6-52 为构造煤模型地震剖面与 T_8 波主振幅属性随构造煤发育的变化关系图。从图中可以明显看出，构造煤发育部位煤层反射波主频能量属性值比原生煤部位的主频能量属性值低，因此可以利用主频能量属性识别构造煤发育部位。

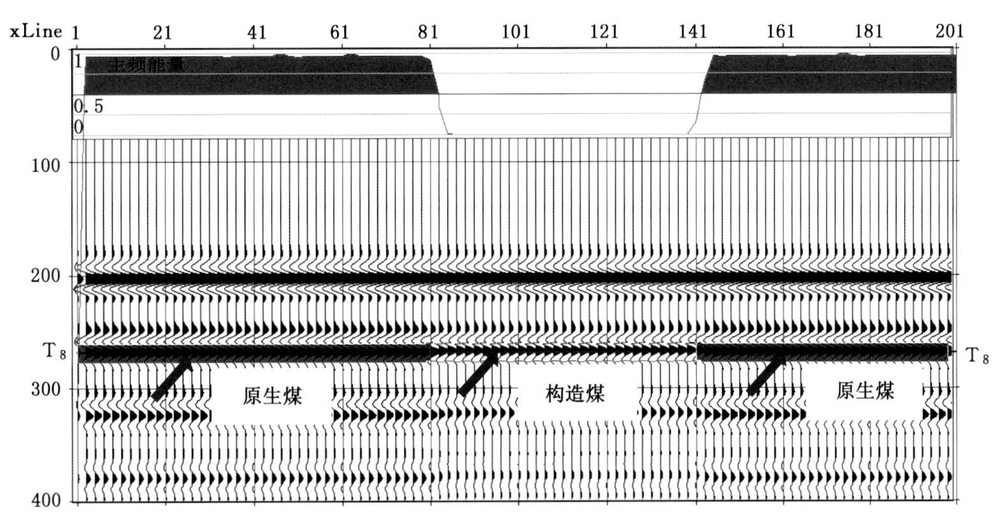

图 6-52　构造煤模型地震剖面与 T_8 波主频能量属性图

（5）平均瞬时振幅属性

图 6-53 为构造煤模型地震剖面与 T_8 波平均瞬时振幅属性随构造煤发育的变化关系图。从图中可以明显看出，构造煤发育部位煤层反射波平均瞬时振幅属性值比原生煤部位的平均瞬时振幅属性值低，因此可以利用平均瞬时振幅属性识别构造煤发育部位。

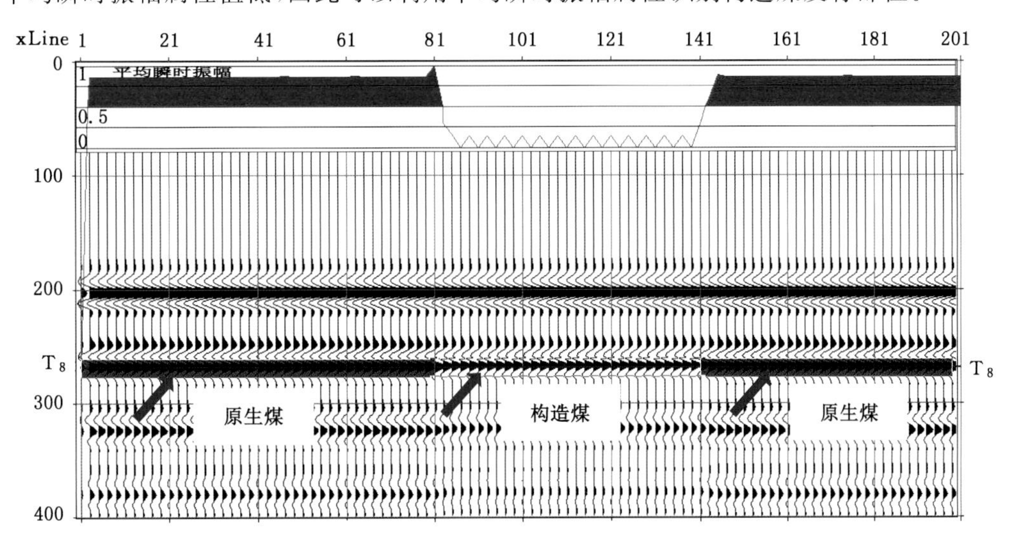

图 6-53　构造煤模型地震剖面与 T_8 波平均瞬时振幅属性图

（6）S 变换谱分解

谱分解技术是通过“傅氏变换”或“最大熵”法将时间域的地震数据转换为频率域的地震

数据。由于不同频率的地震信号对各种地质异常体的敏感度不同,在刻画地质异常体厚度变化及描述地质异常体横向不连续性等方面,谱分解技术已被证明为非常有效的方法。谱分解技术为地震解释提供了一种非传统的解释方法,通过三维地震数据来完成地震成像和地质异常体成图。

S变换谱分解方法,由Stockwell等在短时傅立叶变换和小波变换理论基础上提出了一种非平稳信号分析和处理的方法[173]。S变换以时间和频率为变量来描述信号的能量密度变化,计算公式为[174-176]:

$$S(\tau,f)=\int s(t)\frac{|f|}{\sqrt{2\pi}}e^{\frac{-f^2(\tau-t)^2}{2}}e^{-j2\pi ft}dt \tag{6-12}$$

其中,$S(\tau,f)$为复合时频谱;$s(t)$为输入地震道;f为频率;t为时间;τ为时间轴上高斯窗位置。

S变换综合了短时傅立叶变换和小波变换的优点,频率的倒数决定了高斯窗尺度的大小,作为线性变换,如不存在交叉项则就有较高的时频分辨率。对构造煤发育地震地质模型正演地震剖面进行频谱分解(见图6-54),研究原生煤、构造煤煤层反射波的频带宽度变化。通过频谱分解发现:原生煤①反射波频率较宽,可达到60 Hz,而且能量较强;而构造煤②对反射波高频成分吸收厉害,因而其高频成分能量剧烈衰减,同时,上下围岩反射波频率成分也受到构造煤的影响,产生异常现象。即原生煤频率高、能量强,构造煤频率低、能量弱。因此,可以利用谱分解技术区分原生煤与构造煤,划定构造煤发育区域。

对构造煤发育地震地质模型进行正演模拟,可得出以下结论:构造煤发育的煤层反射波其主振幅属性、振幅最大值属性、均方根振幅属性以及主频能量等属性均小于原生结构的煤层的属性;频谱特性方面,原生煤反射波频率较宽且能量较强,而构造煤吸收反射波高频成分,因此高频成分能量剧烈衰减。

(三)研究区概况与揭露层滑构造区地震属性分析

1. 研究区地质概况

研究区青东煤矿地处淮北煤田,在地层区域划分上,属于华北型地层,为其中淮河地层分区中之淮北地层小区。在地层层序中,除部分缺失外,一般均发育比较齐全,各地岩性和厚度虽存在一些差异,但均可对比。区域内古生界岩层均隐伏于新生界松散层之下,自下而上分别为奥陶系、石炭系、二叠系、新近系、第四系。

研究区高密度(常规)三维地震勘探面积为3.0 km^2,地震数据采用16L×8S×160T×1R×64次线束状观测系统采集,面元尺寸为5 m×5 m,纵横向分辨率较高。区内8煤层厚度较大,层滑构造发育。因此,选择研究区8煤层作为本层滑构造区的研究目标。

研究区三维地震勘探数据具有较高的质量,其典型地震剖面与8煤层沿层切片如图6-56所示。从图6-55(a)所示的地震剖面来看,其3煤层、7煤层、8煤层和10煤层反射波连续性较好,能量较强,断点清晰。从8煤层沿层振幅切片来看[图6-55(b)],8煤层反射波振幅较强,随机干扰较少,分布稳定。因此,该研究区三维地震资料品质较好,适合进行煤层层滑构造区地震方法识别圈定研究。

目的煤层8煤层为本区主要的可采煤层,区内发育良好,煤层厚度较大。

① 8煤层厚度一般较大且变化也较大,个别点突然变薄。

② 区内中浅部形成厚煤带,煤厚一般为5~8 m,存在厚度在10 m以上的特厚点,但向深部煤层厚度逐渐变薄。

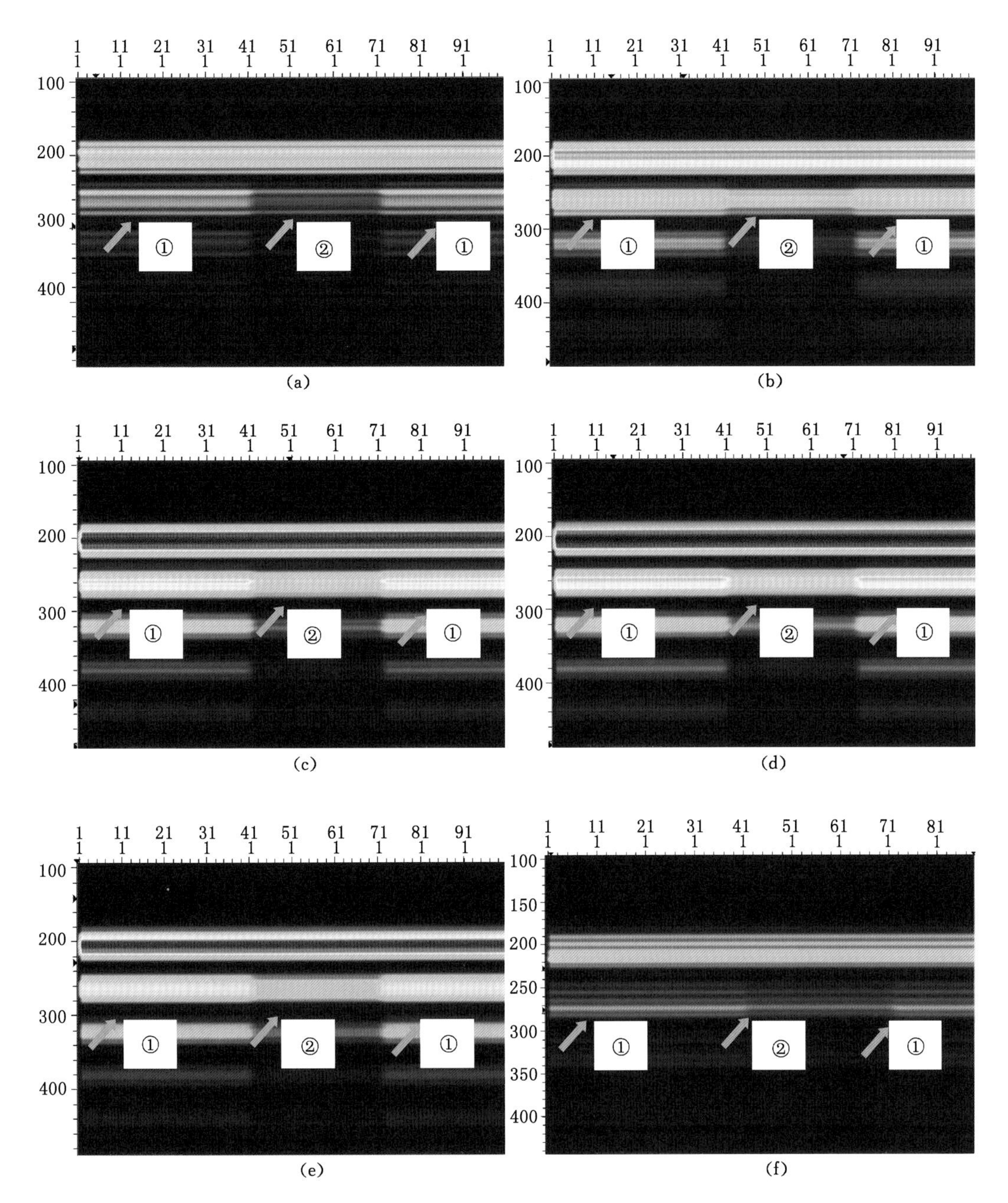

① 原生煤；② 构造煤

图 6-54　构造煤模型地震剖面与 T_8 波谱分解属性图

(a) 频率剖面(f =20 Hz)；(b) 频率剖面(f =30 Hz)；(c) 频率剖面(f =40 Hz)；
(d) 频率剖面(f =50 Hz)；(e) 频率剖面(f =60 Hz)；(f) 频率剖面(f =70 Hz)

③ 在非合并区煤厚相对较薄，一般为 3～5 m，厚度变化相对也较小。

④ 煤层结构简单-较简单，部分含 1 层或 2～3 层夹矸，夹矸多为泥岩或炭质泥岩。

⑤ 受岩浆岩侵蚀影响，研究区内形成小范围的不可采区。煤除受岩浆岩侵蚀影响区外，变化不大，为全区可采的较稳定煤层。

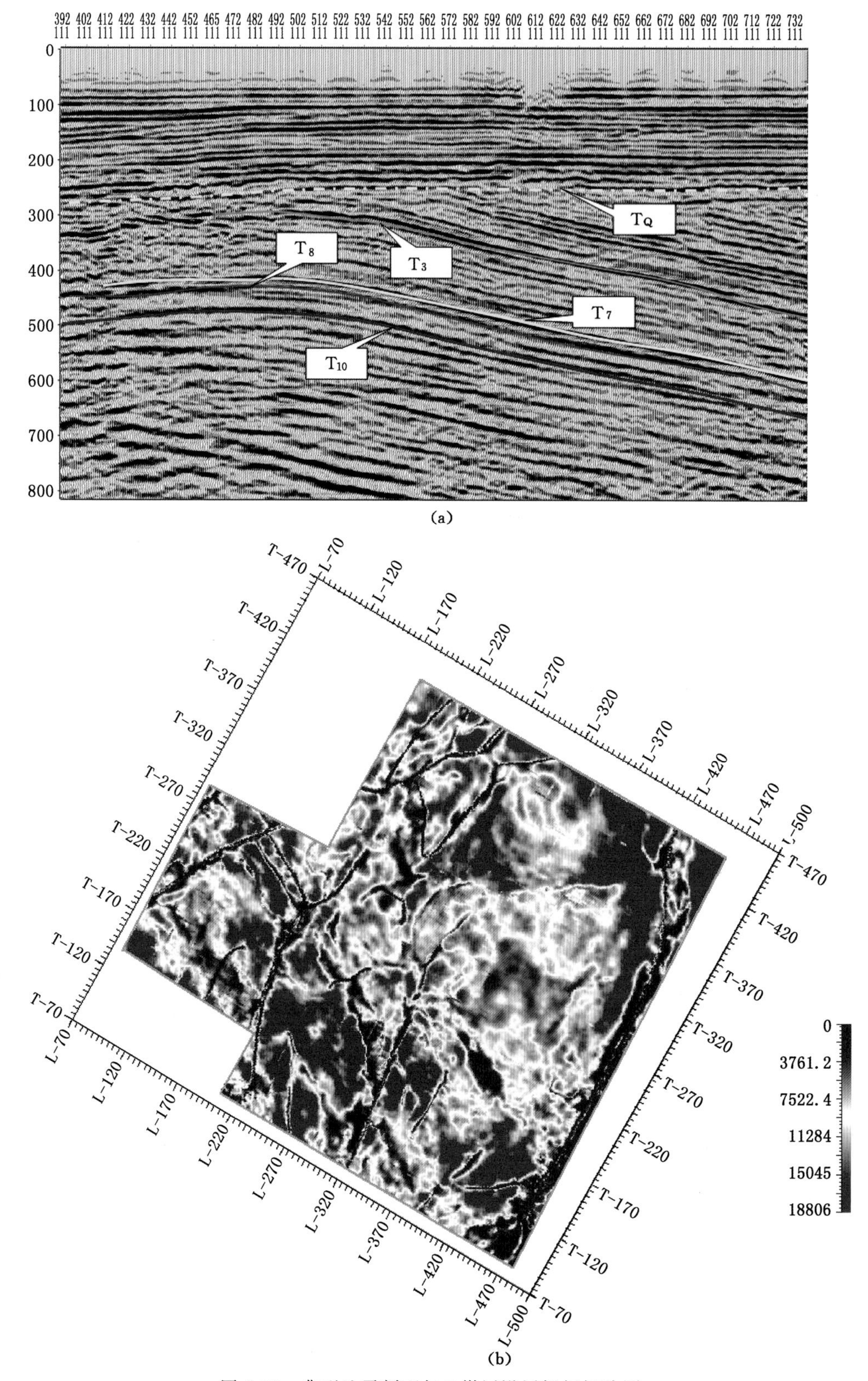

图 6-55　典型地震剖面与 8 煤层沿层振幅切片图

(a) 研究区典型地震剖面;(b) 8 煤层反射波沿层振幅切片

通过对研究区内地质、测井等资料的分析，表明区内煤层厚度变化主要是由层滑构造引起的，为研究层滑构造区提供了有利条件。

2. 研究区煤层煤厚变化与层滑构造地震属性分析

选取研究区某机巷作为研究对象，分析研究区煤层厚度变化与构造煤发育的地震属性特征。机巷素描如图 6-56 所示，机巷经过钻孔 7-x-2，并且与钻孔 qd11-4、7-x-3 距离较近，巷道左侧 8 煤层较厚且煤厚稳定，巷道右侧受层滑构造影响，煤层厚度变薄。综合分析层滑区平面图与钻孔测井数据可知，钻孔 7-x-2 位于层滑构造区边缘，8 煤呈条带状结构，块煤为主，原生结构保持较为完整，属于构造煤欠发育-不发育煤层；钻孔 qd11-4、7-x-3 均位于层滑构造区内，其中钻孔 qd11-7 井内 8 煤呈粉末状结构，属于构造煤发育，钻孔 7-x-3 井内 8 煤粉末状为主，少量呈碎块状，也属于构造煤发育。

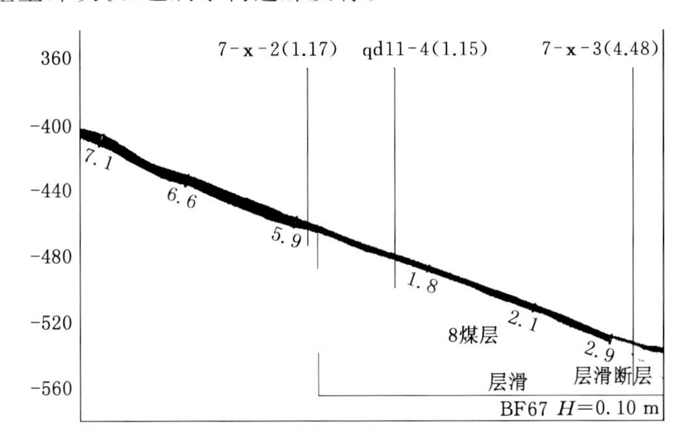

图 6-56　某机巷 8 煤层素描图

图 6-57 为机巷地震剖面图，其中煤层反射波为 T_8 波。从图中可以看出，剖面左侧部分煤层反射波同相轴能量较强，频率较高；剖面右侧部分煤层反射波同相轴凌乱，振幅弱，频率低。产生这一现象的主要原因是：剖面右侧为层滑构造，层滑构造导致构造煤发育，反射波能量减弱。同时，层滑构造使得地震波频率成分的能量分布发生了变化，低频成分相对较强，高频成分相对较弱，地震波能量向低频方向移动。由此可以得出结论，当煤层厚度变化与构造煤发育时，煤层反射波会发生地震属性的变化。

(1) 机巷 8 煤层反射波振幅类属性

利用机巷地震数据成果，对 8 煤层进行地震振幅属性分析。分别进行主振幅属性、均方根振幅属性以及振幅最大值属性分析，研究地震振幅类属性与层滑构造之间的关系。

① 主振幅属性

对机巷地震剖面进行主振幅属性分析，如图 6-58 所示。8 煤层反射波主振幅属性特征基本表现为两个能量强弱区，即红色能量区（值为 84 917～134 716）与白色能量区（值为 22 670～84 917）。钻孔 7-x-2 位于红色能量区内，钻孔 qd11-4 和 7-x-3 位于白色能量区内。通过分析，钻孔 7-x-2 处煤层为构造煤欠发育或不发育，处于非层滑构造区，钻孔 qd11-4 和 7-x-3处煤层为构造煤发育，处于层滑构造区。钻孔 7-x-2 处煤层反射波主振幅属性值大于钻孔 qd11-4 和 7-x-3 处煤层主振幅属性值。因而得出结论：层滑构造区导致煤层厚度突变与构造煤发育，层滑构造区内主振幅属性值小于非层滑构造区内主振幅属性值。

② 均方根振幅属性

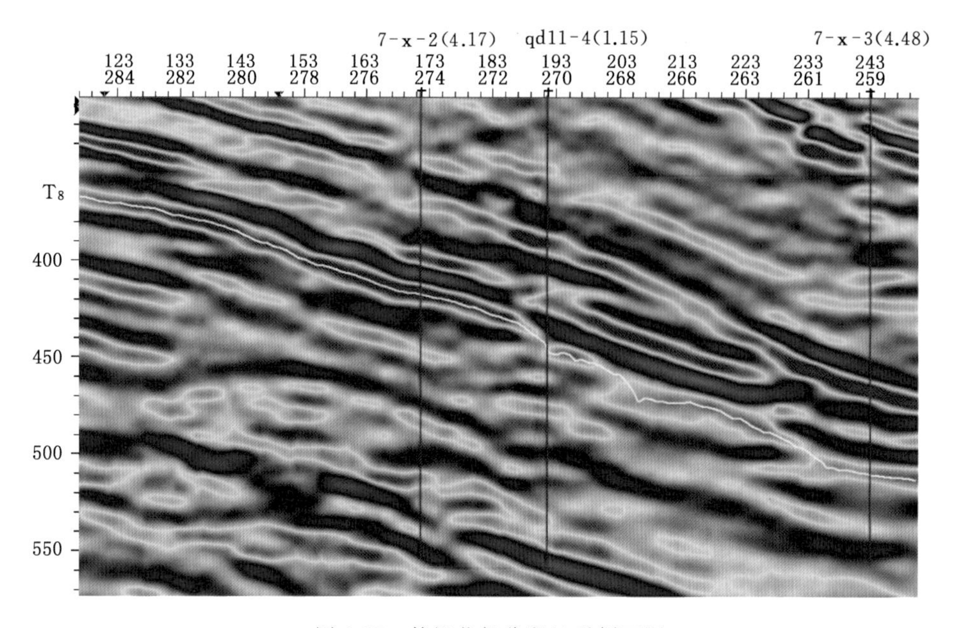

图 6-57　某机巷部分段地震剖面图

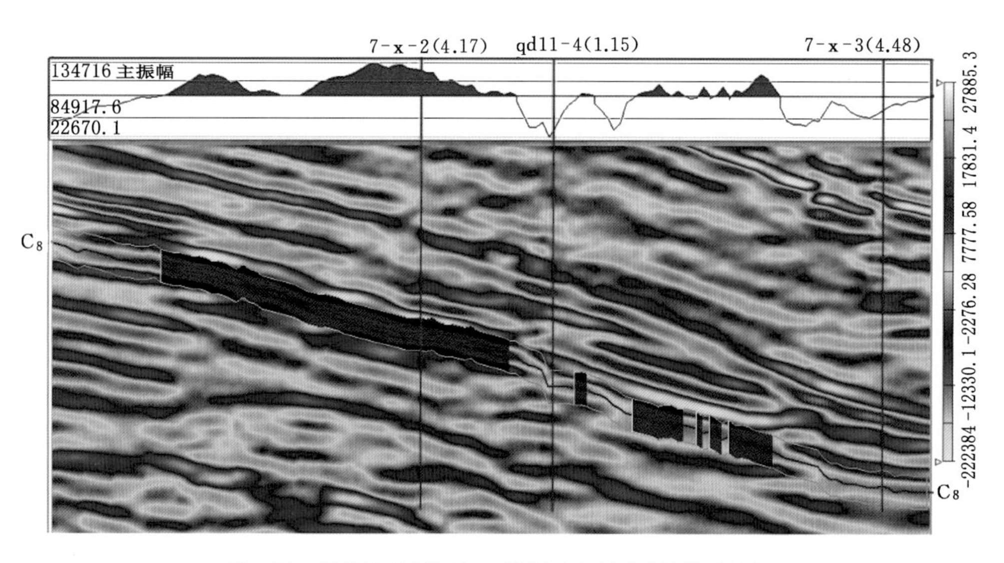

图 6-58　机巷地震剖面与 8 煤层反射波主振幅属性图

对机巷剖面进行均方根振幅属性分析，如图 6-59 所示。8 煤层反射波均方根振幅属性特征基本表现为两个能量强弱区，即红色能量区（值为 7 692～13 410）与白色能量区（值为 2 224～7 692）。钻孔 7-x-2 位于红色能量区内，钻孔 qd11-4 和 7-x-3 位于白色能量区内。钻孔 7-x-2 处煤层为构造煤欠发育或不发育，处于非层滑构造区，钻孔 qd11-4 和 7-x-3 处煤层为构造煤发育，处于层滑构造区。钻孔 7-x-2 处煤层反射波均方根振幅属性值大于钻孔 qd11-4 和 7-x-3 处煤层均方根振幅属性值。因而得出结论：层滑构造区导致煤层厚度突变与构造煤发育，层滑构造区内均方根振幅属性值小于非层滑构造区内均方根振幅属性值。

③ 振幅最大值属性

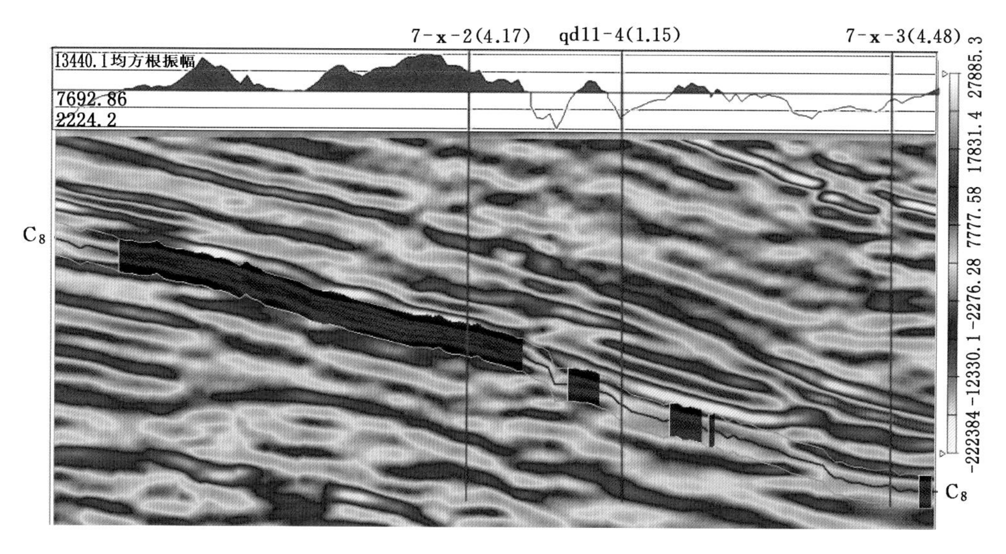

图 6-59　机巷地震剖面与 8 煤层反射波均方根振幅属性图

对机巷剖面进行振幅最大值属性分析，如图 6-60 所示。由图可知，8 煤层反射波振幅最大值属性特征基本表现为两个能量强弱区，即红色能量区（值为 12 020～20 122）与白色能量区（值为 3 917～12 020）。钻孔 7-x-2 位于红色能量区内，钻孔 qd11-4 和 7-x-3 位于白色能量区内。钻孔 7-x-2 处煤层为构造煤欠发育或不发育，处于非层滑构造区，钻孔 qd11-4 和7-x-3处煤层为构造煤发育，处于层滑构造区。钻孔 7-x-2 处煤层反射波振幅最大值属性值大于钻孔 qd11-4 和 7-x-3 处煤层振幅最大值属性值。因而得出结论：层滑构造区导致煤层厚度突变与构造煤发育，层滑构造区内振幅最大值属性值小于非层滑构造区内振幅最大值属性值。

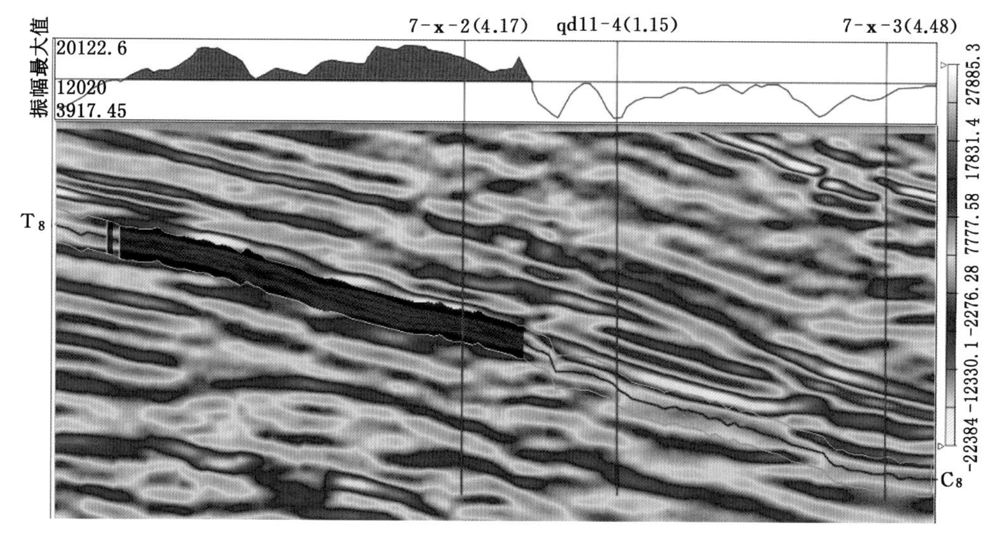

图 6-60　机巷地震剖面与 8 煤层反射波振幅最大值属性图

（2）机巷 8 煤层反射波频率、吸收系数与谱分解属性

对机巷剖面地震数据进行 8 煤层反射波地震属性分析，分别进行主频能量属性、吸收系

数属性分析以及谱分解分析，研究地震频率属性与层滑构造之间的关系。

① 主频能量属性

对机巷地震剖面进行主频能量属性分析（图 6-61），8 煤层反射波主频能量属性特征基本表现为能量强弱区，即红色能量区与白色能量区。钻孔 7-x-2 位于红色能量区内，钻孔 qd11-4 和 7-x-3 位于白色能量区内。钻孔 7-x-2 处煤层为构造煤欠发育或不发育，处于非层滑构造区，钻孔 qd11-4 和 7-x-3 处煤层为构造煤发育，处于构造煤发育区。钻孔 7-x-2 处构造煤欠发育或不发育煤层反射波主频能量属性值大于钻孔 qd11-4 和 7-x-3 处构造煤煤层主频能量属性值。因此得出结论：层滑构造区导致煤层厚度突变与构造煤发育，层滑构造区内主频能量属性值小于非层滑构造区内主频能量属性值。

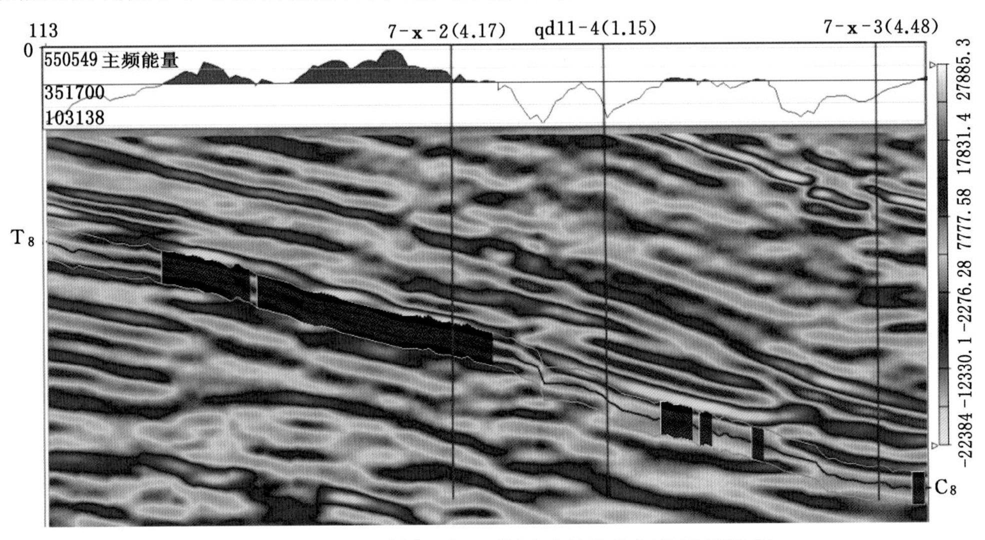

图 6-61 机巷地震剖面与 8 煤层反射波主频能量属性图

② 吸收系数属性

对机巷地震剖面进行吸收系数属性分析（图 6-62），8 煤层反射波吸收衰减特征表现为吸收系数强弱区，即红色能量区与白色能量区。钻孔 7-x-2 接近白色能量区内，钻孔 qd11-4

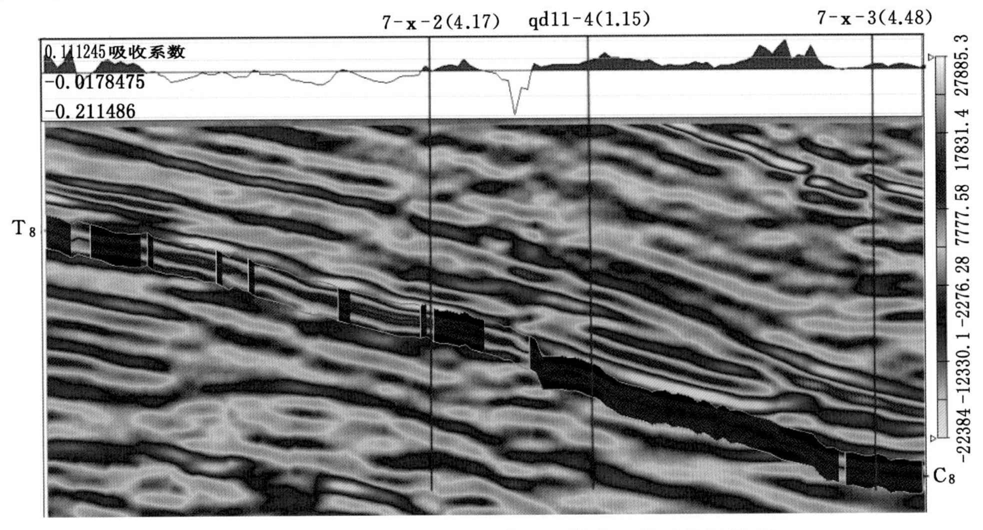

图 6-62 机巷地震剖面与 8 煤层反射波吸收系数属性图

和 7-x-3 位于红色能量区内。钻孔 7-x-2 处煤层为构造煤欠发育或不发育，位于非层滑构造区，钻孔 qd11-4 和 7-x-3 处煤层为构造煤发育，位于层滑构造区。钻孔 7-x-2 处构造煤欠发育或不发育煤层反射波吸收系数属性值小于钻孔 qd11-4 和 7-x-3 处构造煤煤层反射波吸收系数属性值。因此得出结论：层滑构造区导致煤层厚度突变与构造煤发育，层滑构造区内吸收系数属性值大于非层滑构造区吸收系数属性值。

③ S 变换谱分解

对机巷剖面 8 煤层反射波进行 S 变换谱分解，分析构造煤发育区与构造煤欠发育、不发育区在频率特征上的差异。从图 6-63 可以看出，构造煤欠发育、不发育区（钻孔 7-x-2）处 8 煤层反射波频率高，而且能量较强；构造煤发育区（钻孔 qd11-4、7-x-3）处 8 煤层反射波高频成分吸收厉害，因此其高频成分能量剧烈衰减。

通过对机巷剖面 8 煤层反射波振幅类、频率类等属性分析可知，非层滑构造区（钻孔 7-x-2处）与层滑构造区（钻孔 qd11-4 和 7-x-3 处）在振幅特征与频率特征都具有明显的差异。具体表现为：对于振幅类属性，非层滑构造区主振幅属性值、均方根振幅属性值及振幅最大值属性值均大于层滑构造区相应振幅属性值；频率类属性方面，非层滑构造区主频能量属性值高于层滑构造区主频能量属性值，非层滑构造区吸收系数值低于层滑构造区吸收系数值；通过谱分解分析可知，非层滑构造区反射波频谱较宽，层滑构造区高频成分衰减较快，可以利用频率特征区分非层滑构造区与层滑构造区。

因此，对煤层厚度变化地震地质模型进行数值模拟及地震属性分析，在煤层厚度小于 $\lambda/4$ 时，煤层反射波的动力学特征随着煤层厚度的变化敏感，主振幅属性、振幅最大值属性、主频能量属性与平均瞬时振幅能量属性等随着煤层厚度的增大而增大；当煤层厚度等于 $\lambda/4$ 时，相应地震属性达到最大值；当煤层厚度大于 $\lambda/4$ 之后，相应属性值逐渐减小，最终趋于稳定。

对构造煤发育地震地质模型进行数值模拟及地震属性分析，构造煤发育的煤层反射波主振幅属性、振幅最大值属性、均方根振幅属性以及主频能量属性等均小于原生结构的煤层的属性；通过频谱分解发现，原生煤反射波频率较高，而且能量较强；而构造煤对反射波高频成分吸收厉害，因而其高频成分能量剧烈衰减。原生煤频率高、能量强，构造煤频率低、能量弱。

三、煤层厚度反演与应用

分别采用谱矩法、基于模型的波阻抗方法以及 BP 神经网络方法对 8 煤层厚度进行地震反演。

（一）煤厚地震反演与成果分析

1. 谱矩法反演煤层厚度研究

基于谱矩法基本关系式(6-8)，利用钻孔附近地震道数据标定系数 C，结合反射波频谱积分 A、地震子波的频谱一阶矩 D 以及内插得到的标定系数 C 来预测研究区内煤层厚度变化。

从地震资料预测煤层厚度是根据一个无限均匀高速介质中间夹有一煤层的简单模型而建立的。根据钻孔资料与地震解释的结果，依据研究区 8 煤层实际地质情况，设定模型参数如表 6-8 所示，其中，W_1、W_2 分别代表煤层顶、底板岩性；C 代表煤层。煤层设为构造煤，煤层厚度区间为 0～20 m。

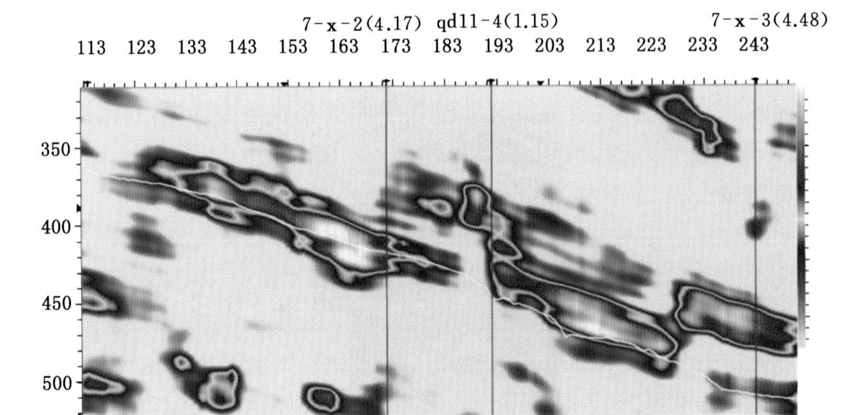

(a)

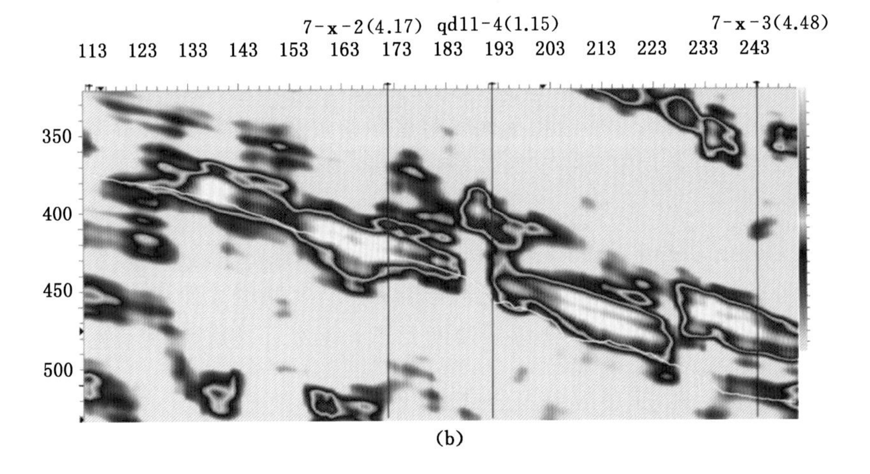

(b)

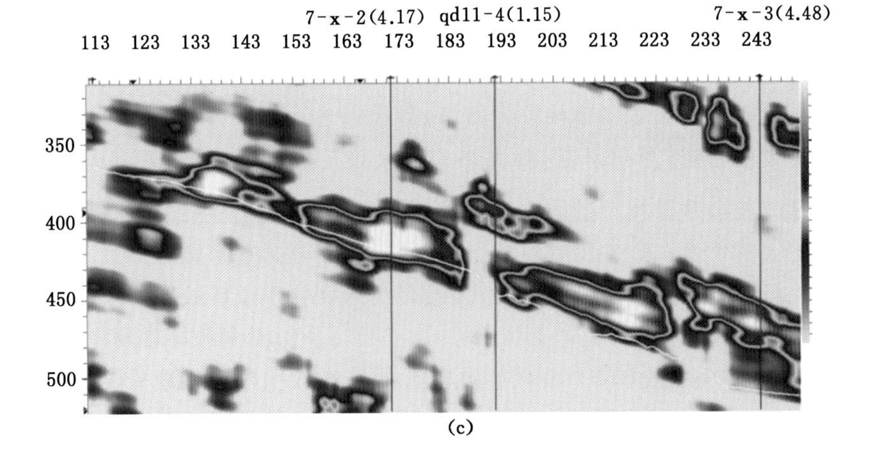

(c)

图 6-63　机巷 8 煤层反射波谱分解图

(a) 频率剖面(f =30 Hz)；(b) 频率剖面(f =40 Hz)；(c) 频率剖面(f =50 Hz)

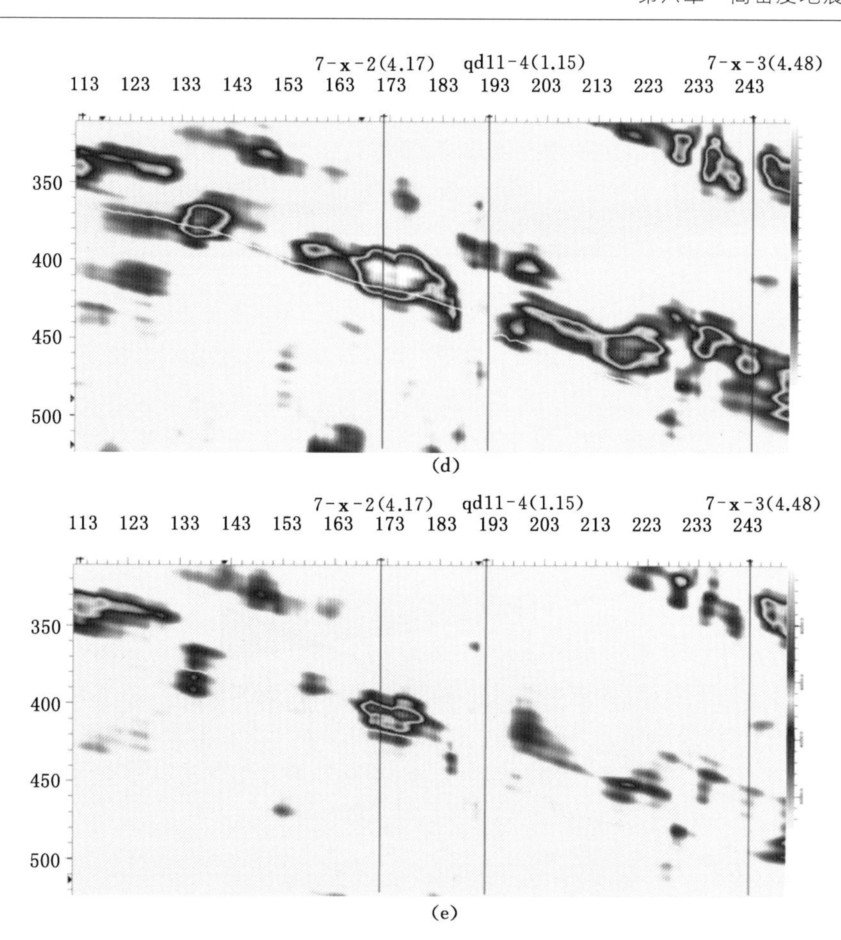

图 6-63(续)　机巷 8 煤层反射波谱分解图

(d) 频率剖面(f=60 Hz)；(e) 频率剖面(f=70 Hz)

表 6-8　模型物性参数表

层序号	岩性	岩性代号	v_P/(m/s)	v_S/(m/s)	ρ/(g/cm^3)	H/m
1	泥岩	W_1	4 200	2 250	2.39	300
2	构造煤	C	1 500	700	1.20	0～20
3	砂岩	W_2	4 000	2 100	2.35	500～475

为了讨论谱矩法的影响因素，现建立图 6-64 所示模型。如对参数确定模型进行正演模拟，采用声波波动方程计算，采样间隔为 0.5 ms，体积元剖分大小为 0.5 m×0.5 m，接收道距为 5 m，共 201 道。

(1) 谱矩法子波主频参数的确定

模型 1[图 6-64(a)]主要研究地震子波主频对谱矩法反演煤层厚度的影响。对其进行数值模拟，计算反射波频谱积分和地震子波的频谱一阶矩，进而分析谱矩法反演煤层厚度最佳地震子波主频参数值。设地震子波主频范围为 50～90 Hz，增量为 10 Hz，应用在模型 1 中。利用谱矩法计算公式，得到结果如图 6-65 所示。

从图中可以看出，当选取不同地震子波主频时，谱矩法反演煤厚的结果曲线基本重合。

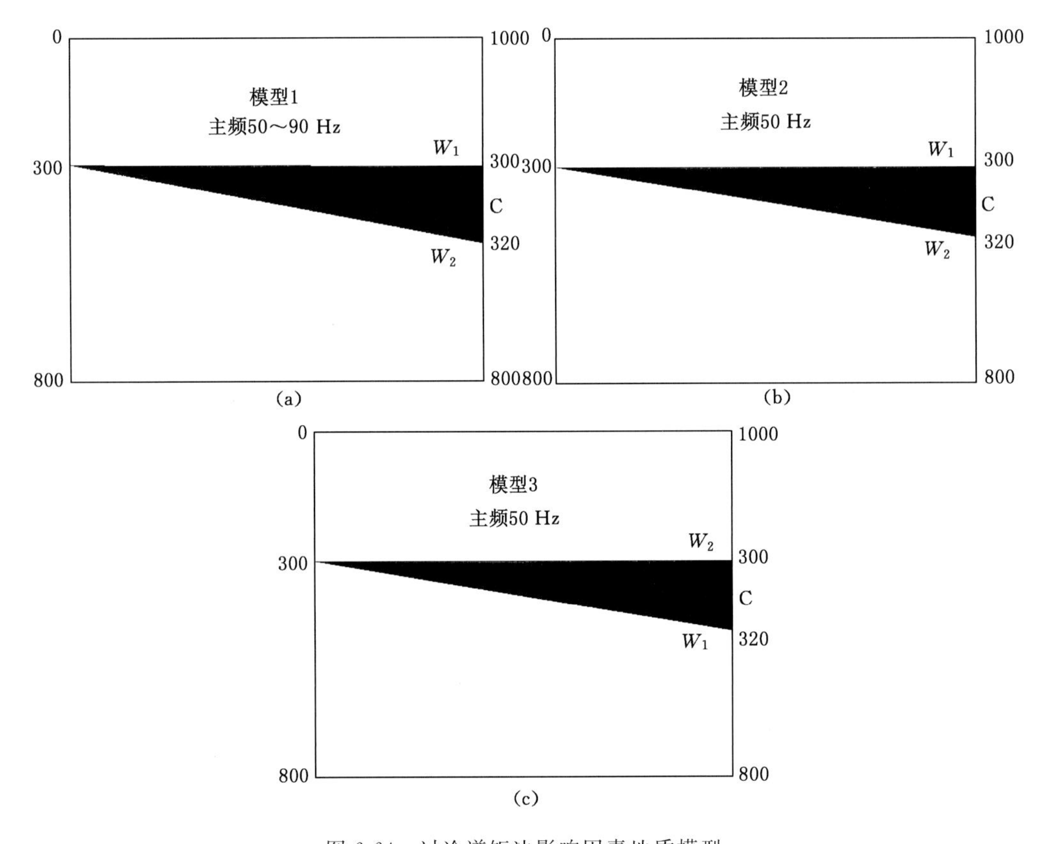

图 6-64　讨论谱矩法影响因素地质模型

(a) 主频参数影响的模型;(b) 积分区间参数影响的模型;(c) 顶、底板物性影响的模型

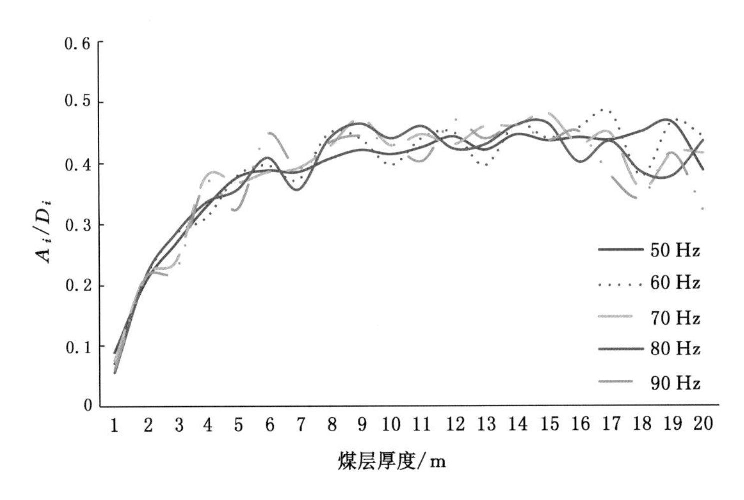

图 6-65　子波主频参数影响

因此可以得出结论:地震子波主频的大小基本不影响谱矩法反演结果。结合煤田地震勘探资料与研究区地震主频大小,选用主频为 50 Hz 的雷克子波进行谱矩法反演煤层厚度的计算。

(2) 谱矩法积分区间参数的确定

模型 2[图 6-64(b)]主要研究积分区间对谱矩法反演煤层厚度的影响。对其进行数值模拟,子波主频为 50 Hz,分别设置不同积分区间,如 25～50 Hz、25～75 Hz、25～100 Hz 以及 50～100 Hz 等,应用在模型 2 中,利用谱矩法反演公式,得到结果如图 6-66 所示。

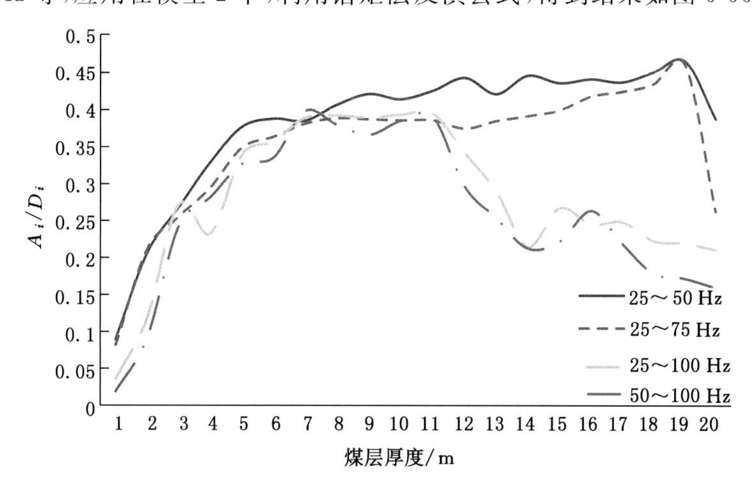

图 6-66 积分区间参数影响

从图中可以看出,积分区间对谱矩法煤层厚度反演影响的条件不同,针对薄、厚煤层反演差异较大。当煤厚较小时,积分区间参数基本不影响煤层厚度反演;随着煤层厚度不断增大,当煤层厚度大于 10 m 时,不同积分区间对谱矩法反演煤层厚度影响差异明显,具体表现在:积分区间为 25～100 Hz 和 50～100 Hz,当煤层厚度逐渐增大时,其反演结果曲线规律偏离正相关,即反演结果有误,不适合用来反演煤层厚度;积分区间为 25～50 Hz 和 25～75 Hz 时,其反演结果曲线基本重合且接近正相关,因此两者均可用于谱矩法反演煤层厚度,但具有细微差别,积分区间 25～50 Hz 的反演曲线变化范围更大,更适合反演煤层厚度。结合煤田地震勘探资料,选用积分区间为 25～50 Hz 进行谱矩法反演煤层厚度。

(3) 谱矩法煤层顶、底板岩性差异影响分析

联合模型 1、2、3[图 6-64(a)、(b)、(c)],主要研究煤层顶、底板岩性差异对谱矩法反演煤层厚度的影响。模型 1 为顶、底板对称模型;模型 2 为顶、底板不对称模型,其中顶板为泥岩,底板为砂岩;模型 3 为顶、底板不对称模型,其中顶板为砂岩,底板为泥岩。对其进行数值模拟,子波主频选用 50 Hz 的雷克子波,积分区间选用 25～50 Hz,应用在模型 1、2、3 中,利用谱矩法反演公式,得到结果如图 6-67 所示。

从图中可以看出,当煤厚较大时(大于 9 m),波速较高的围岩作顶板(即模型 3)时的反演结果会与其他两种顶、底板岩性的反演结果存在细微差别。整体分析,当煤层顶、底板岩石物性不对称时,反演的结果与岩石物性对称时反演结果基本一致。因此得出结论:煤层顶、底板物性差异不会对谱矩法反演煤层厚度产生影响。

通过多种地质模型试算,研究、分析影响谱矩法反演煤层厚度的主要因素,结果表明:地震子波主频、煤层顶底板岩性对称性基本不影响谱矩法反演煤层厚度;积分区间的选定不同,利用谱矩法反演煤厚影响较大。经过分析验证,本次谱矩法反演煤层厚度选用子波主频为 50 Hz 的雷克子波,积分区间为 25～50 Hz。

利用研究区内有效钻孔,根据其附近地震道确定标定系数,在研究区内进行插值,逐道

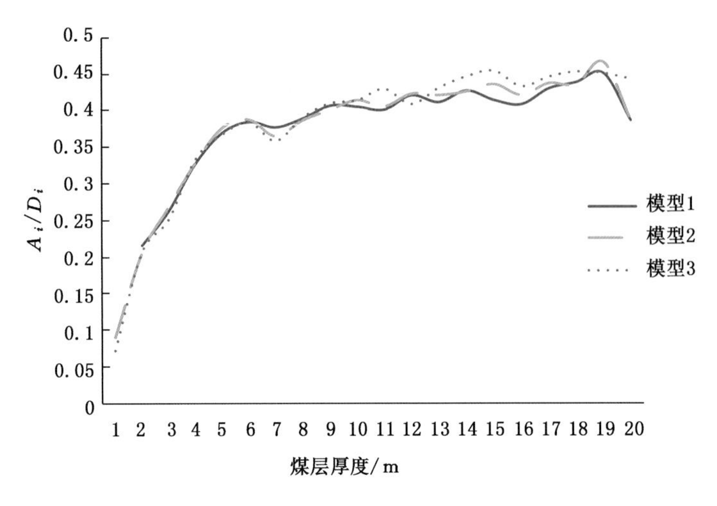

图 6-67 煤层顶、底板岩性对谱矩法的影响

计算反射波的频谱积分与地震子波的频谱一阶矩，利用谱矩法公式反演预测研究区煤层厚度及其变化。谱矩法反演煤层厚度结果如图 6-68 所示。从图中可以看出，研究区内 8 煤层厚度变化较大，变化区间从 0 至 16 m 以上；全区 8 煤层厚度变化极为复杂，研究区西南部（钻孔 qd11-5、钻孔 8-d-1、钻孔 qd2012-7 处）平均煤层厚度可达 10 m，并且煤层厚度变化较为剧烈，存在薄煤层区；研究区东南部（钻孔 qd2011-6、钻孔 7-8、钻孔 6-7-2 处）煤层厚度变化较为剧烈，尤其是钻孔 7-8 附近，8 煤层厚度变化极为复杂；研究区北部（钻孔 7-8-8、钻孔

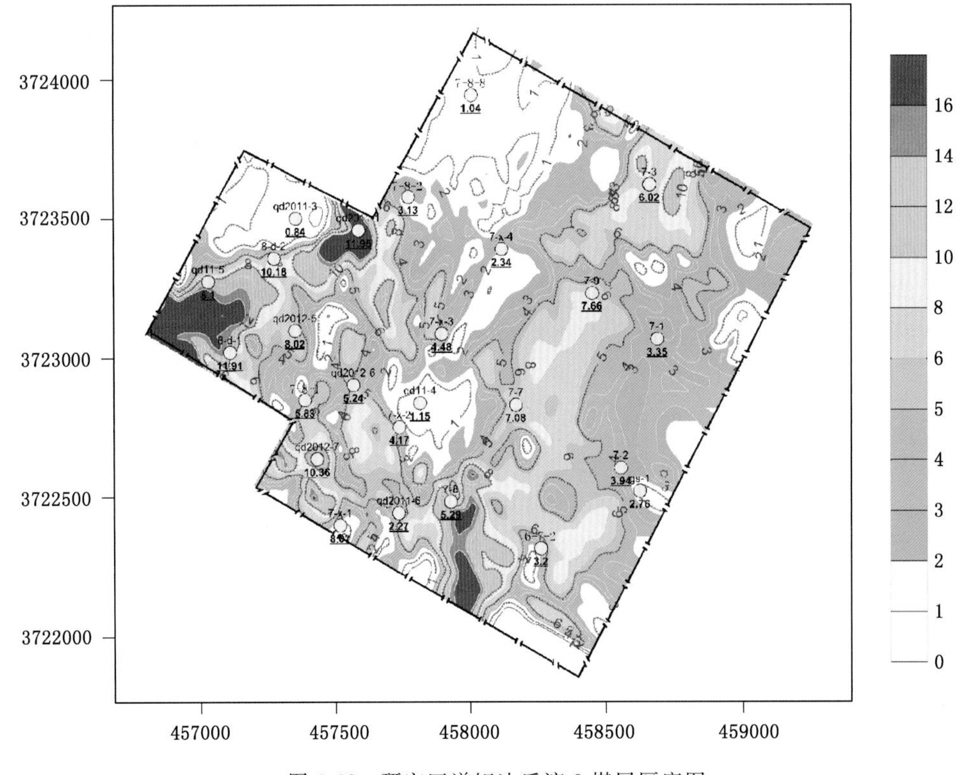

图 6-68 研究区谱矩法反演 8 煤层厚度图

7-x-4 处）煤层厚度较薄，平均煤层厚度小于 2 m，煤层厚度变化较为平缓，小范围内地质构造较为简单；研究区东部（钻孔 7-1、钻孔 7-2、钻孔 gs-1 处）煤层厚度变化较为缓和，平均煤层厚度为 5 m。综合全区，8 煤层厚度变化较为复杂，研究区西部、西南部 8 煤层厚度受地质构造作用影响较大，结合研究区地质、测井资料，初步判定该区域内 8 煤层层滑构造较为发育。

2. 基于模型的波阻抗反演煤层厚度研究

基于模型的波阻抗反演技术，其实现方法为测井约束反演。利用测井的高频和低频成分来弥补地震有限带宽的不足，从地质模型出发，用已知的地质信息和测井资料作为约束条件，对测井资料进行内插外推，不断修改地质模型，使合成地震记录与实际地震数据最佳吻合，在理论上反演可以得到与测井资料相当分辨率的反演数据体，从而推算出较高分辨率的地层岩性数据。

依据波阻抗反演流程，对研究区三维地震数据进行 8 煤层厚度反演，具体步骤如下。

（1）测井资料与地震资料的分析处理

首先将人工伽马曲线换算成密度曲线，进而将密度曲线换算成纵波速度曲线。研究区内共有钻孔 25 个，选取其中质量较好的人工伽马曲线进行波阻抗反演预处理。选取校正处理并且换算后的纵波速度测井曲线如图 6-69 所示。从图中可以看出，纵波速度测井曲线对煤层的反映较为敏感，煤层厚度在测井曲线上也有较好的反映，初步判定基于测井曲线波阻抗反演煤层厚度的可行性。

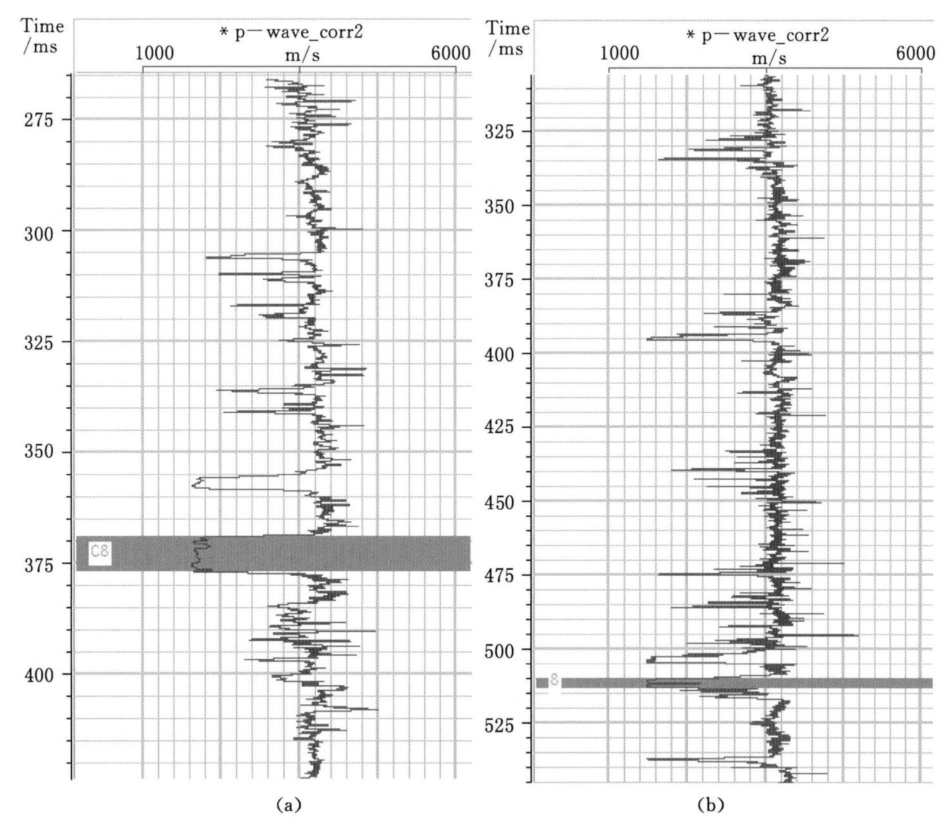

图 6-69　钻孔 7-8-1、7-x-4 纵波速度测井曲线

（a）钻孔 7-8-1 测井曲线；（b）钻孔 7-x-4 测井曲线

(2) 地震子波提取

在测井约束波阻抗反演技术的应用中,子波和模型反射系数褶积会产生合成地震数据。为实现迭代的终止,必须保证子波与实际地震资料之间的误差达到最小值。对于多井条件下的子波提取,最佳子波的选择一直是一个难题,如果只选择一个子波,则正反演运算效果不好;如果采用不同的子波运算,则会出现岩性的不闭合现象。

采用多道地震统计法,该方法实用性较强,在当前应用较为广泛。依据地震资料信噪比高、匹配程度较好的时窗提取地震子波,使得选取的子波波形、相位均较合理。

(3) 纵波速度测井曲线相关分析

测井曲线相关分析的目的是利用提取的地震子波作合成地震记录。充分分析测井资料,并与井旁道作相关分析,使其达到最大互相关。

(4) 初始模型的建立

(5) 波阻抗模型分析

(6) 波阻抗反演分析

在薄储层地质条件下,由于地震频带宽度的限制,基于普通地震分辨率的直接反演方法,其精度和分辨率都不能满足煤田开发的要求。测井约束地震反演技术以测井资料丰富的高频信息和完整的低频成分补充地震有限带宽的不足,用已知地质信息和测井资料作为约束条件,推算出高分辨率的地层岩性资料,为储层深度、厚度和物性等精细描述提供可靠的依据。

根据建立的波阻抗模型,对8煤层进行基于模型的波阻抗反演。图6-70(a)为过钻孔7-9的波阻抗反演剖面,图6-70(b)为图6-70(a)局部放大图;图6-70(c)为过钻孔8-d-2的波阻抗反演剖面,图6-70(d)为图6-70(c)局部放大图。从图上可以看出:钻孔7-9中测井曲线8煤层低速层段在波阻抗反演剖面上显示为低波阻抗值,且低速层段的长度与8煤层的厚度一致;同样,钻孔8-d-2中测井曲线8煤层低速层段在波阻抗反演剖面上显示为低波阻抗值,且低速层段的长度与8煤层的厚度一致。因此,基于模型的波阻抗反演成果较为精确。

(7) 波阻抗反演8煤层成果分析

首先根据钻孔处8煤层在波阻抗反演剖面上煤层顶、底的界线,结合全区钻孔煤厚数据确定波阻抗范围值。井的位置不同,波阻抗剖面不同,确定煤层的波阻抗值的范围有微小差异,对研究区有效钻孔进行统计分析,确定能够代表全区煤层的波阻抗范围值。然后根据此波阻抗范围编写程序来确定煤层厚度。具体做法是:以该区间范围作为目的煤层的波阻抗门槛值,对全区目的煤层波阻抗进行追踪;通过目的煤层波阻抗门槛值,确定目的煤层顶、底板距离,该距离即为目的煤层厚度。

基于模型的波阻抗反演8煤层厚度成果如图6-71所示。从图中可以看出,全区8煤层厚度变化极为复杂,研究区西南部(钻孔qd11-5、钻孔8-d-1、钻孔qd2012-7处)平均煤层厚度可达10 m,并且煤层厚度变化较为剧烈,存在薄煤层区;研究区东南部(钻孔qd2011-6、钻孔7-8、钻孔6-7-2处)煤层厚度变化较为剧烈;研究区北部(钻孔7-8-8处)煤层厚度较薄,平均煤层厚度小于2 m,煤层厚度变化较为平缓,小范围内地质构造较为简单;研究区东部(钻孔7-1、钻孔7-2、钻孔gs-1处)煤层厚度变化较为缓和,平均煤层厚度为5 m。总之,8煤层厚度变化较为复杂,研究区西部、西南部8煤层厚度受地质构造作用影响较大,结合研究区地质、测井资料,初步判定该区域内8煤层层滑构造较为发育。

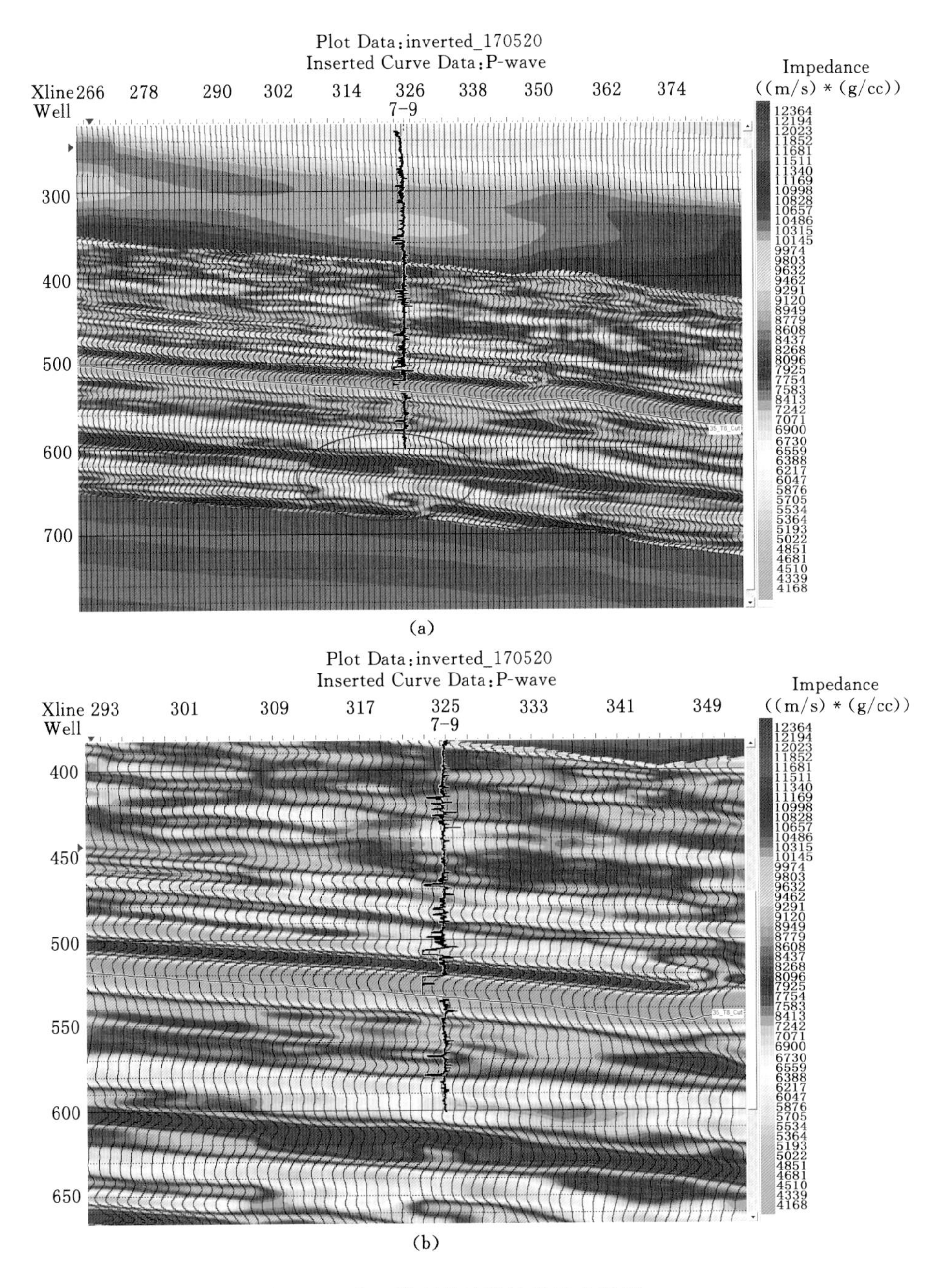

图 6-70　基于模型的波阻抗反演成果图

3. BP 神经网络反演煤层厚度研究

煤层厚度变化是一种非线性空间变化，利用本节对研究区地震数据提取的目的煤层多种地震属性进行相关性研究，包括自相关与互相关研究，优选对目的煤层反映较为敏感的地震属性，通过 BP 神经网络非线性算法对研究区 8 煤层厚度进行反演。

首先需要进行模拟实验，确定 BP 神经网络的最优结构。本次选用 BP 网络结构，它包含一个由 5 个神经元组成的输入层，用来输入所选取的 5 个地震属性参数值；一个由 14 个神经元组成的隐含层；一个由单一神经元组成的输出层，用来输出训练的煤层厚度。

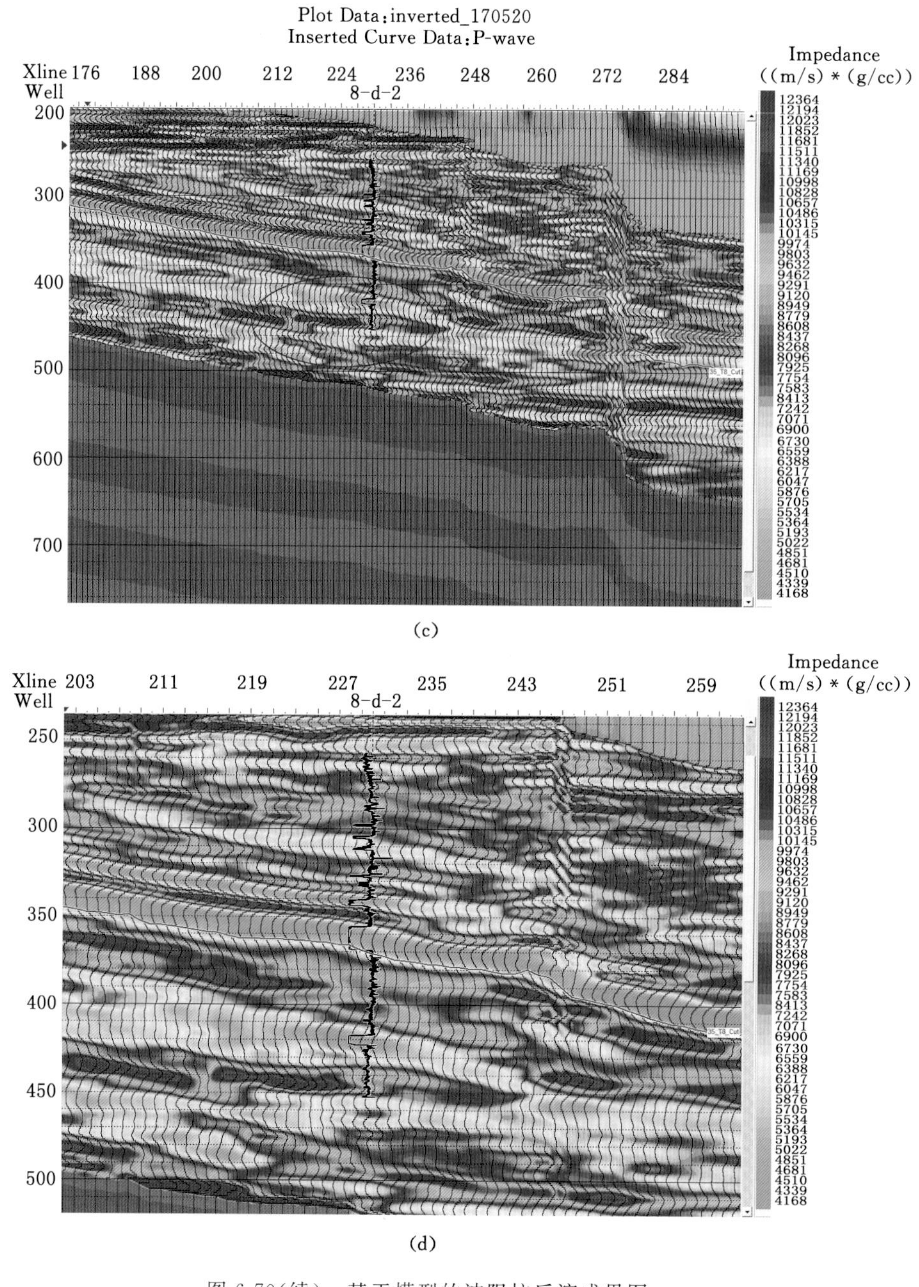

图 6-70(续) 基于模型的波阻抗反演成果图

(a) 过钻孔 7-9 波阻抗反演剖面；(b) 过钻孔 7-9 波阻抗反演剖面局部放大图；
(c) 过钻孔 8-d-2 波阻抗反演剖面；(d) 过钻孔 8-d-2 波阻抗反演剖面局部放大图

通过对地震属性优选，BP 神经网络煤厚预测基本模型约束参数的地震属性选择包括平均峰值振幅、最大绝对振幅、最大峰值振幅、最大谷值振幅、均方根振幅 5 种属性。共选取 25 个样本用于 BP 网络的训练，对 8 煤层厚度进行 BP 神经网络反演，反演结果如图 6-72 所示。从图中可以看出，研究区内 8 煤层厚度变化较大，变化区间从 0 至 16 m 以上；全区 8 煤层厚度变化极为复杂，研究区西南部(钻孔 qd11-5、钻孔 8-d-1、钻孔 qd2012-7 处)煤层厚度

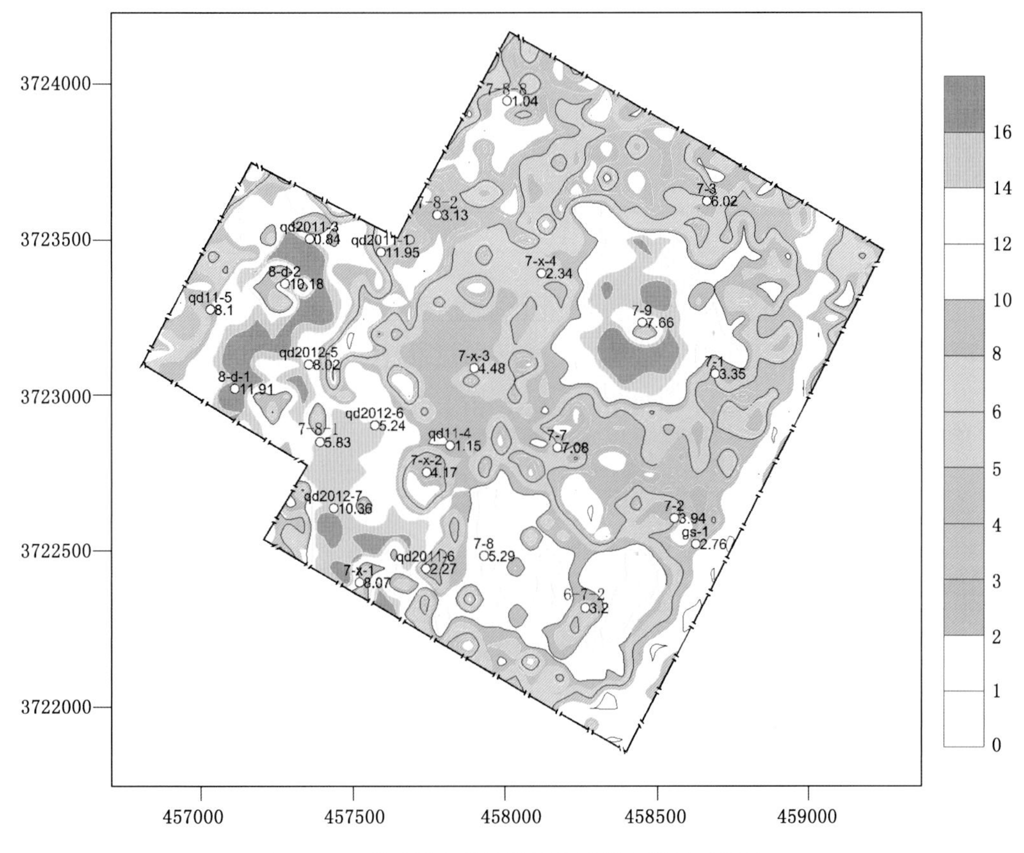

图 6-71　基于模型的波阻抗法反演 8 煤层厚度图

变化较为剧烈；研究区东南部（钻孔 qd2011-6、钻孔 7-8、钻孔 6-7-2 处）煤层厚度变化较为剧烈，尤其是钻孔 7-8 附近，8 煤层厚度变化极为复杂；研究区北部（钻孔 7-8-8、钻孔 7-x-4 处）煤层厚度较薄，平均煤层厚度小于 2 m，煤层厚度变化较为平缓；研究区东部（钻孔 7-1、钻孔 7-2、钻孔 gs-1 处）煤层厚度变化较为缓和，平均煤层厚度为 5 m。综合全区，8 煤层厚度变化较为复杂，研究区西部、西南部 8 煤层厚度受地质构造作用影响较大，结合研究区地质、测井资料，初步判定该区域内 8 煤层层滑构造较为发育。

（二）煤厚地震反演多信息融合

结合谱矩法、波阻抗法以及 BP 神经网络法反演 8 煤层厚度成果，采用加权平均法对研究区 8 煤层厚度进行多信息融合技术研究，对 8 煤层厚度进行精细解释，提取研究区内 25 个钻孔处 8 煤厚度与相应位置信息融合反演 8 煤层厚度，对比分析如图 6-73 所示。从图中可以看出，利用谱矩法反演成果、波阻抗法反演成果与 BP 神经网络反演成果进行多信息融合之后的 8 煤层预测精度较高。25 个钻孔中煤厚绝对误差最大的为钻孔 8-d-2，其绝误差为0.97 m；煤厚绝对误差最小的为钻孔 qd2011-1，其绝误差仅为 0.03 m。25 个钻孔处 8 煤层多信息融合反演的煤厚绝对误差的平均值为 0.33 m，表明该区利用多信息融合技术反演 8 煤层厚度的精度较高。

计算采用多信息融合反演 8 煤层厚度相对误差，进一步分析该方法反演的精度，如图 6-74所示。从图中可以看出，利用谱矩法反演成果、波阻抗法反演成果与 BP 神经网络反演

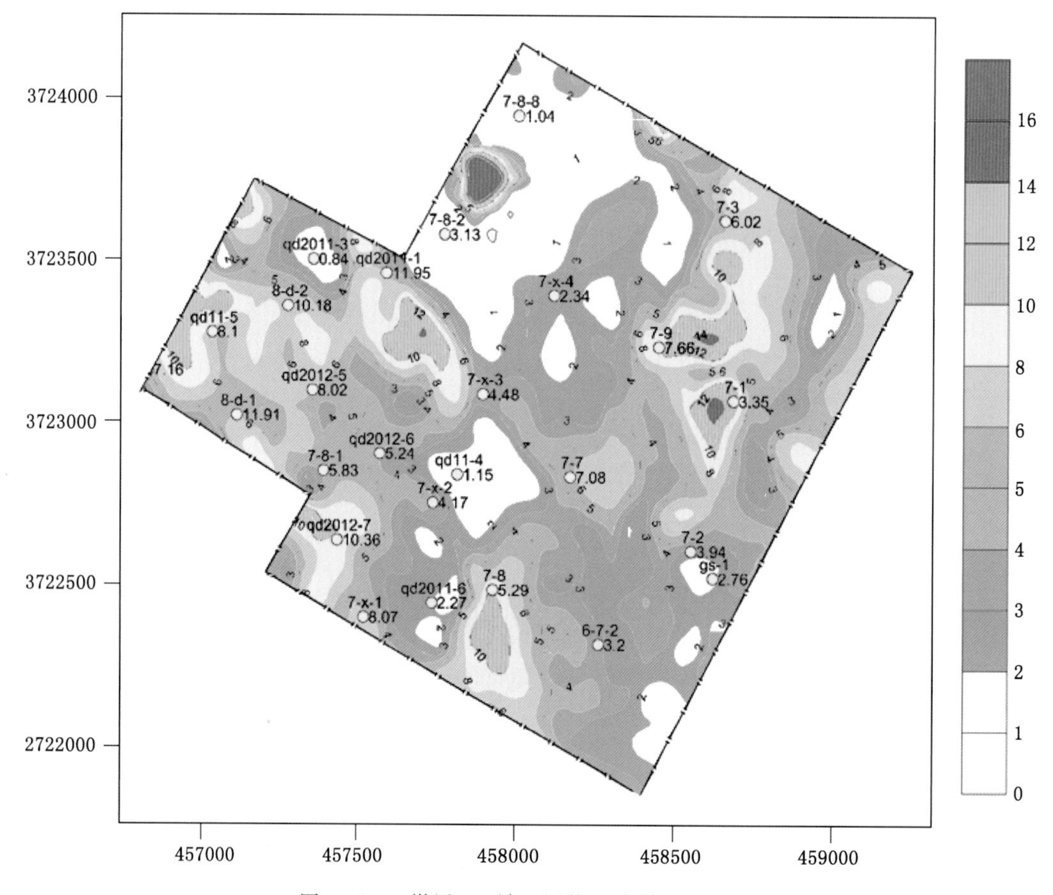

图 6-72　8 煤层 BP 神经网络反演煤层厚度图

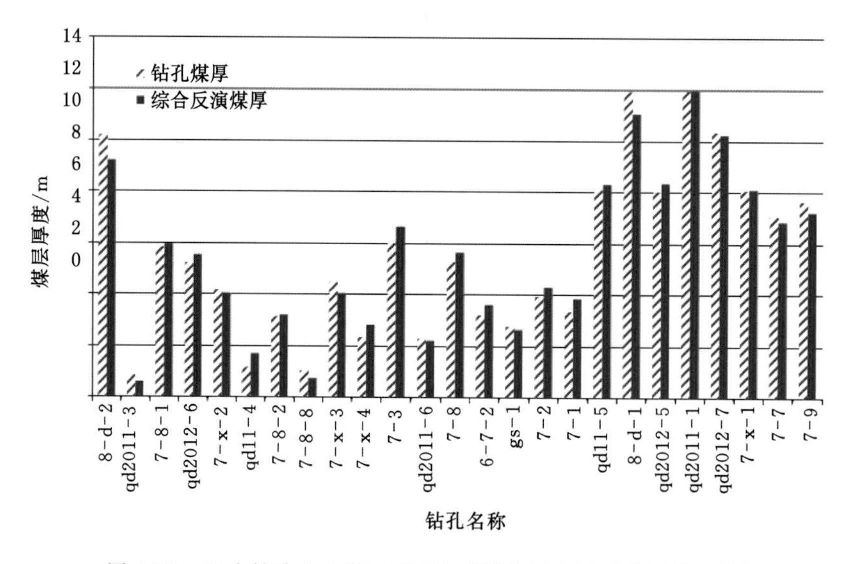

图 6-73　25 个钻孔处 8 煤层厚度与多信息融合后煤层厚度对比图

成果进行多信息融合之后的8煤层预测精度较高。25个钻孔处8煤层厚度与多信息融合后8煤层反演厚度相对误差最大的为钻孔qd11-4，相对误差为39.13%；相对误差最小的为钻孔qd2011-1，其绝对值为0.25%；25个钻孔中，相对误差在15%以上的共有5个，多信息融合反演的相对误差的平均值为9.32%，表明该区利用多信息融合技术反演8煤层厚度的精度较高。

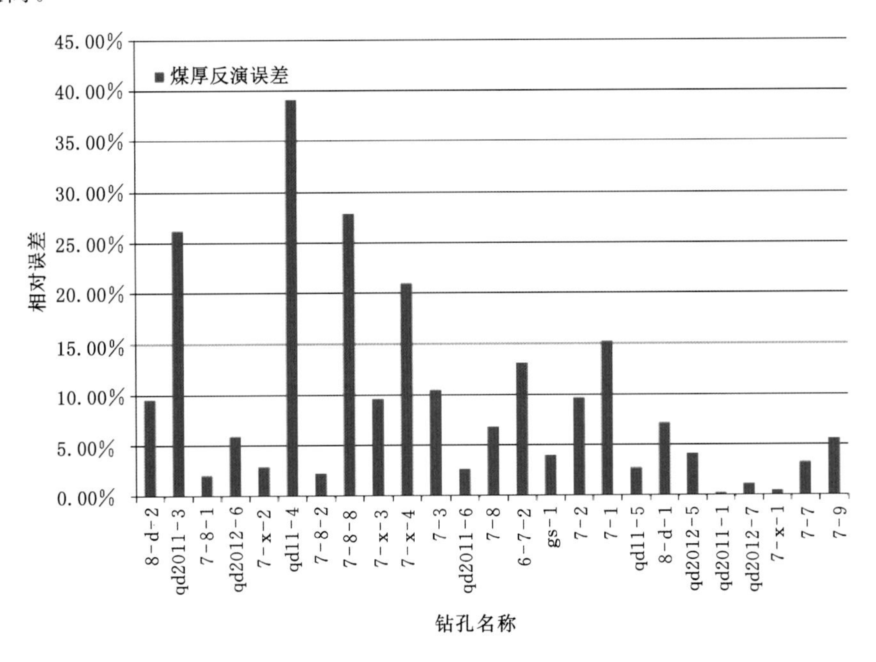

图6-74　多信息融合反演8煤层厚度相对误差图

结合谱矩法、波阻抗法以及BP神经网络法反演8煤层厚度成果，采用加权平均法对研究区8煤层厚度进行多信息融合技术研究，经钻孔资料和实际揭露巷道验证表明，基于地震资料预测煤层厚度的方法可行。

第四节　岩浆岩分布预测

淮北煤田水文地质、构造地质、煤层赋存条件极其复杂，岩浆侵入煤层的现象较多。火成岩以岩床侵入到煤层中，一方面破坏了煤层的连续性和完整性，降低了煤炭的可采储量，而且由于接触变质的作用，使得煤的灰分增高，黏结性减弱，煤质变差，部分煤变成天然焦，从而降低了煤的工业价值；另一方面侵入煤层中的火成岩因其硬度大，常妨碍采掘工作的顺利进行，影响工程进度，增加开采成本。煤层中如分布若干岩浆岩体时，会影响开采的组织设计及工作面的布置等，往往还会造成废巷，严重地影响煤矿正常生产。

由于火成岩岩体分布的复杂性以及对煤层破坏方式的多样性，多年来预测与圈定煤矿未采掘区或新井田火成岩侵入体一直是学术界的一项公认的难题。然而又迫切需要借助先进的技术手段查清火成岩岩体对煤层的影响和破坏情况，并预测其分布范围，这样才能有效地指导煤矿生产合理部署，避免盲目性，保证高产高效。可见，对煤层火成岩的侵入特征研究具有重要的实用意义及显著的经济效益。

利用地震勘探技术开展未采区火成岩岩体预测方法的研究，不仅具有一定的理论意义，而且具有很大的实用价值。通过地震与地质资料的对比可见，有些区域岩浆岩的侵入引起地震反射波的变化，表现为反射波能量减弱，同相轴凌乱；而有些地区岩浆岩侵入之后几乎没有引起煤层反射波的变化，这种假象给地震资料解释带来较大的困难。因此，研究岩浆岩侵入的基本地震响应特征，有利于从地震数据上识别岩浆岩，提高地震资料的解释精度。

以正演为基础，结合钻孔、地震属性分析、反演等多种方法，对岩浆的侵入方式、侵入范围和侵蚀厚度进行了研究，具体分为：

① 结合时间剖面与钻孔、连井剖面分析识别和认识岩浆岩的侵入方式。

② 通过地震属性分析研究岩浆岩的侵蚀范围和穿层边界。

③ 通过波阻抗反演研究岩浆岩的分布和厚度变化趋势。

本节以杨柳煤矿105采区、祁南煤矿103采区为例，采用理论分析、实验室试验、地质模型、正演模型和现场工程实践相结合的研究方法，系统地开展岩浆侵入对煤层的影响的基础研究，在此基础上提出并实践了岩浆侵入煤层影响区域物探综合预测分析技术。

一、岩浆岩侵入煤层的地球物理识别基础

（一）岩浆侵入的地质特征

1. 火成岩侵入受围岩的影响

不同岩石具有不同的导热系数，砂岩具有较大的导热系数，作为煤储层顶板的砂岩会将火成岩侵入的热量大部分传递给煤储层，从而改变煤储层上部的物理和化学性质，具体表现为：煤储层的裂隙变大、煤质的软化、煤的强度下降、顶板与煤储层之间间隔变大，岩浆会不断地沿着这些空间侵入，进而扩大顶板与煤储层之间的间隔。伴随着火成岩热量的释放，具有大的导热系数的岩石先冷却，火成岩先于煤冷却。因此，当煤储层的顶板为砂岩时，火成岩就会沿着煤储层顶界面呈规则状侵入。

2. 火成岩侵入煤储层的选层性

火成岩侵入含煤地层时，一般的岩石受热体积会发生膨胀，火成岩不容易侵入。火成岩侵入煤储层时，火成岩的压力、热量和挥发物质会使煤储层发生质变，而对围岩的影响甚微。火成岩侵入煤储层体积缩小的区域，不断地吞蚀煤储层，煤储层的厚度将发生显著的改变。因此，火成岩侵入时，煤储层和较松软的泥质岩层受侵入影响较大。此外，较大厚度的煤储层对火成岩侵入的阻碍较小，更容易发育大面积的侵入。

3. 火成岩侵入的方式

火成岩的侵入表现形式包括岩墙、岩柱和岩床，其中层状、树枝状、透镜状、细脉状和串珠状等侵入形式较为常见。侵入方式一般是顺地下某一软弱地带或断层一盘侵入煤系地层，本节主要讨论顺层侵入的情况，包括沿煤层侵入，沿顶板、底板分别侵入的情况。

4. 火成岩侵入对煤储层的影响

主要影响表现在两个方面：第一，煤储层的厚度发生变化，结构变得复杂，有分叉和吞蚀现象，可采性变差；第二，煤储层与顶、底板的间隔加大。火成岩侵入部分使煤储层变为天然焦或引起煤储层的变质程度的变化，应视岩浆的成分、性质、侵入体形态、位置和大小特征等不同而定。

火成岩侵入后导致煤层的变质作用也是相当明显。一般情况下，顺层侵入的岩床破坏作用大，当煤储层在侵入体之上时，则变质带分布较窄，位于下部时则较宽；沿煤储层中间侵

入时，上下的煤储层均发生变质作用，影响最大。煤储层的变质程度受到侵入体的厚度和大小直接控制。当然，岩浆的性质也是应当考虑的因素。而煤储层的变质程度会随着距离变化，表现出分带现象。此外，煤储层的物理性质改变也较大，比如颜色和光泽的变化、比重的增大、结构的变化、变为块状的天然焦等。

（二）岩浆侵入煤层地震模拟

1. 岩浆侵入煤层地质模型的建立

研究区祁南煤矿 103 采区 10 煤层位于山西组中部，上距 9 煤层 56～99 m，煤层厚度为 0～5.26 m，全区平均为 2.23 m；在非岩浆侵入区，煤层厚度为 0～5.26 m，平均为 2.54 m。侵入 10 煤层的岩浆岩为中基性云斜煌斑岩，侵入的岩浆岩体属脉岩，均呈小型岩床产出，平面呈片状或树枝状。侵入 10 煤层的云斜煌斑岩厚度变化不大，从 0.05～4.10 m，平均为 1.35 m，一般在 1 m 左右，2 m 以上的厚度仅个别点出现，生产揭露岩浆岩多沿煤层中部入侵，入侵厚度为 0.2～1.6 m，在 1011 机巷出现将煤层完全吞噬的现象。

将原生煤层、天然焦与岩浆岩设计在同一模型中，进行数值模拟，分析正演模型反射波的地震响应。正演模型如图 6-75 所示，模型宽 5 000 m，深 600 m，地震子波选择为时间长度 200 ms、主频 50 Hz 的雷克子波。模型中的物理参数见表 6-9 所示。

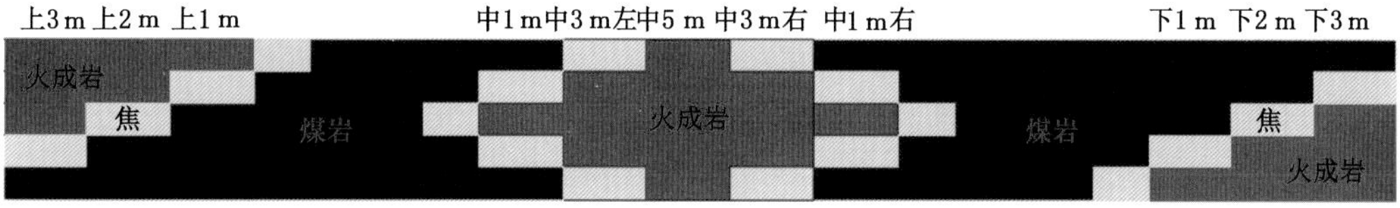

上3 m 上2 m 上1 m
中1 m中3 m左中5 m 中3 m右 中1 m右
下1 m 下2 m 下3 m
火成岩
焦
煤岩
火成岩
煤岩
焦
火成岩

图 6-75　放大的煤层岩浆侵入正演模型

表 6-9　正演模型物性参数

岩性	密度/(g/cm³)	v_P/(m/s)	v_S/(m/s)	H/m
泥岩	2.39	4 200	2 250	
煤层	1.30	1 750	930	0～5
天然焦	1.70	2 500	1 200	
岩浆岩	2.70	5 300	2 600	0～5

2. 岩浆侵入煤层数值模拟

采用射线追踪原理，依据地震波在黏弹性介质中传播地震波场吸收衰减理论对地质模型(图 6-75)进行数值模拟，对模拟结果进行主振幅、中心频率、频带宽度、主频能量等多属性分析，其分析结果如图 6-76 所示。

采用交会分析技术对属性与岩浆侵入厚度、岩浆侵入位置进行研究，结果如图6-77所示。正演数值模拟分析可得出以下结论：

① 通过多属性对比分析，主频能量与振幅类属性对岩浆岩反映较为敏感，有规律可循；而频带宽度、中心频率、平均瞬时频率属性只有在岩浆岩厚度超过煤层厚度一半时才会有明显的属性异常。

② 随着岩浆岩厚度的加大，能量类与振幅类属性值逐渐降低，当岩浆全部吞噬煤层时，这些属性值又有小幅度的增加。

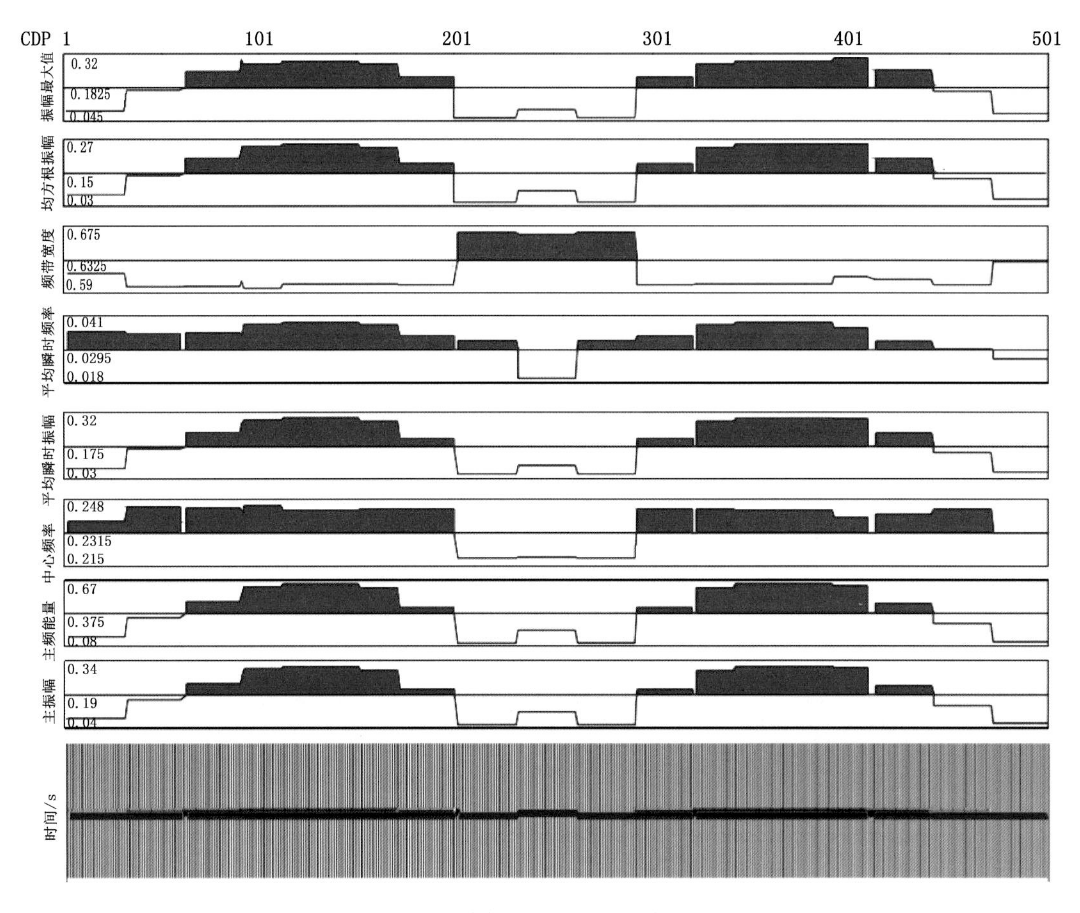

图 6-76　煤层岩浆侵入模型正演反射波属性分析

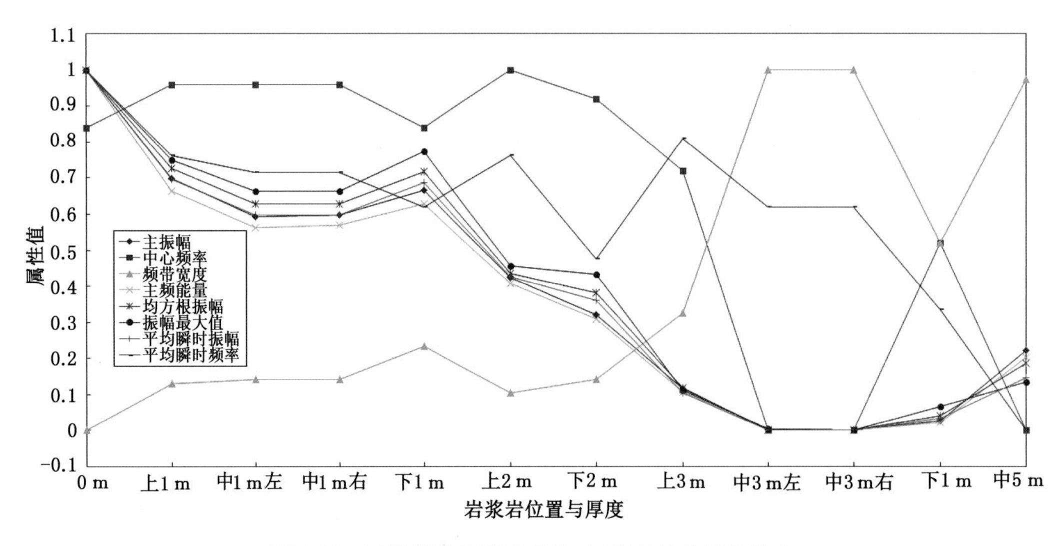

图 6-77　正演模拟岩浆岩位置、厚度与地震属性关系

③ 岩浆侵入的位置不同,其造成的属性差异不同。同等厚度的岩浆岩的振幅类属性与能量类属性幅值从煤层顶部侵入>从煤层底部侵入>从煤层中部侵入。

岩浆侵入给煤层与围岩造成不同程度的破坏,岩浆侵入的赋存状态也是千差万别,模型并不能完全模拟研究区岩浆侵入的实际情况,其实际的地震资料属性分析结果与岩浆侵入的实际情况的吻合度还有待进一步研究。

（三）岩浆岩在测井曲线上反映

测井数据是反演的基础。对于岩浆岩的反演,首先需要综合分析工区的测井曲线特征,进行岩浆岩识别与地层划分,进而进行测井曲线优选,找出对岩浆岩反映敏感的测井曲线进行反演。虽然不同地区的岩浆岩测井曲线特征不同,但都有一定的规律可循。通过对淮北煤田测井曲线的对比(图 6-78),发现岩浆岩在各类测井响应特征表现为:

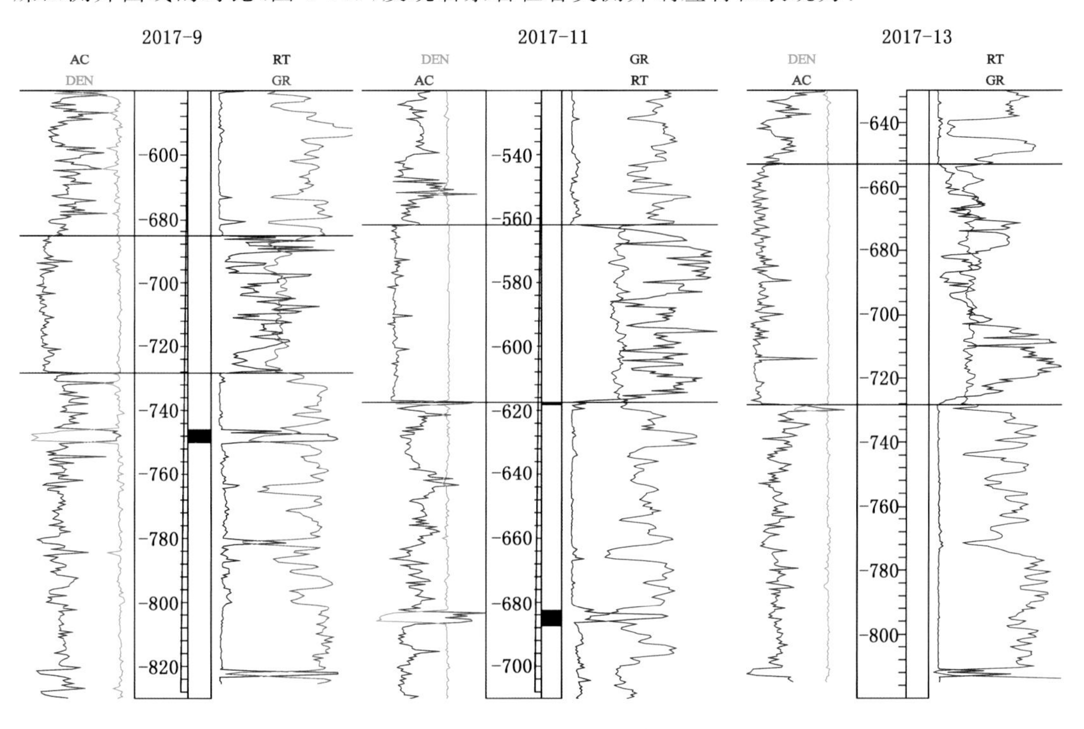

图 6-78　研究区岩浆岩测井曲线

① 声波测井(AC):研究区声波时差范围为 150～620 μs/m,岩浆岩的声波时差为 160～210 μs/m,与围岩相比,表现出低的声波时差异常,结合其他测井曲线可以进行岩浆岩识别。

② 密度测井(DEN):围岩密度为 2.0～2.2 g/cm^3,岩浆岩密度为 2.1～2.15 g/cm^3,总体表现为高密度值,但与围岩相比密度测井曲线特征无明显差异。因此,在密度测井曲线上不易区分岩浆岩。

③ 电阻率测井(RT):研究区电阻率为 6～90 Ω·m,岩浆岩电阻率为 17～85 Ω·m,表现出明显的高阻特征。

④ 自然伽马测井(GR):全区自然伽马值为 50～230 API,岩浆岩自然伽马值为 60～90 API,与围岩相比表现出低的自然伽马的特征,可以进行岩浆岩识别与划分。

通过测井曲线分析可见,岩浆岩在密度测井曲线上没有明显的反映,在声波时差曲线上有一定的反映，在自然伽马和电阻率测井曲线上有明显的反映。各测井曲线对岩浆岩的敏感程度不同，其中电阻率最敏感，自然伽马次之，声波时差较敏感，而密度最不敏感。总结认为，岩浆岩在测井曲线上表现为低声波时差、低自然伽马、高电阻率特征。

由于密度、声波等测井曲线对岩浆岩反映不敏感，因此，通过原始声波、密度测井曲线进行波阻抗反演无法精细刻画岩浆岩的分布形态。通过测井曲线综合对比分析，利用视电阻率、自然伽马等曲线识别岩浆岩，并进行地层层位划分，进而得到岩浆岩层段的起止深度、岩浆岩的平均速度、密度等信息。根据这一结果可以构建伪岩性测井曲线，即将岩浆岩值设为1，其他岩性值置为0；然后利用这一曲线，结合声波时差、密度等测井曲线，构建伪测井曲线，曲线重构公式如下：

$$z = a \times x \times y + x$$

式中，z 为构建的伪测井曲线；x 为样本测井曲线；y 为伪岩性曲线；a 为岩浆岩段测井融合的比例因子，可通过反演参数测试获得。

依据上述公式，将声波和密度测井曲线作为样本进行伪测井曲线构建。将原始测井曲线和重构测井曲线及其对应的波阻抗曲线置于同一坐标系下进行比较，可以看到，新构建的伪测井曲线对岩浆岩段反映明显(图 6-79)。

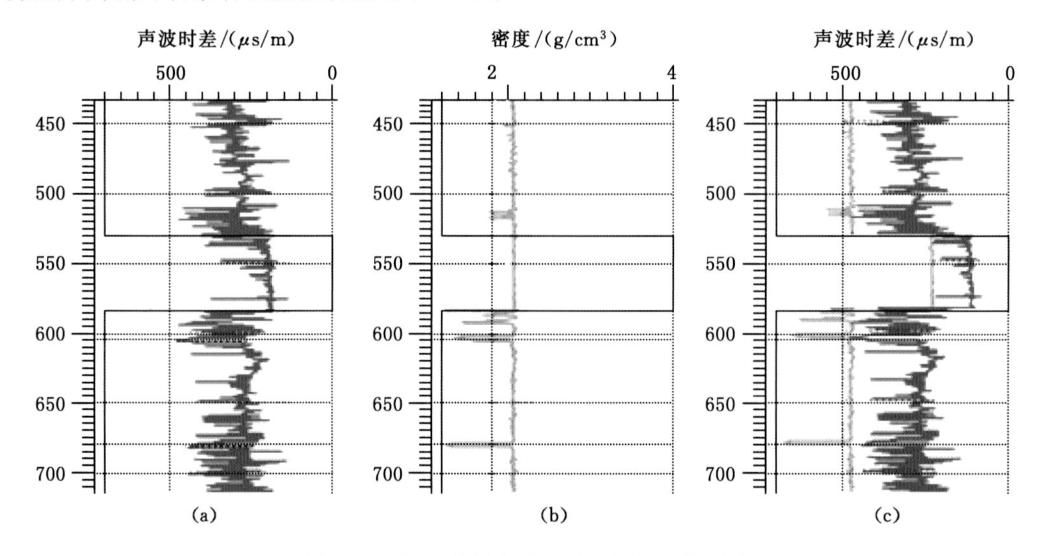

图 6-79　测井曲线与对应的波阻抗曲线对比

(a) 原始声波曲线；(b) 原始密度曲线；(c) 重构声波和密度曲线

对比波阻抗曲线可见，将原始测井曲线作为反演的输入，其岩浆岩段波阻抗值与围岩基本一致，无法明显进行区分；利用重构的伪测井曲线作为输入，在非岩浆岩段，两者的波阻抗曲线能很好地吻合，而在岩浆岩段，伪测井曲线对应的波阻抗能明显地反映岩浆岩的特征(图 6-80)。

二、时间剖面解释岩浆岩

杨柳煤矿 105 采区岩浆岩的厚度从几米至百米之间变化，平均厚度在 30～40 m 之间。测井资料显示，岩浆岩的波速为 4 500～5 500 m/s，周围砂岩的波速为 3 000～3 500 m/s，虽然岩浆岩的波速相对较高，但波速差相差并不大，且与主采煤层的正常间距为 60～70 m，

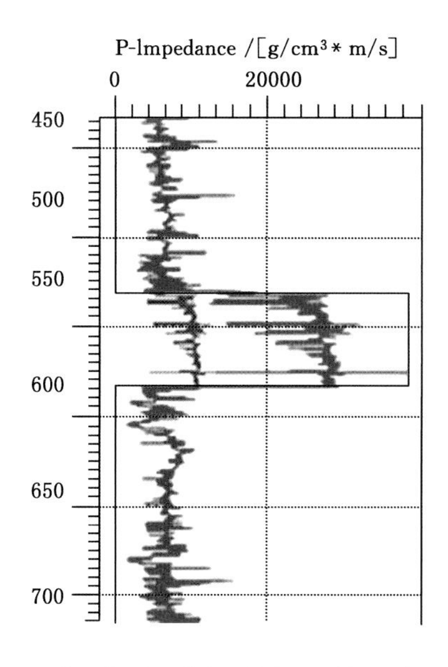

图 6-80 波阻抗误差分析(黑色,原始;红色,重构)

与岩浆岩的厚度差异并不大,因此,岩浆岩的波速增加并不足以抵消厚度增加所带来的时差影响;相反,岩浆岩的厚度会影响时间剖面的形态和相位的识别。主要表现在以下几个方面:

① 岩浆岩剖面识别:对钻孔处岩浆岩的反射特征进行对比分析,分析岩浆岩的地震特征(图 6-81),包括岩浆岩反射波振幅、频率和反射波在剖面、平面上的特征,是岩浆岩预测的基础工作。

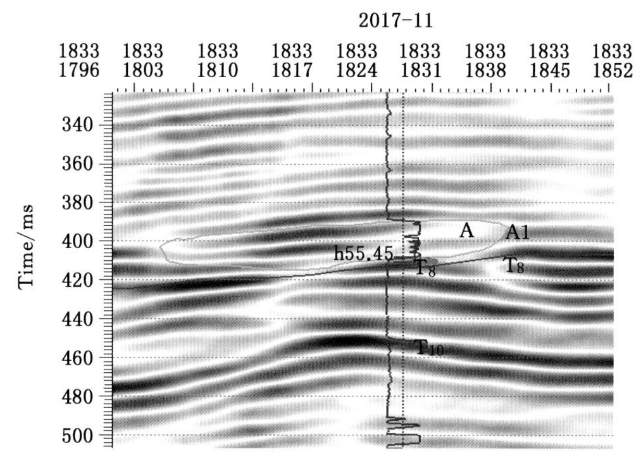

图 6-81 岩浆岩在剖面上的反映

由于岩浆岩对煤层的侵蚀程度不同,在地震剖面上往往表现为一段与围岩产状不协调的反射波组,使得煤层反射波变得较为复杂。岩浆岩在常规地震剖面和高密度地震勘探剖面上的反映也有所不同,常规剖面上反射波同相轴凌乱,地震数据品质较差,岩浆岩反射波不易识别;高密度三维地震数据信噪比提高,反射波同相轴连续性增强,岩浆岩的地震反射特征明显(图 6-82)。

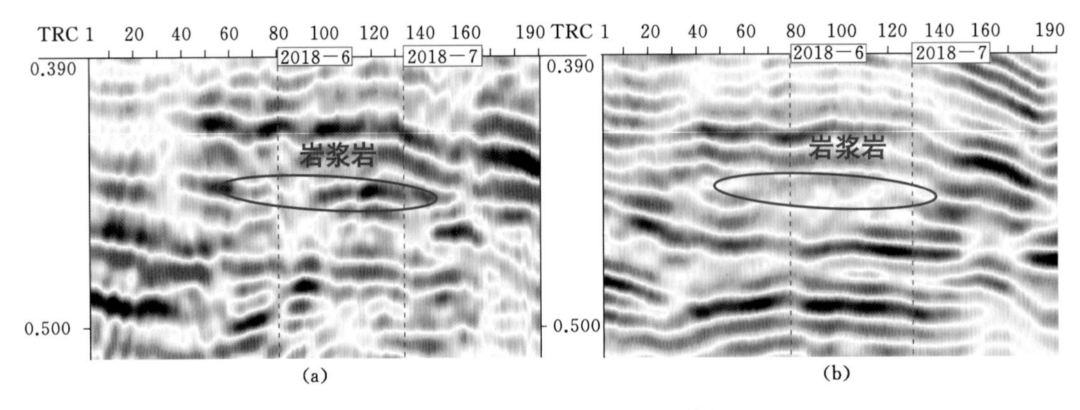

图 6-82 岩浆岩在地震剖面上的特征

(a) 常规三维地震剖面;(b) 高密度三维地震剖面

② 厚层岩浆岩存在于两层煤层之间时,会引起煤层时差的逐渐增大(图 6-83)。

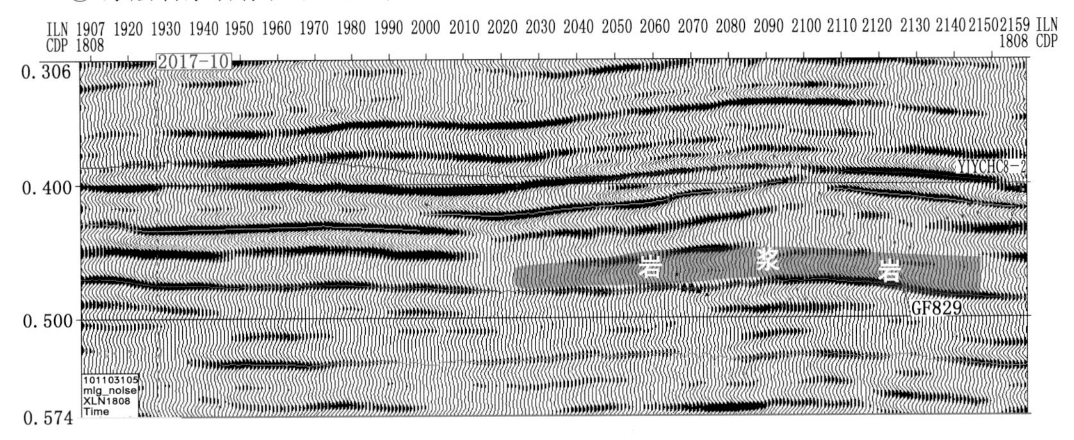

图 6-83 岩浆岩位于两煤层之间引起的时差变化

③ 当岩浆岩穿过煤层时,会引起煤层同相轴发生明显错断,甚至一个相位,并伴随有微弱的"假"牵引作用,但上下煤层却没有同相轴错断的现象发生,且此种现象在平面上可连续追踪(图 6-84)。

三、地震属性解释岩浆岩

根据勘探及地震资料分析,祁南煤矿 103 采区岩浆侵入严重,侵入区几乎覆盖整个采区,主要侵入 10 煤层,6 煤组也发现有岩浆侵入现象。岩浆的侵入破坏了煤层的原生状态,使煤层焦化,减少了采区的资源储量;造成煤层变薄或完全被吞噬,不可采区增大,降低了煤层的稳定性;煤层被岩浆岩穿插,出现分叉合并现象,使煤层夹矸增多,煤层结构趋于复杂;同时岩浆沿煤层顶板侵入,使煤层顶板遭受破坏,降低了煤层顶板强度,增加了回采难度。

该区岩浆侵入规律性差,生产揭露情况往往与勘查确定范围出入较大。经生产揭露,10 煤层岩浆岩分布范围较精查勘探的范围大,同时岩浆侵入的厚度变化大,在 1013 工作面 10 煤层回采时发现,岩浆呈树枝状沿煤层中部和顶板侵入。在本次研究之前,前人认为本研究区岩浆岩分布范围如图 6-85 所示,其中黑色钻孔代表没有岩浆岩侵入情况存在,洋红色钻

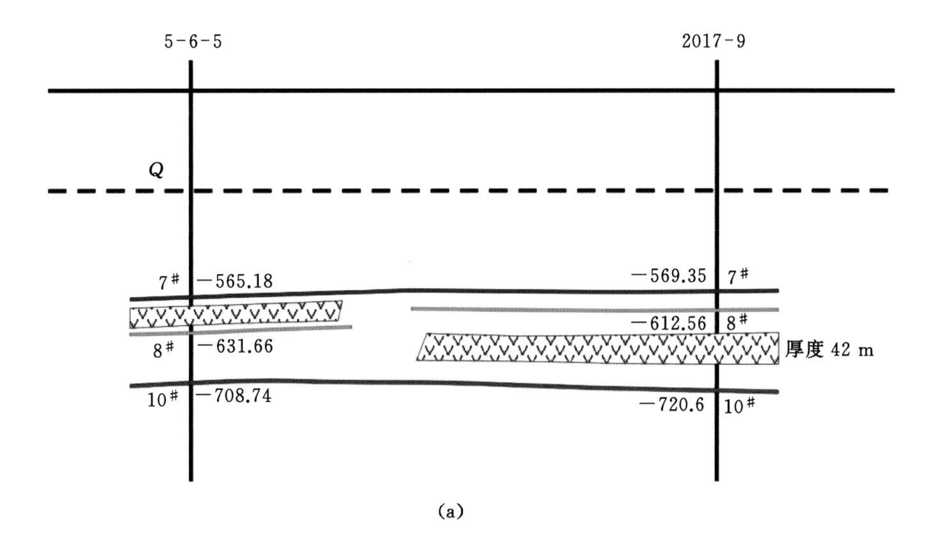

(a)

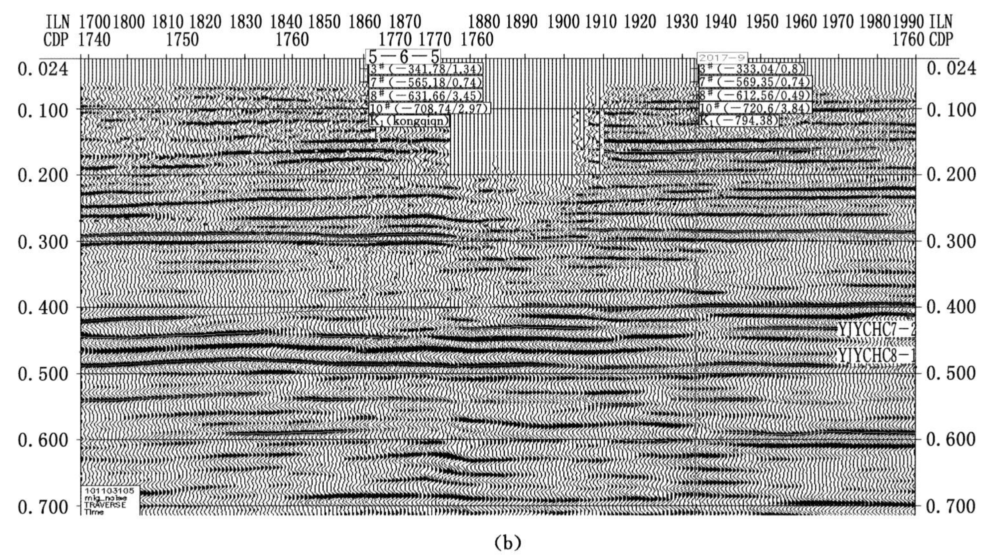

(b)

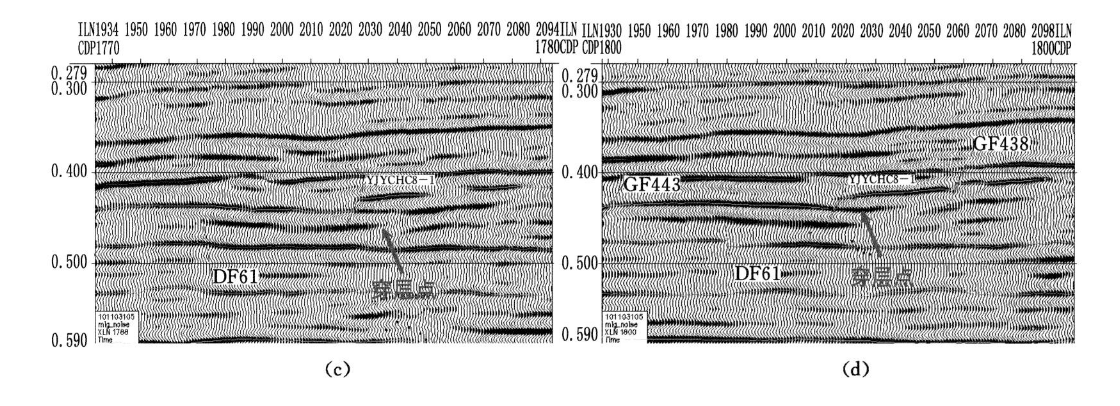

(c) (d)

图 6-84　杨柳矿岩浆岩侵入体在地质剖面与时间剖面中的反映

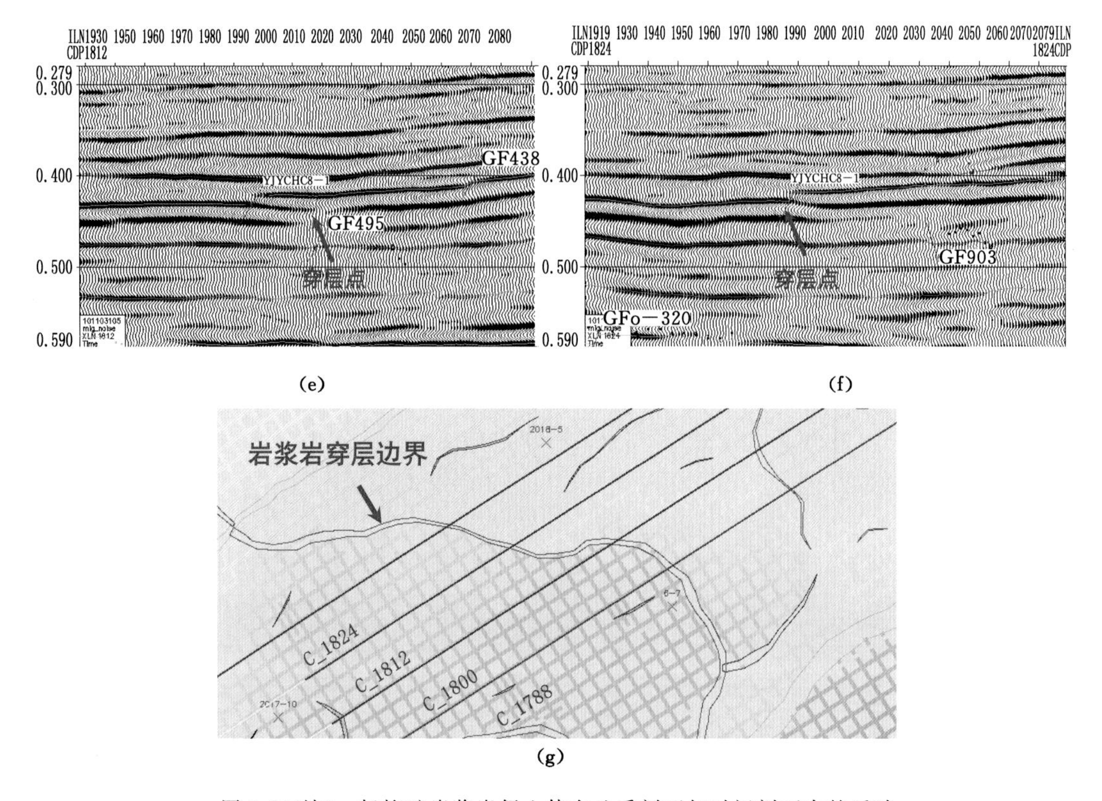

图 6-84(续)　杨柳矿岩浆岩侵入体在地质剖面与时间剖面中的反映

(a) 连井地质剖面；(b) 连井时间剖面；(c) CDP1788 时间剖面岩浆岩穿层；(d) CDP1800 时间剖面岩浆岩穿层；(e) CDP1812 时间剖面岩浆岩穿层；(f) CDP1824 时间剖面岩浆岩穿层；(g) 时间剖面位置图

孔代表存在岩浆岩侵入情况。

（一）祁南煤矿 103 采区 10 煤层岩浆岩分布区地震属性特征

以过 17-18-4、2016-12、18-1、2015-3、2016-16 等钻孔（见表 6-10）连井地震剖面为例，其中 17-18-4、2016-12、2016-16 三个钻孔存在岩浆侵入煤层的情况，17-18-4、2016-12 钻孔岩浆岩从煤层顶部侵入，岩浆岩厚度均为 0.4 m；2016-16 钻孔处岩浆岩从煤层中部侵入，岩浆岩厚度为 1.7 m；18-1、2015-3 钻孔处没有岩浆侵入。对该连井剖面 10 煤层反射波进行属性分析，时窗选择为 10 ms，其属性结果见图 6-86。

表 6-10　连井剖面钻孔煤层厚度一览表

钻孔名	煤层厚度/m	天然焦厚度/m	岩浆岩厚度/m
17-18-4	2.52	0	0.41
2016-12	1.81	1.29	0.4
18-1	3.35	0	0
2015-3	2.74	0	0
2016-16	0.35	0.39	1.7

从属性图中可以看出：

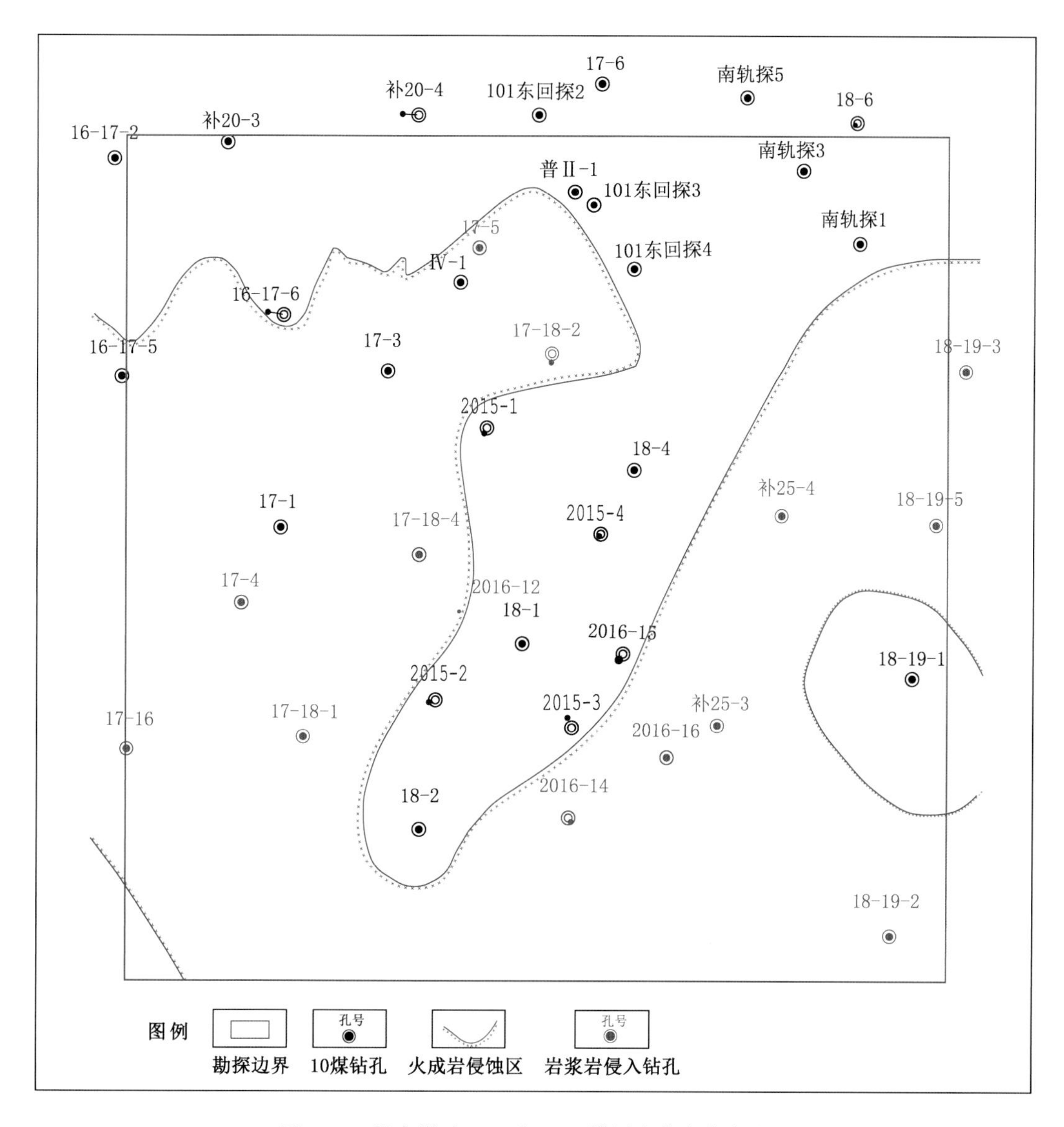

图 6-85　祁南煤矿 103 采区 10 煤层岩浆岩分布范围

① 对于岩浆岩较厚区域(2016-16 钻孔),其地震反射波属性明显异于其他区域,表现为频带宽度、中心频率增高,主振幅、主频能量降低。

② 对于岩浆岩较薄区域(17-18-4 钻孔),频带宽度、中心频率、主振幅属性可以识别岩浆侵入区,表现为岩浆侵入区其地震反射波的频带宽度加宽、中心频率增高、主振幅降低。而平均瞬时振幅、平均瞬时频率、主频能量属性无法分辨出岩浆岩较薄区。

③ 没有一个属性可以与钻孔实际情况完全匹配,以上各种属性均未较好地对钻孔 2016-12(岩浆岩厚度 0.4 m)、钻孔 18-1(无岩浆岩侵入)进行区分、识别。

由上述可见,频带宽度、中心频率、主振幅属性可以较好地识别岩浆侵入区,与钻孔实际情况符合程度高,可以为预测岩浆侵入区提供参考。但是研究区岩浆岩分布十分复杂,单一属性对于区分岩浆侵入区与无岩浆岩区域并不理想。

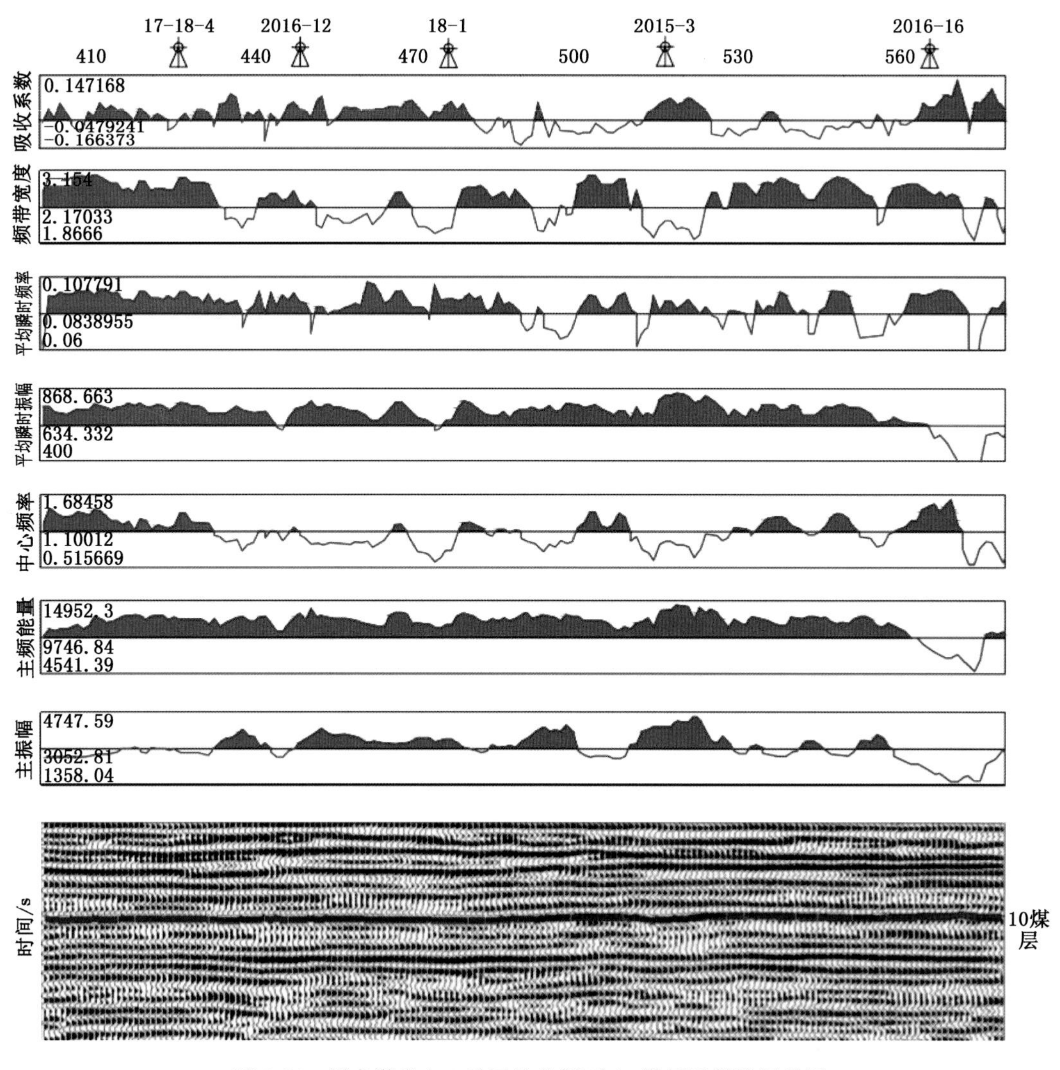

图 6-86 祁南煤矿 103 采区连井剖面 10 煤层反射波属性图

（二）岩浆岩侵入区三维地震叠后多属性识别技术

基于前述地震地质模型正演及研究区 10 煤层反射波过井剖面多属性分析成果，10 煤层岩浆侵入区与无岩浆侵入区在频带宽度、中心频率、主振幅属性有相对明显的区分，岩浆侵入造成 10 煤层地震反射波频带宽度加大、中心频率增大、主振幅降低。结合研究区地质钻孔岩浆侵入特点，对研究区 10 煤层地震反射波进行主振幅、频带宽度、中心频率属性进行提取分析，成果见图 6-87～图 6-89，图中黑色钻孔为无岩浆侵入钻孔，洋红色钻孔为存在岩浆侵入的钻孔。

对比钻孔与地震属性分析平面图，研究区 10 煤层岩浆岩的分布极其复杂，形成地震属性差异也不完全相同。岩浆岩侵入区的地震反射波主振幅属性值一般分布在 12 500～45 000之间(图 6-87 红黄色区域)；频带宽度属性值一般分布在 8.55～15.5 之间(图 6-88 红黄色区域)；中心频率属性值一般在 0.81～1.21 之间(图 6-89 红黄色区域)。

但是单一属性预测结果与钻孔实见情况符合程度不高，详情见表 6-11，频带宽度属性

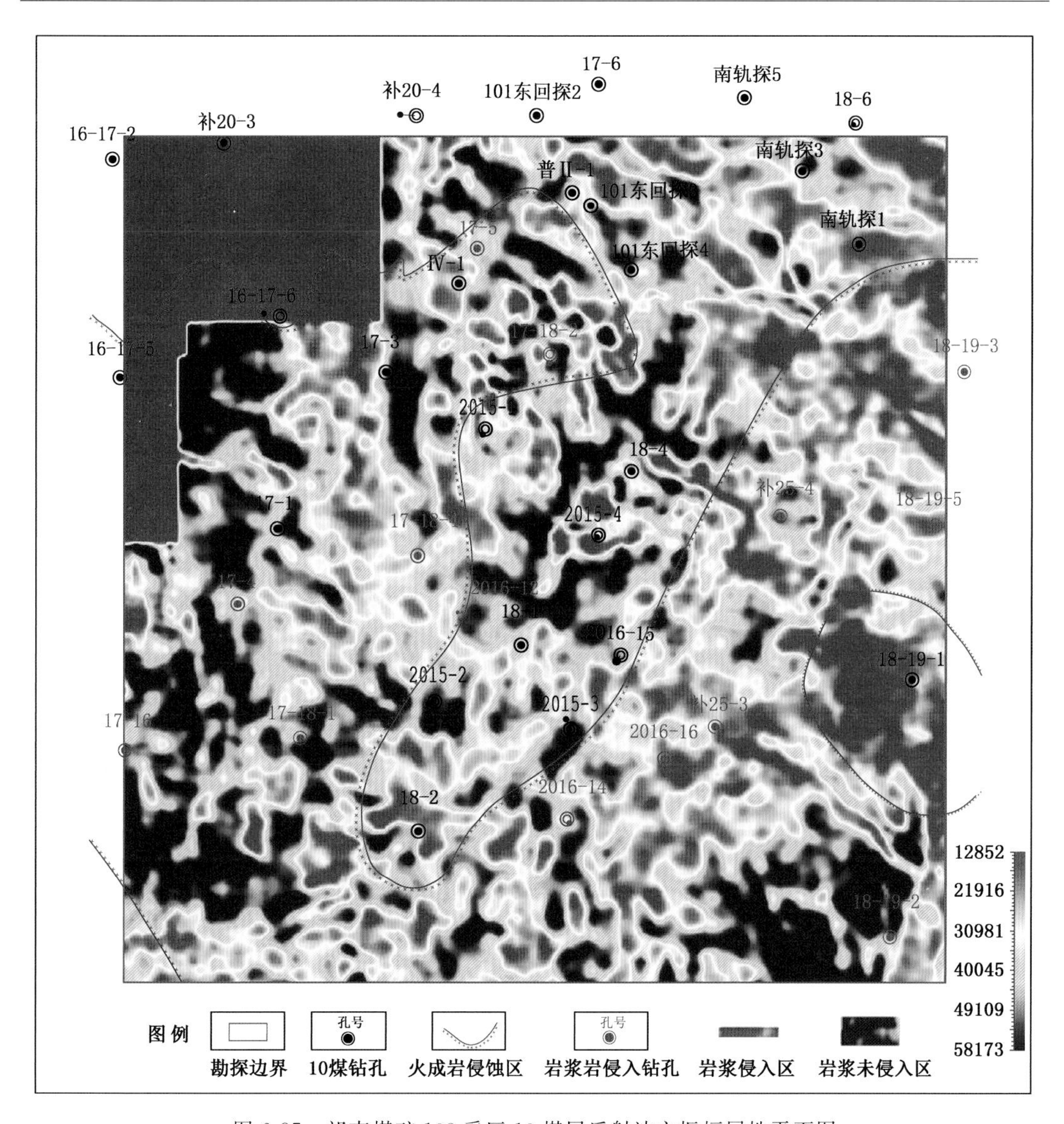

图 6-87 祁南煤矿 103 采区 10 煤层反射波主振幅属性平面图

预测岩浆侵入的准确度为 64%，中心频率属性预测岩浆侵入的准确度为 61%，主振幅属性预测岩浆侵入的准确度为 57%，平均瞬时振幅属性的预测岩浆侵入的准确度为 67.9%，可见凭借单一地震属性预测岩浆的侵入较为困难，据分析可能存在以下原因：

① 地震单一属性与储层岩性、流体性质、储层参数、构造等之间的关系复杂，使得单一属性分析并预测地层往往会带来多解性。

② 本区揭露资料可知，10 煤层受岩浆侵入较严重，表现为大范围变为天然焦或无煤。岩浆多沿煤层顶板侵入，均属脉岩，呈小型矿床产出，平面多呈片状，岩浆岩厚度变化较大。地震地质条件复杂，导致单一属性并不能很好地预测岩浆岩分布区。

③ 仅靠单一的属性分析技术难以准确预测研究区 10 煤层复杂的岩浆岩分布情况，还需与其他物探技术方法进行结合，应用聚类分析等手段进行信息融合，以期达到良好的岩浆岩分布预测精度。

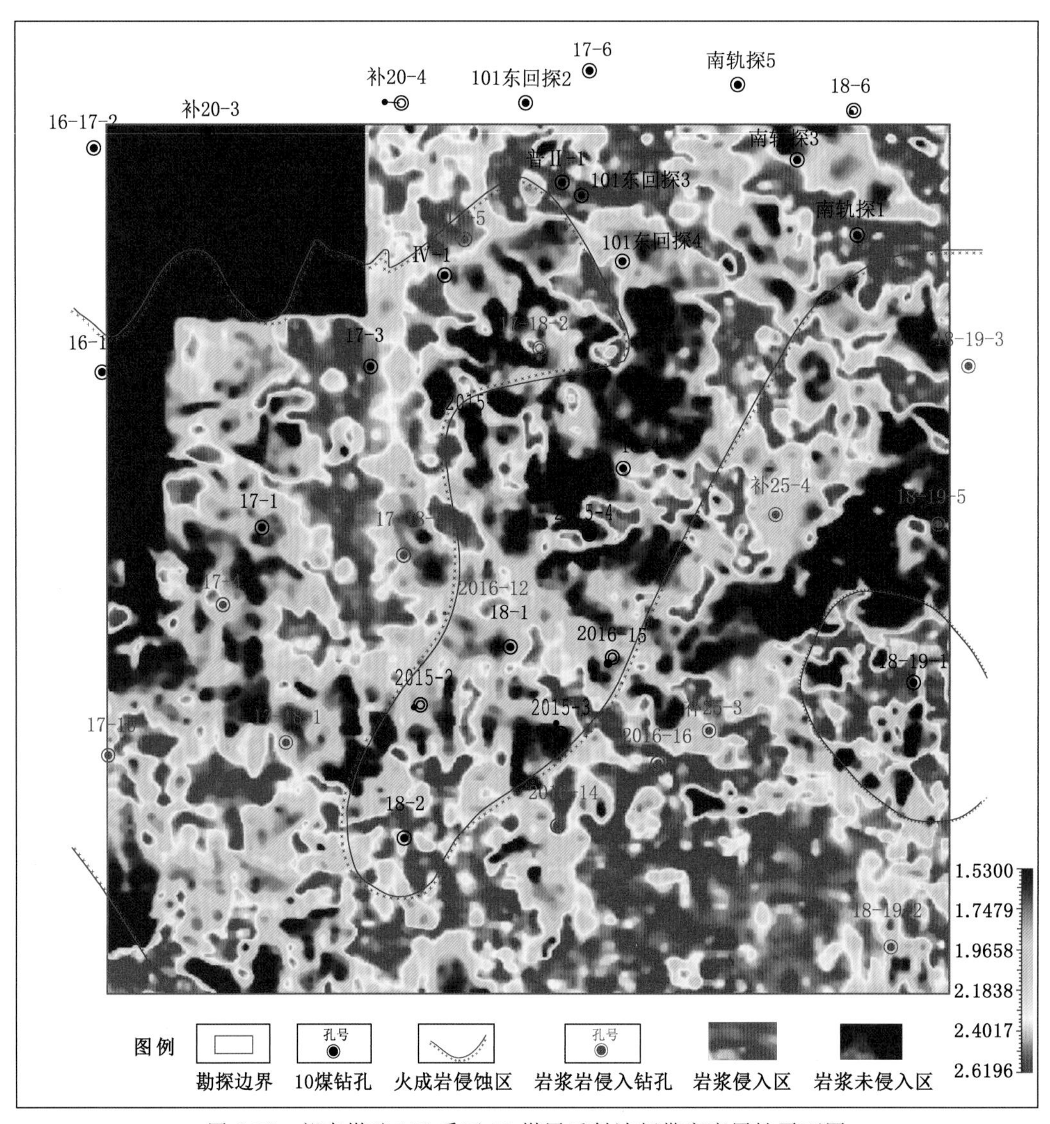

图 6-88　祁南煤矿 103 采区 10 煤层反射波频带宽度属性平面图

表 6-11　钻孔处属性分析与实际吻合情况统计表

	预测结果与钻孔符合	预测结果与钻孔不符合	符合孔数/个	不符合孔数/个	符合率/%
主振幅属性分析	17-18-1、2015-2、17-4、17-1、2016-12、17-18-4、2015-1、17-3、17-5、2016-14、2016-15、2016-16、101东回探 4、补 25-3、18-19-2、18-19-5	17-16、18-2、2015-3、18-1、2015-4、18-4、17-18-2、101 东回探 3、补25-4、南轨探 3、南轨探 1、18-19-1	16	12	57.1
平均瞬时振幅属性分析	17-18-1、2015-2、17-4、17-1、17-5、2016-12、17-18-4、2015-1、17-3、2016-14、18-1、2016-15、18-19-5、101 东回探 4、2016-16、补 25-3、补 25-4、南轨探 3、18-19-2	17-16、18-2、2015-3、2015-4、18-4、17-18-2、101 东回探 3、南轨探 1、18-19-1	19	9	67.9

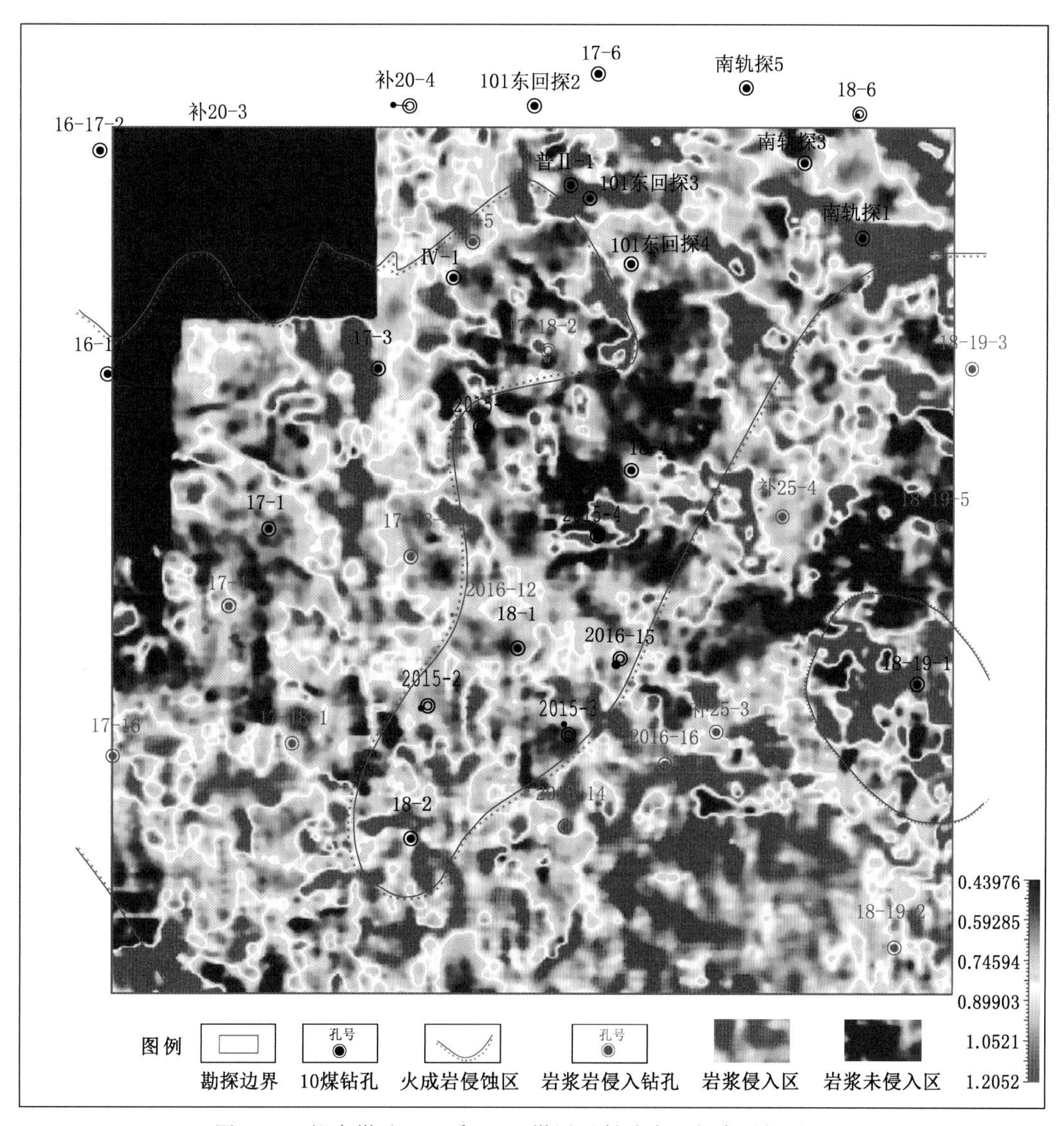

图 6-89　祁南煤矿 103 采区 10 煤层反射波中心频率属性平面图

表 6-11(续)

	预测结果与钻孔符合	预测结果与钻孔不符合	符合孔数/个	不符合孔数/个	符合率/%
频带宽度属性分析	17-16、17-18-1、2015-2、17-4、17-1、2016-12、17-18-4、2015-1、17-5、2016-14、2015-3、18-1、2016-15、2015-4、2016-16、补 25-3、补 25-4、18-19-2	18-2、17-3、18-4、17-18-2、101 东回探 4、101 东回探 3、南轨探 3、南轨探 1、18-19-1、18-19-5	18	10	64.3
中心频率属性分析	17-16、17-18-1、2015-2、17-4、17-1、2016-12、17-18-4、2015-1、17-5、2016-14、2015-3、18-1、2016-15、2015-4、2016-16、补 25-3、南轨探 3、18-19-2	18-2、17-3、18-4、17-18-2、101 东回探 4、101 东回探 3、补 25-4、南轨探 1、18-19-1、18-19-5	18	10	64.3

四、井约束下叠前三维地震 AVO 反演识别岩浆岩侵入区技术

20 多年以来，AVO(Amplitude Variation With offset)技术在石油天然气勘探和开发应用中取得了很大进展。该技术主要是研究地震反射振幅随炮检距变化特征，最初只是为了提高地震直接检测天然气的能力，事实上，今天它正发展成为一种估算地下地震(弹性)特征差异的有力工具。

AVO 是根据振幅随炮检距的变化规律所反映出的地下岩性来直接进行岩性解释的一项技术，AVO 技术的理论基础是完全形式的 Zoeppritz 方程。平面弹性波在弹性分界面的反射和透射理论是地震勘探的理论基础，在各向同性弹性介质中，当一个平面纵波非垂直入射到两种介质的分界面上，就要产生反射波和透射波。在界面上，根据应力连续性和位移连续性，并引入反射系数、透射系数，就可以得到相应波的位移振幅方程，即 Zoeppritz 方程。对于给定的反射界面，Zoeppritz 方程的解取决于两种介质的纵、横波速度和密度以及入射角差异。

(一) 祁南煤矿 103 采区 10 煤层岩浆岩分布 AVO 分析

本次研究采用 Zoeppritz 方程及 Aki-Richards 近似式对研究区内 6 个钻孔测井曲线进行叠前道集正演模拟分析，其 AVO 响应特征结果如图 6-90～图 6-95 所示。

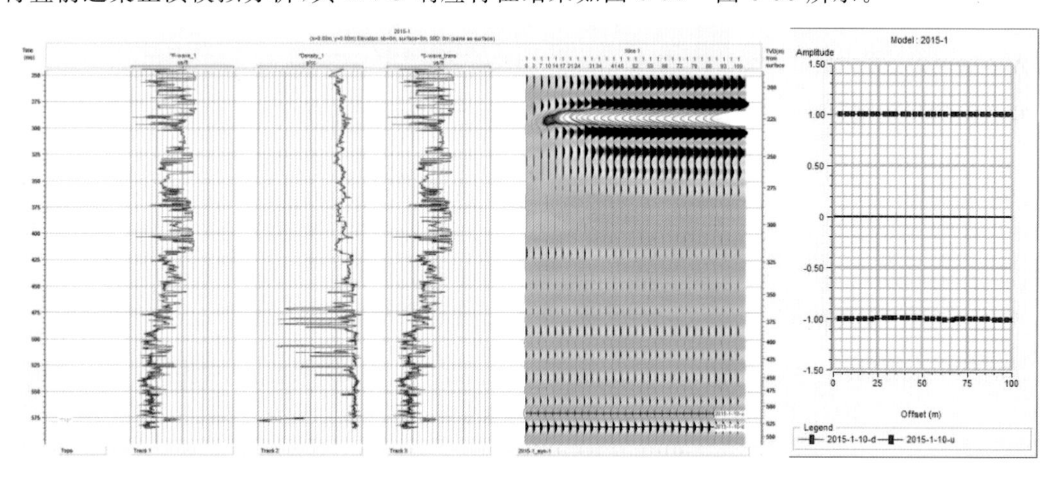

图 6-90　钻孔 2015-1 AVO 响应特征(无岩浆侵入)

在 10 煤层没有岩浆侵入的钻孔(2015-1、2015-2、2015-4)处，10 煤层的 AVO 响应无异常特征，顶、底板界面的反射振幅未随着偏移距的增大而变化；在 10 煤层有岩浆侵入的钻孔(2016-12、2016-14、2016-16)处，10 煤层的 AVO 响应异常明显，尤其是煤层底板的反射波的 AVO 响应异常，表现为梯度异常大于无岩浆侵入钻孔。

AVO 分析证明，岩浆侵入煤层，煤层反射波会产生 AVO 异常，主要表现为煤层顶、底板尤其是底板的 AVO 响应梯度加大，截距减小，这为 AVO 反演识别岩浆侵入区提供了理论基础。但是研究区岩浆侵入煤层的情况十分复杂，是否可以应用 AVO 反演技术准确地识别出岩浆侵入煤层的地震响应特征仍需要进一步研究。

(二) 钻孔约束下叠前 AVO 反演祁南煤矿 103 采区 10 煤层岩浆岩侵入区

研究区钻孔 10 煤层 AVO 分析表明，在保证三维地震资料叠前处理遵循高保真、高保幅、高信噪比的前提下，利用叠前道集进行 AVO 属性反演，反演出的截距、梯度及它们的变

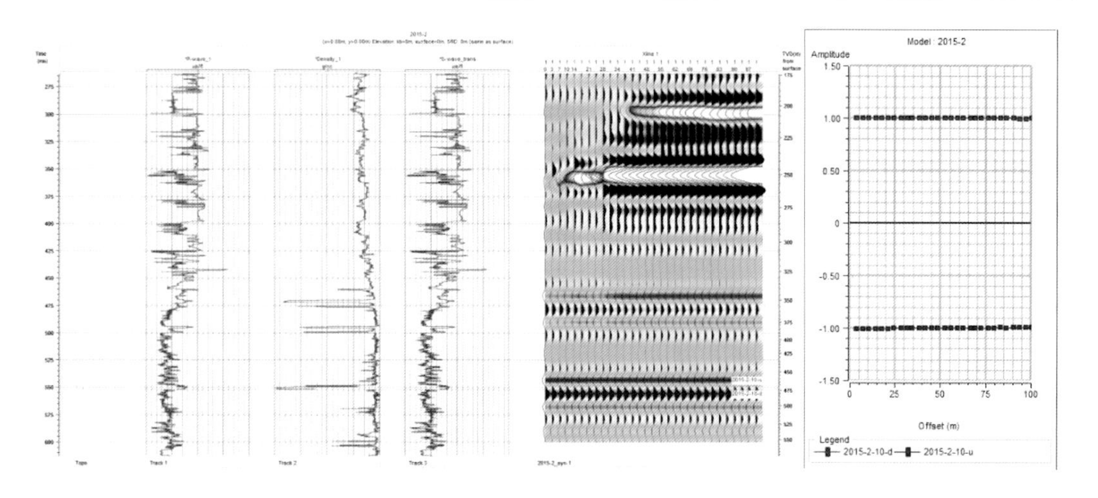

图 6-91　钻孔 2015-2 AVO 响应特征(无岩浆侵入)

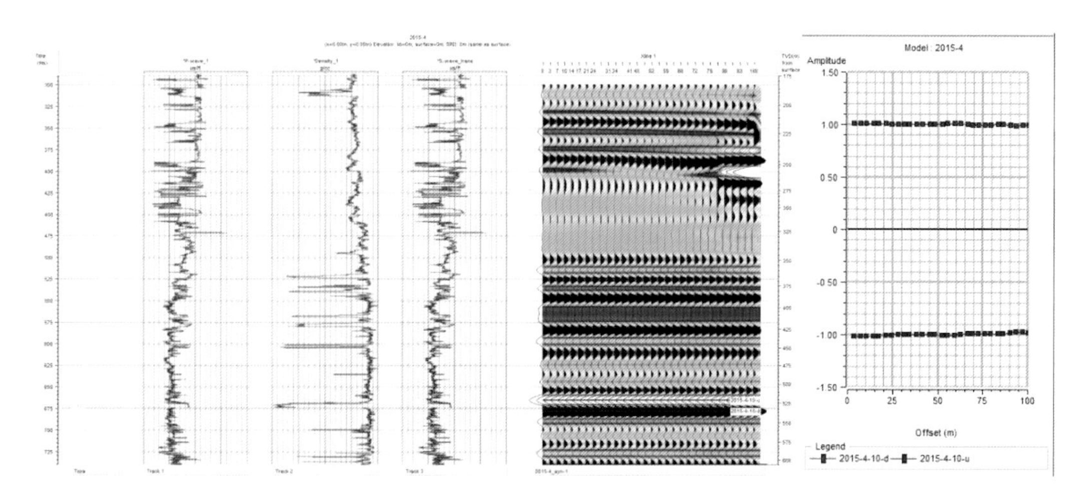

图 6-92　钻孔 2015-4 AVO 响应特征(无岩浆侵入)

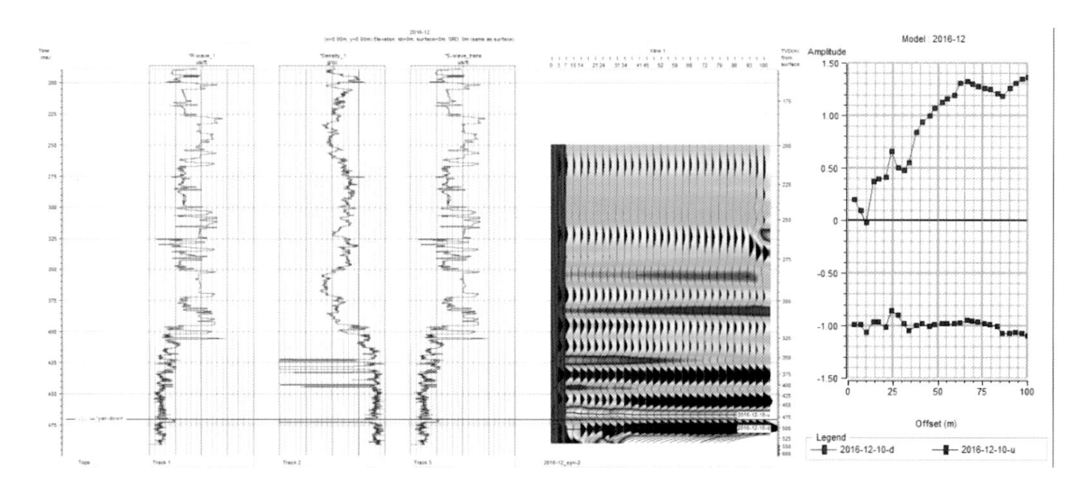

图 6-93　钻孔 2016-12 AVO 响应特征(岩浆侵入 0.4 m,变质煤 1.29 m,煤 1.81 m)

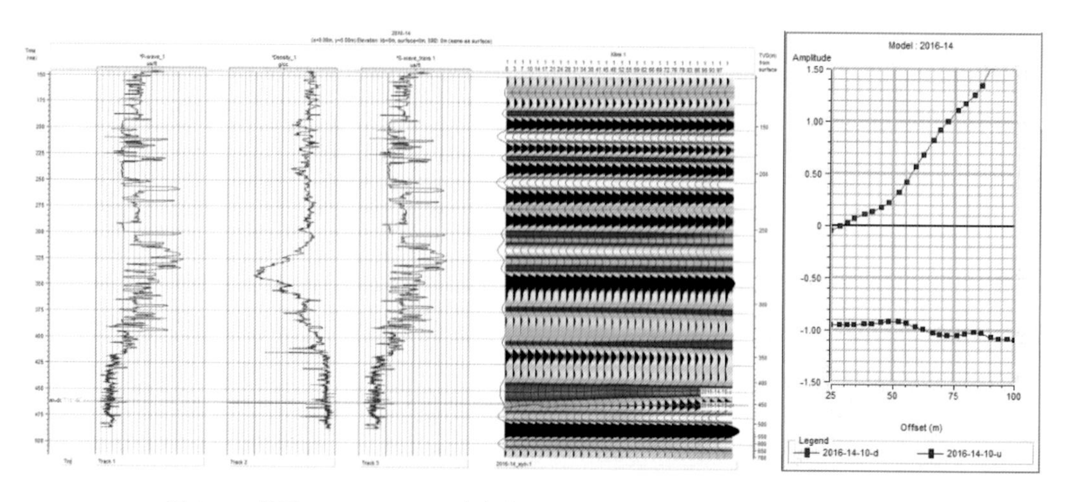

图 6-94　钻孔 2016-14 AVO 响应特征(岩浆侵入 4.23 m,天然焦 0.59 m)

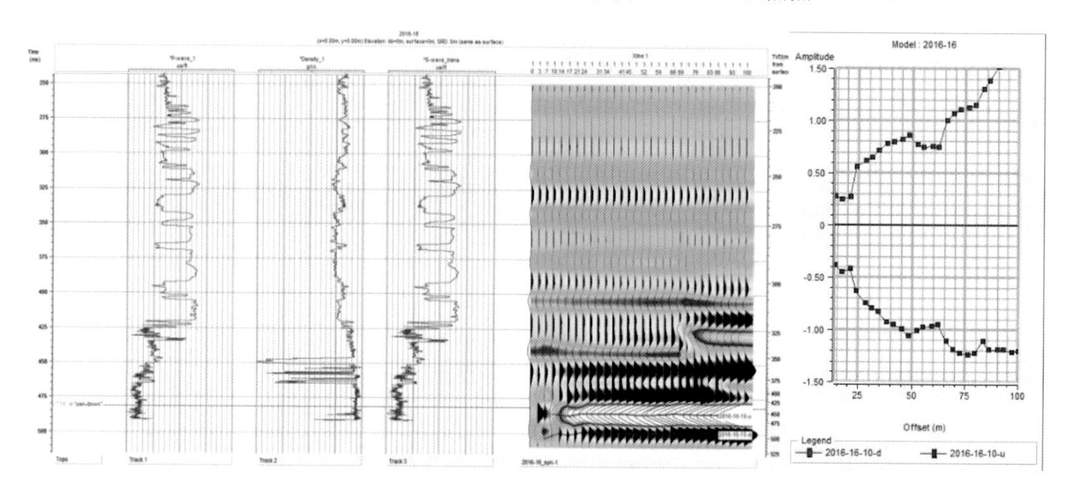

图 6-95　钻孔 2016-16 AVO 响应特征(岩浆侵入 1.7 m,天然焦 0.39 m)

换属性,对于预测研究区 10 煤层岩浆岩分布具有很强的指导意义。

图 6-96 为利用叠前 AVO 反演技术预测 10 煤层岩浆岩侵入区的流程图。

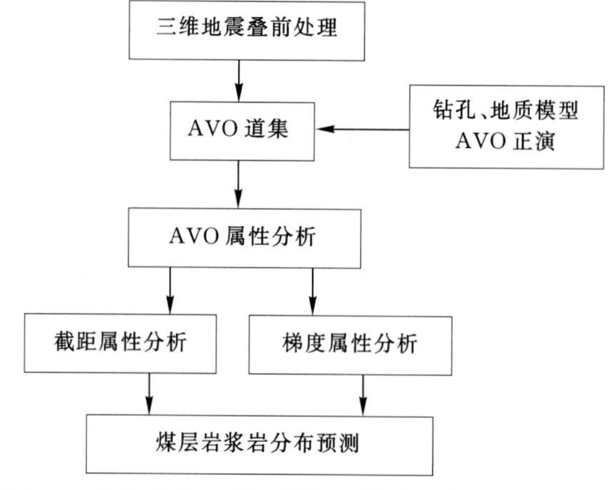

图 6-96　叠前 AVO 反演预测 10 煤层岩浆岩侵入区流程图

三维地震叠前AVO属性分析成果见图6-97～图6-99，图中黑色钻孔为无岩浆侵入钻孔，洋红色钻孔为存在岩浆侵入煤层情况钻孔。对比钻孔分析可知：

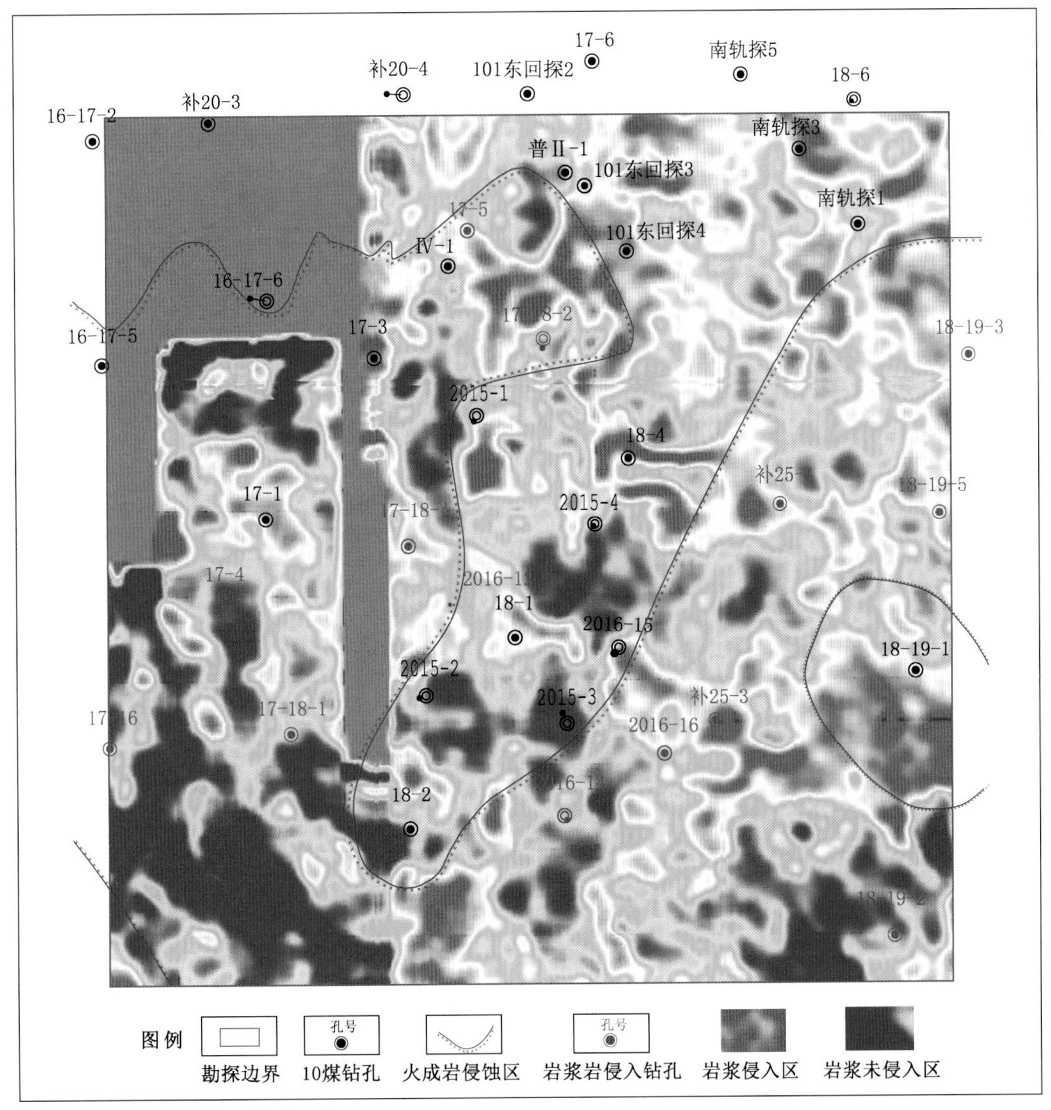

图6-97　祁南煤矿103采区10煤层叠前AVO截距(a)属性反演成果图

① 由截距a属性分析可见，研究区10煤层岩浆岩主要分布于截距属性值低值区，截距属性值一般在−0.2～0.52之间(图6-97中黄色区域)。但是与钻孔对比，其与钻孔的吻合度仅为50%，可见本研究区截距属性并不能较好地预测岩浆岩分布区。

② 由梯度b属性分析可见，研究区10煤层岩浆岩主要分布于梯度属性值高值区，梯度属性值一般在0.68～1.58之间(图6-98中红黄色区域)。但是与钻孔对比，其与钻孔的吻合度仅为57.1%，虽然比截距属性预测的正确率要高，但是效果仍不理想。

③ 由AVO反演属性的变化属性梯度/截距(b/a)分析可知，研究区10煤层岩浆岩主要分布于b/a的高值区，b/a值一般分布于0.35～1.45之间(图6-99中红黄色区域)。但是与钻孔对比，其与钻孔的吻合度仅为60.7%，虽然比截距、梯度属性预测的正确率要高，但是效果仍不理想。

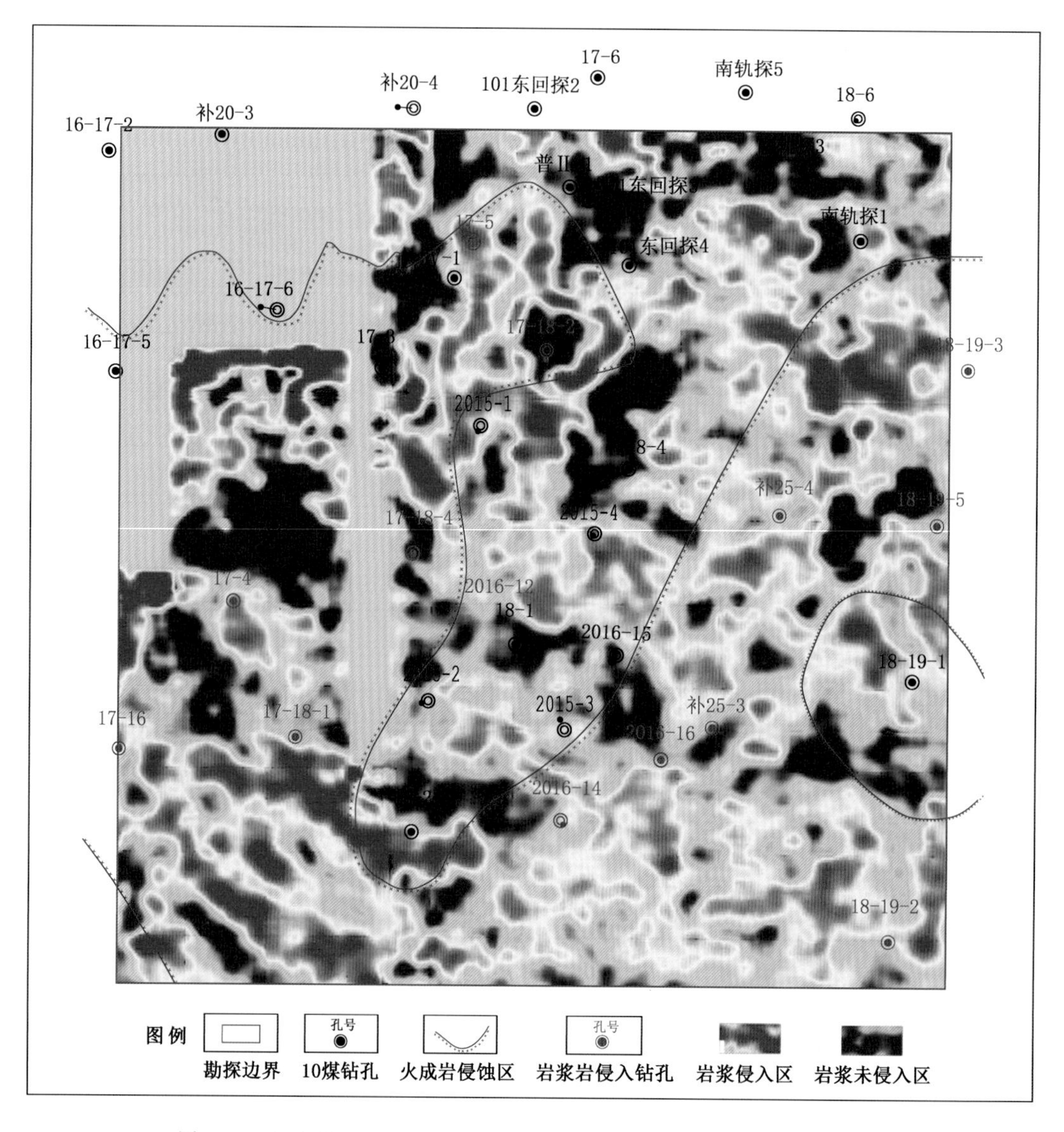

图 6-98　祁南煤矿 103 采区 10 煤层叠前 AVO 梯度(*b*)属性反演成果图

④ 仅靠钻孔约束下叠前三维地震 AVO 反演分析技术对于研究区 10 煤层岩浆岩分布的预测显得有些“力不从心”,还需要与其他物探技术方法进行结合。

AVO 反演属性预测结果与钻孔的吻合情况见表 6-12。

表 6-12　钻孔处属性分析与实际吻合情况统计表

	预测结果与钻孔符合	预测结果与钻孔不符合	符合孔数/个	不符合孔数/个	符合率/%
AVO 梯度分析	17-16、17-18-1、17-4、17-1、17-3、2016-14、18-1、2016-15、18-4、17-18-2、101 东回探 3、南轨探 3、18-19-2、18-19-1	补 25-3、2015-2、016-12、17-18-4、2015-1、17-5、2015-3、2015-4、18-19-5、101 东回探 4、2016-16、18-2、补 25-4、南轨探 1	14	14	50

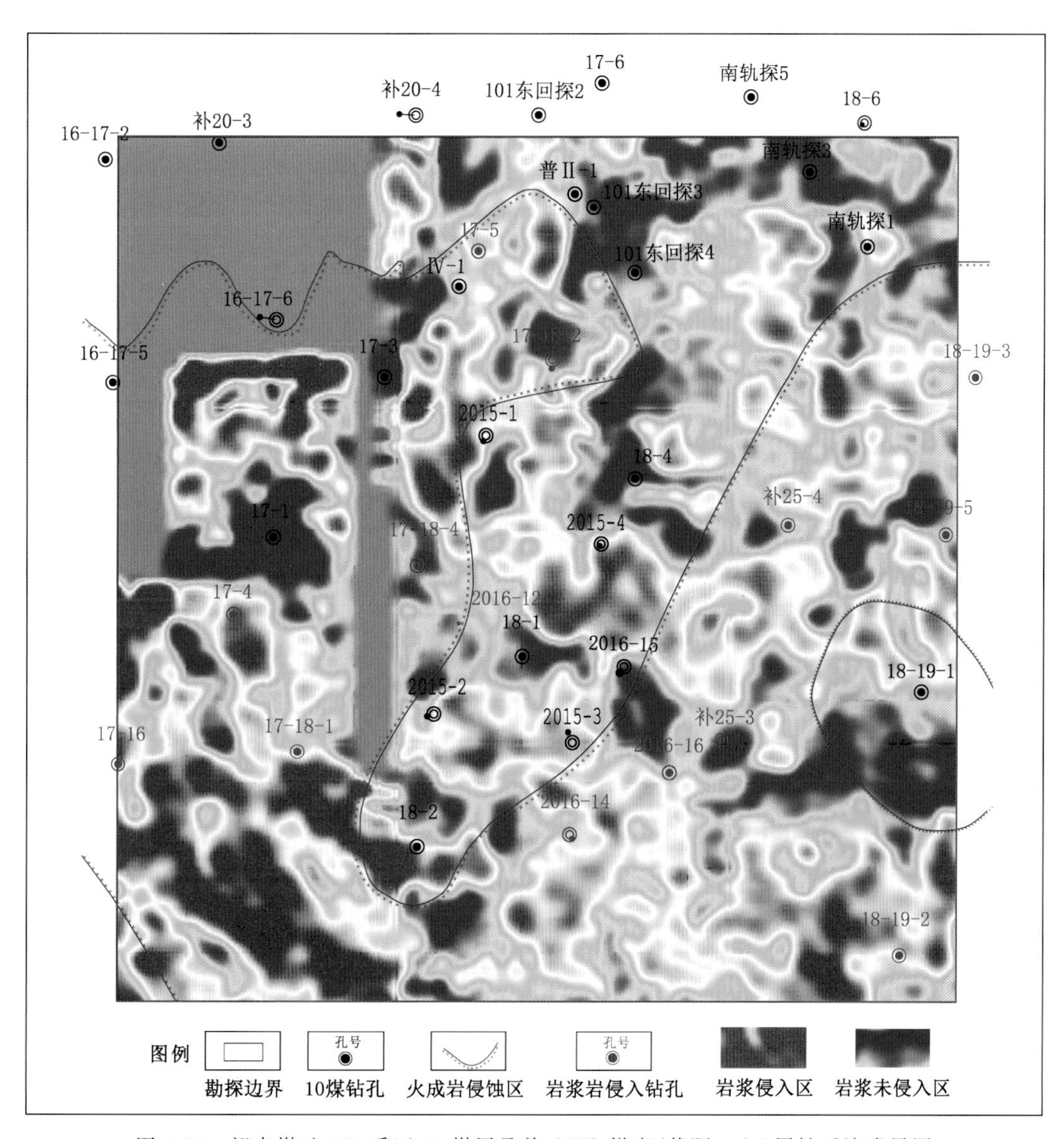

图 6-99　祁南煤矿 103 采区 10 煤层叠前 AVO 梯度/截距(b/a)属性反演成果图

表 6-12(续)

	预测结果与钻孔符合	预测结果与钻孔不符合	符合孔数/个	不符合孔数/个	符合率/%
AVO 截距分析	17-16、2015-2、17-4、17-1、17-3、17-5、2016-14、2015-3、18-1、2016-15、18-4、101 东回探 4、101 东回探 3、补 25-4、南轨探 3、18-19-2	17-18-1、18-2、2016-12、17-18-4、2015-1、2015-4、补 25-3、17-18-2、016-16、南轨探 1、18-19-1、18-19-5	16	12	57.1
AVO 梯度/截距分析	17-16、17-18-1、2015-2、17-4、17-1、17-3、17-5、2016-14、18-1、2016-15、18-4、101 东回探 4、101 东回探 3、2016-16、南轨探 3、18-19-2、18-19-1	18-2、2016-12、17-18-4、2015-1、2015-3、2015-4、17-18-2、补 25-3、补 25-4、南轨探 1、18-19-5	17	11	60.7

（三）井约束下叠前弹性三参量反演识别岩浆岩分布区技术

煤层的构造或岩性变化主要反映在密度、波速及其他弹性参量的差异上，这些差异导致了地震波在传播时间、振幅、相位、频率等方面的变化或异常。当岩浆侵入煤层时，一方面造成煤层燃烧变薄；另一方面岩浆岩充填，岩浆岩的岩石物理参数完全异于煤层，一定会造成该区岩石的弹性参量变化率加大。因此，岩浆侵入煤层带来的变化一定会造成地震反射波的差异，然而这些差异靠常规的技术手段进行识别是无法做到的。如果仔细地研究它们引起地震信息变化的特征，然后反过来提取这些特征，就可以作为煤层岩浆侵入区识别的依据。

1. 叠前弹性参量反演

Zoeppritz 方程组表达了平面纵波入射到无限大水平反射界面时，各种波形的反射和透射系数与反射界面两侧岩石的纵波速度、横波速度、密度和入射角之间的关系。

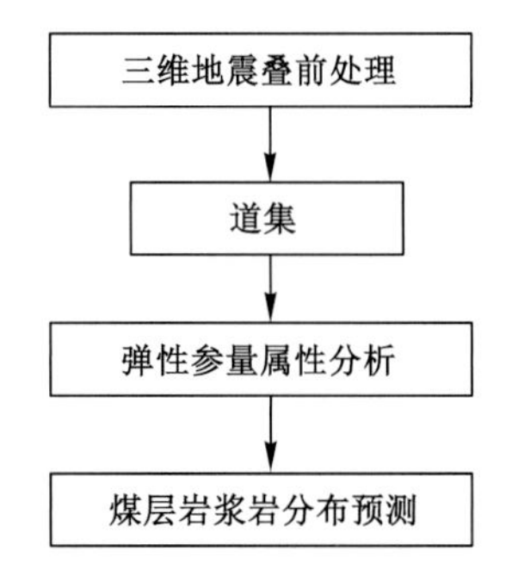

图 6-100　叠前弹性参量三维地震反演预测 10 煤层岩浆岩分布流程图

假设反射界面两侧介质的弹性特征的相对变化比较小，纵波反射系数 $R(\theta)$可以表示为剪切模量变化量、密度变化量和拉梅常数变化量的近似式，因此，又称剪切模量变化量、密度变化量和拉梅常数变化量为叠前弹性参量。图 6-100 为利用叠前弹性参量反演技术预测 10 煤层岩浆岩分布流程图。

2. 祁南煤矿 103 采区 10 煤层岩浆岩分布区叠前弹性参量反演

叠前弹性参量反演成果见图 6-101～图 6-103 所示，图中黑色钻孔为无岩浆侵入钻孔，紫色钻孔为存在岩浆侵入的钻孔。通过与钻孔实见情况对比分析可知：

① 祁南煤矿 103 采区 10 煤层叠前弹性参量分布复杂，变化较大。研究区 10 煤层岩浆侵入区的密度变化量一般大于 4.933E＋06，一般分布于 4.933E＋06～8.31E＋06 之间(图 6-101 中蓝色区域)；拉梅常数变化量一般为负值，一般分布于－2.99E＋06～－1.231E＋06 之间(图 6-102 中蓝绿色区域)；剪切模量变化量一般为负值，一般分布于－5.31E＋06～－2.05E＋06 之间(图 6-103 中绿色区域)。

② 剪切模量变化量、拉梅常数变化量、密度变化量的反演结果与钻孔实见匹配程度不高，验证效果并不理想，其中密度变化量的反演结果验证符合率为 60.7%，拉梅常数变化量反演结果验证符合率为 53.6%，剪切模量变化量的反演结果验证符合率仅为 50%。各钻孔符合情况详情见表 6-13。

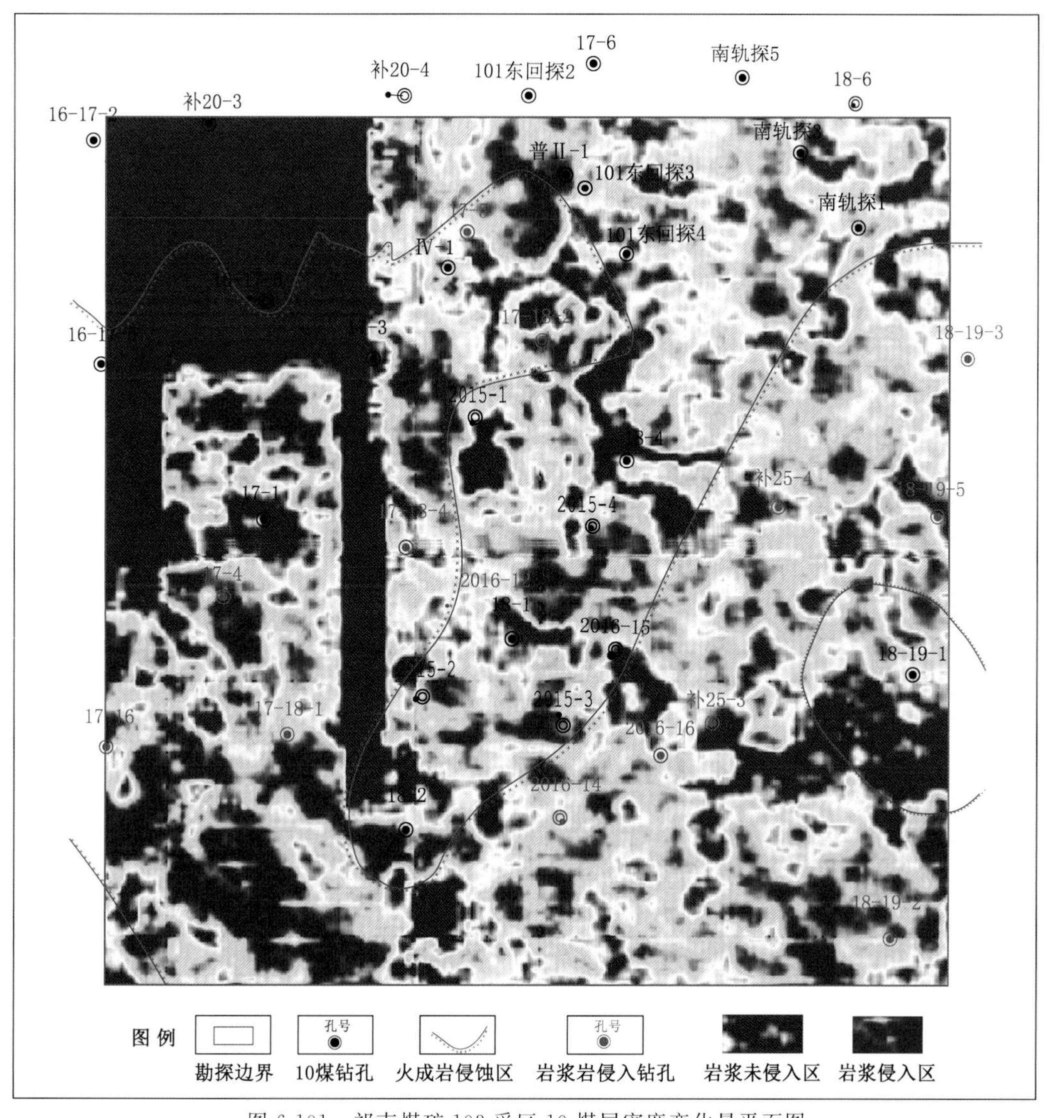

图 6-101　祁南煤矿 103 采区 10 煤层密度变化量平面图

表 6-13　钻孔处叠前弹性参数属性与实际吻合情况统计表

	预测结果与钻孔符合	预测结果与钻孔不符合	符合孔数/个	不符合孔数/个	符合率/%
密度变化量属性分析	17-16、17-18-1、2015-2、17-4、17-1、2015-1、17-3、18-1、2016-15、2015-4、18-4、17-18-2、18-19-2、101 东回探 4、南轨探 3、101 东回探 3、18-19-1	18-2、2016-12、17-18-4、17-5、2016-14、2015-3、2016-16、补 25-3、补25-4、南轨探 1、18-19-5	17	11	60.7
拉梅常数变化量属性分析	17-16、17-18-1、2015-2、17-4、17-1、2015-1、17-3、17-5、2016-14、18-1、2016-15、18-4、17-18-2、2016-16、18-19-2	18-2、2016-12、17-18-4、2015-3、2015-4、补 25-3、101 东回探 4、南轨探 3、101 东回探 3、补 25-4、南轨探 1、18-19-1、18-19-5	15	13	53.6

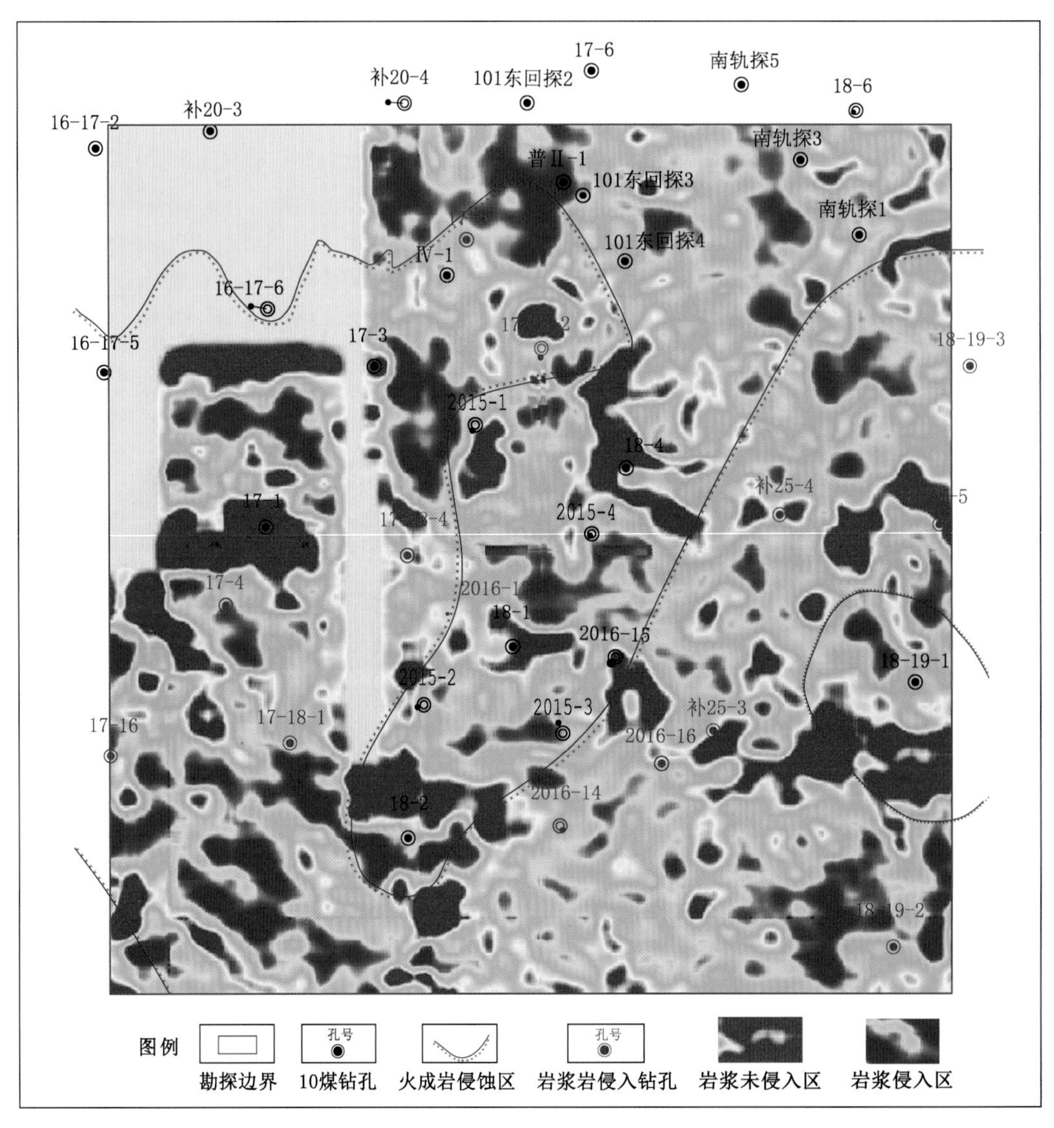

图 6-102　祁南煤矿 103 采区 10 煤层拉梅常数变化量平面图

表 6-13(续)

	预测结果与钻孔符合	预测结果与钻孔不符合	符合孔数/个	不符合孔数/个	符合率/%
剪切模量变化量属性分析	17-16、17-18-1、17-4、17-1、2016-12、2015-1、17-3、18-1、2016-15、17-18-2、101 东回探 4、南轨探 3、18-19-2、18-19-1	18-2、2015-2、17-18-4、17-5、2016-14、2015-3、2015-4、18-4、2016-16、101 东回探 3、补 25-3、补 25-4、南轨探 1、18-19-5	14	14	50

③ 仅靠叠前弹性参量反演技术是难以准确地预测研究区 10 煤层复杂的岩浆岩分布的，还需与其他物探技术方法进行结合，以期达到良好的岩浆岩分布预测精度。

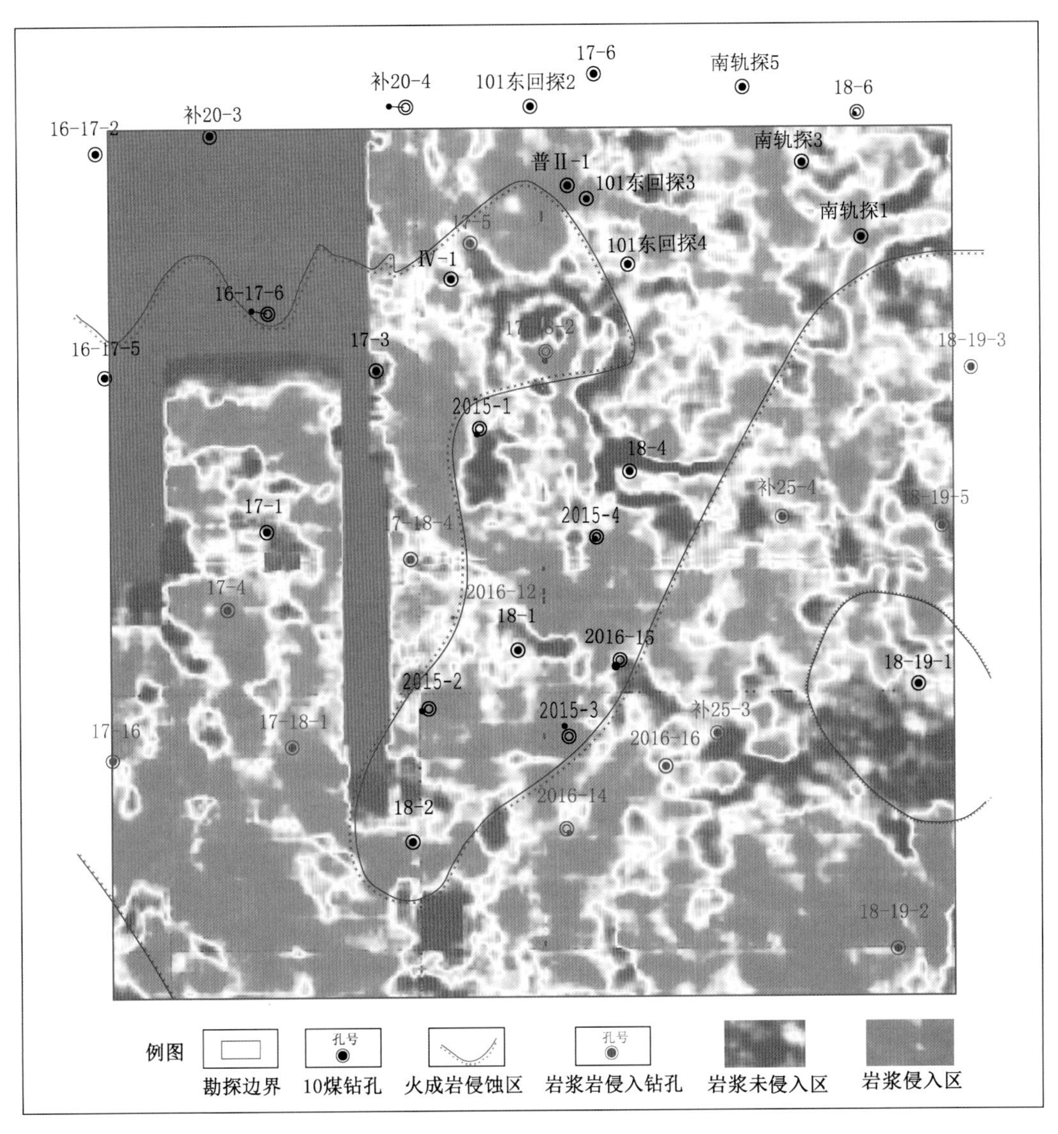

图 6-103　祁南煤矿 103 采区 10 煤层剪切模量变化量平面图

第五节　构造富水性预测

淮北煤田水害十分严重，随着开采深度的不断增加，矿井水害越来越严重，安全生产形势十分严峻。淮北煤田的水害类型主要有松散含水层水（如四含水）、煤系砂岩裂隙水、灰岩水、断层水及老空水。淮北煤田各矿常见的导水通道主要有裂隙构造、顶板冒裂带、底板破坏与封闭不良钻孔等，裂隙构造是主要导水通道。裂隙构造主要有断层、陷落柱等，由断层和陷落柱引发的突水案例也较多，断层的存在一方面拉近了煤层与含水层的距离，另一方面破坏了岩层的完整性，改变了岩层的储水和导水性能。

本节基于岩石完整与破碎性分析的三维地震波形差异属性特征，识别、解释陷落柱、断层、裂隙发育区的解释技术与方法；通过拟测井属性反演技术反演出岩石电阻率、岩石密度、岩石孔隙率，分析煤层顶、底板的富水性(导水性)，总结分析出煤层顶底板富水性(导水性)的敏感属性。

一、基于岩石完整性三维地震属性分析技术

(一) 岩石完整性地震分析地球物理基础

1. 岩石完整性(或破碎性)与煤矿陷落柱、断层的关系

陷落柱与断层在地质上具有容易识别的特征，主要表现为：

① 煤矿陷落柱内岩石的完整性受到明显的破坏，内部大多由上部坍塌破碎的岩块所组成，分选性及胶结性差，与周围岩石的交接部位多呈不规则状；受陷落柱影响，其顶部具有一定的岩石形变现象。

② 一般来说，断层导水性除了与是否导通了上下含水岩层有关外，还与断层的性质密切关联。落差较大的正断层由于张力拉伸作用，断层面往往表现为较宽的岩石破碎通道，落差较小的断层则多表现岩石破碎、裂隙发育；而受剪切作用形成的逆断层，其断层面理论上为一光滑面，其岩石破碎性弱，导水性相对较差。

③ 虽然岩石破碎不一定是陷落柱及断层发育所造成的，但陷落柱及断层发育部位大多产生岩石破碎现象，并具有必然联系。

2. 岩石完整性(或破碎性)弹性特征

依据地震勘探中地震波在介质中传播的弹性理论，地震波在各向同性介质(弹性性质与空间方向无关的介质称为各向同性介质)中传播，弹性系数是常数，产生的地震波其动力学特征(波形振幅、频率、相位)具有同一性；反之，地震波在各向异性介质(弹性性质与空间方向有密切相关的介质称为各向异性介质)中传播，弹性系数是变数，产生的地震波其动力学特征(波形振幅、频率、相位)具有差异性。在一定尺度下，煤盆地沉积岩大都看成各向同性介质，即在横向上有变化也是极缓慢的，较少会出现各向异性的性质，因此，煤储层的岩石介质看成各向同性介质模型，在这种介质中，弹性系数是一个常量。

具有完整性特征的岩石，没有发生对岩石的破坏、改造等地质作用，则同一地质时期、同一沉积环境沉积的同一岩层则属各向同性介质，对其上产生的弹性震动，其介质内部质点震动波型特征(波形振幅、频率、相位等)具有同一性。

具有破碎性特征的岩石，受断裂构造运动、岩浆岩侵入、水动力对岩石的破坏、改造等地质作用以及受煤矿开采原位应力改变的影响，原位具有完整性特征的岩石部分受到破坏产生断裂破碎带、裂隙发育带、岩浆岩侵入带、溶洞发育带、陷落柱等地质变化，这些部位的岩石已失去了原位岩石完整性的弹性特征，表现对其上产生的弹性震动，其介质内部质点震动波型特征(波形振幅、频率、相位等)不具有同一性的各向异性的特征。

因而，针对岩石的完整性(或破碎性)分析，为进一步识别煤矿陷落柱及断层通道具有现实意义，也为基于利用三维地震弹性介质的各向同性及各向异性理论，研究、分析煤矿陷落柱及断层发育及其导水性分析奠定了基础。

(二) 岩石完整性(或破碎性)地震地质模型正演分析

1. 地质模型的建立

依据上述岩石弹性介质的各向同性(完整岩石)与各向同异性(破碎岩石)特征，建立陷落柱及断层带地质模型及参数如图 6-104 所示。

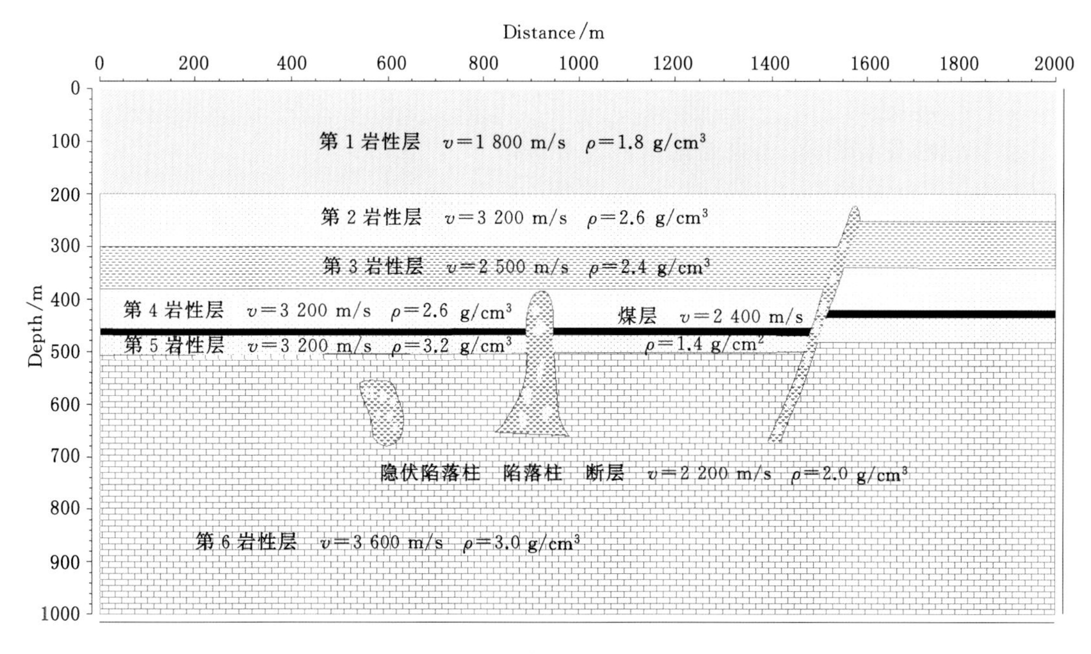

图 6-104　陷落柱、断层地质模型

2. 地震正演分析

采用垂直射线追踪算法进行地震模型正演(子波主频为 50 Hz 的雷克子波),获得正演时间剖面如图 6-105 所示。

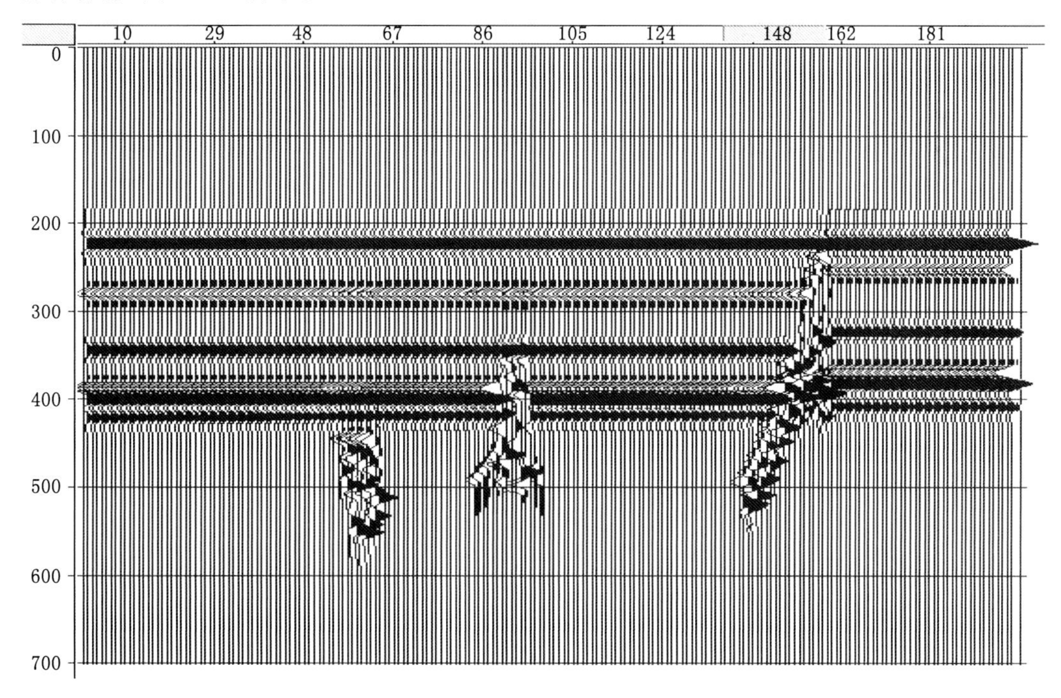

图 6-105　模型正演地震剖面图

分析模型正演地震响应可见：

① 在地层正常部位，波形特征明显且稳定，见图 6-106 所示。

② 陷落柱发育部位，无论是陷落柱发育至煤层中还是灰岩内部，在陷落柱发育（或受其影响）部位地震波形产生畸变（图6-107），易于与正常地层（或煤层）反射波相区别。

③ 断层发育部位，地震波形也产生畸变（图 6-108），易于与正常地层（或煤层）反射波相区别。

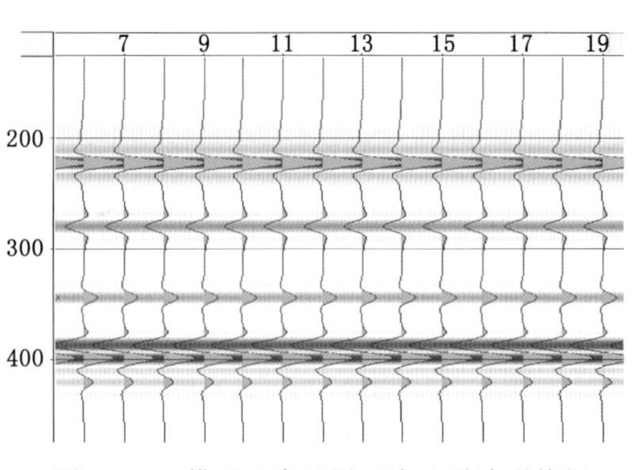

图 6-106　模型正常地层正演地震波形特征

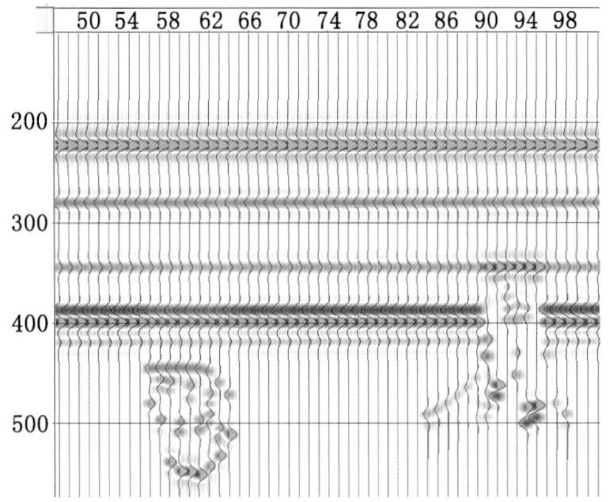

图 6-107　陷落柱发育部位正演地震剖面图

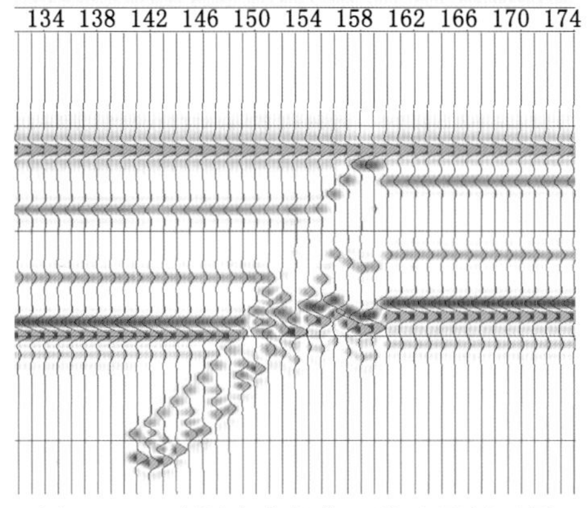

图 6-108　断层发育部位正演地震剖面图

④ 将模型正演结果进行基于波形差异特征的地震属性分析，其成果如图 6-109 所示。分析可见，陷落柱、断层带发育部位表现为异常能量分布区（蓝色），易于与正常地层分布区

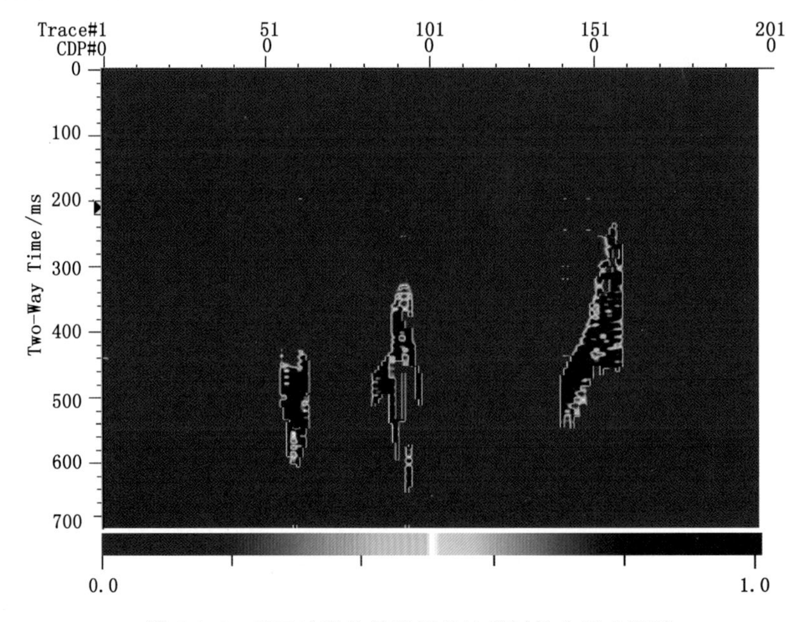

图 6-109　基于波形差异特征的地震属性分析成果图

(红色)相区别。

⑤ 将模型正演结果进行瞬时相位分析,如图 6-110 所示。分析可见,正常地层与陷落柱及断层发育部位瞬时相位特征也发生了变化。

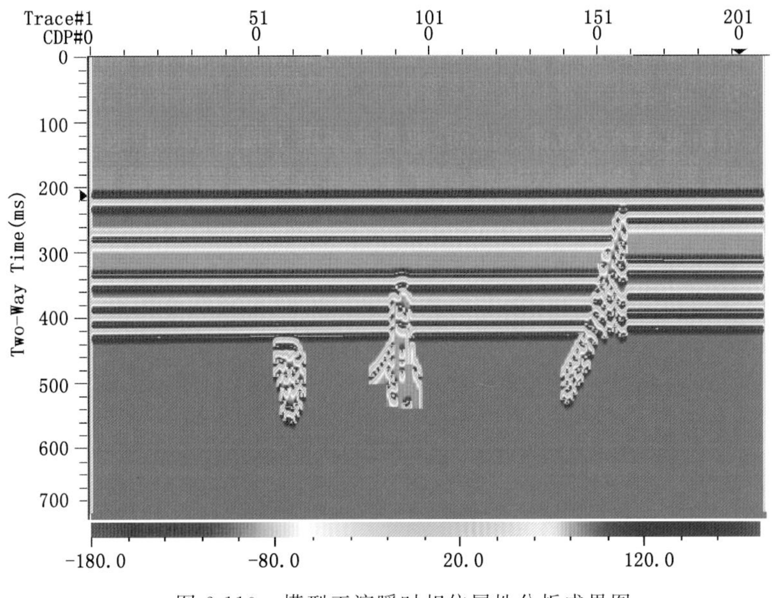

图 6-110 模型正演瞬时相位属性分析成果图

⑥ 将模型正演成果进行瞬时频率分析,如图 6-111 所示。分析可见,正常地层与陷落柱及断层发育部位瞬时频率特征也发生了变化。

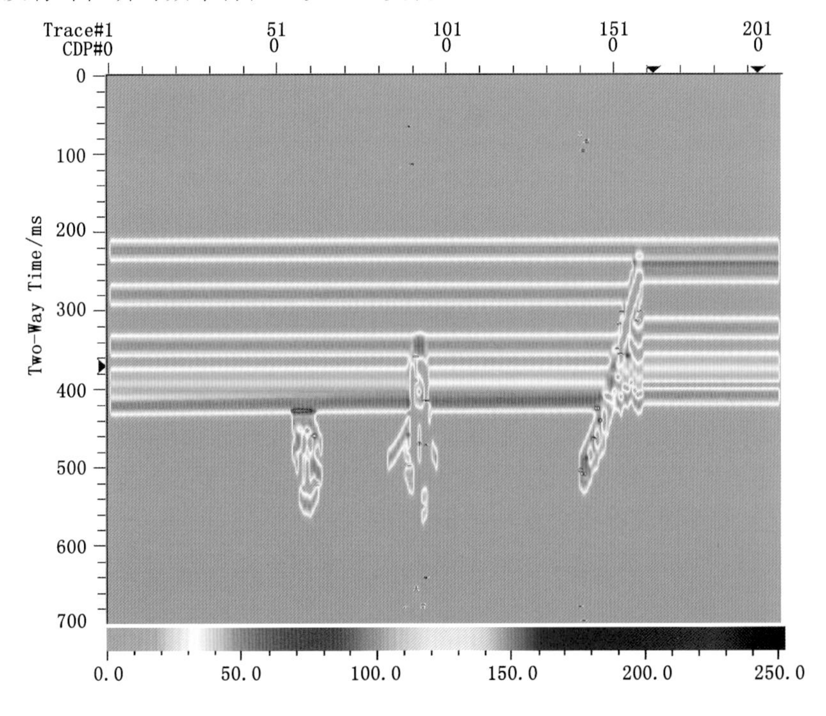

图 6-111 模型正演瞬时频率属性分析成果图

正演模拟表明，在地震可分辨能力范围内，陷落柱及断层（理论上多为张性断层）受其内部破碎岩石各项差异性弹性特征影响，产生畸变的波形差异特征。这种特征，为进一步基于岩石的完整性（或岩石破碎性）分析陷落柱（或隐伏陷落柱）、断层通道提供依据。

（三）基于岩石完整性（或破碎性）地震波形差异分析基本原理

地震波形差异体属性是地震相似类属性之一，它是计算时窗中心道和指定的相邻道差异系数的数学方法。地震波在穿越地质异常体时会出现地震波的散射，产生明显差异，能够获得比传统属性分析更清晰的成像。因而，地震波多用于描述（识别）地质体异常，如陷落柱边界、古河道冲刷边界、岩浆岩侵入边界、煤矿采空区边界、断层的破碎带等。

地震波形差异属性分析以归一化互相关差异性分析为基础。在三维地震空间中给定的单元内以固定间隔计算一个地震道的波形与其他地震道波形相似性比较，即在设定的一个时窗内计算中心道与相邻道之间波形互相关差异系数，估算地震波的衰减（该属性将微分用于计算中，其结果与相似体属性具有相似性）。属性的值在 0（理论上代表波形无差异）和 1（理论上代表波形完全不同）之间。波形差异分析常采用的算法有几何平均值、算术平均值、最大差异值、最小差异值等。

1. 相邻道的选取

相邻道选择一般采用线性 3 道、正交 3 道及正交 5 道，并将其差异属性值赋予中心道，如图 6-112 所示（正交 3 道）。地震波形差异属性分析的成果表现为：在正常煤系地层部位表现为连续/不间断的波形相似层序，而地质体异常发育部位则表现出波形差异特征。

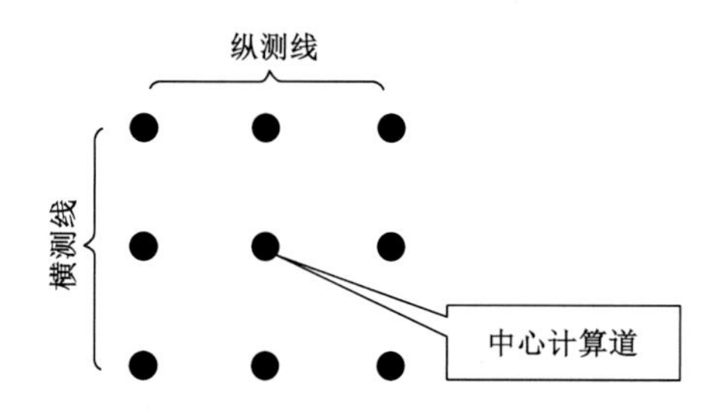

图 6-112　正交 3 道波形差异属性相邻道计算示意图

2. 地震波形差异时窗选择

一般参与波形差异比较的道数越多，时间分析窗口越大，会因多个反射同相轴的出现，导致计算出的差异特征值有可能仅表现为同相轴的连续性，平均效应越大，降低了对地质异常体的分辨率，这时突出的主要是大的地质异常，比如大陷落柱、大的岩浆岩侵入区等异常。相反，参与波形差异比较的道数少，适宜的时间分析窗口、平均效应小，就会提高地质异常体的分辨率，对较小的地质异常体的识别有利。因而，在实际分析中要根据研究地质目的的不同来选择参与计算波形比较的道数及时间分析窗口。

研究成果表明，在利用地震波形差异计算的道数采用正交 3 道、时间窗口选择煤层反射视周期的 1/3～1/4 为宜。

二、岩石密度、孔隙率及视电阻率三维地震拟测井反演分析

众所周知，煤层顶底板富水性的强、弱与岩性及其上下围岩岩性纵向组合、横向分布特征等关系较为密切。岩性纵向组合、横向分布特征及富水性强、弱必然导致岩石的波速、密

度、电阻率、孔隙率等物性特征上具有较大的差异，这些差异在地质钻探测井成果上表现为：富水性强的岩石组合具有密度减小、速度减小、电阻率减小、孔隙率大等特征，而富水性较弱的岩石组合具有密度增大、速度增大、电阻率增大、孔隙率小等特征。

然而，当存在富水性的断层构造或其他良导电地质体时（如断层破碎带富水，灰岩内存在充水溶洞、裂隙、陷落柱等），该区域岩层物性特征将发生明显的改变，将打破水平方向物性的均一性，当其在三维空间上具有一定规模时可改变岩石纵、横向电性的变化规律，表现为物性异常。因此，利用岩石的物性特征研究目标区的富水性成为可能。

另外，地层中岩石物性的变化反映在采区三维地震数据上，表现为地震波几何学、运动学、动力学或统计特征的变化，最为明显的就是岩石波速、密度的变化。在目标地区地震地质情况确定的情况下，只要岩性或流体性质变化的特征参数达到某一程度，通过对目标区测井成果约束下的地震多属性反演速度反演、密度反演、视电阻反演、视孔隙率反演等，并研究这些成果与研究目标富水性强、弱变化关系就可间接地对目标区的富水性进行预测。

主要目的层顶底板一定范围内岩石密度、孔隙率及视电阻率变化特征三维地震拟测井反演分析，采用了研究区内具有密度及视电阻率曲线的钻孔，反演流程如图 6-113 所示。多属性反演以测井成果为基础，在测井成果约束下通过地震多信息的融合在三维地震体内进行岩石物性反演。

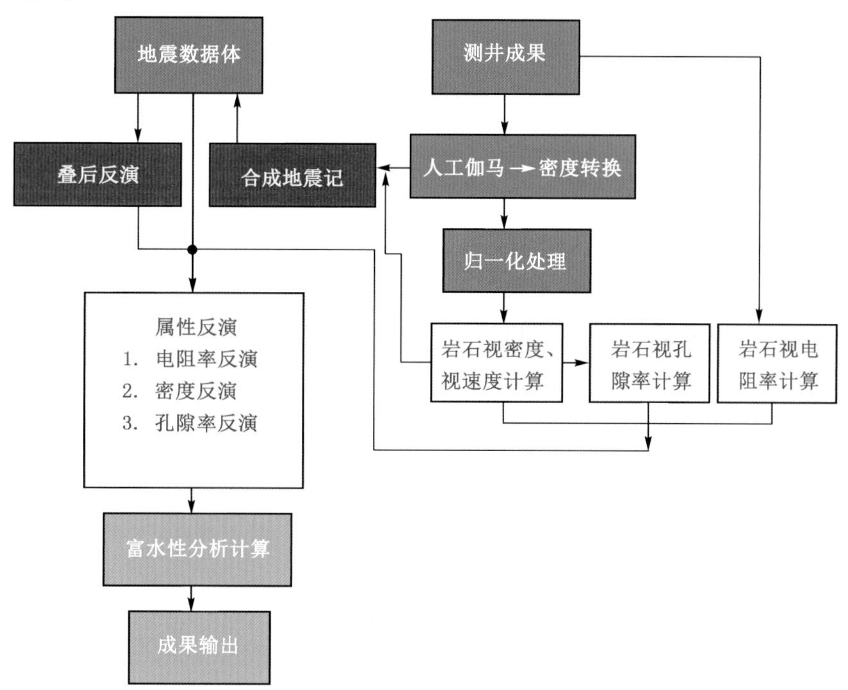

图 6-113　三维地震拟测井属性反演流程图

三、实例分析

勘探区属华北型地层，整个含煤地层（石炭系、二叠系）覆盖于奥陶系灰岩之上，含煤地层上部被第四系冲积层覆盖；地层层序自下而上为奥陶系中统马家沟组灰岩、石炭系上统、二叠系、第四系，其中缺失奥陶系上统、志留系、泥盆系、石炭系下统、三叠系等。含煤地层为上石炭统本溪组、太原组和二叠系山西组、上、下石盒子组，其中以二叠系下统下石盒子组为主，山西组次之。朱庄煤矿Ⅲ63采区6煤层为主采煤层，桃园煤矿北翼采区10煤层为主采煤层。

（一）研究区岩石的完整性（或破碎性）三维地震波形差异属性分析

1. 研究区主要目的层地震波形异常区分析

（1）朱庄煤矿Ⅲ63采区6煤层三维地震波形差异属性异常区

基于岩石完整性（破碎性）分析技术，利用三维地震波形差异属性体沿6煤层上下时间±10 ms内属性特征值的算术平均层间统计属性分析，获得波形差异性属性统计特征，如图6-114所示。该成果表现了以6煤层为中心，顶、底25～30 m范围内煤岩石的完整性（红色）或破碎性（蓝色）分布特征。

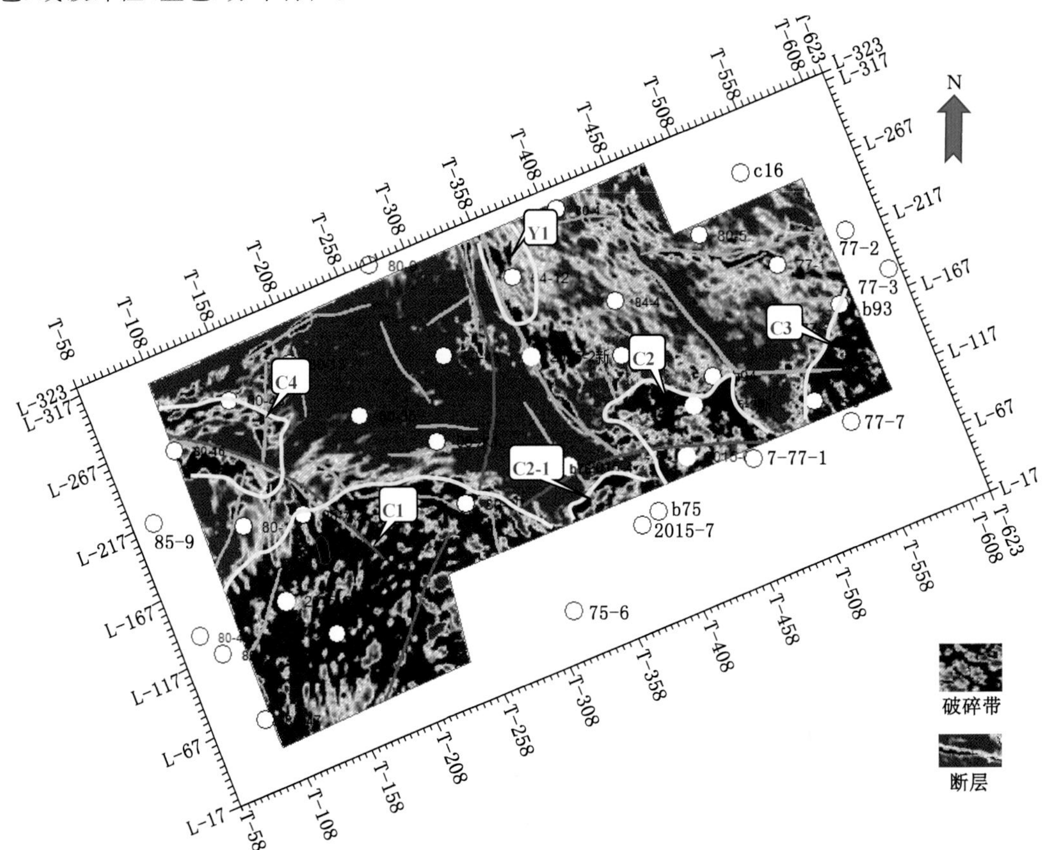

图6-114　朱庄煤矿Ⅲ63采区6煤层波形差异性层间统计属性图

研究区内6煤层中因断层产生的破碎带较为发育（蓝色和浅蓝色异常带），在区内发现1处反射波异常区（Y1反射波异常区），6处反射波品质变差区（C1、C2、C2-1、C3、C4）。

C1反射波品质变差区：据钻孔揭露为煤层变薄区，位于测区西南朱暗楼向斜轴部，面积约0.58 km^2。6煤、太灰、奥灰反射波波形紊乱，在波形差异属性图上现象明显，在时间剖面上有效波波形凌乱，难以连续追踪。C1区内有5个钻孔，分别是80-42、80-47、80-30、2015-1与08-水2。80-30钻孔揭露的6煤仅为0.3 m，80-30钻孔对应的6煤反射波明显弱于正常地区。2015-1钻孔位于C1异常区中部，从钻孔柱状图上揭示6煤厚度为2.3 m，以碎块状为主，内生裂隙发育，太原组灰岩裂隙较发育，见有1～2 mm的裂隙6条/m。08-水2钻孔位于C1区边部，揭露的太原组灰岩裂隙异常发育，揭露6煤层厚度为1.85 m，但距离仅有200 m左右的80-14钻孔揭露6煤厚度为3.06 m。这些资料佐证了C1反射波品质变差区煤厚变化较大，可能是岩体受地质应力作用挤压破碎引起煤岩层品质变化。

C2 反射波品质变差区：位于 S3 向斜轴部，面积约 0.17 km^2，在波形差异属性图上现象明显，时间剖面上均有异常显示。6 煤反射波在 C2 内无钻孔控制，位于 C2 区边界外的80-6 孔与 B94 孔止孔深度为 6 煤层，无法对下伏太灰与奥灰的异常显示进行验证。由于与 C1 区一样处于向斜轴部，成因可能与 C1 区一样，岩体受地质应力作用挤压破碎引起煤、岩层品质变化。C2-1 区特征与 C2 类似，为反射波品质变差区。

C3 反射波品质变差区：位于测区东南，只存在于 6 煤与太灰，面积约 0.05 km^2。在几种属性切片上 6 煤反射波的显示异常都比较明显，太灰反射波显示紊乱，奥灰反射波基本正常。在时间剖面上也是如此，因此只在 6 煤与太灰圈出了 C3 品质变差区。根据上下波组关系对比分析，该异常区可能是沉积原因造成煤层变薄或围岩岩性变化等使煤层与围岩波阻抗差异不明显造成反射波异常。

C4 反射波品质变差区：位于 S1 向斜轴部，面积约 0.07 km^2。在时间剖面上 6 煤反射波缺失，太灰反射波、奥灰反射波波形紊乱，连续性差。该处位于向斜轴部，其成因可能是岩体受地质应力作用挤压破碎引起煤、岩层品质变化。

Y1 异常区：位于测区中北部 S2 向斜轴部，面积约 0.03 km^2。在波形差异属性图上 6 煤显示异常面积较小，太灰、奥灰面积逐渐变大，在时间剖面上 6 煤反射波缺失，太灰、奥灰反射波波形紊乱。该异常区有一个 64-12 钻孔，钻孔揭露 6 煤厚 2.00 m，且煤层内部裂隙特别发育。由于处于向斜轴部，可能岩体受地质应力作用挤压破碎引起煤、岩层品质变化。

(2) 桃园煤矿北翼采区 10 煤层三维地震波形差异属性异常区

如图 6-115 所示，研究区内 10 煤层中因构造产生的破碎带较为发育（蓝色异常带、浅蓝色异常带），大多破碎带呈线性条带状分布。除了以上所述线性条带状分布的断层破碎带异常外，另一方面要关注的是因陷落柱（或隐伏陷落柱）造成的煤岩层破碎及裂隙发育呈团块状异常特征。从图 6-115 分析可知，区内 10 煤层中发现 7 个异常区（A、B、C、D、E、F、G）分布在本研究区内，现就 A、B、C、F、G 异常区地震波形差异属性进行介绍。

A 异常区域：位于桃园煤矿北翼采区南部，该部位 10 煤层高精度三维地震勘探构造精细解释为一“平面上近似葫芦形，长轴近 EW 方向，长度大约为 370 m，短轴长度为 160 m”薄煤层异常区（黄色线）。经过本次波形差异属性特征分析、识别，该异常与陷落柱无关，该异常东部区域时间剖面可见 10 煤层反射波缺失（或弱），但下部太原组灰岩内部反射波发育正常。从波形差异属性特征剖面分析发现，该部位太灰顶界面以下 80～90 m 灰岩具备完整性特征，因此，10 煤层中该部位的异常可能与断层有关。

B 异常区域：位于桃园煤矿北翼采区东部，从时间剖面上看共解释 BF43、BF125、BF93、BF37 等断层。经过本次波形差异属性特征分析、识别，该异常与断层有关，分析过该异常东部区域时间剖面，可见 10 煤层反射波该部位煤岩层破碎、裂隙发育，但下部太原组灰岩内部反射波发育正常。从波形差异属性特征剖面分析发现，该部位太灰顶界面以下及奥灰顶界面岩石破碎，裂隙发育，因此，10 煤层中该部位的异常可能与断层有关。

C 异常区域：位于桃园煤矿北翼采区中部，经过波形差异属性特征分析、识别，该部位 10 煤层高精度三维地震勘探构造精细解释为一“平面上近似圆形，长轴近 EW 方向，长度大约为 748 m，短轴长度为 370 m，面积约为 0.046 km^2”薄煤层区异常区（黄色线）。该异常区奥灰发育疑似陷落柱 3，平面上陷落柱外形为一椭圆形，剖面上为上小下大的锥状，其东西方向直径约 97 m，南北方向直径约 365 m，发育在奥灰内部，并在边界与 BF39 断层相接。

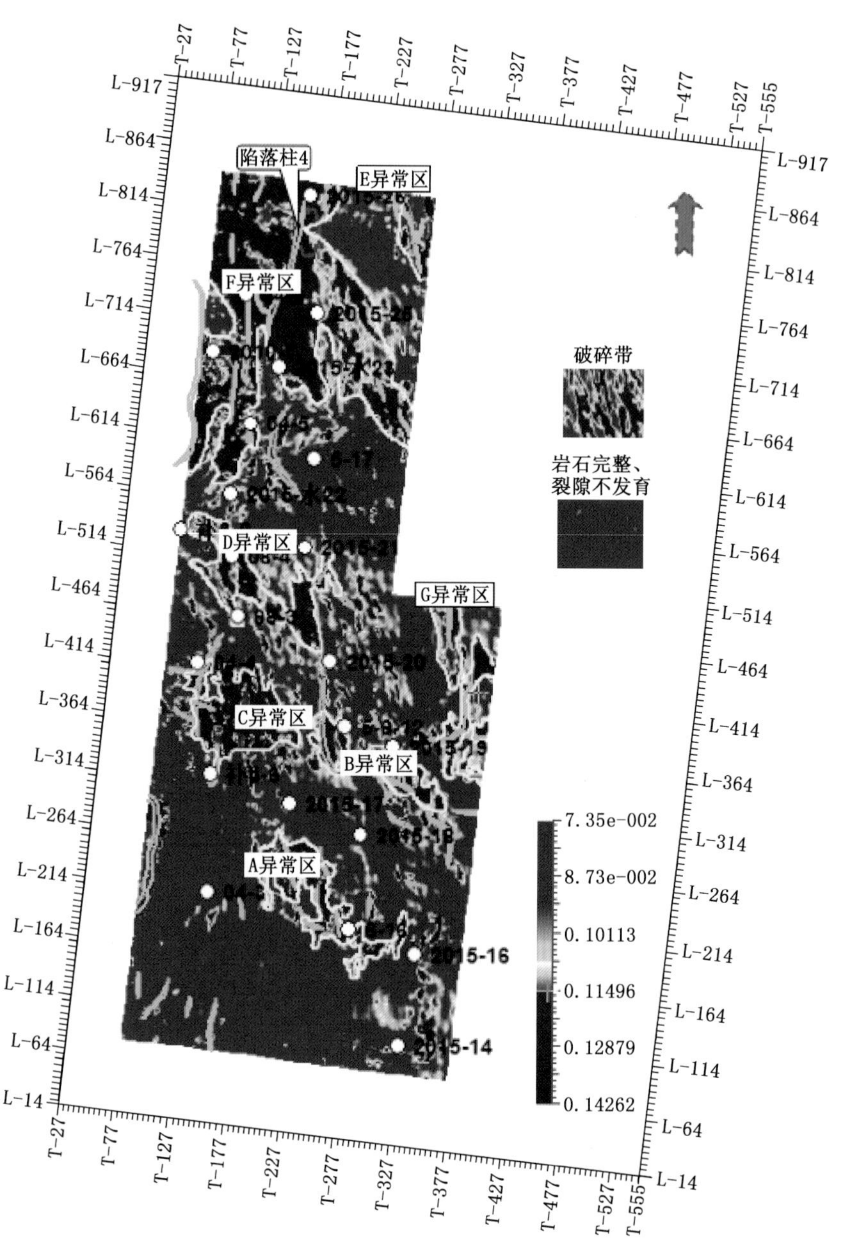

图 6-115　桃园煤矿北翼采区 10 煤层(±10 ms)波形差异性层间统计属性图

该断层断穿主要开采煤层，有可能影响到上部煤层，奥灰受影响面积为 0.02 km²。该异常东部区域时间剖面，10 煤层反射波缺失(或弱)，但下部太原组灰岩内部反射波发育正常。从波形差异属性特征剖面分析发现，该部位太灰顶界面以下 80～90 m 灰岩具备完整性特征，因此，10 煤层中该部位的异常可能与岩浆侵入有关。

F 异常区域：位于桃园煤矿北翼工区北部，04-6、2015-26、2010-1、2015-水 23、2015-2 等孔部位，该部位 10 煤层反射波较弱。波形差异属性特征则表现为 5 煤层至 10 煤层间岩石破碎，裂隙发育，10 煤层至太原组太灰下 40～50 m 内灰岩破碎，裂隙发育。该异常区发育疑似陷落柱 4，平面上陷落柱外形为一不规则圆形，剖面上为上小下大的锥状。10 煤底板东西方向直径约 77 m，南北方向直径约 190 m；太灰顶板东西方向直径约 160 m，南北方向直径约 290 m；奥灰顶板东西方向直径约 240 m，南北方向直径约 350 m。10 煤层受影响面积为 0.02 km^2，太灰受影响面积为 0.04 km^2，奥灰受影响面积为 0.07 km^2。

G 异常区域：位于桃园煤矿北翼采区东部边缘区，该部位 10 煤层高精度三维地震勘探精细解释了逆断层 BF36，走向 NNE，倾向 NWW，倾角变化范围为 40°～60°。该断层主要错断 5_2煤层-奥陶系灰岩，是一条沟通煤层与奥陶系灰岩的断层，区内最大落差为 36 m，在煤层中延展长度为 384～414 m。经过本次波形差异属性特征分析、识别，该异常与断层有关。分析过该异常东部区域时间剖面，可见 10 煤层反射波该部位煤岩石破碎，裂隙发育，但下部太原组灰岩内部反射波发育正常。从波形差异属性特征剖面分析发现，该部位太灰顶界面以下 80～90 m 灰岩破碎，奥灰顶界面破碎。因此，10 煤层中该部位的异常可能与逆断层 BF36 有关。

上述研究区主采煤层典型波形差异属性特征分析成果表明，利用三维地震资料，基于波形差异属性特征的岩石完整性（或破碎性）分析研究，不仅有利于对断裂发育带、陷落柱（或隐伏陷落柱）等异常发育区进行客观的分析与识别，而且对异常的导水通道的分析、识别、解释更为直观。

2. 研究区 6(10)煤层底板下 50 m 内范围裂隙发育特征分析

利用波形差异属性特征体，对 6 煤(10 煤)层底板下 25～30 m、40～50 m 范围进行岩石完整性（岩石破碎性）分析。

(1) 朱庄煤矿Ⅲ63 采区 6 煤层底板下 25～30 m 范围裂隙发育特征研究分析

沿 6 煤层底板下 25～30 m 范围波形差异属性特征提取，结果见图 6-116 所示。由图可见，6 煤层下 25 m 范围内岩石破碎范围增大（蓝色异常部位），破碎性增强。

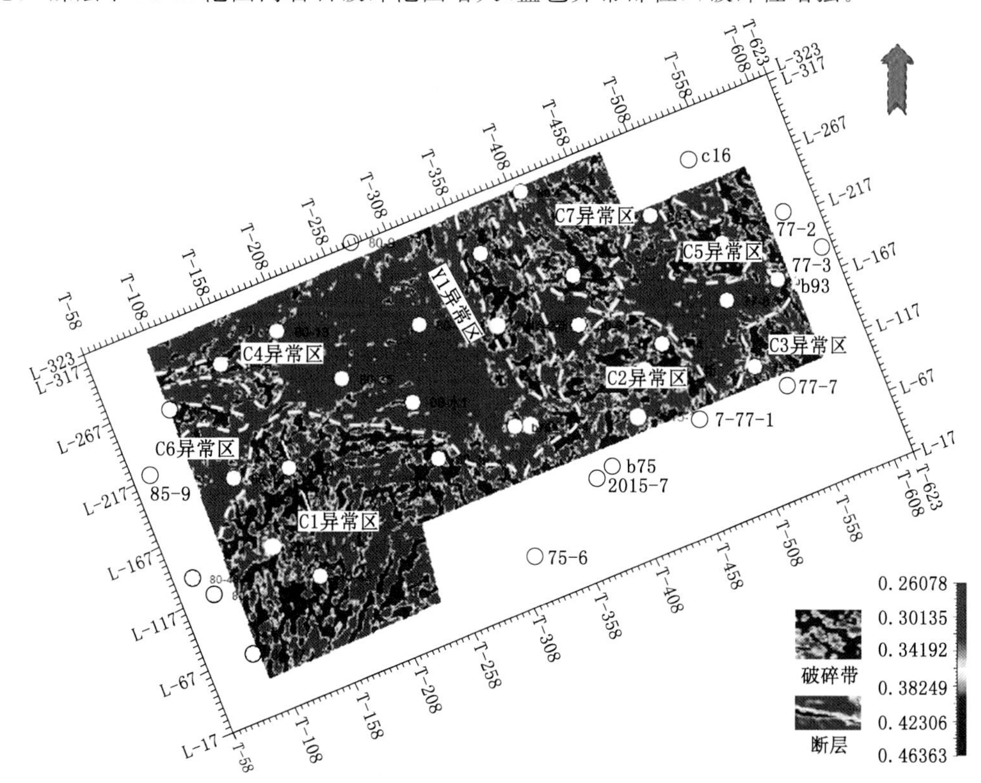

图 6-116　朱庄煤矿Ⅲ63 采区 6 煤层底板下 25～30 m 范围波形差异属性图

(2) 朱庄煤矿Ⅲ63采区6煤层底板下40～45 m范围裂隙发育特征分析

沿6煤层底板下40～45 m范围进行波形差异属性特征提取,结果如图6-117所示。

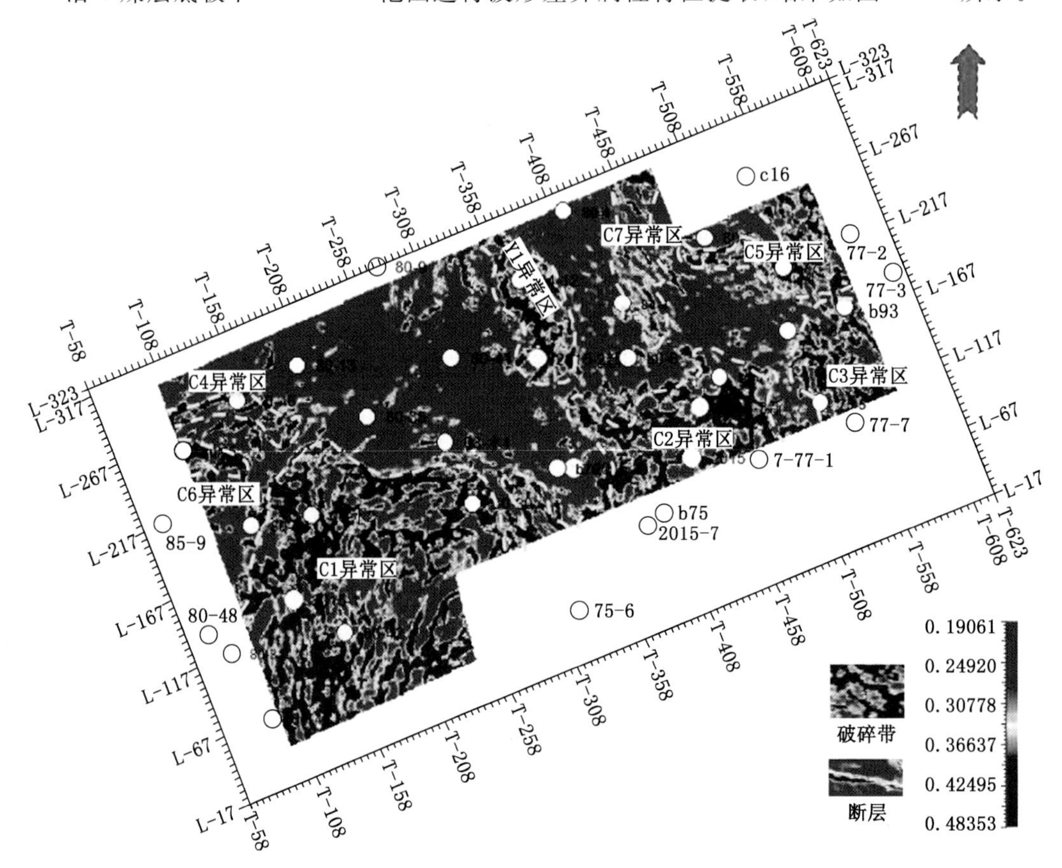

图6-117 朱庄煤矿Ⅲ63采区6煤层底板下40～45 m范围波形差异属性图

① 研究区中部边界C2异常区发育位置比6煤层下35 m影响范围增大,该异常区波形差异属性蓝色特征清晰,对比波形差异属性图和相干体属性图可以看出,C7异常区在6煤层没有破碎,6煤层下25 m严重破碎,裂隙发育。

② 研究区西南C1波性差异属性特征异常区域,属6煤层底板约35 m处的岩石破碎、裂隙发育区,由断层及岩石破碎所致;以下40～50 m范围内岩石破碎,裂隙仍然发育(与太灰岩溶发育相关联)。

③ 研究区西南C3波性差异属性特征异常区域,属6煤层底板约35 m处的岩石破碎、裂隙发育区,由断层及岩石破碎所致;以下40～50 m范围内岩石破碎,裂隙仍然发育(与太灰岩溶发育相关联)。

(3) 桃园煤矿北翼采区10煤层底板下25～30 m范围裂隙发育特征分析

沿10煤层底板下25～30 m范围进行波形差异属性特征提取,如图6-118所示。10煤层下25 m范围内岩石破碎范围增大(蓝色异常部位),破碎性增强。

(4) 桃园煤矿北翼采区10煤层底板下40～45 m范围裂隙发育特征分析

沿10煤层底板下40～45 m范围进行波形差异属性特征提取,结果如图6-119所示。

3. 研究区太灰顶界面下30 m范围内裂隙发育区分析

(1) 朱庄煤矿Ⅲ63采区太灰顶界面下30 m范围内岩石破碎、裂隙发育区分析

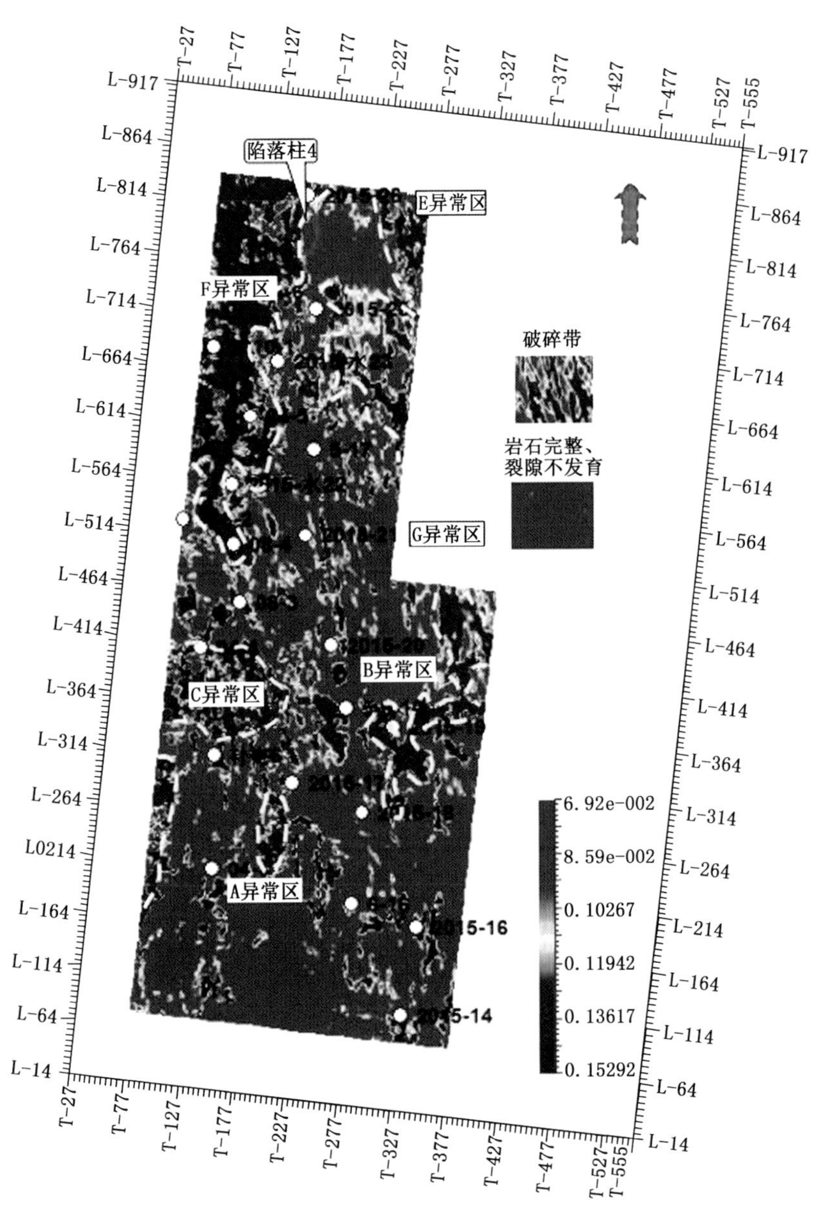

图 6-118　桃园煤矿北翼采区 10 煤层底板下 25～30 m 范围波形差异属性图

图 6-120 为研究区太灰顶界面下约 30 m 范围内岩石破碎、裂隙发育三维地震波形差异属性特征异常分布成果图。分析可见，研究区内太灰顶界面下约 30 m 范围内岩石破碎，裂隙发育，主要分布在研究区西部 C1 异常区、C2 异常区、C3 异常区、C4 异常区、C5 异常区、C6 异常区、C7 异常区、C8 异常区、Y1 异常区等区域，岩石破碎，裂隙也极为发育，发育至太灰顶界面至太原组灰岩中。

(2) 桃园煤矿北翼采区太灰顶界面下 25 m 范围内三维地震岩石破碎、裂隙发育区分析

图 6-121 为研究区太灰顶界面下约 30 m 范围内岩石破碎和断层、裂隙发育三维地震波形差异属性特征异常分布成果图。分析可见，研究区内因构造产生的破碎带较为发育(蓝色

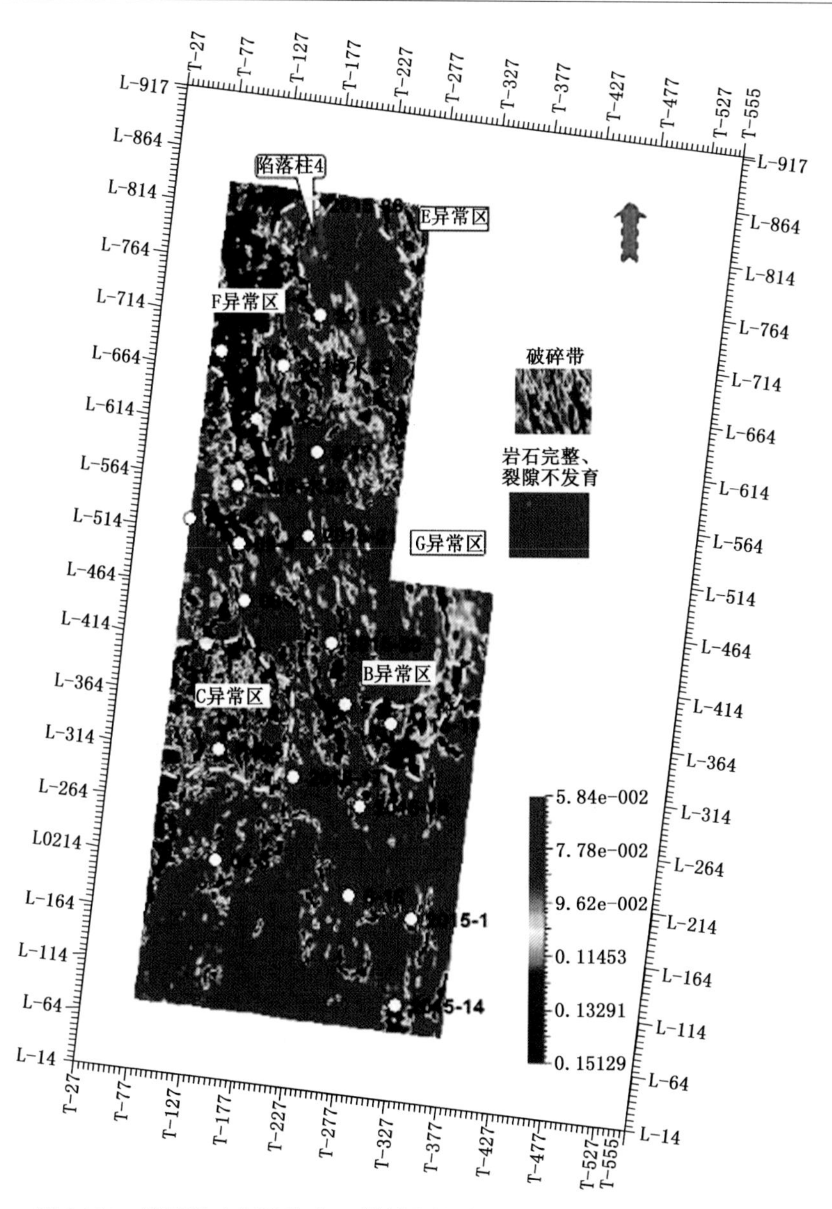

图 6-119　桃园煤矿北翼采区 10 煤层底板下 35～40 m 范围波形差异属性图

异常带、浅蓝色异常带)，大多破碎带呈线性条带状分布。除了以上所述线性条带状分布的断层破碎带异常外，在太灰还发育 2 个疑似陷落柱。

从上述三维地震属性异常区及探采成果对比分析可见，岩石的破碎及裂隙发育地震属性特征异常与研究区岩石的富、导水水文地质异常存在很好的关联，并与研究区水文地质条件相吻合。

（二）研究区煤层顶、底板多属性反演

在视密度、拟孔隙率及视电阻率测井成果的约束下，优选 26 种属性进行神经网络三维地震拟测井属性训练反演，得到研究区反映岩石特征的视密度、拟孔隙率及视电阻率数据体，对 6(10)煤层顶、底板 50 m 范围内的裂隙发育区富水性进行分析与评价。

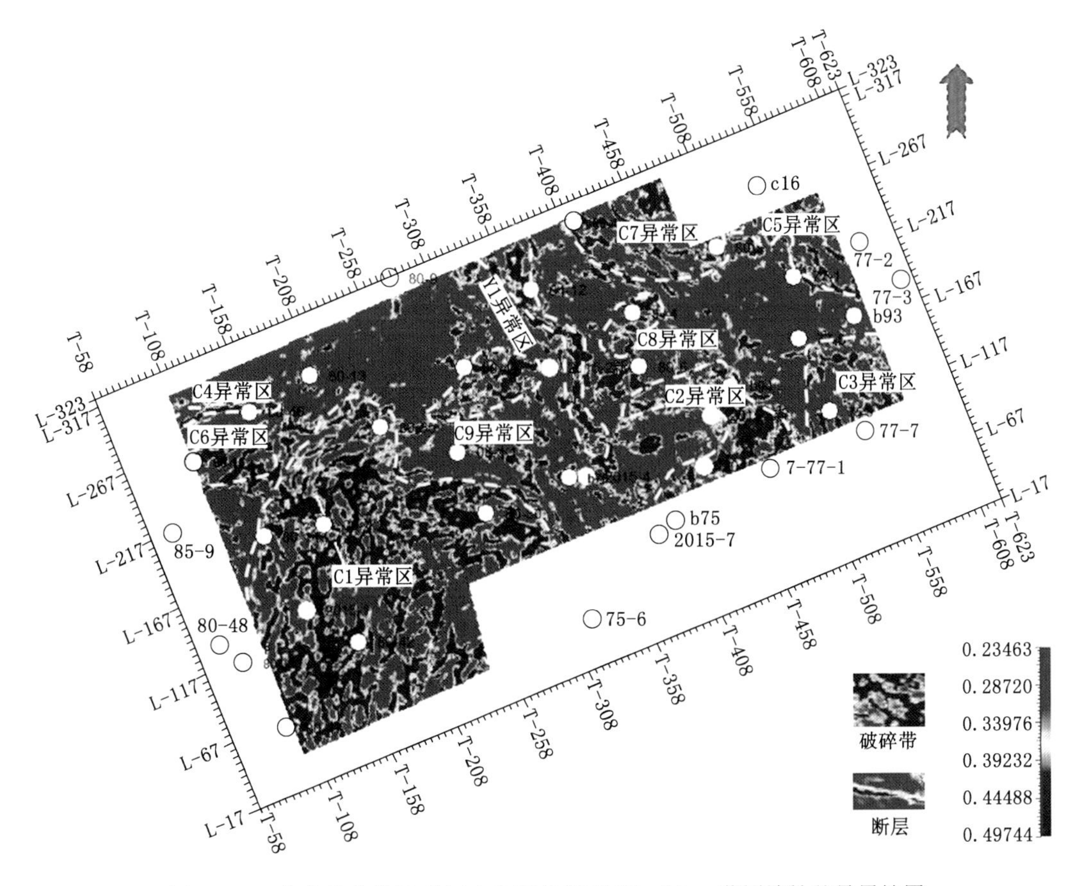

图 6-120　朱庄煤矿Ⅲ63 采区太灰顶界面下 25～30 m 范围波性差异属性图

1. 朱庄煤矿Ⅲ63 采区 6 煤层岩石视密度变化统计分析

利用三维地震拟测井视密度属性反演获得 6 煤层底板上、下 50 m 范围内岩石视密度变化算术平均统计特征趋势图，如图 6-122 和图 6-123 所示。

岩石富水会导致岩石密度减小，将岩石密度小于 2.37 g/cm^3 的蓝色区域，预测为富、导水性条件好的部位，岩石密度大于 2.37 g/cm^3 的红黄色区域预测为富、导水性条件弱的部位。由图可见，研究区内富、导水性条件好的部位主要分布在两个区域：研究区的东部断裂比较发育的区域；研究区西北角的边界（80-46 部位）。上述部位与上述岩石破碎和断层及裂隙发育的相关部位具有一致性。

2. 朱庄煤矿Ⅲ63 采区 6 煤层岩石视电阻率变化统计分析

利用三维地震拟测井视电阻率属性反演获得 6 煤层底板上、下 50 m 范围内岩石视电阻率变化算术平均统计图，如图 6-124 和图 6-125 所示。

岩石富水使岩石视电阻率减小，以岩石视电阻率值 60 Ω · m 为阈值，小于该值的蓝色区域，预测为富、导水性条件好的部位，大于该值的红黄色区域预测为富、导水性条件弱的部位。由图可见，研究区内岩石视电阻率变化基本表现断裂发育区域岩石视电阻率低，研究区内南部区域，岩石视电阻率值较大，反映出该区域富、导水性条件弱。对比上述岩石视密度、视孔隙率异常区域，可见它们具有其一致性，并与上述岩石破碎和断层及裂隙发育的相关部位具有其关联特征。

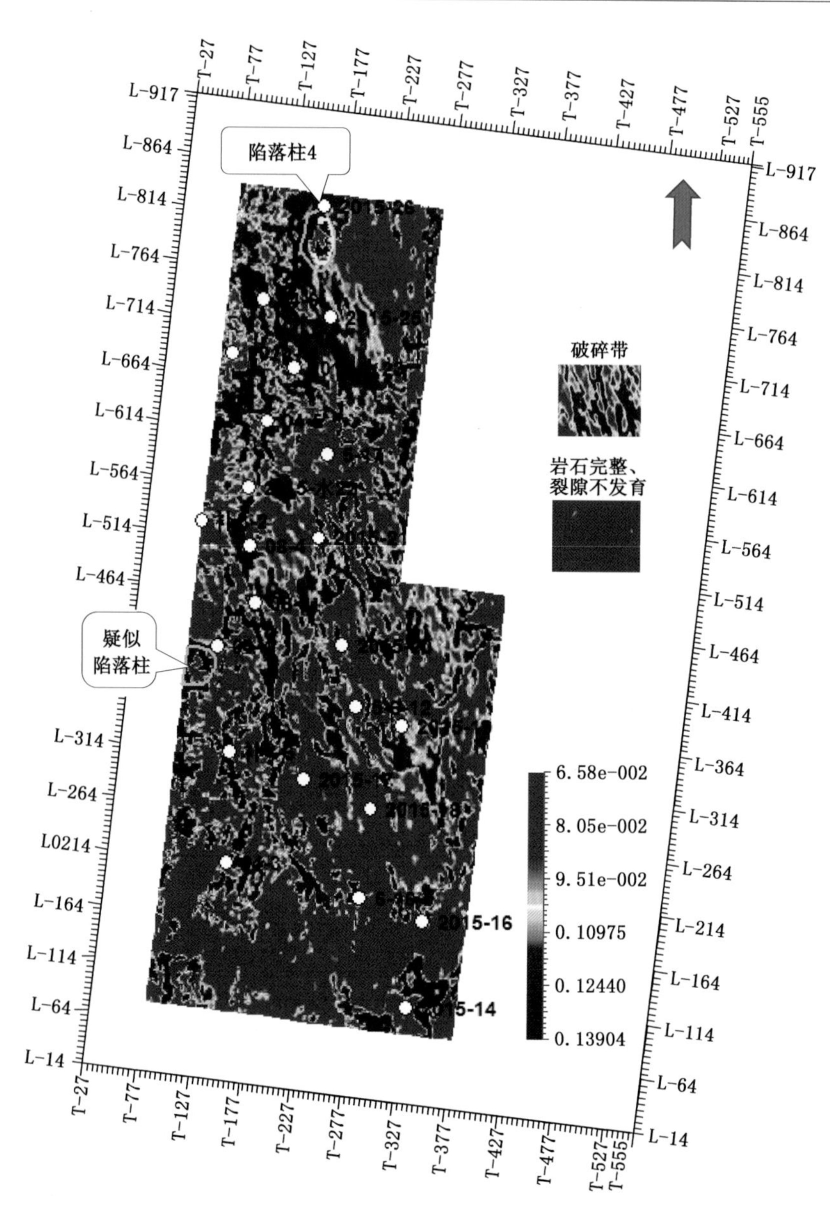

图 6-121　研究区太灰顶界面下 25～30 m 范围断层、裂隙分布图

3. 桃园煤矿北翼采区 10 煤层岩石视密度变化统计分析

利用三维地震拟测井视密度属性反演获得 10 煤层底板上、下 50 m 范围内岩石视密度变化算术平均统计特征趋势图，如图 6-126 和图 6-127 所示。

岩石富水会使岩石密度减小，对于岩石密度小于 2.46 g/cm^3 的蓝色区域，认为富、导水性条件好，大于 2.46 g/cm^3 的红黄色区域预测为富、导水性条件弱的区域。由图可见，研究区内富、导水性条件好的部位主要分布在两个区域：研究区的北部 04-6、2015-26、04-5、5-17、2015-水 23 钻孔附近区域；中西部边界补 4-6 钻孔区域。对比上述部位与上述岩石破碎和断层及裂隙发育的相关部位，具有一致性特征。

4. 桃园煤矿北翼采区 10 煤岩石视孔隙率变化统计特征分析

利用三维地震拟测井视孔隙率属性反演获得 10 煤层底板上、下 50 m 范围内岩石视孔

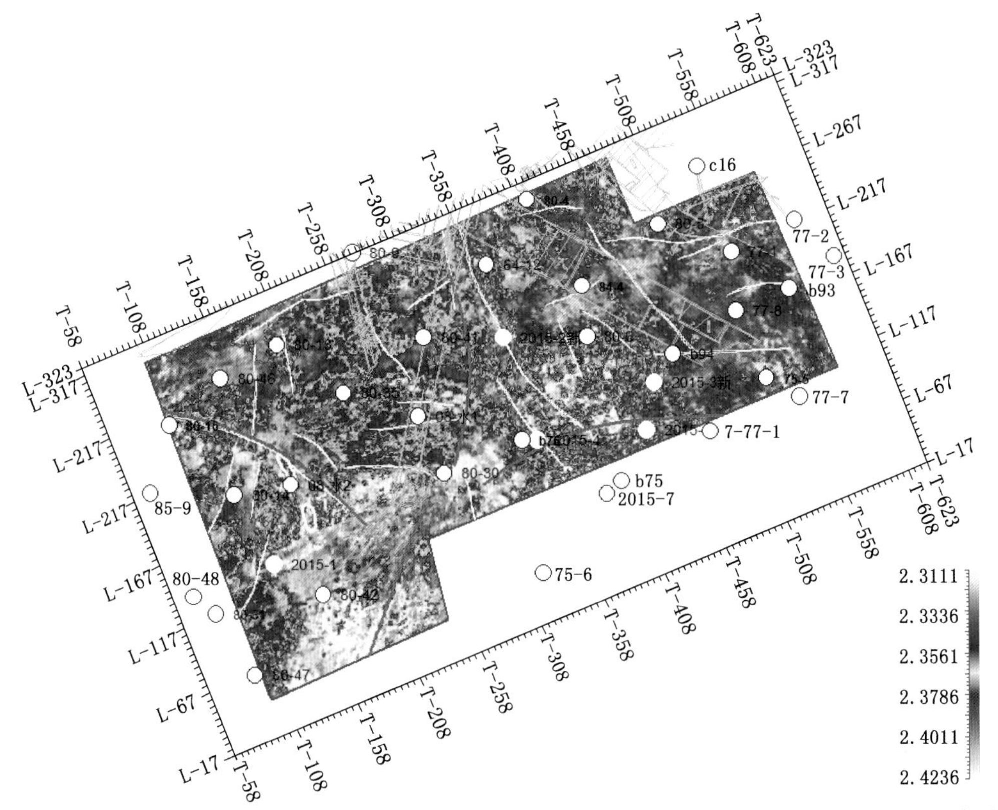

图 6-122　朱庄煤矿Ⅲ63 采区 6 煤层底板上部 50 m 范围内三维地震拟测井岩石视密度属性反演图

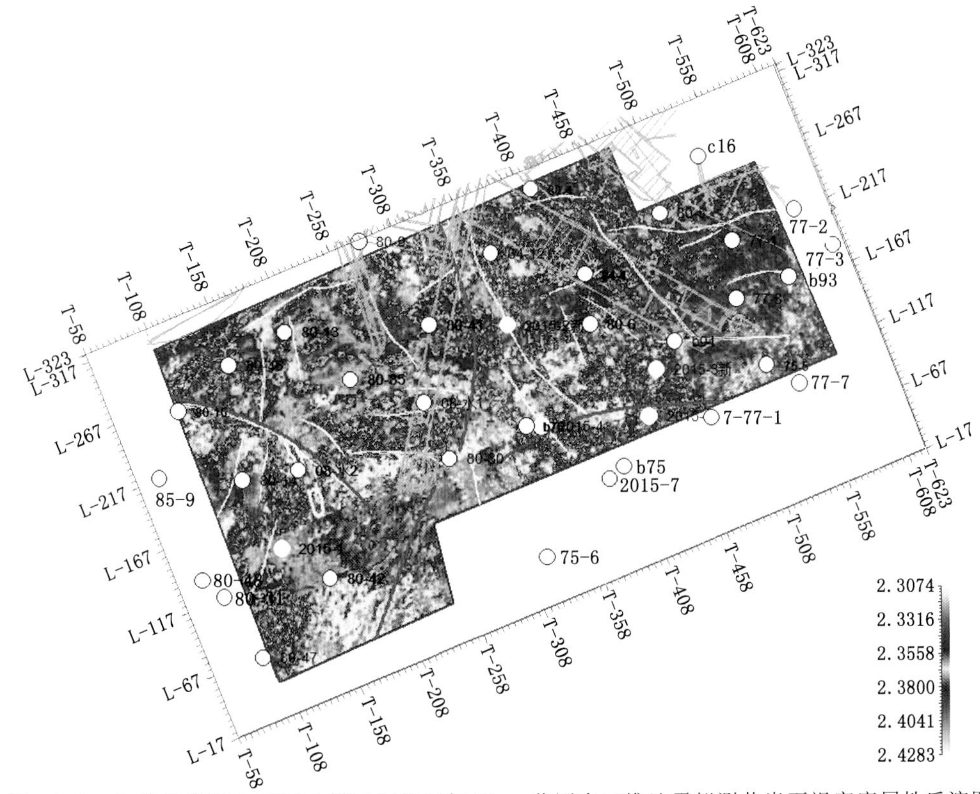

图 6-123　朱庄煤矿Ⅲ63 采区 6 煤层底板下部 50 m 范围内三维地震拟测井岩石视密度属性反演图

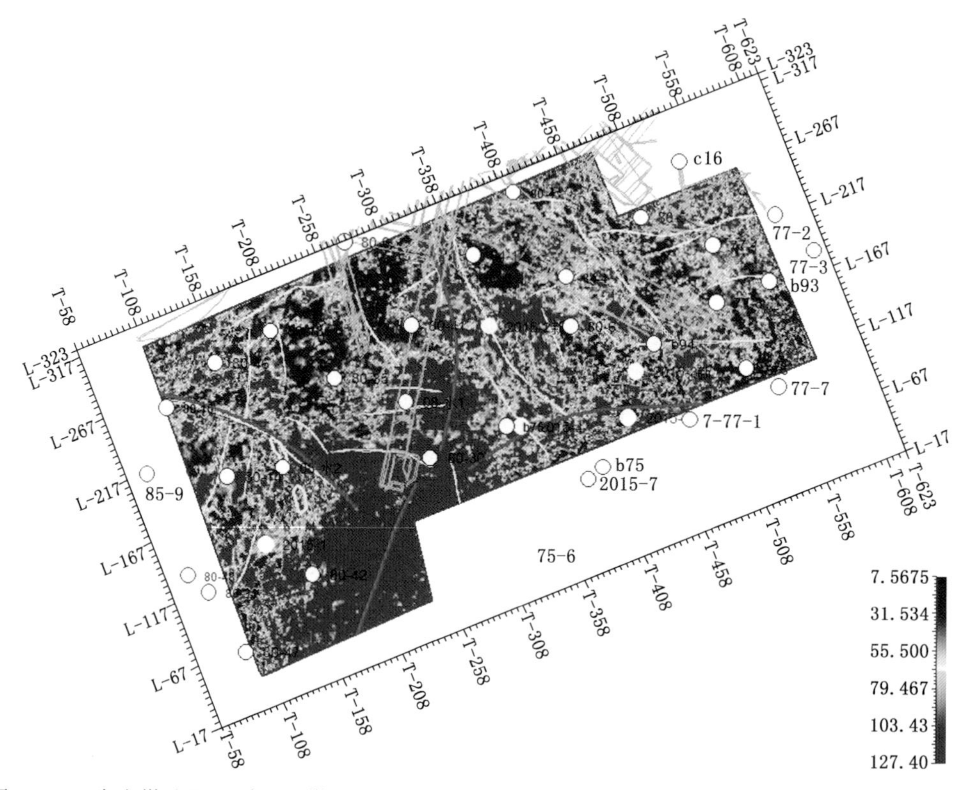

图 6-124　朱庄煤矿Ⅲ63 采区 6 煤层底板上部 50 m 范围内三维地震拟测井岩石视电阻率属性反演图

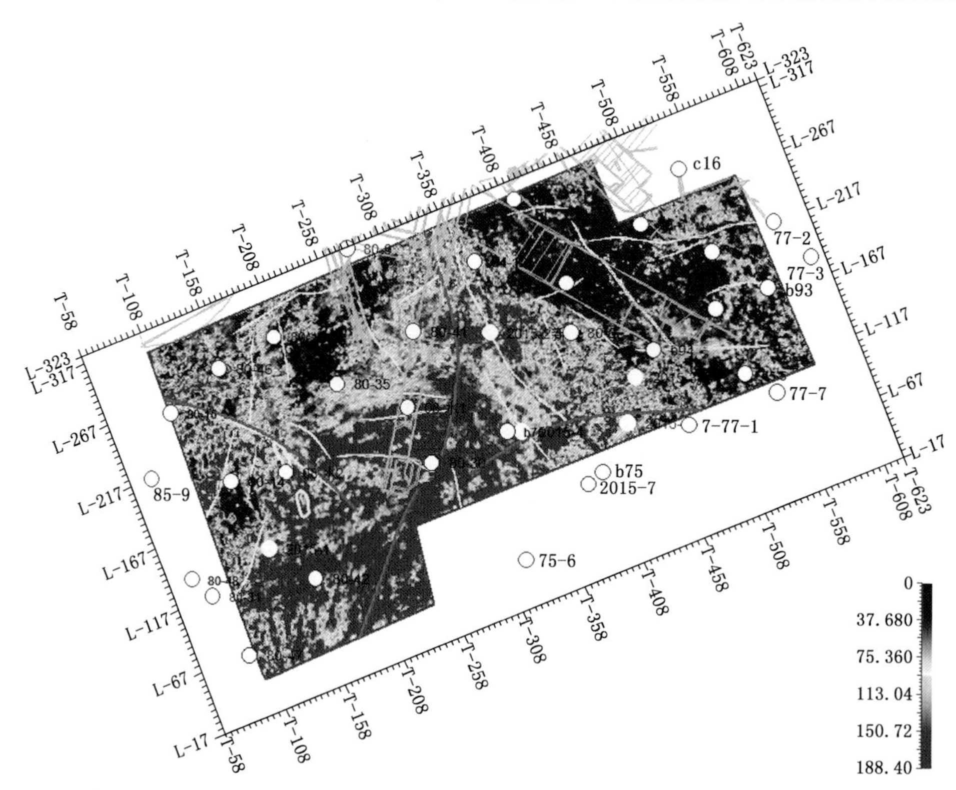

图 6-125　朱庄煤矿Ⅲ63 采区 6 煤层底板下部 50 m 范围内三维地震拟测井岩石视电阻率属性反演图

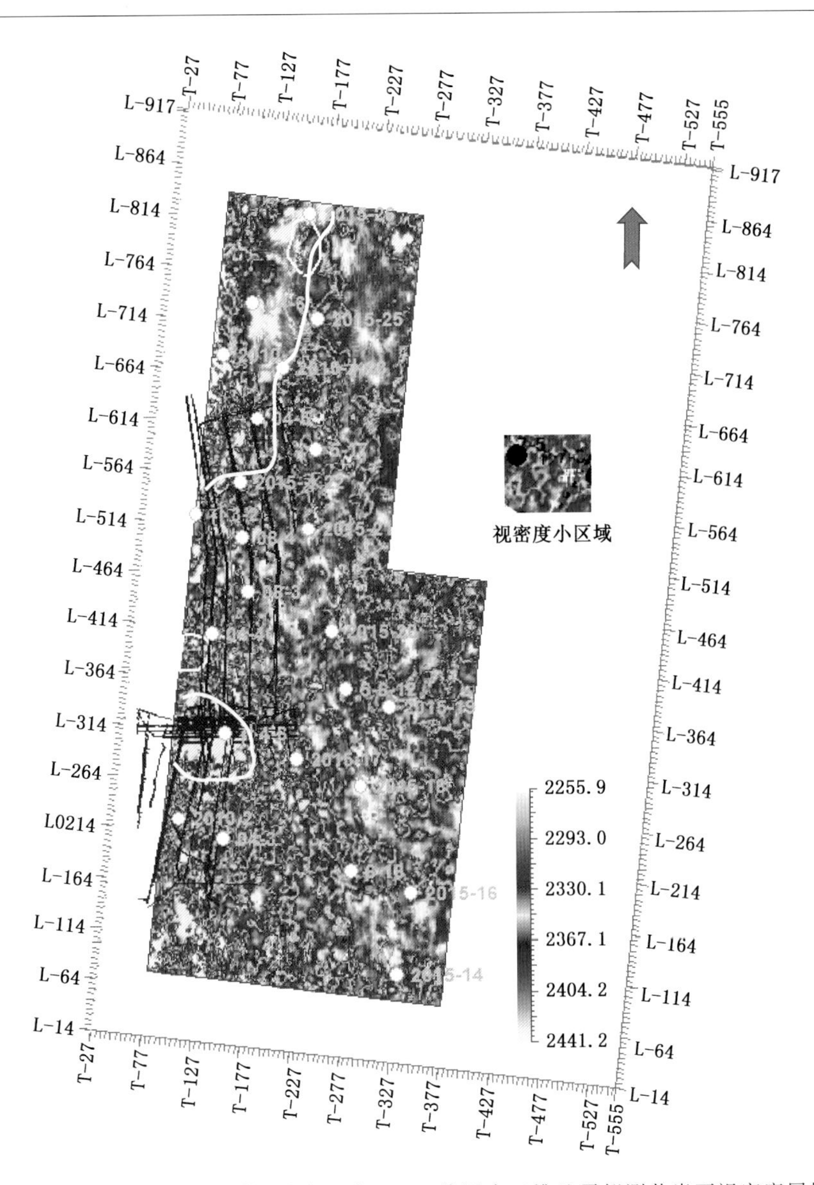

图 6-126　桃园煤矿北翼采区 10 煤层底板上部 50 m 范围内三维地震拟测井岩石视密度属性反演图

隙率变化算术平均统计趋势图，如图 6-128 和图 6-129 所示。

岩石富水使岩石视孔隙率增大，以岩石视孔隙率值 13% 为阈值，大于该值的蓝色区域，预测为富、导水性条件好的区域，小于该值的红黄色区域预测为富、导水性条件弱的区域。由图可见，研究区内富、导水性条件好的部位仍然主要分布在两个区域：研究区的北部04-6、2015-26、04-5、5-17、2015-水 23 钻孔附近区域；中西部边界补 4-6 钻孔区域。对比上述部位与上述中岩石破碎和断层及裂隙发育的相关部位，具有一致性特征。

5. 桃园煤矿北翼采区 10 煤层岩石视电阻率变化统计分析

利用三维地震拟测井视电阻率属性反演获得 10 煤层底板上、下 50 m 范围内岩石视电阻率变化算术平均统计特征趋势图，如图 6-130 和图 6-131 所示。

岩石富水使岩石视电阻率减小，以岩石视电阻率 60 Ω · m 为阈值，小于该值的蓝色区域，预测为富、导水性条件好的部位，大于该值的红黄色区域预测为富、导水性条件弱的部

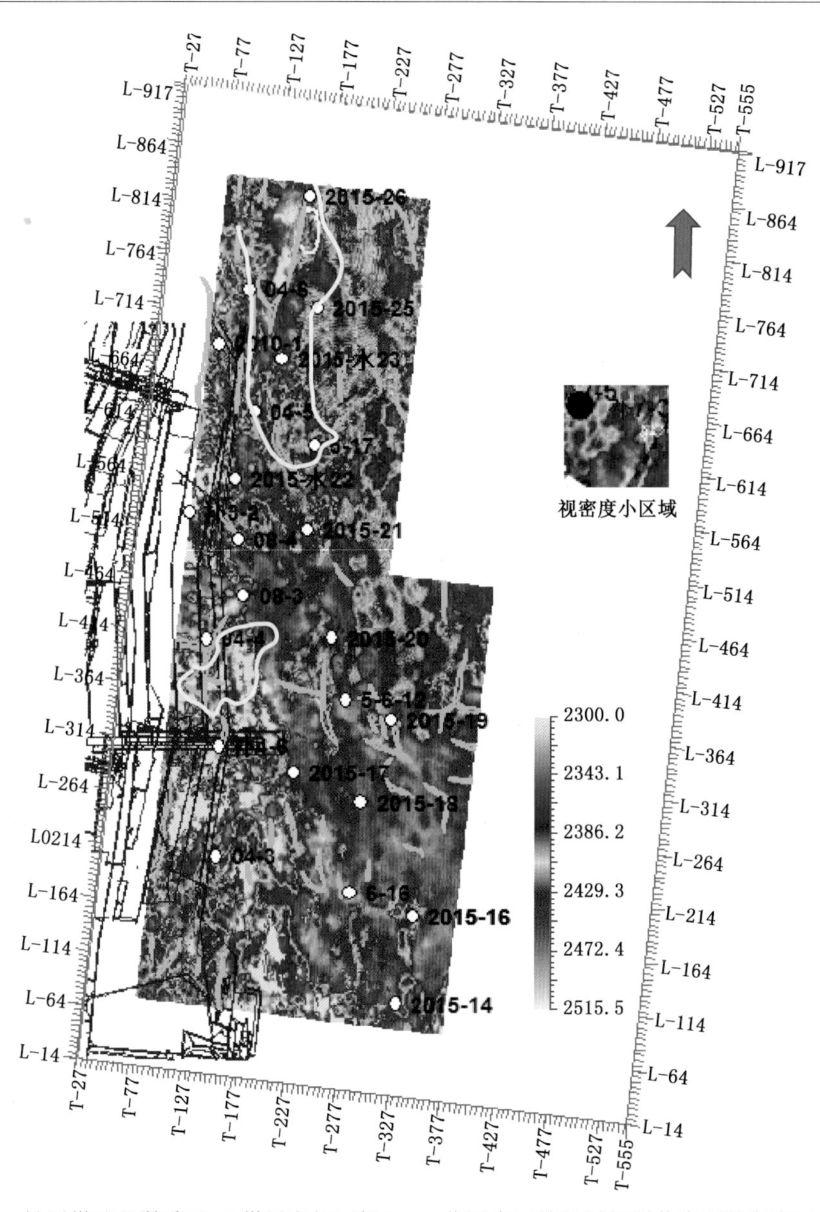

图 6-127　桃园煤矿北翼采区 10 煤层底板下部 50 m 范围内三维地震拟测井岩石视密度属性反演图

位。由图可见,研究区内岩石视电阻率变化基本表现为北低南高的趋势,补 4-6、5-6-12 孔连线以南区域,岩石视电阻率值较大,反映出该区域富、导水性条件弱;在北部 04-6、2015-26、04-5、5-17、2015-水 23 孔附近呈现出岩石低阻反映。对比上述岩石视密度、视孔隙率异常区域,可见除局部区域有一定的变化外,基本具有一致性,并与上述岩石破碎和断层及裂隙发育的相关部位具有其关联特征。可见,煤层上部 50 m 范围内岩石的破碎和裂隙发育范围的富、导水性不仅与上下砂岩发育的厚度相关,而且与上下围岩含/隔水层的组合形式、含/隔水层的厚度以及横向分布特征等具有较大的关联性。

(三) 研究区太灰顶界下 30 m 三维地震岩石破碎、裂隙发育分析成果与防治水工作对比

1. 朱庄煤矿Ⅲ63 采区

在Ⅲ632、Ⅲ638、Ⅲ6310、Ⅲ6312 工作面合适位置采用水平钻孔进入未采段底板三灰

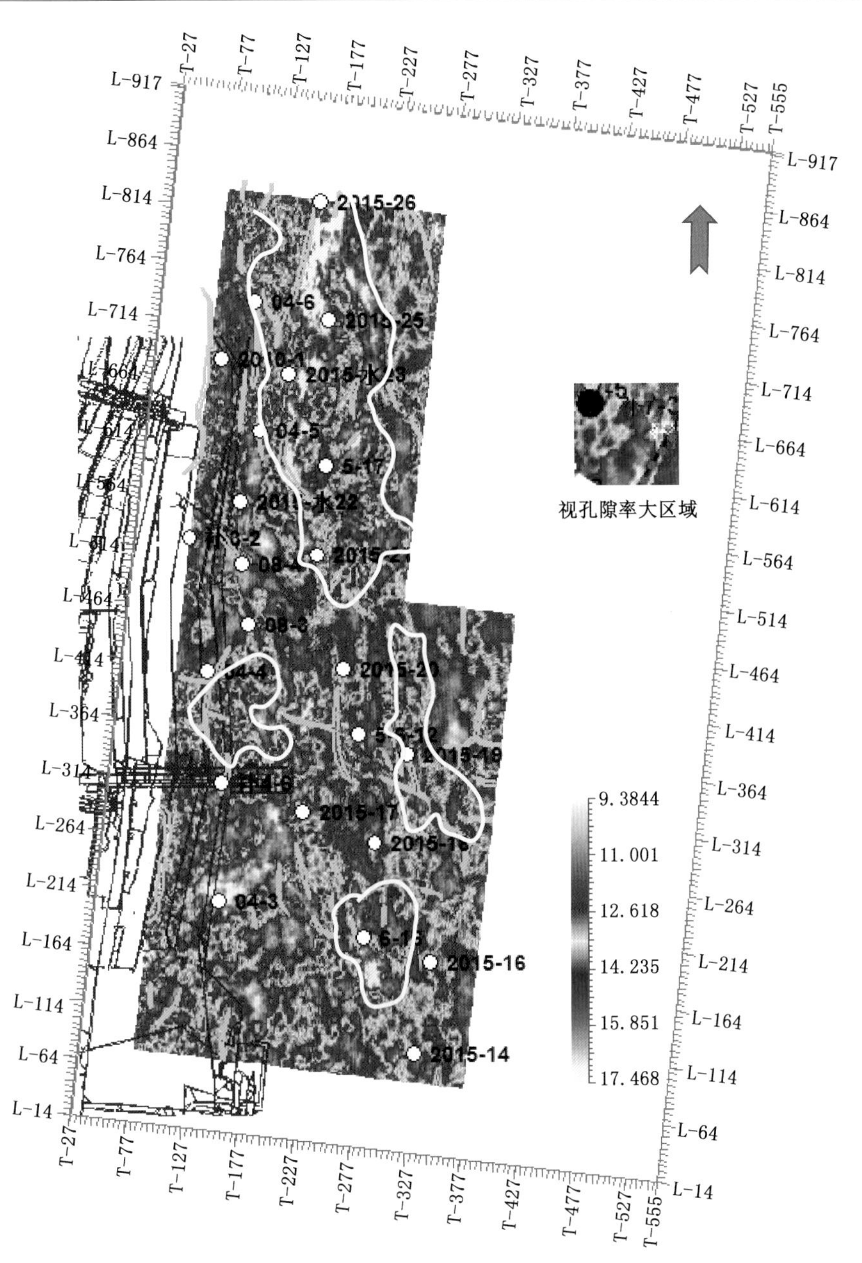

图 6-128　桃园煤矿北翼采区 10 煤层底板上部 50 m 范围内三维地震拟测井岩石视孔隙率属性反演图

(图 6-132)，顺层穿越，探查灰岩裂隙并进行高压注浆封堵。通过分段“探注结合”施工，有效地封堵三灰溶隙、裂隙突水通道以及断层和其他隐伏垂向导水通道，最终通过加压注浆将导水通道充填压密，在一定范围内形成一个整体“水泥止水塞”，阻隔来自三灰及三灰以下含水层中的地下水。

2. 桃园煤矿北翼采区

在Ⅱ1027、Ⅱ1028 工作面合适位置采用水平钻孔进入未采段底板三灰(图 6-133、图 6-134)，顺层穿越，探查灰岩裂隙，并进行高压注浆封堵。通过分段“探注结合”施工，有效地封堵三灰溶隙、裂隙突水通道以及断层和其他隐伏垂向导水通道，最终通过加压注浆将导水

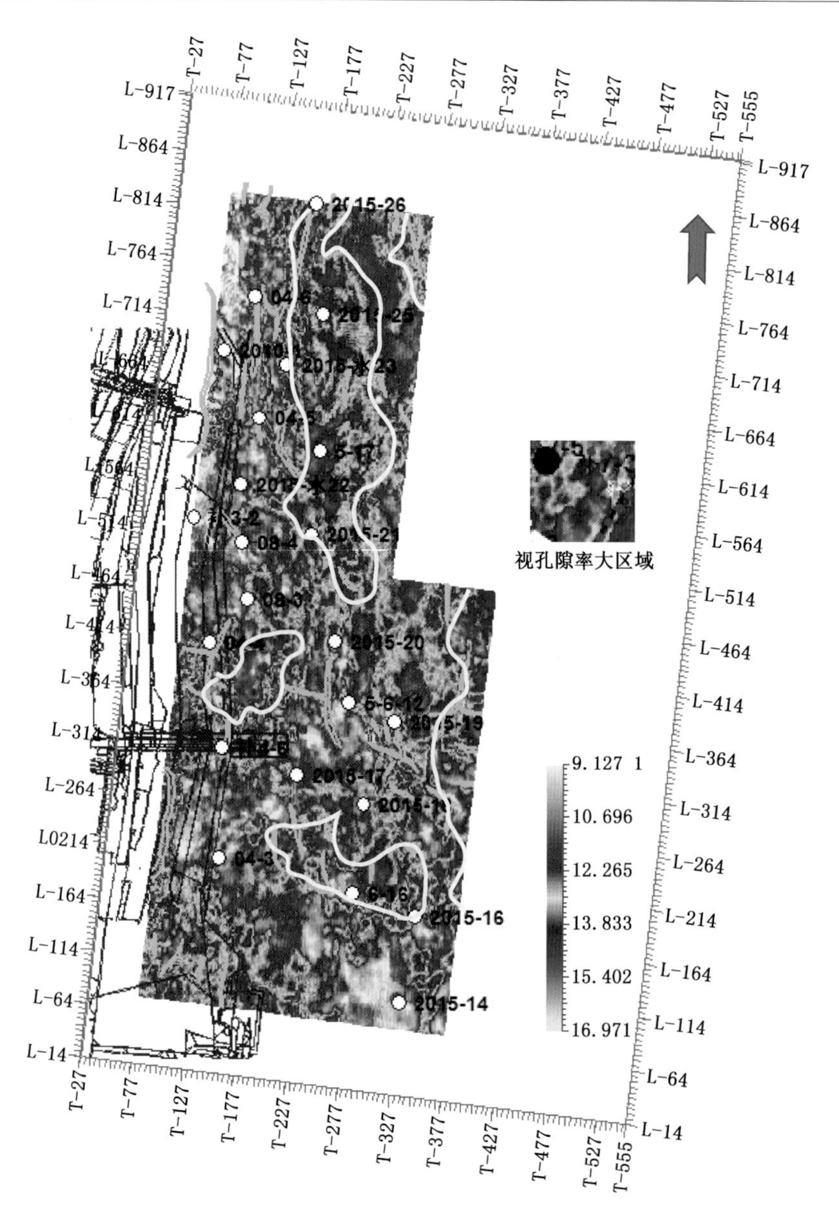

图 6-129　桃园煤矿北翼采区 10 煤层底板下部 50 m 范围内三维地震拟测井岩石视孔隙率属性反演图

通道充填压密，在一定范围内形成一个整体“水泥止水塞”，阻隔来自三灰及三灰以下含水层中的地下水。

基于三维地震波形差异属性，评价岩石完整性与破碎性，有利于分析、识别、解释陷落柱（隐伏陷落柱）及断层、裂隙发育带导水通道，地震多属性反演的岩石电阻率、岩石密度、岩石孔隙率，有利于分析煤层顶底板、灰岩的富水性（导水性），相关成果与区域巷道、太灰探孔涌水成果、电法富水异常成果对比、分析，证明该方法可靠与实用。

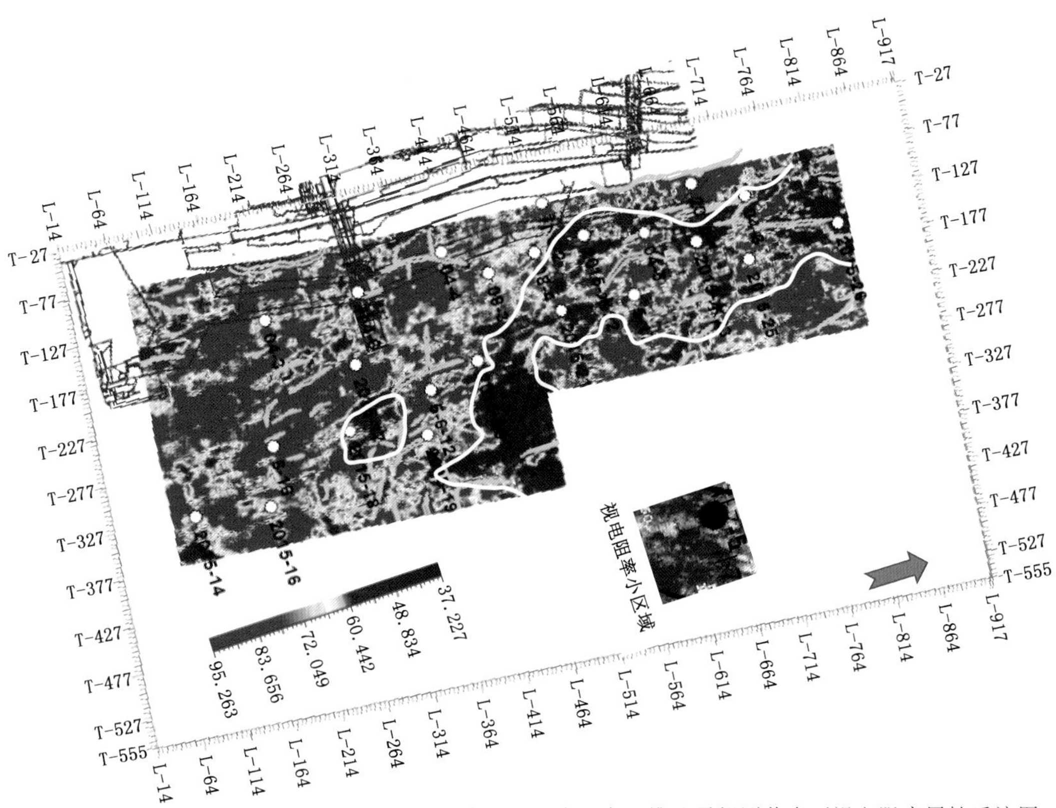

图 6-130　桃园煤矿北翼采区 10 煤层底板上部 50 m 范围内三维地震拟测井岩石视电阻率属性反演图

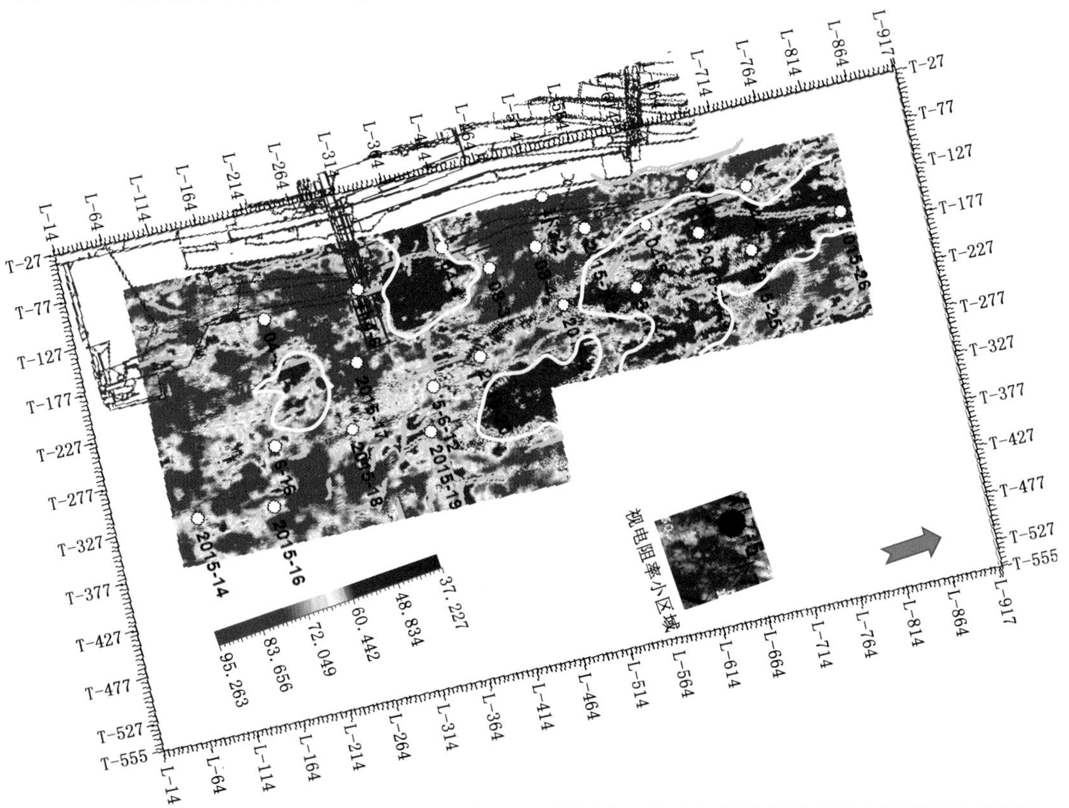

图 6-131　桃园煤矿北翼采区 10 煤层底板下部 50 m 范围内三维地震拟测井岩石视电阻率属性反演图

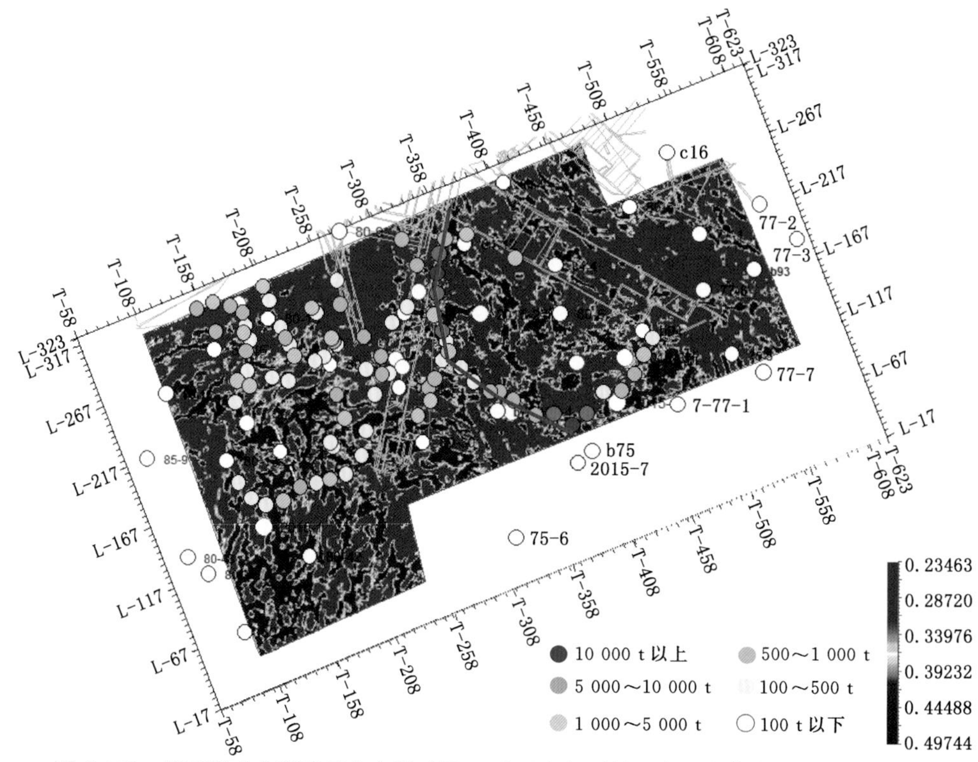

图 6-132　桃园煤矿北翼采区朱庄煤矿Ⅲ63 采区太灰顶界面岩石注浆点与注浆量示意图

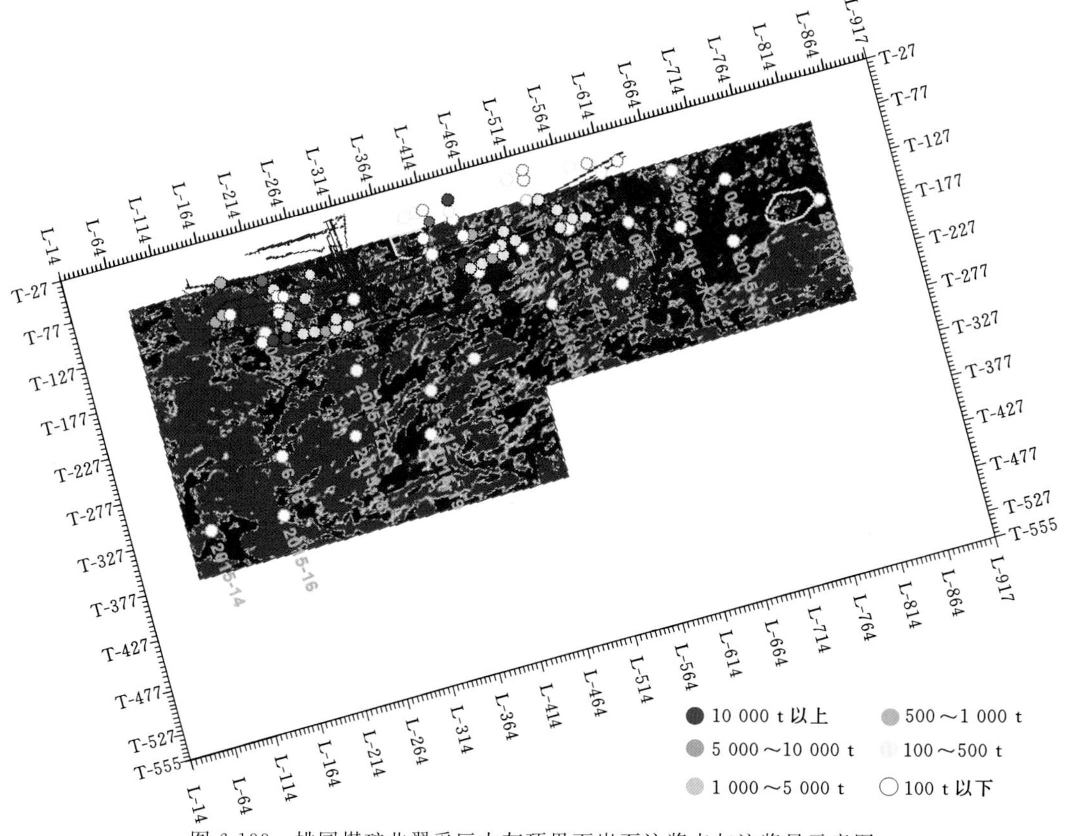

图 6-133　桃园煤矿北翼采区太灰顶界面岩石注浆点与注浆量示意图

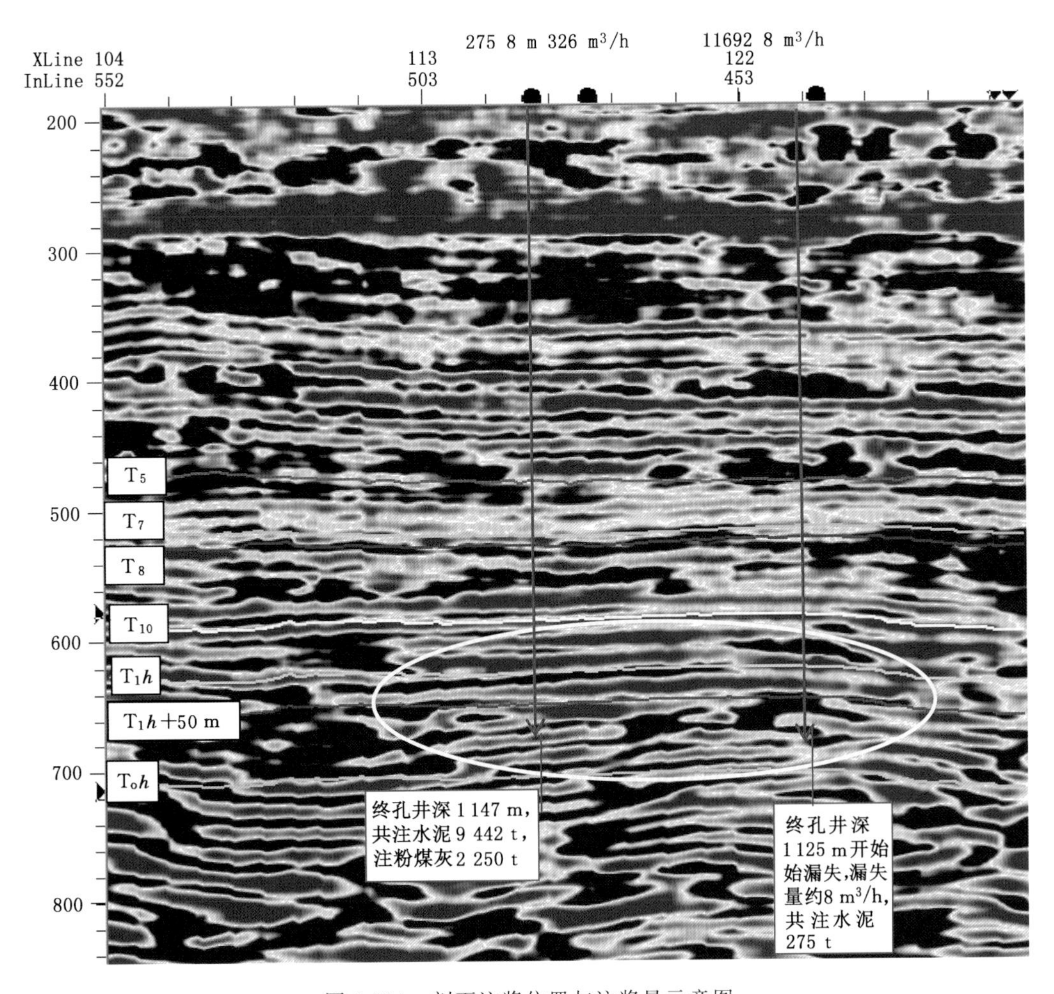

图 6-134　剖面注浆位置与注浆量示意图

参考文献

[1] 安徽省地质矿产局.安徽省岩石地层[M].武汉:中国地质大学出版社,1997.

[2] HUDOSN J A.岩石力学原理[J].岩石力学与工程学报,1989,8(3):127-134.

[3] 刘鑫淼,汪西原,马润渊.基于空域梯度算子和小波域多分辨分析的图像增强算法研究[J].宁夏工程技术,2009,8(2):117-120.

[4] 万秀娟.基于正演模拟的复杂储层特征研究[D].青岛:中国海洋大学,2012.

[5] 马宇飞.基于梯度算子的图像边缘检测算法研究[D].西安:西安电子科技大学,2012.

[6] 吕文正.高精度地震波场数值模拟方法及其应用研究[D].成都:成都理工大学,2015.

[7] 陈可洋.三维快速高精度地震波正演数值模拟方法及其应用[J].天然气勘探与开发,2011,34(3):12-15.

[8] 马德堂.弹性波场数值模拟及井间地震初至波旅行时层析成像[D].西安:长安大学,2006.

[9] 任志明,刘洋.一阶弹性波方程数值模拟中的混合吸收边界[J].地球物理学报,2014,57(2):595-606.

[10] 范飞.基于高阶交错网格地震波数值频散压制方法[J].辽宁化工,2016,45(4):458-460.

[11] 王云宏,董蕊静.煤层气井水力压裂微地震正演模拟研究[J].煤炭科学技术,2016,44(S1):137-141.

[12] TONG FEI,KEN LARNER.Elimination of numerical dispersion in finite-difference modeling and migration by flux-corrected transport[J].Geophysics,1995,60(6):1830-4842.

[13] ALFORD R M,KELLY K R,BOORE D M.Accuracy of finite-difference modeling of the acoustic wave equation[J].Geophysics,1974,39(6):834-842.

[14] YANG D H, TENG J, ZHANG Z J,et al.A nearly analytic discrete method for acoustic and elastic wave equations in anisotropic media[J].Bull. Seis.Soc.Am.,2003,93(1):882-890.

[15] YANG D H,LU M,WU R S,et al.An optimal nearly analytic discrete method for 2D acoustic and elastic wave equations[J].Bull.Seis.Soc.Am.,2004,94(5):1982-1991.

[16] YANG D H,SONG G J,LU M.Optimally accurate nearly analytic discrete scheme for wave-field simulation in 3D anisotropic media[J[.Bull.Seis.Soc.Am., 2007,97(5):1557-1569.

[17] YANG D H,CHEN S,LI J Z.A Runge-Kutta method using high-order interpolation approximation for solving 2D acoustic and elastic wave equations[J].J.seis.Explor.,2007,16:331-353.

[18] YANG D H,WANG L.A split-step algorithm for effectively suppressing the numerical dispersion for 3D seismic propagation modeling[J].Bull.Seis.Soc.Am.2010,100(4):1480-1484.

[19] YANG D H,WANG L,DENG X Y.An explicit split-step algorithm of the implicit Adams method for solving 2D acoustic and elastic wave equations[J].Geophys.J.Int.,180(1):291-310.

[20] YANG D H,LIU E R,SONG G J,et al.Elastic wave modelling method based on the displacement-velocity fields: an improving nearly-analytic discrete approximation[J].J.Seismol.,2009,13(2):209-217.

[21] 孟祥林.基于梯度算子的高精度有限差分数值模拟方法与应用[D].徐州:中国矿业大学,2020.

[22] 卢鉴章,刘见中.煤矿灾害防治技术现状与发展[J].煤炭科学技术,2006,34(5):1-5.

[23] 史先志,葛均刚,郭之理.陈四楼煤矿突水断层规律及防治措施[J].煤矿安全,2009,40(8):93-94.

[24] 中华人民共和国国土资源部.煤田地震勘探规范:DZ/T 0300—2017[S].北京:地质出版社,2017.

[25] WIDESS M B.How thin is a thin bed? [J].Society of exploration geophysicists,1973,38(6):1176-1180.

[26] NEIDELL N S,POGGIAGLIOLMI E.Stratigraphic modeling and interpretation-geophysical principles and techniques[J].AAPG Memoir,1977,26:389-416.

[27] 钱荣钧.地震波分辨率的分类研究及偏移对分辨率的影响[J].石油地球物理勘探,2010,45(2):306-313.

[28] GIBSON R L,TZIMEAS C.Quantitative measures of image resolution for seismic survey design[J].Geophysics,67(6):1844-1852.

[29] 唐文榜,刘来祥,樊佳方.地震可检测性分辨率研究[J].石油物探,2012,51(2):107-118.

[30] 金丹.煤炭全数字高密度三维地震勘探关键技术研究[D].北京:煤炭科学研究总院,2016.

[31] 陆基孟,王永刚.地震勘探原理[M].3版.东营:中国石油大学出版社,2009.

[32] 孔俊禹.煤田地震资料 Gabor 变换子波缩放和反褶积处理方法与应用[D].徐州:中国矿业大学,2020.

[33] MICHAEL S H.Seismic sensing:Comparison of geophones and accelerometers using laboratory and field data[D].Calgary:University of Calgary,2008.

[34] 伏荣超.全数字高密度三维三分量地震处理技术研究[D].大庆:东北石油大学,2013.

[35] 张晓江.宽、窄方位角三维地震勘探采集方法研究与应用[D].北京:中国石油大学(北京),2007.

[36] GIJS J O VERMEER.3-D symmetric sampling in theory and practice[J].Leading

edge,1998,17(11):1629-1647.

[37] 吴军.基于全局优化的三维观测系统设计[D].成都:西南石油大学,2013.

[38] 刘二鹏.高密度地震采集技术研究:以长治某煤矿采区为例[D].太原:太原理工大学,2011.

[39] 刘二鹏,李瑞强,李宇.基于面元属性分析的三维地震观测系统设计[J].山西煤炭,2011,31(5):54-57.

[40] 马在田.三维地震勘探方法[M].北京:石油工业出版社,1989.

[41] 冯春龙.陷落柱地震观测系统研究[D].太原:太原理工大学,2014.

[42] 葛曙光.基于陷落柱模型三维正演模拟的观测系统研究[D].太原:太原理工大学,2016.

[43] 杜漫霖.炮检距均匀性与叠前时间偏移响应的关系研究[D].北京:中国地质大学(北京),2014.

[44] 郭德祥.三维地震勘探观测系统的设计与应用研究[D].西安:长安大学,2017.

[45] 曹杭.三维观测系统的炮密度与道密度关系研究[D].北京:中国地质大学(北京),2018.

[46] SLAWSON S E,MONK D J,MORAN J W.Survey geometries that achieve uniform offset and azimuth sampling[J].Seg technical program expanded abstracts,1997,16(1):2067.

[47] 尹成,吕公河,田继东,等.基于地球物理目标参数的三维观测系统优化设计[J].石油物探,2006,45(1):74-78.

[48] 赵虎,尹成,陈光明,等.炮检距属性的非均匀性系数分析[J].石油地球物理勘探,2011,46(1):22-27.

[49] 谢城亮,杨萌萌,刘学伟,等.基于面元炮检距均匀性相关系数的三维观测系统评价[J].石油地球物理勘探,2012,47(6):849-857.

[50] 韩文功,于静,刘学伟.高密度三维地震技术[M].北京:地质出版社,2017.

[51] 王孝.西部复杂地表条件下静校正方法研究[D].成都:成都理工大学,2011.

[52] 张瑾.地震波能量补偿反Q滤波方法研究[D].长春:吉林大学,2013.

[53] 左海,魏庚雨,何小松.三维地震资料叠前连片处理技术[J].石油地球物理勘探,2008,43(S1):29-35.

[54] 渥·伊尔马滋.地震资料分析[M].北京:石油工业出版社,2006.

[55] 李导.基于振幅控制的Q补偿方法研究及其应用[D].成都:成都理工大学,2010.

[56] 中国石油集团东方地球物理勘探有限责任公司.袁店二井煤矿83西、87北、85西块段高密度三维地震勘探工程报告[S],2018.

[57] 张军华,朱焕,郑旭刚,等.宽方位角地震勘探技术评述[J].石油地球物理勘探,2007,42(5):603-609.

[58] CORDSEN A.Narrow-versus wide-azimuth land 3D seismic surveys[J].Leading edge,2002,21(8):764-770.

[59] 张公社,马国光,宋玉龙,等.利用全三维纵波资料进行裂缝检测[J].石油地球物理勘探,2004,39(1):41-44.

[60] 段文胜,李飞,王彦春,等.面向宽方位地震处理的炮检距向量片技术[J].石油地球物

理勘探,2013,48(2):206-213.

[61] 龚翟韶.全方位角成像技术在跃满三维中的应用研究[D].北京:中国石油大学(北京),2017.

[62] 蔡希玲.俞氏子波在地震数据处理中的应用研究[J].石油地球物理勘探,2000,35(4):497-507.

[63] 于立微.利用地震反射波的振幅特性定量解释小断层的研究[J].中国煤田地质,1991,3(4):67-72.

[64] 张艳娟,吴加和,姬生跃,等.山东某煤田三维地震勘查资料精细解释技术研究[J].能源技术与管理,2010(3):26-28.

[65] 朱红娟.煤田采区三维地震资料解释方法及实际应用[J].西北地质,2010,43(2):48-52.

[66] 杨辉.蚂蚁追踪技术在地震资料精细解释中的应用[J].能源与环保,2017,39(4):21-26.

[67] 郑贤达,池冲锋.祁东煤矿三维地震资料解释方法应用研究[J].华东科技(学术版),2013(4):386-386.

[68] 魏三妹,吴剑,杨飞.精细构造解释在深县凹陷分析中的应用[J].长江大学学报(自然科学版),2010,7(2):223-226..

[69] 王联合.三维地震勘探资料精细解释方法的应用[J].陕西煤炭,2010(5):79-91.

[70] 冯义德.地震资料二次处理解释及其应用[J].河南理工大学学报(自然科学版),2009,28(6):38-41.

[71] CHOPRA S M,KURT J.Seismic attributes:A historical perspective[J].Geophysics,2005,70(5):3SO-28SO.

[72] 崔若飞.地震资料断层识别系统及其应用[M].北京:煤炭工业出版社,1999.

[73] 王开燕,徐清彦,张桂芳,等.地震属性分析技术综述[J].地球物理学进展,2013,28(2):815-823.

[74] 李小霞.地震多属性融合技术应用研究[D].成都:成都理工大学,2014.

[75] 赵明章,范雪辉,刘春芳,等.利用构造导向滤波技术识别复杂断块圈闭[J].石油地球物理勘探,2011,46(S1):128-133.

[76] 黄立良,韩少博,刘兴,等.应用构造导向滤波技术识别隐蔽断层[J].工程地球物理学报,2014,11(4):446-450.

[77] 陈常乐.地震波场构造导向滤波关键技术及应用[D].长春:吉林大学,2015.

[78] 姜绍辉.小波变换及在提高地震资料信噪比中的应用[D].青岛:中国海洋大学,2005.

[79] 邹文.S—变换时频分析技术及其在地震勘探中的应用研究[D].武汉:中国地质大学(武汉),2005.

[80] 李彦军,胡祥云,何展翔.HHT变换在地球物理中的应用现状及前景[J].工程地球物理学报,2010,7(5):537-543.

[81] 刘小龙,刘天佑,王华,等.基于匹配追踪算法的频谱成像技术及其应用[J].石油地球物理勘探,2010,45(6):850-855.

[82] 何胡军,王秋语,程会明.基于匹配追踪算法子波分解技术在薄互层储层预测中的应用[J].物探化探计算技术,2010,32(6):641-644.

[83] MALLET S,ZHANG Z.Matching pursuit with time-frequency dictionaries[J].IEEE transactions on signal processing,1993,41(12):3397-3415.

[84] LIU J,WU Y,HAN D,et al.Time-frequency decomposition based on Ricker wavelet[J].SEG expanded abstracts,2004,1937-1940.

[85] LIU J,MARFURT K J.Matching pursuit decomposition using Morlet wavelets[J].SEG expanded abstracts,2005(2):786-789.

[86] WANG Y.Seismic time-frequency spectral decomposition by matching pursuit[J].Geophysics,2007,72(1):13-20.

[87] 武国宁,曹思远,孙娜.基于复数道地震记录的匹配追踪算法及其在储层预测中的应用[J].地球物理学报,2012,55(6):2027-2034.

[88] 唐耀华,张向君,高静怀.基于地震属性优选与支持向量机的油气预测方法[J].石油地球物理勘探,2009,44(1):75-80.

[89] 邵锐,孙彦彬,于海生,等.基于地震属性各向异性的火山机构识别技术[J].地球物理学报,2011,54(2):343-348.

[90] 张尔华,关晓巍,张元高.支持向量机模型在火山岩储层预测中的应用:以徐家围子断陷徐东斜坡带为例[J].地球物理学报,2011,54(2):428-432.

[91] VAPNIK V N.统计学习理论的本质[M].张学工,译.北京:清华大学出版社,1999.

[92] VAPNIK V N.The nature of statistical learning theory[J].Technometrics,2002,8(6):1564-1564.

[93] 邓乃扬,田英杰.支持向量机:理论、算法与拓展[M].北京:科学出版社,2009.

[94] 罗红梅,王长江,刘书会,等.深度域高精度井震动态匹配方法[J].石油地球物理勘探,2018,53(5):997-1005.

[95] 马国东.叠前深度域偏移成像技术及其应用[J].中国煤炭地质,2008,20(6):53-55.

[96] 马劲风,赵圣亮.声波测井数据的深度域转换到时间域采样方法研究[J].石油地球物理勘探,1998,33(S1):40-45.

[97]杨立敏.三维地震资料精细成像技术研究与应用[J].地球,2014(10):338-338.

[98] 周赏,汪关妹,张万福,等.深度域地震资料解释技术应用及效果[J].石油地球物理勘探,2017,52(s1):92-98.

[99] 李崇灿,周志才.深度域地震资料构造解释方法探讨[J].石油地球物理勘探,2004,43(S1):247-251.

[100] 吴明华,吴清岭,李文艳.叠前深度偏移资料解释方法研究[J].石油物探,2004,43(4):331-336.

[101] 黄元溢.复杂高陡构造区叠前深度偏移技术研究[D].成都:西南石油大学,2012.

[102] 杨国权,王永刚,朱兆林,等.井间地震资料层位标定方法研究[J].石油物探,2005,44(3):217-219.

[103] 黄小平,任涛,王兆峰,等.利用 Syntool 模块做好地震层位标定工作的几点感想[J].新疆石油天然气,2001,13(4):9-11.

[104] 胡中平,林伯香,薛诗桂.深度域子波分析及褶积研究[J].石油地球物理勘探,2009,44(s1):29-33.

[105] 胡中平,孔祥宁,潘宏勋,等.叠前深度域地震属性技术研究及展望[J].石油物探,

2004,43(S1):28-30.

[106] 张念,崔守凯,杨强强.叠前深度偏移技术研究及应用[J].中国化工贸易,2018,10(12):118.

[107] 史先志,葛均刚,郭之理.陈四楼煤矿突水断层规律及防治措施[J].煤矿安全,2009,40(8):93-94.

[108] 周赏,王永莉,韩天宝,等.小断层综合解释技术及其应用[J].石油地球物理勘探,2012,47(S1):50-54.

[109] 王彦君,雍学善,刘应如,等.小断层识别技术研究及应用[J].勘探地球物理进展,2007,30(2):135-139.

[110] 黄诚,李鹏飞,王腾宇,等.地震属性分析技术在小断层识别中的应用[J].工程地球物理学报,2016,13(1):41-45.

[111] 刘斌,关民全.地震反射波在煤层赋存情况及煤层特殊地质现象中的特征[J].西部探矿工程,2013,25(11):128-131.

[112] 许胜利,黄德志,费永涛,等.地震与地质相结合确定断层断距的方法[J].勘探地球物理进展,2006,29(4):258-263.

[113] 汤红伟.煤矿采区高密度三维地震技术研究与应用[D].北京:煤炭科学研究总院,2010.

[114] 李学娣,杨马全.浅谈船山矿区的断层分布规律及对开采的影响[J].露天采矿技术,2009(1):27-29.

[115] 李治欣.地震属性技术在解释小断层中的应用[J].中州煤炭,2016(12):168-171.

[116] 刘彦,孟小红,胡金民,等.断层识别技术及其在MB油气田的应用[J].地球物理学进展,2008,23(2):515-521.

[117] 侯守道.煤矿掘进工作面小断层识别及处理[J].煤矿开采,2007,12(2):19-20.

[118] 李婷婷,侯思宇,马世忠,等.断层识别方法综述及研究进展[J].地球物理学进展,2018,33(4):1507-1514.

[119] 芦欣欣.煤矿三维地震勘探数据的采集技术[J].能源与节能,2014(11):191-192.

[120] 杨瑞召,王媛媛,王兴元,等.煤田三维地震采区小断层解释方法及应用[J].矿业工程研究,2010,25(1):12-15

[121] 李继伟.地震相干体技术进展[J].中国化工贸易,2015,7(16):177.

[122] XIUJIAN DING,GUANGDI LIU,MING ZHA,et al.Geochemical characterization and depositional environment of source rocks of small fault basin in Erlian Basin, northern China[J].Marine and petroleum geology,2016(69):231-240.

[123] 安雪梅,张嘉勇.钱家营矿煤炭资源综合利用技术应用[J].河北联合大学学报(自然科学版),2016,38(2):121-128.

[124] XIAOYU CHUAI,SHANGXU WANG,SANYI YUAN,et al.A seismic texture coherence algorithm and its application[J].Petroleum science,2014,11(2):247-257.

[125] 李勇,朱江梅,张文璨,等.基于相干算法的多尺度体曲率裂缝检测方法研究[J].矿物岩石,2015,35(2):107-112.

[126] 蔺国华,杨文强,王清.相干体技术在煤矿断层及陷落柱精细解释中的应用[J].中国

煤炭地质,2011,22(11):60-63.

[127] YUCHEN WANG,WENKAI LU,PENG ZHANG.An improved coherence algorithm with robust local slope estimation[J].Journal of applied geophysics,2015(114):146-157.

[128] 王西文,杨孔庆,周立宏,等.基于小波变换的地震相干体算法研究[J].地球物理学报,2002,45(6):847-852.

[129] 宋维琪,刘江华.地震多矢量属性相干数据体计算及应用[J].物探与化探,2003,27(2):128-130.

[130] 陆文凯,张善文,肖焕钦.基于相干滤波的相干体图像增强[J].天然气工业,2006,26(5):37-39.

[131] 郑静静,印兴耀,张广智.基于Curvelet变换的多尺度分析技术[J].石油地球物理勘探,2009,44(5):543-547.

[132] MARFURT K J,KIRLIN R L,FARMERS S L,et al.3-D seismic attributes using a semblance:based coherence algorithm[J].Geophysics,1998,63(4):1150-1165.

[133] 李刚,杨占宁,王玉娇.三维地震方差体微机软件开发及解释技术研究[J].中国煤炭地质,2009,21(7):53-56.

[134] 王怀洪,王秀东,田育鑫.利用相干体技术探测煤矿微小构造方法研究[J].地球物理学进展,2007,22(5):1642-1649.

[135] 陈凤云,杭远,康建林.相干和方差数据体的算法研究及应用[J].物探与化探,2006,30(3):250-253.

[136] 杨金政.地震相干分析技术及其在断层解释中应用[D].成都:成都理工大学,2010.

[137] 杨利娜.地震层面及断层自动解释方法研究[D].西安:西安科技大学,2016.

[138] 方红萍,顾汉明.断层识别与定量解释方法进展[J].工程地球物理学报,2013,10(5):609-615.

[139] 董守华,石亚丁,汪洋.地震多参数BP人工神经网络自动识别小断层[J].中国矿业大学学报,1997,26(3):16-20.

[140] 熊晓军,尹成,张白林,等.基于四阶互累积量的小断层自动识别方法[J].石油地球物理勘探,2004,39(S1):158-164.

[141] 路远,朱仕军,朱鹏宇,等.利用信噪比差异体改进断层自动识别方法[J].地球物理学进展,2014,29(1):155-158.

[142] DORIGO M,GAMBARDELLA L M.Ant colony system:Acooperative learning approach to the traveling salesman problem[J].IEEE trans on evolutionary computation,1997,l(1):53-66.

[143] 巫波,刘遥,荣元帅,等.蚂蚁追踪技术在缝洞型油藏裂缝预测中的应用[J].断块油气田,2014,21(4):453-457.

[144] 许辉群,桂志先.边缘检测属性应用方法[J].断块油气田,2013,20(3):286-288.

[145] 陈国飞,吕双兵.RGB分频技术在断块油藏断层识别中的应用[J].复杂油气藏,2015,8(2):29-32.

[146] 李红星,饶溯,陶春辉,等.广义希尔伯特变换地震边缘检测方法研究[J].石油地球物理勘探,2015,50(3):490-494.

[147] 孙夕平,杜世通.边缘检测技术在河道和储层小断裂成像中的应用[J].石油物探,2003,42(4):469-472.

[148] 宋建国,孙永壮,任登振.基于结构导向的梯度属性边缘检测技术[J].地球物理学报,2013,56(10):3561-3571.

[149] 汪洋,张兴平,唐建益.基于三维地震层面属性解释煤矿小断层的研究[J].煤炭工程,2008(7):90-92.

[150] ANATOLY S A,BORIS M G,VALERY V K,et al.Active vibromonitoring:Experimental systems and fieldwork results[J].Handbook of geophysical exploration,2010(40):105-120.

[151] 黄诚,李鹏飞,王腾宇,等.地震属性分析技术在小断层识别中的应用[J].工程地球物理学报,2016,13(1):41-45.

[152] 孙乐,王志章,李汉林,等.基于蚂蚁算法的断裂追踪技术在乌夏地区的应用[J].断块油气田,2014,21(6):716-721.

[153] 赵俊省,孙赞东.一种改进的蚁群算法在断层自动追踪中的应用[J].科技导报,2013,31(27):59-64.

[154] 陈珊,于兴河.刘力辉,等.基于匹配追踪的 RGB 融合技术及在河道刻画中的应用[J].地球学报,2015,36(1):111-114.

[155] 解洁清.蚂蚁+RGB 属性融合技术在淮北 QD 矿断层解释中的应用[J].中国煤炭地质,2017,29(5):65-68.

[156] 施尚明,王杰,段彦清.基于 RGB 多地震属性融合的储层预测[J].黑龙江科技大学学报,2016,26(5):502-505.

[157] 陈俊,程金星.基于 RGB-IHS 变换的地震属性融合方法[J].石油天然气学报,2014,36(11):69-73.

[158] 李艳芳,程建远,朱书阶,等.基于 RGB 渲染技术的地震多属性分析技术[J].煤炭学报,2009,34(11):1512-1516.

[159] 刘建华,刘天放,李德春.薄层厚度定量解释研究[J].物探与化探,1997,21(1):23-28.

[160] WIDESS M B.How thin is a thin bed[J].Geophysics,1973,38(6):1176-1180.

[161] KOEFOED O.Aspects of vertical seismic resolution[J].Geophysical prospecting,1981,29(1):21-30.

[162] 程增庆,吴奕峰,赵忠清,等.用地震反射波定量解释煤层厚度的方法[J].地球物理学报,1991,34(5):657-662.

[163] 戚敬华.地震反射波检测煤层厚度的直接反演方法[J].煤田地质与勘探,1996(3):42-46.

[164] 董守华,马彦良,周明.煤层厚度与振幅、频率地震属性的正演模拟[J].中国矿业大学学报,2004,33(1):29-32.

[165] 师素珍,李赋斌,梁平,等.多井约束反演在煤层厚度定量预测中的应用[J].采矿与安全工程学报,2011,28(2):328-332.

[166] 李刚.基于 BP 算法的煤层厚度预测技术应用研究[J].中国煤炭地质,2011,23(5):45-48.

[167] 郝治国,常锁亮,张新民,等.谱分解技术在煤层厚度预测及沉积环境方面的应用[J].中国煤炭地质,2014,26(2):55-59.

[168] 魏名地.煤层层滑构造区地震属性识别方法研究与应用[D].徐州:中国矿业大学,2018.

[169] 董守华,许永忠.地震资料谱矩法反演煤层厚度[J].辽宁工程技术大学学报,2005,24(1):38-40.

[170] 韩万林,张幼蒂,李梁.地震多参数 BP 神经网络预测煤层厚度[J].煤田地质与勘探,2001,29(4):53-54.

[171] CHEN Q,SIDNEY S.Seismic attribute technology for reservoir forecasting and monitoring[J].Leading Edge,1997,16(5):445-450.

[172] 王开燕,徐清彦,张桂芳,等.地震属性分析技术综述[J].地球物理学进展,2013,28(2):815-823.

[173] 路鹏飞,杨长春,郭爱华.频谱成像技术研究进展[J].地球物理学进展,2007,22(5):1517-1521.

[174] CHEN W,KEHTARNAVAZ N,SPENCER T W.An efficient recursive algorithm for time-varying Fourier transform[J].Signal processing IEEE transactions on,1993,41(7):2488-2490.

[175] ZHANG R.Spectral decomposition of seismic data with CWPT[J].Leading edge,2008,27(3):326-329.

[176] 朱红娟.岩浆岩侵入体三维地震解释方法及应用研究[D].西安:西安科技大学,2005.

[177] 吴海波.袁店矿煤储层火成岩侵入地震正演模拟与属性分析[D].徐州:中国矿业大学,2013.